本书由大连市人民政府资助出版

催化与材料化学研究生教学丛书

固体催化剂研究方法

（下册）

辛 勤 主编

科 学 出 版 社

北 京

内 容 简 介

《固体催化剂研究方法》全面系统地介绍了固体催化剂的研究方法及其理论基础，并从应用实例介绍了方法本身的优势和局限性，取材着眼于近 10～20 年来的最新成果。全书共 19 章：上册主要内容有催化剂的宏观物性测定、分析电子显微镜方法、热分析方法、多晶 X 射线衍射、化学吸附和表面酸性测定、催化剂的动态分析方法、红外光谱方法、拉曼光谱方法、核磁共振方法；下册主要内容有顺磁共振方法、光电子能谱方法、XAFS 方法、电极催化剂的原位红外方法、电极催化剂的原位拉曼方法、电极催化剂的表征方法、多相催化反应动力学、同位素瞬变动力学方法、瞬变应答动力学方法及产物瞬时分析技术。

本书可供从事催化、材料化学以及相关专业的高年级学生和研究生作为教材，也可作为相关专业科研工作者和教师的专业参考书。

图书在版编目（CIP）数据

固体催化剂研究方法/辛勤主编. —北京：科学出版社，2004

（催化与材料化学研究生教学丛书）

ISBN 978-7-03-012912-3

Ⅰ. 固… Ⅱ. 辛… Ⅲ. 催化剂，固态–研究方法–研究生–教材 Ⅳ. ①TQ426

中国版本图书馆 CIP 数据核字（2004）第 010823 号

责任编辑：胡华强 王志欣 吴伶伶 / 责任校对：钟 洋
责任印制：张 伟 / 封面设计：铭轩堂

科学出版社出版
北京东黄城根北街 16 号
邮政编码：100717
http://www.sciencep.com

北京虎彩文化传播有限公司印刷
科学出版社发行 各地新华书店经销

*

2004 年 4 月第 一 版 开本：720×1000 1/16
2021 年 5 月第六次印刷 印张：25 1/4
字数：553 000

定价：238.00 元（上、下册）

催化与材料化学研究生教学丛书

总策划：辛 勤 徐 杰

《现代催化化学》

辛 勤 徐 杰 主编

《固体催化剂研究方法》

辛 勤 主编

《现代催化研究方法（第二版）》

辛 勤 罗孟飞 徐 杰 主编

《催化反应工程》

阎子峰 陈诵英 徐 杰 辛 勤 主编

《催化史料和中国催化名家》

辛 勤 徐 杰 编著

目　录

下　册

第 10 章 顺磁共振方法

顺磁性的物质至少含有一个未偶电子，在外磁场的作用下，产生能级分裂。在垂直于外磁场方向加一个频率等于未偶电子的 Larmor 旋进频率的射频场，就会产生共振吸收而取名电子顺磁共振（electron paramagnetic resonance，EPR）。由于电子的顺磁性主要是由电子的自旋运动所贡献的，在文献上经常称之为电子自旋共振（electron spin resonance，ESR）。为了更确切地表达其含义并与核磁共振（NMR）相对应，有国际同行建议将其命名为电子磁共振（electron magnetic resonance，EMR）。为了广大读者的习惯与方便，本文仍称之为电子顺磁共振。

电子顺磁共振问世（1945 年）迄今已半个多世纪。早在 20 世纪 60 年代初就有应用于固体催化剂的研究报道[1~5]。文献[6,7]曾对电子顺磁共振的一般原理有过叙述，本文不再重复。

本书第 10.1 节将着重综述 20 世纪 90 年代以来，电子顺磁共振技术［主要是连续波（CW）的电子顺磁共振 CW-EPR］在固体催化剂研究应用方面的新进展。第 10.2 节介绍近十多年来新发展起来的电子磁共振成像（electron magnetic imaging，EMI）技术在固体催化剂研究中的应用。考虑到固体催化剂以及被吸附在其表面的顺磁粒子在 CW-EPR 中常常只能得到一条宽线或分辨不好的超精细结构，很难从中获取更多更详细的信息，本文的第 10.3 节介绍了近十几年来，电子-核双共振（electron nuclear double resonance，ENDOR）技术在固体催化剂研究中的应用概况。然而，CW-ENDOR 功率还是太小，所能提供的信息仍有限。由于被吸附分子与催化剂表面磁性核之间往往是弱相互作用，有时未偶电子到达磁性核的概率密度很小，CW-ENDOR 还是显得无能为力。这时脉冲技术应用到 EPR 中，产生自旋回波现象，在探索固态催化剂表面微环境的结构、反应物与催化剂表面的活性中心微弱的相互作用，发挥了无可比拟的强大作用。为此，本文的第 10.4 节就介绍电子自旋回波包络调剂（electron spinecho envelope modulation，ESEEM）技术在固态催化剂中的研究和应用概况。

考虑到国内多数读者尤其是从事催化剂研究的读者对后 10.2 节～10.4 节接触较少，有必要从第 10.2 节起在每节开头，先简要介绍一下原理。

10.1 经典 CW-EPR 谱

这里 CW 即连续波，所谓的“经典”是区别于下面要讲的 EMI 和 ENDOR 而言。因为 EMI 和 ENDOR 也是连续波。

10.1.1 固体催化剂 EPR 谱的特征

在 EPR 谱中决定波谱的主要参数 Landé 因子 g、超精细耦合系数 A、零场分裂系数 D 等都是二级张量。也就是说，它们都是强烈地依赖于未偶电子磁矩在磁场空间中的取向，即是各向异性的。在液体中，由于粒子的自由翻滚，未偶电子的磁矩在磁场中的取向，是随着粒子的快速翻滚而不断变化的，其统计结果趋向于各向同性，则以上诸参量也都变为标量，即

$$g_{xx} = g_{yy} = g_{zz} = g_{iso}$$

因此，液态的谱图就比较容易解析。然而在固态物质中就不同了，固体催化剂绝大多数是无定型或多晶粉末型的，未偶电子在磁场中的取向是无序的。测得固体催化剂的 EPR 谱，即便是只有一种未偶电子，其谱线也是在相当宽的磁场范围（$10^{1\sim2}$mT）内统计分布，即一条大包络线，很难从中提取有用的信息。如果伴随着核自旋的超精细分裂或有两个以上未偶电子间存在强相互作用而产生精细分裂，谱线就更复杂了。具有轴对称的分子，其 g 张量的主值如下

$$g_{xx} = g_{yy} = g_{\perp}; g_{zz} = g_{//}$$

图 10-1 表示具有轴对称的典型固态粉末试样的 EPR 谱。$S = 1/2$，且 $|H_{//} - H_{\perp}| >$ 10mT，图 10-1 中（a）是最简单的情况，$I = 0$，即没有核磁矩的超精细分裂。图 10-1 中（b）是当 $I = 1/2$ 的情况下，在 $g_{//}$处明显分裂成两个等价的峰。在 $g_{\perp}$处也可以看出分辨不太好的两个峰。图 10-1（c）中是当 $I = 1$、$\Delta A_{\perp} \leqslant 0.35$mT 的情况下，在 $g_{//}$处明显分裂成 3 个等价的峰，而在 $g_{\perp}$处也可以看出分辨不太好的 3 个峰。图 10-1 中（d）是当 $I = 1$、$\Delta A_{\perp} \geqslant 0.45$mT 的情况下，在 $g_{//}$处明显分裂成 3 个等价的峰，而在 $g_{\perp}$处就看不出有 3 个峰，都重叠成一个较宽的峰，图 10-1 中（e）是当 $I = 3/2$、$\Delta A_{\perp} \leqslant 0.35$mT 的情况下，在 $g_{//}$处明显分裂成 4 个等价的峰，而在 $g_{\perp}$处也可以看出分辨不太好的 4 个峰。

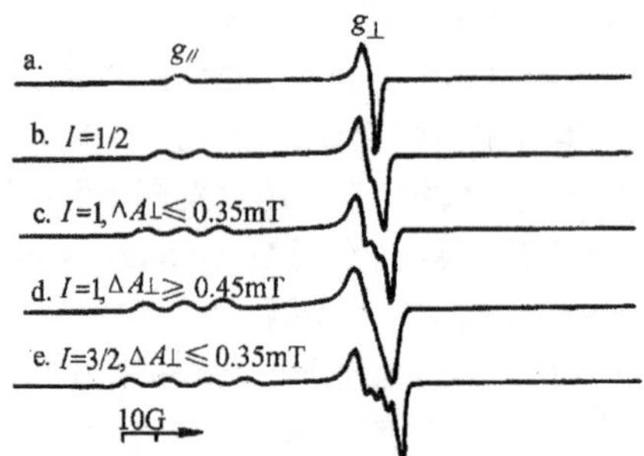

图 10-1　具有轴对称的固态 EPR 理论谱

图 10-2 表示具有非轴对称的典型的固态粉末试样的 EPR 谱[8]。当 $I = 0$ 时，图谱还可以辨认。当 $I \neq 0$ 且 $A_2 > A_1 > A_3$，（H_2-H_1）>（H_3-H_2）时（H_1，H_2，H_3 是对应于 g_1、g_2、g_3 的磁场强度）情况就复杂多了，再加上有几处重叠，情况就更复杂了。图 10-2 中画圈的地方就是有重叠之处。图 10-2 中 $I = 3/2$ 时，它应该有 12 个峰，重叠两处还有 10 个峰，它只代表一个未偶电子与一种 $I = 3/2$ 核的相互作用由于各向异性产生的复杂谱。也就是说，10 个或 12 个峰只代表一种情况（状态）。如果把其中的某一个峰

指认出来，两次实验结果有所差异，就说它起了某种变化，是毫无意义的。实验测得的固体催化剂 EPR 谱远比上述情况复杂得多。

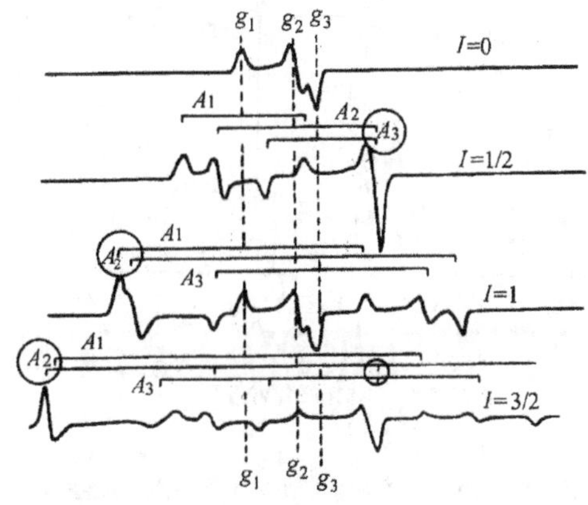

图 10-2 具有非轴对称的典型的固态粉末试样的 EPR 谱

$g_x \neq g_y \neq g_z$ 或 $g_1 \neq g_2 \neq g_3$

10.1.2 改进固体催化剂 EPR 谱可解析性的途径

10.1.2.1 物理方法

(1) 在不同微波功率或（和）不同温度下录谱

这种方法就是把复杂的 EPR 谱解离为若干个讯号组分。由于弛豫时间长的顺磁粒子如有机自由基和固体缺陷，容易被微波功率饱和，随着微波功率的增加而观测不到 EPR 讯号。另外，过渡金属离子的弛豫时间通常（温度 77K 至室温）是足够短的，足以避开微波功率饱和。然而，含过渡金属离子的顺磁粒子，在它们的弛豫时间内，讯号的强度对温度有一定的依赖关系。因此，在不同微波功率或（和）不同温度下录谱可以得到波谱的各个不同组分，有利于对一张复杂谱图的解析。

(2) 用三级微分录谱

通常 CW-EPR 谱仪都是用一级微分录谱的。然而，对于讯号有重叠而变宽了的复杂谱，三级微分有助于分辨解析。图 10-3 表示^{13}C富集的 CO 在 53.3kPa 压力下吸附在 Ni^+/SiO_2 催化剂上的 EPR 谱（77K，X 波段）[9]，其中谱线（a）为一级微分谱；谱线（b）为三级微分谱。显然三级微分谱比一级微分谱的分辨性要好得多，解析起来也容易得多。

图 10-4 为浸渍法制得的 Mo/SiO_2 催化剂在氢气还原之后升温得到的 ERP 谱线[10]，图 10-4 显示，催化剂中存在 3 种不同的 Mo^{5+} 离子 Mo^{5+}_{4c}、Mo^{5+}_{5c}、Mo^{5+}_{6c}。这在一级微分谱图 10-4（a）中是很难辨认的，而在三级微分谱图 10-4（b）中很容易辨认。

(3) 用多种频率录谱

固体催化剂中，有些过渡金属的 EPR 谱对应于 $g_{/\!/}$ 和 $g_{\perp}$ 的磁场 $H_{/\!/}$ 和 $H_{\perp}$ 间隔很小。如果再有核的超精细分裂，就会堆在一起难于分辨，甚至变成一条宽线。已经知道

$$|H_{//}-H_{\perp}|=|\Delta H|=(h\nu/\beta)|(1/g_{//})-(1/g_{\perp})| \quad (10\text{-}1)$$

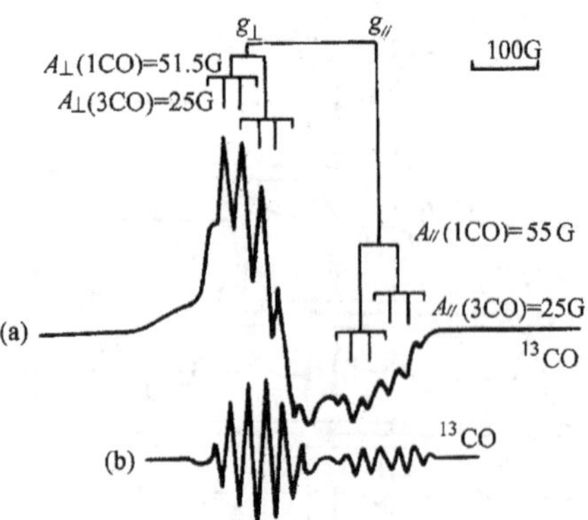

图 10-3 ^{13}C 富集的 CO 在 53.3kPa 压力下吸附在 Ni^{+}/SiO_2 催化剂上的 EPR 谱（77K，X 波段）

（a）一级微分谱；（b）三级微分谱

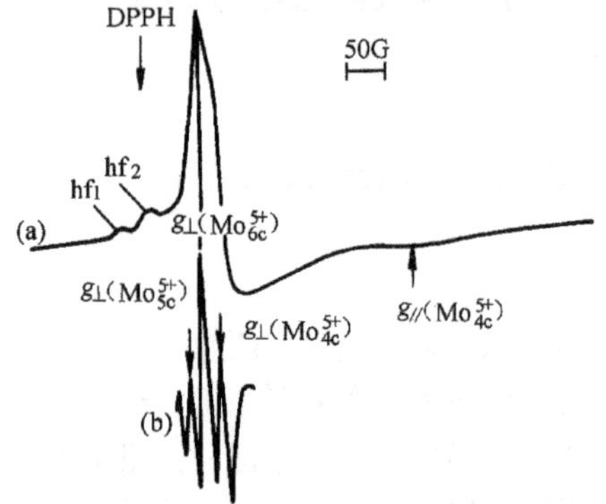

图 10-4 浸渍法制得的 Mo/SiO_2 催化剂在氢气还原之后升温得到的 EPR 谱线（77K，X 波段）

（a）一级微分谱；（b）三级微分谱

由式（10-1）可知 ν 越大，两磁场之差 $|\Delta H|$ 也就越大。图 10-5 是 X 波段与 Q 波段的 $|\Delta H_{an}|$ 之差[11]。

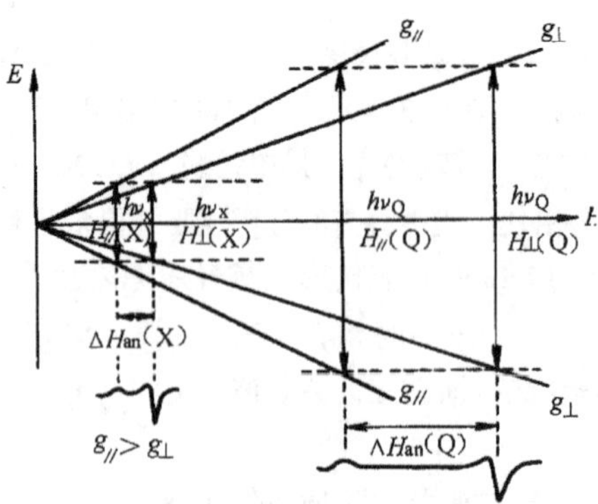

图 10-5 X 波段与 Q 波段的 $|\Delta H_{an}|$ 之差

图 10-6 是[$CO(CH_3CN)_6$]$^{2+}$ 的实验谱(实线)和模拟谱(虚线),曲线(a)与曲线(b)分别是 X 波段和 Q 波段的结果[12]。

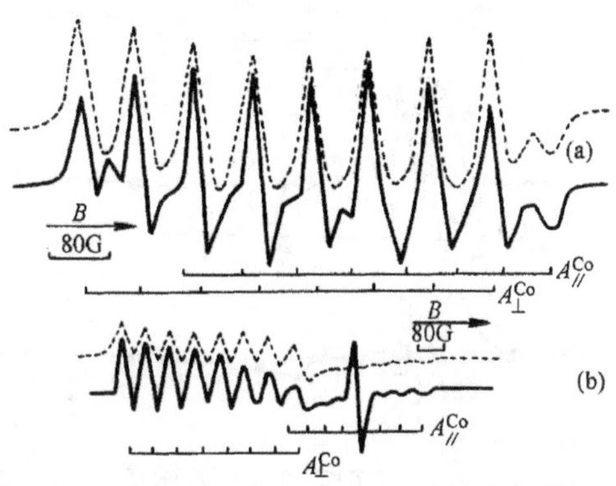

图 10-6 [$CO(CH_3CN)_6$]$^{2+}$ 的实验谱(实线)和模拟谱(虚线)
(a)77K,X 波段;(b)77K,Q 波段

10.1.2.2 化学方法

(1) 用探测分子处理氧化物表面

探测分子与氧化物表面的顺磁中心相互作用的形式和强度,使得 EPR 谱线的线形、线宽和 g 值发生变化[8]。物理的相互作用,即探测分子如 O_2 与氧化物表面的顺磁中心磁偶极-偶极相互作用,通常会引起氧化物表面的顺磁中心的 EPR 讯号可逆地(在吸排气的情况下)变宽。这种方法通常是用来鉴别顺磁中心是处在氧化物表面或体相。

(2) 同位素标记

这种方法通常是用来产生超精细或超超精细结构的。当被研究的试样中不含有 $I \neq 0$ 的核,或 $I \neq 0$ 的核同位素自然丰度很低,而自然丰度高的同位素其核自旋 $I = 0$ 即不产生超精细分裂,如 Mo/SiO_2 催化剂,^{95}Mo、^{97}Mo 的核自旋 $I = 5/2$(相同),其自然丰度分别为 15.72%和 9.46%,二者之和仅为 25.18%,而 $I = 0$ 的^{96}Mo 核的自然丰度却占 74.82%。Mo/SiO_2 催化剂的 Mo^{5+} EPR 谱[14]如图 10-7(a)所示:$g_{//} = 1.882$、$g_{\perp} = 1.940$ 的强讯号就是^{96}Mo 的特征谱。而具有超精细结构的^{95}Mo、^{97}Mo 的谱很弱,大部分被^{96}Mo 的特征谱所掩盖,只露出边上的两个小峰。图 10-7(b)是把^{95}Mo 富集到 97% 的 EPR 谱。图 10-7(c)是图 10-7(b)的模拟谱。

(3) 化学处理

这种方法就是在不同的温度和压力下氧化或还原催化剂。除去那些可能产生复杂谱图的粒子,增强另一些我们有用的讯号。这种方法已成功地用来鉴别在还原 MoO_3 时生成的各种不同价态的 Mo[13]。

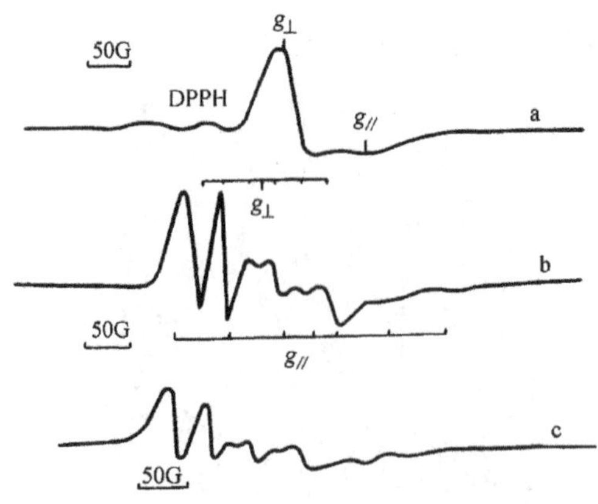

图 10-7 Mo/SiO_2 催化剂在 500℃下氢还原的 EPR 谱(X 波段,300K)

a,b,c. 注见文中说明

10.1.3 经典 CW-EPR 谱在固体催化剂研究中应用的新进展

20 世纪 90 年代发表的经典 CW-EPR 在固体催化剂研究中应用的综述性论文[8,15~19]中最值得一读的是 Dyrek 和 Che 的文章[18]。他们把反应物与固体催化剂表面的过渡金属离子相互作用与过渡金属配合物的 EPR 研究关联起来。反应物分子与固体催化剂表面的活性中心（过渡金属离子）的相互作用（吸附）是催化过程的本质问题。把反应物分子与固体催化剂表面的过渡金属离子生成的过渡状态（中间物）看成是过渡金属配合物，用 EPR 进行研究。这是从分子水平上深入到研究催化过程的本质问题。接着，Yahiro 等[19]也发表了一篇评论，认为 CW-EPR 在催化化学研究中应用的最新进展就是用 EPR 研究固体催化剂表面的被吸附分子的旋转、扩散、化学结合，以及固体催化剂表面的过渡金属离子的价态变化。他们主要列举了 NO 吸附在分子筛上[20~25]和 O_2^- 吸附在氧化铝上[26]。还应指出的是，在 20 世纪的最后 10 年中，EPR 对沸石以及吸附在沸石上分子结构的研究增多了[27~38]。Kucherov 等[39]报道了在 Zr-HZSM-5 上原位 ESR 研究。下面举例叙述。

10.1.3.1 EPR 原位检测技术在催化中的应用

原位（*in situ*）检测可以使我们获得催化剂在吸附、反应进行的过程中所发生的一些有关结构、电子转移、活性中心及周围配位环境变化的有用信息，因此受到人们的广泛重视。以下是几个典型的例子。

(1) NO_x 在 Cu-ZSM-5 催化剂上原位还原

Carl 等[40]研究了用溶液离子交换法制备的 Cu-ZSM-5 和 Cu-Beta 沸石催化剂在不同温度下的 NO_x 原位还原。含水催化剂在室温下，由于交换到 ZSM-5 沸石表面的 Cu^{2+} 属于吸附性质，其周围被水分子所配位包围，可以较自由地运动，并在低场也没有表现出明显的超精细结构，只有一条不对称的宽线。这在过去已有报道[41~43]，王立等[44]早在

1989 年就已得到过各向同性的超精细结构谱图。当该含水试样温度降至 120K 时，在低场能分辨出很好的超精细结构。当催化剂在 He 气流中加热时，Cu^{2+}离子表面的配位水分子被脱去。随着脱水温度的升高，逐渐呈现出可分辨的 Cu^{2+}离子（$I=3/2$）的超精细结构。从谱图的对称性降低可知，随着脱水过程的进行或脱水温度的提高，Cu^{2+}离子的可运动性下降，一直延续到 763K，其 EPR 信号不再发生明显的变化。通过对所得到的谱图进行计算机模拟，可以得到不同温度下脱水处理时同一试样的系列 EPR 参数。应该指出的是，同一个 Cu-ZSM-5 试样，未脱水在室温下测得的谱图积分强度是该试样在 673K 下脱水再冷至室温下测得谱图积分强度的约 2.8 倍，而对于 Cu-Beta 沸石是 4.0 倍。这种积分强度的变化当再水化、脱水时是可逆的。Cu-ZSM-5 试样在 673K 脱水后，在室温测得谱图的 $g_{//}$值和 $A_{//}$值与在 673K 测得的值是不同的，并随温度可逆地变化。通过 EPR 参数之间的关联，推定水合催化剂的 EPR 信号由$[Cu(H_2O)_5OH]^+$给出，而经高温处理的催化剂的 EPR 信号由平面正方形四配位的 Cu^{2+}离子所给出。其他研究表明，正是这平面正方形四配位的 Cu^{2+}离子的配位环境，使得 NO_x 或有机烃类分子能充分接近 Cu^{2+}离子而发生反应。Cu-Beta 沸石和 Cu-ZSM-5 催化剂在 He 气流中含 0.13% N_2O 的氛围中，在室温或 673K 下测得的波谱与不含 N_2O 和 He 气流中测得的波谱没有变化。在 673K 原位测得的反应结果，对于 Cu-Beta 沸石和 Cu-ZSM-5 催化剂分别有 10% 和 5% 的 N_2O 转化为 N_2。在离位（*ex situ*）的情况下，则需要更高的温度才能达到相应的转化率。

（2）Cu-ZSM-5 在混合气流中的原位监测

Cu-ZSM-5 沸石被用来作为 NO_x 在过量氧存在下被有机化合物在低温选择性催化还原为元素 N_2 的模型催化剂。一些研究者[45~48]认为，在选择性催化还原过程中，Cu^+是 NO_x 分解还原为元素 N_2 的活性中心。Kucherov 等[49]用原位 EPR 方法监测 Cu-ZSM-5 催化剂在 C_3H_6、C_2H_5OH、NO、O_2 等气体以及它们的混合气中，在 300~500℃下，Cu^{2+}离子还原为 Cu^+的过程。将催化剂原位置于（O_2 + He）混合气流中，在 500℃活化 1h 再冷却到 20℃，在此温度下以 5mL/min 的流量引入（0.39% C_3H_6 + He）的混合气中，然后用原位 EPR 方法测定 EPR 信号随时间的变化。在未接触（0.39% C_3H_6 + He）混合气之前，有两组 EMR 信号：$g_{//}=2.32$，$A_{//}=154G$ 归属于四方锥配位的 Cu^{2+}离子；$g_{//}=2.27$，$A_{//}=175G$ 归属于平面正方形配位的 Cu^{2+}离子[50]。在 20℃的还原气氛中，两组信号的强度都随反应时间的增加而下降，尤其是 $g_{//}=2.27$ 的平面正方形配位的 Cu^{2+}离子的信号下降更快。与此同时，在 $g=2.004$ 处出现了一个新的信号（$\Delta H\approx 22$ G），且此信号的强度随着反应的进行而不断增强。由于该 g 值与自由电子的 g 值非常接近，可归属于碳氢低聚物自由基（此前的工作[51,52]已证实有碳氢低聚物生成）。在还原混合气中处理 1.5h 后，在相同的温度下导入氧气，发现 $g_{//}=2.32$ 和 $g_{//}=2.27$ 的信号都没有得到明显的恢复。这说明 EPR 信号减弱并不是由于催化剂活性点吸附了丙烯后引起的。因为发生单电子转移的吸附时，活性中心可以在氧化中完全恢复。此外在 200℃时，即使在（20% O_2 + He）的混合气流中加入少量的碳氢低聚物，也可以使 EPR 信号完全消失。因而可以判断催化剂中 Cu^{2+}离子的 EPR 信号的消失，是由于生成的碳氢低聚物的积聚并堵塞了分子筛的通道所引起的。

催化剂在（0.04% C_3H_6 + 0.37% O_2 + He）的混合气流中也发生类似情况。在 500℃ 时，若将催化剂预先用（O_2 + NO）进行处理，然后再通入上述还原气时，则 Cu^{2+} 离子 EPR 信号强度下降的速度要慢得多，这表明 NO 在该催化剂上有很强的吸附能力。催化剂在化学计量比的（C_3H_6 + O_2 + He）气氛中时，仍可观察到离子 EPR 信号强度下降的现象。但当混合气中的氧大大过量时，则几乎观察不到 EPR 信号强度下降。

根据以上的原位检测结果分析可知，Cu^{2+} 离子在丙烯的氧化反应中，正常（氧大大过量于计量比）的情况下，平衡 $Cu^{2+} \rightleftharpoons Cu^{+}$ 远远地偏向左边，只有当氧量严重不足（接近或低于计量比）时，平衡才会偏向右边。由于分子筛孔道被碳氢低聚物堵塞后，低价的铜离子被氧化极其困难，因此在催化剂的实际操作中，应尽量避免在低温下率先使丙烯与催化剂接触而使催化剂活性下降甚至失活。

(3) 催化剂中毒现象的原位检测

高大维等[53]用 EMR-GC-computer 联机装置对 β-沸石的结焦失活进行了原位研究，发现催化剂的失活明显地体现在 EPR 信号的变化中。正己烷在 β-沸石上 450℃进行催化裂解时，其保留活性 A_E（$A_E = \alpha_t/\alpha_0$，其中 α_0 与 α_t 分别为催化剂的初活性和催化剂在 t 时刻的活性）随着催化剂中 EPR 信号的强度增加而下降。该催化剂上 $g = 2.002$ 的信号是由于表面积炭自由基所引起的，因此 EPR 信号的强度可反映出催化剂表面的积炭量，由于积炭量、EPR 信号强度以及催化剂保留活性三者的时间曲线上都存在着相应的拐点，且拐点几乎出现在相同的时间。从而可以认为催化剂的失活是由于活性中心位置的积炭所引起的。

10.1.3.2 金属氧化物载体 Tammann 温度的测定

对于负载型的催化剂，其活性组分必须有效地分散在载体的表面。但在较高的反应温度下，一般作为载体的金属氧化物都存在一个所谓的 Tammann 温度，即存在着一个反映晶格内质点流变性的临界塑性温度。在 Tammann 温度之上，可以观察到晶格内部的质点扩散。金属氧化物的 Tammann 温度对于催化剂载体的选择十分重要。如果所选择的催化剂载体的 Tammann 温度低于或接近催化反应的操作温度时，分散在表面的活性组分由于向载体内部扩散而导致催化剂活性下降甚至失活。金属氧化物 Tammann 温度的 EPR 测定方法：选择与金属氧化物中的金属离子具有相同价态、相近离子半径，且比较有特征和比较简单的 EPR 信号的顺磁离子作为探针，以浸渍法或其他与实用催化剂相近的方法负载在金属氧化物载体的表面。将制备的试样加热，观察不同温度下试样所给出的 EPR 信号的线型以及信号强度的变化，即可确定试样的 Tammann 温度[54~56]。

Davidson 等[57]用 V_2O_5 为探针研究了 TiO_2 和 SnO_2 的 Tammann 温度。试样用草酸氧钒溶液浸渍法制备，在空气中干燥后，V/TiO_2 试样在室温及升温过程中都可观察到具有清晰超精细分裂的 VO^{2+} 的典型信号，而 V/SnO_2 的分辨率则较差。V/TiO_2 试样在温度上升至 673K 时，原有的 EPR 信号（标记为 1a）基本消失，由于升温过程是在空气中进行的，因此表明表面的 V（Ⅳ）已被空气中的氧所氧化。当温度上升至 870K 时，检测到一个新的、具有清晰分辨率的 EPR 信号（标记为 1b），经计算机模拟，可以确定此

信号可归属为 $V_xTi_{(1-x)}O_2$。这表明在 870K 时，已经发生表面钒向体相扩散而在晶格内生成混晶的现象。V/TiO_2 试样的 1b 信号强度与热处理温度之间的关系：当温度低于 800K 时，基本上观察不到 1b 信号，而温度高于 840K 时，1b 信号的强度随温度的升高急剧增加，在 800～840K 之间存在着一个明显的拐点。拐点处的温度通过趋势线相交法得出的值（810K）即为 TiO_2 试样的 Tammann 温度。

由于 V/SnO_2 试样的 EPR 谱图的分辨率较差，不能得到 EPR 信号强度与热处理温度之间的定量关系，因此无法精确地测定 SnO_2 试样的 Tammann 温度。但从不同热处理温度下 V/SnO_2 试样的 EPR 谱图可以看出，SnO_2 试样的 Tammann 温度大约为 650K。

10.1.3.3 催化剂中金属离子间的电子传递

龚华等[58]研究了甲烷氧化偶联催化剂 Mn_2O_3-Na_2WO_4/SiO_2，发现催化剂中钨锰间存在电子传递的作用。Na_2WO_4/SiO_2 催化剂对甲烷的氧化偶联反应也有活性，并且一般都认为甲烷的选择性氧化发生在钨位上。该催化剂中加入少量的 Mn_2O_3 就可以大大地提高其催化活性。Na_2WO_4/SiO_2 催化剂在高真空条件下（1.33mPa）加热至 750℃，恒温 1 h 后立即用液氮冷却至 77K 进行 EPR 测定，可在 $g=2.0046$ 处观察到信号，将催化剂暴露于 25℃的氧气氛中，此信号未消失，将温度上升到 100℃加热 20 min，信号消失。此信号可归属为 W 的 F-中心（即表面氧反应后留下的空位）。而 Mn_2O_3-Na_2WO_4/SiO_2 催化剂在高真空条件下（1.33mPa）将其加热到 750℃处理 1 h 后用液氮冷却至 77 K 进行 EPR 测定，可在 $g=2.01$ 处观察到极强的信号，同时在 $g=2.002$ 处也可观察到极弱的信号。将此试样升温至 -10℃，在同样的氧气压力下，$g=2.002$ 处的信号就已消失，而 $g=2.01$ 处的信号在氧气氛中加热到 700℃方消失。结合 XPS 的考察，$g=2.01$ 处的信号归属为 Mn（Ⅱ），而在 $g=2.002$ 处的信号仍归属为 W 的 F-中心。

根据以上结果可以得到以下结论：在甲烷的氧化偶联反应中，W 位的表面氧与甲烷反应后留下 W 位的 F-中心，在无 Mn_2O_3 存在时，W 位的 F-中心必须重新被气相 O_2 氧化后才能恢复活性。Mn_2O_3 存在时，由于 W-Mn 之间可以通过氧桥传递电子，使得在反应过程中，甲烷的选择性氧化发生在 W 位，而气相氧转化为晶格氧的过程发生在 Mn 位，从而大大提高了催化剂的活性。

V_2O_5-P_2O_5/SiO_2 催化剂上苯氧化的反应过程中也可以观察到晶格中电子传递的现象[59]，当 P/V 原子比≤2.0 时，催化剂在苯的气相氧化反应中存在着一定时间的诱导期，且诱导期随催化剂中 V^{4+} 初始浓度的增加而缩短。在诱导过程中，催化剂的活性基本上不随时间变化，而催化剂的选择性则随反应时间延长而提高，直至达到稳定状态。催化剂中 V^{4+} 含量在诱导期内也随反应时间延长而提高。但 V^{4+} 含量随时间增加的速度远远高于选择性提高的速度。由于 V^{4+} 浓度增加，自旋-自旋相互作用使谱线的分辨率变差。P/V 原子比≤2.0 的各种催化剂，反应后 EPR 谱图的 g 值都变小（从反应前的 1.962～1.964 减小为反应后的 1.954～1.957）。以上结果表明，在诱导期内生成的部分 V^{4+} 中心与原有的 V^{4+} 中心具有完全不同的催化性质。在这一催化剂中，可能存在以下的电子传递过程

$$[V^{5+}=O]+[V^{3+}\square]=\!=\!=[V^{4+}=O]+[V^{4+}\square] \tag{10-2}$$

式中，□表示孔穴。[$V^{4+}=O$] 对苯的气相催化氧化具有选择性而 [V^{4+} □] 对反应不具有选择性[60]。

10.2 电子磁共振成像（EMI）

在核磁成像（NMRI）的推动下，电子磁共振成像（EMI）于20世纪80年代也很快发展起来了。其主要应用的目标还是集中在生物医学上。因此，采用的波长大多在L波段乃至几百兆赫。1996年，Eaton[61]做了一个相当全面的调查，并发表在ESR手册[61]上。其中，关于X波段成像应用于催化剂研究的只有一篇[62]。另外，研究氧化氮等气体在沸石等多孔材料中扩散的有5篇[63~67]。在这方面的工作报道不多的原因可能是市场上没有EMI仪器商品出售，而催化专家又不可能自制EMI仪器。

10.2.1 EMI的基本原理

通常电子顺磁共振波谱都是采用均匀磁场进行扫场，且对磁场的均匀度有一定的要求。这时得到的谱图，是试样管中的全部试样EPR讯号的平均统计结果［图10-8(a)］，而得不到顺磁粒子在空间分布状况的信息。如果我们需要获取顺磁粒子（一种或多种）在空间分布的信息，就需要采用不均匀的磁场（梯度场）进行扫场，实现一维乃至多维的空间谱图成像[68]。如图10-8(b)所示，在均匀磁场上叠加“反Helmholtz”线圈产生的附加磁场，使整个固定磁场形成一个梯度场，扫场得到的谱图是分裂的。电子磁共振成像的方法可分为梯度磁场成像法[69~73]（1~3维空间）和EPR显微镜法（1~2维空间）[74,75]。

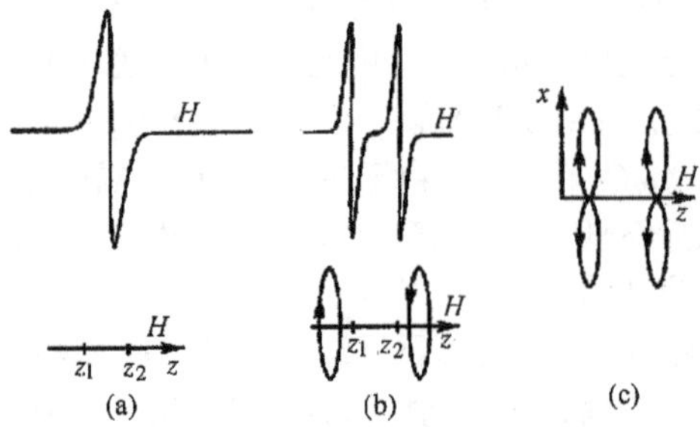

图10-8 在均匀磁场中测得的波谱(a)，在均匀磁场迭加上反Helmholtz线圈测得的波谱(b)和在 x 轴方向加上“8”字形线圈对在两线圈间的 x 方向产生的磁场梯度(c)

10.2.2 EMI在催化剂研究中的应用

众所周知，在催化反应过程中起催化作用的仅限于固体催化剂表面的活性中心，而处于体相的活性中心是不起作用的。当然，固体催化剂的颗粒越小活性中心的利用率就越高。但由于工程技术和工艺条件等的要求，限制了固体催化剂的颗粒形状和尺寸。对于具有一定形状和尺寸的固体催化剂颗粒，在不同反应条件下，为得到催化剂表面的利用率，徐元植等[62]把 V 和 Mo 载在 SiO_2 上压成片用丙烷还原，并用 EPR 显微镜成像，测出 V^{4+} 和 Mo^{5+} 以及积炭在 SiO_2 表面的分布图。$H_3PMo_{12}O_{40}/SiO_2$ 催化剂片的上表面在用丙烷气流还原后 Mo^{5+} 的 EPR 成像图[62]如图 10-9 所示。何光龙等[76]利用芳烃、芳胺与 Lewis 酸生成正离子自由基的原理，用梯度场成像测得石油裂化催化剂 Al_2O_3-SiO_2 上 Lewis 酸性中心的分布图。但从他们的实验过程来看，Al_2O_3-SiO_2 石油裂化催化剂很可能是微球，先装入试样管然后将噻吩嗪、芴酮、二苯胺等的氯仿溶液分别滴入不同的试样管，在催化剂微球表面生成正离子自由基，然后进行成像[76]（图 10-10）。这样得到的图像是正离子自由基在试样管的横截面上的分布，而不是在催化剂上的空间分布。

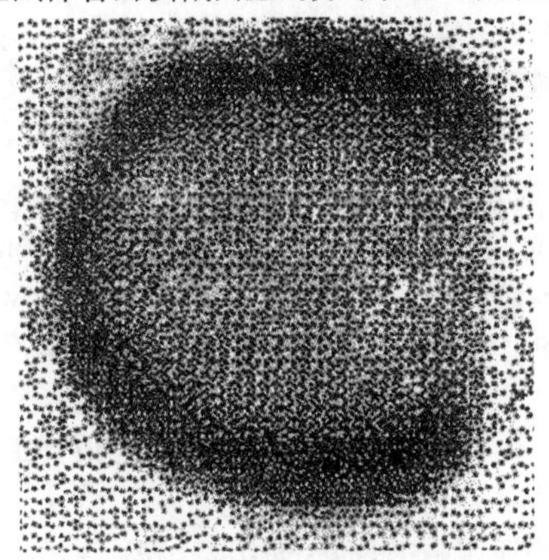

图 10-9　$H_3PMo_{12}O_{40}$催化剂片上表面 Mo^{5+}的 EPR 成像图

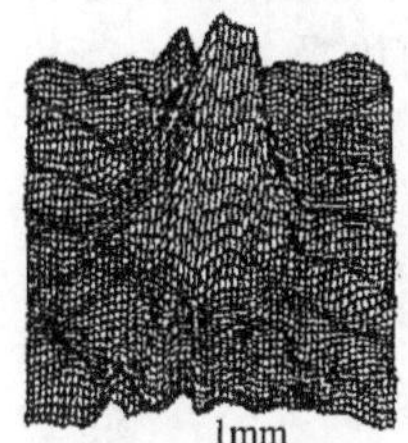

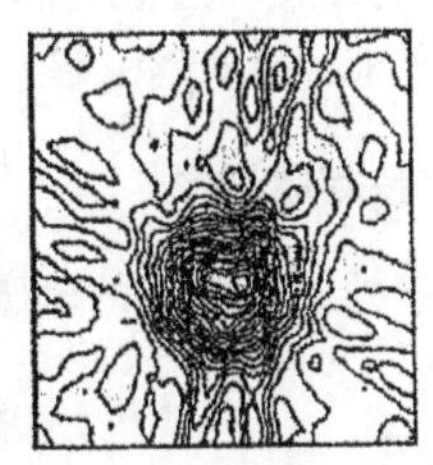

图 10-10　芴酮在 Al_2O_3-SiO_2 表面上形成自由基的二维分布图和等高线图

10.2.3　成像技术的最新发展与固体催化剂研究

近 10 年来成像技术有很大发展，值得一提的有质子电子双共振成像[77]（proton electron double resonance imaging，PEDRI）、纵向检测 EPR 成像[78]（longitudinal-detected EPR imaging，LODEPRI）和脉冲 EPR 成像也叫电子自旋回波成像[79]（electron spin echo imaging，ESEI）。

质子电子双共振成像技术与动态核极化（dynamic nuclear polarization，DNP）有很大的关系。把电子自旋极化转移到核自旋极化可大大增强 NMR 的讯号。因此，也把

PEDRI 叫做核 Overhause 成像。Lurie[77]讨论了质子电子双共振成像比直接电子自旋共振成像获得更多的好处。通常 EPRI 的空间分辨率总比 NMRI 差很多。这是因为 EPR 的线宽要比 NMR 宽很多。由于 PEDRI 不受很宽的 EPR 线宽所限制，所以，PEDRI 可以得到比 EPRI 更高的空间分辨率。目前，PEDRI 的主要目标还是用于生物活体的成像[80]。估计很快会用于材料尤其是高分子材料的成像。EPRI 用于固体催化剂研究还仅限于活性中心的过渡金属离子以及在催化剂表面生成的自由基。PEDRI 有可能扩大到催化剂表面碳氢化合物的成像。

在纵向检测 EPR 中，微波磁场的振幅被调制，EPR 讯号是沿着外磁场（z 轴）而不是通常沿 xy 平面方向，在低调制频率下被检测出来的[78]。三维的电子自旋回波成像是在一台具有用 7 T 超导磁铁作附加磁场的 300MHz 的商品 NMR 谱仪上进行的[79]。长的弛豫时间（$T_1 = T_2 \approx 6\mu s$）有利于自旋回波成像进行。对于同一材料可采用傅里叶变换改善其三维 ESE 成像的分辨率[81]。

这些成像技术都是为应用于生物医学上的研究而发展起来的。这些成像技术的共同点就是频率低，且与 NMR 有联系。Mc Callum 等[82]提出把 CW-EPR、LODEPRI、PEDRI 和 NMR 组合成一个体系的可能性，但能否应用于催化剂的研究尚未确定。

10.3 电子-核双共振（ENDOR）

在固体催化剂中，常由于很强的自旋-晶格或（和）自旋-自旋相互作用，而把本应有的超精细或超超精细结构变成一条宽的包络线。许多丰富的信息被埋在大包络线中取不出来。电子-核双共振（electron nuclear double resonance，ENDOR）技术已成功地应用于解决有机自由基的超精细分裂和过渡金属离子配合物的超超精细分裂[83]。因而，用 ENDOR 技术研究固体催化剂，越来越引起人们的重视。

10.3.1 电子-核双共振的基本原理[84]

当外磁场 H_0 与垂直于外磁场方向的电磁波 ν_0 满足下式

$$h\nu_0 = g\beta H_0$$

此时的 ν_0 等于未偶电子的 Larmor 旋进频率，则体系的未偶电子就会产生共振跃迁。在谱仪上就可以观测到 EPR 讯号。如果固定外磁场 H_0 和射频频率 ν_0 并加大射频的功率，使之接近饱和。再在垂直于磁场的方向给试样施加另一束频率为 ν 的电磁波，当该电磁波的频率接近或等于顺磁体系中的磁性核的 Larmor 旋进频率时，则可发生核磁共振。这时在谱仪上就可观测到电子-核双共振讯号。

10.3.1.1 $S = I = 1/2$ 体系的 ENDOR 谱

在 $S = I = 1/2$ 的体系中，当未偶电子的能级在外磁场 H_0 和磁性核（$I = 1/2$）的作用下，其能级分裂如图 10-11 所示。

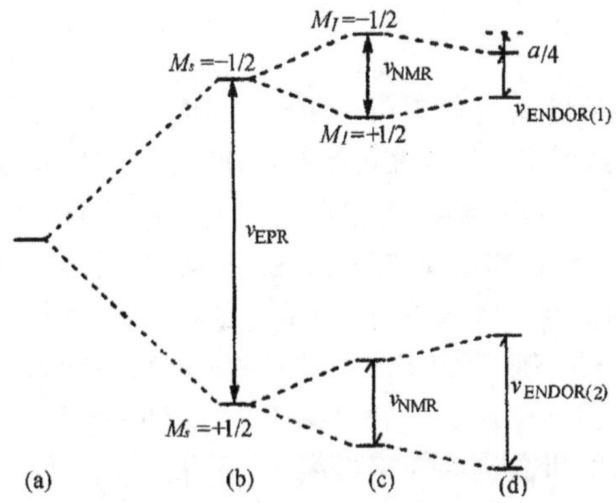

图 10-11　$S=I=1/2$ 体系未偶电子磁矩在外磁场及周围磁性核相互作用下的能级分裂示意图

其哈密尔顿算符可表示为

$$\mathscr{H}=g\beta HS+g_n\beta_n HI+a'IS$$

将 $\mathscr{H}$ 作用于本征函数 $|M_S, M_I>$，则得到本征值为

$$E(M_S,\ M_I)=-g\beta M_S H-g_n\beta_n M_I H+\alpha' M_S M_I$$

对应于各能级的能量为

$$E_1=E(+1/2,\ +1/2)=-\frac{1}{2}g\beta H-\frac{1}{2}g_n\beta_n H-a'/4$$

$$E_2=E(+1/2,\ -1/2)=-\frac{1}{2}g\beta H+\frac{1}{2}g_n\beta_n H+a'/4$$

$$E_3=E(-1/2,\ +1/2)=+\frac{1}{2}g\beta H-\frac{1}{2}g_n\beta_n H+a'/4$$

$$E_4=E(-1/2,\ -1/2)=+\frac{1}{2}g\beta H+\frac{1}{2}g_n\beta_n H-a'/4$$

发生 ENDOR 吸收的选律为 $\Delta M_S=0$，$\Delta M_I=1$。
ENDOR 吸收的频率为

$$\nu_{E1}=(E_4-E_3)/h=g_n\beta_n H/h-1/2a'/h=\nu_n-A/2 \tag{10-3}$$

$$\nu_{E2}=(E_2-E_1)/h=g_n\beta_n H/h+1/2a'/h=\nu_n+A/2 \tag{10-4}$$

其中

$$A = a'/h$$

由于磁性核的超精细耦合常数 a（$10^{0\sim1}$ MHz）比顺磁共振吸收的微波频率 ν_0（$10^{0\sim1}$GHz）小3个数量级，因此在进行ENDOR测定时，所选的微波频率 ν_0 即为共振磁场 H_0 时的频率。当用另一束射频照射试样并在一定的频率范围内连续地扫描时，则在 $\nu=\nu_n\pm a/2$ 处可观察到ENDOR吸收谱[式(10-3)和式(10-4)中的 ν_n 相当于体系中某磁性核的Larmor旋进频率]如图10-12所示。当 $\nu_n > a/2$ 时，ν_{E1} 和 ν_{E2} 均大于0，理论上可观察到两个峰。ENDOR谱图中两个对称峰位的距离即为 a（磁性核的超精细耦合常数）。当 $\nu_n \leqslant a/2$ 时，$\nu_{E1} \leqslant 0$，只能观察到1个ENDOR峰。但因为 ν_n 是在两个对称峰位的中点，因此只要知道 ν_n 即可求得 a。

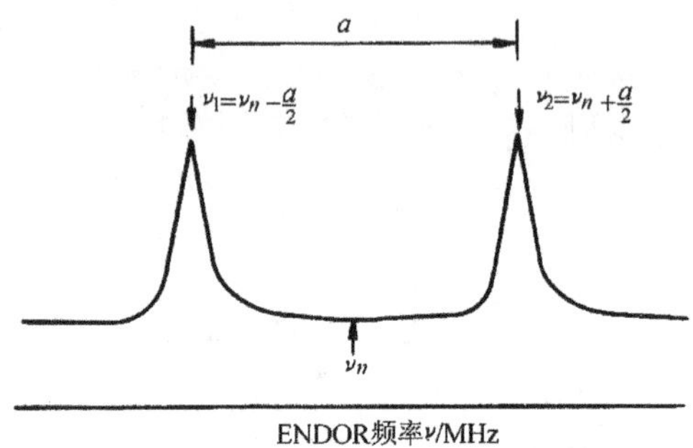

图 10-12　$S=1/2$、$I=1/2$ 体系的两个ENDOR信号的位置 ν_1 和 ν_2

在测定ENDOR谱时，由于外磁场和微波频率各自锁定在共振磁场和共振频率上，当另一射频的频率不满足NMR跃迁（即 $\nu\neq\nu_n\pm a/2$）条件时，电子自旋在自旋能级上的分布极易接近饱和，此时EPR信号较弱，当射频频率满足NMR跃迁时，例如，当 $\nu=\nu_n-a/2$ 时，原分布在 E_3 上的电子受激而跃迁到能级 E_4 上，破坏了电子在 E_1 和 E_3 能级上的分布平衡，从而消除了饱和状态，使EPR信号增强。

10.3.1.2　$S=1/2$、$I=1$ 体系的ENDOR谱

属于 $S=1/2$、$I=1$ 的体系，如含 ^{14}N 的顺磁粒子。由于磁性核 ^{14}N 的 $I=1>1/2$，它的核四极矩 Q 不等于零，使在核自旋磁矩的作用下已经发生分裂的能级进一步产生分裂（图10-13）。

哈密顿算符可用式（10-5）表示

$$\mathscr{H} = g\beta HS + g_n\beta_n HI + a'IS + IQ'I \tag{10-5}$$

对应的本征值为

$$E(M_S, M_I) = -M_S g\beta H - M_I g_n\beta_n H - a'M_I M_S + [M_I^2 - I(I+1)/3]Q' \tag{10-6}$$

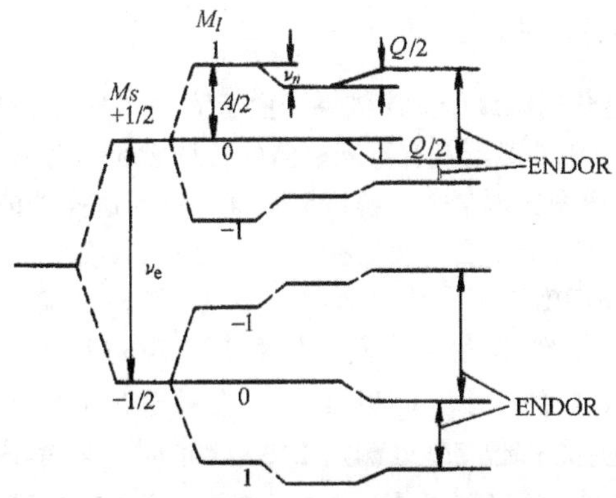

图 10-13 $S=1/2$、$I=1$ 的体系在外磁场磁性核作用下的能级分裂图

则 ENDOR 吸收峰的频率为

$$\nu_E = \left| \nu_n \pm \frac{1}{2}A \pm \frac{3}{2}Q \right| \tag{10-7}$$

式中：A——超精细耦合常数（$=2a'/h$）；

Q——核电四极矩耦合常数（$=2Q'/3h$）。

根据选率，应有 4 个 ENDOR 吸收峰。图 10-14(a) ~ 图 10-14(c) 分别给出了 $A>3Q$、$A<3Q$ 和 $A=3Q$ 时的 ENDOR 谱图。当 $\nu_n>(A+3Q)/2$ 时，可观察到如图 10-14 所示的 4 个峰，它们的位置还与 Q 和 a 的相对大小有关，当 $\nu_n \leqslant (A+3Q)/2$ 时，则不能观察到全部的 4 个峰。

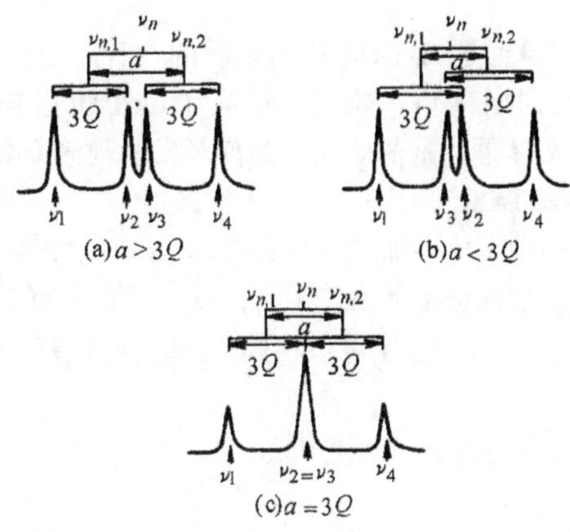

图 10-14 $S=1/2$、$I=1$ 的体系 $\nu_n>(a+3Q)/2$ 时的 ENDOR 信号位置

10.3.1.3 无序体系的 ENDOR 谱

绝大多数的固体催化剂都属于无序体系。由于无序体系的复杂性，求解本征函数和本征值 十分困难。相对于外磁场具有不同取向的各顺磁粒子对 ENDOR 谱都有贡献，导致无序体系的 ENDOR 谱图更加复杂，解析更困难。对于这样的体系，通常是采用定向选择方法[85]。所谓定向选择方法，就是在进行 ENDOR 测定前，首先测定试样的 EPR 谱图，并对此谱图进行正确解析，从中确定 g_{xx}、g_{yy}和 g_{zz}的值及其所对应的场强 H_{xx}、H_{yy}和 H_{zz}和微波频率 ν_0，然后在各共振磁场和频率下进行 ENDOR 测定，从得到的 ENDOR谱图中确定所对应的 A_{xx}、A_{yy}以及 A_{zz}。在轴对称的体系中，$g_{zz}=g_{/\!/}$；$g_{xx}=g_{yy}=g_{\perp}$,在与 $g_{/\!/}$相对应的部位 $H_{/\!/}$处测定 ENDOR 谱时，只有平行于外磁场方向的粒子对 ENDOR 谱才有贡献。这样测得的 ENDOR 谱称为“类单晶型”谱［图 10-15（a)］。若在 $g_{\perp}$范围内记录 ENDOR 时，外磁场施加给 xy 平面上所有取向的分子，它们对所测得的 ENDOR 谱都有贡献。这样测得的 ENDOR 谱称为“粉末型”谱［图 10-15（b)］。

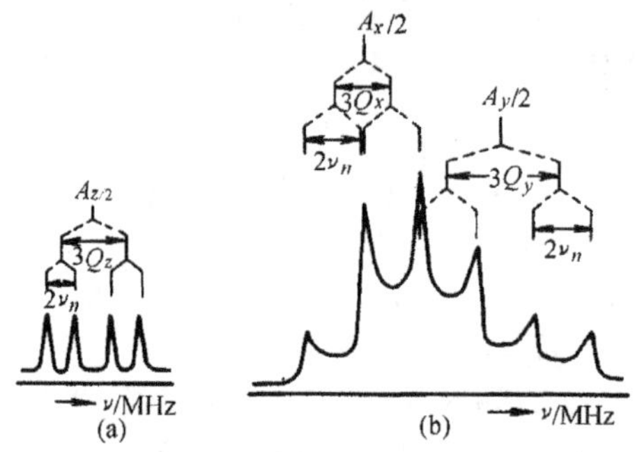

图 10-15 无序体系的 ENDOR 谱
(a)“类单晶型”谱；(b)“粉末型”谱

10.3.1.4 ENDOR 技术的扩展[86]

定向选择 ENDOR 粉末谱也是 ENDOR 技术扩展的一种。因为它在固体催化剂研究中很有用，所以把它单独列出来讲。此外，还有 D-ENDOR、EI-EPR、CP-ENDOR 和 PM-ENDOR 是否可应用于固体催化剂的研究，尚待开发。现简介如下。

(1) 双核 ENDOR（D-ENDOR)

含有两个等价磁性核的顺磁体系如 $S=1/2$、$I_1=I_2=1/2$，是此类体系中最简单的一种。要想同时测得其超精细耦合常数 A_1 和 A_2，就必须在垂直于外磁场方向加两束相互垂直的射频场[87]。用前面讲过的方法可以得到两组各两条线的 ENDOR 谱。这就是所谓的 D-ENDOR 谱。

体系的 Hamiltoian 算符描述如下

$$\mathscr{H}=g\beta HS-g_n\beta_nHI+A_1I_1S+A_2I_2S \tag{10-8}$$

式（10-8）中的 $I = I_1 + I_2$ 根据选律，有 4 条 ENDOR 谱线

$$\Delta M_{I,2} = 1, h\nu_{n1} = g_n\beta_n H - A_2/2;$$

$$\Delta M_{I,1} = 1, h\nu_{n2} = g_n\beta_n H - A_2/2;$$

$$\Delta M_{I,1} = 1, h\nu_{n3} = g_n\beta_n H + A_2/2;$$

$$\Delta M_{I,4} = 1, h\nu_{n4} = g_n\beta_n H + A_2/2。$$

（2）ENDOR 诱导电子自旋共振（EPR）

由 ENDOR 诱导的 EPR 谱是 ENDOR 谱的补充。从它能观测到整个 EPR 谱附加特殊的 ENDOR 跃迁部分。Schweiger 评论[88] EI-EPR 是单一的 ENDOR 跃迁，表现为外磁场的函数而不是射频场的函数。因而，它是一种剥离重叠谱线很好的方法。图 10-16（a）是 Cu（acacen）掺杂在 Ni（acacen）单晶中的 EPR 谱[89]，其中 acacen 为乙二胺二乙酰丙酮。垂直和平行各有 4 组，每组都有 5 条超超精细结构，但垂直的 4 组与平行的第 3 组完全重叠而难以分辨。图 10-16（b）是垂直部分的 EI-EPR 谱[88]，其中 4 组，每组 5 条超超精细结构分得很清楚。

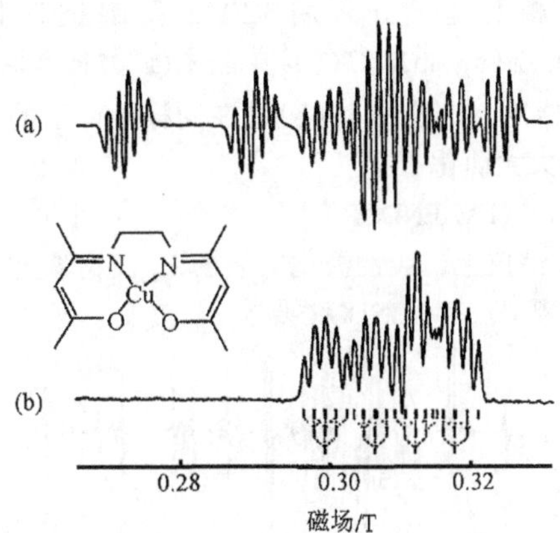

图 10-16　Cu（acacen）掺杂在 Ni（acacen）单晶中的 EPR 谱（a）和 IE-EPR 谱（b）

图 10-17[89]是 V（bz)$_2$ 稀释在茂铁粉末中的 EPR 粉末谱（a）以及该粉末试样的类单晶 EI-EPR 谱（b～e），$\Delta\nu$ 的值接近$^{H}A_{max}/2$。（b）$\Delta\nu = 8.50$ Mz；（c）$\Delta\nu = 8.70$ Mz；（d）$\Delta\nu = 8.75$ Mz；（e）$\Delta\nu = 8.80$ Mz。从图 10-17（c）可以看出^{51}V 核（$I = 7/2$）的 8 条超精细结构谱线清晰可辨。这说明不仅单晶试样可用 EI-EPR 谱剥离谱线的重叠，粉末谱同样也可用 EI-EPR 谱来剥离谱线的重叠[89]。

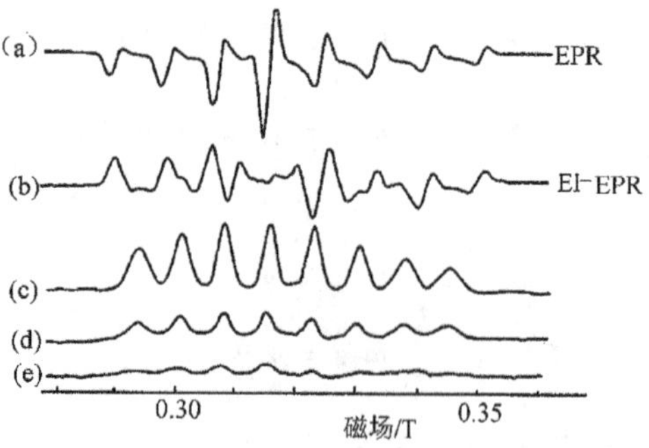

图 10-17 V (bz)$_2$ 粉末试样稀释在二茂铁中的 EPR 谱 (a) 和类单晶 EI-EPR 谱 (b) ~ (e)

(3) 环形极化 ENDOR (CP-ENDOR)

环形极化 ENDOR 的射频场，可由两个线性极化射频场的矢量 $H_x(t) = iH_{x0}\cos\omega t$ 和 $H_y(t) = iH_{y0} = \cos(\omega t + \phi)$之和得到。$H_{x0} = H_{y0} = H_2$ 对于左极化 $\phi = 90°$，右极化 $\phi = -90°$，这两个线性极化场是由射频电流通过两对平行于外磁场 H 的线圈产生的，两对线圈形成两个半环形相互垂直。采用 TE112 型圆柱谐振腔。图 10-18(a)是 Cu(biyam)$_2$(ClO$_4$)$_2$掺杂在 Zn(biyam)$_2$(ClO$_4$)$_2$ 单晶中(试样任意取向在 20K 下)，用常规线性极化射频场测定的 ENDOR 谱；图 10-18(b)是在同样条件下的CP-ENDOR谱。从图 10-18 中可看出，后者比前者大大简化[90]。

(4) 极化-调制 ENDOR (PM-ENDOR)

在极化-调制 ENDOR 谱仪上，线性极化射频场 H_2 在实验坐标系的 xy 平面以 $\nu_r \ll \nu_m$ 旋转。这里的 ν_m 为调制频率。PM-ENDOR 要求 ν_m 较小。

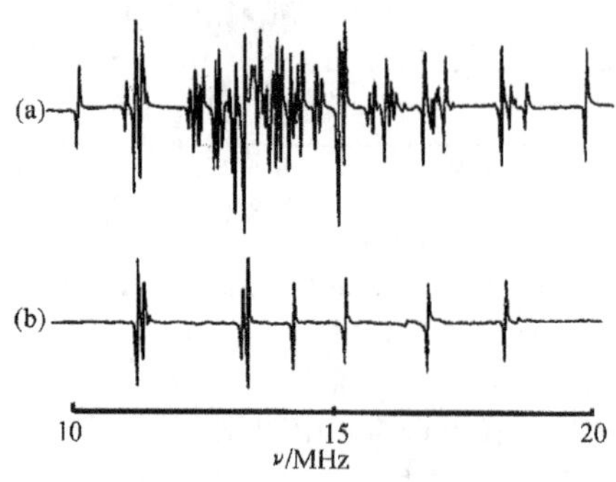

图 10-18 Cu(byiam)$_2$(ClO$_4$)$_2$ 掺杂在 Zn(biyam)$_2$(ClO$_4$)$_2$ 单晶中常规的 ENDOR 谱(a)和 CP-ENDOR 谱(b)

10.3.2 ENDOR 在固体催化剂研究中的应用

ENDOR 信号强度取决于未偶电子和周围磁性核间的距离以及磁性核的种类和数量等因素。由于电子自旋与核的相互作用与它们之间的距离 r^{-6}成正比，因此通过ENDOR 信号可获得未偶电子周围相距 0.5 ~ 0.6 nm 微环境内的结构信息[90]。对于催化剂来说，这样的厚度也正属于催化剂表面的范围。从而通过 ENDOR 技术可有效地获取催化剂表面的组成、结构等相关的信息。

10.3.2.1 吸附在氧化铝和硅酸铝催化剂表面上的苝自由基

1961 年，Rooney 等[91]首先用 EPR 研究在活性氧化物表面生成苝自由基的报道。从那时起苝自由基的生成一直都是含糊地认为与氧化铝或硅酸铝表面的 Lewis 酸中心有关。Dollish 等[92]于 1967 年提出是由硅铝沸石的 Bronsted 酸中心脱水生成的。1968 年，他们又提出苝在氧化铝、硅铝沸石表面生成自由基时氧是电子受体的证据[93]。然而，1969 年，Garret 等[94]报道，他们所观测到的 EPR 讯号是由于苝的一个电子被含铝 0.8% 的氧化硅表面的$^{27}Al^{3+}$中心所夺取的。可是，Muha[95,96]提供关于苝在氧化铝和硅酸铝表面运动和形态的信息，并据此以及其他信息，得出苝在氧化铝表面的给电子与受电子中心之间，以共同协作的方式生成负离子自由基而不是正离子自由基的结论[97]。1980 年，Clarkson 等[98]曾用 ENDOR 技术提供了苝的 β-质子的超精细耦合常数与氧化物表面 O_2^- 的反键 π^* 轨道有关的证据，支持了表面氧是电子受体的看法。Flockhart 等[99]提出，苝在氧化铝表面生成自由基是被 Lewis 碱中毒所致。后来他又提出在氧化铝表面有两种中心的假设：一种中心使苝被氧化为正离子自由基，同时与氧分子结合给出一条毫无特征的 EPR 宽线；另一种中心使苝生成自由基，但不与氧分子结合给出具有超精细结构的 EPR 讯号。其实，比他们早一年，在 1982 年，Woznie Wski 等[100]已提出与他们不同的两种中心的论点：给出具有超精细结构的 EPR 波谱的是苝与硅酸铝表面的 Brönsted 酸中心生成的自由基所贡献；而给出一条毫无特征的 EPR 宽线应归属于 Lewis 酸中心与自由基之间建立起来的物理联系。至此，苝在固体酸催化剂（包括氧化铝、硅酸铝、硅铝沸石等）表面生成自由基的机理，争论了 20 多年仍然未能得到统一的结论。

Rothenberger 等[101]用 ENDOR 研究了 Al_2O_3 和 SiO_2-Al_2O_3 催化剂表面苝的吸附机理。发现 120K 时活化的氧化铝从苯溶液中吸附苝后在 14.3 MHz 处出现一个很强的信号。此外在 3.7 MHz 处出现一个弱信号。在进行 ENDOR 测定时的磁场强度为 3380 G，可计算出质子的 Larmor 频率 $\nu_H = 14.4$ MHz。因此，该信号应归属于质子的 Larmor 频率。同时也可算出^{27}Al 核的 Larmor 频率 $\nu_{Al} = 3.78$ MHz。可见，位于 3.7 MHz 的 ENDOR 谱线应归属于^{27}Al 核的 Larmor 频率。当活化氧化铝从六氘代苯溶液中吸附苝后，除了上述的两个信号外，还在 2.3MHz 处出现一条谱线。经计算，氘核的 Lamor 频率 $\nu_D = 2.21$ MHz。当该试样在高真空下处理后，3.7MHz 处的信号无明显变化，而 2.3 MHz 处的信号消失，参见表 10-1（3）。显然这与活性氧化铝对溶剂的物理吸附有关，故可以认为 2.3MHz 处的 ENDOR 谱线应归属于溶剂 d_6-苯中氘核的 Larmor 频率。

为了确定 14.3 MHz 和 3.7 MHz 处的信号的归属，用 d_{12}-六氘代苯溶液吸附后进行 ENDOR 测定，结果如表 10-1 中（4）所示。从表 10-1 中（4）可以看到，这两个信号连同 2.3 MHz 处的信号均存在。由于此时被吸附的 d_{12}-苝和溶剂 d_6-苯中均无质子存在，因此可以推断这个信号是由催化剂表面存在的质子所给出的。由于在活性氧化铝表面可同时存在 Lewis 酸中心和羟化 Lewis 酸中心，因此该 14.3 MHz 处的 ENDOR 谱线很可能是羟化 Lewis 酸中心（Al-OH）上的质子。

3.7 MHz 处出现的信号可能是^{27}Al（ν_n 为 3.78 MHz）或^{13}C（$\nu_n = 3,58$ MHz），由

于^{13}C的丰度仅为1.1%，因而推定此信号为^{27}Al所属。

为了确证3.7 MHz处信号的归属和给出14.3 MHz信号的质子的性质，用商品硅酸铝催化剂（Houdry M-46，组成约为90%SiO_2和10%Al_2O_3）进行了类似的实验，结果如表10-1中（5）~表10-1中（7）所示。由于硅酸铝催化剂中Al_2O_3含量很低，其给出的信号很弱（淹没在噪音中），3.7 MHz处的ENDOR谱线均消失。表10-1中（5）的14.3 MHz谱线可能是溶剂中苯环上的质子峰。奇怪的是，虽然硅酸铝催化剂中存在着大量的Brönsted酸中心，但却没有给出Brönsted酸质子的ENDOR信号。这一现象表明，当苝在活性氧化铝表面被吸附时，其吸附发生在羟化Lewis酸中心上，而在硅酸铝催化剂上被吸附时，其吸附位与Brönsted酸中心的距离较远。总之，通过ENDOR方法得知，苝吸附点的微环境在活性氧化铝表面与硅酸铝催化剂表面有所不同的。

表10-1　在活化氧化铝或硅酸铝上吸附的ENDOR波谱[101]

序号	催化剂	吸附剂	溶剂	14.3 MHz	3.7 MHz	2.3MHz
(1)	Al_2O_3	$Pery^+$	C_6H_6	强	有信号	—
(2)	Al_2O_3	$Pery^+$	C_6D_6	强	有信号	有信号
(3)	Al_2O_3	$Pery^+$	C_6D_6（高真空处理）	强	有信号	—
(4)	Al_2O_3	d_{12}-$Pery^+$	C_6D_6	强	有信号	有信号
(5)	Houdry M—46	$Pery^+$	C_6H_6	中强	—	—
(6)	Houdry M—46	$Pery^+$	C_6D_6	很弱	—	有信号
(7)	Houdry M—46	d_{12}-$Pery^+$	C_6D_6	很弱	—	有信号

10.3.2.2　HY分子筛催化剂上表面配合物的ENDOR研究

固体酸催化剂如三氯化铝、去阳离子型沸石等，存在着电子授受中心。在进行催化反应时导致稳定的顺磁碎片（正负离子自由基配合物）的生成。这就有利于应用EPR波谱及其相关的技术通过分子指示剂[102]来研究催化剂的氧化-还原性能。

活性催化剂表面的氧化-还原性能，通常与各中心的性质有关。因此，选用合适的分子指示剂显得尤为重要。这在红外光谱研究催化剂的酸性中心中已是常规的方法[103]。相似的研究在EPR波谱中也已经开展起来。蒽醌、氮氧自由基2，2，6，6-四甲基-1-哌啶氧都已被用来作为分析氧化铝表面受体性能的探针分子[104]。在某些情况下，受电子中心上的信息是从生成磁性分子的波谱中，出现表面探针分子磁性核的外加超精细结构得到的[105]。

Samoilova等[106]选择四氯邻苯二醌为探针分子。制备了3种试样：A. 四氯邻苯二醌溶在八氘代甲苯溶剂中再被吸附在$AlCl_3$上；B. 四氯邻苯二醌的蒸汽被吸附在活化的HY沸石上；C. 四氯邻苯二醌溶在六氟代苯溶剂中再被吸附在活化的HY沸石上。试样A在室温和140K下以及试样B在室温下测得的EPR波谱，如图10-19中a、图10-19中

b、图 10-19 中 c 所示。图 10-19 中 a 呈现由 6 条裂距为 2.5G 的超精细结构的波谱。波谱的超精细结构是由^{27}Al核贡献的(^{27}Al核的 $I = 5/2$)。这与邻苯半醌-Al^{3+}配合物的波谱[107]吻合。但当在 140K 下录谱时,超精细结构消失了,只得到一条线宽为 13 ~ 14 G 的宽线(图 10-19 中 b)。这与试样 B 在室温下测得的 EPR 波谱(图 10-19 中 c)相似。这种相似性不能证明试样 B 四氯邻苯二醌在活化的 HY 沸石上也生成Al^{3+}配合物。

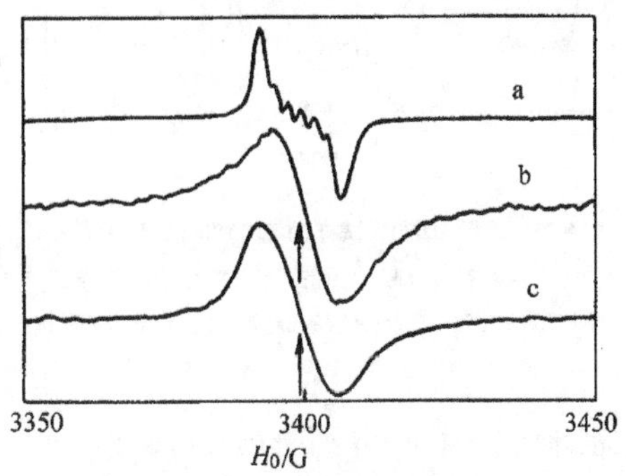

图 10-19　试样的 EPR 谱

a. 试样 A 在室温下测得的 EPR 谱;b. 试样 A 在 140K 下测得的 EPR 谱;c. 试样 B 在室温下测得的 EPR 谱。箭头所指是 ENDOR 谱测定的磁场位置

于是,对试样 A、B、C 进行了 ENDOR 谱的测定,如图 10-20 中 a、图 10-20 中 b、图 10-20 中 c 所示。试样 A 和试样B 的 ENDOR 谱基本相似，如图 10-20 中 a 和图 10-20 中 b 所示，都在 6.5 ~ 7MHz 处有一条强的 ENDOR 峰，在 14.5 MHz 处一条弱的质子 Larmor 频率峰（$\nu_H = 14.4$MHz)。试样 C 的 ENDOR 谱除与试样 A 和试样 B 的 ENDOR 谱基本相似外，还在 13.8 MHz 处由于未偶电子与溶剂中的^{19}F核偶极相互作用多了一条外加的谱线(^{19}F核的 Larmor 频率 $\nu_F = 13.6$ MHz)。^{27}Al核超精细分裂的 ENDOR 谱应该有两条线，对称分布在^{27}Al核 Larmor 频率线 ν_{Al}的两边。但从图 10-20 中只看到一条，却找不到 ν_{Al}。如果四氯邻苯二醌-^{27}Al配合物上的未偶电子与^{27}Al核的超精细耦合常数如图10-19 中 a 给出的是 2.5G（7.2 MHz)，而图 10-20 中在 6.5 ~ 7 MHz 处的强 ENDOR 峰是两条线中处在高频的那一条，则^{27}Al核的 Larmor 频率线 ν_{Al}应在 3.4 MHz 处。处在低频的那一条谱线就无法检测到了。这终究是推测，要想从实验测得^{27}Al核的 Larmor 频率和未偶电子与^{27}Al核的超精细耦合常数的值还得采用自旋回波包络调制（ESEEM）方法。然而，通过 ENDOR 谱的研究可以确认，四氯邻苯二醌被吸附在 H 型沸石上，的确是与表面的 Lewis 酸中心生成配合物。采用 ESEEM 方法定出未偶电子与^{27}Al核的超精细耦合常数的值为 6 MHz。

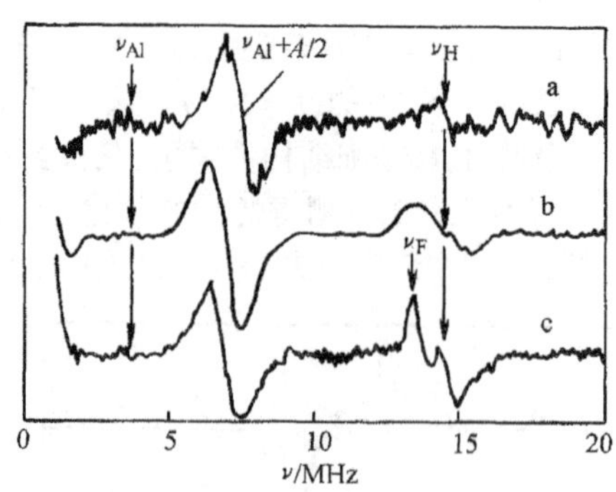

图 10-20 试样的 ENDOR 谱
a. 试样 A 在 140 K 记录的 ENDOR 谱；b. 试样 B 的 ENDOR 谱；c. 试样 C 在 200 K 记录的 ENDOR 谱

10.3.2.3 苯自由基在硅胶和 HY 分子筛上的吸附状态

在烃类尤其是芳香烃类的催化反应中，其活泼中间态可能是烃类自由基。这类自由基在一般情况下可能是很不稳定的，但却可以稳定地存在于分子筛或金属氧化物表面上。因此用 EPR 方法研究各类自由基的吸附状态引起人们极大的兴趣。被吸附分子中的以及催化剂表面吸附中心上的磁性核与未偶电子的磁矩产生的超精细结构，能提供丰富的信息，但由于 EPR 波谱难以分辨而提取不出有用的信息，而 ENDOR 方法是进行这一类研究十分有力的工具[108~110]。

Erickson 等[108]研究了苯正离子自由基在硅胶和 HY 分子筛上的吸附状态。苯先吸附在硅胶或 HY 分子筛上，然后在 77K 下用 X 射线（钨靶 70 kV，20mA）照射 10 min 即产生苯正离子自由基。发现在 3 ~ 77 K 内，苯正离子自由基在硅胶或 HY 分子筛上都给出非常相似的 EPR 谱（七重峰，$a\approx4.5\sim5$ G)。这七重峰像是 6 个等价质子的各向同性超精细分裂。其实，肯定是各向异性的谱，只不过它们的 $g_{//}=2.0023$ 和 $g_{\perp}=2.0029$ 相距很近而已[111]。处在共振中心低场部分的 3 条超精细分裂谱线分辨得很好，而高场部分由于 g 张量和 A 张量的各向异性使谱线变宽而分辨不好。若将苯中的一个氢被氘代，在 77 K 时，得到 6 条清晰可辨的超精细谱峰，其裂距 $a_H=4.4$ G。同时还可见到每个峰部分可辨。由于氘核引起的分裂，氘的裂距 $a_D=0.7\sim0.8$ G（$a_H/a_D\approx6.3$），当温度降低到 25 K 时，氘核的超精细结构因谱线变宽、重叠已基本无法分辨而聚集成为 6 重峰。当温度降为 3.5 K 时，谱线发生急剧变化，氢核的超精细结构也消失了，成为一条宽线。EPR 给出的这些信息不足以使我们了解苯正离子自由基在硅胶或 HY 分子筛表面吸附的细节。

早期的 EPR 工作[112]已阐明，苯正离子在硅胶表面生成二聚体和单体共存。当检测温度上升到 77 K 时，呈现可分辨出 9 重峰的 EPR 谱图。这 9 重峰就是苯正离子二聚体的特征谱图。在饱和此信号的条件下测定 ENDOR 时可使二聚体的信号增强。二聚体和单体的相对比例取决于温度和在硅胶表面的覆盖度。$C_6H_6^+/SiO_2$ 试样具有等量单体和二聚体在 110K 测得的 ENDOR 谱如图 10-21（a）所示。外边的两条对称谱线，其裂距为

14.14 MHz（5.05 G）应归属于单体。大约在 11 和 17 这两条谱线，其裂距为 6.67 MHz（2.38 G）归属于二聚体。在质子的 Larmor 频率 ν_H 附近还有两条谱线，其裂距为 0.46 MHz（0.16 G）。这一对谱线如何归属，参见 $C_6D_6^+/SiO_2$ 的 ENDOR 谱，如图 10-21（b）所示。对应于 d_6-苯的单体和二聚体氘核的分裂大约为 2.0 MHz 和 1.0 MHz（这是由于氘核的旋磁比小于氢核约 7 倍）。然而，在质子的 Larmor 频率 ν_H 附近，仍然呈现两条裂距为 0.46 MHz（0.16 G）的谱线。因此，裂距为 0.46 MHz（0.16 G）的这一对谱线应归属于硅胶表面 OH 基上的质子。随着试样温度的升高，单体的 ENDOR 讯号逐渐消失，而二聚体的谱线增强。

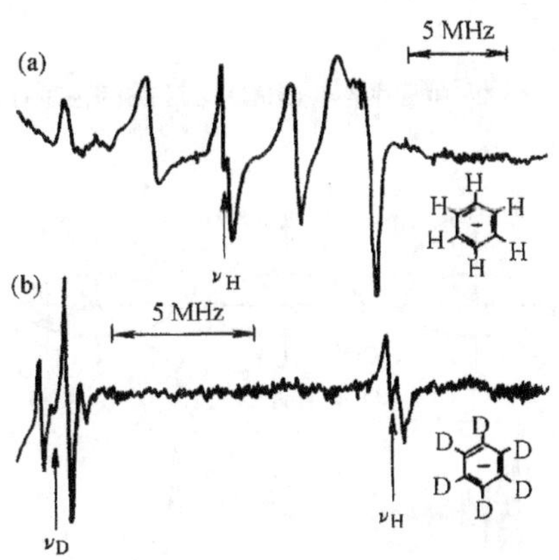

图 10-21 $C_6H_6^+/SiO_2$（a）和 $C_6D_6^+/SiO_2$（b）在 110 K 下测得的 ENDOR 谱

与 SiO_2 相似，$C_6H_6^+/HY$ 分子筛的 EPR 和 ENDOR 谱都有单体和二聚体的谱线。其 ENDOR 谱的质子 Larmor 频率 ν_H 附近也有裂距为 0.30 MHz 的两条线，应归属于分子筛中的氢与未偶电子远程超精细相互作用。

10.4 自旋回波包络调制（ESEEM）

10.4.1 基本原理

以上介绍的都是连续波（CW）的。自旋回波包络调制（electron spin echo envelope modulation，ESEEM）是脉冲 EPR 系列中的一种。因此，还得从单脉冲说起。

当把射频场 H_1 关掉（off）的那一刹那起，仍然可以见到一个随时间变化的章动（nutation）讯号。用方波作为激发脉冲，当脉冲截止时就开始出现一个长度为 τ 的时间间隔，如图 10-22 所示。在脉冲末端所观察到的磁化强度 M 随时间变化的（行为）现象，被称为“无感应衰减”（free induction decay，FID）。与以上所述的由 H_1 所驱动的自旋跃迁情况相反，这里的“free”是没有射频场 H_1 存在的意思。而这时的外磁场 H 仍然保持（on）不变。脉冲的 EPR 所关注的就是 FID 产生的讯号（时间的函数）。经过 Fourier 变换又可得到我们所要的频率函数讯号，如图 10-23 所示[113]。

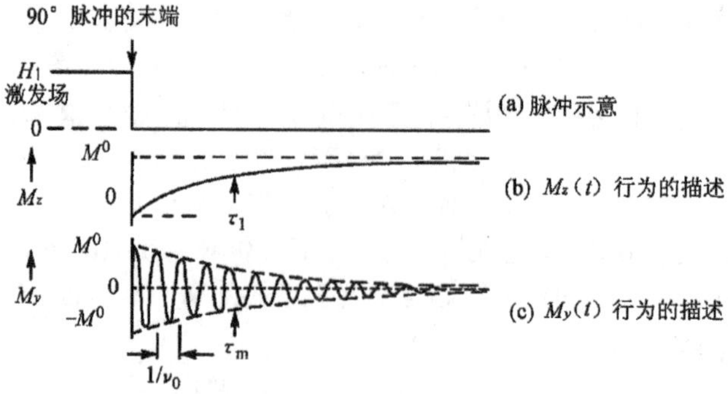

图 10-22 90°脉冲结束（末端）之后磁化强度的行为

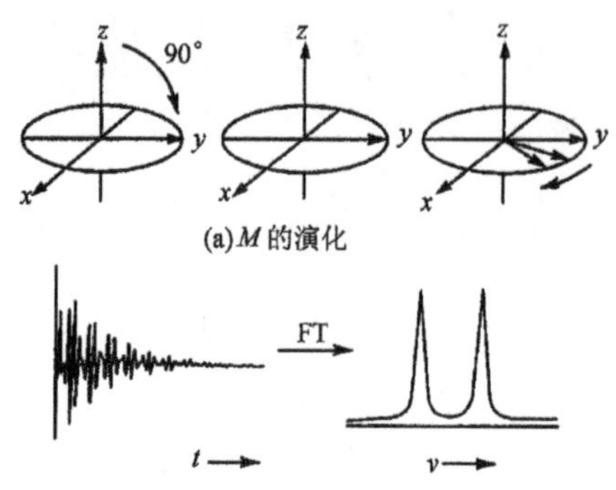

(b) FID及其相应的FT-EPR谱

图 10-23 $S = I = 1/2$ 体系在 FT-EPR 实验中磁化强度[113]

射频场 H_1 以 90°脉冲加上去经过一个时间间隔 Δ 之后，紧接着再以 180°脉冲加上去，再经过一个时间间隔 Δ 就会产生回波（echo）。从第二个脉冲关掉到 Δ 时这一点，回波振幅有最大值，如图 10-24 所示[113]。

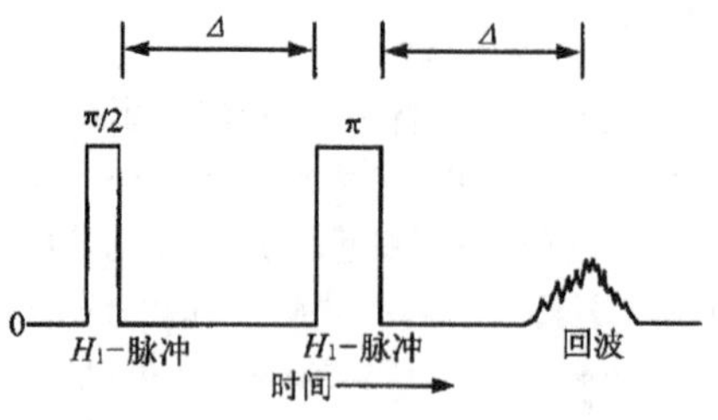

图 10-24 H_1 方波脉冲 $\pi/2 \to \Delta \to \pi \to \Delta \to$ 回波系列示意图

回波的振幅是时间间隔 Δ 的函数，可被存储在电脑中。回波讯号高度的递减可作

为 Δ 增长的函数测得，恰好给出“相记忆”弛豫时间 τ_m。在被选定的体系中，回波的振幅对间隔时间 Δ 作图都展现出周期性地重复，见图 10-25（a）。这就像在一条衰减曲线（envelope）上加上一集 τ_m“调制”。回波的讯号是时间的函数，经过傅里叶变换，就可得到频率函数的讯号，见图 10-25（b）。就是所要的 ESEEM 谱[114]。

回波的大小是在一个脉冲序列中的第 2 和第 3 个脉冲之间的时间函数记录下来的，组成一个时间域的波谱。该波谱由两个函数组成，一个是从头到尾衰减的包络；另一个则是骑在尾衰减的包络线的含有结构信息的“调制”花纹。“包络调制”一词可能就来源于此。由于我们的兴趣在于含有结构信息的“调制”花纹，在实验上处理了该包络线的背景之后，分离出一个多项式的函数，保持时间域的数据，经过傅里叶变换，得到一个频率域的波谱。给出频率格式的数据，类似于 ENDOR 谱，但又不同于 ENDOR 谱，ESEEM 谱的强度能直接代表与其相互作用核的数目[109]。

在固体催化剂中总是含有（至少 1 个）磁性核（$I\neq 0$）与未偶电子产生超精细互作用。由于某些核所处的位置离未偶电子遥远，换言之，未偶电子到达核心的概率密度极小，或核的 g_n 较小，以至于产生的超精细互作用很微弱，甚至用 ENDOR 技术也无法探测到。然而，在 ESEEM 谱中，它们表现为在脉冲后回波的衰减曲线上产生的调制。即使是极微弱的超精细互作用产生的信号都能被检测出来。在此情况下，ESEEM 谱就有可能提供更为精确、更为准确的信息。

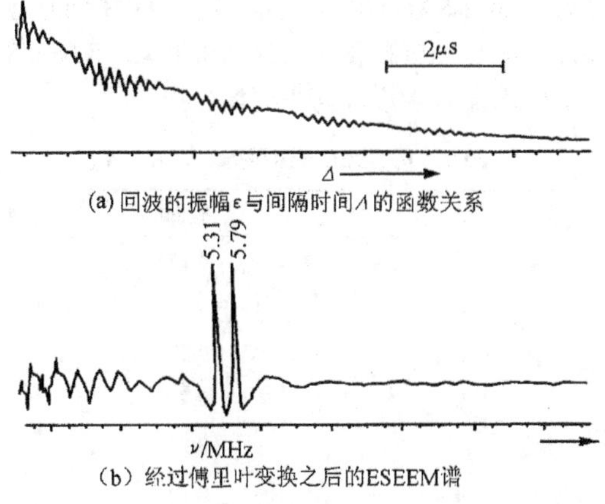

(a) 回波的振幅ε与间隔时间Δ的函数关系

(b) 经过傅里叶变换之后的ESEEM谱

图 10-25　在一个脉冲序列为 $\pi/2-\Delta-\pi-\Delta-\varepsilon$ 的实验中

10.4.2　ESEEM 在固体催化剂研究中的应用举例

10.4.2.1　过渡金属交换的分子筛（有序体系）的 ESEEM 谱

美国 Houston 大学的 Larry Kevan 教授从 20 世纪 70 年代就开始电子自旋回波（ESE）在固体催化剂方面的应用研究，一直持续到现在，尤其是在分子筛的 ESEEM 方面的工作[115～119]。

氘代分子被吸附到 Cu(Ⅱ)离子交换的硅酸镓 K-Offretite 沸石上，用 ESEEM 谱测得在硅酸镓 K-Offretite 沸石上的 Cu(Ⅱ)离子与氘代分子相互作用的氘核数目(N)，Cu(Ⅱ)与氘核的距离(R)以及各向同性超精细耦合系数(A_{iso})列表如表10-2[115]。

通过ESEEM谱得知,Cu(Ⅱ)离子在含水的硅酸镓K-Offretite沸石上是与3个H_2O分子配位,并与3个沸石晶格氧配位而被锚接在沸石晶格上。当沸石完全脱水后Cu(Ⅱ)离子从主通道被定位在阳离子位置上。在脱水的过程中,Cu(Ⅱ)离子有选择地经过ε-笼移至六棱柱中。当苯和吡啶被吸附上去时没有观测到与Cu(Ⅱ)离子有相互作用。当极性分子如水、乙醇、二甲亚砜和氨等被吸附上去时,会引起Cu(Ⅱ)离子向主通道迁徙,而非极性分子如乙烯就不会。Cu(Ⅱ)离子能与两个甲醇、乙醇、丙醇分子,与一个二甲亚砜分子生成配合物。与两个氨分子在轴向及3个分子筛骨架上的氧在6元环的窗口生成三角双锥配合物[115]。

用EPR谱和ESEEM谱研究了Ni(Ⅱ)交换的磷酸硅铝41分子筛(SAPO-41)在不同的还原条件下,Ni(Ⅱ)被还原为Ni(Ⅰ)的还原度、Ni(Ⅰ)离子所在的位置以及Ni(Ⅰ)离子与被吸附分子的相互作用[116]。用热、氢和γ辐射等还原方法都能把NiH-SAPO-41分子筛中的Ni(Ⅱ)还原为Ni(Ⅰ)离子。热还原只能生成单一的Ni(Ⅰ)离子,而氢还原则能生成一个以上的Ni(Ⅰ)离子。虽然γ辐射是最有效的还原方法,但也生成其他自由基碎片。ESEEM谱研究表明,生成的Ni(Ⅰ)离子不同于在NiH-SAPO-5和NiH-SAPO-11中的Ni(I),在NiH-SAPO-41中Ni(Ⅰ)是处在10元环主通道靠近6元环窗上。吸附水后,观测到Ni(I)-$(O_2)_n$的生成,表明水被分解。氘代氨被吸附在NiH-SAPO-41上生成Ni(I)-$(ND_3)_n$,氘代甲醇被吸附在NiH-SAPO-41上生成Ni(I)-$(CH_3OD)_n$。这里的$n=1$。乙烯被吸附在还原的NiH-SAPO-41上,与被吸附在NiH-SAPO-5和NiH-SAPO-11上相反,Ni(I)离子被进一步还原为Ni(0)而没有生成任何中间配合物。

表10-2 用ESEEM测得的N、R、A_{iso}

被吸附的氘化合物	N	R/nm	A_{iso}/MHz
D_2O	6	0.27	0.21
CD_3OH	6	0.37	0.18
CH_3OD	2	0.27	0.28
CH_3CH_2OD	2	0.29	0.28
$CH_3CH_2CH_2OD$	2	0.30	0.29
C_2D_4	4	0.35	0.12
$(D_3C)_2SO$	6	0.42	0.13
ND_3	6	0.27	0.34

10.4.2.2 ^{13}C和^{27}Al核在无序体系中的ESEEM谱

Snetsinger[109]利用煤中^{13}C的自然丰度进行ESEEM谱的测定。选定共振磁场为3490 G,其相应的共振频率为9.751 50 GHz。测得^{13}C核($g_n=1.4044$)的Zeeman频率为3.62 MHz。与未偶电子“轨道”的距离$r=0.305$nm。各向同性超精细互作用系数$a_{iso}=0.4$ MHz;煤中质子($g_n=5.585$)的Zeeman频率为14.93 MHz。与未偶电子“轨道”(波函数)的距离$r=0.760$ nm。各向同性超精细互作用系数$a_{iso}=0.03$ MHz。

Snetsinger[109]还利用苝在工业催化剂 Houdry-46（含 10% Al_2O_3 的 Si-Al 催化剂）上生成自由基来研究催化剂表面^{27}Al 核和^{1}H 核的相互作用。选定共振磁场为 3160 G，其相应的共振频率为 8.886 GHz。测得^{27}Al 核（$g_n = 1.4554$）的 Zeeman 频率为 3.41 MHz。与未偶电子“轨道”（波函数）的距离 $r = 0.33$ nm。各向同性超精细互作用系数 $a_{iso} = 0.1$ MHz；催化剂表面质子（$g_n = 5.585$）的 Zeeman 频率为 13.54 MHz。与未偶电子“轨道”的距离 $r = 0.70$ nm。各向同性超精细互作用系数 $a_{iso} = 0.01$ MHz。可以看出，苝自由基在 Si-Al 催化剂表面上同^{27}Al 核距离与同^{1}H 核距离相比，几乎小一倍。其各向同性超精细互作用系数几乎小 10 倍。以上测得的结果都用计算机进行了模拟验证。

10.4.2.3 混合碱硅酸盐玻璃的 ESEEM 谱

硅酸盐玻璃也属于无序体系，与固体催化剂或其载体有许多相似之处。经过 γ 射线辐照的玻璃具有顺磁信号（色心），CW-EPR 谱由于非均匀变宽，淹埋了很弱的超精细分裂。ESEEM 谱就为研究固体表面顺磁中心微环境的详细情况提供了有力工具。Astrakas 等[120]用 ESEEM 谱研究了 Li_2O 和 Na_2O 的混合碱硅酸盐玻璃。采用四脉冲二维超精细亚能级相关 ESEEM 谱（2D-HYSCORE）[121~123]，测量温度为 20 K，脉冲序列为 $\pi/2$—τ—$\pi/2$—t_1—π—t_2—$\pi/2$—echo 这里每 $\pi/2$ 脉冲为 16 ns。回波是以 t_1 和 t_2 的函数记录。在每一维都记录 256 个点；τ 值从 128 ~ 352 ns；t_1 和 t_2 从初始值起，均以每步 16 ns 递增。在激发-回波之间，适当地借用相-循环（phase-cycling）和 2D-HYSCORE 是为了清除不需要的回波[124,125]。测得各碱金属核的 Larmor 频率为 2.16 MHz（^{6}Li）；5.72 MHz（^{7}Li）；3.89 MHz（^{23}Na）各向同性超精细分裂系数 A_{iso} = （0.5 ± 0.1）MHz（^{7}Li）；A_{iso} = （0.2 ± 0.05）MHz（^{6}Li）；A_{iso} = （1.0 ± 0.1）MHz（^{23}Na）。g_z、A_z 和张量主轴的夹角 β 三者都是（60 ± 20）°。如果未偶电子在^{7}Li 的 2s 轨道上出现的概率密度为 100%，则 A_{iso} = 364.9MHz。不难算出该玻璃色心的未偶电子在^{7}Li 的 $2s$ 轨道上出现的概率密度为 0.5/364.9 = 0.13%。同理，该玻璃色心的未偶电子在^{23}Na 的 $3s$ 轨道上出现的概率密度为 1.0/927.1 = 0.11%（未偶电子在^{23}Na 的 $3s$ 轨道上出现的概率密度为 100%，则 A_{iso} = 927.1 MHz）。

作者[120]曾采用三脉冲的 ESEEM 谱，但未能得到分辨如此好的结果。四脉冲 2D-HYSCORE谱是 ESEEM 谱发展到了一个更高的层次。

10.5 结　　语

电子顺磁共振（EPR）在固体催化剂研究中的应用，经过 40 多年的努力有了很大的发展。其发展的思路，主要是借助磁性核的超精细相互作用提供更多、更丰富的信息。利用 ENDOR 研究固体催化剂的论文报道在近 10 年来增长很快。然而，不足的是 CW-ENDOR 的能量还是不够大，于是在固体催化剂的研究中，朝着 Pulse-ENDOR 的方向发展。脉冲技术和傅里叶变换的引入，ESE 由二脉冲发展到三脉冲、四脉冲二维相关谱，就显示出 ESEEM 谱在固体催化剂研究中的巨大威力。遗憾的是，尽管我国在 EPR 应用于固体催化剂方面的研究起步很早（不比日本晚），但几起几落反复波折，至今仍停留在 CW-EPR 的技术上，虽有 CW-ENDOR 技术，但发表的论文很少，甚至还没有一篇用于固体催化剂研究方面的报道。至今我国还没有一台 Pulse-EPR 谱仪。希望在不久的将来，我们也能有自己的 Pulse-EPR 谱仪，在国内开展 ESEEM 应用于固体催化剂的研究。

符 号 说 明

符号	说明
A	超精细耦合张量
A_{iso}	各向同性超精细耦合常数
$A_{/\!/}$	平行于外磁场方向的超精细耦合常数
$A_{\perp}$	垂直于外磁场方向的超精细耦合常数
a	超精细耦合常数
a'	虚拟超精细耦合常数
a_{iso}	各向同性超精细耦合常数
B	外磁场强度
D	零场分裂张量
E	能量
g	电子 Landé 因子
g_{iso}	各向同性的 g 值
g_n	核 Landé 因子
g_{xx}，g_{yy}，g_{zz}	g 在沿 x 轴，y 轴，z 轴方向的主值
$g_{\perp}$	垂直于外磁场方向的 g 值
$g_{/\!/}$	平行于外磁场方向的 g 值
H	磁场强度
H_0	共振磁场强度
H_1	射频场强度
H_2	线性极化射频场强度
H_x	x 方向的线性极化射频场强
H_{x0}	x 方向的线性极化射频场初始状态值
H_y	y 方向的线性极化射频场强
H_{y0}	y 方向的线性极化射频场初始状态值
$H_{/\!/}$	与 g 平行的相对应的磁场强度
$H_{\perp}$	与 g 垂直的相对应的磁场强度
ΔH	线宽
ΔH_{an}	各向异性谱线位置之差
$\mathscr{H}$	哈密顿算符
h	普朗克常数
I	核自旋量子数
M	磁化强度
M_I	核磁量子数的矢量和
m_I	核磁量子数
M_s	电子磁量子数的矢量和
m_s	电子磁量子数

N	氘核数目
Q	核四极矩张量
R	氘核距离
S	电子自旋量子数的矢量和
T_1	自旋-晶格弛豫时间
T_2	晶格-晶格弛豫时间
t	时间
α	裂距
β	波尔磁子
β_n	核磁子
Δ	脉冲间隔时间
ε	回波的振幅
ϕ	相角
τ	时间间隔
τ_m	"相记忆"弛豫时间
ν	线频率
ν_E	ENDOR 吸收的频率
ν_m	调制频率
ν_n	核的 Larmor 频率
ν_0	Larmor 频率
ν_r	旋转频率
ω	角频率

参 考 文 献

[1] O'Reilly D E. Advances in Catalysis Ⅻ. New York: Academic Press Inc, 1960. 31 ~ 116

[2] Rooney J J, Pink R C. Processings of Chemical Society 1961. 142-143

[3] Kazansky VB, Pariiskii G B et al. Discuss Faraday Society, 1961, 31: 203 ~ 210

[4] Matsunaga Y. Bull Chem Soc Japan, 1961, 34: 1291 ~ 1292

[5] 李文钊,徐元植,萧光琰．燃料化学学报, 1965, 6(3): 202 ~ 209

[6] 冯良波,陈英武,汪汉卿,石油化工, 1981, 10(3): 203 ~ 213; 10(4): 275 ~ 289

[7] 黄敏明．石油化工, 1991, 20(9): 651 ~ 665

[8] Che M, Gia mello E. In: Spectroscopic Characterization of Heterogeneous Catalysts. 1993, Vol. 57b: 265B

[9] Bonneviot L, Olivier D, Che M. J Mol Catal, 1983, 21: 415

[10] Louis C, Che M. J Phys Chem, 1987, 91: 2875 ~ 2883

[11] Che M, Gia mello E. In: Catalyst Characterization: Physical Techniques for Solid Materials. New York: Plenum Press, 1994. 131 ~ 179

[12] Lunsford J H, Vansnt E F. J Chem Soc, Faraday Trans 2, 1973, 69: 1028 ~ 1032

[13] Dyrek K, Labanowska M. J Chem Soc, Faraday Trans 1, 1991, 87: 1003 ~ 1009

[14] Che M, McAteer J C. Tench A J. J Chem Soc, Faraday Trans 1, 1978, 74: 2378 ~ 2384

[15] Mizuno J, Tanabe T. Toyota Chuo Kenkyusho R & D Rebyu, 1991, 26(3): 15 ~ 26

[16] Louis C, Che M, Sojka Z. 1st ESR Applied Organic Bioorganic Material Proceedings Europe Meeting 1992. 189

[17] Mabbs F E. Chem Soc Rev, 1993, 22(5): 313 ~ 324

[18] Dyrek K, Che M. Chem Rev, 1997, 97(1): 305 ~ 331

[19] Yahiro H, Shiotani M. Shokubai, 1999, 41(7): 531 ~ 536

[20] Gia mello E, Murphy D, Magnacca G et al. J Catal, 1992 136:510 ~ 520
[21] Anpo M, Matsuoka M, Shioya Y et al. J Phys Chem, 1994, 98:5744 ~ 5750
[22] Sojka Z, Che M, Gia mello E. J Phys Chem, 1997, 101(B):4831 ~ 4838
[23] I wamoto M, Yahiro H. Catal Today, 1994, 22:5 ~ 18
[24] I wamoto M, Yahiro H, Mizuno N et al. J Phys Chem, 1992, 96:9360 ~ 9366
[25] Lunina E V. Appl Spector, 1996, 50(11), 1413 ~ 1418
[26] Hong S B, Kim S J, Choi Y S et al. Stud Surf Sci Catal, 1997, 105 A:779 ~ 784
[27] Hubner G, Roduner E. Magn Reson Chem, 1999, 37:S23 ~ S26
[28] Lin K S, Wang H P, Langmuir, 2000, 16(6):2627 ~ 2631
[29] Deshpande S, Srinivas D, Ratnasamy P. J Catal, 1999, 188(2):261 ~ 269
[30] Du H, Roduner E, Fan W et al. 12th Proceedings of International Zeolite Conference 1999, 2:863 ~ 868
[31] Du H, Klemt R, Schell F et al. 12th Proceedings of International Zeolite Conference 1999, 4:2665 ~ 2672
[32] Khulbe K C, Mann R S. React Kinet Catal Lett, 1998, 65(1):87 ~ 91
[33] 王立,张菊. 石油化工,1998,27(10):713 ~ 715
[34] Chen F R, Fripiat J J. 9th Proceedings of International Zeolite Conference 1993, 4:603 ~ 610
[35] Witzel F, Karge H G, Gutaze A. 9th Proceedings of International Zeolite Conference 1993, 2:283 ~ 292
[36] Strugaru D, Trit E, Christea V et al. Radiat Phys Chem, 1995, 21(7):510
[37] Lindgren M, Lund A. Stud Surf Sci Catal, 1995, 94:673 ~ 680
[38] Rhodes C J, Hinds C S. Mol Eng, 1994, 4(1/3):119 ~ 145
[39] Kucherov A V, Hubbard C P, Shelef M. Catal Lett, 1995, 33(1/2):91 ~ 103
[40] Carl P J, Larsen S C. J Catal, 1999, 182:208 ~ 218
[41] Anderson M W, Kevan L. J Phys Chem, 1987, 91:4174 ~ 4179
[42] Larsen S C, Aylor A, Bell A T et al. J Phys Chem, 1994, 98:11 533 ~ 11 540
[43] Kucherov A V, Slinkin A A. J Phys Chem, 1989, 93:864 ~ 867
[44] 王立,徐元植. 化学学报,1989,47:1187 ~ 1190
[45] I wamoto M, Hamada H. Catal Today, 1991, 10:57 ~ 71
[46] Hall W K, Valyon J. Catal Lett, 1992, 15:311 ~ 313
[47] Sepulveda-Escrivano A, Marquez-Alvarez C, Rodriguez-Ramos I et al. Catal Today, 1993, 17:167 ~ 174
[48] Burch R, Millington P J. Appl Catal, 1993, B2:101 ~ 116
[49] Kucherov A V, Gerlock J L, Jen H-W et al. J Catal, 1995, 152:63 ~ 69
[50] Kucherov A V, Gerlock J L, Jen H-W et al. J Phys Chem, 1994, 98:4892 ~ 4894
[51] Kucherov A V, Slinkin A A, Kondrat'ev D A et al. J Mol Catal, 1986, 35:97 ~ 106
[52] Slinkin A A, Kucherov A V, Kharson M S et al. J Mol Catal, 1989, 53:293 ~ 303
[53] 高大维,沈建平,杨胥微,等. 催化学报,1992,13(4):274 ~ 277
[54] Bond G C, Tahir S F. Appl Catal, 1991, 71:1 ~ 31
[55] Busen G, Tarchetti L, Centi G et al. J Chem Soc Faraday Trans, 1998, 81(1):1003 ~ 1014
[56] Boseh H, Janssen F. Catal Today, 1988, 2:369 ~ 532
[57] Davidson A, Morin B, Che M. Colloid Surf A, 1993, 72:245 ~ 255
[58] 龚华,蒋致诚,褚衍来等. 催化学报,1997,18(5):378 ~ 383
[59] 刘加庚,马福泰,徐元植. 高等学校化学学报,1990,11(6):628 ~ 631
[60] 刘加庚,楼辉,徐端钧等. 催化学报,2000,21(1):35 ~ 39
[61] Eaton G R, Eaton S S. Handb Electron Spin Reson, 1999, 2:327 ~ 343
[62] Xu Y Z, Furusawa M Ikeya M et al. Chem Lett, 1991, 293 ~ 296;徐元植,古泽昌宏,池谷元伺等. 催化学报,1991,12(2):151 ~ 155
[63] Ebert B, Hanke T, Klimes N. Studia Biophysica. 1984, 103:161 ~ 186
[64] Sukhoroslov A A, Samoilova R I, Milov A D. Appl Magn Reson, 1991, 2:577

[65] Ulbricht K, Herrling T, Ewert U et al. Colloids Surf, 1984, 11:19 ~ 24
[66] Eaton G R, Eaton S S, Ohno K et al. CRC Press. Boca Raton, 1991. 22
[67] Yakimchenko O E, Degtyarev E N Parmon V N et al. J Phys Chem, 1995, 99:2038 ~ 2041
[68] 向智敏,徐端钧,徐元植 . 化学通报,1997,(11):48 ~ 53
[69] Smirnov A I, Poluectov O G, Lebedev Y S. J Magn Reson, 1992, 97:1 ~ 12
[70] 郑莹光,沈尔中 . 高等学校化学学报,1992,13(7):981 ~ 984
[71] Alecci M, Della P S, Sotgiu A et al. Rev Sci Instrum, 1992, 63(10):4263 ~ 4270
[72] Eaton G R, Eaton S S, Malte mpo M M. Appl Radiat Isot, 1989, 40(10/12):1227 ~ 1231
[73] Herring T, Thiessenhusen K, Ewert U. J Magn Reson, 1992, 100:123 ~ 131
[74] Miki T. Appl Radiat Isot, 1989, 40(10/12):1243 ~ 1246
[75] Ikeya M, Ishii H. J Magn Reson, 1990, 82:130 ~ 134
[76] 何光龙,付乐虞,徐广智 . 波谱学杂志,1996,13(4):383 ~ 387
[77] Lurie D J. Brit J Radiol, 1996, 69:983 ~ 984
[78] Nicholson I, Foster M A, Robb F J L et al. J Magn Reson, 1996, B113:256 ~ 261
[79] Coy A, Kaplan N, Callaghan P T. J Magn Reson, 1996, A121:201 ~ 205
[80] Foster M A, Seimenis I, Lurie D J. Phys Med Biol, 1998, 43:1893 ~ 1897
[81] Feintuch A, Alexandrowicz G, Tashima T et al. J Magn Reson, 2000, A142:382 ~ 385
[82] McCallum S J, Nicholson I, Lurie D J. Phys Med Biol, 1998, 43:1857 ~ 1861
[83] 徐元植,陈德余,程朝荣,等 . 中国科学(B),1992,35(4):337 ~ 344
[84] Kevan L, Kispert L D. Electron Spin Double Resonance Spectroscopy. New York: John & Wiley, 1976
[85] Rist G H, Hyde J S. J Chem Phys, 1969, 50:4532; J Chem Phys, 1969, 52:4633 ~ 4643
[86] Pilbrow J R. Transition Ion Electron Paramagnetic Resonance. Oxford: Clarendon Press, 1990. 410 ~ 418
[87] Forrer J, Schweiger A, Berchten N et al. J Phys E, 1981, 14:565 ~ 568
[88] Schweiger A. Struct Bond, 1982, 51:1 ~ 128
[89] Schweiger A, Rudin M, Forrer J. Chem Phys Lett, 1981, 80:376 ~ 380
[90] Schweiger A, Gunthard H H. Molec Phys, 1981, 42:283 ~ 295
[91] Rooney J J, Pink R C. Proc Chem Soc, 1961, 142 ~ 143
[92] Dollish F R, Hall W K. J Phys Chem, 1967, 71:1005 ~ 1013
[93] Hall W K, Dollish F R. J Colloid Interface Sci, 1968, 26:261 ~ 266
[94] Garret B R T, Leith I R, Rooney J J. Chem Commun, 1969, 222 ~ 223
[95] Muha G M. J Phys Chem, 1967, 71:633 ~ 640
[96] Muha G M. J Chem Phys, 1977, 67:4840 ~ 4844
[97] Muha G M. J Catal, 1979, 58:470 ~ 477
[98] Clarkson R B. Magn Reson Colliod Interface Sci, 1980. 425
[99] Flockhart B D, Sesay I M, Pink R C. J Chem Soc Faraday Trans, 1983, 79:1009 ~ 1015
[100] Woznie wski T, Fedorynska E, Malinowski S. J Colloid Interface Sci, 1982, 87:1 ~ 4
[101] Rothenberger K S, Crockham H C, Belford R L et al. J Catal, 1989, 115:430 ~ 440
[102] Martini G. Colloids Surf, 1990, 45:83 ~ 133
[103] Fierro J L G. IR Spectroscopy, Studies in Surface Science & catalyst 57(B). Amsterdam: Elsevier, 1990. B67 ~ 138
[104] Lunina E V. Catalysis Thorough & Applied Researchers. Moscow: Moscow State University, 1987. 262
[105] Chen F R, Sheng B, Zhang W et al. J Chem Soc Faraday Trans, 1992, 88:887 ~ 890
[106] Samoilova R I, Astashkin A V, Dikanov S A et al. Colloids Surf A, 1993, 72:29 ~ 35
[107] Felix C C, Sealy R C. J Am Chem Soc, 1982, 104:1555 ~ 1560
[108] Erickson R, Lindgren M, Lund A et al. Colloids Surf A, 1993, 72:207 ~ 216
[109] Snetsinger P A, Cornelius J B, Clarkson R B et al. J Phys Chem, 1988, 92:3696 ~ 3698
[110] Dikanov S A, Astashkin A V, Tsvetkov Y D. Phys Lett, 1988, 26:251 ~ 253

[111] Iwasaki M, Toriyama K, Nunome K. J Chem Soc, Chem Commun, 1983, 320 ~ 322
[112] Komatus T, Lund A. J Phys Chem, 1972, 76: 1721 ~ 1727
[113] Schweiger A. Angew Chem Int Ed Engl, 1991, 30: 265
[114] Mims W B. Electron Spin Echo in Electron Paramagntic Resonance. New York: Plenum, 1972
[115] Yu J S, Ryoo J W, Kim S J et al. J Phys Chem, 1996, 100(30): 12624 ~ 12630
[116] Prakash A M, Wasowicz T, Kevan L. J Phys Chem, 1996, 100(39): 15947 ~ 15953
[117] Wasowicz T, Kim S J, Hong S B et al. J Phys Chem, 1996, 100(39): 15945 ~ 15960
[118] Djieugoue M A, Prakash A M, Kevan L. J Phys Chem B, 1999, 103(5): 804 ~ 811
[119] Choo H S, Prakash A M, Park S K et al. J Phys Chem B, 1999, 103(30): 6193 ~ 6199
[120] Astrakas L, Kordas G. J Chem Phys, 1999, 110(14): 6871 ~ 6875
[121] Dikanov S A, Smoilova R I, Smieja J A et al. J Am Chem Soc, 1995, 117: 10579 ~ 10580
[122] Kofman V, Shane J J, Dikanov S A et al. J Am Chem Soc, 1995, 117: 12771 ~ 12778
[123] Deligiannakis Y, Rutherford A W. J Am Chem Soc, 1997, 119: 4471 ~ 4480
[124] Fauth J M, Schweiger A, Braunschwiler L et al. J Magn Reson, 1986, 66: 64 ~ 73
[125] Gemperle G, Aebli G, Schweiger A et al. J Magn Reson, 1990, 88: 241 ~ 256

（徐元植　刘嘉庚，浙江大学理学院化学系）

第 11 章　光电子能谱方法

为了透彻了解催化反应本质，必须对催化体系（包括催化剂、反应物和生成物）在反应前、反应过程中和反应后的各参与物质所发生的化学和物理变化进行研究，尤其对表面或界面上发生的各种变化如表面组成、表面结构、表面电子态、表面形貌等的研究当属首要。

表面组成包括表面元素组成、化学价态及其在表层的分布等，后者涉及元素在表面的横向及纵向（深度）分布；表面结构包括表面原（分）子排列等；表面电子态包括表面能级性质、表面态密度分布、表面电荷密度分布及能量分布等；表面形貌指“宏观”外形，当分析的分辨率达到原子级时，可观察到原子排列，这时表面形貌分析和表面结构分析之间就没有明确的分界。

表面分析技术的特点是用一个探束（电子、离子、光子或原子等）入射到样品表面，在两者相互作用时，从样品表面发射及散射电子、离子、中性粒子（原子或分子）与光子等。检测这些粒子（电子、离子、光子、中性粒子等）的能量、荷质比、粒子数强度（计数/s）等，就可以得到样品表面信息。

由于涉及到微观粒子的运动，同时为了防止样品表面被周围气氛玷污，应用于表面分析技术的仪器必须具有高真空（$\leqslant 10^{-4}$Pa），有时还必须有超高真空（$<10^{-7}$Pa）。在表面分析中，常把分析区域的横向线度小于 100μm 量级时，称为微区分析。把物体与真空或气体的界面称为表面，通常研究的是固体表面。表面有时指表面的单原子层，有时指表面的顶部几个原子层。不同表面分析技术的检测（或称取样）深度不同。本章所涉及的表面分析技术特点列于表 11-1。

表 11-1　用于固体催化剂的不同表面分析技术的特点

分析技术	探束粒子	检测粒子	信息深度/nm	检测限/%（单层）	横向分辨率/μm	检测元素范围	化学信息	损伤程度
XPS	hν	e	2~5	0.1 以上	3~10^3	Li 以上	组成，电子态	弱
UPS	hν	e	1~2	0.1	10^3	Li 以上	价带，电子态	弱
AES	e	e	1~3	0.1	10^{-2}~10	Li 以上	组成	中等
EELS	e	e	1~2	0.1	10^2	Li 以上	电子态	中等
LEISS	I	I	0.3~1	0.1	10^2	Li 以上	组成，结构	中等
SIMS	I	I	0.3~1	10^{-5}以下	10^{-2}~1	全部（含 H）	组成	固有

注：EELS 为电子能量损失谱；LEISS 为低能离子散射谱。hν 为光子；e 为电子；I 为离子

由于每种技术各具优点和不足，所以常采用不同技术联合的方法，如 X 射线光电子能谱（XPS）、紫外光电子能谱（UPS）、俄歇电子能谱（AES）或二次（或次级）离子质谱（SIMS）等组合，以得到互相补充完善的信息，得到对表面全面清晰的了解。

11.1 X射线光电子能谱

早在19世纪末发现的光电发射现象构成了X射线光电子能谱（X-ray photoelectron spectroscopy，XPS或electron spectroscopy for chemical analysis，ESCA）的基础。将此物理效应发展成现在的XPS，是在20世纪60年代末。这应归功于瑞典Uppsala大学K.Siegbahn教授及其同事们的系统研究。在解决了电子能量分析技术等问题后，他们首先发现原子内壳层电子结合能位移现象，并成功地应用于许多实际化学体系，测定了周期表中各元素原子不同轨道的电子结合能等。由于K.Siegbahn对光电子能谱仪技术及谱学理论的重大贡献，于1981年荣获诺贝尔物理奖。

11.1.1 基本原理

具有足够能量的入射光子（$h\nu$）同样品相互作用时，光子把它的全部能量转移给原子、分子或固体的某一束缚电子，使之电离。此时光子的一部分能量用来克服轨道电子结合能（E_B），余下的能量便成为发射光电子（e^-）所具有的动能（E_K），这就是光电效应。可表示为

$$A + h\nu \rightarrow A^{+*} + e^- \tag{11-1}$$

式中：A——光电离前的原子、分子或固体；

A^{+*}——光致电离后所形成的激发态离子。

由于原子、分子或固体的静止质量远大于电子的静止质量，故在发射光电子后，原子、分子或固体的反冲能量（E_r）通常可忽略不计。上述过程满足爱因斯坦能量守恒定律

$$h\nu = E_B + E_K \tag{11-2}$$

实际上，内层电子被电离后，造成原来体系的平衡势场的破坏，使形成的离子处于激发态，其余轨道电子结构将重新调整。这种电子结构的重新调整，称为电子弛豫。弛豫结果，使离子回到基态，同时释放出弛豫能（E_{rel}）。此外电离出一个电子后，轨道电子间的相关作用也有所变化，即体系的相关能有所变化，事实上还应考虑到相对论效应。由于在常用的XPS中，光电子能量≤1 keV，所以相对论效应可忽略不计。这样，正确的结合能E_B应表示如下

$$A_i + h\nu = A_F + E_K \tag{11-3}$$

所以

$$E_B = A_F - A_i = h\nu - E_K$$

式中：A_i——光电离前，被分析（中性）体系的初态能量；

A_F——光电离后，被分析（电离）体系的终态能量。

严格地说，体系的光电子结合能应为体系的终态与初态的能量差[1]。

对于固体样品，E_B 和 E_K 通常以费密能级 E_F 为参考能级（对于气体样品，通常以真空能级 E_v 为参考能级）。对于固体样品，与谱仪间存在接触电势，因而在实际测试中，涉及谱仪材料的逸出功 ϕ_{sp}。当用电子能谱仪测试固体（导体或绝缘体）样品时的能级见图 11-1[2]。只要谱仪材料的表面状态没有多大变化，则 ϕ_{sp}是一个常数。它可用已知结合能的标样（如 Au 片等）测定并校准。

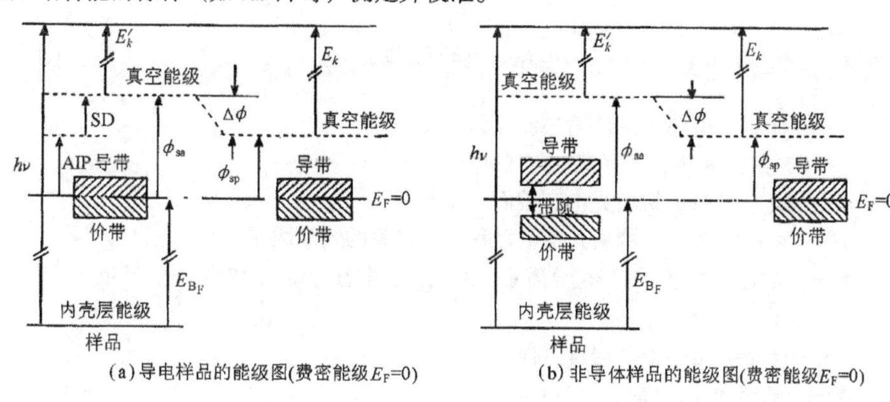

(a) 导电样品的能级图(费密能级E_F=0)　　(b) 非导体样品的能级图(费密能级E_F=0)

图 11-1　XPS 测试时的能级图

11.1.2　表面灵敏度

光电子能谱的特点之一是表面灵敏度很高，从而可以探测固体表面。它的机理如下：具特征波长的软 X 射线（常用 Mg K_α——1253.6eV 或 Al K_α——1486.6 eV）辐照固体样品时，由于光子与固体的相互作用较弱，因而可进入固体内一定深度（≥1 μm）。在软 X 射线路经途中，要经历一系列弹性和非弹性碰撞。然而只有表面下一个很短距离（~2 nm）中的光电子才能逃逸固体，进入真空。这一本质决定了 XPS 是一种表面灵敏的技术。入射的软 X 射线能电离出内层以上的电子，并且这些内层电子的能量是高度特征性的，具“指纹”作用，因此 XPS 可以用作元素分析。同时这种能量受“化学位移”的影响，因而 XPS 也可以进行化学态分析。

11.1.3　定量分析

对许多 XPS 检测，确定不同组分的相对浓度是重要的。为此，常利用峰面积（有时用峰高）表示峰强度。光电子谱峰的强度与光电离概率有关。后者通常用电离截面表示。一种材料的光电离截面是用已知能量的光子使材料中各轨道电子电离概率的总和。从光电子能谱图上可得到各个轨道的光电离截面的比值。光电离截面的理论计算很复杂，这里不赘述，但有如下结论。

1）光电离截面是入射光子能量的函数。同一样品若用不同能量的光子束照射，则所得的各个光电子谱峰的强度可以很不相同。一般说，越接近电子的电离阈值时，光电离截面越大，当光子能量是它的 2.0±0.5 倍时，具有最大电离截面值。尔后，随光子能量的不断增加而下降。当光子能量比电离阈值大很多时，电离截面 $\propto E_{h\nu}^{-3}$（$E_{h\nu}$为光子能量）。

2) 光电离截面与原子序数有关。一般对同一壳层，原子序数越大，相应的光电离截面也越大。

3) 同一原子中，轨道半径较小的壳层，光电离截面较大。一般主量子数 N 小的壳层，光电离截面大。同一主量子数壳层中，角动量 l 越大，光电离截面也相应地越大。

若样品在分析（即“取样”）范围内均匀，则特定谱峰中光电子流强度

$$I_t = nf\sigma\theta Y\lambda AT \tag{11-4}$$

式中：n——样品单位体积中所含被测元素的原子数；

f——X 射线通量，光子数·cm^{-2}·s^{-1}；

σ——测定的原子轨道光电离截面，cm^2；

θ——和入射光子与检测光电子之间夹角有关的效率因子；

Y——光电离过程中产生所测定光电子能量的光电子数效率，光电子数．光子$^{-1}$；

λ——样品中光电子平均自由程，Å；

A——采样面积，cm^2；

T——检测从样品中发射的光电子的效率。

由式（11-4）可得 $n = I_t/f\sigma\theta Y\lambda AT$。因式中分母只与样品和仪器结构有关，常用原子灵敏度因子 S_a 取代，即有

$n = I_t/S_a$（此时 I_t 常用峰面积表示）

$$n_1/n_2 = \frac{I_{t1}/S_{a1}}{I_{t2}/S_{a2}} = I_{t1}S_{a2}/I_{t2}S_{a1} \tag{11-5}$$

事实上，S_{a1}/S_{a2}与基体无关，适用于含该原子的所有材料，即此式适用于所有均匀样品。因此对任何谱仪，均可测出一套适用于所有元素的相对 S 值。实际操作中以 F1s 线强度作基准，近年来有的谱仪则以 C1s 谱线强度作为基准，测得一组相对的 S_a 值，可查表[3]。注意文献[3]中所列 S_a 值仅对双通 CMA 型电子能谱仪适用，不同仪器有不同的原子灵敏度因子。

由式（11-5）经演变可得样品中任一组分的原子浓度 c_i 为

$$c_i = \frac{n_i}{\sum_j n_j} = \frac{I_{ti}/S_{ai}}{\sum_j I_{tj}/S_{aj}} \tag{11-6}$$

应用原子灵敏度因子法能进行半定量分析（误差在 10%～20%）。

若样品不均匀时，一般可分为样品厚度 D 有限，即 D < 取样深度以及均匀样品上覆有限厚度 D（D < 取样深度）的覆盖层这两种情况，下面分别说明。光电子流通过非

弹性散射的衰减可描述为：设$I_0(x)$是固体表面下某一深度 x 处的光电子流强度（光电子动能为正），I_x 是出现在表面的动能未衰减的光电子流强度，则

$$I_x = I_0 \exp(-x/\lambda) \tag{11-7}$$

当 $x=\lambda$ 时，动能未衰减的概率为 1/e，即 1/e 的光电子可以不损失能量而逸出表面。一般常将这个数值作为非弹性散射的量度。

对于样品厚度 D 有限，即 $D<$ 取样深度的情况，用具有一定能量的光子束辐照固体样品时，对于软 X 射线，它的非弹性散射平均自由程（λ）在微米量级，在 100 nm 范围内可以看成不衰减，即入射 X 射线强度可视为不变。在 X 射线辐照的范围内（包括深度）都可电离出光电子，因此在 X 射线垂直于样品表面辐照时，表面上逸出的光电子流强度 I_s 为

$$I_s = \int_0^D I_0 \exp(-x/\lambda) \mathrm{d}x = I_\infty [1 - e^{-D/\lambda}] \tag{11-8}$$

式中，I_∞为样品无限厚时的光电子流的强度。

从式（11-8）可知，当 $D=\lambda$ 时，所测的强度 I_s 为 I_∞ 的 63.3%；当 $D=2\lambda$ 时，所测的强度为 I_∞ 的 86.5%；当 $x=3\lambda$ 时，I_s 为 I_∞ 的 95.0%，因此定义 3λ 为采样深度。所以光电子能谱对固体样品，是一项表面技术。

对均匀样品上覆有限厚度 D（$D<$ 采样深度）的覆盖层时，接收到的光电子峰强度为

$$I = I_\infty e^{-D/\lambda} \tag{11-9}$$

非弹性平均自由程λ与非弹性散射机制有关，因此它与材料本身的性质以及光电子动能有关。非弹性平均自由程值的求算可查阅有关资料。它是由 Seah、Dench[4] 收集了各种元素、无机材料、有机材料的 λ 数据达 350 多个，用统计方法处理后提出的经验规律，目前在国际上较广泛采用。

11.1.4 仪器及操作要点

11.1.4.1 XPS 仪器

XPS 仪器主要由五部分组成：激发源、样品室、电子能量分析器、数据接收处理系统（含电子倍增器）和超高真空（UHV）系统，见图 11-2。

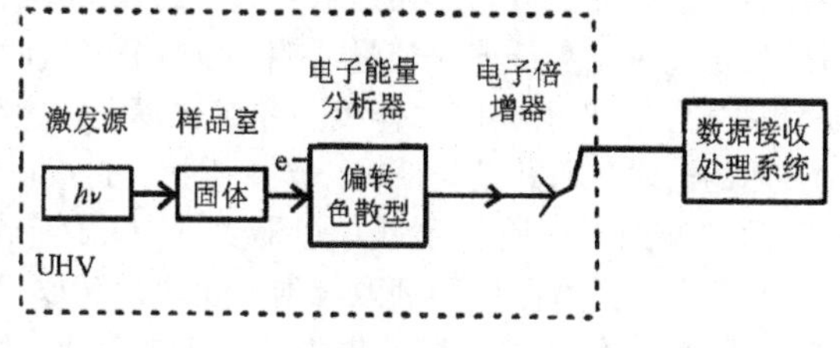

图 11-2 X 射线光电子能谱仪原理图

激发源辐照样品，使之发射出按不同能量分布的电子，然后经电子能量分析器分析，由数据接收处理系统给出测试结果。前三部分和电子倍增器必须放置在超高真空中，所以整个仪器必须有一个超高真空系统。

(1) X射线源

XPS中最简单的X射线源，用高能电子（如15 kV）轰击靶（即阳极），从而发出特征X射线。这些特征X射线的能量只取决于组成靶的原子内部的能级。除了这些特征线之外，还产生与初级电子能量有关的连续谱，称之为韧致辐射。它的最大强度大约出现于初级电子能量的2/3处。标准X射线源产生的X射线能谱，是由一些特征线迭加在宽的连续谱上所组成。XPS所适用的X射线主要考虑的是谱线的单色性，因为线宽影响到光电子的峰宽。此外要考虑能量，因为能量关系到能够释放出电子的原子内层能级的“深度”。表11-2给出了在XPS中使用的一些特征X射线的能量和线宽[1]。

表11-2　特征软X射线的能量和线宽

谱线	能量/eV	线宽/eV	谱线	能量/eV	线宽/eV
YM_ζ	132.3	0.47	Mg K_α	1253.6	0.70
ZrM_ζ	151.4	0.77	Al K_α	1486.6	0.85
NbM_ζ	171.4	1.21	Si K_α	1739.5	1.0
MoM_ζ	192.3	1.53	Y L_α	1922.6	1.5
TiL_α	395.3	3.0	Zr L_α	2042.4	1.7
CrL_α	572.8	3.0	Ti K_α	4510.0	2.0
NiL_α	851.5	2.5	Cr K_α	5417.0	2.1
CuL_α	929.7	3.8	Ca K_α	8048.0	2.6

在选用靶材时，还要考虑在长时间的电子轰击下材料的稳定性。XPS中最常用的X射线源是Al和Mg的K_α（是一条未分开的双线，由$2p_{3/2}\rightarrow 1s$和$2p_{1/2}\rightarrow 1s$跃迁产生）射线。同时还带有一些伴线，由多重电离原子内的类似跃迁产生的伴线，光子的能量均高于特征谱线光子能量。这样在由K_α的X射线激发的每一个光电子谱峰在低结合能侧（≤10eV）出现一些伴峰。

根据XPS的工作特点。它的X射线源的结构不同于以往XRD（X射线衍射）的射线源结构[1]。

任何用X射线激发产生的电子能谱中，会同时出现光电子和俄歇电子能谱线。后者的出现会干扰谱图识别。由于光电子能量直接和激发光子的能量有关，而俄歇电子能量却是固定的（只与样品原子有关，与激发源光子或电子的能量无关），而且常用的是Mg/Al双阳极靶，所以只要改变X射线光子能量，就可以区分开这两种谱线。

标准X射线特征线中还伴有X射线的“伴线”和韧致辐射。这些辐射都会出现在光电子能谱图中，对有用的谱线（尤其是弱谱线）产生干扰，造成识谱困难。基于上述原因，希望去除不想要的X辐射，可用X射线单色器实现[1]。这个装置的作用就是从X射线谱线中“切去”一部分，去掉伴线和韧致辐射，也可以选取一部分并使之变窄，因而使分辨率得到改进。但是X射线的强度要损失约一个数量级，因而光电子线的强度也相应损失一个数量级。但由于背景信号大大减弱，所以信/背值大大增加，使信/噪的损失不致很大。

显然，理想光电子能谱应用的光子源，应该是一个可连续调节能量的高强度单色源。这样的光子源已成为现实，这就是回旋加速器同步辐射源，使用时需把电子能谱仪装到同步辐射源相应引出线上即可。

（2）电子能量分析器

电子能量分析器的功能是测量从样品表面激发出的光电子能量分布。它是电子能谱仪的“心脏”构件。由于XPS中所分析的光电子具低动能（≤1 keV），并且是在超高真空中，所以普遍使用静电型电子能量分析器。它容易屏蔽杂散磁场。在XPS中，半球形分析器（HSA）和筒镜形分析器（CMA）是最常用的。它们均为偏转色散型分析器。减速场分析器（RFA）则常用于低能电子衍射（LEED）技术中。通常应用的两种偏转器和两种反射镜，即共轴圆柱形和同心球形偏转器以及平行板和圆筒镜，见图11-3。

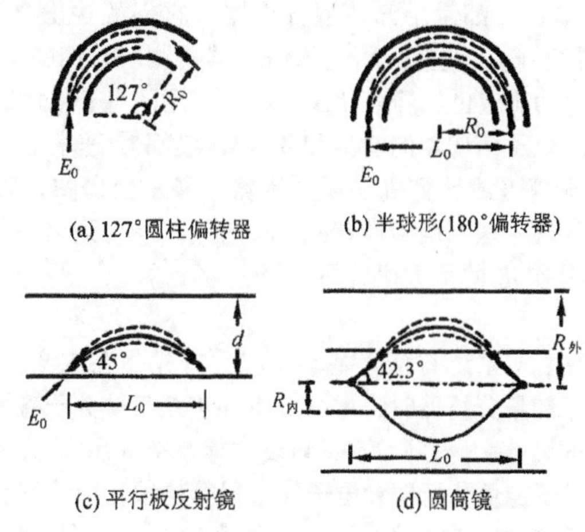

图 11-3 静电型电子能量分析器

在“偏转器”或“聚光器”中，电子基本上沿着等电势线运行不改变能量，而在“反射镜”中，电子穿越等电势线运行，电子随着接近反射极先减速，然后再加速离开。

对于能量分析器，一般的要求是能量分辨率高，同时传输特性好。但对于半球形能量分析器，这两方面的要求是互相矛盾的[5]。在半球形偏转器前加预减速透镜，能同时满足这两方面的要求。根据电子群在加速或减速时不改变它们绝对能量分布的原则，在能量分析器前，对电子进行预减速。若离开样品的电子动能为 E_s，减速到能量 E_0 后再通过分析器，那么整个系统的分辨率 $E_s/\Delta E_{1/2}$（$\Delta E_{1/2}$为半峰宽）会有改善，改善因子等于减速比 E_s/E_0。用这种方法能使用一个分辨率较差的分析器时，得到同样好的$\Delta E_{1/2}$。这就使制造中的公差问题简化，减速也使灵敏度改善。对一个给定的半峰宽$\Delta E_{1/2}$，在传输能量 E_0 较低时，可以用一个较大的狭缝。由于减速而改善灵敏度，改善因子在（E_s/E_0）$^{1/2}$和 E_s/E_0 之间。引入输入透镜，使入口缝移到透镜前。在分析器入口处实际上是透镜狭缝的像。这样可避免电子打在透镜入口狭缝上产生的二次电子进入分析器，使本底水平降低。其主要优点是使样品离分析器有一段距离，使样品周围有较富裕的空间。相应可以放置其他一些激发源（如离子枪、电子枪等）或探测器（如四极杆质量分析器、闪烁体等），以及对样品进行处理（如溅射等）。采用预减速透镜后，分析器可以用两种扫描方式工作：CRR（或 FRR，固定减速比）和 CAE（或 FAT 固定分析器通过能量）。用 CRR 工作方式时，从样品发射出来的电子能量 E_s，按一个固定的比例 k（k 为选取常数）减到 E_0，再进行分析，即 $E_0 = kE_s$（$k \leqslant 1$）。此时分析器工作于固定的分辨率状态（$\Delta E/E$ = 常数），以至于在整个谱图范围，分析器对峰宽贡献有变化。用 CAE 扫描工作方式时，通过分析器的能量固定，无论 E_s 多大，都被减（或加）速到一个固定的能量 E_0 进入分析器，并以恒定值通过分析器。在通常 X 射线光电子能谱仪中，由于 X 射线不易聚焦，所以激发源辐照样品的面积较大，而对分辨率要求又较高，常常采用具有预减速透镜的半球形能量分析器。

(3) 数据接收处理系统

几乎所有的 XPS 谱仪，都使用偏转型分析器，它们的输出电流为 $10^{-13} \sim 10^{-19}$A（相当于每秒 $10^6 \sim 1$ 个电子）。这就需用电子倍增器检测。它们的增益达 $\sim 10^8$，噪声电流平均为 $\sim 10^{-20}$A，它的响应也比静电计快。现在使用的电子倍增器常用通道式而不是分立的打拿极式。通常电子倍增器的输出和放大器-鉴幅器-速率电路（或计算机）系统相连接，并在 X-Y 记录仪（或计算机终端显示器）显示出谱图，对于弱信号，可以把重复扫描累加所得到的信号送到微型计算机，按时间平均得到谱图，S/N（信噪比）的提高正比于重复扫描次数 n_{sc}的平方根（即 $S/N \propto \sqrt{n_{sc}}$）

(4) 超高真空系统

XPS 仪器中的超高真空系统有两个基本功能。首先是在 X 射线辐照下从样品发射出来的光电子进入电子能量分析器时，尽可能不和剩余气体分子碰撞（或者光电子平均自由程必须比能谱仪的尺寸大得多），不过只要中等真空（10^{-3}Pa）已能满足这一需求。同理，X 射线光源、电子能量分析器和电子倍增器等均须在中等真空条件下。另一个尤为重要的是必须在记录谱图所必须的时间内（至少为 10^3s），使样品表面保持“原状”，避免因真空残余组分的沾污而使表面“变脏”。依据气体动力学理论[6]可求得 $n_s \approx 10^{-4}$ Pa（单层数·s^{-1}）。

n_s 意味着在 10^{-4}Pa 的真空中，1s 内可以沾污上一个单原（分）子层。当然覆盖一个单原（分）子层的时间 τ_c 还和气体分子的黏附系数 S（撞击分子被表面吸附的概率）有关。对清洁表面，$S = 1$。通常有沾污的表面显得较为惰性，不易进一步吸附撞击气体（即此时 $S < 1$）。

对常规的工业表面分析，10^{-7}Pa 的真空操作已能兼顾快速更换样品和适当的表面清洁度（此时铺满一个单层时间为 1000 ~ 2000s）。在表面现象的研究中，充入一种气体控制压力。常用朗缪尔（Langmuir，1 L = 1.33×10^{-4}Pa·s）为单位计量这种吸附程度。然后谨慎地逐步在表面形成单层期间观察谱图。做这种工作时典型的工作压力是 10^{-7} Pa。此时活性残余气体要构成 10% 的单层，需要 100 ~ 2000s。在此时间内足以得到一个质量好的 XPS 谱图。光电子能谱仪中常用的真空泵，有扩散泵、溅射离子泵、分子涡轮泵及 Ti 升华泵等。

样品室为真空室或分析室。在该室样品经受软 X 射线辐照，并使从样品表面电离出的电子进入透镜和电子能量分析器。有的仪器还有制备室，使样品在进入分析室前，先对样品进行预处理，如离子刻蚀清洁固体样品表面，或在样品表面蒸镀其他材料，吸附或高、低温处理等。根据研究需要，还可在分析室内装置有关附件如原位反应池等。

11.1.4.2 操作要点

(1) 装样

XPS测试中，把性质（粉状、片状等）形状（条形、球形等）各异的样品装到由纯Ni、Cu等制成的金属样品台上，然后送进谱仪，放置在接地的样品夹（或称样品操作杆）上。一般可进行四维或五维操作。样品要尽可能覆盖样品台，避免来自样品台的光电子信号的干扰。样品在X射线辐照下，不断发射电子，如不及时补偿所损失的电子，最终样品会积累正电荷，这种现象称为荷电效应。样品因荷电效应引起谱峰向低动能侧或高结合能侧位移，称为荷电位移。在XPS中，绝对和相对峰位的测准很重要。因为样品的组份以及化学态的鉴别就是通过峰位的测定进行的。若导体样品与仪器样品夹有良好的电接触，不会产生荷电位移。样品一般取片状，直径≈10 mm，厚度≈1 mm。对绝缘性粉末状样品常用特制的双面胶带（要求组分简单如C、O、N等，又不易于室温时在超高真空下放气等)，一面黏附粉末样品（应均匀黏附在胶带上，直到全部覆满胶带面。但千万不要让粉末在胶带上滚动，以至把胶带的黏胶层翻滚到样品表面。亦即装有胶带的样品台在粉状样品处只作上下移动，不要压着粉末左右移动)。这种装样方法虽然简单，但在XPS测试中常伴有荷电位移，同时，样品也不能加热。

有时用特制的导电双面胶带以减小或消除荷电效应。但也不宜加热样品。受热后，用高聚物制成的双面胶带会放出大量气体，破坏真空度及严重沾污样品表面。为了减小或消除荷电效应，也可用金属（如In等）装粉末样品。因为粉末样品较易嵌埋在In中，并且In易与样品夹保持良好的电接触。不过由于In的熔点较低，所以用In装样时也不宜加热处理样品。有时粉末样品也可压片装样（直径≈10 mm，厚度≈1 mm)。但需注意样品在真空条件下的放气情况，如严重放气，则无法进行XPS测试。在压片装样时，XPS测试中也存在着荷电位移。有时为了减小或克服荷电位移，可把金属丝网（如Au、Ag、Cu丝等）夹在压片中。对一些比表面积大的多孔样品（如分子筛或负载型催化剂等)，在进入仪器真空室前，常须在仪器外预升温脱水抽真空；否则在装入这类样品后，将大大影响谱仪真空度，严重时将使XPS测试无法进行。虽然样品千变万化，种类各异，但装好样品是保证XPS测试顺利进行的重要一步。

(2) 清洁样品表面

由于XPS是表面分析技术，所以待测样品表面必须保持清洁（严格说应达到原子级清洁表面)。装样前，严禁用手触摸样品表面。对固体片状样品，有时需用超声波清洗样品，洗液为丙酮或无水乙醇。对厌氧样品，需在充满惰性气体（常用超纯N_2）的手套箱内装样。对化学清洗效果不明显的样品，在送入谱仪后，可用真空刮磨锉削或折断。有时需在谱仪真空条件下，在某些气氛（如H_2或O_2等）下加热（尤其适于金属，晶片材料）以及结合离子（常用Ar^+）溅射、退火等方法清洁样品表面。但是在使用离子溅射技术时，要注意离子轰击对表面诱导的化学变化（如还原反应等）以及“择优溅射”等效应引起样品表面组成的变化。

(3) 录谱时分辨率和灵敏度的选取

分辨率通常有两类定义：一类为绝对分辨率 $\Delta E_{1/2}$；另一类为相对分辨率 $R = \Delta E_{1/2}/E_0$（E_0 为峰位处的能量，灵敏度在本章 11.1.3 节中已叙述过）。当 X 射线光子流量（与 X 光源工作高压和发射电流有关）和分析器狭缝的大小给定时，灵敏度还与来自样品的电子动能和选择的分析器扫描工作方式 CRR 或 CAE 有关。即能谱仪总的灵敏度随电子能量的变化（称为透射函数）是由它的组件（分析器和减速透镜）的灵敏度组合而成。在 CRR 工作方式时，分析器的灵敏度正比于分析器的通过能量 E_0，而且透镜的减速比 E_s/E_0 是固定的。因此，透镜的灵敏度是固定的。这些使总的透射函数和分析器的灵敏度相同。并且全扫描中 $\Delta E/E$ 保持不变。即峰宽随动能而变化，高动能处的峰较宽，低动能处的峰较窄，因此不易定量。但较易检测低动能处的小峰。CRR 工作方式多用于俄歇电子能谱测试，而在 XPS 测试中很少使用。在 CAE 工作方式中，通过分析器的能量 E_0 是固定的。此时总的透射函数是减速透镜的函数。扫描期间，以不同能量 E_s 离开样品的电子要经过选择才聚焦到分析器。换言之，随 E_s/E_0 的变化，会引起样品处接收角的变化。当 E_s 由高往低扫描时，样品处接收的立体角增加，于是灵敏度增加[1]。并且在 CAE 工作方式时，全扫描中分析器贡献的 ΔE 保持不变。亦即在全谱的任何处，ΔE 都一样，故宜于定量。但是随着扫描趋向低动能处时，信/噪将变差。

(4) 谱图校准

到目前为止，涉及光电子能谱能量校准的一些问题还没有最后解决，对于固体导体样品，谱图的校准已有可靠的方法；对于非导体样品，一方面随着光电子、俄歇电子以及二次电子的发射，使样品失去负电荷；另一方面，仪器中的 X 射线管窗口（Al 箔）等又会提供杂散电子，使样品得到负电荷。然而总效果往往使样品表面积累正电荷。严重时，甚至随着样品表面部位的不同和收集数据时间的不同，分别呈现不均匀荷电和不稳定荷电。荷电现象通常使光电子峰的结合能增加，引起谱图整体位移、强度衰减以及谱峰增宽。为此在测试中必须对荷电位移进行校准。然而对绝缘体和吸附物谱图的校准仍然有争论。不可能推荐出一种能适用于所有材料和各种场合的单一方法。为使实验结果可信，必须检验荷电效应的校正。

把绝缘粉末样品和标定物（如 Au 粉、石墨粉等）进行宏观物理混合的校正技术是不可信任的。“内标”在原则上或许是较可靠的技术，但遗憾的是只能用于很少的情况，并且不能得到“绝对”的 E_B 值。电子中和技术具有吸引力，但是还没有得到足够的改进和鉴定，尤其难以判断中和是否恰到好处。不过也有这样的用法，即改变中和电子流的强度和能量，使从绝缘样品接收的光电子谱峰最窄时，即为最佳中和。另外样品中若含有已知结合能的组分时，调节中和电流，使该组分的谱峰结合能与已知值一致，则为最佳中和条件。

把少量贵金属（如 Au）沉积（或蒸镀）到样品表面，往往是用得较多的可靠方法。但是需注意，表面上蒸金的状态（如原子团簇大小等）会引起 $Au4f_{7/2}$峰位和峰形的变化。事先应测试作出蒸金量（以 $Au4f$ 峰强表示）与 $Au4f_{7/2}$结合能关系的校正曲线。再配合使用电子中和枪，则经校正后结合能的准确度约为 ± 0.2 eV[7]。因此，希望在实际测试中应单独对结合能进行校核，或用第二种标定物。若有条件，可结合其他方法校核。通常用样品表面碳氢化合物的污染峰（通常取 Cl*s* = 284.8 eV）作参考也有偏差。这是由于在不同衬底上 Cl*s* 峰的 E_B 有一定的分散。严重时可达几个电子伏[7]。但对同一体系的一系列样品进行测试时，通过以污染 Cl*s* 峰位进行峰位相对变化的测量，其结果可信，测量的准确度约为 ±0.2 eV。因此对 E_B 差值小的测量（$\Delta E_B < \pm 0.2$ eV）结果要慎重对待。

11.1.5 谱图分析

(1) 光电子峰

光电子峰在谱图中是最主要的。当各种原子相互结合形成化学键时，内层轨道基本保留原子轨道特征，而外层轨道形成新的价轨道或价带。从而在光电子能谱图中相应出现两类峰：内层能级峰和价电子峰。

内层能级峰的特点如下。当原子构成不同化合物、合金、吸附层时，由于本身价态的不同（如 Cu^0、Cu^{+1}、Cu^{+2}等）或在化学结构中所处的环境不同（如在羧基、酮基、碳酸根等中的 C），可以使同一元素的结合能数值相对某个标准值（一般选纯元素结合能）产生位移，称为化学位移。化学位移有很多规律可循，一般地说，原子本身所带的电荷愈正，周围相连原子的电负性越大，其内层电子结合能数值往往越大（对稀土化合物，有时也有反常情况）。

除化学位移外，有些物理因素也可引起位移。最常见的就是荷电位移。此外，高度分散的金属等随着金属原子团簇尺寸（或超薄膜厚度）及衬底不同，结合能也有所变化[2]。在用 XPS 精密测量时，发现金属、半导体、过渡金属和稀土金属的不同晶面，其表面顶层原子的结合能与内部原子结合能比较时，也会表现出或大或小的位移[2]。从这些位移，可以提供丰富的物理和化学方面的信息。

另一类价电子能谱仅涉及低结合能数据，一般不超过 30 eV。为了获取更多的信息，也常延伸到 50 eV。由于价电子为分子或固体所共有，因此价电子能谱对化合物整体的鉴定有很强的指纹作用，常用于理论研究。

内层光电子峰的标识一般用发出光电子的元素及其轨道状态表示。对于原子，这包括主量子数 N、角量子数 L 以及自旋-轨道相互作用的内量子数 $J = |L \pm S_e|$，S_e 为电子自旋量子数，例如，Na 1*s*，Cu2$p_{3/2}$等。对于分子，特别是它的价电子峰，一定要用分子轨道表示。直线分子如 HF 的 1σ（即 Fls)、2σ、3σ、1π；多原子非直线分子如 H_2O 的 1α（即 Ol*s*)、2a_1、1b_2、3a_1、1b_1 等。对于晶体的外层价电子能级，表现为一系列能带。从目前的研究水平看，光电子峰结合能的可靠数据均来自实验值。

(2) 俄歇（Auger）峰（详见本章 11.2 节）

光致电离留下的激发态离子（A^{+*}）是不稳定的，在退激发过程中，外层电子由高能级填补到低能级时，所释放的能量不以光辐射的形式出现，而是用于激发原子或分子本身另一个轨道电子，并使之电离。此电子称为俄歇电子。此过程可表示为

$$A^{+*} \rightarrow A^{2+} + e^- \text{（俄歇电子）} \tag{11-10}$$

俄歇电子的动能与入射光子的能量无关，它的值由俄歇过程的初态 A^{+*} 和终态

A^{2+} 所决定。因而俄歇峰与光电子峰不同，此时表征峰值是动能，而不是结合能。

(3) 自旋-轨道分裂峰

自旋-轨道相互作用是一种属于相对论效应的磁相互作用。对于内层能级光电子峰，除了非简并的 s 轨道电子（即 $L=0$）以外，皆按自旋-轨道相互作用的内量子数 $J=|L\pm S_e|=|L\pm 1/2|$ 分裂为两峰，分别对应于不同状态的电子电离，如 $2p_{1/2}$ 和 $2p_{3/2}$；$3d_{3/2}$ 和 $3d_{5/2}$ 等。这就称为自旋-轨道分裂（图 11-4）。自旋-轨道分裂峰的间距随原子序数增加而增加，以及光致电离的简并轨道越接近内层，其分裂间距也越大。通常，自旋轨道分裂峰的强度比大致符合微观状态数 $2J+1$ 的比值。例如，$2p_{3/2}$（$J=3/2$）和 $2p_{1/2}$（$J=1/2$）的强度比为 2:1。一般情况下，自旋-转道分裂间距受化学态影响很小。然而对于有未成对电子的开壳层过渡元素等，由于下述多重裂分的影响，使得分裂间距以及峰形随化学态也有所变化，从而可以提供化学态信息。

(4) 震激（shake-up）伴峰

当内壳层电子电离，由于失去内层屏蔽电子，使外层电子所经受的有效核电荷发生变化。此时伴随正常的光致电离，引起电荷重新分布，体系中的外层电子，尤其是价电子可能以一定比率激发跃迁到更高的束缚能级或者电离，前者称为震激（shake-up）现象，后者称为震离（shake-off）现象。震激过程使有些正常能量的光电子失去一部分固定能量，在主峰的高结合能侧形成与主峰有一定间距，并与主峰有一定强度比例以及一定峰形的震离伴峰（图 11-4）。震离过程电离的电子可以从光电子中分配到不同的动能。此时，光电子损失能量后，在谱图主峰高结合能侧形成与特定电离阈值有关的连续拖尾的背景，无分立峰形成。

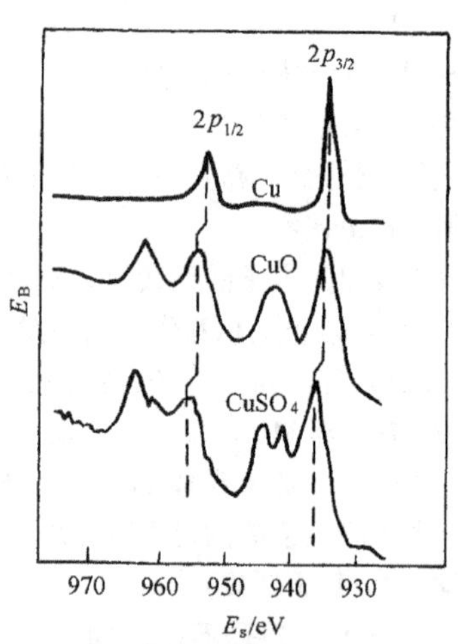

图 11-4 Cu2p 的自旋-轨道分裂峰及其震激伴峰

震激伴峰的出现有一定条件和规律。一般条件下，较强的震激伴峰更多地出现在无机顺磁性物质（如过渡元素、镧系元素、锕系元素）以及有机含不饱和 π 键的分子等。此外，对于上述元素周期表的 d 区和 f 区元素，当内层电子电离，为了有效地屏蔽内层正电荷空穴，轨道电子有时还由配体向未填满的 3d 和 4f 轨道转换，形成原子间的震激跃迁。另外，光电子除了有损失能量的震激过程，在某些情况下，还会发生得到能量的震发（shake-down）过程。以上情况，由于伴峰常涉及价电子现象，因此在化学态鉴定中，有很强的指纹作用。

（5）多重分裂峰

对于有未成对电子的开壳层体系，例如 d 区过渡元素、f 区镧系元素，大多数气体原子以及少数分子 NO、O_2 等，如果某个轨道电子电离形成空穴，电离留下的不成对电子，可与原来开壳层不成对电子进行偶合，从而构成各种不同能量的终态。使某个光电子电离后，分裂成若干个谱峰，这称为多重裂分（图 11-5），图 11-5 中 S_{op}为原子光谱项的能级。此时，在标识光电子峰时，除了有光电子所出自的元素和轨道外，有时还外加电离终态所对应的光谱项，如图 11-5 中的$^6S_{op}$、$^7S_{op}$和$^5S_{op}$，以进一步区分不同的峰。由于多重分裂峰与原来体系的开壳层电子填充情况有关，因而可用于鉴定化学态。

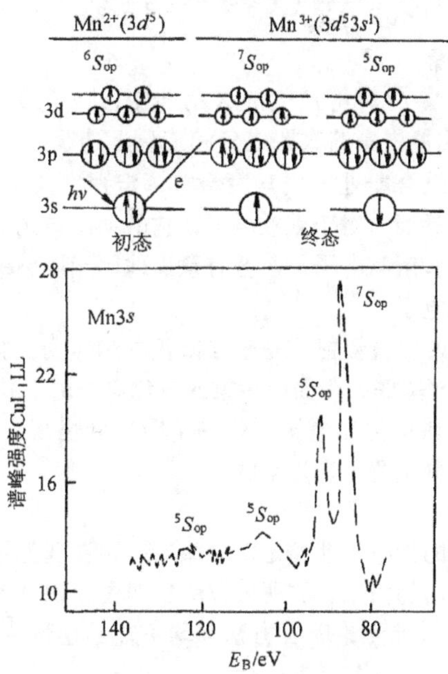

图 11-5　Mn^{2+}的 3s 电子光致电离前后的初、终态及其 Mn3s 光电子峰

（6）特征能量损失峰

光电子在样品中的输运过程，要经历非弹性散射，使光电子能量衰减和改变运动方向。这样除了正常光电子峰外。光电子损失各种不同能量后，在主峰的高结合能侧形成背景（有时在距主峰 15～20 eV 处有一个拖尾极大的峰，此间距值与带隙有关）。所以在光电子能谱图的宽扫描谱中，可清楚地看到每出现一个光电子峰，其高结合能侧就有一个更高背景的梯级。

光电子经历非弹性散射，除了形成上述背景外，还可以因各种原因（带间、带内跃迁等）仅损失固定能量，这样相应地形成特征能量损失峰。对于固体样品，特别是金属，最重要的是等离子体激元损失峰（plasmon）。固体样品是由带正电的原子核和价电子组成的中性体系。光致电离后，由于在内壳层形成正空穴或负的光电子在样品中的运动，两者都使正常情况价电子（尤其是负带电子）所经受的电位受到扰动，引起价电子极化位移。尤其在具足够能量的电子穿越固体时，可引起导带“电子气”的集体振荡，产生等离子体激元。

因材料不同，这种量子化的等离子体激元振荡的频率也不同，所需要的激发能亦因之而异。金属体相的等离子体激元能量 $E_{h\nu_p}$ 大约为十几个电子伏。若金属表面有薄电介质覆盖（如氧化层），在交界面金属表面相的等离子体振荡量子能量为 $E_{h\nu_{s\varepsilon}} = \frac{E_{h\nu_p}}{\sqrt{1+\varepsilon}}$。其中 ε 为覆盖层的相对介电常数。如果金属表面清洁，在真空测试条件下，表面相的等离子体振荡量子能量变为 $E_{h\nu_{s_\varepsilon}} = \frac{E_{h\nu_p}}{\sqrt{2}}$（真空条件 $\varepsilon = 1$）。

(7) X 射线伴峰和鬼峰

在未单色化的 Mg 靶或 Al 靶等产生的 X 射线中，除了最强的未分开的双线 $K_{\alpha 1}$ 和 $K_{\alpha 2}$ 以外，还有一些光子能量更高的次要成分和能量上连续的“白色”辐射。在光电子能谱中，前者在主峰的低结合能处形成与主峰有一定强度比例的伴峰，称为 X 射线伴峰，后者主要形成背景。然而，对于俄歇电子，它的动能与光子能量无关，足够能量的连续辐射皆可用于产生某些俄歇电子，甚至有意识地用能量更高的连续辐射电离更内层的电子，激发出新的俄歇电子。

在某些失误情况下，X 射线辐射不是来自阳极材料本身。如 Al 靶中有 Mg，Mg 靶中有 Al，阳极靶面露出 Cu 基底，靶面碳污染或氧化等。由于其他元素的 X 射线也可以引起样品光电发射，从而在正常光电子主峰一定距离处出现干扰的光电子峰，称为 X 射线鬼峰。这是实验中应尽量避免和注意的。

(8) 曲线拟合

在许多情况下接收到的光电子能谱是由一些峰形和强度各异的谱峰重迭而成。欲从有重迭峰的谱图中得到有用的信息，有两种方法，即去卷积（deconvolution，俗称解迭）和曲线拟合（curve fitting）。但无论哪种方法，均不能给出惟一的解。当今主要的注意力集中于曲线拟合。

谱图也可以应用数字或模拟方法。通过对一系列表示个别峰的函数相加，得到与实验谱图尽可能接近的函数来合成。通常峰函数是由与这峰相称的一些变量如峰位、强度、宽度、函数类型和峰尾特性等确定。简单的曲线合成可以在微机系统上进行。微机系统的特点：可以应用较宽的函数范围，合成结果很快地图示并显示出合适的统计信息，以及允许估算合成质量。这种曲线合成提供了一种有用的初始“猜测”，用于精确的非线性最小二乘法曲线拟合过程。有不少的函数类型可被选用。常用的是高斯、洛伦兹函数或是这两种的混合函数。

非线性最小二乘法曲线拟合，是试图优化曲线合成过程。一些合适的参数输入到以非线性方式描写过程的代数式中，经猜测程序和曲线合成过程的操作，通过计算以求得较好的曲线拟合质量。有许多可能的非线性最小二乘法可以应用，其中之一为 Gauss-

Namton 法[8]。在曲线拟合中，虽然背景的非线性扣除可能更好，但背景的线性扣除已经满意。非线性最小二乘法曲线拟合，优于模拟式的曲线拟合，因为它提供定量处理，用以量度拟合质量以及峰的参数，并可以满意地重复。不过重要的是最大限度地排除操作者的主观性，使得基于统计信息所获得的最佳拟合符合化学和谱学意义。

11.1.6 光电子能谱仪测试方法

为了对样品进行准确测量，得到可靠数据，必须对仪器进行校正标定。最好的方法是用标样校正谱仪的能量标尺。常用的标样是 Au、Ag 和 Cu。纯度在 99.8% 以上。目前国际上公认的清洁 Au、Ag 和 Cu 的谱峰位置[9]见表 11-3。应用表 11-3 数据可以标定电子能谱仪标尺以及确定它的 E_F 位置。

表 11-3 清洁 Au、Ag 和 Cu 各谱线结合能（单位：eV）

峰名	Al K_α	Mg K_α
Cu3p	75.14	75.13
Au4$f_{7/2}$	83.98	84.00
Ag3$d_{5/2}$	368.26	368.27
CuL_3MM	567.96	334.94
Cu2$p_{3/2}$	932.67	932.66
AgM_4NN	1128.78	895.75

（1）元素定性

各种原子相互结合形成化学键时，内层轨道基本保留原子轨道的特征。因此可以利用 XPS 内层光电子峰以及俄歇峰这两者的峰位和强度，作为“指纹”特征，进行元素定性鉴定。此时仅用宽扫描全谱图，可分析出周期表中除 H 和 He 以外的所有元素。此方法的特点是谱图简单，“指纹”特性强，并且往往为原位非破坏性测试技术。虽然这种分析技术不是痕量分析方法，但是表面灵敏度却非常高，即使不足单原子层也可以检出。一般原子序数大者，检出灵敏度高。

（2）化学价态的鉴定

较为常用的是内层光电子峰的化学位移和震激伴峰等，亦即从峰位和峰形可提供化学价态的信息。此外，价电子谱以及涉及价电子能级的俄歇峰的峰位和峰形，还可以从分子“指纹”的角度提供相关的信息。

当样品为非导体时，样品的荷电效应使谱图整体位移。而各种谱图校准的方法都存在着某些不足。因此利用各有关峰的间距变化鉴别化学态，就显得特别有用，其中最重要的是俄歇参数。

俄歇参数 α 定义为最尖锐俄歇的动能与最强光电子峰动能之差，即

$$\alpha = (E_K)_A - (E_K)_P \tag{11-11}$$

式中，下角标 A、P 分别表示俄歇电子峰和光电子峰。

在分析中，更常用的是修正型俄歇参数 α'，定义为

$$\alpha' = \alpha + h\nu = (E_B)_P + (E_K)_A \tag{11-12}$$

由于 $(E_B)_P$ 和 $(E_K)_A$ 均为仅与样品有关的特征值，因此 α' 是一个与绝缘样品荷电位移、参考能级选择以及激发源能量无关的物理量，仅是一个表征样品特性的特征值，并且总是正的。在俄歇参数图（图 11-6）中，斜率为 1 的对角线方向代表着 $(E_B)_P+(E_K)_A$ 的 α' 值。使鉴定工作从一维的 $(E_B)_P$ 变成二维图，对于原来 $(E_B)_P$ 值相近而无法分辨的峰，可以利用不同的 α' 加以区别。一般易极化材料，尤其是导体，α' 值大。

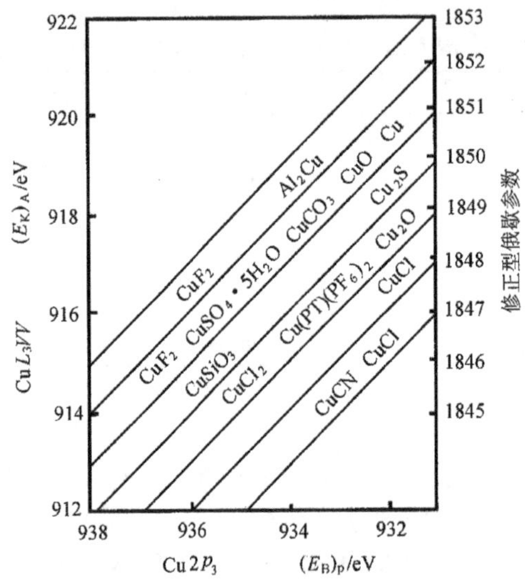

图 11-6 Cu 的修正型俄歇参数图

PT 为 $C_{24}H_{27}N_7$ 和带三个吡啶环的配位体

(3) 半定量分析

在 XPS 研究中，确定样品中不同组分的相对浓度是重要的。利用峰面积和原子灵敏度因子法进行 XPS 定量测量比较准确。对具明显震激峰的过渡金属的谱图，测量峰面积时，常应包括震激峰。

强光电子线的 X 射线伴峰有时会干扰待测组成峰的测量。在测量前必须运用数学方法扣除 X 射线卫星峰。

做定量分析时，建议经常校核谱仪的工作状态，保证谱仪分析器的响应固定且最佳。常用的测试就是记录 Cu2$p_{3/2}$峰、Cu*LMM* 峰和 Cu3p 峰，并测量峰强度（CPS）和记录 Cu2$p_{3/2}$的峰宽。保存好这些记录，以便经常对照，及时发现仪器工作状态的变化，否则将影响定量分析工作。具体做法可参阅本章 11.1.3 节。

在光电子能谱中，所记录的电子能谱是弹性和非弹性散射电子的叠合。Tougaard

等[10]已说明未散射电子与非弹性散射电子的相对强度，取决于固体中被光子激发的电子在从固体发射前，在固体中所穿越的路程。定义这两者强度比为峰形或非弹性损失参数。因此，当非弹性损失背景在远离弹性散射的光电子峰时，在比其动能小 30 eV 处测量。对一些均匀样品已测定非弹性损失参数。作为一级近似，发现不同均匀金属的这个参数与元素浓度、电子能量和材料无关，然而对不均匀样品，发现与深度有关。

通过实验测量的光电子谱的贡献有：多体效应、多重分裂、非弹性散射引起的能量损失等不同本征过程。

对均匀样品

$$\frac{(h_p)_1}{(h_p)_2}=\frac{(h_g)_1}{(h_g)_2}$$

对非均匀样品

$$\frac{(h_g)_1}{(h_g)_2}=\frac{(h_p)_1\lambda_2}{(h_p)_2\lambda_2}$$

式中：h_p——主峰高度；

h_g——背景高度；

λ——平均自由程。

为了正确定量分析，必须正确求算峰面积，首先必须正确扣除背景。有多种扣除背景的方法，如直线法等，但现在推举 Tougaard 方法扣除背景。

(4) 深度分布

研究深度分布有以下几种方法：①转动样品，改变出射角 θ，研究样品各种信息随取样深度的变化（图 11-7）。在 $\theta=90$℃时，来自体相原子的光电子信号大大强于来自表面原子的光电子信号。在小角度时，来自表面层的光电子信号相对体相会大大增强。在改变 θ 时，注意谱峰强度的变化，就可以推定不同元素的深度分布；②测量同一元素不同动能（即 λ 值不同）的光电子峰强度比；③从有无能量损失峰鉴别体相原子或表面原子。对表面原子峰（基线以上）两侧应对称，且无能量损失峰。对深层分布的原

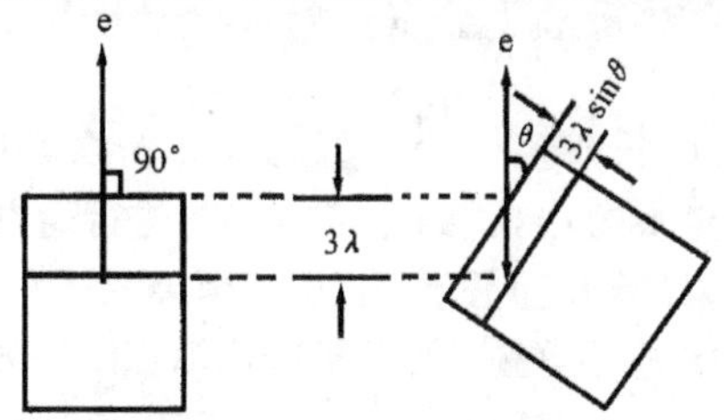

图 11-7　取样厚度与出射角关系

子，因出射的光电子要经历非弹性散射，使能量损失，于是光电子峰低动能（高结合能）侧背景有提升；④离子刻蚀，逐层剥离表面，然后逐一对表面进行分析。不过需注意在离子溅射时，样品的化学态常发生变化（发生还原效应），同时有择优溅射效应，常使信号失真。

11.1.7 应用

(1) 用 XPS 强度比测定活性物质在载体上的分散状态

北京大学结构化学研究室曾对许多活性物质在各种载体表面的分散情况进行了系统研究，发现盐类或氧化物在载体表面有自发单层分散的倾向[11]，并提出用 XRD 外推法测定活性物质在载体表面的最大单层分散量。为了进一步证实这些成果，用 XPS 强度比法结合相应模型[12~14]，对这些体系进行了研究。XPS 是表面灵敏的技术，它的测量结果应直接反映载体表面上活性组分的分散状态。

最近继续进行的研究还发现，有机物分子在载体上也具有自发单层分散的倾向[15]。前不久，对活性炭为载体的磺化酞菁钴（$Na_4CoPcTs$）催化剂进行了 XPS 类似测试。事实上，负载型酞菁金属催化剂的催化性能与酞菁金属活性组分在载体表面的分散状态密切相关。虽有人提出酞菁金属在载体表面的单层分散状态应为最佳的假设，但尚未提出实验证据。结合具体工作，我们用 XPS 测试了 $Na_4CoPcTs$/活性炭催化剂（图 11-8）。所得结果证实了 $Na_4CoPcTs$ 分子以单层分散于活性炭表面[16]。

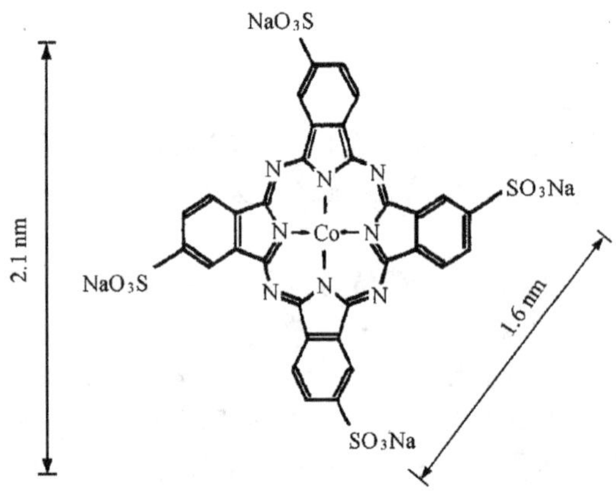

图 11-8 $Na_4CoPcTs$ 分子结构和尺寸

在 XPS 测试中应注意几个问题：①结合能校正。粉末样品以双面胶带装样，必然存在荷电效应。通常以污染炭的 C1*s*（$E_B=284.8eV$）进行荷电校正，在此例中不适用。因为污染 C1*s* 与载体活性炭的 C1*s* 重叠不可区分。但经测试发现，活性炭中残留的 S2*p* 峰与磺化酞菁钴中的硫 S2*p* 峰不重叠。因此可选用活性炭中残留的硫 S2*p* 峰进行荷电校正；②在测试活性组分 Co、S、N 和载体 C 的 XPS 相对强度比时，活性组分中含有的 C 信号与载体活性炭的 C 信号重叠不可分。所以在求算上述 XPS 的相对强度时，应该从活性炭的 C1*s* 信号中除去活性组分中所含的 C1*s* 信号。此时，可应用原子灵敏度因子法，即在 $Na_4CoPcTs$ 中，C 与 Co 有确定的化学计量比，从 $Co2p_{3/2}$峰面积即可求算出活性组分中的 C1s 面积；③根据 $Co2p_{3/2}$结合能与活性组分载量的关系以及覆盖度的分析，可以确定 $Na_4CoPcTs$ 分子是以平-卧形式吸附在活性炭表面。通过 XPS 测试这类大的负载型有机金属络合物在载体上的分散，可为最佳选取负载量和载体的结构提供科学依据。

对于 Cu-Zn-Al 氧化物甲醇合成催化剂的内部静态荷电的参考，对不同样品，包括 ZnO、确定的碳酸氢盐、沉淀前体和焙烧催化剂做了研究。借助于外部参考物，即沉积（20 ± 10）nm 的 Pd 粒子，检验了用 C1s、$Zn2p_{3/2}$和 Al2s 谱提供内部静态荷电参考的适用性。当充分焙烧样品后，研究了 $Zn2p_{3/2}$结合能可能作为参照的问题。基于衬底和沾污的碳氢吸附物之间存在外部-原子弛豫，并由于 C1s 谱易和已知 C1s 结合能变化共存的复杂性，可能用与荷电校正有关的 C1s 结合能时，会发生大的系统偏差[17]。

（2）方钠型硅酸盐组成和结构的测定[18]

用 XPS 对方钠石结构材料的首次研究表明，在非水解质中制备的纯硅质方钠石不同于通常的硅酸铝方钠石。不同的沸石以及黏土矿石的内层能级位移和价带见表 11-4。

表 11-4　不同材料的内层能级、线宽和价带半高宽值（C1s = 284.6 eV 作参考）（单位 eV）

材料	Si2p	O1s	价带	Al2p
SiO_2	103.5	532.9	10.4	—
	(1.8)	(1.9)		
纯硅质方钠石	103.2	532.45	10.4	—
	(2.6)	(2.2)		
沸石 ZSM-5	103.1	532.45	10.4	74.5
沸石 Na-Y	102.55	532.0	10.2	74.4
	(1.7)	(2.05)		(1.55)
沸石 Na-X	102.0	531.1	9.8	73.95
	(1.8)	(1.65)		(1.6)
沸石 Na-A	101.1	530.5	9.1	73.5
	(1.7)	(1.75)		(1.6)
蒙脱石	102.75	532.0	10.2	74.8
	(2.05)	(2.4)		
高岭石	102.45	531.5	10.2	74.2
	(2.3)	(2.45)		(2.2)
硅酸铝方钠石	101.5	530.9	不清楚	73.6

注：括号内数字为位移。

（3）氧化物模型催化剂中的内标和氧化数研究

XPS 用于研究氧化物模型体系，表示 $DeNO_x$ 催化剂和它们的不同组分（$V_6Mo_4O_{25}$、MoO_3、V_2O_5、TiO_2 等），特别注意于氧化砷的行为。用蒸金沉积在样品表面的方法校正谱仪能量标尺，$Au4f_{7/2}$信号也被用于确定信号稍微位移的效应。这种位移会影响研究信号的半高宽（FWHM)。可能建立在 TiO_2（锐钛矿）表面上 As_2O_3 展示的典型氧化行为，所形成的 As^{+5}作为所用辐射（Mg $K_{\alpha_{1,2}}$和 Al $K_{\alpha_{1,2}}$）的函数以不同速率被还原，但不存在 TiO_2 时，没有观察到氧化或还原。虽然这些氧化-还原过程和 TiO_2 有关，但对 Ti 可以证实，纯的 TiO_2 没有化学变化。在 $V_6Mo_4O_{25}$中的 Mo 以氧化数 +6 存在以及 V 以氧化数 +4 和 +5 存在，基于 As3d 信号 FWHM 的观察，可以极大地排除含砷氧化物中不同氧化数的混合形成[19]。

(4) Mo/TiO_2、Mo/Al_2O_3 催化剂“激活”时氧化态分布

在负载型催化剂制备的最后阶段，经常涉及“激活”过程。通常这由氧化前体的还原或在加氢处理催化剂中的还原-硫化组成。最终催化活性的评估取决于定量分析催化剂表面上负载物种的分散。当改变负载物种的分散和将结果与催化活性关联起来，就可以了解活性物种的作用。这将允许对催化剂制备方法的“跟踪”，以增大活性相的分布量。

在大多数例子中，Mo 的氧化态是由重量分析或容量法（测量在氧化还原期间，O_2 和 H_2 的消耗）来测量的，这只能提供平均的 Mo 氧化态。XPS 却能直接测量氧化态的分布。该方法：曲线拟合 Mo3d 包络线。运用标准的非线性最小二乘曲线拟合程序(NLLSCF)，见文献［20，21］。所采用方法的显著特点：对给定的体系（Mo/TiO_2 或 Mo/Al_2O_3）和给定的氧化态，保持 XPS 参数不变。即 $Mo3d_{5/2}/Mo3d_{3/2}$面积比应等于理论值（3:2)；自旋-轨道双线间隔基本不变（3.1～3.2eV)。假设每个峰有完整型背景，除了 Mo 金属，$Mo3d_{5/2}$与 $Mo3d_{3/2}$的 FWHM 之比是 1。

对于在还原催化剂中 Mo 氧化态分布确定的因子分析可参阅文献［22］。

(5) XPS 价带谱测定 Mo/C 催化剂中钼酸盐的结构

XPS 价带谱的测量已成为确定表面上化学和结构发生任何精细变化的有用技术。XPS 价带谱也可用于确定金属氧化物的化学结构。常以标准化合物 Na_2Mo_4、$(NH_4)_2Mo_2O_7$（ADM）和 $(NH_4)_6Mo_7O_{24}$（AHM）作参考。已报道对有些金属氧化物的价带可以用 X_α 理论计算预测，这就提供了有用工具用以解释价带谱。有报道[23]指出 MoO_3 的 XPS 价带区间中，Mo 是八面体配位，而 Na_2MoO_4 中的 Mo 是四面体配位。这就提出 Mo 化合物的价带对结构变化敏感，因而 XPS 可能用于区分具有不同对称性的 Mo 化合物。另外，如果衬底的价带对整个价带的贡献不明显，则可能得到更为确切的结果。对衬底 C 而言，Al K_α 对其有低的价带电子截面，这是所期望的。这里所用的催化剂是用平衡吸附制备的 Mo/激活 C，以 C1s 的结合能为 284.6eV 作荷电校正参考。

对得到的价带谱，在差额谱处理前，首先要准直，对齐能量位置；第二步[23]为两谱的“面积归一化”；第三步对价带谱二次微分，以分析在峰包中是否有任何小的变化。第四步横向关联是数学技术，允许确定一对谱之间的相似性。

(6) 催化处理富含石油气的废水[24]

使含大量石油气的废水进行催化氧化作用（CWO）是亚临界消除方法。它应用分解的分子氧催化地破坏包含在废水处理中的目标有机污染物。

XPS 分析证实在 CWO 反应期间催化剂表面上生成含碳覆盖物，并且表面碳量随 CWO 反应时间而增加。对多组成的 C1s 峰实现的拟合披露了芳烃/石墨、氧化的脂肪族

物质以及来自于乙醇/乙醚的含氧化合物的存在，并且沉积物的组成与反应时间和温度有关。

(7) 研究硫氧化镧催化剂上硫化羰基的生成[25]

XPS 和程序升温还原/质谱（TPR/MS）用于研究在硫氧化镧催化剂上 SO_2 还原中硫化羰基的生成。加热硫氧化物时从硫氧化物释放出的晶格硫，与 CO 反应生成硫化羰基，见图 11-9～图 11-11。

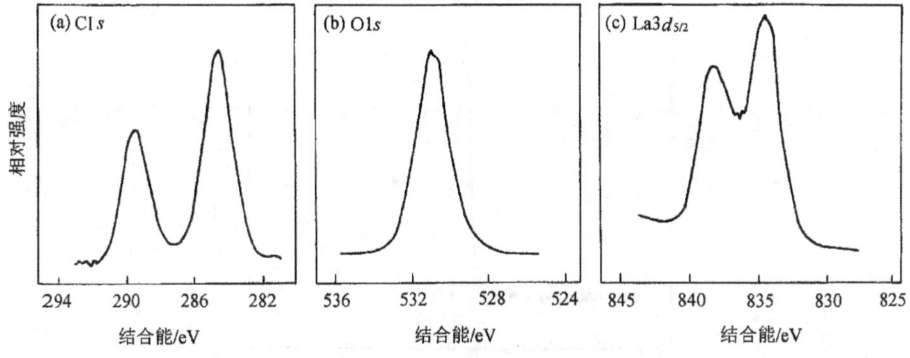

图 11-9　氢氧化镧的 XPS 谱图

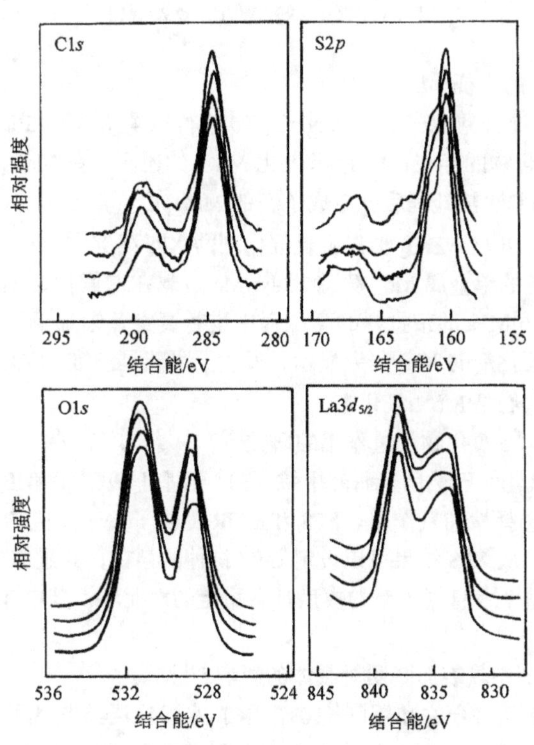

图 11-10　硫氧化镧和硫化氢氧化镧的 XPS 谱图

(8) 压力对 $MgO/BaCO_3$ 催化剂甲烷氧化偶联的影响[26]

在大气压实验中，已失活的 $MgO/BaCO_3$ 催化剂不会恢复其活性。XRD 结果显示，在失活的 $MgO/BaCO_3$ 催化剂中生成少量 $MgCO_3$。从 XPS 结果分析，确认 $BaCO_3$ 从体相迁移到催化剂表面。SEM 照片显示失活催化剂的晶粒增加。这些增大的晶粒对甲烷偶联氧化已无活性。在失活催化剂中部分覆盖了 MgO 的活性组分。

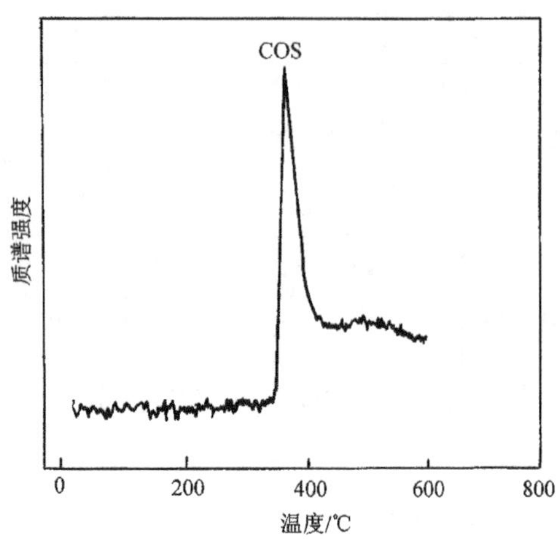

图 11-11　硫化氢氧化镧的 TPR/MS 谱图

(9) 氧化催化剂的表征[27]

对新鲜 MnO_x、混合型 MnO_x-Pt 和 MnO_x-Pd 进行拉曼光谱、XRD、XPS 和 TPR 证实了 MnO_x和 CuO_x 混合物的存在，而 Pt 只催化 MnO_x的还原。在 MnO_x、混合 MnO_x-Pt 和 MnO_x-Pd 样品于 900℃水热处理后，生成了新的 MnO_x相。

(10) $MoZrO_2$ 和 Ni-Mo/ZrO_2 加氢脱硫催化剂的 XPS 研究[28]

XPS 表征了制备的单金属 Mo、双金属 Ni-Mo 负载在二氧化锆上的催化剂。这些催化剂也已在 300℃、6 MPa 的带批料的高压锅中进行真空蒸馏加氢脱硫的检验。具有不同负载量的氧化物催化剂的 XPS 研究显示，发生了可能是三维 MoO_3 晶粒的生长。硫化催化剂的研究显示它们是 Mo^{4+} 氧化态。

(11) 混合型 Ni-Ce 氧化物加氢作用的研究[29]

混合型 Ni-Ce 氧化物已被用于研究甲烷（3）-羟基丁酸酯（MHB）中甲烷丙酮乙酸酯（MAA）的对应选择性加氢作用。XPS 和 FTIR 提供了关于反应物和改型试剂酒石酸吸附的有意义信息。从 XPS 结果可以设定 Ce^{3+} 物种的存在，其量取决于 Ni 的多少及稳定络合酒石酸盐。整个信息提出新的模型具有稳定的六元环，其中涉及反应物的甲基基团。

(12) 载体催化剂中氧表面基团对载体的影响[30]

用不同氧含量表面络合物和用$[Pt(NH_3)_4]Cl_2$ 水溶液浸渍制备了三种活性炭。催化剂的表征应用室温下的 H_2 和 CO 的化学吸附、程序升温脱附和 XPS，并确定了它们在苯和反式-2-丁烯醛气相加氢作用中的催化行为。表明金属分散性高度地依附于载体氧化程度。

(13) 对 $LaMn_{1-x}Cu_xO_{3+\lambda}$的氧物种的研究[31]

用 XPS 研究了 $LaMn_{1-x}Cu_xO_{3+\lambda}$ ($x = 0 \sim 0.4$) 的电子态。应用修正型 Auger 参数 ($\Delta a'$) 以评估氧离子的电子态。晶格氧的 $\Delta a'$随取代量的增加而增加。$\Delta a'$的增加反映了晶格氧离子键特性的减少。在 $LaMn_{1-x}Cu_xO_{3+\lambda}$上吸附的氧物种主要归属于由 O1*s* 和 O*KLL* 谱峰位决定的 O^-, O^- 的 $\Delta a'$随 x 而减小。

(14) $(VO)_2P_2O_7$ 催化剂的表面分析[32]

从同一个$VO(HPO_4)_{0.5}\cdot H_2O$ 前体制备了不同的 $(VO)_2P_2O_7$。用 XPS 测量 V 的氧化态，用 XPS 测定催化剂的表面 (P/V) 原子比在 1.5 ~ 1.9 范围内，对制备或热处理方法不敏感。此外，在表面 V 的二元体中可能择优沉积炭化物，已提出在 $(VO)_2P_2O_7$ 催化剂上测量的高 P 与 V 原子比，可能部分地归因于在一些无定形表面层内存在 V 的空位。

(15) 用 XPS/SIMS 研究负载型催化剂表面碳

用 XPS 和 SIMS 研究在 Pt/Al_2O_3 和 Pd/SiO_2 催化剂表面上的沉积炭[33]，用 XPS 还研究了天然 Fe 催化剂在 CO 加氢时炭质沉积的生成[34]，并表明所用催化剂的表面组分主要是 α-Fe、α-SiO_2 和大量表面炭（主要是石墨碳）。

(16) 氮化铼催化剂在加氢脱氮作用中的行为研究[35]

由 NH_4ReO_4 或 $ReCl_3$ 在 573 ~ 623K 范围内经氨水还原，或由 N 离子轰击铼金属生成氮化铼，在 3.1 MPa 和 523 ~ 613 K 测量了喹啉加氢脱氮作用，并与 Re 金属和硫化铼对比。三个样品中硫化铼有最好的催化性能。XPS 和 XRD 研究表明在反应后氮化铼表面类似于 Re 金属表面。

(17) 硫化二氧化锆催化剂对 C_6 碳氢化合物的转化[36]

在流动微型反应器中，温度 120 ~ 240℃时，研究了正己烷、甲基环戊烷和环己烷的转化。用拉曼光谱和 XPS 表征催化剂参与反应前后的变化。所得到的结果证实了文献[36]报道过的有关反应机理的数据。

(18) 在其他方面的应用

XPS 用于 TiO_2-V_2O_5 界面的评估[37]；用于 $La_{1-x}Sr_xCo_{1-y}Cu_yO_3$ 和 $La_{2-x}Sr_xCo_{1-y}Cu_yO_3$的电子结构和活性的研究[38]；气悬胶液中的纳米粒子，与周围气体相互作用时，在气悬胶液中的纳米粒子的光电子产率 y 提供粒子表面“指纹”，因此 XPS 可用于探测粒子的体相性质[39]；XPS 用于对负载在碳上的 Cu 原子簇反应性能的研究[40]；对 Co、Ni 和 Mo 氧化物和硫化物膜形成和电子性质的研究[41]；对 Ag 表面氧化态的研究[42]；用于合成乙醇催化剂助剂 K/ZnO 表面表征的研究[43]；用于新型 Pd-Pt 胶体催化剂的研究[44]；XPS 和近边 X 射线吸收精细结构谱 (NEXAFS) 用于研究多晶 Ag 表面$CH_3(CH_2)_{21}SH$的单层吸附[45]；XPS 研究二氧化铈/二氧化锆混合型氧化物：粉末和薄膜表征[46]；用于二氧化硅上氧化钨的 ARXPS 和深度剖析研究[47]；XPS 表征部分还原的 WO_3、WO_2 和 $WC + O^{2-}$ 或 $W + O^{2-}$ 多重表面结构和催化性质[48]；应用于不均匀荷电分析负载 Ag 的电子性质[49]；角-分解和深度剖析、XPS 研究单层氧化铌催化剂[50]从 ARXPS数据求测元素浓度的深度剖析[51]以及 XPS 用于 V_2O_5、V_6O_{13}、VO_2 和 V_2O_3 的研究[52]等。

11.1.8 X射线光电子能谱进展

(1) 小面积和成像X射线光电子能谱[53]

常用的标准X射线光电子能谱（XPS）的分析面积较大（>1mm^2），只能提供分析区内元素组成和原子价态的平均值。最近10年来，小面积和成像XPS相继出现。小面积XPS是通过缩小分析面积提高空间分辨率。分辨率的定义为在分析区的刃形界面处，其元素的谱线强度从其最大值的86%减至14%时两点之间的距离。成像XPS则给出分析区域内元素或其化学态的分布图像。这两种技术都是常规XPS的发展和延伸。

小面积XPS采用的方法可归纳为两类：一类是限制照射样品的X射线束斑大小，简称DSS（defined source system）；另一类是限制被接收的光电子发射面积，DCS（defined collection system）。目前，市场上已出现专门用于小面积分析的XPS谱仪[54]。这是一种高空间分辨和高灵敏度兼顾的小面积分析XPS谱仪。

小面积XPS可用于集成电子器件的失效分析、碳纤维横截面积和高分子共聚物纤维横断面的元素成分和化学组成分析、矿物中的微区化学成分分析、有机微晶体成分分析以及薄膜、纳米催化剂等的微区组成和化学态分析。目前，虽然小面积XPS的空间分辨率尚不及扫描俄歇电子探针和二次离子质谱等微区分析方法，但它更适于分析绝缘和半导体材料特别是有机和高分子材料，并可得到化学态信息。

最近10年，新的XPS成像原理和方法得到了迅速发展，现已进入实用阶段。商品化成像XPS已相继面世。成像XPS主要有三种：①平行成像法[55]；②X射线束扫描成像法[56]；③光电子束扫描成像法[57]。

比较上述三种成像XPS法：平行成像法的原理相对较新，成像时电子从整个分析区同时收集，可比喻为“照相式”。其优点是成像速度较快，信噪比较高，操作者可随时观察图像形成过程，还可根据需要延长或缩短采像时间，采集的像的空间分辨率较少受透镜视域的影响。后两种方法均属扫描成像法。它们要对分析区逐点扫描，绘制出XPS像。采集的XPS像的空间分辨率或取决于X射线束斑大小，或取决于透镜视域大小。

成像XPS在微电子器件、微纤维材料分析、薄膜表面缺陷分析、金属表面腐蚀研究、模型催化剂表面组成和结构研究、生物膜和高聚物表面研究等方面有较好的应用前景。

成像XPS与扫描俄歇电子显微镜（SAM）和扫描二次离子质谱显微镜（SSM）比较，三者均具元素成像能力，但XPS成像的主要缺点是空间分辨率较低，目前最好只达1μm左右，其他两种空间分辨率均达几十纳米。不过XPS成像的优点在于可做非导体材料成像，尤其能做化学态成像，属非破坏性分析方法，可做有机膜甚至单层膜分析和成像。

(2) 解决XPS中荷电中和问题的新方法[58]

样品表面“微分荷电”来自于不均匀表面电势，包括样品不均匀，X射线不均匀和（或）电子中和枪束流的不充分或未“对准”，对每个真实峰的影响，使其宽化或出现多重峰。它易影响对粉末样品或不均匀样品准确地进行化学态分析，并降低对痕量元素的灵敏检测。常用来降低或限制“微分电荷”的方法是使用低能中和电子枪，或当X射线透过常见X射线源Al箔窗口时，产生二次电子，并聚焦到带电样品表面。为了解决这些问题，在分析室内可安装网罩。当需要时，移动网罩使之罩上；当不需要时，把它移开。网罩头许可安装 Au、Cu 等标样或荧光材料，可用来校正仪器结合能标尺以实现谱仪诊断检测。发光材料允许方便检验 X 射线光斑的位置和大小、形状。要求网罩在样品上方 1mm，但远至 3mm 时，效果也很好。

（3）对元素结合能位移的评估[59]

影响元素结合能准确测量的因素：不同的 X 射线单色器，不同的分析器能量分辨率，不同的确定峰位的算法，不同的背景扣除，不同仪器的不同非线性等，还有用于清洁表面时不同的离子刻蚀量，不同的表面粗糙度以及不同的缺陷浓度等，均可导致小的结合能位移。元素不纯或测试方法错误，也可能导致结合能值测量的偏差。但对平均值的标准偏差可达 0.061eV，因而这些平均值可用于 XPS 中的化学位移的计算。

（4）用于深度分析的掠入射 XPS 系统[60]

在 XPS 测试中，使用不同方式以得到无损伤的不同的取样深度。这些包括改变入射辐射能量、改变光电子出射角以及改变 X 射线入射角。

新开发的 XPS 谱仪，组合了一个可调掠入射角的 X 射线源，并对反射束进行检测（GIXPS），这可限制旋转样品时可能出现的问题，并通过监视 X 射线对样品的反射性，校正入射角

当希望得到尽可能大或小的取样深度时，X 射线源能量的选择受化学物质结合能、光电子平均自由程、电子能谱仪能量范围和分辨率以及 X 射线源能量宽度的影响。对大部分材料和内层能级，GIXPS 源能在 1 ~ 2keV 可能是最佳值。

此方法所测的样品必须非常平整及光学抛光，适于 1 ~ 4nm 厚度的覆盖层如金属或半导体上的氧化物的样品。对不同化合物，在 1 ~ 2keV 能量范围内，对表面全反射的临界角，典型值为 1.5° ~ 3.0°

（5）等离子体激元损失应用于膜厚度测定[61]

膜厚度测量有 4 种传统方法。①石英晶体振荡器，即所谓“微量天平”。适于测量一层挨一层均匀生长的膜厚度。②等离子体激元拟合方法。准确性不仅和膜厚度，还与空间均匀性、膜的密度等有关。③膜基于一层挨一层的生长模式，XPS 中分别来自覆盖层与衬底的内能级峰的强度比，通过公式求得膜厚度。④Tougaard 最近提出的覆盖层估算方法，是基于样品中的发射电子的非弹性散射机理分析。

由等离子体激元（来自类自由电子金属激发的）损失强度估算的膜厚度与其他三种传统膜厚度测算的方法比较，认为 Mg 蒸镀在 Pd 箔上时，覆盖层以 Stranski-krastanov 生长方式，即 Mg 层厚度是不均匀。空间不均匀性的程度可由提供激发给定阻尼（或 λp）的 Mg 等离子体激元的体积估算。

（6）XPD（X 射线激发的光电子衍射）[62,63]

为了完整地理解表面化学，例如在非均相催化中，要求了解表面吸附物质的取向和结构，光电子（或 Auger）电子衍射已成功地用于研究在金属和半导体单晶表面上的吸附原子和分子结构。

最近几年把光电子衍射的角分布看作光电子全息图（hologram），就角分布这一点，它们来自参考波（直接出射的光电子波场）与散射波（来自围绕表面原子的邻居）的干涉。当然，问题在于是否存在一个可行的程序，从全息图对表面像进行数学重构。有

人[63]提出对角分布进行傅里叶变换。

光电子衍射发展至今，已有 20 年。初始阶段，基本想法已在模型实验中得证明，至少有两种不同的方法已被证实。一种为简单的零级衍射，即前向散射；另一种为较复杂但更为通用的背散射方法均被用以阐明表面结构。

最近注意力已集中于动能小于几百电子伏的发射电子[64]。此时，实验结果与只适用于表征高能区域的前向散散模式非常不同。在单次散射原子团簇（SSC）模式中，还应指出在低能量和确定的终态角动量及原子空间时，背-和侧-散射的贡献如同前向散射一样明显[65]。已有人[66]指出，低动能时的发射/衍射图纹对发射体在二元合金体系（Cu_3Au）或在表面层，由于界面混合的结果展示对短程化学有序的情况是敏感的。在 Cu（111）表面上覆盖均匀单层 Co 时，已应用吸附原子的光电发射对邻近表面原子成像[67]。

(7) 光电子全息成像重构技术[68]

光电子检测的全息成像重构技术已被用于对 Pb/Si（111）－（$\sqrt{3}\times\sqrt{3}$）$R30°-\beta$ 相表面结构的测定。光电子全息术或光电子衍射，对许多工作是一个正在发展的领域。在每个发射角，扫描光子能量 k_j 变化有振荡，并记录 Pb5d 内层能级的发射强度，产生一个对每一个角度的固定初态谱（CIS），然后，对每一个 CIS 谱，进行多点背景平滑 $I_0(k_j)$,并进行扣除，以得到归一化的 CIS 谱

$$X(k_j)=\frac{I(k_j)-I_0(k_j)}{I_0(k_j)} \tag{11-13}$$

由此给出像函数 $U(R)$

$$U(R)=\left|\int_{E_{k_{\min}}}^{E_{k_{\max}}}\left[\sum_{j=1}^{N}X(k_j)e^{-ikR}e^{ik_jR}\right]g(k)\mathrm{d}k\right|^2 \tag{11-14}$$

式中：R——对发射体而言，是在区间内实空间位置矢量；

$g(k)$——窗口函数［在式（11-14）中已忽略相移，其结果的键长不确定度达 ~0.05nm］。

11.1.9 展望

XPS 作为新兴的表面分析科学的重要组成部分，仍在发展之中。针对尚存在的局限性，今后的发展将着重在以下几个方面。

1) 围绕谱仪的改进。激发光源单色化、微束化、能量可调化以及束流增强化；设计制造新型能量分析器、透镜等，进一步提高能量分辨率和传输率；采用新型位敏检测器、多道板等电子检测器，以提高仪器灵敏度和分辨率，还有空间分辨率。

2) 加强对 XPS 有关理论的研究。提供对化学位移更成熟的理论，更有效指导对化学价态的鉴别；提供对定量分析更成熟的理论，以提高定量分析的精度；提供对弛豫跃迁更成熟的理论，更有效指导对各种伴峰、多重裂分峰等的正确指认，以利于通过 XPS

研究电子结构等。

3）通过改进实验方法或（和）适当配置器件，使得对非导体样品测试中必然遇到的荷电校正问题，尽可能完善准确地解决。

4）发展多功能技术，与其他表面分析技术（如 UPS、AES、SIMS、STM、ISS、AFM、LEELS、LEED 等）联合应用，使分析结果更全面、完整、准确、可靠。

11.2 俄歇电子能谱

1925 年俄歇首次发现俄歇电子，并以他的名字命名。20 世纪 50 年代有人首次用电子作激发源，进行表面分析，并从样品背散射电子能量分布中辨认出俄歇谱线。但是由于俄歇信号强度低，探测困难，因此在相当长时期未能得到实际应用。直至 1967 年采用电子能量微分技术，解决了把微弱的俄歇信号从很大的背景和噪声中检测出来，才使俄歇电子能谱（auger electron spectroscopy，AES）成为一种实用的表面分析方法。1969 年使用筒镜分析器（cylindrial mirror analyser，CMA）后，较大幅度地提高了分辨率、灵敏度和分析速度[69]，AES 的应用日益扩大。到了 20 世纪 70 年代，扫描俄歇微探针（scanning auger microprobe，SAM）问世，俄歇电子能谱学逐渐发展成为表面微区分析的重要技术。然后，采用高亮度电子源、先进电子光学系统、各类能量分析器、包括半球形能量分析器（hemispherical analyser，HSA）以及新型检测系统，加之计算机控制及数据处理能力的扩大与提高，使 AES 的应用扩大到许多重要的科学领域，包括固体催化这一重要应用领域。

11.2.1 基本原理

用一定能量的电子（或光子，在 AES 中一般采用电子束）轰击样品，使样品原子的内层电子电离，产生无辐射俄歇跃迁，发射俄歇电子。由于俄歇电子特征能量只与样品中的原子种类有关，与激发能量无关，因此根据电子能谱中俄歇峰位置所对应的俄歇电子能量，即“指纹”，就可以鉴定原子种类（样品表面存在的元素组成），并在一定实验条件下，根据俄歇信号强度，确定原子含量，还可根据俄歇峰能量位移和峰形变化，鉴别样品表面原子的化学态。

11.2.2 俄歇跃迁标记

俄歇跃迁的表征应能表明俄歇过程所涉及的电子壳层（能级）。原子终态一般由光谱学符号标记。由于俄歇电子早期用 X 射线激发，因此俄歇跃迁中所涉及的三个能级即空位能级如 K（电子或光子辐照电离内层能级电子后产生）、充填电子能级如 L_1（退激发过程中填充 K 能级空位的电子所在能级）和发射俄歇电子能级如 $L_{2,3}$（L_1 能级电子跃迁到 K 能级时释放的能量用于无辐射激发发射电子的该能级），均沿用 X 射线能级符号，见图 11-12。KVV 表示初态空位在 K 壳层，终态空位均处于固体价带中的俄歇跃迁。

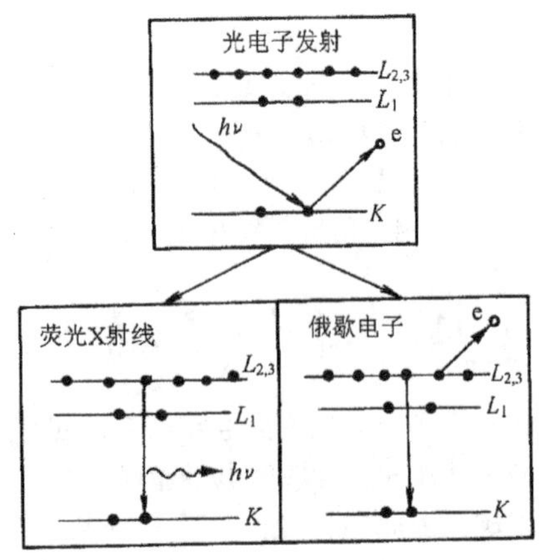

图 11-12 俄歇电子、荧光 X 射线和光电子三种发射过程示意图

11.2.3 俄歇效应

在一定能量的电子（或光子）轰击下，使原子内壳层电子电离，形成具有初态空位的激发态离子。此时处于激发态的离子恢复到基态的退激发，可以经过两种竞争的过程。

1) 辐射跃迁过程。发射 X 射线荧光。受激离子中，较高能级上的电子充填空位，原子在能量弛豫过程中以发射 X 射线荧光形式释放能量，终态原子呈单电离状态。此过程可表示为

$$A^{+*} \longrightarrow A^{+} + h\nu$$

2) 无辐射跃迁过程。发射俄歇电子。受激离子中较高能级上的电子充填空位，释出的能量使另一个能级上的电子电离发射，终态原子呈双电离状态。此过程可表示为

$$A^{+*} \longrightarrow A^{2+} + e^{-}$$

这两种发射过程与光电子发射过程间的关系见图 11-12。

若初态空位和充填电子处于同一主壳层（主量子数同为 n）的不同子壳层中，形成 $W_iW_pY_q$ 型跃迁，称为 Coster-Kronig（C-K）跃迁；若两个终态空位均与初态空位处于同一主壳层内，形成 $W_iW_pW_q$ 型跃迁，称为超 C-K 跃迁。在俄歇跃迁中，C-K 跃迁概率较大。

由于俄歇终态有两个空位，因此每一群中产生俄歇谱线的数目与俄歇过程中两跃迁电子间相互作用的耦合模式（如 J-J、L-S 或中间混合耦合）有关，而后者与原子序数存在某种内在联系。

11.2.4 俄歇电子能量

从俄歇跃迁本质可知，俄歇电子能量只与原子本质有关，与入射电子（或光子）的

能量无关。俄歇电子能谱用作表面组分的指纹鉴定时，必须测定俄歇电子的特征能量。

原则上，俄歇电子能量可由俄歇跃迁前后体系的总能量差估算。对于自由原子，WXY 俄歇电子能量 $E_{WXY}(Z)$可由式(11-15)确定：

$$E_{WXY}(Z) \approx E_W(Z) - E_X(Z) - E_Y(Z) \tag{11-15}$$

式中，$E_W(Z)$、$E_X(Z)$和 $E_Y(Z)$分别为处于 W、X、和 Y 能级的电子结合能。

式(11-15)为近似表示式，因式中 $E_X(Z)$和 $E_Y(Z)$均系单电离状态的能量，而俄歇跃迁后具有两个空位的终态原子是双重电离的。当 X 能级存在一个空位时，Y 能级的电子结合能将增加，其数值接近该原子在周期表中下一个原子序数的原子所对应能级的电子结合能。因此式(11-15)应加修正。

作为实用俄歇电子能量数据，采用文献［71］中的实测值。

11.2.5 俄歇电子能谱（AES）应用基础

（1）表面灵敏性

能量为 E_p（1～3keV）的初束聚焦电子照射样品时，初束电子可渗入固体内部约 1～2μm深。在此过程中，入射电子与材料原子相互作用，经俄歇跃迁发射的俄歇电子，在输送到表面过程中，经历一系列弹性或非弹性碰撞，最后只有在近表面区内（～3λ，λ 为非弹性碰撞平均自由程）的俄歇电子才能逃离固体，从表面逸出，被谱仪收集。当 E_p = 50～2000eV 时，平均逸出深度为 0.4～2nm，这就是 AES 表面分析的机理。λ 的大小与 Auger 电子的能量有关[70]。估算 λ 的经验公式有 Seah-Dench 计算式[4]。

（2）定性分析

根据 AES 谱中峰的能量位置和形状识别元素种类。常用的方法是根据测得的 AES 谱中的峰位（以微分谱中的负峰为准）与标准手册[71]进行对比。

以微分谱接收为例，定性分析的步骤如下。

1）在宽扫描的 AES 谱中，首选一个或几个最强峰，与标准手册对比，确认几个可能的元素种类。

2）确定主要元素后，再按步骤 1）确定其他峰的元素归属。分析时，除考虑峰位能量的绝对值以外，各峰的相对位置、强度大小和形状往往也是影响因素。在认定峰位时，与标准值发生数电子伏的位移是允许的（这不同于 XPS 峰位的指认，而与 CMA 能量分析器接收 AES 谱时有关）。

3）对未有指认的弱峰再重复步骤 1）和 2）。

4）如果最后存在未有指认的峰，它们可能不是真正的俄歇峰，应设法加以判断。如遇到一次电子能量损失峰，只要改变一次电子束的能量，该峰相应地随着改变，即为能量损失峰。与此类似，在用 X 射线激发 Auger 跃迁时，区别 Auger 峰和光电子峰的方便方法是改变 X 射线能量，因为 Auger 峰的动能不随 X 射线能量改变而改变。

5）弱峰若被强峰淹没，则对应的元素不能被检测，但可从峰形的异常考查峰之间的重迭，并进行解迭，从而检测出弱峰所对应的微量元素。

(3) 定量分析

若 Auger 电子的发射为各向同性，平行于表面的平面内，元素分布均匀；在电子逸出深度内，入射电子束能量与束流不变，并且电子束垂直入射，则位于与表面法线成 θ 角方向并被谱仪所收集的在元素 i 原子中发生 WXY 跃迁所产生的 Auger 电流 I_i 为

$$I_i = I_p c_i \sigma_W P_{WXY} BGR\lambda \cos\theta \tag{11-16}$$

式中：I_p——入射电子束流；

c_i——元素 i 在表面深度 Z 处的浓度（单位体积原子数）；

σ_W——原子中 W 能级的电离截面，电离截面定义为入射粒子穿越样品（气、固体）时发生电离碰撞的概率 cm^2；

P_{WXY}——初态空位在 W 能级的电离原子发生 WXY 俄歇跃迁的概率；

B——背散射因子（入射电子中与靶相互作用后再发射出表面，并且能量大于 50eV 的电子称为背散射电子，若背散射电子的能量 $E_B > E_W$，就能使样品原子中 W 能级的电子电离而激发出 Auger 电子，如此产生的 Auger 电子，其能量无损地到达表面并逸出固体，使 Auger 电流得到增强。B 为由于背散射电子而使 Auger 电流增加的倍数，是 AES 定量分析中的重要参数，但计算相当复杂[72]）；

G——与电子能量有关的仪器因子，涉及多种因素，包括能量分析器传输率、检测器效率、电压调制幅度、收集信号模式等；

R——表面粗糙度因子（即电子能够从光滑表面完全逸出，但是从粗糙表面逸出时，则可能被重新俘获。因此光滑表面比粗糙表面的 Auger 电流强。一般定义理想光滑表面的 R 为 1）；

λ——Auger 电子在固体中的非弹性散射平均自由程。

事实上，AES 常以$\frac{dE}{dN}$-E 的微分形式收谱，所以式（11-16）中的 I_i 常以峰-峰值表示。类似于 XPS 中的定量方法，常用 $I_i = c_i S$ 取代式（11-16）。这里 S 为与仪器及样品元素有关的相对灵敏度因子（通常将纯 Ag 的主要 Auger 峰——MNN-351eV 强度取为 $S_{Ag} = 1$），其值可从手册[71]查到。此方法完全不考虑基体效应，误差较大（$\leqslant 20\%$），但不需要标准样品，故使用方便，有实用价值。利用相对灵敏度因子，元素 i 的原子分数为

$$X_i = I_i/S_i/\sum_i I_j/S_j$$

(4) 化学价态的鉴别

化学效应指 Auger 电子峰的能量和形状因原子的化学环境变化而引起的改变。它们携带固体表面原子所处的化学环境的信息，可作为化学价态分析的参考。

因原子的化学环境的改变而引起 Auger 峰能量位置的变化称为 Auger 电子谱的化学位移。由于 Auger 跃迁涉及三个能级，情况比较复杂，故其反映的化学信息不如光电子谱直接。若 Auger 跃迁仅涉及内壳层或次内壳层能级，而不涉及价带（其俄歇跃迁记为

CCC 跃迁），则可观察到比光电子谱较大的化学位移。这是由于俄歇过程的终态存在有两个空位，如 ZnO 相对金属 Zn 的 X 射线光电子谱位移为 0.5eV，而 Auger 谱可达 4.2eV。若俄歇跃迁涉及价带，则记为 *CVV* 或 *CCV* 跃迁，其中 *V* 表示价带。对于这类跃迁，Auger 峰形与价带的电子态密度形状有关。由于价带对原子化学环境的变化反应灵敏，导致峰形随化学状态的变化而变化，并由此引起峰位移动。这些变化可从文献［53］查得。俄歇峰形的变化也反映在伴峰的变化，如纯 Mg 的 *KLL* 峰低能侧有一群小峰，它们是等离子损失峰，而在 MgO 的谱上却不存在这些峰。

（5）扫描俄歇显微术

对电子束聚焦变成细束斑（亚微米量级）激发样品时，俄歇电子谱仪可以实现元素的二维分析，构成扫描俄歇微探针或扫描俄歇显微镜（scanning auger microprobe 或 microscope，SAM）。

为产生元素的二维分布即俄歇图像，聚焦电子束在样品表面作矩形点阵式的逐点扫描，将所获得的 Auger 信号强度对阴极射线管的光点强度进行调制，从而在显示屏上呈现黑白反差的图像。由白到黑对应俄歇信号强度由强到弱，即元素含量由多到少。此时，俄歇信号背景的扣除十分重要。因为它与样品形貌关系甚大。上述信号可存入计算机，经加工处理后再显示输出。

SAM 可实现的分析模式有点、线、面分析和深度剖析。为了分析时对样品定位，以便分析感兴趣的区域，SAM 又具有扫描电子显微镜（SEM）功能。由二次电子流像和吸收电子流像提供样品表面形貌的信息。

（6）深度剖析

样品中元素的深度剖面分析，指分析样品的元素组成及含量随深度的分布变化，以此实现三维分析。

深度剖析可分为非破坏性和破坏性两类。非破坏性深度剖析方法是基于被分析的出射电子的逃逸深度与它的能量及出射角有关，从而得到探测不同深度处的信息。这种方法的探测深度极限约为出射电子的非弹性碰撞平均自由程的 3 倍。比较同一元素的不同能量的两个或数个俄歇峰信号，可以用于判断表面元素浓度的变化。

破坏性深度剖析包括机械剖面法（如机械磨角法）、化学剖面法（以化学试剂腐蚀样品并随后以化学分析法分析腐蚀后的材料）和广泛用于电子能谱术的离子刻蚀剖面法。此时一般采用能量为 0.5～5keV 的离子溅射剥离样品表层，并记录 AES 信号。有效的剖析深度约为数百纳米。

离子溅射深度剖析直接获得的是俄歇信号强度与溅射时间的关系曲线，以此可解决三个问题：从俄歇信号强度获得元素的浓度；从溅射时间获得对深度的表示；从元素的谱线了解元素的化学状态在溅射过程中的变化。

俄歇信号强度转换为原子分数的方法与俄歇定量分析相同。

溅射时间-深度的变换相当复杂且困难。原则上，可从理论的溅射速率估算，但实际效果较差。这是因为溅射产额 *y* 与样品元素组成、入射离子种类、能量和入射角等因素有关。一定条件下的溅射产额可查阅文献[73]。一种实用的深度定标是和一种标准参考样品（Ta_2O_5）比较。当对样品做离子溅射深度剖析时，以同样实验条件对参考样品做剖析，根据两者溅射时间的比较，获得以“Ta_2O_5 的相当厚度”的相对定标的结果。

对深度剖析过程中元素化学状态的分析，可通过对微分谱形状的观察进行。其原因是某元素的化学状态发生变化或产生新的化学状态时，就迭加在原化学状态上，使总的微分谱形发生变化。目前已有一些方法可以将这种变化所包含的化学状态加以鉴别，可提供剖析中化学状态及其变化的情况。最常用的是“因子分析法”[74]。

在应用离子溅射进行深度剖析时，需注意在离子轰击下样品表面产生的各种变化。

1) 溅射对样品表面形貌的影响。溅射将导致表面粗糙，而结晶态的存在，使粗糙程度增加。这会造成深度剖析时，界面变宽的假象。不过，若采用斜入射低能离子、旋转样品、冷却样品等，可改善样品的粗糙程度。改善表面形貌的另一途径是采用活性气体离子溅射，如氧离子和氮离子，或在活性气氛（如氧）中进行反应溅射。

2) 溅射对样品组分的影响。这是由于“择优溅射”所引起的，它的大致规律是：对质量大小相差悬殊的二元体系，容易造成重元素的偏析，而对质量大小相差不大的二元体系，则溅射产额小的元素形成偏析。但也常有例外，这与溅射现象的复杂性有关。事实证明，用元素的溅射产额数据预估样品表面组分的变化往往不准确。因为离子轰击会对基体原子产生扰动，出现所谓的“原子混合效应”。

3) 溅射对样品表面化学状态的影响。离子对样品表面的形貌和组分发生影响，主要通过离子动能的传递发生。此外，离子和表面之间也可发生复杂的电子过程，一般易发生还原效应，这是造成表面化学状态变化的主要原因。

(7) 绝缘样品荷电效应及解决方法

在固体催化剂表面和界面分析中，大部分样品为不良导体或非导体。在 AES 分析中，自然会遇到样品荷电效应，不解决这一问题，就难以甚至无法进行 AES 测试，尤其在电子束激发的 AES 分析中，样品荷电效应远比用 XPS 方法严重。常用的解决绝缘样品荷电效应的方法可归纳如下。

1) 掠入射电子束。若把入射电子束的方向与样品表面法线方向之间的夹角（$\leqslant 90°$）定义为电子束入射角，掠入射即入射角接近（$80° \sim 90°$）。此时，可减小样品荷电量，一般为荷负电。

2) 调节入射电子束能量，使二次电子发射系数 $\delta = 1$。二次电子发射系数定义为离开靶的二次电子数目与轰击靶的入射电子数目之比。$\delta < 1$，样品荷负电；$\delta > 1$，样品荷正电。当入射电子能量（E_p）在 $1.5\text{keV} < E_p < 3.0\text{keV}$ 时，$\delta \approx 1$；入射电子能量太大或太小时，$\delta < 1$。同时，δ 还与入射角有关。当掠入射时，二次电子逸出样品的机会大。一般在入射角 80°掠入射时，$\delta > 1$。

3) 设法使样品荷电“导走”。用金属箔（如 Al、Cu 箔等）包覆绝缘样品，在电子束入射样品处开小孔，使电子束能入射到样品，且使电子束（定点轰击）尽量靠近小孔边缘，但又未入射到包覆用的金属箔。另一个做法是尽量减小样品厚度，使其达微米级，并固定在导电样品台上。这两种办法的机理，可能为入射进样品的电子散射区扩及导电金属箔或衬底，使积累的多余电荷有通路“导走”。

4) 当分析样品在入射电子轰击下荷负电时，可用外来光源（如紫外灯等）同时辐照样品。这是由于光电效应的结果使样品荷正电。此时当然要调节好外来光源的强度，使样品不荷电。

11.2.6 应用

俄歇电子能谱（AES）表面灵敏度高，微区分辨能力好，取得丰富化学信息的潜力大，但也有局限性，如电子束对样品的轰击易损伤样品，尤其对有机、高分子类样品，影响尤为明显。为了得到全面、深刻的分析结果，AES 与其他表面分析方法同时应用，是当今广为采用的方法。

（1）氧化铁俄歇线形的化学价态分析[75]

在 AES 中，由于 Fe_2O_3 导电性比 Fe_3O_4 差，所以其表面易带负电。故 Fe_2O_3 与 Fe_3O_4 相比，Fe_2O_3 稍向高动能方向位移一些，但这并不是真正的化学位移。如果存在化学位移，Fe_2O_3 与 Fe_3O_4 相比，应移向较低动能方向。此外，Fe_3O_4 谱是 Fe^{3+} 峰和 Fe^{2+} 峰的线性组合，二者在 XPS 能量上相差 ~ 1.2eV，Fe_3O_4 峰稍宽于 Fe_2O_3 峰。

多晶 Fe 在室温暴露于氧时，在 Fe 的顶层形成 Fe_3O_4 层。其他工作也证实了这个结论，或至少生成 Fe^{3+} 和 Fe^{2+} 的混合物。

O(*KLL*)/Fe(*LMM*)的测量可能对氧化铁俄歇线形提供惟一的方法，用以从 AES 谱确定 Fe 的氧化态。Fe(*LMM*)的 Auger 跃迁线形对氧化是敏感的。虽然 XPS 鉴别不同的铁氧化物通常优于 AES，但 AES 在研究薄的 Fe 氧化膜时，仍有它的优点，即 Fe(*MNN*)Auger 峰的表面灵敏度非常高，适于提供铁氧化初始阶段的信息。对包含 Fe 和第 5 或第 6 周期过渡元素或非过渡金属的多组分氧化物样品，Fe(*LMM*)和 Fe(*MNN*)峰可以免除干扰，准确地确定峰位和大小。在这种情况下，Fe(*MNN*)峰形和 Fe(*LMM*)峰高可用以计算氧化铁对 O(*KLL*)峰的贡献，从中分离出氧化铁中 O 的信号与样品中其他组分的 O 信号。这已在 Cu 和 K 为助催化剂的铁催化剂的激活研究中得到证明。

（2）应用于表面研究的符合测量[76]

符合(coincidence)技术应用于物理学许多领域，现在已开始应用于表面分析。这是因为表面原子和电子之间的相互作用是复杂的，具有许多可能的相互作用，符合技术可用来减少可能性的数目以及产生一些较容易解释的谱图。电子符合技术对表面研究的最成功应用为 Auger-光电子符合谱(APECS)，在这个实验中，入射光子引起内层能级电离以及同时测量这个发射的光电子和随之产生的 Auger 电子，这已应用于一些过渡金属内层能级衰变的研究。符合技术能给出靶原子特定轨道的电子动量分布；还有(e,2e)实验能给出倒易空间到实时空间的转换，而只有小的变化。这样一来，就容易产生表面模型。有人[76]已用 1 ~ 10keV 能量，从(e,2e)数据中对不同模型和导出的 Si(111)表面重构键长之间进行区分和关联。

（3）SAM 成像的改进[77]

多重谱的扫描 Auger 显微镜用于研究来自电子能谱仪和 Si 的 p-n 结背散射电子检测器的象限，且同时收集 Auger 和背散射电子像之间的关系。四个背散射电子信号的数字信号处理，允许计算每个像素位置的背散射因子，区分为 Auger 像的那部分允许扣除由次表面组成变化所引起的对比度。这种方法可用于对复杂非均匀样品的定量，不要求拟合参数或预先对样品的了解，还可用于分析表面粗糙、不均匀的样品。

（4）AES 测定吸附分子内部的分子电荷变化[78]

当研究电解质分子如氧化物、氟化物、氮化物和其他在金属表面的吸附现象时，主要问题之一是吸附分子在表面有否解离或分子内成键电荷有否在吸附时发生重排。AES 测量显示能给出有关结果,其依据是阴离子 $KL_{23}L_{23}$的 Auger 跃迁对 $2p$ 成键轨道的电荷敏感。当分子吸附在表面上时,由于分子和表面间生成化学键,因此可能改变分子内成键电荷。

(5) AES 中 *CVV* 峰的电子相关效应[79]

AES 中的 *CVV* 峰的主要优点之一是对电子相关效应的直接灵敏度。对许多体系,电子相关效应是线形类型的主要成分。基于这个原因,AES 成为研究固体表面电子结构的适用技术。然而,也正是由于这个相关效应,妨碍我们在卷积模式内对测量线形的简单解释。因此需要有新的理论,从中可引出有关电子结构的信息。对 AES,在初态时,主要的内层空穴引起价带电子本身的重新安排,并部分屏蔽内层空穴势;在终态,价带电子调整内层空穴,使之突然消失。这些效应是价带电子和内层电子(*CV* 相关)之间相关的结果。然而在 Cini-Sawatzky 模型中没有考虑 *CV* 相关。在强烈的 *CV* 相关情况中会展示一些伴峰特点。

(6) 对 AES 定量的修正

应用纯材料的相对灵敏度因子的 AES 定量估算,广泛用于复杂多组分样品分析。传统的"相对灵敏度因子"方法并没考虑基体效应。文献[80]提出了对不同基体中的大部分元素,可计算求得相对灵敏度因子的修正值。在这新方法中考虑了最重要的基体效应,即电子非弹性平均自由程和背散射因子。认为这是影响 Auger 电子产额的主要因素。

通过迭代法,逐次逼近样品真实情况,直至元素浓度的改变可忽略不计时,迭代过程结束。还有离子溅射时要考虑择优溅射。但在合金物质(尤其是由周期表中近邻元素构成时)中,因溅射率相同,有时可不予考虑。

(7) AES 和 XPS 用于深度剖析[81]

把 Mg 注入到金属(Cu、Ag 和 302 号不锈钢)箔中,然后同时用 XPS 和 AES 进行深度剖析。对常使用的主要跃迁,即 XPS 中的 2s 峰和电子激发的 AES 中的 *KLL* 峰,其相对灵敏度低。在 XPS 中,AlK_α 激发的 *KLL* 峰的相对灵敏度大于 2s 峰,但是用 MgK_α 激发时,却不是这样。电子激发的 AES 中的 *KLL* 峰-峰高随 Mg 的化学态而改变,并且在有些情况下,也可能产生峰的重迭。一般而言,XPS 比 AES 更容易通过结合能位移来解释化学位移。但 AES 检测的化学位移比 XPS 大。如 Si 与 SiO_2,AES 中的 *KLL* 峰位移达 8eV,但 XPS 的 Si$2p$ 位移仅 4eV。不过 AES 中 Auger 跃迁峰比 XPS 中的光电子峰宽得多,有时难于用来鉴别化学态。做深度剖析时,为了减小"火山口"效应,溅射面积至少应大于取样面积的 10 倍以上(对 AES 而言)。此外,实验数据的后处理也是选择因素之一。在定量深度剖析时,XPS 需求测峰面积,比较费时;AES 却用峰-峰高或用负峰-背底之高定量峰(对常用的一次微分谱而言),还有更复杂的程序,如用(峰-背)/背底变量等,在离子溅射 Mg 箔后,AlK_α 激发的 Mg*KLL* 强度比光电子峰 Mg2s、Mg$2p$ 约大 8 倍。但是 Mg K_α 激发的 Mg*KLL* 强度小于 Mg$2s$、Mg$2p$ 峰。故选用分析技术时,要考虑所检测元素的相对灵敏度因子以及空间分辨力等。

(8) 定向 AES(DAES)和定向弹性峰电子能谱(DEPES)研究表面层晶体结构[82]

在固体催化剂研究中,常用模型催化剂。此时衬底晶体常为金属,然后在衬底上再生长(外延生长或蒸镀等)一层金属构成模型催化剂。为此,常常须知道表面覆盖层的晶体结构。为了解决这个问题，XPD 和 AED 均是适用的技术[62,63]，但是要用到角度旋转，使仪器的结构比较复杂，售价高，而且测量也费时。然而，许多年来，已知用大接收角分析器[例如减速场分析器(RFA)，常用于低能电子衍射(LEED)测试]测量来自晶体样品的 Auger 信号与初级电子束的入射方向之间的依从关系，当初级电子束方向与样品中的密堆积原子排列平行时，可看到这种信号的极大值。甚至较早时，在Al(111)面上对弹性散射的电子也观察到类似现象。当应用能量为 12keV 的电子，并且在初级束平行于[001]、[114]、[112]、[111]、[332]或[110]方向时，到达 RFA(减速场分析器)收集器的弹性散射电子总电流出现不同的极大值。有人[82]在 Fe(001)和 GaAs(110)面上也观察到了这类关系。对清洁的和用 Ag 覆盖直到 12 单层的 Cu(111)面，测量 Auger 电子与弹性散射电子信号-初级电子束入射角度的依从关系(分别为 DAES 和 DEPES 剖析)，并用来确定 Ag/Cu 界面结构。所用的 RFA 为 3 栅型，以 dE/dN 模式，取峰-峰高作为 Auger 信号，而以$N(E)$模式测量弹性散射电子峰。用于离子清洁的 K^+ 离子是用覆盖 K/沸石的 Pt 带电阻加热产生，以取代离子枪。这样可免去专门的泵线，并不会增加气压，因而此法简易且价廉。它可以应用于与 K 不起反应的样品，并可加热到足够高的温度以除去样品表面的 I。用 K^+ 离子清洁后，AES 中痕量的 S 和 C 比 110eV 处的 Cu Auger 峰弱得多，且能得到好的 Cu(111)表面的 LEED 衍射斑点。Ag 覆盖层的厚度用(I_{Ag}/I_{Cu})-t(俄歇信号强度～沉积时间)曲线中第一拐点的出现作为 1 ML(ML 表示原子单层)而确定。在 DAES 曲线中，取 Cu$M_{2,3}VV$(～60eV)信号。对清洁的 Cu(111)表面，改变入射束角度收集 Cu$M_{2,3}VV$ 信号。测试结果显示，DAES 和 DEPES 对表面层的晶体结构非常敏感。同时应用两个谱图，就可能应用简单而廉价的谱仪，使之可能测定界面的组分和结构，并且发现 Ag 层相对于 Cu(111)衬底旋转 60°。

11.2.7 进展及展望

(1) 表面扩展能量损失精细结构谱

近年来，表面扩展能量损失精细结构谱（surface extended energy loss fine structure, SEELFS)[83]作为一种新型表面灵敏分析技术，因具有独特的优点受到广泛关注。它利用低能入射电子与物质表面相互作用，电子能量部分损失，表现为在中心原子吸收边附近产生振荡信号，其中包含了配位距离、配位数等结构信息。SEELFS 应用扩展 X 射线吸收精细结构谱（EXAFS）类似原理和数据处理方法，但是同 EXAFS 及其他类分析方法相比，有如下特点：①仪器简单，只需普通的超高真空实验设备、电子枪和能量分析器；②SEELFS 信号与短程有序有关，不要求长程有序；③低能量的初级入射电子束，避免了样品热效应和表面损伤。

目前它已广泛用于清洁表面、化学吸附体系、金属/Si 等界面、金属簇合物等各领域。在测定中心原子与配位原子间距、配位数、背散射振幅和相移等与表面结构有关参数时，无需特定的同步辐射加速器作 X 光激发源，这使得它能成为一般的表面科学实验室的日常分析工具。

原理上，SEELFS 和 EXAFS 基本类似，但在实验技术上有所不同。它采用低能电子（E_p = 100～3000eV）代替 X 射线，由电子的非弹性碰撞激发内层能级电子。由于邻近配位原子的存在，导致反射电子波与出射电子波的干涉叠加，使非弹性散射截面发生变化，从而在吸收边附近产生电子的能量损失振荡谱。对其进行的数据处理过程如下：①扣除背底，得到 SEELFS 振荡信号（常用$\frac{dN}{dE}$或$\frac{d^2N}{dE^2}$微分技术收谱）；②能量空间转化为波矢空间；③傅里叶变换（FT）得到径向分布函数，求得中心原子与近邻配位原子间距；④反傅里叶变换，得到给定配位壳层的 SEELFS 振荡，得到包络函数和相移，校正键长误差；⑤应用 EXAFS 拟合程序拟合，使 SEELFS 的键长误差减为 0.005nm。

最近，我们用此方法研究了以水滑石焙烧得到的镁铝复合氧化物[Mg(Al)O][84]。因为它是近十几年来固体碱研究中的一个热点，同单组分氧化物和负载型氧化物比较，Mg(Al)O 比表面积大，热稳定性好，碱性高，是一种优良的环境友好的催化剂，因此研究 MgAlO 的结构具有重要意义。

图 11-13 是 MgO 和 Mg(Al)O[$n(Mg)/n(Al)=3$]的 MgK 边的一阶微分 SEELFS 谱。实验条件：入射电子能量 $E_p=1.6keV$，束流为 9.24μA，峰-峰调制电压为 10V。

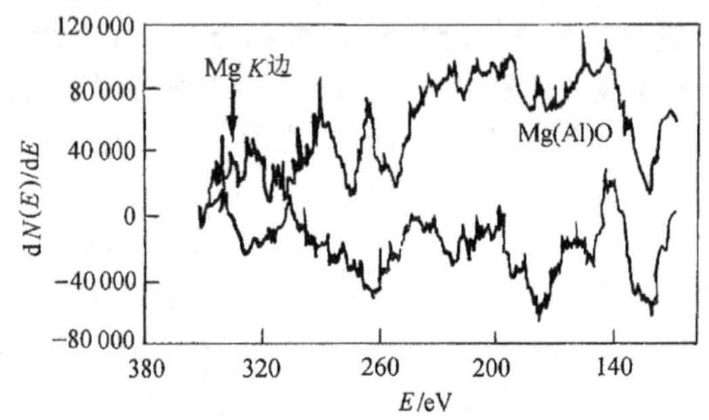

图 11-13　MgK 边的 SEELFS 谱

经扣除背底和傅里叶变换，得到径向分布函数，如图 11-14，峰位列于表 11-5。

从图 11-14 看出，与 MgO 比较，Mg(Al)O 中的 Mg—O 峰位基本相同，但Mg—Mg峰位有所增加，并且峰强度明显减少。这是由于 MgO 在与 Al_2O_3 形成复合氧化物后，Mg 周围近邻氧原子的距离与配位情况基本不受影响；但对于次近邻配位的 Mg 原子，由于 Al^{3+} 的加入，使 Mg 的配位数降低，并使 Mg—Mg 的距离增大。SEELFS 的结果与 EXAFS 的结果(图 11-15)比较吻合。若考虑相移校正(0.03～0.04nm)，与理论的 MgO 结构参数基本一致。

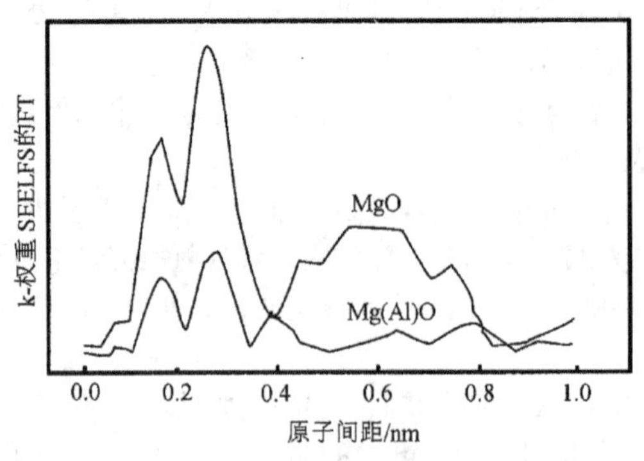

图 11-14　图 13 的径向分布函数

表 11-5 MgO、Mg(Al)O 由 SEELFS、EXAFS 测得及理论 MgO(100)的 Mg 近邻原子配位键长度

峰位	配位键长度/nm		
	SEELFS	EXAFS	MgO (100)
MgO			
Mg—O	0.171 ± 0.005	0.150 ± 0.001	0.210
Mg—Mg	0.268 ± 0.005	0.260 ± 0.001	0.297
Mg(Al)O			
Mg—O	0.176 ± 0.005	0.150 ± 0.001	-
Mg—Mg	0.279 ± 0.005	0.270 ± 0.001	-

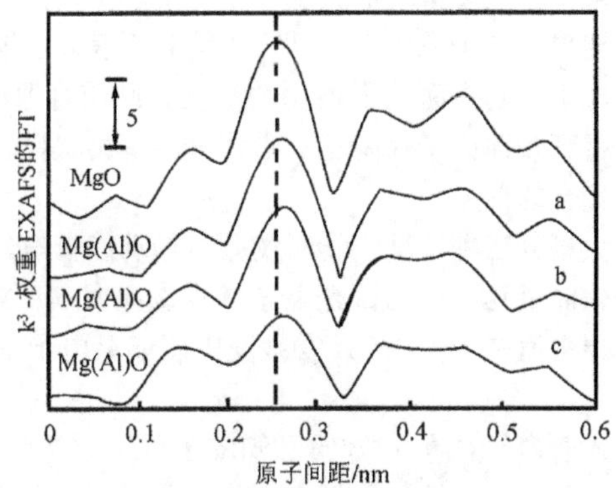

图 11-15 EXAFS 的傅里叶变换谱图

曲线 a,b,c 的 $n(\mathrm{Mg})/n(\mathrm{Al})$ 分别为 8,5,3

(2) Auger 电子衍射

同 XPD 一样，利用 Auger 电子衍射（AED）原理，可以测定非均相催化表面物质的取向和结构。见本章 11.1.8 节第（6）和文献［62，63］。

(3) 深度剖析中利用真实二次电子峰预告界面[84]

用 XPS 或 AES 结合离子溅射进行深度剖析时，如果不知道界面位置或样品不均匀时，容易错失感兴趣的界面区域。这样，在深度剖析溅射期间，不得不中断溅射，及时进行 XPS 或 AES 测量。为解决这个问题，曾做了一些探索。例如，控制离子束流以及二次离子质谱（SIMS）与 AES 的组合使用等。但是离子束流难以测试绝缘样品，而且 SIMS 装置尚不普及。真实二次电子峰（TSEP）能够预告界面。这是因为它的低能边的位置对被测样品中的变化很敏感，它可由离子、X 射线、电子束激发产生，且其强度非常大。它的逃逸深度也比 XPS、AES 中的大得多。所以提出应用 TSEP 监视和控制深度剖析是可能的。测试中通过记录二次电子的低能边得知，并应在样品台上加以 60V 负偏压，以改善分析灵敏度。所用 Ar^+ 离子束能量 4 ~ 6keV，束斑直径 0.5mm，扫描式工作。溅射速率对 SiO_2 约为 $8\mathrm{nm \cdot min^{-1}}$。TSEP 强度的最大偏差 ~ 4%，峰边的最大不稳定性 ~ 60meV。溅射时，必须同时监视二次电子峰的强度、峰形和低能边。

为了扩大 AES 在表面分析中的应用，应开发新型电子源。由于正电子与固体的相互作用有别于负电子与固体的相互作用[85]，期望开发正、负电子源，供分析选用。还应开发研制新型能量分析器、新型电子检测器等。

11.3 电子能量损失谱(EELS)

11.3.1 基本原理

一定能量的电子，入射到清洁或吸附气体的固体表面，除了可以产生引起表面原子或晶格/原子的振动激发外，还可以激发能带间的电子跃迁，包括电子自价带、内层能级和表面悬挂键能级的激发，以及表面和体相等离子体激元的激发等。入射电子因激发电子跃迁或表面原子的某一个振动模式而失去一个特征能量，由此测量非弹性散射的电子能量，并结合电子能谱得到电子态信息，则可以得到近表面的能带结构信息与空带电子态的能谱。如果入射电子引起表面原子振动的激发，则结合原子吸附模型进行计算，并与实验数据对比，可得到表面原子吸附位、吸附分子解离状况、束缚能与吸附原子间横向相互作用的结构与集合的信息。

入射电子损失能量大概分三种情况：①激发晶格振动或吸附分子振动能的跃迁，属于声子激发或吸收，损失能量几十至几百毫电子伏；②激发表面或体相等离子体激元，或价带电子跃迁，能量损失值在 1 ~ 10eV；③激发内层能级电子的跃迁，能量损失范围在 $10^2 \sim 10^3$eV。

设计一台仪器，在入射电子能量和方向已知的条件下，测量散射电子的能量与方向，由此探测表面区的一些动态特性，包括表面吸附原子、分子的振动特性、吸附位置和状态、各种表面和体相等离子体激元激发过程、固体能带结构和晶体表面的电子自由度[86]。

电子能量损失谱的理论可参阅文献[5]。

11.3.2 应用举例

电子能量损失谱在表面分析技术中是非主要的辅助技术，经常与其他表面分析技术组合使用，才能得到较完整的结果。

(1) V(110)表面上原子和分子 O 物种的 HREELS 和 NEXAFS 表征[87]

氧化钒应用在重要的催化反应中，如碳氢分子的选择氧化和 NO_x 物种的催化还原，所以了解 O 和 V 之间的相互作用很重要。高分辨电子能量损失谱(HREELS)和近边 X 射线吸收精细结构(NEXAFS)技术研究了在温度 80 ~ 1200K，O 与 V(110)表面的相互作用。在 80K 时，O 在 V(110)表面上发生解离和分子吸附，O 的解离吸附是由 615cm^{-1}处观察到 ν(V—O)振动的特征峰而鉴别的，它最可能与原子 O 处在膺-三重态有关。分子吸附的 O 是由 1025cm^{-1}处存在 ν(O—O)模式和 NEXAFS 中在 539.0eV 处存在 σ^*-共振而表征的。当加热温度低于 400K 时，分子吸附的 O 在表面解离；在较高温度时，O 原子开始向体内扩散。因为在温度 500 ~ 1100K，观察到次表面的 O 物种。次表面 O 物种的起始点可由 1050cm^{-1}处出现的 ν(V—O)模式表征。这个 1050cm^{-1}特征峰不同于 1025cm^{-1} ν(O—O)模式。最后在 400K 时，掺杂并随之 600K 退火的重复周期产生氧化钒。氧化物层的化学计量比估算是 V/O。这是基于 O/V(110)与 O/V_2O_3、O/V_2O_4 与 O/V_2O_5 模型化合物的 NEXAFS 谱的比较得出的。

(2) Pt(100)表面上 NO 吸附和 NO + H_2 反应的 HREELS 和 TDS 研究[88]

Pt 催化剂广泛应用于含 NO 的工业气态排放物的净化。NO 吸附和被 H_2、CO 和 NH_3 还原机理的研究,对金属催化领域的发展也是重要的。在 Pt 表面,NO 吸附态究竟是分子型或解离态,取决于表面结构。它们决定 NO + H_2 反应机理以及关键产物 N_2 或 NH_3。以前曾用 HREELS 和 TDS 研究 Pt(111)表面上 H 对 NO 的还原,吸附在Pt(111)表面上的含氮氧化物只是以分子形式处在二或三重桥位和顶位,正如从相应的 ν(V—O)带位所表明的那样。已发现在桥位的 NO(吸附)参与反应产生 NH_3 与 N、HNO(吸附)和 N(吸附)表面物种被视作反应中间物。至于表面结构对反应机理的影响,Pt(100)表面上 H 还原 NO 的检验特别有意义。因为这个面可能存在两种不同的结构:①稳定重构的膺六方相;②清洁状态下不稳定的非重构 1×1 相。已发现 H_2、NO 和 CO 在 Pt(100)表面原来六方相上的吸附会感生相变,由六方相到 1×1 相。在许多情况下已证实这个相变是在 CO + O_2、NO + H_2、NO + CO 和 NO + NH_3 催化反应中观察到的动态振荡的驱动力。六方相和 1×1 相有不同的吸附性质。通常在结构缺陷处具有高活性,例如,在台阶形的 Pt 和 Pd 表面上,台阶位能有效地使 N—O 键断裂;当温度加热到 ~ 350K 时,在不太活泼的 Pt(111)表面上发生的 NO(吸附)解离也只发生在缺陷位。

(3) 吸附在 Ag(110)表面上无序 K 薄膜的集体激发[89]

用能量损失谱和 LEED 研究了覆盖度从 0.3 ~ 2.3ML 时,吸附在 Ag(110)表面上无序 K 的集体电子的激发。发现在长波长极限内,随 K 覆盖度增加,Ag 表面等离子体激元能量位移向上,这是对照经典电解质理论的值所得到的,而它的分散却下降。由 K 所感生的损失,与 $3s$ 到 $3p$ 带间跃迁有关,开始在半个单层以上,这指示 K($3s$)态的填充。在一个单层覆盖度以上时,也观察到由集体的 K 所感生的模式。

11.3.3 进展

最近，用发展的应用反射电子能量损失谱获得扩展边能量损失精细结构[83]，以测定长程无序、短程有序样品中原子键长等（见本章 2.7.1 节），从而大大拓展了 EELS 的应用领域，使这一发展较早的技术在表面分析中获得了新活力。

11.4 紫外光电子能谱

紫外光电子能谱（ultraviolet photoelectron spectroscopy，UPS）又称光电子发射能谱（photoelectron emission spectroscopy，PES），使用紫外能量范围的光子激发样品原子的外层电子，是分析样品外壳层轨道结构、能带结构、空态分布和表面态情况的光电子能谱。

11.4.1 基本原理

UPS 是光电子能谱的一种，基本原理类似于 XPS。与 XPS 的不同之处在于入射光子能量 $E_{h\nu}$在 16 ~ 41eV。它只能使原子外层电子，即价电子、价带电子电离，所以主要用于研究价电子和价带结构的特征。另外，这些特征受表面状态的影响较大，因此 UPS 也是研究样品表面态的重要工具。能带结构和表面态情况与化学反应和固体特性密切相关。加之固体中由紫外光激发的这个能量（16～41eV）的光电子，其非弹性平均自由程较小，故对表面状态比较灵敏。因此，UPS 被广泛地用来研究固体样品表面的原子、电子结构。

11.4.2 紫外光源

目前常用的紫外光源是 He、Ne 等气体放电中产生的共振线。UPS 光源的光子能量见表 11-6。由于这种光子能量可使一切固体物质中的价带电子激发，因而没有可透过而不衰减的窗口材料；又因其在大气中易被吸收，只能在真空中传播，故称为真空紫外光。在光电子谱仪设备中，为维持放电室的较高压强和样品分析室的极低压强，必须在紫外光源中使用毛细管通道和差压抽气系统。气体放电共振线给出紫外光，其自然线宽度较窄，通常小于 1meV。可不用单色仪。UPS 谱的接收，除光源不同外，其他装置类同于 XPS 谱仪。

表 11-6 UPS 光源的光子能量

气体	E_{I}/eV1)	E_{II}/eV1)
He	21.22	40.81
Ne	16.67（1）2) 16.85（7）2)	26.81（1）2) 26.91（1）2)

1）下角标Ⅰ、Ⅱ表示电离度。

2）由于受激原子的自旋-轨道偶合，Ne 发射线是紧挨着的双线；括号内为双线组分的相对强度。

11.4.3 应用

UPS 有其局限性，故在使用中常与其他表面分析技术组合使用。

(1) UPS 和亚稳碰撞电子能谱（metastable impact electron spectroscopy，MIES）在清洁和铯化的 W（110）表面上研究碘的吸附[90]

卤族原子的吸附，特别在金属表面与碱金属原子的结合已引起研究者相当大的兴趣。在卤素压力中的乙烯环氧化作用可视作这方面的例子。此外卤族原子与分子物种例如水和（或）氨共结合的数据，在高温作为对高温腐蚀过程动态和动力学的理解，卤族碱金属和卤族碱土金属，即存在碱金属原子时，卤族的吸附已引起注意。这是由于可能模拟脱附过程。在化学吸附体系中，卤族碱金属具有对横向相互作用研究的意义。已显示出 I 电离的特点强烈地与被吸附 I 原子的化学环境有关。

为了探索 I 的光电发射特性与化学环境的灵敏关系，用 UPS(HeI)结合 He^*($1s2s$)进行亚稳碰撞电子能谱(MIES)。样品碘吸附在清洁或部分铯化的 W(110)表面上，以及 CsI 吸附在 W(110)表面上。MIES 似乎惟一地适用于区分对 I 电离的贡献。

卤族和 O 原子，两者都是强的电负性物种。其吸附以及它们与碱金属(这里为 Cs)在金属上的共吸附，非常类似。但 O 吸附可能会复杂些，因为存在碱金属原子时，O 可能发生分子吸附。

比较了室温下 W(110)表面上单独的 I、I 和 Cs 共吸附以及 CsI 吸附的 UPS(HeI)和 MIES[用 $He^*(1s2s)$],证实了 I(5p)电离灵敏地依附于 I 吸附质的化学环境。

(2) LaC_{82}的电子结构[91]

应用同步辐射,在 $E_{h\nu}=20eV$ 时,分别测 C_{82}和 LaC_{82}谱,并做差谱。首次测试了有关 La 原子在或不在 C 笼子内的情况。LaC_{82}的 UPS 谱类似于 C_{82},但存在重要的区别。在 Fermi 能级以下的区域,在 LaC_{82}的 UPS 谱中,出现两个新峰分量,位于 0.9eV 和 1.6eV,强度比为 1:2。它们来源于 3 个电子从 La 到 C_{82},形成 $La^{3+}C_{82}^{3-}$ 的电子结构。结合对 La 原子在分子中位置的计算,用电子顺磁自旋共振(ESR)测量并与 LaC_{82}的 XPS 测量结果比较,符合很好,表明 La 原子俘获在 C 笼子内。

(3) 用 MIES、UPS(HeI)和 XPS 研究在 Ca 和 CaO 表面的 CO_2 化学吸附[92]

应用 MIES 联合 UPS(HeI)和 XPS 研究室温下在 Ca 和 CaO 膜上 CO_2 的化学吸附。当在清洁的 Si(111)表面上蒸发 Ca 膜(约 20nm 厚)时制备了 Ca 表面。用扫描隧道显微术(STM)得到了有关 Ca 膜拓拓学结构的信息。当把 Ca 膜暴露于 O_2 或 N_2O 时,生成了 CaO 膜。当把 Ca 表面暴露于 CO_2 后,变成碳酸盐络合物(CO_3^{2-})端接,并在表面下检测到典型的(Ca—O)键的特点。当 CaO 膜暴露于 CO_2,也生成致密的碳酸盐层。CaO 表面对 CO_2 的强烈反应性与最近原子团簇计算的结果一致。暴露于 CO_2 后的 Si(111)表面上 Ca 膜(厚度 > 20nm)的相应谱图见图 11-16 ~ 图 11-18。

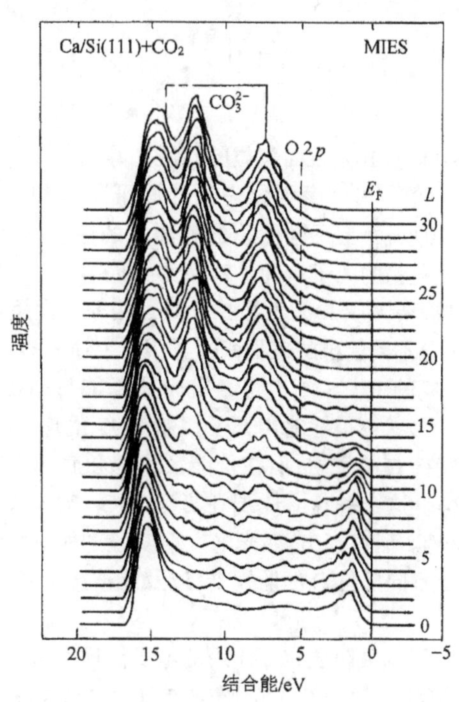

图 11-16 Ca 膜的 MIES 谱

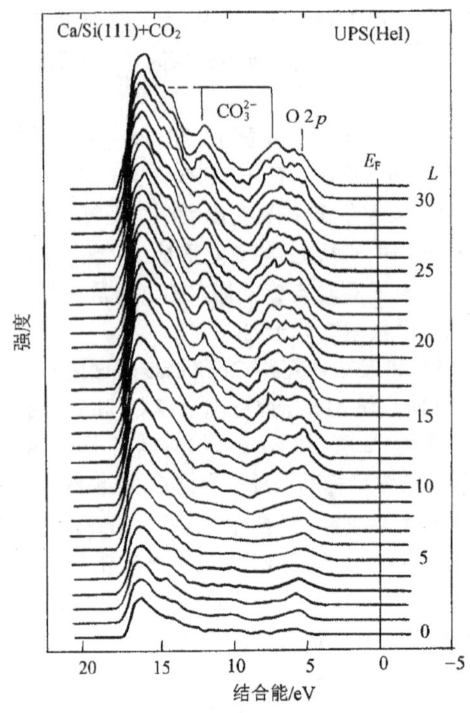

图 11-17　Ca 膜的 UPS 谱

（4）ARUPS 测量 V_2O_5（010）表面氧位的性质和鉴别

文献［93］报道，研究了用密度函数理论的原子团簇和角-分解紫外光电子能谱（ARUPS）测量在V_2O_5(010)表面上不同配位的表面氧的性质。有关大至 $V_{16}O_{49}H_{18}$的镶嵌原子团簇的计算证实氧化物的离子特性。对新鲜解理的 V_2O_5 样品，计算的 O2*sp* 主价带区的宽度和逸出功值与提出的光电发射数据一致。由原子团簇导出的总的和分数态密度(DOS、PDOS)可用来区分不同配位的表面氧。涉及端接 V—O 基中 O 的 PDOS 位于价带中心附近，而不同桥接氧的 PDOS 产生包括价带全部能量范围的宽的分布。对 V_2O_5(010)实验，ARUPS 曲线的形状可很好地用原子团簇 DOS 重现。因而，在实验谱图中，最突出的中心峰可归属于端接 O 的发射，而在价能区顶部和底部周围的峰，可表征为 V 与桥接氧引起贡献的混合体。这个解释形成了在真实 V_2O_5(010)表面对微观特点（如缺陷和吸附质键合）了解的基础。研究指出，在光电发射实验中所观察的不同 O2*sp* 导出的峰可以取作在氧化物表面上不同配位 O 的监视器，以及能被用于研究这些 O 粒子所在催化剂表面反应的情况。

（5）WC(0001)表面与不同吸附质相互作用的电子能谱学研究

文献[94]报道了对清洁和覆盖有不同吸附质（CO、NO、C_6H_6）的 WC(0001)表面的 ARUPS、TDS 和 AES 数据。所有研究的分子均与这个碳化物表面有强烈的相互作用。NO 和 CO 以直立几何吸附，并且即使在室温以下也会解离，可以显示对 CO 通过 C 末端与表面键合。苯与 WC(0001)表面的相互作用与 O 的预覆盖有关，没有 O 预覆盖时，观察到约在 200K 时会解离；当表面覆盖有氧化相时，观察到苯与衬底只有弱的相互作用，并且没有解离。在预覆盖 O-碳化物时，WC(0001)表面上的苯代表了中间情况。

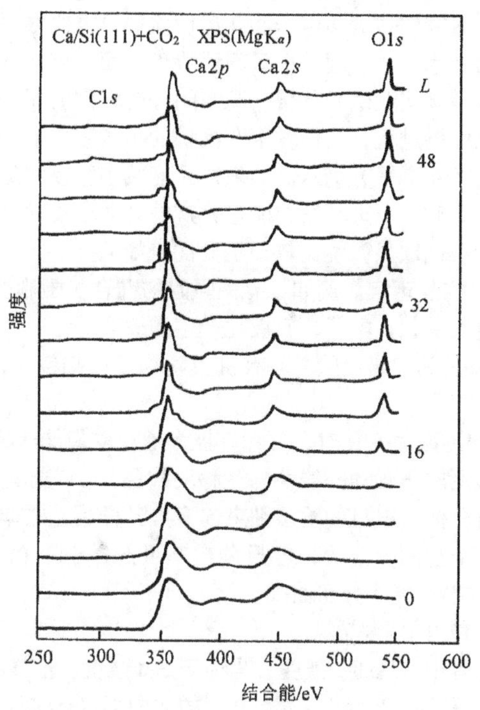

图 11-18　Ca 膜的 XPS 谱

(6) LaB_6 (100) 表面上初始 O 吸附位的研究

文献［95］报道了对 LaB_6 的各种研究（XPS、AES、LEED、HREELS、TDS 和 UPS），第一次提出 LaB_6 的全谱，以及吸附 O 后，La3*d*、B1*s* 和 O1*s* 的峰位和峰形；提出稀土不对称峰形的原因。并用不同 G/L（高斯/洛仑兹线形比）进行拟合的情形。有关 XPS 中拟合的问题已在文献［96～98］中进行了讨论。

(7) ARUPS 和背反射 XSW 对 Sb/Ge (001) -2×1 表面的研究[99]

在元素型半导体 Si 和 Ge 上，吸附 V 族材料(P、As、Sb)有一些应用意义。在(001)表面这种作用引起钝化以及抑止了化学反应。用 ARUPS 和背反射 X 射线驻波(X-ray standing waves，XSW)研究了以一个单层 Sb 端接的 Ge(001)表面。从双畴表面证实，在这表面上 Sb 原子二聚。从 ARUPS 确认，在单畴表面上相对于清洁 Ge(001)－2×1表面，(2×1)晶胞有 90°的旋转。应用背反射 XSW 的数据，可以得出吸附结构的几何参数，提示了最顶层 Ge 的收缩，沿表面法线，Sb 原子和体相衍射面的连续间所测的平均距离为(0.014±0.004)nm。

11.4.4 进展

(1) 能量分辨的成像 UPS[100]

光电子能谱是用作研究固体表面电子和几何性质的最重要方法之一。最近在这个领域开发具有空间分辨的技术。一方面，更显微地看清表面；另一方面，显微技术要求能对微（或亚微）结构有微（或亚微）分辨。高空间分辨将大大促进对小粒子的研究。例如，监视光化学反应或偏析过程，它们发生在沉积的小气溶粒子上。典型的传统光电子能谱要求试样表面至少有几个平方毫米。如果样品能减小至辐射防护阈值以下处理，将有利于对放射性材料的研究。最近开发的能量分辨的光电子技术允许研究这些微（或亚微）区结构。它们与扫描俄歇显微镜比较，主要优点如下。

1) 固有信息详细，容易理解。例如，有关吸附物键合；画制能带图；光偏振效应；光电离截面随光子能量的变化；电子自旋极化产生的效应等。

2) 与用高能电子激发的能谱比较，对有机吸附物的损伤较小，典型的要减小 3 ~ 4 个数量级。

3) 应用同步辐射探测截面变化时，常允许极大地获取最佳信噪比（最终灵敏度）。

开发的新型扫描（用电压驱动一线性马达移动样品）UV 光电子显微镜，基于一面椭圆镜，对实验室稀有气体放电灯的输出细束起聚焦到样品上的作用。常规可得到聚焦直径小至 1.5μm。以这个空间分辨力，能量分辨率可选择小至 0.1eV，并具足够强度，可录取角-分辨（垂直发射）电子分布曲线。

(2) 高分辨单色比 HeII_αUPS[101]

在常用的气体放电灯中，HeII_α 强度总是小于 HeI 强度。这样一来，在选用 HeⅡ分析时，总是存在 HeⅠ激发的“干扰”。本文介绍的双曲面（toroidal）形掠射单色器聚焦 HeII_α 辐射，并限制其他线。由于来自掠射的杂散光，虽然仍有 HeI 辐射通量，但强度已是原来的 $1\times10^{-3}\sim1\times10^{-4}$倍。

应用的光源为微波驱动的电子-回旋-共振（ECR）源，其放电产生的 HeⅠ比 HeⅡ强 20 倍。球形分析器的通过能量为 20eV，应用单色化 HeII_α 激发，在 E_B 28 ~ 40.8eV 范围，以 20meV 分辨率记录 Ar 气的内层-价带光电子谱，观察到多于 40 根线并与光学数据和理论结果比较后，进行了指认。

(3) UPS 非弹性散射背景的扣除[102]

在所有的各种能谱中，主要涉及的一个问题就是如何从背底中选出所要的信号，为了确定信号峰的真实峰形和幅度，这是必须要做的。在应用低光子能量（如 UPS）的光电子能谱中，把信号从背景中分离出来可能特别困难。对 UPS 中的背景而言，对 XPS、AES 中有效的积分背景函数，在模拟低能电子发射谱中，必须进行两点修正：①由初次电子产生二次电子的截面与能量有关；②二次电子本身也产生其二次电子，它们的能量仍处在信号能量附近。所提出的简单方法，对谱的拟合比通常用在高能能谱（如 XPS）中的迭代积分背景好得多。在过渡金属氧化物的 UPS 谱中，对非弹性背景有好的描述。但是对光子能量 40eV 以上而小于 XPS 区域时，所提出的背景函数不能总是适用于模拟能谱图。这种差别不能通过对散射函数的完善处理来除去。

(4) 新型超高真空能谱显微镜[103]

一种新型超高真空能谱显微镜（SMART），适用于所有相关技术的能谱，用于同步辐射 BESSYII 的软 X 射线波荡器线束。仪器由带非球面聚焦反射镜的平面掠射单色器和超高分辨率包括能量滤波器的低能电子显微镜组成。它可以用作不同电子能谱（XAS，XPS，UPS，XAES）的光电发射显微镜以及优于 1nm 的设计空间分辨力。用校正的 Omega 滤波器，提供的能量分辨率为 0.1eV，通过静电镜联合校正的磁束分离器构成的色差和球差物镜达到电子显微镜的高横向分辨率。附加的电子源放置在相对静电镜的束分离器的另一侧，也允许进行 LEEM（低能电子显微镜）、MEM（中能电子显微镜）和小束斑 LEED 研究。

11.4.5 展望

在 UPS 仪器设备的发展方面，同步辐射源属理想的 UV（紫外）光源，但不是一般实验室都能装备的。研制一般实验室较易得到的紫外光源，结合单色器或偏振器，较容易地能在一般实验室内得到单色性好、聚焦性好、偏振性好、空间分辨力好、能量可分段选取、光通量足够强的紫外光束。同时，在能量分析器（加透镜）方面，也可以改进，使 UV 激发的光电子平行成像，不仅得到高能量分辨率，又能得到高空间分辨率（小于 1μm）的 UPS，以促进 UPS 更广泛的应用。

11.5 离子散射谱

表面原子的质量及结构可由离子散射谱（ISS）测定。按入射离子的能量大小，可分为低能 ISS（LEISS）、中能 ISS（MEISS）和高级 ISS（HEISS，或卢瑟福背散射 RBS）。在一般表面分析实验室，常用 LEISS，故本章只讲述这一方法。不过应指出，LEISS 与 MEISS、HEISS 之间存在着两个本质区别：①LEISS 有较大的离子-原子相互作用截面；②LEISS 中入射的惰性气体离子有较大的中和化概率，这就使得 LEISS 成为所有表面分析技术中表面最敏感的技术，取样深度仅为表面最顶层的原子。1967 年，Smith 首次用 LEISS 技术检测最表层元素组成。

11.5.1 基本原理

已知质量 m_1 和能量 E_0 的一次离子入射到样品表面（靶原子质量 m_2）后，在固定散射角处测量弹性散射后的一次离子的能量分布（E_1）。此过程遵从两体刚性球的弹性碰撞原理，见图 11-19。

依据能量和动量守恒定律，在碰撞前后，关系式（11-17）应成立

$$\frac{E_1}{E_0} = \frac{[\cos\theta \pm (A^2 - \sin^2\theta)^{1/2}]^2}{(1 + A)^2} \tag{11-17}$$

式中：θ 为散射角；$A = \frac{m_2}{m_1}$，当 $A > 1$ 时，取“+”号，当 $A \leqslant 1$ 时，取“-”号。

在 LEISS 中，m_1 为已知，E_0、E_1 可以测得，因此可以由式（11-17）求测出 m_2，进而确定样品的表面组成。

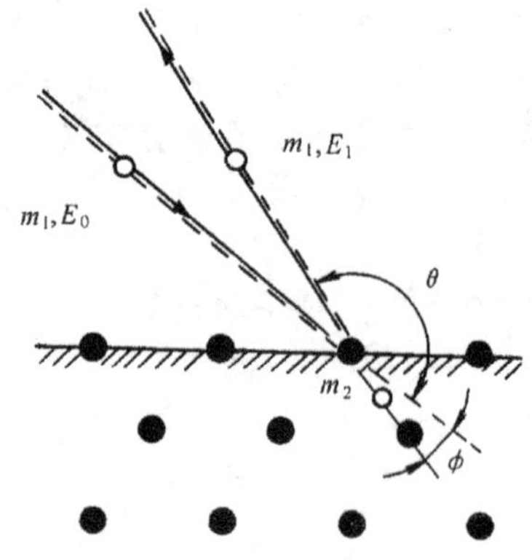

图 11-19　低能离子散射原理图

11.5.2　仪器及操作要点

(1) 仪器结构

低能离子散射谱仪比较简单，除激发源为离子枪外，其他如超高真空室、能量分析器和检测器等均相同于 XPS、AES、UPS 和 EELS 谱仪，只不过此时能量分析和检测的是正离子而不再是电子，见图 11-20。该仪器要求一次离子束有较好单色性（$\Delta E/E<7\%$），能量分析器的分辨率 $\Delta E/E\leqslant1\%$。由于 LEISS 对表面极敏感，所以必须有清洁表面的附件（加热、氧化、还原等），还可和 XPS、AES 等联用。

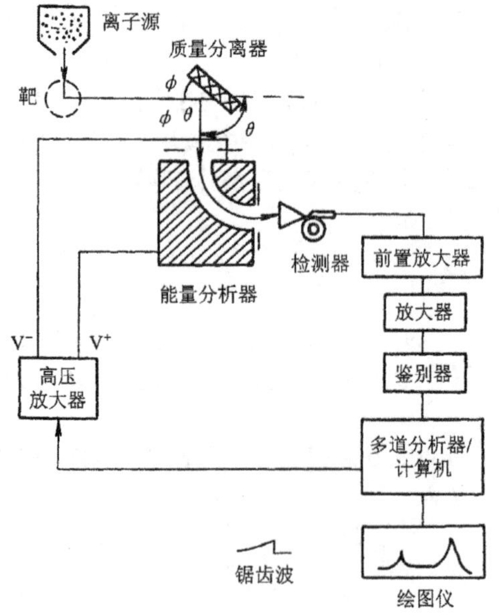

图 11-20　带静电能量分析器的低能离子散射谱仪结构原理图

(2) 操作要点

1) 入射离子及其能量的选择。入射离子选用惰性气体离子（如 He^+、Ne^+、Ar^+ 等）时，具有中和化概率高的特点。为了得到合适信号，必须有较大的束流［1×10^{13}～1×10^{14}离子·cm^{-2}］。要进行真正的单层检测必须使用能量较低的入射离子，这还可减弱溅射效应。但是入射离子能量也不能过低；否则散射效应减弱。对于常用的离子-原子对，能量范围在几百电子伏到几千电子伏。

当选用碱金属离子（如 Na^+、K^+等）轰击金属表面时，具有中和化概率低、易发生多重散射的特点。与惰性气体离子相比，束流可减小 3～4 个量级，因而可减小表面损伤。只要降低入射碱金属离子能量（～250eV），也可用于检测表面单层。

2) 角度的选择。ISS 实验中需要考虑的角度有三个：入射角、散射角和方位角（对单晶样品而言，为绕样品法线旋转的角度）。表面原子对其他原子的遮蔽（或阴影），如图 11-21 所示。每个原子后面都有一个入射离子无法进入的区域（遮蔽锥）。在遮蔽锥的边沿会对入射束起聚焦增强作用，称遮蔽锥的聚焦效应。入射角（入射束与样品表面法线夹角）越大，遮蔽锥越大。利用遮蔽效应，可以研究表面原子结构。

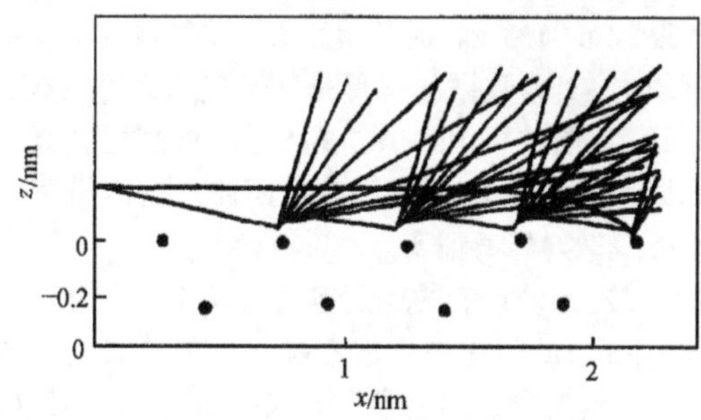

图 11-21　遮蔽锥形成示意图

3) 质量分辨率。当静电能量分析器工作在$\frac{\Delta E}{E}$为常数模式，且 $A\approx1$，则散射角 θ 大时有最佳质量分辨率。在 $\theta=180°$时，有最大质量分辨率。但须注意，随着散射角的增大，散射截面积减小，因而讯号也减小。

4) 定量分析。一般规律是离子速度越低，中和化概率越大。ISS 对不同元素的灵敏度变化范围为 3～10，不存在明显的基体效应。定量准确度～10%，检测限～0.1%原子单层。

5) 多重散射与沟道效应。在检测器接收的散射离子中，有些不止一次经历了散射。实验表明，有时多次散射时的表观总散射角和一次散射时一样，但不能直接用式(11-17)计算，如果把多重散射分解成多个单散射，则每次散射都符合式（11-17)。这时总的能量损失 $\Delta E=\sum_{i=1}^{n}\Delta E_i$，比一次散射小。一般情况下，多重散射表现在主峰高能量侧有肩峰。

在单晶中，原子规则排列，会使入射离子沿某些特定方向入射时，可能遇到敞开的沟道（在密排的壁间），穿透进入晶格较深处。这种现象称为沟道效应。

6) 低能背景。在 ISS 谱图中，特别对粉末样品或当入射离子能量较高时，常可看到低能区有较高背景，有时甚至远远强于用式（11-17）解析时的信号强度。它们来自于电离子的反冲原子（或称溅射离子），这对低能离子散射谱的解析不利。此时应选取合适的工作参数（如改变入射离子种类、样品位置等），使所要检测的离子散射峰偏离高背景的低能区，直至能清楚地解析。

7) 荷电效应及其处理。当样品为绝缘体时，必须考虑表面电荷积累所引起的实验结果偏差-荷电位移。常使用中和电子枪，用低能电子流照射样品，以清除积累的表面电荷。另外，可将粉末样品均匀地压在柔软金属（如 In 等）上，也能有效地消除电荷积累，并且这层金属还可作为散射离子能量的标准物。

11.5.3 应用

(1) 低能碱金属离子散射对 Cu_3Pt（111）表面组成和结构的研究

用低能(～1000eV)碱金属离子(Li^+)的 ISS 研究了 Cu_3Pt(111)表面组分和结构[104]。对参考样品 Cu(111)和 Pt(111)的校正测量同时,应用选择性几何方法,用 Li^+ 离子散射测定顶部两层的表面组成。在热平衡条件下,这些结果始终显示第一层中为 80%Cu-20%Pt 的表面组成,第二层为 69%Cu-31%Pt。通过测量 Li^+ 散射强度沿主要方位角方向入射的角度关系,探测了表面结构。实验数据的解释是基于链式模型的模拟,结果显示 Pt 原子与 Cu 原子在第一层共面。以前曾用 1keV K^+ 离子散射检测到 Pt 的原子团簇效应。但在 Li^+ 的 ISS 中,结果揭示第一层中的 Pt 原子没有成团簇。这由沿两个主要的方位角方向入射时,没有检测到 Pt-Pt 双散射峰所证实。

(2) XPS/ISS 研究合成乙醇催化剂的表面组成及其催化作用

文献［104］对以 Cs-Pd 为助催化剂合成乙醇催化剂的表面组成进行了 XPS/ISS 研究。XPS 和 ISS 数据表明，新鲜催化剂主要由 ZnO、$ZnCr_2O_4$、Cs_2O 和少量 PdO_2 组成。在反应器中，由于催化剂典型地被还原，在 300℃、1.33×10^{-5}Pa 的 H_2 气氛中将催化剂还原 4h 预处理后，再次对催化剂进行表征。

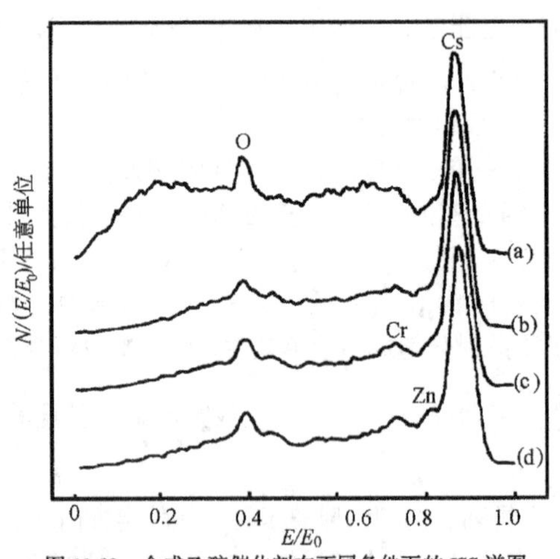

图 11-22　合成乙醇催化剂在不同条件下的 ISS 谱图

(a)插入到超高真空系统中;(b)在 300℃、1.33×10^{-5}Pa 的 H_2 气氛中预处理 4h;(c)用 1keV Ar^+ 溅射 15 min;(d)用 1keV Ar^+ 再次溅射 15min 后,在质量分数 5%Cs-5.96%Pd 助催化剂的 Zn/Cr 尖晶石催化剂作用下

XPS 数据表明，经还原处理的催化剂近表面区仍然富集 Cs 和 Pd 以及在预处理过的催化剂上存在 PdO_2，反应时，PdO_2 转换为 PdO。反应过程引起存在于还原催化剂上的 ZnO 膜的团聚作用。该催化剂在合成乙醇中是活性催化相，见图 11-22。

（3）ISS 测定负载型催化剂中活性组分与载体之间的相互作用

文献［105，106］在对 MoO_3/SiO_2、MoO_3/TiO_2 和 $MoO_3/\gamma\text{-}Al_2O_3$ 等催化剂系列进行 ISS 检测中，测定了 He^+ 对 MoO_3 的散射峰，发现载体不同，散射峰位也不同。根据位移量的大小，还可用“质量增值（Δm）”定量地表示相互作用强弱。

11.5.4 进展

最近一种称为顶头碰撞背向散射 ISS（CAICISS）[107]已被用作确定表面和次表面区原子结构大有希望的工具。新技术的两个本质特点是：①允许在散射角近于 180°时测量散射离子强度；②用经典的散射截面近似计算面内散射强度，简化了方法。从 CAICISS 数据引出的结构信息，主要是基于对强度的角度变化有贡献的多重散射的大角度（~180°）散射的观察，实验所用离子束为脉冲式，3keV He^+ 和 Ne^+ 离子束，斩波频率 50 $ke\cdot s^{-1}$ 和脉宽 150ms。样品相对于入射离子束轴的取向可调，应用激光调整，以 0.5°准确度控制。得到了解理 MoS_2（001）表面上散射的 Mo 信号强度-极化角关系。用现代发展的计算机模拟方法分析的实验结果允许定量地确定顶部 S 层的不完整性。当垂直入射用计算的第二层强度对背景水平的贡献归一化时，提出了一种 CAICISS 角度数据拟合的通用方法。此外，提出了一种近似的数据处理，允许从极角能谱中得到表面粗糙度的估算。

11.6 二次离子质谱

二次离子质谱（SIMS）学或二次离子质谱术是用质谱法分析样品表面组成及分子结构等。它的主要特点：取样深度为表面几个原子层甚至单层；能分析包括 H 在内的全部元素，并可检测同位素；能分析化合物，得到其相对分子质量以及分子结构信息，且特别适于检测不易挥发、对热不稳定的有机大分子；在表面分析技术中，它的灵敏度最高，检测原子占总原子数的比例小于 10^{-6}；可进行微区成分和深度剖面的分析或成像分析，还可得到一定程度的晶格信息；但是严重的基体效应，影响定量分析。

1910年，Thomson 首次观察到离子诱导的中性粒子和正离子的发射现象。至今 SIMS 已成为一种重要而别具特色的表面分析方法。

11.6.1 基本原理

在一定能量范围（高于粒子热运动能量，低于发生核反应能量，即几个电子伏至十万电子伏）内，入射粒子（离子或中性粒子）轰击到凝聚相（固体或液体）表面会发射光子、电子、带电与不带电的原子或分子或其碎片等，有的可能在激发态。这些由表面（1 ~ n 个原子层）发射的二次离子经由不同类型的质量（有的带能量）分析器分离后，进入离子检测系统，以不同形式（质谱图、元素分布像等）输出结果。SIMS 谱仪原理示意图见图 11-23。

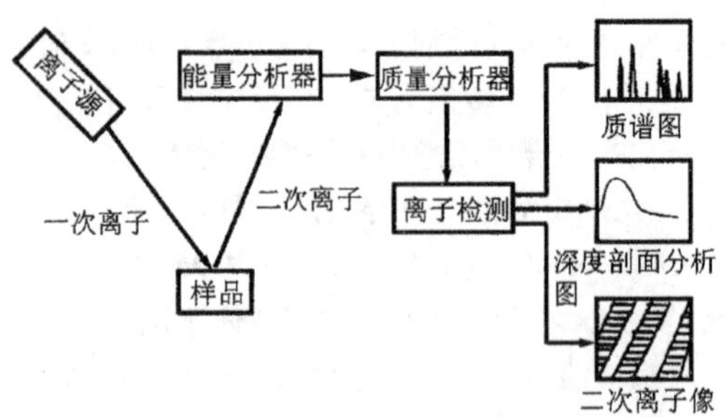

图 11-23　SIMS 谱仪原理示意图

在入射离子-靶表面相互作用时，靶面上会发生离子诱导解吸，使靶内产生缺陷以及一次离子注入等，离子束还会改变表面的性质，如发生表面反应、改变表面形貌等，此外还会发生电荷交换，导致中和、电离等。粗略估计，一个离子与固体表面相互作用引起各种过程的总弛豫时间，一般 $<10^{-12}$s。假如一个离子与表面相互作用的总截面积 $<10nm^2$，当一次离子束流密度低于 $10^{-6}A\cdot cm^{-2}$时，不同离子对表面的作用不会重叠或互相干扰。因此离子与表面的作用总可以用单个离子与表面的作用来处理。

离子与表面相互作用包含着一系列复杂的基本过程，其中溅射产生的二次离子发射是 SIMS 的基础。可参阅文献［5］中的有关内容。

11.6.2　操作要点

二次离子发射是 SIMS 工作的基础，其发射规律不仅与仪器设计、工作条件的确定和工作参数的选择有关，也是识谱、定量分析的基础。由于发射机理十分复杂，目前理论还不十分成熟。下面介绍其实验规律。

(1) 发射离子种类

元素的一价正离子是识别该元素存在的主要标志，并总是以同位素谱的形式出现，其相对强度保持天然丰度比的关系。除了一价离子外，还有二价、三价、……、多荷离子。在质谱图上，分别出现在一价离子质量数的 1/2，1/3，……处。此外，还有原子团离子，如 Al_2^+、Si_3^+ 等。它们与一价离子的强度比常与实验条件密切相关。用氧作为入射离子（如 O_2^+ 或 O^-）轰击清洁纯金属表面，或者在氧气存在的情况下，用惰性气体离子轰击纯金属表面或金属氧化物表面，都可观察到 $Me_mO_n^{\pm}$（Me 为金属）峰。

此外，负离子谱大大丰富了 SIMS 信息，还能从样品表面发射出化合物分子离子、碎片离子等，这也可给出相对分子质量、分子式和分子结构的信息。

(2) 二次离子产额

一个入射离子轰击到样品表面，产生的二次离子数称为二次离子产额，分别记为 S^+ 和 S^-。它等于溅射产额与电离概率 β^+ 或 β^- 的乘积，即 $S^{\pm}=S\beta^{\pm}$。$S^{\pm}$ 是 SIMS 定量分析的基础，也是仪器设计、选择工作条件和参量的重要因素。

氧对二次离子产额有重要影响。Benninghoven[108]给出在 10^{-8}Pa 时，17 种元素在清洁表面及复氧表面两种情况下的二次离子产额（用能量为 2.5keV 的 Ar^+ 时的 S^+ 值），见表 11-7。

表 11-7　17 种元素的二次离子产额 S^+

金属	清洁表面	复氧表面	金属	清洁表面	复氧表面
Mg	0.01	0.9	Fe	0.0015	0.35
Al	0.007	0.7	Ni	0.0006	0.0045
Ti	0.0013	0.4	Cu	0.0003	0.007
V	0.001	0.3	Sr	0.0002	0.16
Cr	0.0012	1.2	Nb	0.0006	0.05
Mn	0.0006	0.3	Mo	0.000 65	0.4
Ba	0.0002	0.03	Si	0.0084	0.58
Ta	0.000 07	0.02	Ge	0.0044	0.02
W	0.000 09	0.035			

(3) 二次离子产额与靶原子序数的关系

各种纯元素的二次离子产额数值可相差 3 个数量级。对个别元素最多相差达 5 个数量级。用 O^- 作为入射离子时，由图 11-24 可见，元素的相对 S^+ 与靶原子序数有明显的周期性关系，并且总趋势是随原子序数增加而逐渐降低。

(4) 二次离子产额与入射离子化学性质的关系

具电负性的 O^-、F^-、Cl^-、I^- 等入射离子可以大幅提高正二次离子产额。同样，具电正性的 Cs^+、Gg^+、In^+ 等入射离子，可以大幅提高负二次离子产额。往往正二次离子和负二次离子产额同原子序数为互补关系，见图 11-24 和图 11-25。如 Au 和 Ag 的 S^+ 很小，但 S^- 却很大。这样可以针对不同的分析要求，选用不同的入射离子，以达到所需的检测要求。

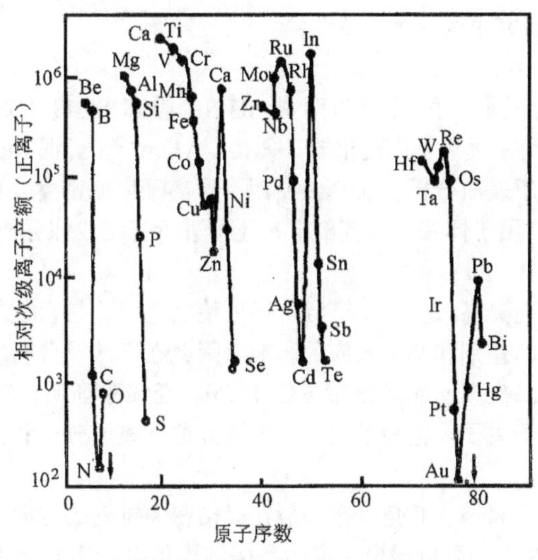

图 11-24　元素的相对 S^+ 与靶原子序数的关系

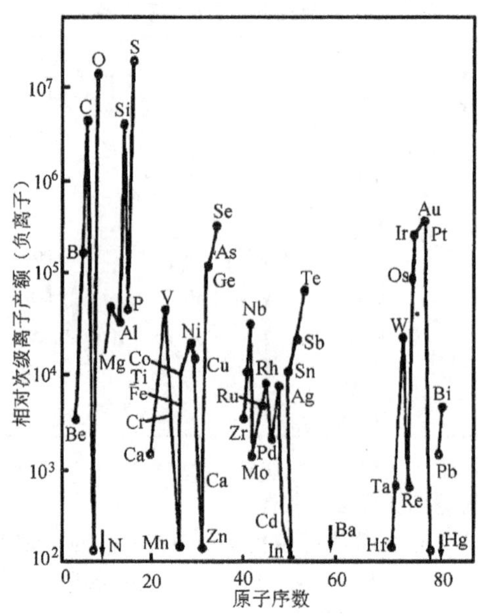

图 11-25 元素的相对 S^- 与靶原子序数的关系

(5) 二次离子产额与入射离子能量的关系

在接近 1keV 时，二次离子产额随入射离子能量增加而增加或接近饱和。

(6) 基体效应

由于存在其他组分，同一元素的二次离子产额会发生变化，这就是 SIMS 的基体效应。二次离子的发射与中性粒子的溅射不同，涉及电子转移，因而与其所处的化学态密切相关。它是 SIMS 研究中的一个重要课题。

(7) SIMS 分类

按一次离子束流强弱，可区分为两类 SIMS：静态 SIMS（SSIMS）和动态 SIMS（DSIMS）。SSIMS 所用一次离子束流很弱，$<10^{-9}\mathrm{A \cdot cm^{-2}}$，此时表面一个单原子层寿命达几个小时，主要用于表面分析。DSIMS 所用一次离子束流密度 $\sim 1\mathrm{A \cdot cm^{-2}}$，引起单层寿命很短，约 10^{-3}s，用于体相和深度剖析，还可进行三维成像分析。

(8) 其他

氧不仅可以显著地提高二次离子产额，还可使之稳定，易得重复的实验结果，减少不同元素相对灵敏度的差别和基体效应的影响。因此在不涉及分析氧时，常用氧离子入射或分析时注入氧。二次离子能量分布见图 11-26。经实验证明，分子离子的能量分布的最大值明显低于原子离子。这种不同，对于区分原子离子分析和分子离子分析有显著意义。

从单晶发射的二次离子，其角分布一般在晶格密集排列的方向上强度大，称为晶格效应。因此，从 SIMS 中，可以得出一定的晶格结构信息。实验还表明，氧的引入，使表面生成无定形氧化物，可导致晶格效应的消失。

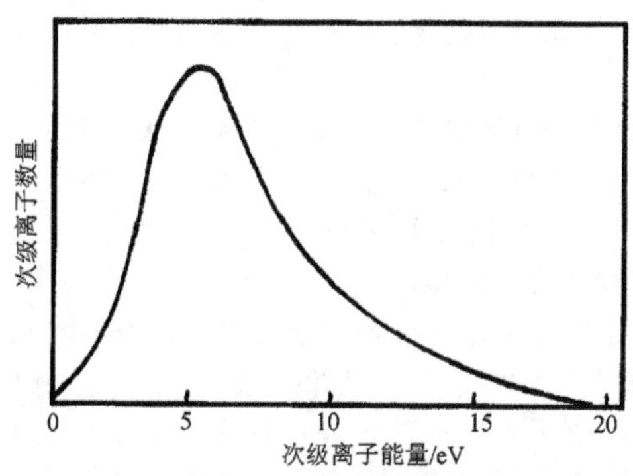

图 11-26 二次离子能量分布示意图

11.6.3 二次离子质谱仪结构特点

二次离子质谱仪尽管结构上有各种形式，但主要的组成部件却基本相同（图 11-23)。与能谱仪的最大区别就是以质量分析器取代能量分析器。在离子激发源方面，也有其特点。

(1) 质量分析器

质量分析器的作用为从靶处接收二次离子，进行能量和质量分析，收集二次离子并送入检测系统。表 11-8 列出了常用的 3 种二次离子质谱仪的性能比较。

表 11-8 不同构型二次离子质谱仪的性能比较

构型	分辨率	质量范围/u	传输率	检测方式	相对灵敏度
四极杆 SIMS	$1\times10^2\sim1\times10^3$	$\leqslant1\times10^3$	0.01～0.1	扫描式	1
磁扇极 SIMS	1×10^4	$>1\times10^4$	0.1～0.5	扫描式	10
TOF SIMS	$>1\times10^3$	$1\times10^3\sim1\times10^4$	0.5～1.0	平行式	10^4

(2) 一次离子束源

1) 离子枪。主要功能：产生聚焦扫描的离子束，清洁表面，进行深度剖析以及激发二次离子。表 11-9 列出了各种离子枪的性能。

表 11-9 各种离子枪性能比较

类型	离子	亮度 /（$A\cdot cm^{-2}\cdot Sr^{-1}$）	能量分散/eV	最大离子流/μA	典型的最小束斑/μm
热阴极电离	Ar^+，Xe^+	1×10^5	<5	1×10^2	5
双等离子体	Ar^+，Xe^+，O_2^+	1×10^6	≈10	1×10^3	1
表面电离型	Cs^+	1×10^7	<1	1×10^2	0.1
液态金属型	Ga^+，In^+，Cs^+	1×10^{10}	>10	1×10^2	0.05

2) 原子束。常用于快原子束轰击，从靶上产生二次离子。在 SIMS 中，原子束主要用于绝缘样品的分析。

3) 激光束。用脉冲激光束辐照样品，也可产生二次离子。特点为激光束能量密度高，电离和提取率高，分析速度快，样品荷电问题较小，取样深度（约 1μm）远大于离子束，宜用于动态分析，不宜用于表面分析。

(3) 溅射中性粒子质谱仪（SNMS）

基体效应给 SIMS 定量分析带来很大困难，周期表中不同元素的溅射率只差 3～5 倍。此外在一次粒子轰击下，样品表面发射的大部分粒子（>90%）是中性的，所以若能找到有效的后电离（电子轰击、激光等）方法，SNMS 就会非常灵敏，并易于定量[109]。

11.6.4 定性和定量分析

(1) 定性分析

质谱图中包含的信息有靶元素的原子单电荷或多电荷离子，如 Al^+、Al^{2+}、Si^+、Si^{2+}、Ca^+、Ca^{2+}等；元素原子的杂质离子，如 Na^+、K^+、Ca^+、Mg^+、Al^+等；同源靶原子团簇离子，如 Si_2^+、Fe_2^+ 等，不过它们的强度随原子数的增加而迅速减小；复杂的靶原子团簇离子，如 NbFe、CaO、SiO 等；由靶原子和一次离子反应生成的（如 FeO、FeO_2、Fe_2O_3 等）或残余气体（如 H_2O、SiOH、CaOH 等）与 H（如 NbH 等）反应生成的或由上述物种组合而成的（如 $[Fe_lNb_mO_n]^+$，其中 l，m，$n=0$，1，2，…）多原子离子。

在谱图分析中，质量干扰峰是个严重问题，必须设法排除。可采用分解法、能量识别法、高的质量分辨率法等排除。

(2) 定量分析

和其他表面分析方法如 XPS、AES 等相比，SIMS 定量分析存在不足之处。主要问题是相对和绝对的二次离子产额和各种因素密切相关：基体效应、活性元素的表面覆盖、残气压力、单晶取向、入射和出射角度以及传输率和质量等。

目前定量分析方法有①半经验方法。其包括四校正曲线法、相对灵敏度因子法（RSF）和内标记法。此法中一般 SIMS 测量的重复性和精度优于 5%。②数学算法。其基于离子发射过程的物理模型和有关样品的数据、仪器操作参数、SIMS 谱图信息等，当前应用较多的是局部热力学平衡模型。

11.6.5 应用

基于每一种表面分析方法的局限性，所以常联合应用不同表面技术，以获取全面深度的分析结果。

(1) TPD/SSIMS/LEED/HREELS 研究水与 α-Fe_2O_3（012）的（1×1）和（2×1）表面的相互作用[110]

用程序升温脱附（TPD）、静态二次离子质谱（SSIMS）、低能电子衍射（LEED）和高分辨电子能量损失谱（HREELS）在 100～950K 内，检验了水和 α-Fe_2O_3（012）的(1×1)和（2×1）表面的相互作用，见图 11-27。(1×1）表面完全被氧化以及有阴和阳离子类体相的浓度和结构。在 950K 真空退火后，在 LEED 中观察到（2×1）图纹。虽然（2×1）表面的结构未完全解离，但与（1×1）表面比较，具有较大的阳离子表面浓度，其中一些可能被还原。H_2O 解离地吸附在两个表面上，正如由 RHEELS 在 $3625cm^{-1}$和 $960cm^{-1}$处的损失峰所证明，这分别归因于端接羟基基团的伸缩和弯曲模式。这些损失位移正如对 D_2O 预期的那样，从解离水分子中由质子输运到桥式氧阴离子位还形成了桥式羟基。但在 $3400cm^{-1}$处有一个分辨差的 O—H 伸缩振动。对水在两个表面上解离的进一步例证来自这些羟基和富集^{18}O 表面之间 O 的同位素争夺。虽然两个表面都解离水，但在（1×1）和（2×1）表面之间结构的差别引起分子对解离水的不同比值。在 HREELS 和 SSIMS 中，都可容易地检测到分子水。表面结构也影响羟基重组脱附动力学。端接和桥接的羟基重组，在 350K 时从（1×1）表面、在 450K 时从(2×1)表面放出水。从（1×1）表面在 350K 时水的重组脱附态展示一级脱附动力学，具 ~ $120kJ\cdot mol^{-1}$活化能和 $1\times10^{17}s^{-1}$的前指数。一级行为和高的前指数表明从（1×1）表面来的重组脱附涉及桥位和端位羟基基团的配对。与此对比，来自（2×1）表面的重组脱附似乎是赝零级，这就提出羟基以一维阵列与择优发生在每个阵列末端的脱附相连接。

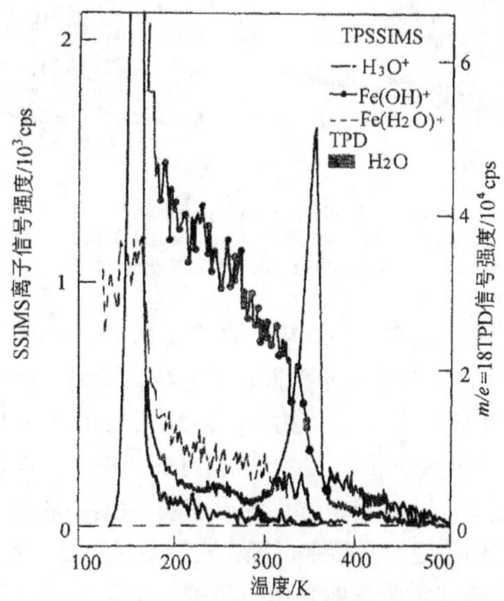

图 11-27 120K 时取自 α-Fe_2O_3（012）的（1×1）表面多层 H_2O 暴露的 TPD 和程序升温 SSIMS 谱

Ar^+离子束流密度和能量分别为 $1.0\times10^{-9}A\cdot cm^{-2}$和 500eV

（2）SIMS/XPS 研究 B-MFI 催化剂的失活与再活化[111]

XPS 和 SIMS 深度剖析技术被用于研究新鲜催化剂 B-MFI 以及催化剂表面上、下的失活和再活化现象，见图 11-28、图 11-29。

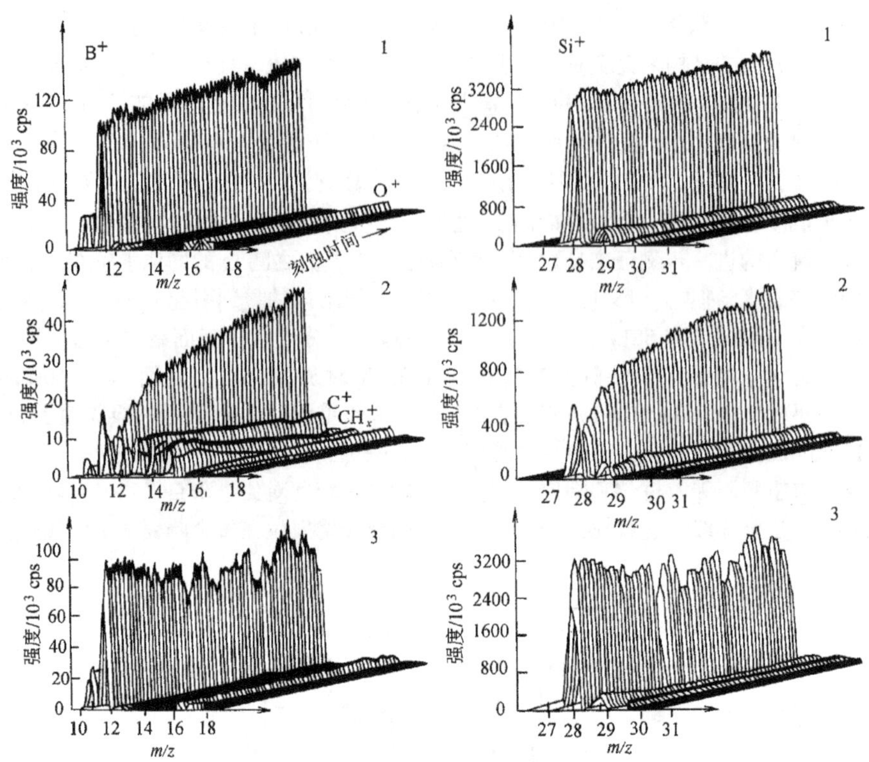

图 11-28 B-MFI 催化剂的 SIMS 深度剖析

左面为 B^+（10，11）、C^+、CH_x^+（12，13，14）和 O^+/OH^+（16，17）区间；右面为 Si^+ 信号区间（28，29，30）；1. 新鲜催化剂；2. 失活后剩余 30%活性的催化剂；3. 氧化再生后的催化剂

催化剂失活不能归因于有过量的炭沉积于表面或沸石有明显的单向脱硼作用。观察到在孔体系中由含 N 物种的富集引起的孔道堵塞效应，推测，这些物种是由在沸石内择优形成的不饱和腈的开环反应形成。此外，还观测到在近孔系统区间表面 $SiO^+/SiOH^+$ 碎片离子剖析的个别改变，但是 $SiO^+/SiOH^+$ 碎片离子比在新鲜和已反应的催化剂的最顶部原子层几乎相同。这表明在催化剂表面的 SiOH—基团水平被保持或在催化剂使用和再生的整个时间内重建。对给定过程，它们是活性位，而在表面以下的孔隙系统中，甲硅烷醇基团密度却非常受影响。所得到的指示是 Na 位于晶格位，而 Ca 却能扩散到 B-MFI 催化剂的孔隙体系内部。这说明 XPS 和 SIMS 不仅适用于表征在 B-MFI 催化剂表面和近表面区中的有关变化，还显示了即使以深度剖析方式，这些技术也适用于在催化剂操作和反应期间，也能研究这种多孔、非导体沸石材料的变化。

(3) SSIMS/XPS/AES 研究离子溅射对 TiO_2 表面的影响[112]

应用 SSIMS 监视 TiO_2(110)表面同位素富集的 ^{18}O 和 ^{46}Ti 的扩散时发现溅射后的 TiO_2(110)表面仍然在温度 < 400K 时存在严重还原；在温度 > 400K 时，O/Ti 原子比缓慢增加；在温度 ≥ 700K 时，O/Ti 原子比却迅速增加。在温度 < 400K 时，没有检测到体内-表面间的扩散。但文献[112]中的角-分解 XPS 研究发现在温度 400 ~ 700K 时溅射膜

中有混合。在垂直于表面方向上显示溅射的 TiO_2 表面已具有还原的 Ti^+ 阳离子的浓度梯度。在 700K 以上时，只检测到 Ti 从表面向体内的扩散。这些检测结果表明影响对离子溅射后 TiO_2 表面氧化还原的主要扩散物种是 Ti 阳离子而不是 O 阴离子。

（4）SSIMS 测定负载型催化剂表面状态和结构层次[113]

SSIMS 适用于表面分析，作者通过检测不同组分的二次离子强度比[$I(^{114}MoO)/I(^{27}Al)$等]，并考虑化学环境对二次离子产额的极大影响，来测定负载型催化剂中活性组分的表面状态，如图 11-30 所示。同时应用 SSIMS 检测单层的原理，检测不同组分的二次离子强度随时间的变化[如 $I(^{114}MoO^+)(t)$、$I(^{59}Co^+)(t)$、$I(^{48}Ti)(t)$和 $I(^{27}Al)(t)$等]，如图 11-31 所示。可以测定负载型催化剂近表层的结构层次。

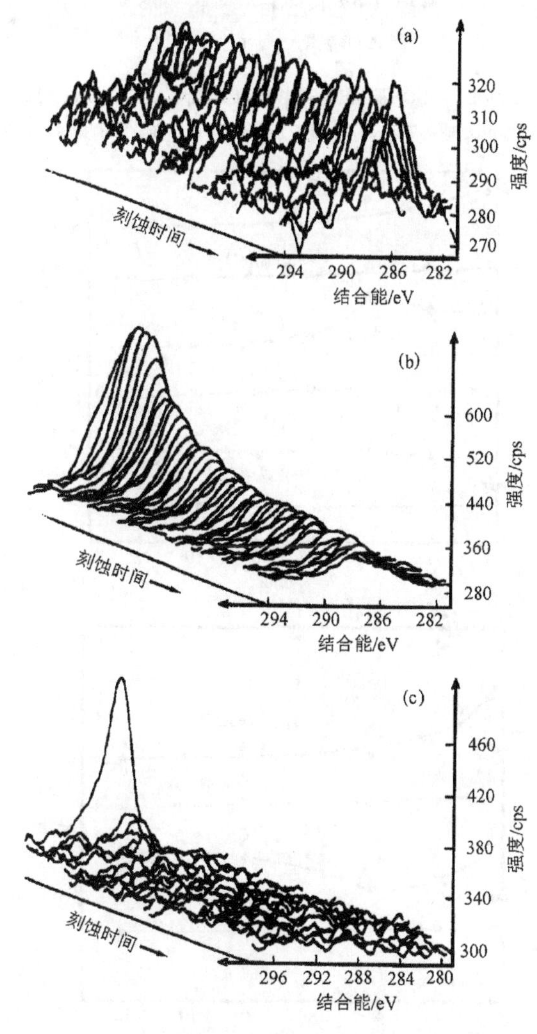

图 11-29 B-MFI 催化剂的 XPS 深度剖析（Cl*s* 信号区间）
(a) 新鲜催化剂；(b) 剩余 30%活性的催化剂；(c) 氧化再生后的催化剂

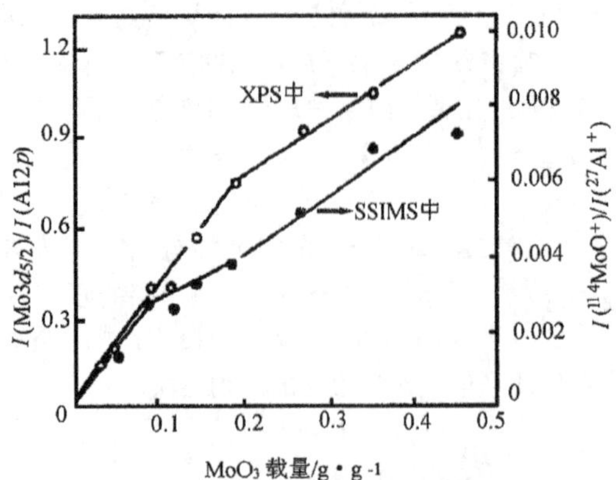

图 11-30 MoO_3-CoO/TiO_2-Al_2O_3 催化剂系列中 MoO_3 载量对 XPS 和 SIMS 强度比的影响

MoO_3 载量的单位为每克 TiO_2-Al_2O_3 载体上载有 3%CoO 时，载有 MoO_3 的克数

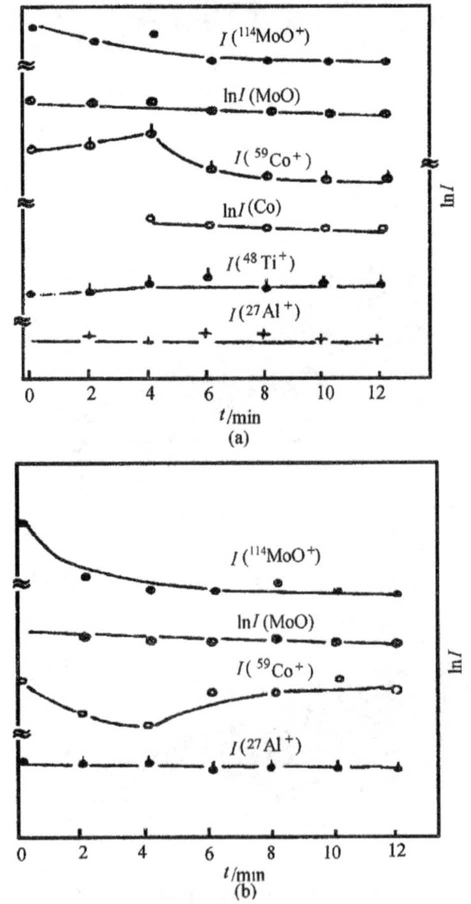

图 11-31 MoO_3-CoO/TiO_2-Al_2O_3 催化剂的 SSIMS 测量中，时间对二次离子强度的影响

(a)MoO_3-CoO 与 TiO_2-Al_2O_3 的质量比为 0.09；(b)MoO_3-CoO 与 TiO_2-Al_2O_3 的质量比为 0.18；二次离子强度为相对量

11.6.6 进展

（1）DRS/XPS/AES 研究水蒸气与多晶 Ti 表面的相互作用[114]

直接反冲谱（DRS）对表面 H（或含 H 物）的几何安排是灵敏的。因而研究水-表面相互作用时非常有效。应用 DRS/AES/XPS 的联合测量，评估与水-Ti 相互作用有联系的化学参数、动力学和结构、水解离碎片（H、O 和 OH）等。

相应的行为指出，复杂行为不仅取决于暴露量而且与暴露压力有关。在给定的暴露下，化学吸附效率随暴露压力增加而增加。DRS 测量指示，产生一部分原子团簇的羟基即使在很低的表面覆盖度时也可形成倾斜的 O—H 键。提出有两条平行的化学吸附路线的假设，分别为直接碰撞（朗谬尔型）和前体态模型。水的氧化效率似乎比氧低得多，即使在水暴露量多时，也没检测到 Ti^{4+} 态，可能在水的还原氧化效应中羟基起了重要作用。

DRS 方法是基于表面用惰性气体离子脉冲束辐照表面。初级离子能量范围在几千电子伏（如 3keV，Ar^+），离子束以掠射角入射到样品表面。靶原子经初级离子碰撞后，以前向掠射方向反冲，表面原子的飞行时间（TOF）通过常用的定时电子学测量（该实验中入射束和检测部分是固定的，形成 30°散射角）。这些 TOF 谱，叫做 DRS 谱，包含不同的峰。其中每一个都与组成表面的原子、不同原子的特定原子质量有关。Ar^+ 离子束对较轻原子物种（如 H、C、O 等）最有效，由于它们的 TOF 范围明确地处于前向散射的初级 Ar^+ 离子之下，所以强的散射峰不影响这些轻元素的直接反冲峰。由于反冲原子有相对高的能量（几百电子伏），故中性粒子和离子同等地被电子倍增器检测。因而直接反冲峰正比于有关原子表面浓度，与这些反冲离子产额无关，简化了 DRS 峰强度的解释。与离子-灵敏技术（如 SIMS）相比，后者的强度易受化学、有关的基体和影响离子产额的因素所调制，这是 DRS 的优点。DRS 技术对表面极灵敏，只探测固体最顶层原子，因而与电子能谱方法（如 XPS、AES 等）联合测量，可解决在最外部表层以及次表面区所发生的过程。DRS 的另一个特点是测量为非破坏性，只要求非常低的总离子剂量（是 $1\times10^{11}\sim1\times10^{12}$ 离子·cm^{-2}）即可得到合适的 DRS 谱。

（2）用于 SIMS 的 Cs^+ 液态金属离子源[115]

Ga^+ 很容易被处理为离子源材料，其熔点低、蒸气压低甚至在空气中化学活性也较小，所以用 Ga^+ 作初级离子的报道较多。虽然 Ga^+ 离子源可聚焦，进行微区 SIMS 分析，但对有些元素如 C、O、H 和 As 的灵敏度较低。在 SIMS 中用 Cs^+，可以增强对电负性元素的电离产率。Cs 不如 Ga 容易做成离子源材料，这是因为 Cs 有一些基本性质：化学活性高，表面张力低以及蒸气压高。Cs 是极活泼的碱金属元素。为了防止 Cs 在空气中自发氧化或灼烧，Cs 应在超高真空条件下注入储藏器，并充分烘烤，以从液态金属离子源（LMIS）中除去水分。对 Ga^+ LMIS 适用的灯丝型源结构并不适用于 Cs LMIS。比较好的办法是采用储藏器结构，因为这利于在真空中向储藏器提供大量的 Cs。Cs 的蒸气压极高，比 Ga 高 3～4 个数量级。用新设计的 SIMS 系统，可以得到聚焦的 Cs^+ 束，束斑大小～0.1μm。样品上的束流密度～0.8A·cm^{-2}，使用寿命 > 600h，使用条件为在总发射电流 1μA，并在室温时无需补充新的源材料。

(3) 高深度分辨率的 SIMS 最佳束能的选取[116]

为改进深度分辨率，理想的情况是入射离子束的能量应接近使靶顶上三个原子层溅射电离，粗略地等于二次离子的逃逸深度。因此，在高深度分辨的 SIMS 中，重要的参数是探束能量、相对于表面法线测量的轰击角度以及探束离子的质量。

实际的 SIMS 深度分辨率数据显示，减小束能可导致增强深度分辨率。实用的束能 ~ 1keV O_2^+，以垂直方向入射。对 Si 中的 B 和 C，分辨的半高宽分别为 3.1nm 和 1.4nm。应用减速探测束，已显示用一次束能量低至 260eV O_2^+ 或 130eV O_2^+ 时，Si 原子能被溅射，并且 Si 的溅射产额也显示对探束能量的依从关系是弱的。因而可预言，在深度剖析实验中用 O，并且低能是最佳的。对 B 和 C，预言分辨力分别为 1.8μm 和 0.8μm。因为 Ne 原子量与 O 接近，也可用于深度剖析。

(4) 应用程序升温的 ESDIAD/TOF 系统实时观测 Ru（001）上的乙炔/CO 和乙炔/O 的共吸附层[117]

用程序升温的 ESDIAD/TOF（电子激励脱附/飞行时间质谱）系统研究了Ru（001）上乙炔/CO 和乙炔/O 的共吸附层。这是新开发的利用 ESDIAD 进行实时探测表面的化学过程。文献［116］报道来自 CO 和乙炔共吸附层中 CO 和 O^+ 的电子激励脱附（ESD）强度和温度之间的关系，披露了 CO 的占有位，它提出的占有位与由 LEED 动态计算的顶位相比有所位移，H^+ 离子的强度随温度改变。ESDIAD 的特点反映了乙炔/CO 层的离解中间层的改变，发现对程序升温表面化学过程接收的实时 ESDIAD 像，提供了对共吸附层动态特性的理解。

(5) 用 TOF-ERDA 研究 H/Si（001）-（1×1）表面氢[118]

用 TOF 检测进行弹性反冲检测分析（TOF-ERDA）研究 ESD 的 H 脱附截面。实验证明，用低能电子束 TOF-ERDA 对表面 H 的定量分析有效，在入射电子能量范围 25 ~ 200eV 时，确定了 H/Si（001）-（1×1）表面的脱附截面，发现 ESD 的阈值电子能量约 23eV，ESD 截面的电子能量关系的特点，提供了关于 ESD 的机理，这与内层带激发有关。

11.7 结　　语

总之，由于实用固体催化剂种类繁多，反应条件千变万化，组成复杂，为了能全面、透彻地了解固体催化剂在化学反应中的重要作用，必须根据实际情况，明确所要解决的问题，选取合适的方法。同时，综合应用各种分析方法（包括传统的体相和表面分析等)，充分利用各种分析方法的长处，取长补短，是解决问题的捷径。

符　号　说　明

第 11.1 节

A	采样面积，cm^2
c_i	元素 i 的原子浓度
D	样品厚度

E_0	峰位处的能量
E_B	电子结合能，eV
E_F	费密能级，eV
$E_{h\nu}$	光子能量，eV
$E_{h\nu_p}$	体相等离子体激元能量，eV
$E_{h\nu_s}$	表相等离子体激元能量，eV
E_K	光子动能，eV
$E_{k_{min}}$	扫描光子能量最小值
$E_{k_{max}}$	扫描光子能量最大值
E_r	反冲能量
E_s	离开样品的电子动能，eV
E_v	真空能级，eV
f	X射线通量
h_g	背景高度
h_p	主峰高度
I	光电子峰强度
I（k_j）	每一个角度固定初态谱强度
I_0（k_j）	每一个 CIS 谱中多点平滑后的谱强度
I_0（x）	x处的光电子流强度
I_s	表面逸出的光电子流强度
I_t	特定谱峰中光电子流强度
I_x	动能未衰减的光电子流强度
I_∞	样品无限厚的光电子流强度
J	内量子数
k	选取常数
k_j	扫描光子能量
L	角量子数
l	角动量
N	主量子数
n	元素的原子数
n_{sc}	重复扫描次数
R	相对分辨率
S	撞击分子被表面吸附的概率
S_a	原子灵敏度因子
S_e	电子自旋量子数
S_{op}	原子光谱项的能级
T	样品发射的光电子效率
Y	光电子能量的光电子数效率
y	溅射产额
α	俄歇参数
α'	修正型俄歇参数
δ	电子发射系数
ε	覆盖层的相对介电常数
η	效率因子

θ	出射角
λ	光电子平均自由程
σ	原子轨道光电离截面
τ_c	真空覆盖一个单原子层的时间
ϕ	逸出功
第 11.2~11.4 节	
B	背散射因子
c_i	元素 i 的浓度
E_B	背散射电子能量，eV
E_P	入射电子能量，eV
E_W，E_X，E_Y	处于 W，X，Y 能级的电子结合能，eV
G	与电子能量有关的仪器因子
I_i	元素 i 产生的 Auger 电流
I_P	入射电子束流
N	次数
P_{WXY}	初态空位在 W 能级的电离原子发生 WXY 俄歇跃迁概率
R	表面粗糙因子
S	相对灵敏度因子
t	溅射时间
X_i	元素 i 的原子分数
λ	Auger 电子在固体中的非弹性散射平均自由程
第 11.5~11.6 节	
E_0	一次离子能量
E_1	散射后一次离子能量
m_1	一次离子质量
m_2	靶原子质量
S	二次离子产额
θ	散射角

参 考 文 献

[1] X射线与紫外光电子能谱．桂琳琳，黄惠忠，郭国霖译．北京：北京大学出版社，1984

[2] 王建祺，吴文辉，冯大明．电子能谱学(XPS/XAES/UPS)引论．北京：国防工业出版社，1992，43~44

[3] Wagner C D, Riggs W M, Davis L E et al. Handbook of X-ray Photoelectron Spectroscopy. Published by Perkin-Elmer Corporation, Physical Electronics Division, edited by Jill Chastain, 1992

[4] Seah M P, Dench W A. Surf Interf Anal, 1979, 1: 2~11

[5] 陆家和，陈长彦等．表面分析技术．北京：电子工业出版社，1987

[6] Ertl G, Küppers J. Low Energy Electron and Surface Chemistry. VCH Verlagsgesellschaft mbH, 1985

[7] 黄惠忠，郭沁林，桂琳琳．分析化学，1986，14(9)：671~676

[8] Briggs D, Seah M P. Practical Surface Analysis. 2nd Edition, New York: John Wiley & Sons, 1992

[9] Seah M P. Surf Interf Anal, 1989, 14: 488

[10] Tougaard S. J Electron Spectrosc Relat Phenom, 1990, 52: 243~271

[11] 唐有祺，谢有畅，桂琳琳．自然科学进展，1994，4：642

[12] Angevine P J, Vartul J C, Delagass W N. Proceedings of International Congress Catalysis. 1977. 6: 611

[13] Kerkholf F P J, Moulijin J A. J Phys Chem, 1979, 83: 1612

[14] Fung S C. J Catal, 1979, 56:454
[15] Wang X Y, Zhao B Y, Li C et al. Proceedings of XVIth International Conference on Raman Spectroscopy. Cape Town, South Africa: Heyns A M(Ed), 1998, 869
[16] Jiang D E, Zhao B Y, Huang H Z et al. Appl Catal A: Gener, 2000, 192:1 ~ 8
[17] Gross Th, Lippitz A, Unger W E S et al. Appl Surf Sci, 1994, 78:345 ~ 355
[18] Herreros B, He H, Barr T L et al. J Phys Chem, 1994, 98(4):1302 ~ 1305
[19] Hopfengärlner G, Borgmann D, Rademacher I et al. J Electron Spectrosc Relat Phenom, 1993, 63:91 ~ 116
[20] Quincy R B, Houalla M, Proctor A et al. J Phys Chem, 1990, 94:1520
[21] Yamada M, Yashumaru J, Houalla M et al. J Phys Chem, 1991, 95:7037
[22] Hercules D M, Houalla M, Proctor A et al. Anal Chim Acta, 1993, 283:42 ~ 51
[23] Rondons, Proctor A, Houalla M et al. J Phys Chem, 1995, 99:327 ~ 331
[24] Hamoudi S, Larachi F, Adnot A et al. J Catal, 1999, 185:333 ~ 344
[25] Lau Ngai Ting, Fang Ming. J Catal, 1998, 179:343 ~ 349
[26] Liu Y, Liu X X, Xue J Z et al. Appl Catal A: General, 1998, 168:139 ~ 149
[27] Ferrandon M, Carnö J, Jävas S et al. Appl Catal A: Genaral, 1999, 180:141 ~ 151
[28] Sotiropoulou D, Yiokari C, Vayenas C G et al. Appl Catal A: General, 1999, 183:15 ~ 22
[29] Leclercq E, Rives A, Payen E et al. Appl Catal A: General, 1999, 168:279 ~ 288
[30] Coloma F, Sepulveda-Escribano A, Fierro J L G et al. Appl Catal A: General, 1997, 150:165 ~ 183
[31] Tabata K, Hirano Y, Suzuki E. Appl Catal A: General, 1998, 170:245 ~ 254
[32] Delichere P, Bere K E, Abon M. Appl Catal A: General, 1998, 172:295 ~ 309
[33] Albers P, Seibold K, Prescher G et al. Appl Catal A: General, 1999, 176:135 ~ 146
[34] Loaiza-Gil A, Fontal B, Rueda F et al. Appl Catal A: General, 1999, 177:193 ~ 203
[35] Clark P, Dhandapani B, Oyama S T. Appl Catal A: General, 1999, 184: L175 ~ L180
[36] Coman S, Pârvulescu V, Grange P et al. Appl Catal A: General, 1999, 176:45 ~ 62
[37] Nogier J Ph, Kersabiec A M De, Fraissard J. Appl Catal A: General, 1999, 185:109 ~ 121
[38] Squire S J, Marr P G D, Downes S W et al. J Electron Spectrosc Relat Phenom, 1999, 103:765 ~ 769
[39] Kasper M, Keller A, Paul J et al. J Electron Spectrosc Relat Phenom, 1999, 99:83 ~ 93
[40] Carley A F, Dollard L A, Norman P R et al. J Electron Spectrosc Relat Phenom, 1999, 99:223 ~ 233
[41] Galtayries A, Grimblot J. J Electron Spectrosc Relat Phenom, 1999, 99:267 ~ 275
[42] Boronin A I, Koscheev S V, Zhidomirov G M. J Electron Spectrosc Relat Phenom, 1998, 96(1-3):43 ~ 51
[43] Hoflund G, Epling W S, Minahan D M. J Electron Spectrosc Relat Phenom, 1998, 95(2-3):289 ~ 297
[44] Pollmann J, Franke R, Hormes J et al. J Electron Spectrosc Relat Phenom, 1998, 94(3):219 ~ 227
[45] Himmelhaus M, Gauss I, Buck M et al. J Electron Spectrosc Relat Phenom, 1998, 92(1-3):139 ~ 149
[46] Galtayries A, Sporken R, Riga J et al. J Electron Spectrosc Relat Phenom, 1998, 88:951 ~ 956
[47] Verpoort F, Bossuyt A R, Verdonck L. J Electron Spectrosc Relat Phenom, 1996, 82(3):151 ~ 163
[48] Katrib A, Hemming F, Wehrer P et al. J Electron Spectrosc Relat Phenom, 1995, 76:195 ~ 200
[49] Bukhtiyarov V I, Prosvirin I P, Kvon R I. J Electron Spectrosc Relat Phenom, 1996, 77(1):7 ~ 13
[50] Verpoort F, Dedoncker G, Bossuyt A R et al. J Electron Spectrosc Relat Phenom, 1995, 73(3):271 ~ 281
[51] Cherkashinin G Y. J Electron Spectrosc Relat Phenom, 1995, 74(1):67 ~ 75
[52] Mendialdua J, Casanova, R, Barbanx Y. J Electron Spectrosc Relat Phenom, 1995, 71(3):249 ~ 261
[53] 赵良仲,刘芬．论表面分析及其在材料研究中的应用．北京:科技文献出版社,2001
[54] VG Sigma Probe, VG Scientific, The Surface Analysis Company, England, 1998
[55] VG ESCALAB220i-XL Specification Fisons Instruments, England: VG Scientific, 1993
[56] PHI Quantum 2000 Scanning ESCA Microprobe. Physical Electromics Inc, 1995
[57] Axis-HS. Kratos Shimadzu Corporation, 1995
[58] Davis G D, Anderson C R, Clearfield H M. J Vac Sci Technol A, 1993, 11(6):3135 ~ 3137

[59] Powell C J. Appl Surf Sci, 1995, 89: 141 ~ 149
[60] Jach T, Chester M J, Thurgate S M. Rev Sci Instrum, 1994, 65(2): 339 ~ 342
[61] Krozer A, Fischer A, Schlapback L. Phys Rev B, 1995, 51(12): 7788 ~ 7795
[62] Bonzel H P. Prog Surf Sci, 1993, 42: 219 ~ 229
[63] Woodruff D P. Surf Sci, 1994, 299/300: 183 ~ 198
[64] Jonker B T. Surf Sci Lett, 1994, 306: L555 ~ L562
[65] Freidman D J, Fadley C S. J Electron Spectrosc Relat Phenom, 1990, 5: 689
[66] Fischer A, Fasel R, Ostermalder J et al. Phys Rev Lett, 1993, 70: 1493
[67] Tong S Y, Huang, H, Wei C M. Phys Rev B, 1992, 46: 2452
[68] Roesler J M, Sieger M T, Miller T et al. Surf Sci, 1995, 329(1-2): L588 ~ L592
[69] Bullock E, Lea C, McLean M. Met Sci, 1979, 13: 373
[70] Palmberg P W. Anal Chem, 1973, 45: 549 A
[71] Davis L E, Mac Donald N C et al. Handbook of Auger Electron spectroscopy. 2nd ed, Physical Electronics Division, Perkin Elmer Co, 1976
[72] Li C F. Surf Sci, 1990, 231: 433
[73] Wind R K. Vacuum, 1981, 31: 183
[74] Garrenstrom S W. Appl Surf Sci, 1986, 26: 561
[75] Sault Allen G. Appl Surf Sci, 1994, 74: 249 ~ 262
[76] Thurgate S M. Surf Interf Anal, 1993, 20: 627 ~ 636
[77] Barkshire I R, Prutton M, Green wood J C et al. Surf Interf Anal, 1993, 20: 984 ~ 990
[78] Magkoev T T. Surf Sci Lett, 1993, 295: L1043 ~ 1044
[79] Pothoff M, Braun J, Nolting W et al. Surf Sci, 1994, 307/309: 942 ~ 946
[80] Pavlyak F. Appl Surf Sci, 1994, 81: 351 ~ 356
[81] Schreifels J A, Turner N H, Morris R E. Appl Surf Sci, 1995, 84(1): 23 ~ 29
[82] Mroz S et al. Surf Sci, 1993, 297: 66 ~ 70
[83] 黄小华,黄惠忠,江德恩等. 化学学报, 2000, 58(7): 909 ~ 911
[84] Nanmkin A V, Vasilyev L A. J Vac Sci Technol A, 1994, 12(3): 790 ~ 793
[85] Duke C B. Surf Sci, 1994, 299/300: 24 ~ 43
[86] Mills D L, Tong S Y. Chemistry and Physics of Solid Surface IV, Berlin: Springer Verlag, 1982. 341 ~ 361
[87] Kin C M, Devries B D, Frühberger B et al. Surf Sci, 1995, 327(1/2): 81 ~ 92
[88] Zemlyanov D Y, Smirnov M Y, Gorodetskii V V et al. Surf Sci, 1995, 329(1/2): 61 ~ 70
[89] Moresco F, Rocca M, Hildebrandt T et al. Surf Sci, 1999, 424(1): 55
[90] Pülm S, Hitzke A, Günster J et al. Surf Sci, 1995, 325: 75 ~ 84
[91] Hino S, Takahashi H, I wasaki K et al. Phys Rev Lett, 1993, 71(25): 461 ~ 463
[92] Ochs D, Brawn B, Maus-Friedrichs W et al. Surf Sci 1998, 417: 406 ~ 414
[93] Hermann K, Witko M, Druzinic R et al. J Electron Spectrosc Relat Phenom, 1999, 99: 245 ~ 256
[94] Brillo J, Sur R, Kuklenbeck H et al. J Electron Spectrosc Relat Phenom, 1998, 88: 809 ~ 815
[95] Perkins C L, Trenary M, Tanaka T et al. Surf Sci, 1999, 423(1): L223
[96] Sherwood P M A. J Vac Sci Technol A, 1996, 14: 1424
[97] Briggs D, Seah M P. Practical Surface Analysis. 2nd ed. London: Wiley Chichester, 1994, 555-586; appendix 3
[98] Procter A, Sherwood P M A. Anal Chem, 1982, 54: 13
[99] Lessmann A, Drube W, Materlik G. Surf Sci, 1995, 323(1/2): 109 ~ 117
[100] Kürpick U, Westhof J, Meister G et al. J Electron Spectrosc Relat Phenom, 1993, 63(4): 311 ~ 326
[101] Lundquist M, Baltzer P, Karlsson L et al. Phys Rev A, 1994, 49(1): 277 ~ 282
[102] Li X M, Zhang Z M, Henrich V E. J Electron Spectrosc Relat Phenom, 1993, 63(3): 253 ~ 265
[103] Fink R, Weiss M R, Umbach E et al. J Electron Spectrosc Relat Phenom, 1997, 84(1/3): 231 ~ 250

[104] Shen Y G, O'Conner D J, Wandelt K et al. Surf Sci, 1995, 328(1/2): 21 ~ 31
[105] 黄惠忠,郭沁林,桂琳琳等. 物理化学学报,1987,3(5):460 ~ 464
[106] Guo Q L, Gui L L, Huang H Z et al. J Catal, 1990, 122: 457 ~ 461
[107] Duszak R, Ohtani F, Kadowoki Y et al. Surf Sci, 1995, 324(2/3): 257 ~ 262
[108] Benninghoven A. Surf Sci, 1975, 53: 596 ~ 625
[109] 黄惠忠. 分析仪器手册. 北京:化学工业出版社,1997. 724 ~ 727
[110] Michael A H, Stephen A J, James R R. Surf Sci, 1998, 417: 66 ~ 81
[111] Peter A, Klaus S, Thomas H et al. J Catal, 1998, 176: 561 ~ 568
[112] Michael A H. Surf Sci, 1999, 419(2/3): 174
[113] 黄惠忠,胡德红,傅贤智等. 物理化学学报,1992,8(20):148 ~ 152
[114] Shamir N, Azoulay A, Volterra V et al. Surf Sci, 1999, 422: 141
[115] Kaoru U, Hiroyasu S, Setsuo N. Rev Sci Instrum, 1994, 65(7): 2276 ~ 2280
[116] Clegg J B. J Vac Sci Technol A, 1995, 13(1): 143 ~ 146
[117] Sasaki T, Itai Y, Iwasawa Y. J Electron Spectrose Relat Phenom, 1998, 88: 773 ~ 778
[118] Takashi F, Toshia K F, Jeong T R et al. Surf Sci, 1999, 420(1): 81

(黄惠忠,北京大学化学与分子工程学院)

第 12 章　XAFS（XANES & EXAFS）方法

XAFS（X 射线吸收精细结构，X-ray absorption fine structure）方法是 XANES（X 射线吸收近边结构，X-ray absorption near edge structure）方法和 EXAFS（扩展 X 射线吸收精细结构，Extended XAFS）方法的统称，又称 X-ray absorption spectroscopy。经过近 20 年的发展，EXAFS 方法已成为直接测定催化剂结构的常规实验方法，XANES 的谱图识别和定性分析也已成熟。我国同步辐射实验室的建设为 XAFS 方法的广泛应用提供了条件。

XAFS 如果以吸收边为能量的相对零点，那么从能量上可以分为低能区域的 XANES（< 70 eV）和较高能量区域的 EXAFS（50 ~ 1000 eV）。但从 XAFS 现象的物理机理上看，以 K 边为例，将 XAFS 分为三个区域更为合理，即由中心原子内层电子向外层空轨道跃迁主导的边前（pre-edge）及边（edge），由中心原子受激发的光电子被近邻原子多重散射主导的形状共振（shape resonance）区（10 ~ 70 eV）和单散射机制主导的 EXAFS 区（50 ~ 1000 eV）。

12.1　XANES 方法

所谓 XANES 是指出现在吸收边上的精细结构。在早年测量的 X 射线吸收谱上吸收边是基本平滑的。后来，随着仪器的改进主要是光强和分辨率的大幅提高，人们发现在原来认为本应是平滑的背底上，吸收系数有明显的偏离——精细结构（fine structure）。进一步的研究表明，随样品不同，偏离的幅度和能量的位置也在变化。虽然 Kossol 早在 1920 年就指出精细结构的出现与吸收原子内层电子的激发相关，但明确的指认和谱峰归属，长期以来一直是科学界的困难课题。到 20 世纪 70 年代，人们开始将精细结构的出现与配位化学理论相关联[1]，如指认 K 吸收边的边前特征峰（pre-edge features）是吸收原子的 $1s$ 电子向 nd 空轨道的跃迁等，但限于当时条件（主要是记录 XANES 谱的实验条件）并没有形成定论。

同步辐射光源的出现极大地改善了 XAFS 方法的实验条件，我们将在 12.2 节介绍。由于 Stern、Sayers 和 Lytle 在 20 世纪 70 年代的杰出工作，到 20 世纪 70 年代末，EXAFS 方法从理论上和实验上渐趋成熟。这一实验物理探测技术的广泛应用开创了凝聚态物质结构测定的全新领域。EXAFS 的成功，极大地促进了 XANES 谱的解析和 XANES 技术的实用化[2,3]。Eisenberger 等在 1975 年圆满解释了铁的 K 吸收边 XANES 谱[4,5]，到 20 世纪 90 年代初，很多非常复杂的 K 吸收边 XANES 谱都获破解，并迅速在金属蛋白酶、过渡金属络合物、催化剂等领域应用[4~69]。在这一时期，贵金属的 L 边 XANES 在鉴定金属中心氧化态、吸附态上也取得了很大进展[70]，XANES 方法的独到优点及潜力始获公认。继之，居于软 X 射线范围的 L 边（L_{I}、L_{II}和 L_{III}）的 XANES 谱在近年得以破解，基于配位场和多重散射理论的计算已可以拟合出近边精细结构[70~86]。

XANES 谱特征峰在鉴定化合物电子结构方面的特别有效性，目前被研究者称之为指纹（fingerprint），可见其确切和专一程度之高。随着 XANES 技术的迅速普及和广泛应用，XANES 方法在未来将对化学、材料、生命科学等领域的研究产生重大的影响。

1）配位场理论-分子轨道理论及相关的量化计算是化学从感性走向理性的革命性进步。尽管人们发展了各种物理探测技术，并将观察到的各异现象与理论和计算关联，但迄今仍没有适当的技术比较准确地观察价轨道（外层未占领空轨道）的分布及其能量间隔，难以在实验上全面印证或修正目前的理论。就材料的化学性质而言，外层未占领的空轨道是决定性的。XANES 方法提供的关于内层电子（$1s$、$2s$、$2p$、$3p$）向 nd（$n+1$）s、（$n+1$）p 轨道跃迁的证据及细节（如 Δ，d 电子填充方式，高低自旋态等）无疑将使其成为理想的研究手段。

2）基于 XANES 实验谱的配位场理论计算和多重散射处理已趋成熟，由于现代计算机技术的飞速发展以及人们对理论计算化学的不懈探索，XANES 谱作为两者的结合点，其计算解析的实用化、常规化指日可待。

3）与其他能级、自旋态等测定技术不同，XANES 谱测定简单方便，几乎适用于周期表上的每一种元素的各种存在状态（气、液、固），样品一般也不需特殊的制备或预处理。

12.1.1　基本原理

为了叙述和理解上的方便，本文举例时尽量选用同一元素 Cr 的 XANES 谱为例。实际上 XANES 方法普遍适用于各种元素。

12.1.1.1　吸收边

吸收边指随能量递增 X 射线吸收系数突然增大的地方。边前和边后吸收系数变化平缓而突然在吸收边处产生跃迁，原因是吸收原子内层电子被激发。K、L、M、……壳层中最简单的情况是 K 壳层电子，即 $1s$ 电子的激发。某元素的 K 吸收边反映的是该元素 $1s$ 电子被激发的情况，表观上造成了吸收系数突然增大。L 边的情况比 K 边复杂，$2s$ 电子被激发产生了 L_{I} 边。根据轨道运动和自旋运动的相互作用，$2p$ 电子对应的两个能级为 $2p_{1/2}$ 和 $2p_{3/2}$，受激发跃迁后分别对应于 L_{II} 边和 L_{III} 边。注意：根据轨道间的能量差，我们可以知道同一元素的 K 吸收边出现的能量位置会远远大于 L 边，因为显然 $1s$ 电子被激发需要的能量最大。例如以 Cr 为吸收原子，随 X 射线能量递增，首先在 574 eV 处出现 L_{III} 边，然后在 583 eV 处出现 L_{II} 边和 679 eV 处出现 L_{I} 边，然后才是极远

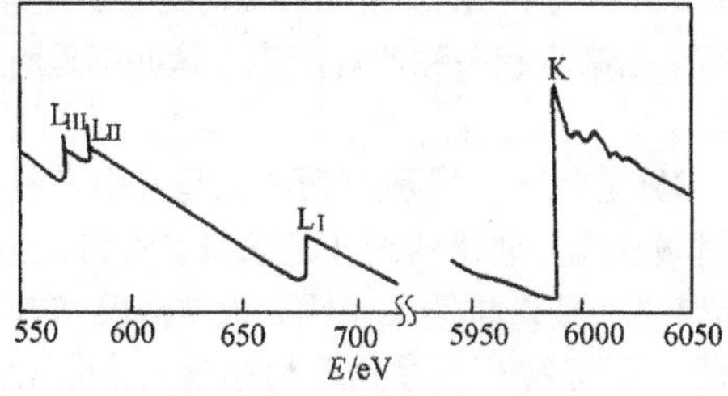

图 12-1　Cr 的 K 吸收边和 L 吸收边绝对能量位置示意图

处的 5988 eV 出现 K 吸收边，示于图 12-1。

12.1.1.2 跃迁

内层电子受到激发，随激发能量增加，首先是跃迁进入最低的外层空轨道，然后进入更外层轨道直至最后成为脱离开核的束缚的光电子。成为核间运动的光电子之初，可以想像其动能为零，后随激发能量加大，动能依序增大。

与 XANES 密切相关的问题是我们需要什么样的条件才能观察到内层电子向外层空轨道的跃迁呢？

1）要有未被占领的空轨道。例如我们想观察 $3d$ 轨道，金属铜的 $3d$ 轨道是全满的，只有在 Cu^+、Cu^{2+} 的配合物中才有可能看到 $3d$ 轨道。反过来如果我们想观察 $4s$ 轨道，大多数 $3d$ 金属的 $4s$ 轨道受到 $3d$ 和 $4p$ 的影响变得含混不清（有些至今还在理论上存有争议），此时 $3d$ 轨道全满的金属铜就成了理想的选择。对于 $5d$ 金属，$2p$ 电子向空 d 轨道的跃迁概率大大高于向空的 s 轨道的跃迁概率，此时想看到 $6s$ 轨道就很困难。适合跃迁的空轨道越多，跃迁概率就越大，这在 K 边和 L 边 XANES 谱上有明显的反映。图 12-2 显示了随空的 d 轨道减少，在金属 Re、Os、Ir、Pt 到 Au 的 L_{III}边上 $2p$ 电子向 $5d^6$、$5d^7$、…、$5d^{10}$跃迁时，L_{III}吸收边特征峰（俗称“白线”）依次减弱的情况。

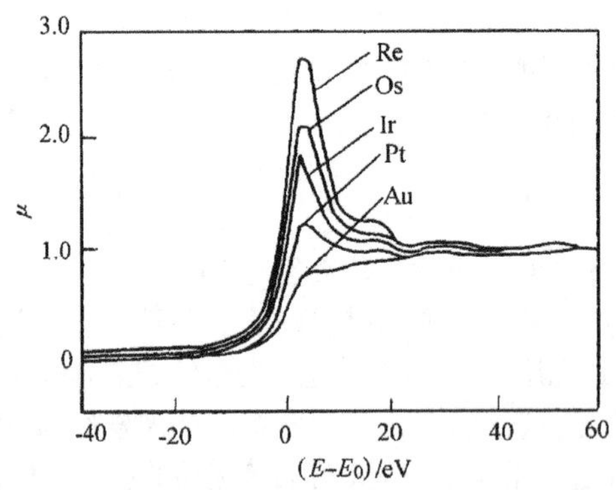

图 12-2 金属 Re、Os、Ir、Pt 和 Au 的 L_{III}边吸收谱

吸收极大处是白线，代表 $2p$ 向各金属元素 $5d$ 轨道的跃迁

2）要服从配位场理论的规则。根据配位场理论，我们知道在氧化物和配合物中 d 轨道是充分简并的，如在八面体场中 $3d$ 过渡元素最低空轨道应该是 t_{2g}和 e_g，两者能量差为 Δ_o。更复杂的情况还包括高自旋态和低自旋态，这些都是利用 XANES 判定吸收原子价轨道特点的基础知识。

配位场理论制定了一些跃迁规则，特别要指出的是其中一条，就是偶极选择定则。$1s$ 电子、$2s$ 电子在八面体场中向 d 轨道的跃迁是偶极禁阻的，这一点现在已为 XANES 谱的实验观测所证实。有意义的是，同是 $1s$ 电子、$2s$ 电子，它们在四面体场中向 d 轨道的跃迁却是偶极允许的。下面我们会看到，利用这一点，XANES 可以有效地区分 O_h、T_d、D_{4h}等局域对称性（site symmetry）。另外，同是内层电子，$2p$ 电子向外层空轨道的跃迁都是偶极允许的，这使得 L 边呈现出与 K 边有别的特点。

12.1.1.3 多重散射

前面提到，当电子受激发成为核间运动的光电子之初，光电子动能几乎为零，然后随激发能量增加动能逐渐增大。动能足够大和动能较小时，光电子被近邻原子散射的情况是不同的。动能较大的光电子受周围环境/近邻配位原子的影响较小，一般情况下只被近邻配位原子单散射，这就是12.2节将介绍的EXAFS方法。当出射光电子动能很小时，则会被不只一个近邻配位原子多次地散射，这就是多重散射，简化的示意图见图12-3[3]。

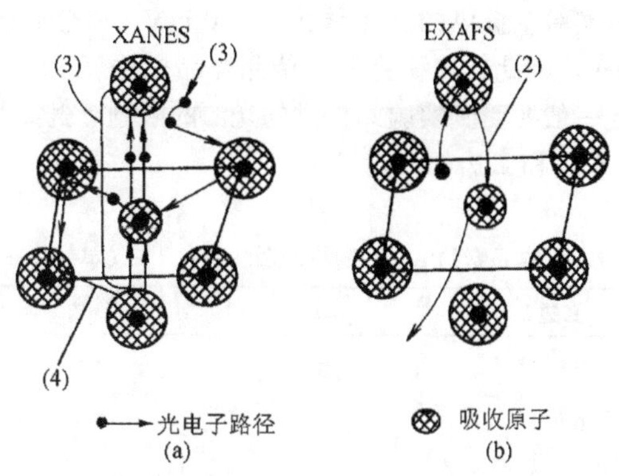

图12-3 多重散射（a）和单散射（b）示意图

基于单散射的EXAFS一般只能给出平均的结构信息。而发生在XANES区域高能一侧的多重散射信号，因记录了被不只一个近邻散射时散射波的叠加/干涉，因而能反映吸收原子的立体配位环境，与跃迁的相关信息结合，成为判定吸收原子配位几何的有力证据。

12.1.2 数据采集与预处理

12.1.2.1 分辨率

XAFS数据采集的一般知识我们将在12.2.2节介绍。EXAFS数据采集的目的是得到清晰的振荡信号，这是几百个数据点的集合，因而对每一个点的确切能量位置要求并不严格，相邻两点间能量间隔即步进（step），一般只有4 eV即可。XANES谱，特别是与跃迁相关的边前和边后部分反映的是外层轨道的分布，而这些轨道间能量差实际很小(0.01～0.1eV)，这就意味着XANES要求很小的步进精细结构才会比较清楚。

现在的XAFS实验，都是利用同步辐射设备完成的。在公用的同步辐射实验站，测角仪、单色器等技术支撑条件是限定的。在这种情况下，XANES谱测定，特别是在边前10 eV到边后40～50eV范围内，应采用实验条件可达到的较小步进，即两相邻数据点能量间隔要小于0.5 eV，争取达到0.1～0.2 eV。

12.1.2.2 能量校正

各元素的K、L_I、L_{II}和L_{III}吸收边的能量位置见表12-1。从表12-1可以看出，同一元素K吸收边能量位置远高于L边。随元素的原子序数递增，同一吸收边的能量位置迅速增大。例如Cr的L_{III}边位于574 eV，沿Cr、Mn、Fe、Co，……，顺序，L_{III}边位置以大致100 eV的幅度增加，到稀土元素La、Ce、L_{III}边已接近6 keV，几乎与Cr的K边(5.988 keV)相当。问题在于同步辐射XAFS实验站提供的X射线能量范围是限定的，如北京的同步辐射国家实验室提供的X射线为5~20 keV，而合肥的同步辐射国家实验室能量范围为3~12 keV。因此，当研究者为待测样品根据表12-3选定某一吸收边时，是否能完成设计的测定一般要受到实验站提供的光源的限制。例如，在北京实验站，就不可能同时完成Cr的K边和L边的测定。

表12-1 化学元素的K、L谱线的激发电位[110]（单位：keV）

元素	K边	L_I边	L_{II}边	L_{III}边
1-H	0.014	—	—	—
2-He	0.025	—	—	—
3-Li	0.055	—	—	—
4-Be	0.116	—	—	—
5-B	0.192	—	—	—
6-C	0.283	—	—	—
7-N	0.399	—	—	—
8-O	0.531	—	—	—
9-F	0.687	—	—	—
10-Ne	0.873	0.048	0.022	0.022
11-Na	1.080	0.055	0.034	0.034
12-Mg	1.303	0.063	0.050	0.049
13-Al	1.559	0.087	0.073	0.072
14-Si	1.838	0.118	0.099	0.098
15-P	2.142	0.153	0.129	0.128
16-S	2.470	0.193	0.164	0.163
17-Cl	2.819	0.238	0.203	0.202

续表

元素	K边	L_{I}边	L_{II}边	L_{III}边
18-Ar	3.203	0.287	0.247	0.245
19-K	3.606	0.341	0.297	0.294
20-Ca	4.038	0.399	0.352	0.349
21-Sc	4.496	0.462	0.411	0.406
22-Ti	4.964	0.530	0.460	0.454
23-V	5.463	0.604	0.519	0.512
24-Cr	5.988	0.679	0.583	0.574
25-Mn	6.537	0.762	0.650	0.639
26-Fe	7.111	0.849	0.721	0.708
27-Co	7.709	0.929	0.794	0.779
28-Ni	8.331	1.015	0.871	0.853
29-Cu	8.980	1.100	0.953	0.933
30-Zn	9.660	1.200	1.045	1.022
31-Ga	10.368	1.300	1.134	1.117
32-Ge	11.103	1.420	1.248	1.217
33-As	11.863	1.529	1.359	1.323
34-Sn	12.652	1.652	1.473	1.434
35-Br	13.475	1.794	1.599	1.552
36-Kr	14.323	1.931	1.727	1.675
37-Rb	15.201	2.067	1.866	1.806
38-Sr	16.106	2.221	2.008	1.941
39-Y	17.037	2.369	2.154	2.079
40-Zr	17.998	2.547	2.305	2.220
41-Nb	18.987	2.706	2.467	2.374
42-Mo	20.002	2.884	2.627	2.523
43-Tc	21.054	3.054	2.795	2.677
44-Ru	22.118	3.236	2.966	2.837
45-Rh	23.224	3.419	3.145	3.002
46-Pd	24.347	3.617	3.329	3.172
47-Ag	25.517	3.810	3.528	3.352
48-Cd	26.712	4.019	3.727	3.538
49-In	27.928	4.237	3.939	3.729
50-Sn	29.190	4.464	4.157	3.928
51-Sb	30.486	4.697	4.381	4.132
52-Te	31.809	4.938	4.613	4.341
53-I	33.164	5.190	4.856	4.559

续表

元素	K边	L_I边	L_{II}边	L_{III}边
54-Xe	34.579	5.452	5.104	4.782
55-Cs	35.959	5.720	5.358	5.011
56-Ba	37.410	5.995	5.623	5.247
57-La	38.931	6.283	5.894	5.489
58-Ce	40.449	6.561	6.165	5.729
59-Pr	41.998	6.846	6.443	5.968
60-Nd	43.571	7.144	6.727	6.215
61-Pm	45.207	7.448	7.018	6.466
62-Sm	46.846	7.754	7.281	6.721
63-Eu	48.515	8.069	7.624	6.983
64-Gd	50.229	8.393	7.940	7.252
65-Tb	51.998	8.724	8.258	7.519
66-Dy	53.789	9.083	8.621	7.850
67-Ho	55.615	9.411	8.920	8.074
68-Er	57.483	9.776	9.263	8.364
69-Tm	59.335	10.144	9.628	8.652
70-Yb	61.303	10.486	9.977	8.943
71-Lu	63.304	10.867	10.345	9.241
72-Hf	65.313	11.264	10.734	9.556
73-Ta	67.400	11.676	11.130	9.876
74-W	69.508	12.090	11.535	10.198
75-Re	71.662	12.522	11.955	10.531
76-Os	73.860	12.965	12.383	10.869
77-Ir	76.097	13.413	12.819	11.211
78-Pt	78.379	13.873	13.268	11.559
79-Au	80.723	14.353	13.733	11.919
80-Hg	83.106	14.841	14.212	12.285
81-Tl	85.517	15.346	14.697	12.657
82-Pb	88.001	15.870	15.207	13.044
83-Bi	90.521	16.393	15.716	13.424
84-Po	93.112	16.935	16.244	13.817
85-At	95.740	17.490	16.784	14.215
86-Rn	98.418	18.058	17.337	14.618
87-Fr	101.147	18.638	17.904	15.028
88-Ra	103.927	19.233	18.481	15.442
89-Ac	106.759	19.842	19.078	15.865

续表

元素	K边	L_I边	L_{II}边	L_{III}边
90-Th	109.630	20.460	19.688	16.296
91-Pa	112.581	21.102	20.311	16.731
92-U	115.591	21.753	20.943	17.163
93-Np	118.619	22.417	21.596	17.614
94-Pu	121.720	23.097	22.262	18.066
95-Am	124.876	23.793	22.944	18.525
96-Cm	128.088	24.503	23.640	18.990
97-Bk	131.357	25.230	24.352	19.461
98-Cf	134.683	25.971	25.080	19.938
99-Es	138.067	26.719	25.824	20.422
100-Fm	141.510	27.503	26.584	20.912

表 12-1 所列吸收边的能量位置提供了吸收边校正的参考值。用 XANES 方法，实验前后要反复校正吸收边。具体做法是，选取与待测样品同元素的稳定化合物为标样，取其吸收边上最大值为参考点，在实验前后测定该点能量位置以证明没有移动。仍以 Cr 为例，K_2CrO_4 有非常清晰的边前吸收峰，极大值位于 6.002 keV。对于一组 Cr 样品的测定，实验前后都以同一个 K_2CrO_4 的标准样品校准检验该能量位置。

12.1.2.3 归一化

归一化之前先要确定能量零点。一般是对 XANES 谱边前 20 eV 至边后 70 eV 求导，取导数极大处为能量的相对零点。求导后有两个以上极大值时，取低能侧第一极大值为能量零点，其物理意义是吸收阈能 E_T。但是，当吸收原子的 site symmetry 有显著变化时，E_T 的绝对值发生改变。为了避免混淆，可以绝对能量为坐标，将各谱直接归一化。这时，本章 12.1.2.2 节所讲的能量校正就格外重要。将 XANES 在这样的能量刻度上显示出来，各精细结构的能量位置变化才是可以比较的。

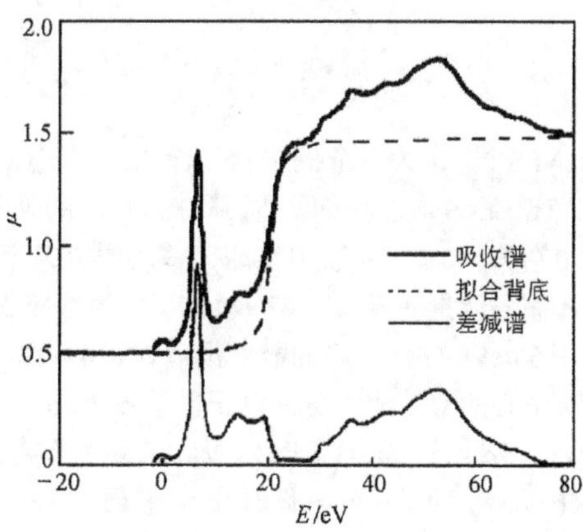

图 12-4 吸收谱、拟合背底和差减谱

归一化的目的是让 XANES 上各精细结构在一个统一的尺度上展示出来。推荐的做法是以吸收边跃升的台阶高为 1。这个台阶高的计量在边前实际是平滑背底，见图12-4。而在边后并不是吸收极大[48,49]（图 12-5 中 15 eV 或 34 eV 的峰顶），而是振荡起伏的平均值，或者说是 EXAFS 拟合的 μ_0 的起点。将 XANES 在这样的归一条件下显示出来，各精细结构的强度变化才可以比较。

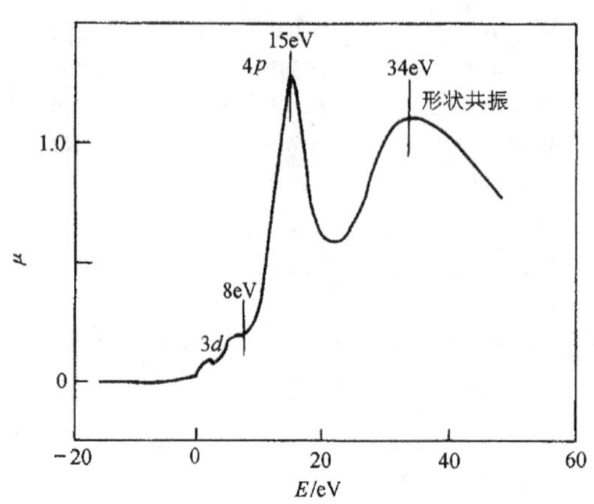

图 12-5 $Cr(CO)_6$ 的 K 边 XANES 谱

12.1.2.4 扣除背底

我们说过 XANES 谱是叠加在正常吸收边上的。用函数曲线拟合出正常吸收边(图 12-4 虚线),拟合谱与实验谱(图 12-4 粗实线)的差减谱(图 12-4 细线)就是扣除了背底的 XANES 谱,见图 12-10、图 12-12。虽然扣除背底的方法很早就获得推荐,但现在看来大多数使用 XANES 技术的人仍喜欢不扣除背底,只是简单归一化的谱图。

12.1.3 谱图识别

12.1.3.1 K 边

$Cr(CO)_6$ 的 K 边 XANES 谱,作为一个例子示于图 12-5,$Cr(CO)_6$ 的外层能级示于图 12-6。1990 年,Brion 等以 HREELS 方法仔细测定了 $Cr(CO)_6$ 的外层能级,得到了一些极有意义的结果。由图 12-6 可知,Cr 的 $3d$ 轨道在八面体场中分裂为二重简并的高能 e_g 和三重简并的低能 t_{2g},Brion 测得能量间隔为 3.87 eV。以 t_{2g}为参照观察到的较高 d 特征能级(t_{1u},t_{2g})分布在 5.50 ~ 7.66 eV 之间,更高的能级出现在 8.4 ~ 12.5 eV 之间,即高于 12.5 eV,电子才有可能脱离 Cr 中心的束缚成为自由电子。从图 12-5 所示 XANES 谱上可以看到,随 X 射线能量增加,$1s\rightarrow3d$ 跃迁成为可能,以吸收阈能为零点,在 0 ~ 8 eV 间观察到一系列弱的跃迁,而吸收极大代表的 $1s\rightarrow4p$ 跃迁出现在 15.0 eV,这与上述 HREELS 方法的结果非常吻合。

根据配位场理论,我们可以将图 12-5 所示 $Cr(CO)_6$ 的 Cr K 边 XANES 谱归属如下。

边前(8 eV 之前)一系列很弱的特征(feature)组合成的宽峰起因于 $1s \rightarrow 3d$ 跃迁，15 eV 处吸收极大起因于 $1s \rightarrow 4p$ 跃迁。因此，迅速升起的边记录了最低 $3d$ 空轨道与 $4p$ 终态间各能级的分布。

1) 根据 $3d$ 特征的峰宽，我们可以大致(误差一般为 0.5 eV)知道 $3d$ 轨道分裂后的 Δ，图 12-5 给出的 Δ 观测值是 3.5 eV。

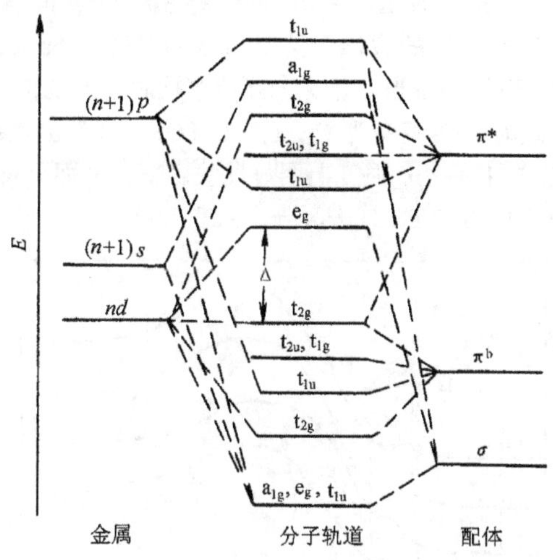

图 12-6 $Cr(CO)_6$ 的外层能级示意图

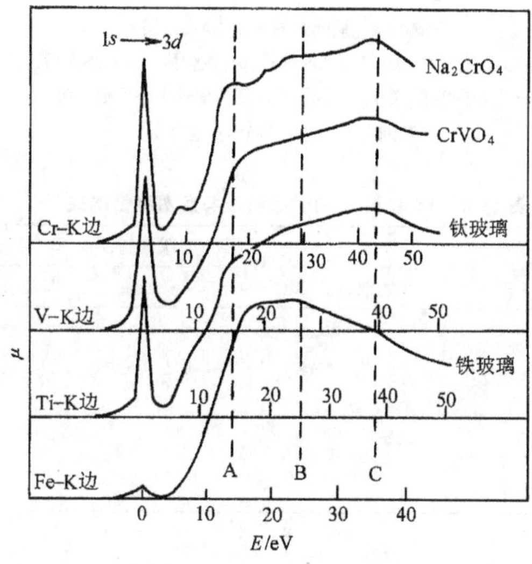

图 12-7 不同 d 轨道填充情况下的 XANES 谱

2) 根据偶极选择定则，$1s \rightarrow 3d$ 跃迁在八面体场中是禁阻的，而在四面体场中是允许的。因而由 3d 特征的强度，我们可以很容易地区分 O_h 和 T_d 这两种点对称性。

$Cr(CO)_6$是典型的六配位八面体场，由于 $1s \to 3d$ 跃迁偶极禁阻，仅四级跃迁是允许的，所以其边前峰很弱（起伏很小）。一个关于 MO_4（M = Ti、V、Cr、Fe）单元结构的例子示于图 12-7。图中可以发现，因四面体场中 $1s \to 3d$ 跃迁是偶极允许的，所以四面体中心的 Cr、Ti 在阈能零点附近出现很强的 $1s \to 3d$ 边前峰。但是，d 轨道半充满的 Fe^{3+} 虽然也是 T_d 中心，却只有很弱的边前峰，可见 XANES 对 d 轨道填充状态十分敏感。

3) 详细研究表明[3~10]，虽然 XANES 不能够将 $3d$ 至 $4p$ 间各能级一一指认清楚（因分辨率差），但吸收边开始处的肩峰（见图 12-8 的 C 和 D 两条谱线[60]），可以粗略地归属为 $1s \to 4p_z$，即八面体场中当 z 轴方向配位空缺时会出现位于边开始升起处的肩峰。z 轴有一个位置空缺时，会演变为 C_{4v}（图 12-8C），两个位置都空缺时是 D_{4h}［图 12-8（D）］，这可以从肩峰 $1s \to 4p_z$ 强度上明显反映出来，因而可据此区分 D_{4h}、C_{4v}等。几种重要的点对称性可以用 XANES 方法区分，见表 12-2。

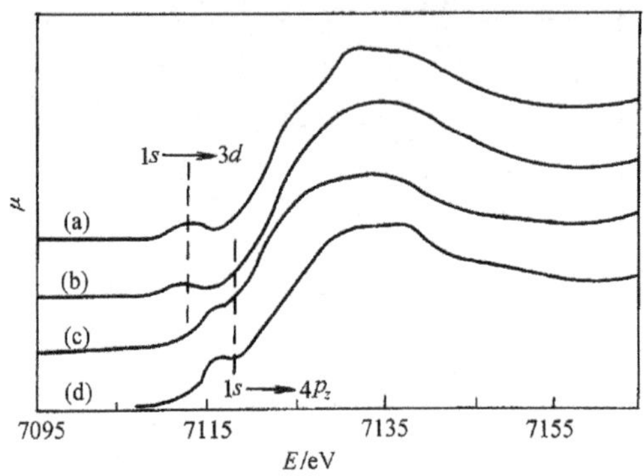

图 12-8 铁卟啉的 K 边 XANES 谱

(a) 五配位含 μ-oxo 氧桥铁卟啉；(b) 氧化后；(c) 还原后出现一个轴向空位（$4p_z$）；(d) 平面四边形铁中心形成（没有轴向配位，有两个 $4p_z$ 空位）

表 12-2 3*d* 金属 K 边吸收特征与点对称性的关系

配位数(对称性)	吸收特征	
	边前($1s \to 3d$)	边($1s \to 4p_z$)
6(O_h)	无	无
扭曲 O_h	弱、双峰	无
5(C_{4v})	易分辨	易分辨
4(D_{4h})	无	强
4(T_d)	强	强

4) 在允许跃迁条件下，d 特征强度与 d 电子空缺程度相关。图 12-2 所示$Cr(CO)_6$的 $3d$ 特征，表明在羰化物中存在的 $d \to \pi$ 反馈使特征的强度明显增强，而一般络合物中的强度仅有 1/3 左右。d 特征的宽度则与配位几何相关，八面体络合物中，理论上讲 d 轨道分裂宽度一般为 3.0 ~ 4.5 eV，而在四面体中仅有 2 eV 左右。计算表明，氧化物中 O_h

中心 $3d$ 峰宽仅有 1.5 eV，T_d 中心相应仅有 0.7 eV。

与理论研究一致，过渡金属 XANES 谱上一般看不到明确的向（$n+1$）s 轨道的跃迁。在 K 边谱上，虽然吸收极大反映了 $1s \to 4p$ 跃迁，但由于 $4p$ 能级弥散且相邻能级间宽度很小（~0.1 eV），吸收极大只粗略地反映了金属中心作为配位受体的情况。

12.1.3.2 L_I 边

L_I 边是 $2s$ 电子激发所致，因而 L_I 边的谱图识别原理与 K 边相同。一个有特别用处的地方是，对于 $5d$ 过渡系元素，$1s$ 电子与外层能级间的能级差太大，如 W（钨），K 吸收边 69.508 keV，即便能得到 K 边谱（超出了通常实验站提供的 X 射线的能量范围），分散在几个、最多十几个电子伏特范围的精细结构也会变得过于弱小。此时，利用 L_I 边就很方便，一个关于 W 的 L_I 边（12.090 keV）的例子示于图 12-9[91]。

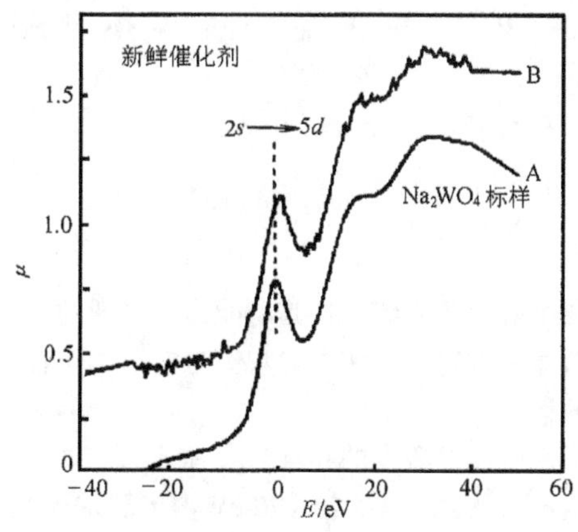

图 12-9 W 的 L_I 边谱

和 K 边 XANES 谱一样，图 12-9 中位于阈能零点处的边前峰起因于 $2s \to 5d$ 跃迁，35 eV 附近的宽峰起因于 $2s \to 6p$ 跃迁。由于 WO_3 氧化物的 WO_6 单元中 W 的 $2s \to 5d$ 跃迁是偶极禁阻的，因而强烈的边前峰成为 WO_4 单元，即 Na_xWO_4［图 12-9 谱线（B）］存在于表面的有力证据。

12.1.3.3 L_{II}、L_{III}边

此时的 L 边起因于内层 $2p$ 电子的激发。如前所述吸收边能量越低，XANES 谱上保留的精细结构越多。L 边，与同一元素的 K 边谱比较，反映的电子结构的细节就更丰富。L 边的另一个显著特点是，$2p \to nd$ 的跃迁是偶极允许的，因而 L 边丰富的精细结构包含了 d 轨道分裂、氧化态、自旋态、d-π 反馈等多种极难得到的珍贵信息。

为与 K 边对比，仍以前面详细分析过的 Cr 元素为例，将$[Cr(CN)_6]^{3-}$ 的 L_{II}, L_{III}边 XANES 谱[86]示于图 12-10。图 12-10 中，吸收边背底已经扣除，578 ~ 585 eV 间的多重峰是 L_{III}边的精细结构，585 eV 以后是 L_{II}边。在 L_{III}边上可以清晰看到两个强峰，这是 O_h 对称性的 t_{2g}和 e_g 轨道，两峰间距 3.5 eV，即 $\Delta = 3.5$ eV。有意义的是：①Cr^{3+} 的 t_{2g}

轨道已经有了一个 d 电子，因而 t_{2g} 峰比 e_g 峰弱；②我们知道 T_d 场中 d 轨道分裂为 e 和 t_2 能量相差较小，一般比 O_h 场中 Δ_o 小约 1 eV。因而这两个峰的相对强弱及能量差提供了配位场理论验证的关键细节。

贵金属的 L_{III} 边能量已相当高（>12 keV），此时虽然精细结构较少，但在确定氧化态和电子转移等微妙变化时仍显示出独具的潜力。Pt 金属上吸附 H_2、O_2 后 Pt 中心电荷密度变化将在本章第 12.1.4 节介绍。

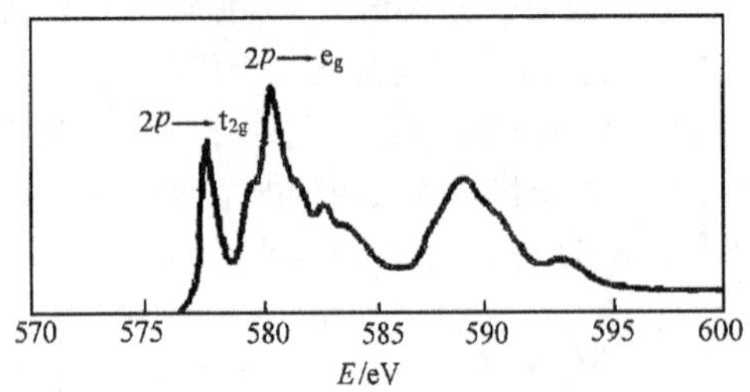

图 12-10 $[Cr(CN)_6]^{3-}$ 的 L_{II}、L_{III} 边谱

12.1.3.4 多重散射

内层电子被激发脱离中心原子束缚之初其动能是相当低的，因而可被近邻原子多重散射——被不只一个近邻原子散射，见图 12-3。作为化学工作者，这种情况可以想像为一个低速台球在台面上的运动。

动能的零点就是电子产生连续激发的起点 E_C，估计比 $3d$ 轨道高 20 eV 左右，即以 K 边谱为例，自吸收阈能零点 E_T 始，在 20～70 eV 内出现多重散射的信号。

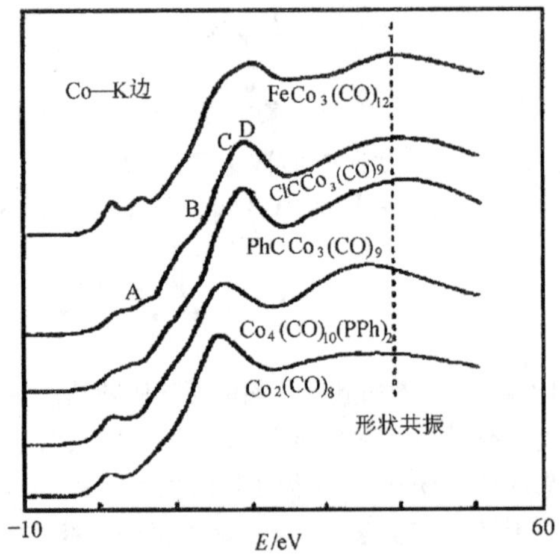

图 12-11 M—C—O 共线造成的形状共振

在多重散射区，由于出射电子被不只一个近邻原子散射（图 12-3），中心原子与近邻原子间几何排布的信息甚至包括近邻原子-近邻原子间几何排布的信息被 XANES 记录

下来，所以相同的短程有序结构具有相同的多重散射峰，被称为形状共振（shape resonance）。例如，图 12-5 所示的 $Cr(CO)_6$ 的 XANES 谱上，多重散射区出现的是一个中心位于 34 eV 的平滑的宽峰，这是由于羰基近邻 M—C—O 共线排布造成的，是羰化物共有的形状共振，参见图 12-11。

尽管中心原子完全不同，但相同短程有序结构的氧化物、氟化物等在多重散射区的谱线走向和形状相同，这已被大量的实验谱证实，因而是鉴定中心原子的配位几何的有力证据。相应的多重散射理论计算工作正在进行之中，目前对这一部分的谱图识别主要还是靠经验和与标样对照。

12.1.4 应用

12.1.4.1 负载催化剂结构

文献［70］对贵金属 L_{II}和 L_{III}边的 XANES 特征 Sinfelt 已经做了很好的评述。最近一个关于氧化物的例子见于 Wachs 的研究[87]（甲酸氧化制乙酸 Mo 系催化剂）。Mo 的 L_{II}和 L_{III}边源于偶极允许的 $2p \rightarrow 4d$ 跃迁[88a]。由于 d 轨道在四面体场中分裂后宽度为 1.8 eV，而在八面体场中为 3 eV 左右，所以根据 L_{III}边上吸收峰（白线）的分裂可以区分 Mo 中心的配位几何，标样与催化剂对照谱图示于图 12-12。据此判断负载在多种氧化物上的 MoO_3，无论高于或低于单层分散理论值，其初始结构除 Al_2O_3 上外都是 O_h 中心。但经脱羟处理后（20% O_2 in H_2，723 K），Mo 离子开始出现在 T_d 中心上，形成 T_d 为主或 T_d 和 O_h 中心混合的结构。作为参考，将 α-$NiMoO_4$ 的 L_{II}、L_{III}边谱示于图 12-13；根据标样测定的 Mo 的 d 轨道分裂能列在表 12-3[88b]。

还列举一个我们完成的 K 边的例子。负载在 SiO_2 上的氧化铁，经 300℃、500℃、650℃、800℃烧结后，O_h 铁中心未见结构变化，见图 12-14（a）～（d）。但经 Na_2CO_3 处理后，再经 300℃、500℃、650℃、800℃烧结，发现 650℃时［图 12-14（g）］铁中心已呈现 T_d-O_h 混合结构，而 800℃处理后［图 12-14（h）］则完全变为 T_d 中心[89]，见图 12-14。这些关于工业催化剂上金属中心局域对称性的确凿证据显然是其他实验技术无法比拟的。

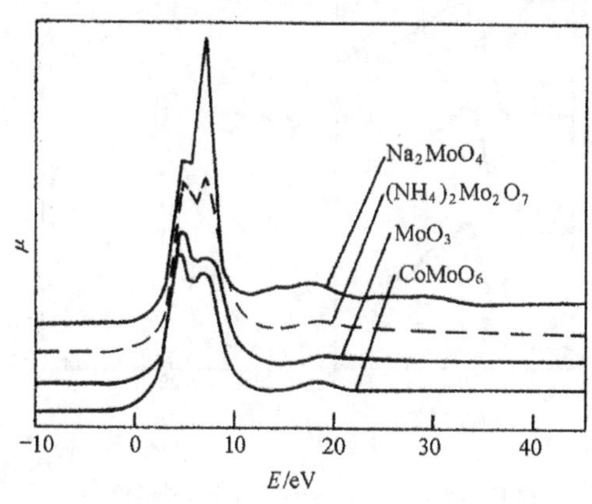

图 12-12 Mo 系列催化剂与标样的 L_{III}边吸收谱

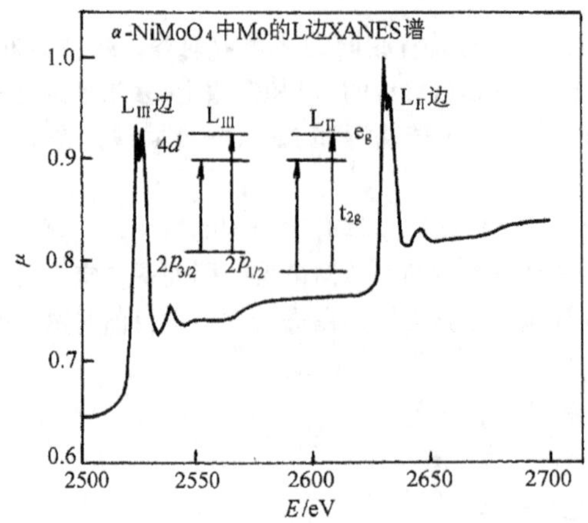

图 12-13　α-$NiMoO_4$ 的 L_{II}、L_{III}边谱

表 12-3　从 Mo 的 L_{II}、L_{III}边 XANES 谱上观测到 Mo 的 *d* 轨道分裂能（eV）

化合物	L_{II}边	L_{III}边
MoO_3	3.2（O_h）	2.9（O_h）
α-$NiMoO_4$	3.1（O_h）	2.8（O_h）
α-$CoMoO_4$	2.7（O_h）	2.5（O_h）
$FeMoO_4$	1.6（T_d）	2.1（T_d）
β-$CoMoO_4$	1.5（T_d）	2.0（T_d）
H_2O-$NiMoO_4$	1.6（T_d）	2.1（T_d）
H_2O-$CoMoO_4$	1.6（T_d）	2.0（T_d）

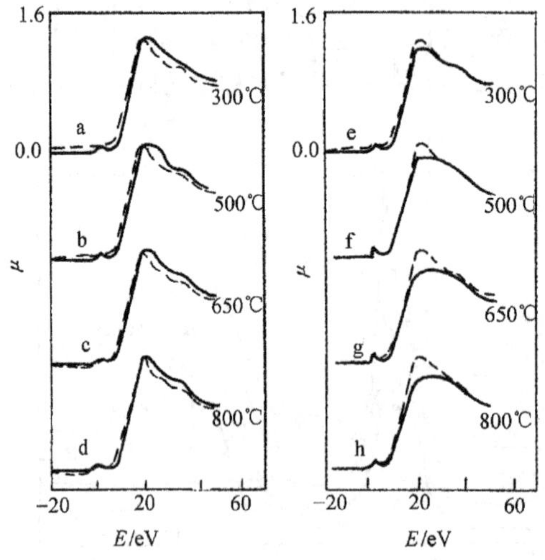

图 12-14　Fe_2O_3/Al_2O_3（a～d）与经过 Na_2CO_3 处理（e～h）在不同温度烧结后的 XANES 谱

XANES 谱在负载物种鉴定方面也具有方便、准确、几乎是指纹特征的优点。例如，将羰基簇负载在氧化物表面，簇骼是否保持是长期争论且很难回答的问题。但使用 XANES 技术，问题就变得十分简单，见图 12-15[90]。由图 12-15 可见，当我们将 $Fe_3(CO)_{12}$以特殊的沉淀方法负载在 Al_2O_3 上以后，无论是边前特征还是边后形状共振都与 $Fe_3(CO)_{12}$前体一模一样，证明簇整体依然保持在表面。

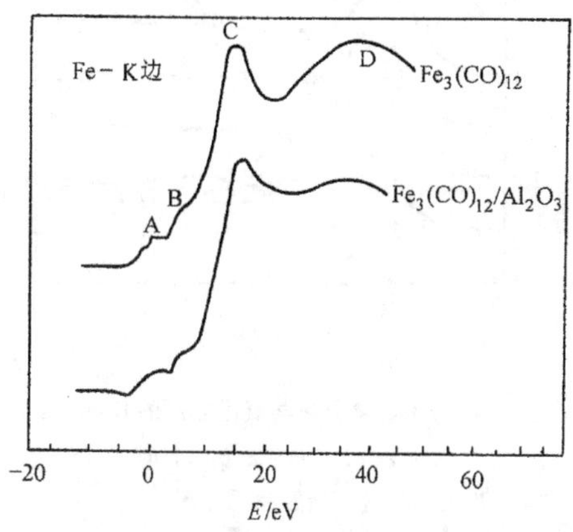

图 12-15 $Fe_3(CO)_{12}$负载在 Al_2O_3 前后的 K 边 XANES 谱

Deng 等[93]在区分铜催化剂上各种价态共存或变化时也采用了 Cu 的 K 吸收边 XANES。当然，根据 XANES 谱推断中间物的结构，在没有合适标样的情况下，仍较困难和复杂，但明晰了上述谱图归属原理后也仍然是可能的，例如我们关于 Mn-W/SiO_2 催化剂上 Mn 中心结构的推定[91]。

其他用 XANES 方法研究 Mg[92]、Cu（NO 还原）[93~97]、Ir[98,99]、Pd[100,101]催化剂及与催化相关的金属—氧键性质[88,98]、CO/O_2 存在下的化学振荡[100]等见相关的文献。

12.1.4.2 吸附

Boudart 等对比研究 Pt 催化剂吸附 H 前后表现时，提出 Pt-L_{III}边上 9 eV 处的宽峰是 Pt 的 $2p_{3/2}$电子向未占领的 Pt—H 反键轨道的跃迁。Hammer 和 Nerskov[103]1995 年在 *Nature* 上发表了关于后过渡金属表面氢吸附的量子化学模型。两者的结合解释了氢吸附的诸多细节。这里说的 9 eV 特征峰出现在还原后的负载 Pt 催化剂的 L_{III}边 XANES 谱与金属 Pt 的 XANES 谱相减的差减谱上。由于零价 Pt 与氧化态 Pt 的 $5d$ 轨道空缺程度不同，L_{III}谱上的吸收极大峰强度差别很大，示于图 12-16[104]。但吸附不会造成这么大的差异，H_2 吸附在 Pt 中心上和完全除去氢后 Pt 中心上电荷密度的一些变化（或者说是 H-1s 与 Pt-5d 杂化的反键轨道的生成与消失）经差减谱就明确地显现出来[105]，见图 12-17。这样一个非常确凿的证据在未来 Pt 中心电子结构鉴定上会成为一个指纹认证。从图 12-17 可以看到，还原后仍保持有吸附氢的差减谱上继一个强的倒峰之后是在 9 eV 附近的强峰，而在除去氢的催化剂上没有这些信号。同样的原理显然也适用于 O_2 的吸附行为研究。

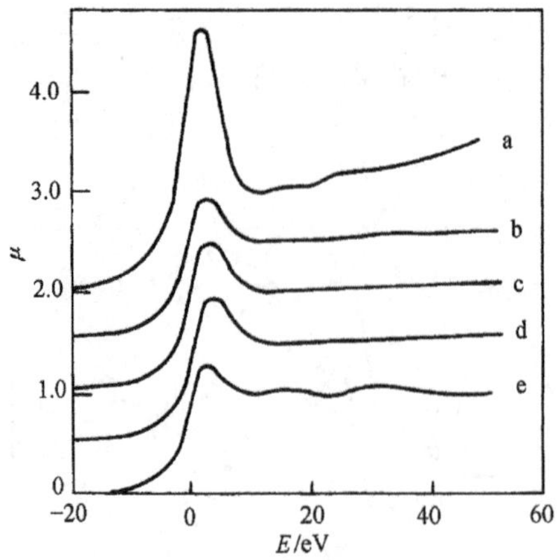

图 12-16 零价 Pt 与氧化态 Pt 的 $L_Ⅲ$谱

a. PtO_2；e. Pt 箔；b，c，d.

还原后的 Pt 催化剂

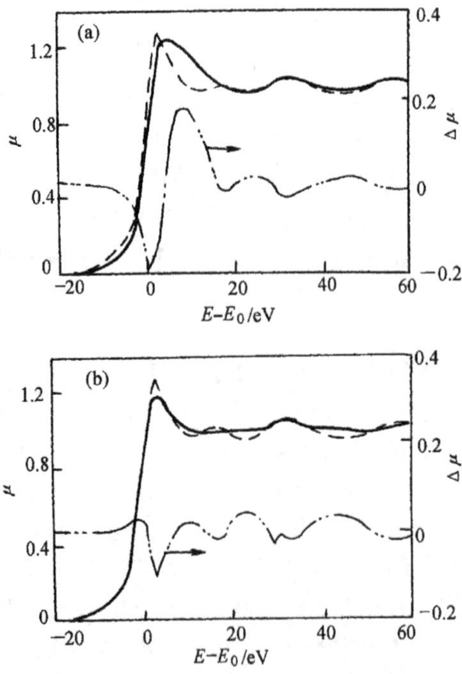

图 12-17 H_2 吸附在 Pt 中心上（a）和完全除去氢后（b）Pt 中心的 $L_Ⅲ$谱

12.1.4.3 钛硅分子筛

钛硅分子筛是另一类应用 XANES 谱直接鉴定催化剂几何和电子结构的例子[106~108]。钛硅分子筛研究中一个关键的且不时有争议的问题是钛是否进入了硅分子筛骨架，目前较多采用的是以 960cm^{-1}红外吸收峰鉴定骨架 Ti—O（TiO_4 或 O_3TiOH）键。但研究者对此仍有不同看法[109]。

我们在前面较多地讨论过 $3d$ 轨道在不同配位几何环境下的裂分。Ti(Ⅳ)电子结构是 $3d^0$,进入分子筛骨架后在 Ti-K 吸收边会显示出相当强的 $1s\rightarrow3d$ 跃迁，这是 $1s$ 电子跃迁到 t_2 和 e（四面体场分裂）轨道的信息，因而是鉴定骨架钛的直接证据。换言之，假如出现金红石相（八面体场，$1s$ 电子向 e_g 和 t_{2g}跃迁禁阻），边前峰会立即减弱。但从 XANES 原理上讲，边前峰的减弱既可能是 TiO_4 单元畸变所致，也可能是水进入钛中心的配位层的影响，仔细地区分两种情况（如采用 NH_3 吸附前后的 XANES 对比等），可以准确地确定钛硅分子筛的结构细节。

12.1.5 局限性

熟悉 EXAFS 的人很容易会根据 EXAFS 的局限性而想到 XANES。这种联想大半是不正确的。在较高温度下（譬如说原位反应条件下）的 EXAFS 解析是困难的。但 XANES 对吸收原子短程有序的局域对称性高度敏感，而物质在高温下短程有序仍是存在的，因而并不影响 XANES 的识别。

XANES 原则上是可以区分混合体系的，原因是 XANES 谱的特征是指纹认证，混合体系等于是两种以上指纹的混合,可以由计算机辅助技术拆开。例如我们最近研制了 Cr(Ⅵ)-Cr(Ⅲ)/SiO_2 催化剂(甲烷-二氧化碳共活化制芳烃),新鲜催化剂表面得到的 Cr(Ⅵ)-Cr(Ⅲ)的真实物质的量比对鉴定活性中心结构十分重要,但通常却很难确定。以 K_2CrO_4/SiO_2 和 Cr_2O_3/SiO_2 为标样,经拟合得到了几乎完美的 Cr 的 K 边 Cr(Ⅵ)-Cr(Ⅲ)/SiO_2 的 XANES 谱,从而确定表面 Cr(Ⅵ)-Cr(Ⅲ)原子数目之比为 0.66/0.34,见图 12-18。但这一工作也表明,对于复杂的混合体系,如三组分以上,用 XANES 方法区分很困难。

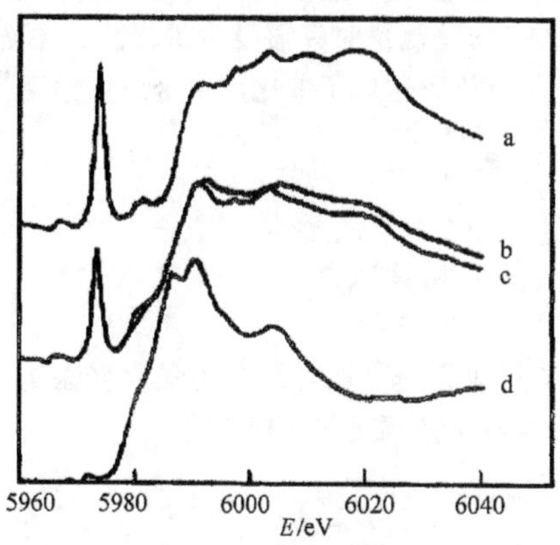

图 12-18 混合体系的拟合
a. K_2CrO_4 标样；b. 催化剂样品[含 2/3(a)和 1/3(d)]；c. 2/3(a) + 1/3(d)的拟合谱；d. Cr_2O_3 标样

目前看，XANES 方法的较大局限性并不是原理上的，而是实验条件的限制。迄今为止，一些特殊条件下的 XANES 谱，如 O 的 K 边、3d 金属 L_{II}、L_{III}边，世界上还仅有少数几个同步辐射实验室可以测定。

还有一点也必须提及，用 XANES 方法观察的是最外层空轨道及光电子在近邻原子间的运动状态，即所谓的终态。实际上，自内层电子受激发从内层轨道上开始跃迁之初，原来聚集态意义上的终态就已经改变。因而，依据内层电子激发确定的终态，虽然可以相信它与初始的终态确有很大程度的相似性，但它不是初始的终态。

12.1.6 结语

XANES 方法的发展主要集中在推广应用和理论解析两方面。目前掌握 XANES 方法的化学工作者虽然人数在急剧上升，但总体看仍然不多，这限制了 XANES 方法在一些极有科学意义的研究中发挥作用。其次，XANES 谱的理论解析及全谱拟合至今仍有争论，感兴趣的读者可以参见文献［106～108］。此外，还将一些化学元素的 K、L 谱线的激发电位列于表 12-1 以供参考。

12.2 EXAFS 方法

迄今为止的物质结构探测技术一般都是以晶体——长程有序结构的衍射现象为基础，XAFS 方法是例外。XAFS 之所以能成为研究非晶（包括液体）结构的有力工具，原因在于它是以散射现象——近邻原子对中心吸收原子出射光电子的散射为基础，反映的仅仅是物质内部吸收原子周围短程有序的结构状态。晶体学的理论和结构研究方法不适用于非晶体，而 XAFS 的理论和方法却能同时适用于晶体和非晶体，其原因即在于此。并不容易理解的是，就材料的基本性质（化学的和物理的）而言，长程有序并不是必须的，处于支配地位的是材料内部粒子排布的短程有序状态。明了这一点对于运用 XAFS 确定的结构参数解决材料研究中的结构问题大有裨益。XAFS 的另一个明显优点是，由于不同种类原子吸收边的能量位置不同，因而可以方便地分别研究材料中每一类原子周围的近邻情况。XAFS 方法测量时只需要少量样品，不需分离提纯，还可以做到无损分析，或在气氛保护下分析，这对于催化剂、金属蛋白酶、生物大分子等领域的研究者无疑非常便利。

12.2.1 基本原理[111～114]

12.2.1.1 XAS 现象

当一束能量为 E 的 X 射线穿透物质时，它的强度会因为物质的吸收而有所衰减，其透射强度 I 与入射强度 I_0 的关系满足式（12-1）

$$I = I_0 e^{-\mu(E)d} \tag{12-1}$$

式中：d——物质厚度；

$\mu(E)$——吸收系数(其大小反映物质吸收 X 射线的能力，是 X 射线光子能量的函数)。

图 12-19 给出了 Cr 的吸收系数随能量的变化，即 X 射线吸收谱（X-ray absorption spectroscopy）。从图 12-19 可见，当 X 射线光子能量增加到 570 eV、580 eV、680 eV、5990 eV 左右时，吸收系数 μ 会产生跳变，这些跳变称为吸收边。吸收边产生的原因是原子内层电子激发所需要的能量与 X 射线光子能量相当，导致吸收突然增强。由 K 壳层电子被激发而形成的吸收边称为 K 吸收边，L 壳层电子被激发而形成的吸收边称为 L 吸收边。由于 L 层电子又可以分成三种能量态，所以 L 边又分为 L_I、L_{II}和 L_{III}边（$2s$ 电子跃迁形成 L_I 边，$2p$ 对应的 $2p_{1/2}$和 $2p_{3/2}$两种组态的跃迁形成 L_{III}和 L_{II}边）。各元素吸收边的能量位置参见表 12-3。

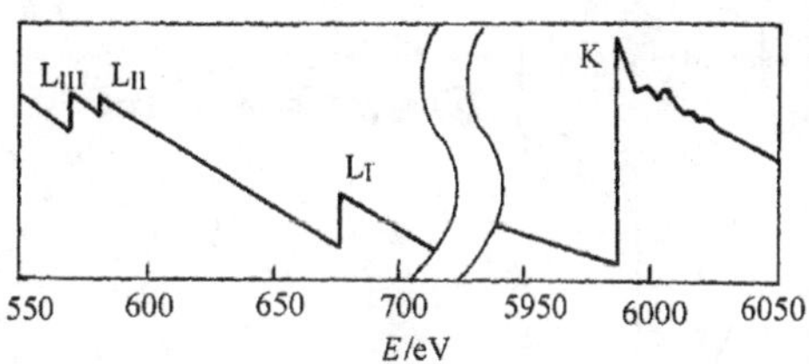

图 12-19　Cr 的 K 吸收边和 L 吸收边绝对能量位置示意图

12.2.1.2　EXAFS 现象

实验测得一个 XAFS 谱示意于图 12-20。图 12-20 中 E_T 代表中心原子吸收阈能零点，E_0 为离子化阈能零点，即通常说的 EXAFS 的 E_0，E_C 代表出射光电子在吸收原子与近邻间运动时的动能零点。谱图上已注明 XANES 和 EXAFS 两个区。我们在第 12.1.1 节已经讲过，如图 12-20 上方示意图表明，EXAFS 是由于出射电子波被近邻原子单散射造成的。这也就是说，如果没有近邻，孤立原子的 EXAFS 只会近似地呈一条直线。由于有了近邻，出射光电子波受到近邻原子阻挡发生散射，散射波又与原来的出射波相互作用——干涉，反映在吸收系数上的变化即为叠加在平滑背底上的振荡（oscillation）结构，这就是 EXAFS（extended X-ray absorption fine structure）。

实验得到的某吸收边的 EXAFS 振荡表示为

$$\chi(k) = \frac{\mu(E) - \mu_0(E)}{\mu_0(E)} \tag{12-2}$$

式中：$\mu_0(E)$——孤立原子情况下的吸收系数，即不考虑散射影响的光滑吸收背景；

$\mu(E)$——实验测得的有近邻存在时的吸收系数。

要获得 EXAFS 的振荡信号 $\chi(k)$，必须先求得 $\mu_0(E)$。因为 $\mu_0(E)$无法通过实验得到，所以采用拟合方法确定(见 12.2.7.2 节)。

在理论描述中，EXAFS 振荡被表示为光电子波矢的正弦函数。通过式(12-3)可以把光电子能量 E(eV)转化为波矢 k(Å^{-1})

$$k(\text{Å}^{-1}) = \sqrt{\frac{2m_e}{h^2}(E - E_0)} = \sqrt{0.2625(E - E_0)} \tag{12-3}$$

式中，E_0 为离子化阈能，一般选取近边区一阶导数谱的第一个极大值作为 E_0。

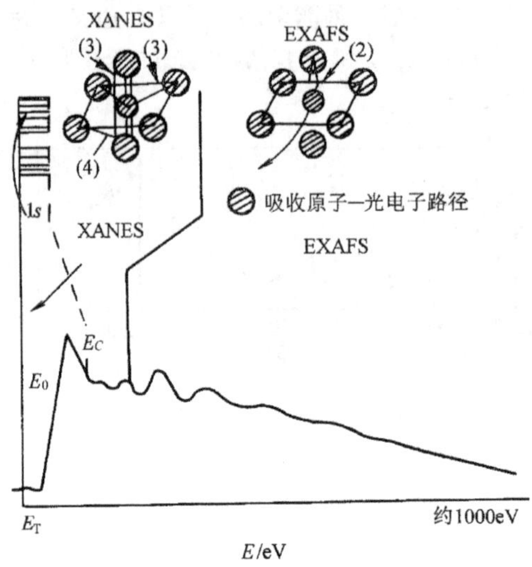

图 12-20　XAFS 实验谱图及 XANES-EXAFS 分区

12.2.1.3　波的傅里叶变换

一般认为，使 EXAFS 走向成熟的三大贡献是傅里叶变换的提出、同步辐射的应用和理论振幅等参数计算上的重大进展。

傅里叶变换是把复合波分解为不同频率正弦波之和的一种数学物理方法。所谓 EXAFS,实际上是叠加在平滑背底 μ_0 上的振荡结构。20 世纪 70 年代初，Sayers 等[111]创造性地提出 EXAFS 的这种振荡结构起因于近邻壳层对中心出射光电子的散射，是多壳层正弦波的叠加，即

$$\chi(k) = \sum \chi_i(k) \tag{12-4}$$

因为是正弦波的叠加，他们提出可经傅里叶变换将 $\chi(k)$分解得到每一壳层(第 i 壳层)独立的正弦波 $\chi_i(k)$,解出相关的结构信息（壳层半径，配位数等），从而开创了 EXAFS 测定物质结构的先河。根据这样的原理，他们提出了后来被广泛接受的表达式

$$\chi_i(k) = \frac{1}{kR_i^2}N_iF_i(k)\exp(-2R_i/\lambda)\exp(-2\sigma_i^2k^2) \times S_0^2\sin[2kR_i + \varphi_i(k)] \tag{12-5}$$

式（12-5）实际上是振幅与正弦函数的乘积。也就是说，单独壳层的 EXAFS 振荡可表达为

$$\chi_i(k) = A_{m_i}\sin[2kR_i + \varphi_i(k)] \tag{12-6}$$

这就是正弦波的理论描述。式（12-6）中 $\varphi_i(k)$ 是相位移动。A_{m_i} 是振幅项，通常被表达为振幅函数与一系列修正项的乘积，即

$$A_{m_i} = \frac{1}{kR_i^2}N_iF_i(k)\exp(-2R_i/\lambda)\exp(-2\sigma_i^2k^2)S_0^2 \tag{12-7}$$

式中：N_i——第 i 壳层近邻配位数；

R_i——壳层间距；

$F_i(k)$——散射振幅；

λ——平均自由程，所以 $\exp(-2R_i/\lambda)$ 是光电子对振幅造成的衰减；

σ^2——Debye-Waller 因子，$\exp(-2\sigma_i^2k^2)$ 是热振动造成的振幅衰减；

S_0^2——拟合技术上的衰减因子。

式(12-5)～式(12-7)中振幅函数 $F_i(k)$ 可以认为是已知项。光电子衰减项 $\exp(-2R_i/\lambda)$ 和 S_0^2 等也可以认为是已知项，只不过需要根据标准样品校正。

如何从实验得到的 $\chi(k)$[式(12-2)]中分离出单壳层的信息？Sayers 等提出的思路是对 EXAFS 振荡做傅里叶变换，可得径向结构函数

$$\rho(R) = \int k^n\chi(k)e^{2ikR}dk \tag{12-8}$$

12.2.1.4 径向分布函数（RDF）和径向结构函数（RSF）[115]

中心吸收原子的概念在 XAFS（XANES，X 射线吸收近边结构谱和 EXAFS，扩展的 X 射线吸收精细结构谱）中是重要的。它改变了人们习惯上认识物质结构的着眼点。中心吸收原子是相对于近邻原子而言的，它们都是粒子。在一个三维粒子系统内，任一粒子的近邻粒子可从体积为 $4\pi R^2dR$ 的壳层中求出。计算公式如下

$$P(R) = 4\pi NR^2 \tag{12-9}$$

式中：R——壳层半径；

N——粒子密度；

$P(R)$——径向分布函数（物理意义是，以有序体系中 fcc 结构为例，每个粒子在 $R=R_1$ 处可找到 12 个近邻粒子，即配位数 $N=12$；在 $R=R_2$ 处可找到 6 个近邻粒子，$N=6$；$R=R_3$ 时，$N=24$；$R=R_4$ 时，$N=12$ 等。理论上讲，当 $R=R_7$ 时，有 $N=48$；当 $R=R_{13}$ 时，有 $N=72$）。

由于粒子的热运动，我们在径向分布函数图上 R_i 处观察到的应是中心居于 R_i 的高斯峰，其峰面积为配位数 N。在 EXAFS 中，受到出射光电子平均自由程的限制，随 R 由 R_1 开始不断增大，散射可以探知的近邻壳层依次极度减弱，分布函数上对应于 R_i 处的峰强度被依次极度衰减。此时实际得到的只是径向结构函数(RSF) $\rho(R)$，其物理意义与 $P(R)$ 相似。要注意的是，由于有散射相位移动[简称相移，式(12-5)中 $\varphi_i(k)$]，我们在径向结构函数 $\rho(R)$ 上观察到的 R 值比真实值略小。

对径向结构函数图上 R_i 处观察到的中心居于 R_i 的高斯峰做傅里叶反变换(一般称为傅里叶滤波)，我们就得到了单壳层的 $\chi_i(k)$，代入式(12-5)即可求解配位数 N，壳层间距 R 和 Debye-Waller 因子 σ^2。

图 12-21 给出的例子可直观地说明上述原理。实验得到的 EXAFS 谱示于图 12-21(a)，经过前期处理使其满足式(12-2)和式(12-3)的条件，得到图 12-21(b)。式(12-2)和式(12-3)的条件是：①确定能量的相对零点 E_0，将 EXAFS 转换到 Δk 为区间的波矢 k 空间；②扣除背底，包括扣除实验背底和平滑背底 μ_0；插值后的图12-21(b)依据式(12-8)做傅里叶变换得到 r 空间的径向结构函数 $\rho(R)$，即图 12-21(c)；从图 12-21(c)清楚地看到近邻壳层并了解其大致的径向间距。选定 ΔR，经傅里叶反变换得第一壳层的 EXAFS 振荡 $\chi_i(k)$，示于图 12-21(d)，该图上的虚线是对滤波后得到的单壳层 EXAFS 振荡的拟合谱，该拟合谱依照式(12-5)得到，在 R 空间的拟合谱(虚线)可参照图 12-21(e)。

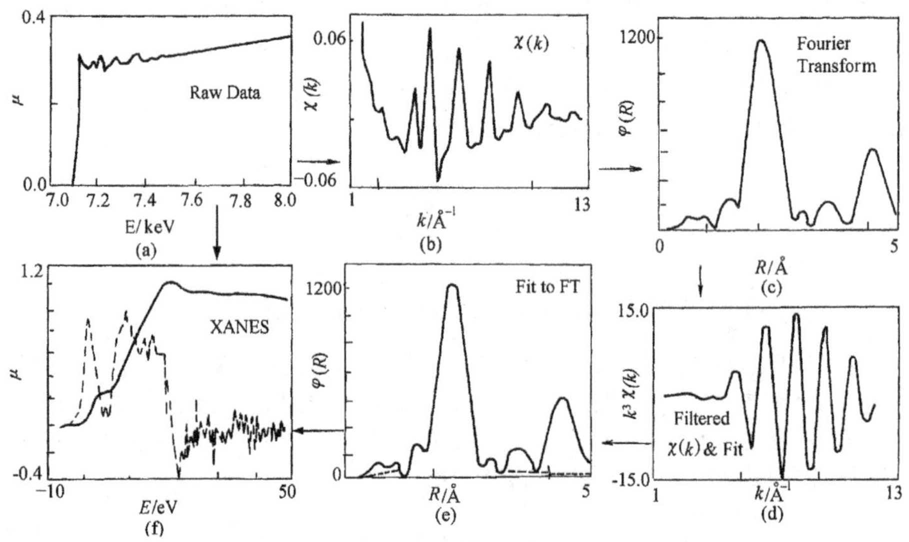

图 12-21　XAFS 数据处理过程

12.2.2　XAFS 数据采集

目前，几乎所有 XAFS 实验都是利用同步辐射获得 X 射线。高速电子流在磁场迫使下在环状真空管道储存环（storage ring）内流动，管道平面上沿高速电子流环线的切线方向发生韧致辐射，这就是同步辐射 X 光源的原理。为获得强度稳定、单色性好的 X

射线，XAFS 实验，和所有以同步辐射为 X 光源的实验技术（如形貌、小角散射等）一样，要求储存环内电子流的束流密度相对稳定且在环内做匀速流动。但是电子束流的能量损耗不可避免，这就意味着在保证匀速运转的前提下，束流密度是在不断下降的，X 射线的光强度随时间不断减弱。为了恢复束流，每个同步辐射实验室都要在束流下降到一定程度时暂时中止使用，重新“注入”电子。

X 射线强度由探测器-计数器测定。一束 X 射线进入探测器，计数器上就显示出每秒钟测得的 X 射线光子数。样品前后的两个探测器-计数器同时测出样品“吸收”X 射线光子数的多少，其中样品前的为 I_0，样品后的为 I，吸收系数即为$\ln(I_0/I)$，成为 XAFS 谱的纵坐标。XAFS 谱的横坐标是 X 射线光子的能量，上面提到的某一点实际上是能量点。由储存环直接引出的 X 射线包含有各种能量的光子，为得到单一能量的光子，储存环引出的 X 射线在到达样品前要先经单色器分光。单色器多用晶体 Si 的（311）或（111）等晶面，依据布拉格公式，通过连续变换衍射角，即可得到能量连续的单色光。

根据这样的原理，测定样品时要做好以下几个步骤。

1）确定 X 射线光斑的大小和位置，同时将样品制成薄片，空气敏感或液体样品封装在高聚物薄膜内。

2）先通过快速扫描，找到样品中指定元素的“吸收边”，即吸收系数有突然变化的能量位置。各元素吸收边的能量位置参见本章表 12-3。

3）以边为能量零点 E_0，在控制光路参数的计算机上设定 ΔE。如对 $3d$ 金属 K 边，设为自边前 20 eV 至边后 50 eV 范围，$\Delta E = 0.5$ eV，自 50 ~ 850 eV 范围，$\Delta E = 4$ eV，由此可知完成该样品 XAFS 谱采集，需测定约 340 个数据点。

4）在计算机上设定每一点的采集时间，如 1 s，2 s，4 s 以减少测定中的涨落。若设为 4s，则可知完成上述样品测定需 22 min40 s。所以高通量的同步辐射实验装置数据采集时间可大大缩短。

5）调整样品厚度，使吸收边的跃升（即边前边后吸收系数 μ 的变化量）约为 1.0 左右。检查样品，并将两个探测器紧贴样品放置并固定好。

6）更精细的实验需要在每次测定样品前重新核实边的能量位置，以防止无法预见的漂移。

12.2.3 EXAFS 数据拟合

12.2.3.1 多参数拟合的问题——独立点数 N_{idp}

依照式 12-5，每一个独立壳层至少要求解 3 个未知数，即 N、R 和σ^2。实际上由于各壳层相位不同，通常还要求出另一个未知数 ΔE，即相对 E_0 的能量移动。

每个壳层 4 个未知量意味着两壳层拟合即有 8 个未知量，三壳层拟合有 12 个未知量，……。未知量的个数被称为独立点数 N_{idp}[116]。

国际上统一规定为

$$N_{idp} \leqslant 2\Delta k \Delta R/\pi \tag{12-10}$$

举例说明为，若 $\Delta k=9Å^{-1}$（如 3.5～12.5$Å^{-1}$），$\Delta R=1.0Å$（如 1.15～2.15Å），求得 $N_{idp}=5.7$，即在这个范围内的 χ（k）只能以一个壳层 4 个未知数拟合，牵强地以两壳层拟合（8 个独立点数）是不可靠的。

12.2.3.2 多参数拟合的问题——参数相关性

多参数拟合中，有些参数间有很强的相关性[117]，使得到拟合值可靠性下降。相关性越强，可靠性越低。EXAFS 拟合中，同壳层 R 和 ΔE，N 和 σ^2 一般相关性较强。不同壳层参数间理应相关性较弱，若发现相关性强，应该认为有可疑之处。规定 N_{idp}的目的，也是解决相关性问题的一部分。

一个相关性分析的例子列在表 12-4。由表 12-4 可知，各壳层的配位数（CN）都与 Debye-Waller 因子（DW）相关较强，约在 ±0.7，而同壳层 CN 与壳层间距 R 相关性很小，在 ±0.1 以内。一般地说，两参数间相关性越强，意味着互相影响的程度越高，数据可靠性越差，当然精度也低。如表 12-4 中，R_3 和 R_4 相关性（0.273）已接近到值得注意的程度，如果达到 0.4 左右则拟合数据就不可用，需要重新检验。

表 12-4 $Fe_3(CO)_{12}$以 k^3 为权重得到的各壳层参数的相关性分析

项目	CN_1	R_1	DW_1	CN_2	R_2	DW_2	CN_3	R_3	DW_3	CN_4	R_4	DW_4
R_1	-0.062											
DW_1	-0.761	0.033										
CN_2	-0.354	-0.288	-0.071									
R_2	0.450	0.122	-0.097	-0.071								
DW_2	-0.100	0.049	0.365	-0.744	0.041							
CN_3	-0.032	-0.015	-0.011	0.127	0.099	0.008						
R_3	0.031	0.008	-0.010	-0.127	-0.016	0.069	-0.077					
DW_3	-0.020	0.009	0.007	0.010	-0.080	-0.078	-0.909	0.069				
CN_4	0.027	-0.016	0.010	0.021	0.064	-0.027	0.216	-0.284	-0.309			
R_4	0.023	0.051	-0.011	-0.033	0.036	0.024	0.216	0.273	-0.034	-0.049		
DW_4	0.011	-0.026	-0.047	-0.020	-0.067	0.024	-0.186	0.045	0.194	-0.746	0.024	
E_0	0.095	0.042	-0.009	-0.121	0.007	0.020	0.426	0.207	-0.180	-0.064	0.761	0.049

12.2.3.3 R 因子

拟合曲线 $\chi_T(k)$与实验曲线 $\chi_E(k)$的贴近程度以 R 因子衡量。计算公式如下

$$R=\left[\frac{\sum(\chi_T-\chi_E)^2}{\sum(\chi_E)^2}\right]^{\frac{1}{2}} \tag{12-11}$$

R 因子越小，贴近程度越高。一般地说，R 因子应为 0.1 上下。

我们认为，在没有明了有关拟合问题之前，不应该匆匆进入真正的拟合阶段，以免造成虚幻的化学联想。

12.2.3.4 振幅函数 F_i（k）和 FEFF 程序

我们在了解式(12-6)和式(12-7)后，现在可以把它们合并写成式(12-5)，即

$$\chi_i(k) = \frac{1}{kR_i^2}N_iF_i(k)\exp(-2R_i/\lambda)\exp(-2\sigma_i^2k^2) \times S_0^2\sin[2kR_i + \varphi_i(k)]$$

式（12-5）中振幅函数 F_i（k）可以认为是已知项。1978 年，Teo 和 Lee[112]就已经完成了几乎覆盖整个周期表的中心和近邻原子理论相移、理论振幅的计算。他们发现，轻元素近邻，其振幅函数包络线的极大值位于低 k 空间 $k < 5$ Å^{-1}；以 $3d$ 金属为代表的中等质量元素近邻，其包络线极大值位于中 k 空间，5 Å$^{-1} < k < 13$ Å^{-1}；重元素，其振幅函数包络线极大值出现在高 k 空间，$k > 13$ Å^{-1}。这一发现的意义在于，通过振幅分析，EXAFS 拟合可区别出不同近邻的大致种类，作为例子，Mn 近邻和 W 近邻的实验振幅示于图 12-22[118]。由图 12-22 可知，Mn 近邻背散射振幅的包络线极大值出现在 $k \approx 7$ Å^{-1}处，而近邻 W 的包络线极大出现在 $k \approx 10$ Å^{-1}处，区别非常明显，因而可以有把握地区分这两种近邻，或者说提供了不同种类近邻原子分布的直接证据。这是 EXAFS 一个很有用的特色。

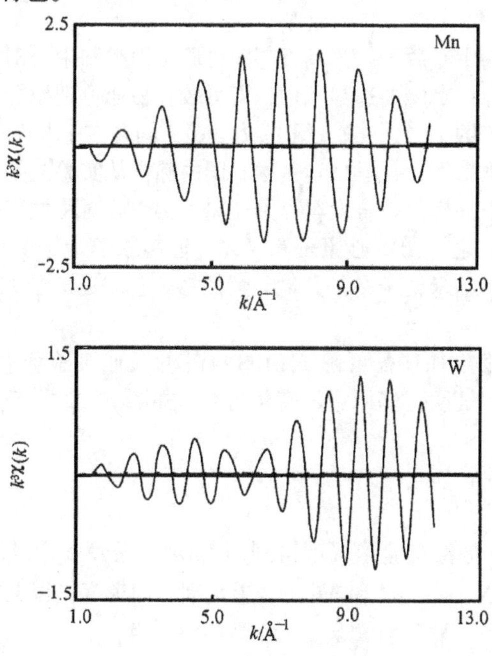

图 12-22 由实验得到的近邻原子振幅

经过十余年的改进，早期采用平面波计算的理论振幅等参数，目前已废止不用。目前国际上推荐的理论振幅，理论相移的计算程序是由 Rehr 等[119,120]以球面波完成的被称为 FEFF 的软件包。给定中心原子和近邻原子的原子序数，配位数，壳层间距后，FEFF 即可算出相应的理论参数备用。实验抽提振幅的方法此处从略。

12.2.3.5 拟合

在人机对话中，将 FEFF 算出的理论参数文件依次输入，再输入估计的结构参数 N、R、σ^2 和 ΔE，拟合即可由计算机执行。

(1) 标样的拟合

拟合总是先从标样开始。所谓标样是指其结构参数已经单晶衍射完全确定的样品。标样与待测样品结构上的近似程度越高，待测样品的 EXAFS 拟合结果就越可靠。

标样的意义还在于：①根据标样的结果，E_0、E_{max}、k_{min}、k_{max}、R_{min}、R_{max}等即认为已确定下来；②由标样拟合结果与单晶结构数据对比，确定衰减因子 S_0^2，S_0^2 一般可取 0.7～1.1。具体数值要依据拟合配位数与理论配位数间的差别确定。

在严格遵循 12.2.3.1 和 12.2.3.2 节限定的条件下，标样拟合一般可达到 R 因子小于 0.1。与晶体数据相比，第一壳层的壳层间距 R 约有 ±0.01 Å 的涨落，配位数经 S_0^2 调整后应与晶体数据相同，精度误差小于 ±20%。远一些的后续壳层精度依次减弱，如第三壳层 R 一般误差为 ±0.03 Å，配位数误差大于 ±50%。

如果出现数据完全不合理或 R 因子始终徘徊在 0.15 以上即应考虑从 μ_0 选取开始重新进行拟合。

(2) 未知样的拟合

对于与标样相同的中心原子，当其近邻配位原子种类和中心对称性（site-symmetry）与标样相似时，依据标样确定的边界条件，即可较容易地得到拟合参数。在 k 空间和 R 空间得到的拟合谱示于图 12-21（d）、图 12-21（e）。问题在于与未知样（特别是从材料学角度讲亟有意义的未知样）化学环境基本相同的标样从实验上是很难找到的。

下列情况都可使未知样的拟合变得扑朔迷离：①中心对称性变化，例如由四面体中心变为八面体中心或反之；②中心原子和（或）近邻原子价态变化；③聚集状态的变化，如从大颗粒变化为纳米粒子；④其他元素的掺杂；⑤三原子共线排布（collinear array）。

确证上述情况的发生往往需要除 EXAFS 以外的其他实验证据。就 EXAFS 本身而言，振幅分析通常可以证明近邻原子的变化与否，如图 12-22 所表明的，但这需要更加精细的数据分析。

12.2.3.6 数据精度分析

数据精度分析[117]是将实验谱（如得到的 EXAFS 振荡 χ_E）与拟合谱（χ_T）比较，确定得到的结构参数 N、R、σ^2 和 ΔE 的误差范围，即精度。误差范围是通过如下方法得到的：保持其余参数不变，改变某一个参数的值，当

$$Q = \sum (\chi_E - \chi_T)^2 \tag{12-12}$$

增加 1 倍时，该变化范围即为该参数的误差范围。数据分析中将拟合后的数值输入指定程序，计算机就能够自动给出精度评估。

一般来说，第一壳层 R 有 ± 0.01 ~ ± 0.03 Å 的误差，而配位数 N 有 ± 10% ~ ± 20%的误差，取决于实验数据质量，最近邻峰的对称程度（有序程度）和分析方法。系统误差包括背景消除和傅里叶变换中截断效应所带来的误差，在总误差中的贡献较小，对 R 的贡献约为 1%，对 σ^2 的贡献约为 10%。

12.2.4 EXAFS 在催化研究中的应用

催化剂的 EXAFS 分析，最重要的是做好傅里叶变换谱上近邻的第二、第三个峰的分析。第一峰是最近邻的贡献，与标样对比，直接揭示中心原子在体系中的短程有序状态及变化。一般地讲，如果中心原子的点对称性、氧化态和配位环境没有变化，催化剂样品的最近邻原子间距不会有太大变化，即变化量在 ± 0.03 Å 以内。配位数有可能变化较大，但催化剂样品（因为它是高分散的，掺杂的，配位不饱和的，结构有畸变的，等等）配位数的数据精度一般较差，仅有 20% ~ 25%，配位数相差 1 ~ 2 并不能说明什么，除非有 XAFS 以外的其他证据。

第二峰是次近邻，第三峰是次次近邻的贡献，与标样对比，他们直接揭示中心原子的聚集状态——长程有序的变化。由于标样一般是晶体，而实测样品中通常会发现第二峰、第三峰明显减弱，有时第二峰、第三峰峰尖的位置也会有很大移动甚至达 0.5 ~ 1 Å，这都是鲜明的非晶化和无定形相生成的信号。冒然地指认这些次近邻和次次近邻是不可取的。推荐的方法是将待确定的峰经傅里叶反变换重新回到 k 空间做振幅分析。所谓振幅分析，就是将未知的背散射振幅与已知的（如从标样取得的）背散射振幅作对比，以确定次近邻、次次近邻原子的种类。图 12-22 给了一个成功的例子。

EXAFS 的一个优点就是可以同时观察催化剂中每一个金属中心在催化剂整体中的分散情况。Sinfelt[121]在早期的双金属催化剂研究中曾大量采用这种方法。一个关于 Fe-ZrO_2/Al_2O_3的例子示于图 12-23。图 12-23 中，EXAFS 振荡经过傅里叶变换得到的径向结构函数可以使我们容易地“看到”环绕每个金属中心（此处是 Fe 或 Zr），其近邻在 5 Å 左右分布的情况。这种情况虽然只是粗略的，即便经过拟合仍有些不确定，但却是迄今尚不能以其他技术得到的直接图像。

传统的催化剂结构研究中很多定性的分析是靠 XRD。这种依赖于晶格的长程有序的衍射技术看不到非晶，甚至看不到 50 Å 以下的微晶。所以，仅仅依靠我们看到的部分就对整体下结论显然不全面。例如在 Cu-ZnO 和 Cu-ZnO/Al_2O_3 催化剂中，还原后 Cu-Cu近邻配位数只有 6 ~ 7 个（金属中为 12），而这种极小的 Cu 颗粒或无定形的 Cu 显然 XRD 不能检测[122]。

一个更典型的例子见于 ZrO_2/Al_2O_3，在质量分数为 14% 的 ZrO_2/Al_2O_3 的 XRD 谱上可以看到四方 ZrO_2 的微弱信号，但在傅里叶变换谱上，质量分数为 12% 的 ZrO_2/Al_2O_3 根本没有 Zr-Zr 近邻，显示出完全的长程无序[123]。拟合表明每个 Zr 中心出现在单斜相似的 ZrO_7 单元中（而非四方相似的 ZrO_8 单元），所以依照四方结构考虑催化剂改性，没有达到预期的效果。

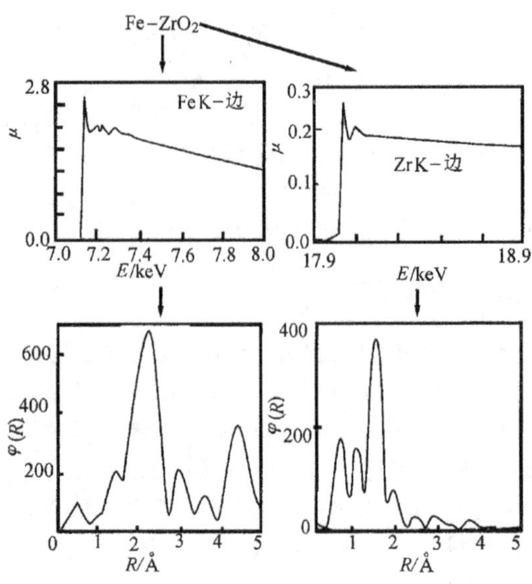

图 12-23 Fe-ZrO_2/Al_2O_3 中 Fe 和 Zr 中心的径向结构图

绝大部分块状金属和氧化物只表现出很差的催化性能。负载的过程使金属和（或）氧化物被分散——脱离了晶格的束缚，负载催化剂的良好催化性能是这一分散过程的直接结果。尽管不少情况下在表面还可以看到晶体残留的证据，但分散后主导表面结构的是非晶相，毋庸置疑。更何况在反应条件下，特别是在 500～800℃的温度下，负载组分在表面的热运动十分剧烈，甚至是在熔融状态，金属中心的短程有序是惟一能够保留的结构特征。因此，动态的和非晶的（无定形）——非晶的表面和界面的观点是理解和认识负载催化剂结构的基础。

近 30 年，关于晶体表面的研究表明，即使是晶体，其表面也不是长程有序晶格的机械延续，弛豫和重构是表面无序化的有力证明。小分子在理想表面的吸附-活化研究表明，金属表面的边、角、棱台、氧化物表面的配位不饱和位（阴/阳离子空穴）往往显示出突出活性。

负载催化剂结构表述中动态的和无定形的观点，现在已经开始为研究者理解和接受，近期一些较高水平的研究结果大部分都采用 XAFS 技术结合其他表征手段完成，见表 12-5。

经计算机模拟得到的一个完美的三维非晶体系[115]示于图 12-24。图中每一个中心原子与最近邻的关系都是限定的、有序的，这就是短程有序。但是随着非晶体系的增大，次近邻和次次近邻，即 12.2.1.4 节所限定的 R_i 处找到近邻的配位数 N 却没有如 fcc 结构的简单关系。这些较远的壳层在非晶体系中变幻不定，越远不确定性越高，即 R_i 越长，精确度越低。

在非晶物理学中，我们正是以 12.2.1.4 节介绍的径向结构（分布）函数描述这些非晶体系。一旦得到 R_1，R_2，R_3，…，R_i 及 N_1，N_2，N_3，…，N_i，我们能据此“确定”的结构模型却不是惟一的，尽管“统计地看”这些模型“一模一样”。这就表明非晶体系结构理论的基础和晶体本质上不同。对于习惯于以晶体看待结构的人来说，以 R_i、N_i 代表的结构数据被认为是“粗略的”。这种“粗略”是非晶体系本质决定的，并不仅仅是 EXAFS 的“技术上的局限性”。

表 12-5 关于负载催化剂无定形特征的实例

催化剂	表征方法	参考文献	备注
Co-Mn/SiO_2	EXAFS，XPS	Klabunde[124]	SMAD 方法制备
MoO_3/ZrO_2，MoO_3/TiO_2	in situ Raman，XANES	Wachs[125]	甲醇氧化
ZrO_2/SiO_2	IR，TPD，XRD	Morrow[126]	甲烷-烯烃偶联
ZrO_2/Al_2O_3	IR，EXAFS，XRD	Kou[123]	合成气制乙烯
Ru/Al_2O_3	XRD，TEM，EXAFS，H_2 Adsorption	Bond[127]	—
Co/SiO_2	IR，EXAFS，XRD	Lynch[128]	F-T 合成
Cu/ZnO，Cu-ZnO/Al_2O_3	XRD，TEM，EXAFS，Cu-ZnO/Al_2O_3	Deng[122]	合成甲醇
Mn-W/SiO_2	XRD，XPS，EXAFS	Kou[118]	甲烷氧化偶联

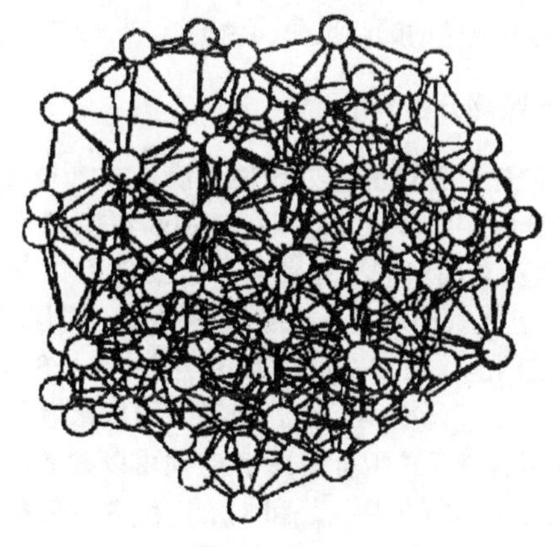

图 12-24 计算机模拟得到的三维非晶体系

12.2.5 局限性

综上所述，EXAFS 数据分析是一项看似简单，实际上有相当不确定性的计算工作。由于 EXAFS 数据采集变得越来越容易，客观上为不可靠的分析结果创造了条件。从事 EXAFS分析的研究者都应对此保持高度警惕。在参阅有关 EXAFS 文献时，建议选择国际权威期刊（相当于 *J. Phys. Chem.* 和 *J. Catal.*）20 世纪 90 年代以来的最新文献（球面波计算方法走向实用以后）。进而，EXAFS 以外的其他确凿证据（如 IR、Raman、XANES、XPS 和 Mössbauer 等）往往是必须的，特别对结构上的新发现更是如此。

作为一项有广泛用途的结构探测技术，EXAFS 有个缺点，即它只能提供平均的结构信息。从催化剂研究的角度说，EXAFS 不能区分表面和体相的结构异同。当然这样说也是相对的，因为分散度比较高的体系应该只有少量体相组分。从化学角度说，是指EXAFS不能提供关于键的方向性的任何信息。例如，配位数为4时，EXAFS并不能确定是平面四边形、四面体或三棱锥。但这一缺点可依靠XANES（见本章第12.1节）部分地解决。

EXAFS只提供平均的结构信息，还有一层含义，即在N_{idp}限定内得到的参数是各种结构可能性共存的多种参数的算术平均。例如，一个1.90Å的键与5个2.00Å的键混合为一壳层时，只得到配位数为6和平均键长为1.98Å，根本“看”不到1.90Å这个有“意义”的结果。

12.2.6 EXAFS的未来发展

EXAFS技术目前已相当成熟。像所有的物理探测技术一样，不尽如人意之处也在所难免。我们对EXAFS的未来发展有一些希望。

1) 要尽快找到以实验精确修订热无序的办法，从而实现较高温度乃至反应条件下的in situ EXAFS。有人曾提出以拉曼谱的斯托克斯线展宽修订Debye-Waller因子，但目前仍不成熟。

2) 目前XAFS测定仍是靠单色器依据能量色散原理实现的。参照红外光谱技术的发展历程，预计未来可实现全谱的瞬间采集，由此实现XAFS的动态检测或时间分辨。

12.2.7 附录——EXAFS数据分析演示

实验得到的EXAFS谱先要经过前期处理使其满足式（12-2）和式（12-3）的条件。这些条件是：①确定能量的相对零点E_0，将EXAFS转换到Δk为区间的波矢k空间；②扣除背底，包括扣除实验背底和平滑背底μ_0；③插值后做傅里叶变换得到r空间的径向结构函数$\rho(R)$；④选定ΔR，经傅里叶反变换得到每一壳层的EXAFS振荡$\chi_i(k)$。以上步骤简示于图12-21。图12-21中，(a)为实验得到的XAFS原始数据，(b)为归一化的EXAFS振荡，(c)为经傅里叶变换后得到的径向结构函数，(d)为经滤波后得到的单壳层EXAFS振荡及其拟合谱，该拟合谱在R空间可以参照图12-21（e）。

以上步骤中，E_0、E_{max}、k（包括k_{min}和k_{max}）和R（包括R_{min}和R_{max}）的选取都是在人机对话中由操作者给定。由于EXAFS数据分析包括大量的图形截取、对比和变换，因而新的EXAFS微机处理程序都利用Windows的图形界面搭建。另外，可能更重要的一点是，由于EXAFS数据处理以标样为参照，保证上述各参数精确地与标样完全一致非常必要。

下面以XPKU程序[129]为例，简要讨论几个重要的细节问题供读者参考。

12.2.7.1 E_0和E_{max}

E_0一般有两种取法，一是取在吸收边导数极大处，理论上对应于中心原子的离子化阈能；二是省事的办法，简单地取在吸收边后的吸收极大处。由于E_0只是相对的，两种取法差别不大。E_{max}的取法往往受到采集数据的质量限制。当采集的原始数据信噪比足够好时，E_{max}应尽量取大一些，如令$k \geqslant 15$ Å^{-1}，但至少也要保证$k \geqslant 12$ Å^{-1}。E_{max}取大一些，这在以后的重复处理和拟合中也比较方便。

12.2.7.2　扣除背底——指定节点

由图 12-25 可见，随 X 射线能量增强，透过率持续增大。加之受到其他组分吸收的实验背底的影响，原始数据并不平行于能量增长的方向。一般的作法是看准数据在50～800eV 区间的走向，在吸收边前平滑处取趋势大致相同的若干点拟合（如用 Victoreen 方程）一条平滑线将持续增强的背底扣除。

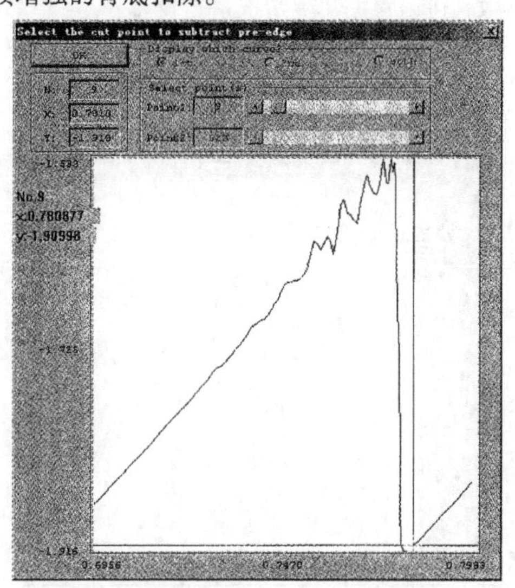

图 12-25　看准边后的数据走向，在边前选择相同趋势的若干点扣除边前吸收

式（12-2）已经表明，EXAFS 振荡 $\chi(k)$ 是以没有任何振荡的平滑曲线 μ_0 为基准，μ_0 的物理意义是没有任何近邻的孤立原子吸收。问题在于 μ_0 不可测得，只能通过拟合得到。样条函数拟合是一种较好方法，被广泛采用。参照实验得到的 μ 曲线用样条函数（Spline）拟合一条平滑的 μ_0 因而被称为 Spline，是很有技巧性的工作，对后续步骤有很大影响。Spline 的通常步骤是在实验谱 μ 上指定几个节点（knot），然后以样条函数拟合 μ_0，这几个节点对样条函数而言是分段拟合。节点的选取和实验数据的不均衡分布往往造成拟合得到的 μ_0 包含有低频的起伏，在下一步骤傅里叶变换中会被误认为是叠加的低频正弦波，从而导致径向结构函数上出现“鬼峰”。较弱的鬼峰如图 12-21（c）中居于 0～1 Å 之间的弱峰是比较理想的，而当其强度与近邻峰的贡献可比时，则有可能严重干扰分析结果，所以这一步一定要反复对比后才能做好。一个较好 μ_0 的例子示于图 12-26。

一旦得到满意的 μ_0 就可依据式（12-3）求出 $\chi(k)$，这一步被称为归一化。光滑背底 μ_0 可作为归一化因子，也可以取吸收边的台阶高为常数作为归一化因子，理解两者间的微弱区别需要有一定的数据处理经验。

Cook 等提出一个如下经验公式用来检查背景扣除是否合适。

$$H_R - H_N \geqslant 0.05H_M \tag{12-13}$$

式中：H_R——傅里叶变换谱中 0.25 Å 以前数据的平均强度（代表残留背景）；

H_N——傅里叶变换谱中 9～10 Å 数据的平均强度（代表噪声）；

H_M——傅里叶变换谱中 1～5 Å 数据的平均强度（代表最大值处的平均强度）；

0.05——经验参数，可以根据实际情况进行调整。

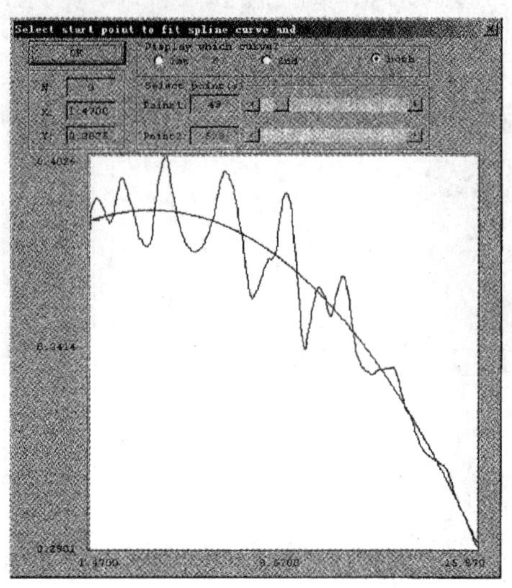

图 12-26 三次样条函数拟合得到的 Spline 曲线

12.2.7.3 关于权重 k^n

可以发现式（12-8）中 χ（k）前有一添加项 k^n，这就是权重。对如图 12-20 所示的 EXAFS 振荡而言，随 E 增大（也就是 k 增大），振荡变得越来越慢，强度起伏越来越小。对类似的情况都应该考虑增加高 k 部分起伏，即将波矢 k 平方（k^2）或立方（k^3）。研究发现，EXAFS 振荡随 k 增大趋缓趋弱的变化与近邻原子种类相关（见 12.2.3.4 节）。经验表明，当近邻原子较重时（$Z > 57$）可以不加权重，即 $k^n = k^1$；当近邻原子较轻时（$36 < Z < 57$），应取 $n = 2$，即 $k^n = k^2$；对 $Z < 36$ 以下的轻元素近邻则取 k^3。但随着 EXAFS 实验谱的信噪比越来越好，上述选择权重的观点近年来有了变化。既然较轻的元素的 EXAFS 振荡主要出现在低 k 空间，增加权重（即 $n = 3$ 时）实际上是增大了高 k 空间的噪声，反而会减弱对低 k 振荡的识别。因而，研究者建议当 $Z < 36$ 时，应取 k^n 的 $n = 1$；$Z > 36$ 时，取 $n = 2$。

12.2.7.4 傅里叶变换——Δk 选取

经过上述准备，依式（12-8）做傅里叶变换，从而“看到”中心原子近邻的大致情况，实例见图 12-27。由图 12-27 可见，该样品的中心原子在 2.12 Å（未经相移矫正，下同）处有一背散射（back-scattering）贡献很强的近邻壳层，而在 3.9 Å 和 4.6 Å 处还有另外两个近邻壳层，其中 3.9 Å 处的壳层强度较弱，预示配位数较低。

由于以下原因，通常的数据处理中实际很难一次就得到如图 12-21（c）或图 12-27 所示的径向结构函数谱。

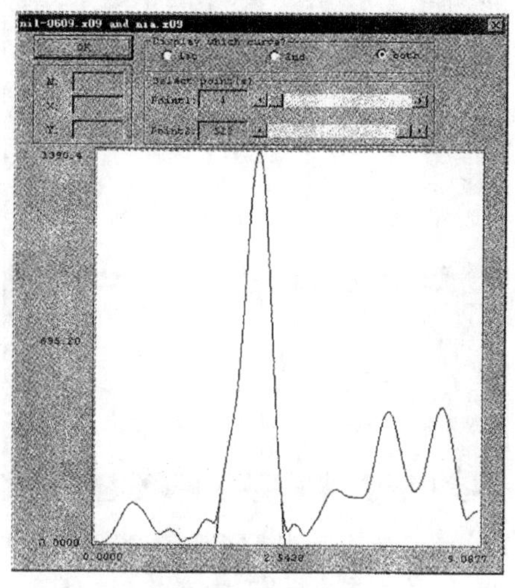

图 12-27　在径向分布函数上通过窗口函数分离出的壳层（深色线）

1）傅里叶变换要选取 Δk，可选 $k_{min} = 1.5\,Å^{-1}$，$k_{max} = 15.6\,Å^{-1}$，也可选 $k_{min} = 3.5\,Å^{-1}$，$k_{max} = 11.5\,Å^{-1}$等。选取的 Δk 范围在数据处理中被称为窗口，其称谓源于要用窗口函数减小截断效应对傅里叶变换的影响。虽然有了窗口函数，但截断效应往往不能完全消除，使得到的傅里叶变换曲线的基线产生漂移（即不与横坐标重合），一个不合乎规范的例子示于图 12-28。由于调整 k 空间受到诸样品间保持相同的 k 区间的先决条件限制，改动一个样品的 Δk 往往意味着不得不重新考虑所有样品的数据处理。

2）μ_0 显著地改变着傅里叶变换谱。μ_0 的微小低频起伏往往在 $r < 1.5\,Å$ 空间内造成很强的“鬼峰”，从而使第一近邻峰变得含混不清。μ_0 的干扰还体现在产生一些莫名其妙的肩峰、伴峰。消除鬼峰、肩峰使那些在反复处理中都可靠存在的壳层变得清晰明了是一件困难的工作，要耐心对待。特别是，同步辐射光源本身也有低频的起伏叠加在 EXAFS 信号上，完全地消除“鬼峰”有时反而使结果更不可信，这里就有一个程度上的判断和把握而这一切都意味着从 μ_0 选取到傅里叶变换要反复地斟酌，耗费大量机时。

3）k 空间如果取得很小，如居于 $3.5 \sim 11.5\,Å^{-1}$之间，傅里叶变换谱上各壳层的分辨就会很模糊，因而使一些“边瓣”看起来也像是有近邻贡献。对傅里叶变换谱上较弱肩峰的误判往往造成“伪科学”的后果，一定要提高警惕。

4）傅里叶变换谱上峰的宽化和非高斯对称，首先应考虑数据处理不妥，而不能轻易地主观认为有其他“化学因素”。虽然傅里叶变换谱——径向结构函数反映的是点粒子近邻的短程有序状况，但切记：晶体和非晶就径向结构函数上的最近邻峰而言，峰宽可认为没有区别[5]。

Δk 的区间范围直接限制了拟合中的独立参数的个数，这一点在 12.2.3.1 节已经讨论过。

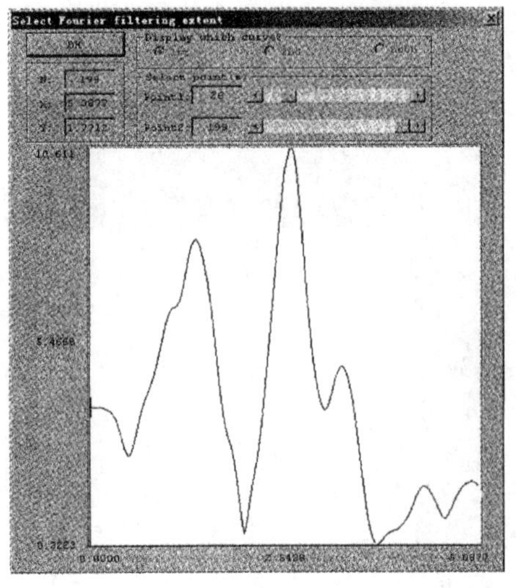

图 12-28 Spline 曲线不合适或截断效应的影响而产生的基线漂移

12.2.7.5 傅里叶反变换——ΔR 选取

在得到如图 12-21(c)或图 12-27 所示的径向结构函数谱后,可将每一个峰单独地反变换到 k 空间,从而得到单壳层的 EXAFS 振荡。此时仍要用到窗口函数以减小截断效应。一般对于一个良好分辨的单峰,窗口的两个点 R_{min}和 R_{max}应取在最接近横坐标轴的位置上,而且建议将峰的边瓣包括在内。R 的选取是否包括边瓣,原则上对得到的单壳层 EXAFS[图 12-21(d)]整体上没有较大影响,但往往对拟合[图 12-21(d)虚线]曲线是否更贴近实验曲线,即 R 因子的下降程度有潜在影响。

ΔR 的区间也限制拟合中独立参数的个数，见第 12.2.3 节。

12.2.7.6 曲线拟合

EXAFS 信号 $\chi(k)$经过两次傅里叶变换，得到各单壳层的 EXAFS 信号后，确定结构参数的方法有经验拟合（抽提实验振幅）和理论拟合法。理论拟合法的基本思想是用一给定的含有某几个待定参数的函数表达式去逼近某一实际曲线，通过拟合过程确定出这些参数，使函数表达式与实际曲线的误差最小，在数学上意味着最小二乘。

理论拟合时使用的理论参数由 FEFF 软件包完成。图 12-29 和图 12-30 分别给出了 XPKU 程序拟合的操作界面和拟合结果。

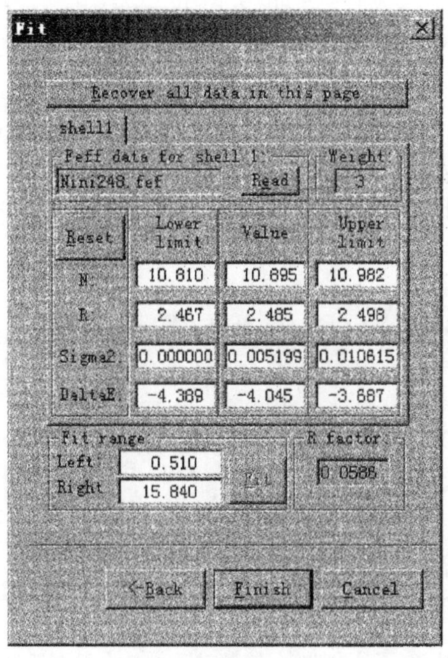

图 12-29　XPKU 程序最后一步——拟合的操作界面及数据处理结果（从中可以读出 N、R、σ^2 和 ΔE）

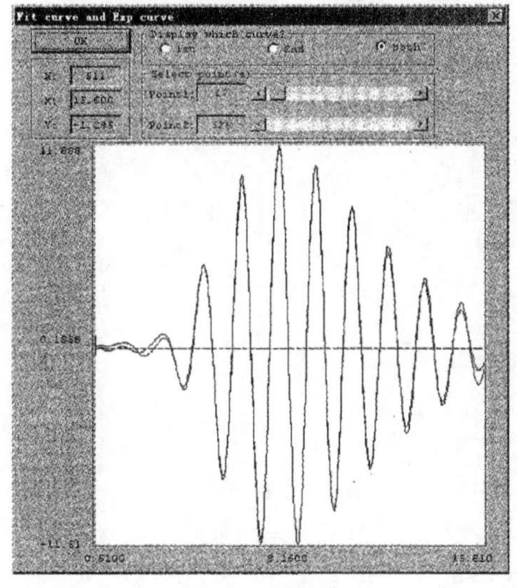

图 12-30　曲线拟合（深色线为拟合结果，浅色线为实验结果，拟合因子 $R=0.06$）

12.3 结　语

EXAFS方法是探查催化剂几何结构的最有效手段。本文尽量地选用了近十年特别是近五年的研究成果作为例证，并在相关部分稍有评述，目的是希望不要被前人的结果所束缚，期望有更大的突破。本文特别强调了催化剂结构的短程有序或无定形特征，添加了氧化物表面化学的相关内容，力图使固体催化剂和络合催化剂在认识论上能够统一。

符号说明

A_{m_i}	i 壳层最大振幅
C_{4v}	点群记号，含一个4次旋转轴和4个通过主轴的镜面
D_{4h}	点群记号，含有一个4次旋转轴和4个与主轴相垂直的2次旋转轴和垂直于主轴的镜面
d	厚度
E	能量，eV
E_0	XAFS数据处理中的能量吸收零点
E_C	电子产生连续激发的起点
E_T	吸收阈能
e，t_2	d 轨道在立方体、四面体或八面体场中分裂为两组轨道，与 d_{z^2} 和 $d_{x^2-y^2}$ 对应的轨道为e；与 d_{xy}、d_{yz} 和 d_{zx} 对应的轨道为 t_2
$F_i(k)$	振幅函数
H_M	傅里叶变换谱中1～5Å数据的平均强度
H_N	傅里叶变换谱中9～10Å数据的平均强度
H_R	傅里叶变换谱中0.25Å以前数据的平均强度
h	普朗克常量
I	X射线透射强度
I_0	X射线入射强度
k	波矢，$Å^{-1}$
k	空间
m_e	电子质量
N	粒子密度
N_{idp}	独立点数
O_h	点群记号，八面体场对称性
$P(R)$	径向分布函数
R	因子
R	壳层半径
r	空间
S_0^2	拟合技术上的衰减因子
T_d	点群记号，四面体场对称性
Δ	d 轨道分裂能
Δ_o	八面体场 d 轨道分裂能
λ	平均自由程

μ　吸收系数

μ_0　EXAFS 的平滑背底

$\Delta\mu$　吸收系数的差

σ^2　Debye-Weller 因子

$\varphi_i(x)$　相位移动

χ　归一化后的 EXAFS 振荡

χ_E　实验得到的 EXAFS 振荡

χ_T　拟合得到的 EXAFS 振荡

下角标

i　第 i 壳层

idp　独立点

g　轨道中心对称

u　轨道中心反对称

参 考 文 献

[1] Srivastava U C, Nigam H L. Coord Chem Rev, 1972 ~ 1973, 9:275 ~ 310

[2] Bart J C J. Advan Catal, 1986, 34:203 ~ 296

[3] Bianconi A. Topics in Current Chemistry. Berlin: Springer, 1988, 145:29 ~ 68

[4] Shulman R G, Eisenberger P, Blumberg W E et al. Process Nat Acad Sci, 1975, 72:4003 ~ 4007

[5] Eisenberger P N, Shulman R G. Process Nat Acad Sci, 1976, 73:491

[6] Sayers D E, Stern E A, Herriot J R. J Chem Phys, 1976, 64:427

[7] Cramer S P, Eccles T K, Kutzler F W et al. J Amer Chem Soc, 1976, 98:1287 ~ 1288

[8] Kostroun V O, Fairchild C A, Kukkonen C A et al. Phys Rev B, 1976, 13:3268 ~ 3271

[9] Shulman R G, Yafet Y, Eisenberger P et al. Process Nat Acad Sci, 1976, 73:1384 ~ 1388

[10] Hu Y W, Chan S I, Brown G S. Process Nat Acad Sci, 1977, 74:3821 ~ 3825

[11] Eisenberger P N, Shulman R G, Kincard B M et al. Nature, 1978, 274:30

[12] Cramer S P, Hodgson K O, Striefel E I et al. J Amer Chem Soc, 1978, 100:2748 ~ 2761

[13] Cramer S P, Hodgson K O, Gillum W O et al. J Amer Chem Soc, 1978, 100:3398 ~ 3407

[14] Cramer S P, Gillum W O, Hodgson K O et al, J Amer Chem Soc, 1978, 100:3814

[15] Cramer S P, Dawson J H, Hodgson K O et al. J Amer Chem Soc, 1978, 100:7282 ~ 7290

[16] Cramer S P, Gray H B, Rajagopalan K V. J Amer Chem Soc, 1979, 101:2772 ~ 2774

[17] Tullius T D, Kurtz D M Jr, Comradson S D et al. J Amer Chem Soc, 1979, 101:2776 ~ 2779

[18] Bair R A, Goddard W A. Phys Rev B, 1980, 22:2767 ~ 2776

[19] Co M S, Hodgson K O, Eccles T K. J Amer Chem Soc , 1981, 103:984 ~ 986

[20] Co M S, Scott R A, Hodgson K O. J Amer Chem Soc, 1981, 103:986 ~ 988

[21] Co M S, Hodgson K O. J Amer Chem Soc, 1981, 103:3200 ~ 3201

[22] Kutzler F W, Hodgson K O, Doniach S. Phys Rev A, 1982, 26:3020 ~ 3022

[23] Hendrickson W A, Co M S, Smith J L. Process Nat Acad Sci, 1982, 79:6255 ~ 6259

[24] Joyner R W, Van Veen J A R, Sachtler W R H. J Chem Soc Faraday Trans, 1982, 78:1021

[25] Elam W T, Stern E A, McCallum J D. J Amer Chem Soc, 1982, 104:6369 ~ 6373

[26] Grunes L A. Phys Rev B, 1983, 27:2111

[27] Elam W T, Stern E A, McCallum J D. J Amer Chem Soc, 1983, 105:1919 ~ 1923

[28] Roe A L, Schneider D J, Mayer R J et al. J Amer Chem Soc, 1984, 106:1676 ~ 1681

[29] Lindahl P A, Kojima N, Hausinger R P et al. J Amer Chem Soc, 1984, 106:3062

[30] Wong J, Lytle F W, Messmer R P et al. Phys Rev B, 1984, 30: 5596
[31] Scott R A, Wallin S A, Czechowski M et al. J Amer Chem Soc, 1984, 106: 6864 ~ 6865
[32] Bianconi A, Congiu-Castellano A, Durham P J et al. Nature, 1985, 318: 685
[33] Smith T A, Penner-Hahn J E, Berding M A et al. J Amer Chem Soc, 1985, 107: 5945 ~ 5955
[34] Kauzlarich S M, Teo B K, Zirino T et al. Inorg Chem, 1986, 25: 2781
[35] Hedman B, Co M S, Armstrong W H et al. Inorg Chem, 1986, 25: 3708 ~ 3711
[36] Eidsness M K, Sullivan R J, Schwartz J R et al. J Amer Chem Soc, 1986, 108: 3120
[37] Scarrow R C, Maroney M J, Palmer S M et al. J Amer Chem Soc, 1986, 108: 6832 ~ 6834
[38] Cramer S P, Eidsness M K, Pan W H et al. Inorg Chem, 1988, 27: 4249 ~ 4253
[39] Strange R W, Blackburn N J, Knowles P F et al. J Amer Chem Soc, 1987, 109: 7162 ~ 7170
[40] Blackburn N J, Strange R W, Mafadden L M et al. J Amer Chem Soc, 1987, 109: 7162 ~ 7170
[41] Conradson S D, Burgess B K, Newton W E et al. J Amer Chem Soc, 1987, 109: 7507 ~ 7515
[42] Scarrow R C, Maroney M J, Palmer S M et al. J Amer Chem Soc, 1987, 109: 7857 ~ 7864
[43] Van Wingerden B, Van Veen J A R, Mensch T J. J Chem Soc Faraday Trans, 1988, 84: 65
[44] Ericson A, Hedman B, Hodgson K O et al. J Amer Chem Soc , 1988, 110: 2330 ~ 2332
[45] Sano M. Inorg Chem, 1988, 27: 4249 ~ 4253
[46] George G N, Coyle C L, Hales B J. J Amer Chem Soc, 1988, 110: 4057 ~ 4059
[47] Zhang K, Stern E A, Ellis F. Biochem, 1988, 27: 7470 ~ 7479
[48] Antonio M R, Brazdil J F, Glaeser L C. J Phys Chem, 1988, 92: 2338 ~ 2345
[49] Antonio M R, Teller R G, Sandstrom D R. J Phys Chem, 1988, 92: 2939 ~ 2944
[50] Furenlid L R, Renner M W, Smith K M. J Amer Chem Soc, 1990, 112: 1634
[51] Clark K, Penner-Hahn J E, Whittaker M M. J Amer Chem Soc, 1990, 112: 6433 ~ 6434
[52] Sagi L, Wirt M D, Chen E et al. J Amer Chem Soc, 1990, 112: 8639
[53] Furenlid L R, Renner M W, Smith K M et al. J Amer Chem Soc, 1990, 112: 8978
[54] Furenlid L R, Renner M W, Szalda D J et al. J Amer Chem Soc, 1991, 113: 883 ~ 892
[55] Maroney M J, Colpas G J, Bagyinka C et al. J Amer Chem Soc, 1991, 113: 3962 ~ 3972
[56] Wirt M D, Sagi I, Chen E et al. J Amer Chem Soc, 1991, 113: 5299 ~ 5304
[57] Whitehead J P, Colpas G J, Bagyinka C et al. J Amer Chem Soc, 1991, 113: 6288 ~ 6289
[58] Renner M W, Furenlid L R, Barkigia K M et al. J Amer Chem Soc, 1991, 113: 6891 ~ 6898
[59] Nelson M J, Jin H, Turner Jr I M et al. J Amer Chem Soc, 1991, 113: 7072 ~ 7073
[60] Kim S, Bae I T, Sandifer M et al. J Amer Chem Soc, 1991, 113: 9063 ~ 9066
[61] De Witt J G, Bentsen J G, Rosenzweig A C et al. J Amer Chem Soc, 1991, 113: 9219 ~ 9235
[62] Martins Alves M C, Dodelet J P, Guay D et al. J Phys Chem, 1992, 96: 10898 ~ 10905
[63] Tan G O, Ensign S A, Ciurli S et al. Process Nat Acad Sci, 1992, 89: 4427 ~ 4431
[64] Stemmler T, Penner-Hahn J E, Knochel P. J Amer Chem Soc, 1993, 115: 348 ~ 350
[65] Wirt M D, Kumar M, Ragsdale S W et al. J Amer Chem Soc, 1993, 115: 2146 ~ 2150
[66] Bagyinka C, Whitehead J P, Maroney M J. J Amer Chem Soc, 1993, 115: 3576 ~ 3585
[67] Barkigia K M, Renner M W, Furenlid L R et al. J Amer Chem Soc, 1993, 115: 3627 ~ 3635
[68] True A E, Scarrow R C, Randall C R et al. J Amer Chem Soc, 1993, 115: 4246 ~ 4255
[69] Chen J, Christiansen J, Tittsworth R C et al. J Amer Chem Soc, 1993, 115: 5509 ~ 5515
[70] Sinfelt J H, Meitzner G D. Accounts Chem Res, 1993, 26: 1 ~ 6
[71] Chen C T, Sette F. Phys Sci, 1990, 31: 119 ~ 126
[72] Sainctavit Ph, Lefebvre D, Arrio M A. Jpn J Appl Phys, 1993, 32: 295 ~ 298
[73] Van der Laan G, Kirkman I W. J Phys, 1992, 4: 4189 ~ 4204
[74] Van der Laan G, Thole B T, Sawatzky G A et al. Phys Rev B, 1988, 37: 6587 ~ 6589
[75] de Groot F M F, Fuggle J C, Thole B T et al. Phys Rev B, 1990, 41: 928 ~ 937

[76] de Groot F M F, Fuggle J C, Thole B T et al. Phys Rev B, 1990,42:5459 ~ 5468
[77] Briois V, Cartier dit Moulin C, Sainctavit Ph et al. J Amer Chem Soc, 1995,117:1019 ~ 1026
[78] Cartier dit Moulinch, Rudolf P, Flank A M et al. J Phys Chem, 1992,96:6196 ~ 6198
[79] Cramer S P, de Groot F M F, Ma Y et al. J Amer Chem Soc, 1991,113:7937 ~ 7940
[80] Van Elp J, Peng G, Searle B G et al. J Amer Chem Soc, 1994,116:1918 ~ 1923
[81] George S J, Van Elp J, Chen J et al. J Amer Chem Soc, 1994,116:1918 ~ 1923
[82] Cressey G, Henderson C M B, van der Laan G. Phys Chem Miner, 1993,20:111 ~ 119
[83] Van der Laan G, Pattrick R A D, Henderson C M B et al. J Phys Chem Solids, 1992,53:1185 ~ 1190
[84] Van der Laan G, Zaanen J, Sawatzky G A et al. Phys Rev B, 1986,33:4253 ~ 4263
[85] Kotani A, Okada K. Tech Rep ISSP Ser A. Japan Chemical Society, 1992,2562
[86] Arrio M A, Sainctavit Ph, Cartier dit Moulin Ch et al. J Amer Chem Soc, 1996,118:6422 ~ 6427
[87] Wachs H, Hu I E, Bare S R. J Phys Chem, 1995,99:10897
[88a] Rodriguez J A, Chaturvedi S, Hanson J C et al. J Phys Chem B, 1998,102:1347 ~ 1355
[88b] Aritani H, Tanaka T, Funabiki T et al. J Phys Chem, 1996,100:19495 ~ 19501
[89] Zhang H, Kou Y, Tanaka T et al. J Solid State Chem, 1998,137:325
[90] Kou Y, Wang H L, Te M et al. J Catal, 1993,141:660
[91] Kou Y, Zhang B, Niu J Z. J Catal, 1998,173:399
[92] Yoshida H, Tanaka T, Yamamoto M et al. J Catal, 1997,171:351 ~ 357
[93] Sun Q, Zhang Y L, Deng J F et al. J Catal, 1997,167:92 ~ 99
[94] Gar M F, Alvarez C M, Haller G L. J Phys Chem, 1995,99:12565 ~ 12569
[95] Gar M F, Anderson J A, Haller G L. J Phys Chem, 1996,100:16247 ~ 16254
[96] Alvarez C M, Ramos I R, Ruiz A G et al. J Amer Chem Soc, 1997,119:2905 ~ 2914
[97] Rothe J, Hormes J, Bönnemann H et al. J Amer Chem Soc, 1998,120:6019 ~ 6023
[98] Choy J H, Kim D K, Hwang S H et al. J Amer Chem Soc, 1995,117:855 ~ 856
[99] Deutsch S E, Mestl G, Knözinger et al. J Phys Chem B, 1997,101:1374 ~ 1384
[100] Ressler T, Hagelstein M, Hatje U et al. J Phys Chem B, 1997,101:6680 ~ 6687
[101] Shishido T, Tanaka T, Hattori H. J Catal, 1997,172:24 ~ 33
[102] Samant M G, Boudart M. J Phys Chem, 1991,95:4070
[103] Hammer B, Nerskov J K. Nature, 1995,376:238
[104] Lin L W, Kou Y, Zou M et al. J Catal, to be published
[105] Reifsnyder S N, Otten M M, Sayers D E et al. J Phys Chem B, 1997,101:4972 ~ 4977
[106] Bordiga S, Coluccia S, Marhese L et al. J Phys Chem, 1994,98:4125 ~ 4132
[107] Munoz-Páez A, Ruiz-López M F. J Phys Chem, 1995,99:16499
[108] Bordiga S, Coluccia S, Lamberti C et al. J Phys Chem, 1995,99:16500
[109] Scarano D, Zecchina A, Bondiga S et al. J Chem Soc Faraday Trans, 1993,89:4123
[110] Weast R C. CRC Handbook of Chemistry and Physics. Edition Boca Raton Florida, 1987 ~ 1988.68
[111] Sayers D E, Stem E A, Lytle F W. Phys Rev Lett, 1971,27:1204
[112] Teo B K. EXAFS: Basic Principles and Date Analysis. Berlin: Springer, 1986
[113] Koningsberger D C, Prins R. X-Ray Absorption. New York: Wiley-Interscience, 1988
[114] Bianconi A, Incoccia L, Stipcich S. EXAFS and Near Edge Structure. Berlin: Springer-Verlay, 1982.27:66 ~ 114
[115] Zallen R. The Physics of Amorphous Solids. New York: Wiley-Interscience, 1983
[116] Lytle F W, Sayers D E, Stern E A. Physca B, 1989,158:1701 ~ 1725
[117] Cox A D. EXAFS for Inorganic Systems DL/SCI/R17, Daresbury, 1981
[118] Kou Y, Zhang B, Niu J Z et al. J Catal, 1998,173:399 ~ 404
[119] Rehr J J, Mustre de leon J, Zabinsky S I et al. J Amer Chem Soc, 1991,113:5135 ~ 5139
[120] Mustre de leon I, Rehr J J, Zabinsky S I et al. Phys Rev B, 1991,44:4146 ~ 4154

[121] Sinfelt J H. Bimetallic Catalysts. New York: Wiley, 1983
[122] Sun Q, Zhang Y L, Chen H Y et al. J Catal, 1997, 167:92 ~ 96
[123] Kou Y, Su G Q, Zhang W Z et al. J Catal, 1996, 162:361 ~ 364
[124] Tan B J, Klabunde K J, Sherwood P M A. J Amer Chem Soc, 1991, 113:855 ~ 861
[125] Hu H, Wachs I E, Bare S R. J Phys Chem, 1995, 99:10897 ~ 10908
[126] Dang Z, Anderson B G, Amenomiya Y et al. J Phys Chem, 1995, 99:14437 ~ 14449
[127] Bond G C, Coq B, Dutartre R et al. J Catal, 1996, 161:480 ~ 494
[128] Khodakov A Y, Lynch J, Bazin D et al. J Catal, 1997, 168:16 ~ 25
[129] 北京大学化学与分子工程学院与中国科学院物理研究所 .XAFS 数据处理程序:XPKU.1. 北京:2000-05

(寇　元　邹　鸣,北京大学化学与分子工程学院)

第 13 章　电极催化剂的原位红外方法

电催化反应发生在固体电极/电解质溶液界面。通过控制固液界面电场的强度和方向，可方便地改变电催化体系的能量，从而实现对电催化反应的速率和方向的控制。与固气界面发生的异相催化反应类似，固体电催化剂的组成、表面结构、与反应分子的相互作用等因素决定了电催化剂的效率（改变反应途径、降低反应活化能等），但由于固液界面的溶剂分子的作用与影响，使电催化作用机理比较复杂。在电催化反应进行的同时，将红外光引入固液界面原位探测界面结构，检测表面吸附物种及成键取向情况，监测反应分子和产物的实时变化等，在分子水平上深入认识电催化机理有十分重要的意义。虽然其他谱学方法如紫外可见反射光谱[1]、表面增强拉曼散射光谱[2]早在 20 世纪 60 年代或 70 年代就被用于固液界面电化学过程的原位研究，但由于红外光谱的特点，直到 20 世纪 80 年代初才由 Bewick 等[3]成功地引入电化学原位反射光谱的行列。

13.1　电化学原位红外反射光谱的原理

要实现固-液界面的红外反射光谱研究，需要克服以下 3 个障碍：①溶剂分子（通常情况下为水分子）对红外能量的大量吸收；②固体电催化剂表面反射红外光导致部分能量损失；③表面吸附分子量少，满单层情况下仅 $10^{-8}\mathrm{mol\cdot cm^{-2}}$左右。这 3 个障碍的实质导致固-液界面的红外反射信号十分微弱，以致无法检测。因此，采用薄层电解池、电位差谱和各种微弱信号检测技术来获得具有足够高信噪比的电化学原位红外反射光谱。一种常用的电化学原位红外池如图 13-1 所示[4]。在实验中调节电极使其表面与红外窗片紧密接触，形成很薄的液体薄层电解池，从而尽量减少红外光路中溶剂分子的量，达到减少红外能量损失的目的。Vess 和 Wertz[5]曾详细研究了液层厚度 l 对红外反射信号的影响，发现当 $l > 300\mu\mathrm{m}$ 时不能获得任何吸附分子的红外吸收信息，与本体溶液相当；只有当 $l < 130\mu\mathrm{m}$ 时才能得到较高信噪比的红外光谱。电位差谱即是在保持其他实验条件不变的情况下，仅改变电极电位，采集单光束光谱，然后进行差减归一化运算得到结果光谱，即

$$\frac{\Delta R}{R} = \frac{R(E_{\mathrm{S}}) - R(E_{\mathrm{R}})}{R(E_{\mathrm{R}})} \tag{13-1}$$

式中：$R(E_{\mathrm{S}})$——研究电位 E_{S} 下采集的单光束光谱；

$R(E_{\mathrm{R}})$——参考电位 E_{R} 下的单光束光谱。

由于 $R(E_{\mathrm{S}})$和 $R(E_{\mathrm{R}})$中所含的背景红外吸收(如红外光路中的 CO_2、H_2O 等)相同，互相抵消,因此只有在 E_{S} 和 E_{R} 两个电位下红外吸收之差（如由于反应分子转化为产物分子，吸附物种脱附，吸附分子因电位改变而增强或减弱与电极表面的相互作用等）出

现在结果光谱中。按式（13-1）的定义，研究电位下的红外吸收将给出负向谱峰；参考电位下的红外吸收则给出正向谱峰。电化学红外反射光谱中常用的微弱信号检测技术有锁相检测、偏振调制等，将在下节结合电化学原位红外反射光谱方法中介绍。

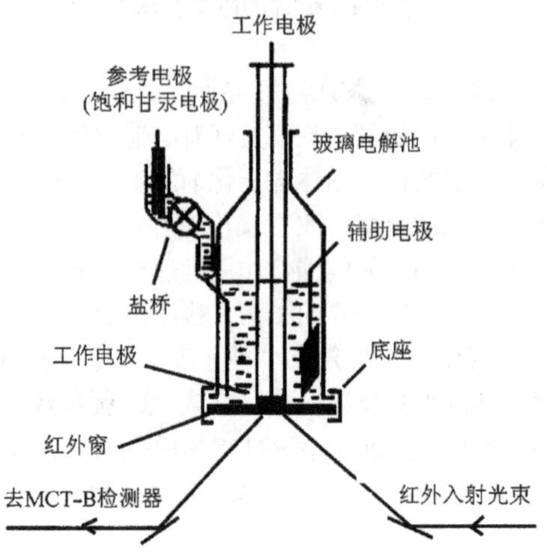

图 13-1　电化学原位红外电解池设计

应该指出，式(13-1)中假定红外窗片对红外光的反射可忽略不计（如 CaF_2 窗片），除了电化学原位红外池的设计外，红外窗片的选择也十分重要，通常有圆片、菱形和半球形三种红外窗片。对于圆片状的红外窗片，当红外光透过率较低时（如 ZnSe、Si、KRS5 等），红外窗片对红外能量的反射不容忽略，因此结果光谱的计算公式应为

$$\frac{\Delta R}{R} = \frac{R(E_S) - R(E_R)}{R(E_R) - R_W} \tag{13-2}$$

式中，R_W 为工作电极远离红外窗片时记录的反射单光束光谱。在 CaF_2 圆片状红外窗片的情况下，R_W 通常可忽略。菱形和半球形红外窗片可优化薄层电解池中金属/液体界面的光子场强，因此可获得更好的信噪比[6,7]。

红外光在金属表面反射时不同电磁场分量的相对幅度随入射角 φ 的变化如图 13-2 所示[8]。可以看到垂直于入射平面的分量 E_S（S 分量）在 φ 从 0°～90°的整个变化范围都趋近于零。这是因为 S 分量在金属表面（反射平面）反射时发生了 180°相位变化，其入射矢量和反射矢量互相抵消。对于平行于入射平面的分量 E_P（P 分量），在反射平面由入射矢量和反射矢量加合形成，又可分解为垂直于金属表面的分量 $E_{P\perp}$ 和平行于金属表面的分量 $E_{P/\!/}$。从图 13-2 可看到，$E_{P/\!/}$ 始终接近于零，而 $E_{P\perp}$ 随 φ 增加而增大，至 $\varphi = 88°$时达到最大值，然后迅速减小至零。由于 $E_{P\perp}$ 不为零，因此可被吸附在电极表面的并在垂直于表面的方向上偶极矩不为零的分子或基团吸收，在红外谱图中给出吸收谱峰，而平行吸附于电极表面的分子不能给出红外吸收峰。这一规律构成了红外反射光谱中的表面选律，常用来检测分子或基团是否吸附在电极表面以及取向情况。从图

13-2 可知，选择合适的红外光入射角对于保证电极表面有足够大的 $E_{P\perp}$ 从而获得高信噪比的光谱是十分重要的。综合考虑在如图 13-1 所示的红外电解池情况下，红外光要先经过红外窗片，穿过溶液薄层才能到达电极表面反射，因此实际上根据窗片材料一般取入射角为 50°～70°。除了外反射模式，内反射或全反射（ATR）模式[9]也常被用于电化学原位检测。

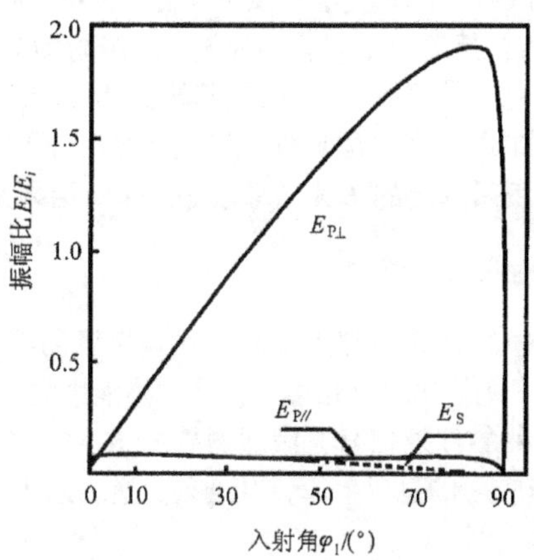

图 13-2　红外光在电极表面反射作用机理示意图

13.2　电化学原位红外反射光谱的方法及进展

根据使用的红外仪器和实验程序，电化学原位红外反射光谱的方法可分为如下几种。

13.2.1　电化学调制红外反射光谱[10]

利用色散型红外光谱仪检测红外信号。测量时给电极施加一低频方波（8.5～22.5Hz），两个电位 E_S 和 E_R 可根据研究需要设定。通过锁相放大器检出的交流信号正比于 ΔR，电极表面的总反射率 R 则由分离的实验（由机械斩波器调制）检出。由于色散型光谱仪器需进行波数扫描，记录一个完整光谱的时间较长，通常只记录某一感兴趣波数段的光谱。

13.2.2　傅里叶变换红外光谱

利用傅里叶变换红外光谱仪(Fourier transform infrared spectroscopy, FTIRS)可快速扫描，具有在动镜一次扫描中获得完整波数段光谱的优点，可实现不同的实验程序：①单次电位改变法[11](single potential alteration FTIRS, SPAFTIRS)。测量中先在参考电位 E_R 再将电位阶跃到研究电位 E_S 采集单光束光谱 $R(E_S)$和 $R(E_R)$，然后按式(13-1)或式(13-2)处理得到结果光谱。这种方法适合研究电极表面进行的不可逆反应；②界面差减归一化法[12](subtractively normalized interfacial FTIRS, SNIFTIRS)。反复在 E_S 和 E_R 间采集单光束光谱,然后将 E_S 和 E_R 的单光束光谱分别相加，即 $R(E_S) = \sum R_i(E_S), R(E_R) = \sum R_i(E_R)$,按式(13-1)或式(13-2)处理给出结果光谱。这种方式适于研究稳定的反应体系(如吸附物种在 E_S 和 E_R 都稳定存在等),并且由于每次在 E_S 或 E_R 停留的时间较短,对电极/窗片间液层扰动较小,故可获得较好信噪比的谱图;③电位多步阶跃法[13](multi-potential step FTIRS, MSFTIRS)。首先在电极表面吸附物种稳定存在的电位区间采集多个研究电位 $E_{S,i}$的单光束光谱,然后设置吸附物种氧化或脱附的电位 E_R 采集单光束光谱。其优点是结果光谱中的谱峰是单极峰,便于研究其峰位随 E_S 变化的 Stark 效应和峰形及半峰宽等红外特征。在 FTIRS 中光谱的信噪比正比于累加平均的干涉图张数 n 的平方根即 $S/N \propto \sqrt{n}$,通常通过积累一定的 n 来获取较好质量的结果光谱。

13.2.3 偏振调制红外反射吸收光谱[14]

在色散型或傅里叶变换红外光谱仪上加装一光弹性调制器（PEM），调制 S 光和 P 光。根据表面选律，S 光不能给出表面信号，仅给出溶液中物种的红外吸收，而 P 光可同时给出表面和溶液中物种的红外信号。因此测量的 $I_P - I_S$ 含有电极表面吸附物种的信息，而 $I_P + I_S$ 表征电极表面的总反射率，其结果光谱表示为

$$\frac{\Delta R}{R} = \frac{I_P - I_S}{I_P + I_S} \tag{13-3}$$

这种方法的优点是可在单个电位下获得原位红外谱，简化了谱峰的指认。

13.2.4 电化学原位分子探针红外反射光谱[13,15]

吸附原子或分子与电极表面成键的振动频率通常在远红外区，用一般的红外仪检测十分困难。为了研究吸附原子或分子与电极表面的相互作用情况，常选择 CO、NO 等作为红外探针分子。这些分子不仅在中红外区具有很强的红外吸收谱带，而且与电极表面有很强的相互作用。通过研究它们的红外吸收谱带的特征及其变化，就可以获得它们与电极表面或其他吸附原子与电极表面的成键情况、吸附原子之间和与探针分子的相互作用情况等。例如在文献[15]中运用分子探针红外光谱结合量子化学理论计算，获得了 Pt 电极表面与吸附原子 Bi 和 S 的不同相互作用和所引起的不同的电子结构的改变。应用分子探针红外光谱还可以研究电极表面结构并跟踪其变化[13,16]。

13.2.5 电化学原位时间分辨红外反射光谱

时间分辨红外光谱（time-resolved infrared spectroscopy）可用于研究分子水平上的反应动力学，但由于电化学原位池薄层中极大的传质阻力和固-液界面双层充电时间的影响，限制了红外检测的时间分辨率。目前仅有少量文献报道了电化学反应体系的原位时间分辨红外反射光谱检测[17~19]，Sun 等利用傅里叶变换红外光谱仪的快速扫描功能研究了铂多晶[20]和单晶[21]电极上异丙醇氧化反应的动力学。最近，Osawa[22]小组在带有步进扫描的 FTIRS 上结合锁相检测成功地实现电位调制快速时间分辨原位检测，其时间分辨率达到 50μs。

13.2.6 电化学原位显微红外反射光谱[23~25]

在常规红外仪上实现的电化学原位红外反射光谱（microscope infrared spectroscopy）检测到的是电极表面的平均信号，因此利用红外显微镜实现二维空间分辨红外光谱原位检测，是研究电极表面微区化学反应性能的重要进展。如图 13-3 所示，将设计的原位显微红外电解池固定在扫描平台上，不仅可获得电极表面微区的红外光谱特征，还可以获得电极表面不同微区红外特征的分布，进而实现对电极表面反应性能的红外成像。值得指出的是，由于红外显微是远场检测，而红外波长较长（中红外区为 2.5 ~ 25μm），故使用红外显微镜获得的二维空间分辨率理论上应大于 25μm，实际检测中在固-液界面当入射红外光斑直径大于 50μm 时才能获得较好信噪比的显微红外光谱。

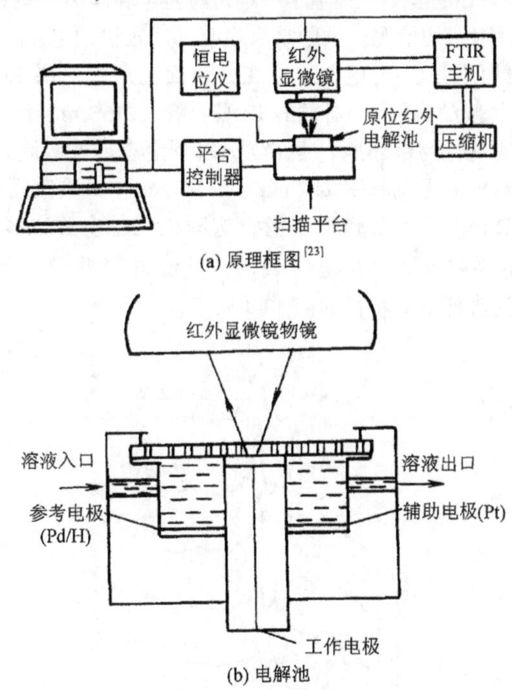

图 13-3 电化学原位扫描显微红外反射光谱

13.3 电化学原位红外反射光谱在电化学催化研究中的应用和进展

电化学原位红外反射光谱可以在金属材料（包括单晶）、碳材料、膜材料等任何固体电极表面获得，因此得到了广泛深入的应用。具体表现在深入认识氧化还原反应的历程、无机物与有机物在电极表面的成键与取向、电位对双电层结构的影响、导电聚合物在电极表面的聚合过程及组成分析等方面。尤其在电催化研究中被用于探测反应机理、表征表面结构与性能、在推动电催化研究从唯象进入分子水平过程中发挥了重要作用。Beden 及合作者[26]和 Sun[27]分别对 1990 年以前和 20 世纪 90 年代中期的研究进展进行了综述，本文将主要涉及 20 世纪 90 年代后期电化学原位红外反射光谱在电催化研究中应用的最新进展。

13.3.1 以 CO、NO 为分子探针研究电催化剂的表面结构

为寻找性能更好的聚合物膜电解质燃料电池（PEMFCS）的阳极材料，深入认识 CO 在电极表面上吸附和电氧化的过程就显得十分重要[28]。由于 CO 对红外光通常表现出较强的吸收特性，所以将 CO 作为探针分子，进行电化学红外反射光谱的研究是一个非常活跃的领域[29~35]。Lin 等[13,16]报道了在经过一定电化学处理的多晶 Rh 电极上首次检测到两种 CO 孪生吸附态的情况。试验结果表明，用较快的电位扫描速度 $1.5V\cdot s^{-1}$在 $-0.275\sim2.40V$ 电位区间处理 Rh 电极，可在其表面上形成一层 Rh 原子簇氧化物膜，吸附在氧化膜上的孪生态 CO 给出一对宽的 IR 吸收峰（$2166cm^{-1}$和 $2112cm^{-1}$）；负电位下，虽然电极表面金属氧化物被还原，但 CO 仍以孪生态形式吸附在电极表面的 Rh 原子簇上，此时可在相对低的振动频率 $2102cm^{-1}$和 $2032cm^{-1}$处观察到一对尖锐的 IR 吸收峰；随着电位正移，Rh 电极表面趋于平滑，这时的 CO 主要以线型（CO_L）和桥型（CO_B）两种形式吸附在平滑的 Rh 电极表面，其红外吸收峰分别位于 $2048cm^{-1}$和 $1919cm^{-1}$。上述过程的红外谱峰特征如图 13-4 所示。

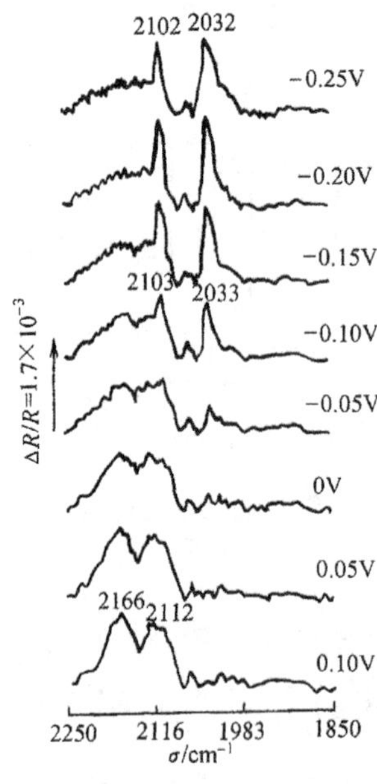

图 13-4 CO 吸附在 Rh 电极上的电化学原位红外光谱图

金属 Au 具有特殊的外层电子排布（$5d^{10}6s^1$），与 CO 的键合能力比较差。由于 Au 电极的表面活性位受 CO 分子毒化作用小，因此不论在酸性或是碱性水溶液中，Au 电极都对 CO 的氧化表现出很强的催化活性。Sun 等[36]用真空蒸镀法将 Au 淀积在 Si 单晶基底上制成 Au 金属薄层电极。在水溶液中，研究 CO 在这种薄层电极上吸附的红外光谱得出如下结论：电极表面岛状的金颗粒结构使金表面等离子态能量更易被激发，从而导致出现表面物种的增强红外吸收（SEIRA）。Au 薄层电极经火焰处理可以产生短程有序的Au(111)晶面，进一步的红外实验检测到位于 1925 ~ 1975cm^{-1}归属于桥式吸附态 CO 的吸收峰。

NO 常被用作探针分子进行固/气界面上的研究，而在以固-液界面为主的电催化研究领域却很少采用。Rodes[37]使用 Pt 和 Rh 单晶面电极对 NO 的吸附过程做了较系统的探讨。电化学原位红外反射光谱研究发现，如果从分子与电极表面成键强弱的角度考虑，CO 与电极表面的结合力小于 NO 分子，那么选用 NO 作为分子探针显然要优于 CO。通常情况下 NO 可在电极表面上发生较强的吸附作用，甚至允许已吸附 NO 的电极短暂地暴露在空气（氧气氛）中并进行迅速转移或诸如此类的特殊的实验操作，而且电极表面上的 NO 吸附分子在这样的试验操作前后并不发生改变。另外，吸附的 NO 分子在氢的吸脱附电位区间内可以很容易地被还原脱附。这种脱附方式不扰乱电极表面原子排列结构，对于电化学红外反射光谱研究来说特别重要。NO 在 Pt(111)和 Rh(111)上的 Stark 效应分别为 65cm^{-1}·V^{-1}和 20cm^{-1}·V^{-1}。Stark 效应的差异可归因于 Pt 原子的 d 轨道电子个数比 Rh 多，d-π^* 反馈受电极电位影响的程度比 Rh 大的缘故。NO 具有几种与 CO 十分类似的吸附形态，如两类分子都有线型和桥式吸附态。因此，作者在解释 NO 的某些红外特征时，合理地借用了一些成功的 CO 吸附理论对其进行解释。采用多种探针分子来研究同一电极表面，无疑会为深入认识电催化表面结构提供更丰富的信息[38,39]。

13.3.2 有机分子电催化氧化机理研究

具有简单结构的有机小分子电催化氧化机理的研究一直是倍受关注的课题。甲醛[40,41]、甲酸[28,42]、乙醇[43,44]、乙二醇[45,46]在单晶电极和各类修饰电极上的电氧化过程都有详细报道。随着人们对开发直接甲醇燃料电池（DMFC）的重视程度不断加深，采用各种新方法、新手段从多重角度研究和认识甲醇电催化氧化反应的机理显得更为重要。大量的研究指出，甲醇存在的电催化氧化反应经历了如式（13-4）所示的双途径反应机理[47~52]。

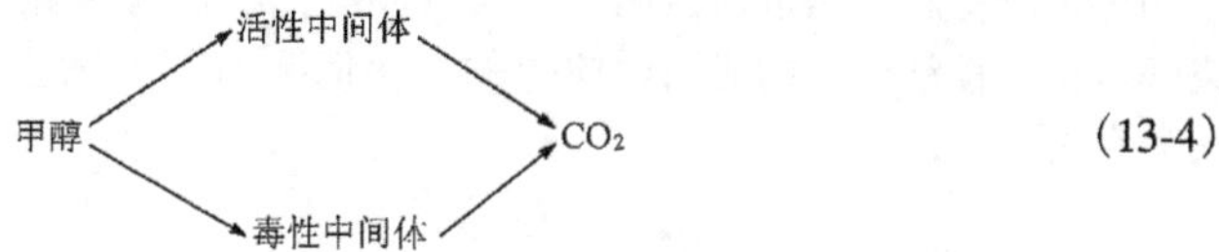

(13-4)

电化学原位红外反射光谱研究发现，在单晶电极Pt(100)和 Pt(111)上甲醇催化氧化可产生两类毒性中间体：红外吸收位于 2050cm^{-1}左右的线型吸附物种 CO_L 和位于

1800cm^{-1}附近的 CO 多重态吸附物种 CO_m。然而，相同条件下在Pt(110)电极的红外谱图上仅能观察到 CO_L 物种。对红外光谱的进一步解析可知，毒性中间体的氧化难易程度与铂单晶电极表面的原子排列结构有关，在这三种晶面电极上甲醇的起始氧化电位顺序为Pt(111) < Pt(110) < Pt(100)。上述结果证明，甲醇的电催化氧化是表面结构敏感反应。Xia[50]用原位红外反射光谱方法检测到甲醇的解离吸附过程不仅产生了羰基物种，而且还会产生某些活性吸附物种如 H_2CHO、HCHO、CHO 等，它们是甲醇逐步脱氢的产物。作者还首次观察到位于 1230cm^{-1}附近归属于甲酸甲酯的 C—O—C 伸缩振动吸收峰。甲酸甲酯这种氧化产物以前只在粗糙 Pt 电极表面用微分电化学质谱法检出过。关于活性中间产物—CH_2OH 和—CHOH 在整个甲醇电催化氧化历程中所起的作用这一问题，Munk[51]认为：在水或 OH·的进攻下，—CH_2OH 和—CHOH 分别被氧化成甲醛和甲酸，接着再经亲核加成取代与酯化反应，便得到除主产物 CO_2 以外的甲醇次要氧化产物甲醛缩二甲醇和甲酸甲酯，即

$$H_2CO + CH_3OH \longrightarrow CH_2(OCH_3)_2 + H_2O \quad (13\text{-}5)$$

$$HCOOH + CH_3OH \longrightarrow HCOOCH_3 + H_2O \quad (13\text{-}6)$$

电化学原位 FTIR 反射光谱方法在研究多碳醇电催化氧化方面发挥着重要作用。Li[53,54]通过比较 1-丁醇和 1，3-丁二醇的电催化氧化历程发现，多碳醇不同的分子结构不仅会导致反应活性大小不等，而且还导致电催化氧化反应机理有较大差异。1-丁醇和 1，3-丁二醇的电氧化机理如图 13-5 所示。

由图 13-5 可知，多羟基醇的电氧化历程比单羟基醇复杂得多。与文献[21，55]中给出的异丙醇氧化机理比较后也能得到相同的结果。研究如此复杂的反应过程用常规的原位红外反射光谱方法很难分析透彻。作者在实验中灵活地运用了原位时间分辨傅里叶变换红外光谱法（TRFTIRS）和氘水溶剂法解析各个电位区间的中间物种及反应物浓度随时间、电位的变化情况，完整地勾勒出具有不同结构的四碳醇的电催化氧化过程。

深入认识贵金属电极电催化氧化多羟基多碳醇的过程在基础理论研究和实际应用中都很重要。*D*-山梨醇的电氧化是一类对电极表面结构非常敏感的反应，其电化学过程遵循着双途径反应机理[56]。Lamy 小组[57~59]对此进行过详细的研究。实验中他们采用EMIRS、SNIFTIRS、SPAFTIRS 等红外技术，结合高效液相色谱（HPLC）、气相色谱（GC）、程序电位伏安法（PPV）对多羟基多碳醇的电化学催化氧化作了仔细探讨。研究结果表明，*D*-山梨醇可在 Pt（110）和 Pt（111）晶面上发生解离吸附，产生不同形态的中间毒化产物。这是造成这两种晶面电极电化学行为差异的主要原因。Pt 电极上 *D*-山梨醇氧化过程红外反射光谱随电位的变化情况如图 13-6 所示，作者对各红外吸收峰的指认见表 13-1。

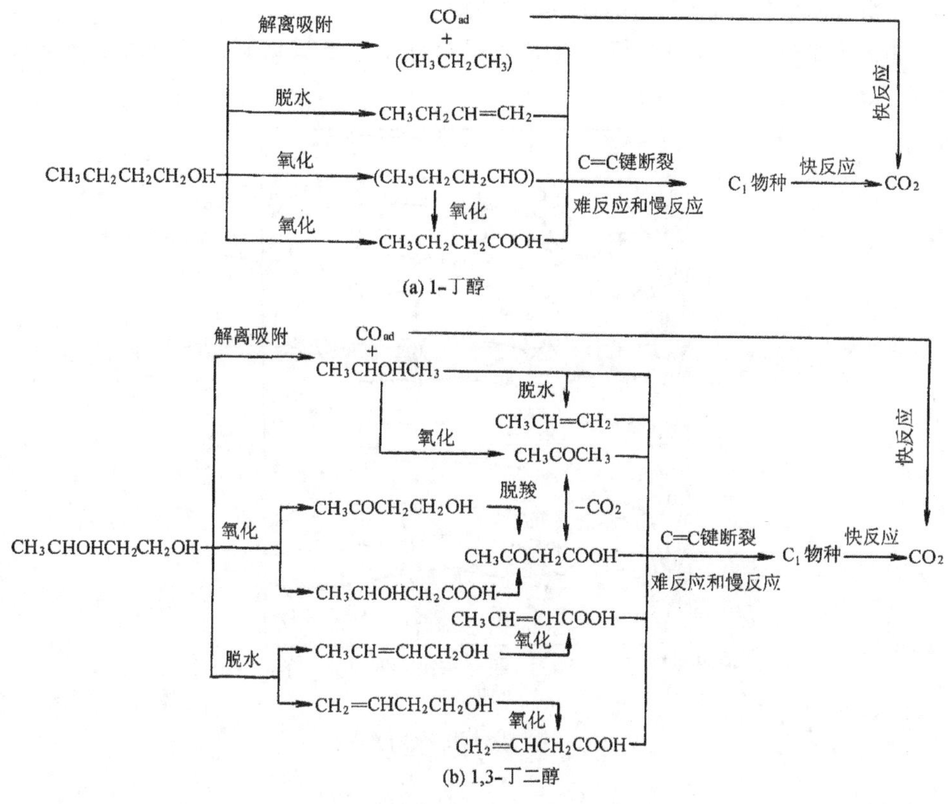

图 13-5 1-丁醇与 1，3-丁二醇的电氧化机理

表 13-1 电氧化 *D*-山梨醇红外谱峰的指认

σ/cm^{-1}	1780	1740	1430，1363，1152，1061	2060 2350
峰的归属	γ-内酯，$\nu_{C=0}$	δ-内酯，$\nu_{C=0}$	*D*-葡糖酸除羰基外的特征吸收	CO CO_2

Lamy 认为，分子不发生碳骨架断裂的电氧化过程经历了以下步骤。首先，*D*-山梨醇在 Pt 电极表面上发生电化学吸附，此过程需要三个表面活性位；接着吸附分子被氧化生成 β-*D*-葡萄糖进入电解质溶液；β-*D*-葡萄糖半缩醛脱 H 吸附在电极表面，然后被氧化成 *D*-葡糖酸-δ-内酯；在高电位区 0.6V（RHE）至 1.36V，*D*-葡糖酸-δ-内酯缓慢地脱离电极表面水解生成 *D*-葡糖酸，部分 *D*-葡糖酸在水溶液中环化成 *D*-葡糖酸-γ-内酯，最终 *D*-葡糖酸、*D*-葡糖酸-δ-内酯、*D*-葡糖酸-γ-内酯三种形态在液相中达到平衡。

Lamy 还对分子结构更复杂的双糖的电氧化过程进行了研究[60]，实验发现对于乳糖电催化氧化制备乳糖酸的反应，碱性介质中使用 Au 电催化剂可得到相当高的氧化选择性，反应后几乎可以 100%选择性得到目标产物。红外结果表明，在 Au 电极表面发生解离吸附的乳糖分子非常少，电氧化的整个过程中两单糖间桥键 O—C—O 没有发生断裂，而且双糖分子中的碳骨架构型也保持不变。

电化学原位红外反射光谱对含 N 有机小分子的电氧化研究报道近年来也很多[61~67]。

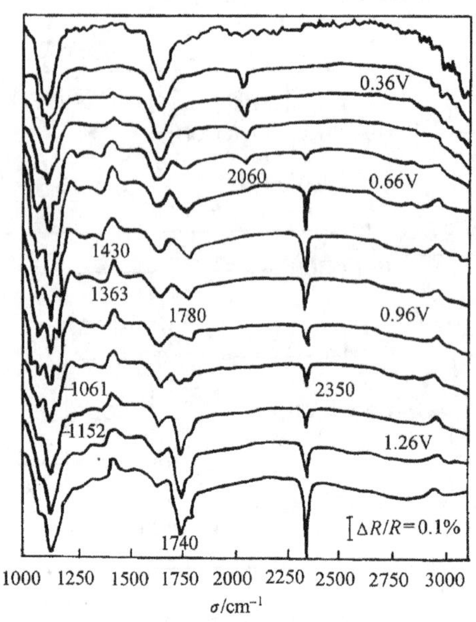

图 13-6 *D*-山梨醇电氧化红外光谱图

13.3.3 电催化剂/溶液界面结构的研究

对双电层结构的深入认识有助于深刻理解固液界面电化学过程的实质。采用衰减全反射实验技术可以优化入射红外光的能量，从而达到提高检测灵敏度的目的[68,69]，同时还证明，电极表面吸附溶剂分子的取向与电极表面分布的电场强度有关。正电位时，有机溶剂 *N*，*N*-二甲基乙酰胺（DMA）以羰基上的氧原子与金电极表面成键，此时的羰基—C═O 在 1605cm^{-1}较低波数下给出红外吸收，且红外吸收峰强度相对较弱；然而在负电位下，DMA 分子偶极矩的取向发生改变，偶极矩方向发生倒反的 DMA 分子在高波数 1637cm^{-1}附近给出较强的—C═O 红外吸收峰。不同电位下，DMA 分子在金电极上的吸附取向如图 13-7。

Osawa 等[70]使用表面增强红外吸收（SEIRA）技术研究了水在双电层中分子取向与电位的关系认为，在低于零电荷电势（pzc = 0.6V）电位下，水分子中的氢原子比氧原子更易接近 Au 电极表面，造成界面中水分子之间生成的氢键数目减少，谱图上可观察到 1612cm^{-1}附近弱的氢键红外吸收，吸附水分子的构型可用图 13-8（A）表示；图 13-8（B）代表电位在 pzc 附近水分子取向发生倒反前的过渡状态；当电位高于 pzc 时，水在 Au 表面的吸附形式类似于冰状结构，红外特征吸收峰位于 1642cm^{-1}，其构型可用图 13-8（C）和图 13-8（H）表示；随着电位的进一步升高，电极上发生电解质阴离子与水的共吸附，水分子与共吸附离子之间作用产生高能量的氢键，氢键的红外吸收波数位移至 1648cm^{-1}，此时的吸附构型由图 13-8（D）表示。实验还观察到在各电位区间水分子的红外吸收频率并不随电位变化，受电位影响的因素主要包括吸附在电极表面上水分子的偶极方向，以及各电位区间不同吸附态的水分子的相对数量。

电化学原位红外反射光谱在研究无机离子吸附[71~75]和有机溶质分子吸附[76~83]中也有诸多应用。通常，对 CN^- 在电极上吸附的研究范围仅限于碱性体系，Huerta 等[84]在 $HClO_4$ 和 H_2SO_4 为介质的酸性溶液中，利用 Pt(111)单晶电极研究了 CN^- 的不可逆吸附过程。实验表明，CN^- 与 Pt(111)表面原子的成键方式在 0.5V(RHE)电位前后差别很大。低电位下，Pt-NC^- 占绝对优势，红外谱图给出较大的 Stark 效应；高电位下，氰根则以 C 原子与 Pt 表面成键，这种键合形式具有较小的 Stark 效应。红外反射光谱技术还可以用来研究金属阳极的氧化溶解过程[85]。例如，硫脲常被用作镀 Cu 溶液中的添加剂，运用红外光谱可以说明硫脲和氰基硫脲都与 Cu 生成络合物，区别在于前者生成的是可溶性络合物，而后者生成的是不溶性薄膜状 Cu(I)络合物。

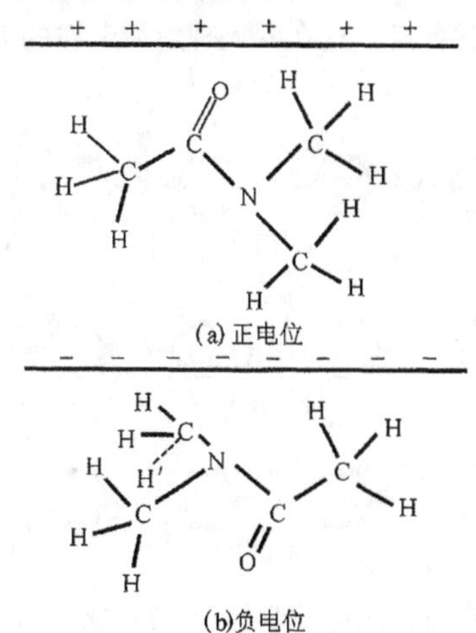

图 13-7　金电极表面 DMA 分子的吸附构型

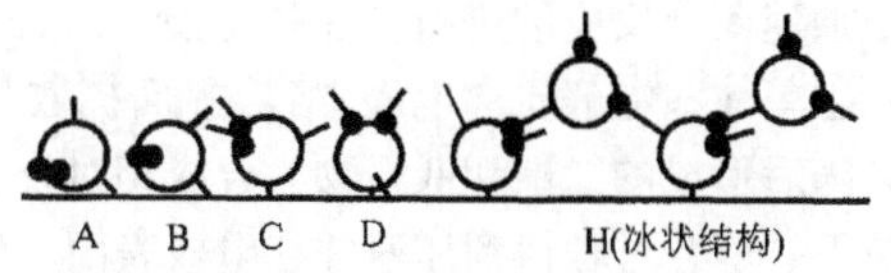

图 13-8　水分子的吸附模型

13.3.4　导电聚合物的结构与表征

导电聚合物膜可作为实用型电催化剂的载体，Lamy 等[86]发现，将 Pt、Pt-Ru 等催化材料分散到 PAni 膜上可获得性能较好的直接甲醇燃料电池催化剂。因此，运用电化学原位红外反射光谱研究导电聚合物的结构和性能有十分重要的意义。

聚苯胺是一种具有特殊物理性质的聚合物。在电位由低到高变化的过程中，可依次生成 Leucoe mraldine（还原态）、Emeraldine（半氧化态）、Perniganiline（氧化态）三种聚合态[式(13-7)、式(13-8)、式(13-9)]。从物质的导电性强弱划分，三种聚合态分别属于绝缘体→导体→绝缘体[87~89]。其中，半氧化态的电导率大小可以很容易地通过改变溶液的 pH 达到。例如，若将该聚合物的碱形式转化为盐酸盐形式，其电导率可增加 11 个数量级。$NaReO_4/HReO_4$ 是一种新的掺杂体系，此体系的几个主要红外吸收峰与聚苯胺谱峰不重叠，从而可以避免以 KCl/HCl、$NaClO_4/HClO_4$、$LiBF_4/HBF_4$ 等作为掺杂电解质干扰谱图解析的缺点。

衰减全反射傅里叶变换红外光谱方法（ATR-FTIRS）是一种内反射技术，它可以有效地克服采用外反射中界面电阻大而阻碍反应正常进行的不利影响。因此，以 $NaReO_4/HReO_4$体系作为掺杂电解质，采用 ATR-FTIRS 方法研究聚苯胺导电膜聚合过程，不仅能够探明嵌入聚合物膜中的掺杂阴离子的数量随电位的变化情况，而且还可以获得聚苯胺结构与电子性质方面的信息。这在深入理解聚苯胺的电化学反应的机理上可提供有益的帮助。

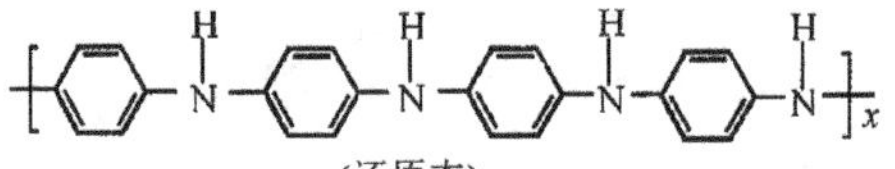

(还原态) (13-7)

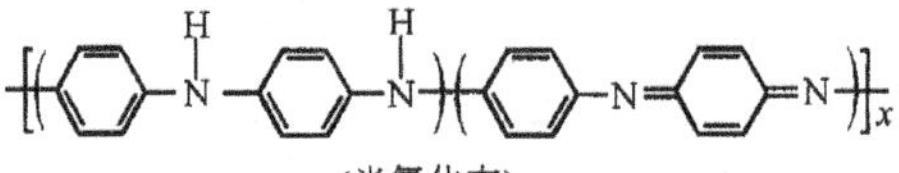

(半氧化态) (13-8)

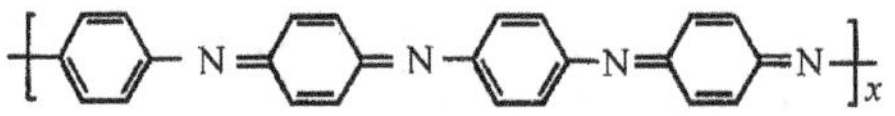

(氧化态) (13-9)

导电聚合物的聚合过程也可采用电化学原位 FTIR 光谱研究[90~92]。聚 2，2′-噻吩吡咯在氧化态时表现出优良的导电性能[93]。对于用乙腈作溶剂的 2，2′-噻吩吡咯电聚合反应，通过比较 $LiClO_4$、Bu_4NClO_4、Bu_4NBF_4、$BuNPF_6$ 四种电解质提高反应速率能力的大小后可以得出，单体的聚合速率与电解质本身的氧化能力有关。一般情况下，电解质氧化能力越强就越有利于加速聚合反应的进行。总体上看，2，2′-噻吩吡咯电聚合过程可划分为三个主要步骤：①单体和电解质向电极/溶液界面扩散与聚集；②单体被电解质氧化成阳离子自由基，随后形成的二聚和低聚物为合成相对分子质量更大的高聚物提供活性中心；③更高电位下，聚合过程得到加速并在电极表面上生长出一层导电聚合物薄膜。

关于导电聚合物膜失活机理的解释，已有人通过运用电化学原位反射光谱研究的方法，提出水和某些有机溶剂能加速这一过程的看法[94]。

13.3.5 铂族金属和合金纳米薄膜电催化材料的异常红外效应

孙世刚研究小组用电沉积法将铂沉积在玻碳表面制成纳米级厚度的薄膜电催化材料（nm-Pt/GC），采用电化学原位 FTIRS 反射光谱的方法，对 CO 在这种电极表面上的吸附过程进行了研究，结果首次发现了异常的红外增强吸收现象，并命名为异常红外效应（abnormal IR effects，AIREs）[95]。如图 13-9 所示，与本体铂金属电极相比，nm-Pt/GC电极上 CO 吸附的红外光谱特征主要表现出三个方面的不同：①红外谱峰方向倒反；②红外吸收显著增强，增强因子达到 20；③谱峰半峰宽变宽。

除 Pt 金属外，在 Pd[96]、Ru[97]、Rh[98]、Os[99]、Ir[100]等铂族金属和 Pt-Pd[101]、Pt-Ru[101]等合金纳米薄膜材料电极上都可观察到上述三个异常红外特征，证明 AIREs 是纳米膜材料的普遍性质。由于铂族金属及合金是极好的电催化材料，上述研究还具有直接的电催化应用前景。与前面提到的表面增强红外吸收[9]（SEIRA）相比较，AIREs 和 SEIRA 都有显著的红外增强，可以提高红外检测灵敏度。但 SEIRA 仅在岛状 Ag、Au 膜电极上出现，并主要针对对硝基苯甲酸及类似结构分子的吸附过程，其应用受到限制。此外，AIREs 中的谱峰方向倒反预示 CO 等吸附分子与铂族金属和合金纳米薄膜表面有十分强烈的相互作用，因此对 AIREs 进行深入研究有重要的理论意义。

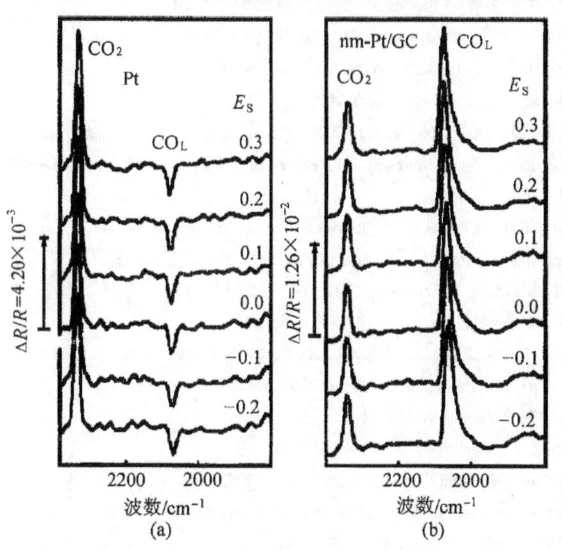

图 13-9 异常红外效应

0.5mol/L H_2SO_4 溶液；E_R = 0.70V

最近，贡辉等[102]将电化学原位扫描显微 FTIR 反射光谱应用于微电极陈列的研究，发现当直径只有 200μmPt 微电极（μ-Pt）经过快速电位循环扫描处理后形成了特殊的纳米结构薄层，以 CO 为分子探针进行红外实验，也同样观察到异常红外效应。进一步研究显示，异常红外效应中增强红外吸收与纳米薄膜的结构和厚度密切相关，其红外增强吸收因子随膜厚的增加呈现火山形变化的规律[103]。

13.4 结　　语

电化学原位红外反射光谱方法是一种普遍适用的研究电催化剂和电催化反应机理的方法。不仅能够用于研究电催化剂表面和附近物种的结构信息，而且还可获得物质在电化学反应前后的变化情况，有助于在分子水平上揭示电化学催化过程的机理和动力学，从而推动电化学理论取得进一步的发展。近年来，电化学原位红外反射光谱方法又有了新的突破，具有时间和空间分辨的原位光谱方法应运而生，促进了对快速电化学反应和电催化剂表面微区的结构和性能的研究，进一步拓宽了电化学的研究对象和领域。电催化剂表面过程是一个相当复杂的过程，联用电化学原位红外光谱与其他研究方法（如STM[9,104]、EQCM[105]等）将提供更丰富全面的信息。

参 考 文 献

[1] Feinleib J. Phys Rev Lett, 1966,16:1200 ~ 1202
[2] Fleischmann P, Hendra P J, McQuillian A J. Chem Phys Lett, 1974, 26:163
[3] Bewick A, Kunimatsu K, Pons B S. Electrochim Acta, 1980, 25(4):465 ~ 468
[4] Sun S G, Yang D F, Tian Z W. J Electroanal Chem, 1990, 289:177 ~ 189
[5] Vess T M, Wertz D W. J Electroanal Chem, 1991, 313:81 ~ 94
[6] Faguy P W, Fawcett W R. Appl Spetrosc, 1990, 44:1309 ~ 1316
[7] Chen A, Rider J, Roscoe S G et al. Langmuir, 1997, 13:4737 ~ 4747
[8] Greenler R G. J Phys Chem B, 1966, 44:310 ~ 315
[9] Suëtaka W, Yates Jr, John T. Surface Infrared and Raman Spectroscopy——Methods and Applications. New York and London: Plenum Press, 1995, 117 ~ 161
[10] Bewick A, Kunimatsu K, Pons B S et al. J Electroanal Chem, 1984, 160:47 ~ 61
[11] Corrigan D S, Leung L W H, Weaver M J. Anal Chem, 1987, 59:2252 ~ 2256
[12] Pons S, Davidson T, Bewick A. J Electroanal Chem, 1984, 160:63 ~ 71
[13] Lin W F, Sun S G. Electrochim Acta, 1996, 41:803 ~ 809
[14] Russell J W, Overend J, Bewick A et al. J Phys Chem B, 1982, 86:3066 ~ 3070
[15] Lin W F, Sun S G, Tian Z W. J Electroanal Chem, 1994, 364:1 ~ 7
[16] Lin W F, Sun S G. Electrochemistry, 1996, 2:20 ~ 23
[17] Yaniger S I, Vidrine D W. Appl Spectrosc, 1986, 40:174 ~ 180
[18] Budevska B O, Griffiths P R. Anal Chem, 1993, 65:2963 ~ 2971
[19] Matsuda S, Kitamura F, Takahashi M et al. J Electroanal Chem, 1989, 274:305 ~ 312
[20] Sun S G, Lin Y. J Electroanal Chem, 1994, 375:401 ~ 404
[21] Sun S G, Lin Y. Electrochim Acta, 1998, 44:1153 ~ 1162
[22] Ataka K, Hara Y, Osawa M. J Electroanal Chem, 1999, 473:34 ~ 42
[23] 孙世刚,洪双进,陈声培等．中国科学,1999,29:348 ~ 354
[24] 孙世刚,洪双进,陈声培等．光谱学与光谱分析,1998,18:23 ~ 24
[25] Sun S G, Hong S J, Chen S P et al. Abstracts of 1997 Joint Meeting of ISE and ECS. Paris, 1997, 963 ~ 964
[26] Beden B, Lamy C. In Spectroelectrochemistry Theory and Practice. Edited by Gale R J. New York: Plenum Press, 1988, 189 ~ 261
[27] Sun S G. In Electrocatalysis. Edited by Lipkowski J, Ross P N. New York: Wiley-VCH. Inc, 1998, 243 ~ 290
[28] Jiang X D, Villegas I, Weaver M J. Electrochim Acta, 1995, 40:91 ~ 98
[29] Friedrich K A, Geyzers K P, Linke U et al. J Electroanal Chem, 1996, 402:123 ~ 128
[30] Severson M W, Weaver M J. Langmuir, 1998, 14:5603 ~ 5611
[31] Rodes A, Gómez R, Feliu J M. Langmuir, 2000, 16:811 ~ 816
[32] Zou S, Gómez R, Weaver M J. Langmuir, 1999, 15:2931 ~ 2939
[33] Orozco G, Pérez M C, Rincón A et al. Langmuir, 1998, 14:6297 ~ 6306
[34] Hori Y, Koga O, Watanabe Y et al. Electrochim Acta, 1998, 44:1389 ~ 1395

[35] Gómez R, Feliu J M, Weaver M J et al. Surf Sci, 1998, 410:48 ~ 61
[36] Sun S G, Wan L J, Osawa M et al. J Phys Chem B, 1999, 103:2460 ~ 2466
[37] Rodes A, Feliu J M, Aldaz A et al. Electrochim Acta, 1996, 41:729 ~ 745
[38] Tang C, Zou S, Weaver M J. Surf Sci, 1998, 412:344 ~ 357
[39] Tang C, Zou S, Weaver M J. J Electroanal Chem, 1999, 467:92 ~ 104
[40] Yang H, Lu T H, Sun S G et al. J Mol Catal, 1999, 144:315 ~ 321
[41] Olivi P, Beden B, Lamy C et al. Electrochim Acta, 1996, 41:927 ~ 932
[42] Sun S G, Chen S P, Li N H et al. Colloids Surf, 1998, 134:207 ~ 220
[43] Souza J P I, Rabelo F I B, Nart F C. J Electroanal Chem, 1997, 420:17 ~ 20
[44] Xia X H, Liess H D, Iwasita T. J Electroanal Chem, 1997, 437:233 ~ 240
[45] Wieland B, Lancaster J P, Hoaglund C S et al. Langmuir, 1996, 12:2594
[46] Dailey A, Shin J, Korzeniewski C. Electrochim Acta, 1998, 44:1147 ~ 1152
[47] Love J G, Brooksby P A, Mcquillan A J. J Electroanal Chem, 1999, 464:93 ~ 100
[48] I wasita T, Hoster H, Lin W F et al. Langmuir, 2000, 16:522 ~ 529
[49] Kabbabi A, Faure R, Durand R et al. J Electroanal Chem, 1998, 444:41 ~ 53
[50] Xia X H, Iwasita T, Vielstich W. Electrochim Acta, 1996, 41:711 ~ 718
[51] Munk J, Christensen P A, Skou E et al. J Electroanal Chem, 1996, 401:215 ~ 222
[52] Morallón E, Rodes A, Pérez J M et al. J Electroanal Chem, 1995, 391:149 ~ 157
[53] Li N H, Sun S G. J Electroanal Chem, 1998, 448:5 ~ 15
[54] Li N H, Sun S G. J Electroanal Chem, 1997, 436:65 ~ 72
[55] Pastor E, González S, Arvia A J. J Electroanal Chem, 1995, 395:233 ~ 242
[56] Proenca L, Lopes M I S, Aldaz A et al. Electrochim Acta, 1998, 44:735 ~ 743
[57] Proenca L, Lopes M I S, Lamy C et al. Electrochim Acta, 1998, 44:1423 ~ 1430
[58] Proenca L, Lopes M I S, Lamy C et al. J Electroanal Chem, 1997, 432:237 ~ 242
[59] Proenca L, Lopes M I S, Lamy C et al. J Electroanal Chem, 1997, 432:193 ~ 198
[60] Druliolle H, Lamy C, Beden B et al. J Electroanal Chem, 1997, 426:103 ~ 115
[61] Huerta F, Morallón E, Aldaz A et al. J Electroanal Chem, 1999, 475:38 ~ 45
[62] Ogura K, Kobayashi M, Nakayama M et al. J Electroanal Chem, 1999, 463:218 ~ 223
[63] Bezerra Â C S, Sá E L, Nart F C. J Phys Chem B, 1997, 101:6443 ~ 6449
[64] Climent V, Rodes A, Aldaz A et al. J Electroanal Chem, 1999, 467:20 ~ 29
[65] Climent V, Rodes A, Aldaz A et al. J Electroanal Chem, 1997, 436:245 ~ 255
[66] Huerta F, Ouijada C, Aldaz A et al. J Electroanal Chem, 1999, 467:105 ~ 111
[67] Huerta F, Morallón E, Aldaz A et al. J Electroanal Chem, 1999, 469:159 ~ 169
[68] Marinkovic N, Hecht M, Fawcett W R et al. Electrochim Acta, 1996, 41:641 ~ 651
[69] Fawcett W R, Kloss A A, Marinkovi c N et al. Electrochim Acta, 1998, 44:881 ~ 887
[70] Ataka K I, Yotsuyanagi T, Osawa M. J Phys Chem B, 1996, 100:10664 ~ 10672
[71] Moraes I R, Nart F C. J Electroanal Chem, 1999, 461:110 ~ 120
[72] Ataka K, Osawa M. Langmuir, 1998, 14:951 ~ 959
[73] Shingaya Y, Ito M. J Electroanal Chem, 1999, 467:299 ~ 306
[74] Weber M, Nart F C. Electrochim Acta, 1996, 41:653 ~ 659
[75] Huerta F, Morallón E, Vázquez J L. J Electroanal Chem, 2000, 480:101 ~ 105
[76] Chen A C, Yang D F, Lipkowski J. J Electroanal Chem, 1999, 475:130 ~ 138
[77] Nanbu N, Kitamura F, Ohsaka T et al. J Electroanal Chem, 1999, 470:136 ~ 143
[78] Fawcett W R, Chen A C, Lipkowski J et al. Electrochim Acta, 1999, 45:611 ~ 621
[79] Li H Q, Roscoe S G, Lipkowski J. J Electroanal Chem, 1999, 478:67 ~ 75
[80] Ikezawa Y, Sekiguchi R, Kitazume T. Electrochim Acta, 1999, 45:1089 ~ 1093

[81] Noda H, Minoha T, Osawa M et al. J Electroanal Chem, 2000, 481: 62 ~ 68
[82] Ataka K, Osawa, M. J Electroanal Chem, 1999, 460: 188 ~ 196
[83] Li W F, Haiss W, Floate S et al. Langmuir, 1999, 15: 4875 ~ 4883
[84] Huerta F, Morallón E, Aldaz A et al. Electrochim Acta, 1998, 44: 943 ~ 948
[85] Port S N, Ceré S, Schiffrin D J. J Electroanal Chem, 1997, 432: 215 ~ 221
[86] Kelaidopoulou A, Leger J M, Lamy C et al. J Appl Electrochem, 1999, 29: 101 ~ 107
[87] Ping Z, Nauer G E, Neckel A et al. J Chem Soc Faraday Trans, 1997, 93(1): 121 ~ 129
[88] Ping Z. J Chem Soc Faraday Trans, 1996, 92(17): 3063 ~ 3067
[89] Ping Z, Neugebauer H, Neckel A. Electrochim Acta, 1996, 41: 767 ~ 772
[90] Pham M C, Piro B, Haas O et al. Synthetic Metals, 1998, 92: 197 ~ 205
[91] Lankinen E, Sundholm G, Talonen P et al. J Electroanal Chem, 1999, 460: 176 ~ 187
[92] Martinez M C, Hahn F, Beden B et al. Synthetic Metals, 1997, 88: 187 ~ 196
[93] Ping Z, Nauer G E. J Electroanal Chem, 1996, 416: 157 ~ 166
[94] Wang J. Electrochim Acta, 1997, 42: 2545 ~ 2554
[95] Lu G Q, Sun S G, Chen S P et al. In Electrode Processes. Edited by Wieckowski A and Itaya K. The Electro-Chemical Society Inc. Pennington, 1996. 436 ~ 445
[96] 蔡丽蓉,孙世刚,夏盛清等. 物理化学学报,1999,15:1023 ~ 1029
[97] 孙世刚,郑明森,卢国强等. 电化学,2000,6:25 ~ 30
[98] Lu G Q, Sun S G, Cai L R et al. Langmuir, 2000, 16: 778 ~ 786
[99] Drozco G, Gutierrez C. J Electroanal Chem, 2000, 487: 64 ~ 72
[100] Ortiz J A, Cuesta A, Gutiérrez C et al. J Electroanal Chem, 1999, 465: 234 ~ 238
[101] 卢国强,蔡丽蓉,孙世刚等. 光谱学与光谱分析,1998,18:19 ~ 20
[102] 贡辉,陈声培,孙世刚等. 科学通报,2001,46:996 ~ 998
[103] Zheng M S, Sun S G. J Electroanal Chem, 2001, 500: 223 ~ 232
[104] Cai W B, Wan L J, Noda H et al. Langmuir, 1998, 14: 6992 ~ 6998
[105] Ogura K, Nakayama M, Nakaoka K et al. J Electroanal Chem, 2000, 482: 32 ~ 39

(孙世刚　贡　辉,厦门大学固体表面物理化学国家重点实验室)

第 14 章 电极催化剂的原位拉曼方法

拉曼光谱是一种散射光谱，以单色性很好的激光作为光源，广泛用于原位（*in-situ*）研究各种固-液、固-气和固-固界面体系，从分子水平上深入表征各种表面（界面）的结构和过程，如鉴别分子（离子）在表面的键合、构型和取向以及材料的表面结构等。在研究高比表面积和低透射率的粗糙或多孔电极体系方面，拉曼光谱比其他光谱技术更具有优势，其最大的缺点是检测灵敏度非常低。在电化学研究中该缺点尤为突出，因为典型的电化学体系是由固-液两个凝聚相组成的，表面物种信号往往会被液相里的大量相同物种的信号所掩盖。因而，与红外光谱技术比较，拉曼光谱尽管使用激光作为光源，其检测灵敏度仍然较低，所以成功地用拉曼光谱研究电催化体系的例子还较少。近年来人们利用表面增强拉曼光谱（SERS）成功地将过渡金属电极表面物种的检测灵敏度提高了 1～3 个数量级，使这一局面得到明显的改观，从而实现了对一些重要的电催化反应的原位监测以及电化学反应（解离）产物及中间产物的鉴别，为利用激光拉曼光谱技术来研究电催化体系展示了良好的发展前景。本文先简要回顾拉曼光谱在电化学中应用的历史，其次简述表面拉曼光谱的基本原理和表面增强拉曼光谱（SERS）现象，此后将介绍电化学拉曼光谱技术的仪器、方法和实验装置。讨论重点放在如何提高检测灵敏度、光谱分辨率、空间分辨率、时间分辨率以及其他联用技术，同时用一些实例来说明拉曼光谱应用于电催化领域的特点，最后将简要探讨该领域的未来发展方向和有关技术。

14.1 电化学拉曼光谱技术的发展史

1923 年，Smekal 从理论上预测，当频率为 ν_0 的入射光经试样散射后，散射光中应含有频率为 $\nu_0 \pm \nu$ 的辐射。1928 年，Raman（拉曼）等[1]以汞灯、棱镜和照相底板作实验工具，以苯液体为试样，首次发现了这种效应。他在 2 年之后即获得诺贝尔奖，拉曼光谱的名称也由此而来。由于拉曼光谱的检测灵敏度非常低，而在 20 世纪 40 年代中期与之互补的红外技术则迅速地发展并开始商品化，使拉曼散射光谱的研究一度衰落。直至 20 世纪 60 年代末期，激光技术的发展使拉曼技术得以复兴。由于激光具有高亮度、高方向性和偏振性等优点，使其成为拉曼光谱技术的理想光源。随着检测技术的发展，拉曼光谱技术才逐步发展成为研究分子结构和各种物质微观结构的重要工具。即便如此，它在电催化方面的应用还是受到很大的限制。这是因为参与表面过程或反应的物种往往仅有单分子层、甚至是亚单层，而分子的微分拉曼散射截面通常仅有（甚至低于）$10^{-29}cm^{-2} \cdot sr^{-1}$，若使用常规的激光拉曼谱仪检测表面单分子层的物种，其拉曼信号强度一般低于 1 光子计数/s（即常规谱仪的检测限）[2]。1973 年，Fleischmann 等[3]首次将拉曼光谱应用于电化学研究，研究了薄膜电极上的金属氧化物和金属卤化物，如在沉积于 Pt 电极上的汞珠表面所产生的 Hg_2Cl_2、Hg_2Br_2 和 HgO 薄膜。由于这些汞的化合物是非常强的拉曼散射体，故能获得足够强的拉曼信号，从而证明了利用拉曼光谱研究薄膜（包括催化剂）电极结构的可行性。

电化学拉曼光谱最具突破性的进展当属实现了电极/电解质界面的（亚）单层吸附物种的研究。Fleischmann 等[4]于 1974 年对光滑银电极表面进行粗糙化处理后，首次获得吸附在银电极表面上的单分子层吡啶分子的高质量的拉曼光谱，而且拉曼信号随所施加的电位会发生明显的变化，表明它们是来自于电极表面物种。但是，他们认为能得到高质量的表面拉曼谱图的原因仅仅是因为高粗糙的表面可以吸附更多的分子[4]。van Duyne 及其合作者[5]则敏锐地意识到，如此之强的表面拉曼信号不可能简单地来源于粗糙电极的表面积增大。他们对此做了详细的实验验证和理论计算，发现吸附在粗糙银表面上的吡啶的拉曼散射信号与溶液相中的同数量的吡啶的拉曼散射信号相比，增强了约 6 个数量级，这是一种从未被认识到的、与粗糙表面有关的巨大的增强效应，即 SERS 效应。1×10^6 倍表面信号的增强相当于将人们所感兴趣的表面单层分子（或离子）放大成为 100 万层，因而 SERS 能避免溶液相中相同物种的信号干扰，轻而易举地获取高质量的表面分子信号。这些开拓性的工作成功地奠定了将拉曼光谱应用于表面科学研究的实验基础。至今已发表了数千篇有关 SERS 理论和实验的研究论文。

在 20 世纪 80 年代，人们经过系统和全面的研究，遗憾地发现仅有少数几种金属（主要是粗糙的 Ag、Au 和 Cu）才具有强的表面增强效应，这严重限制了 SERS 的应用领域。另外，过渡金属在电化学、催化和材料科学中都是极为重要的材料，若能将 SERS 技术的应用拓宽至包括过渡金属在内的各种金属和合金材料将十分有意义。Fleischmann 和 Weaver 研究组[6,7]分别通过在高 SERS 活性的 Ag 和 Au 基底上沉积超薄膜层过渡金属来获取 SERS 信号。但是，厚度仅为十分之几至几纳米的超薄金属层难以保证其能完全覆盖住粗糙金属基底，并且其电化学稳定性和可逆性皆较差。这以后的十几年中仅有几篇直接从纯过渡金属表面获取 SERS 信号的报道，但是获得的信号都极其微弱，有的甚至难以被其他研究组重复，故得不到普遍的认可和实际应用。直到 20 世纪 90 年代后期，得益于电极处理新方法的发展和高灵敏度拉曼谱仪的推出，人们成功地从纯 Pt、Pd、Ru、Rh、Fe、Co 和 Ni 电极上获得高质量的表面拉曼信号，并发现它们具有 1～3个数量级的表面增强效应[8,9]。用拉曼光谱研究各种过渡金属上的表面吸附（反应）物种已成为现实。这些进展清楚地表明，拉曼光谱将有望和红外光谱技术一样，广泛应用于表面科学和电催化的研究中。

14.2 表面拉曼散射光谱的基本原理和特征

14.2.1 正常拉曼散射

拉曼效应是一种非弹性光散射现象。当频率为 ν_0 的单色光入射于试样时，一般除了透射、反射或吸收以外，同时还出现向四面八方辐射的微弱的散射光。若用光谱仪来分析散射光的光谱，将发现散射光是由若干不同频率的成分所组成的，大部分散射光的频率与原来入射光的频率 ν_0 相同，少部分散射光的频率发生了变化，与 ν_0 不同，且包含有若干个不同频率的成分，这部分光称为拉曼散射，其光强仅约为入射光强的 1×10^{-10}。

不同拉曼过程的跃迁机理示于图 14-1。拉曼过程是一个发生在光照后 1×10^{-12}s 时间内的双光子过程。分子中的电子首先被一个频率为 ν_0 的光子激发至处于其激发态和基态之间的一个“虚态”，当电子从“虚态”跃迁回基态时，将发射出光子。由 $\nu_m\rightarrow\nu_n$ 的跃迁产生的 Stokes 线相当于将某一特定的振动模激发至其第一激发态的激发过程，同时导致基频吸收，如图 14-1（a）。从 $\nu_n\rightarrow\nu_m$ 的跃迁产生了反 Stokes 线，如图 14-1（c），由于处于振动激发态的分子少，其跃迁概率小，从而拉曼散射弱。对于一个频率为 ν 的振子，其 Stokes 和反 Stokes 线对应于 $\nu_0-\nu$ 和 $\nu_0+\nu$ 处的拉曼谱线。

通常，拉曼谱图是以散射光强度和以 cm^{-1}为单位的拉曼位移 ν 作图。拉曼信号都很弱，通常 1×10^{10}个入射光子才会产生一个拉曼光子。因此，要对表面吸附物种进行拉曼光谱研究几乎都要利用某种增强效应。

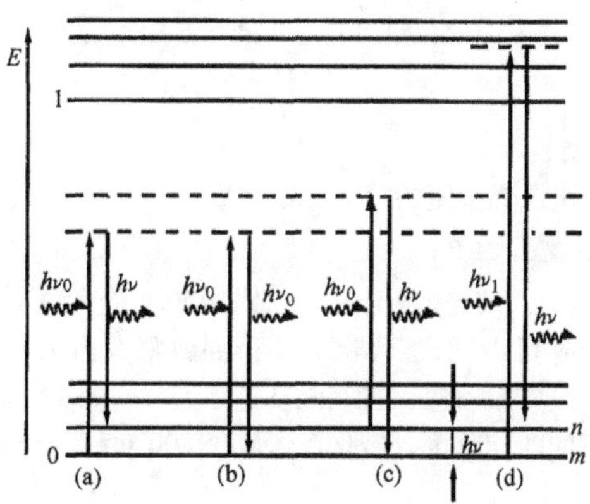

图 14-1 Stokes(a)、反 Stokes(c)、共振拉曼散射(d)和瑞利散射(b)的能级示意图

(0)电子基态；(1)第一激发态；(m)振动基态；(n)第一振动激发态

14.2.2 共振拉曼散射

当选取的入射激光频率 ν_0 非常接近或处于散射分子的电子吸收峰范围内时，见图 14-1（d），与“虚拟态”情况相比，由于其在电子激发态停留的时间明显加长，致使拉曼跃迁的概率大大增加，这种现象被称为共振拉曼效应（RR），它可使分子的某些振动模式的拉曼散射截面增强高达 1×10^6 倍。共振拉曼增强使得检测亚单层量的分子成为可能。共振拉曼谱也比正常拉曼谱简单的多，因为只有与电子跃迁相关的振动模式才有增强。

根据光散射的量子力学理论，由振动态 $m(\nu_m)$跃迁至 $n(\nu_n)$产生的散射光，其单位立体角度拉曼强度可表示为

$$I_{nm}=\frac{2^7\pi^5}{3^2c^4}I_{\mathrm{L}}(\nu_0-\nu_{nm})^4\sum_{\rho\sigma}\left|(\alpha_{\rho\sigma})_{nm}\right|^2 \tag{14-1}$$

其中

$$\nu_{nm} = \nu_n - \nu_m$$

式中：I_L——激发光的功率密度；

ν_0——激发光频率；

c——光速；

$(\alpha_{\rho\sigma})_{nm}$——第 m 到 n 态振动跃迁的第 $\rho\sigma$ 项极化率张量。

由二次微扰理论，可得到如下的极化率张量成分的表达式

$$(\alpha_{\rho\sigma})_{nm} = \frac{1}{h}\sum_{e}\left(\frac{< n \mid < \mu_\rho \mid e > < e \mid \mu_\sigma \mid m >}{\nu_{em} - \nu_0 + i\Gamma_e} + \frac{< n \mid < \mu^\sigma \mid e > < e \mid \mu_\rho \mid m >}{\nu_{en} + \nu_0 + i\Gamma_e}\right) \tag{14-2}$$

式中：h——普朗克常量；

μ_ρ，μ_σ——电子跃迁偶极矩的第 ρ 和 σ 分量；

$i\Gamma_e$——激发态的湮灭因子；

ν_{em}（$= \nu_e - \nu_m$），ν_{en}（$= \nu_e - \nu_n$）——从 m 或 n 态向激发态（e）的电子跃迁。

共振拉曼散射的产生可以从式（14-2）中得到解释：当 ν_0 接近 ν_{em}时，式（14-2）第一项起主要作用并产生共振效应，且其强度并不与 ν_0 成四次方关系，而取决于入射光频率和电子跃迁频率的匹配程度。极化率张量变为反对称，使对共振拉曼峰对称性的分析变得更为复杂。

必须指出，只有少数分子的电子吸收能级与处于可见光区的激发光的能量相匹配，而且，RR 不是一种表面专一的效应，溶液相同物种可能会对表面谱产生严重的干扰。相反，SERS 则是一种具有表面选择性的效应，它对表面物种的信号有着高达几个数量级的增强。

14.2.3 表面增强拉曼散射（SERS）

从 20 世纪 70 年代中期在电化学体系中获得第一张 SERS 谱至今，人们通过实验发现并归纳出 SERS 的以下主要特征[2,10~13]。

1) 粗糙的 Ag、Cu、Au 体系的表面增强因子（SEF），通常高达 1×10^6。其他“自由电子”金属（如碱金属）的报道则很少。许多过渡金属（如 Pt、Rh、Ni、Co 和 Fe）的 SEF 值取决于金属性质，范围在 $1\times10 \sim 1\times10^3$。

2) 合适的表面预处理是获得强 SERS 信号的关键，迄今已发展了许多制备 SERS 活性表面的方法：例如氧化还原循环（oxidation-reduction cycle（s），ORC）、化学刻蚀、蒸镀或真空溅射、溶胶、光刻、自组装和模板技术等。

3) 为产生高 SERS 活性，根据金属性质不同，通常需要颗粒尺寸为 10 ~ 200nm 的表面以获得最佳的效果。微观尺度粗糙表面（如表面络合物、吸附原子、吸附原子簇等，称为 SERS 活性位）在化学增强机理中起着相当重要的作用。

4) SERS 是一种表（界）面灵敏技术——吸附在表面的第一层分子有最大的增强。

此外，SERS 还具有长程效应，该效应取决于表面的形貌和物理环境，在离表面几十纳米处的分子也能得到一定的增强。

5）许多吸附在金属表面或表面附近的分子能产生 SERS，但它们的 SEF 相差很大。如 CO 和 N_2 的极化率几乎相等，在相同的实验条件下，它们的 SERS 强度相差 200 倍。一般通过物理作用吸附于表面的分子（离子）增强较小。

6）在电化学环境下，表面分子的 SERS 振动频率和强度是电极电位的函数，对不同的振动模式其电位的依赖关系不同。当施加一个很负的电位时，电极的 SERS 活性有可能不可逆地消失，若重新对其进行电化学氧化还原循环（ORC），又可能产生 SERS 活性。迄今所提出各种的 SERS 理论皆无法全面解释所观察到的 SERS 实验现象。目前，一般认为 SERS 增强主要是两种机理的贡献[14~16]：电磁场（EM）增强机理主要描述表面局域光电场增强所导致的分子的拉曼散射截面的显著增大，它不仅与构成表（界）面材料的光学性质、表面的形貌和激发光的频率有关，而且与被测分子所处的局域几何结构有关。由于该机理仅考虑入射光子与金属表面的作用，因此对吸附分子没有选择性；化学增强机理则主要描述分子、表面和入射光子三者相互作用的类共振增强现象，其中最重要的贡献是电荷转移（CT）机理。自由分子的拉曼强度可由式（14-1）得到，而其表面增强拉曼散射强度一般可用式（14-3）表示

$$I_{\mathrm{SERS}} \propto \nu_{\mathrm{SC}}^4 E_{\mathrm{in}}^2 E_{\mathrm{SC}}^2 \sum_{\rho,\sigma} |(\alpha_{\rho\sigma})_{nm}|^2 \tag{14-3}$$

式中，ν_{SC}是拉曼散射光的频率。

为描述金属表面入射光与散射光的局域电磁场（光电场），分别用 E_{in}与 E_{SC}替代式（14-1）中的激发光的功率密度 I_{L}。它们的平方代表入射光与散射光在表面位置的强度，其值代表了表面电磁场增强效应[12]。对 $\alpha_{\rho\sigma}$求和项表示因分子内及分子与表面的相互作用所引起的光学响应，它代表了化学增强效应。

电磁增强理论有以下几个特点：①该效应本质上为长程作用，因为可极化金属粒子的偶极场与到粒子中心距离的三次方成反比关系；②增强效应一般与吸附分子无关；③增强取决于基底的电子结构与表面粗糙度，因为表面等离子体共振频率取决于这些因素。化学增强效应也称为电荷转移（CT）或短程效应。它与金属及吸附物种的电子结构有关，可用类共振拉曼机理来解释。化学增强效应只在分子尺度的短程范围内对 SERS 有贡献。这种机理依赖于吸附位、成键的构型与吸附分子的能级。电荷转移过程对总的 SERS 增强因子的贡献约为 $1\times10\sim1\times10^3$。文献[2，12，14~16]从不同角度对 SERS 做了较全面的综述。有关 SERS 最新的进展，读者可参考 *Journal of Raman Spectroscopy* SERS 特刊[17]以及最近发表的有关表面拉曼光谱新进展的论文集[13]。

14.2.4 电极表面物种的振动性质

表面物种与体相中的同一物种的振动性质很不相同。当分子吸附在表面上后，其构型可能会发生改变，与自由分子相比其对称性也可能发生改变，从而导致其振动行为的变化。分子对称性的改变、偶极耦合、非均匀加宽、分子内振动弛豫、相变、电子空穴对的产生以及声子耦合等都将对带宽、强度与位置等产生影响。因此，有必要从偶极耦

合相互作用[18]和电化学 Stark 效应[19,20]等方面简单地描述分子与表面的相互作用（吸附）和（或）分子与表面同一物种（或其他物种）的相互作用。

在表面吸附层，相邻分子的诱导偶极之间的静电相互作用将使分子的振动发生耦合，在单晶表面上对偶极耦合相互作用已有详细的研究。简单地说，耦合会导致两个重要的结果[18]：①相同分子间的耦合导致其振动频率比孤立单个分子的振动频率要稍高一些；②不同振动频率的两个物种间的耦合将产生两种振动模式，每一振动模式都与原物种的振动频率相近，因此峰的位置并未发生明显的移动，但峰强度却从低频模向高频模转移。

电极表面吸附物种的振动频率随电位的变化在电化学振动光谱研究中是一非常普遍的现象，常被称为电化学 Stark 调谐效应，或简称 Stark 效应[19,20]。以在铂族金属上化学吸附的 CO 为例，在较宽的电位区间金属-碳以及 CO 的振动频带几乎与所加的电位成线性关系。其斜率 $d\nu_{CO}/dE$ 为正值，为 30 ~ 60cm^{-1}·V^{-1}；而 $d\nu_{M\text{-}C}/dE$ 为负值，为 -20 ~ -10cm^{-1}·V^{-1}。目前认为 Stark 效应有两种起源：①界面电场与吸附分子偶极矩的相互作用所导致的分子振动频率的变化就是所谓的 Stark 效应[19]。如果电解液浓度足够高（约 1mol·L^{-1}），电化学双电层中大部分电位将降在界面区的十分之几纳米内，其场强可达 10^{7}V·cm^{-1}，该电场与吸附物中高度可极化电子可发生耦合；②电极表面电荷变化将导致 CO 分子内 C—O 键和金属与 CO 成键的强弱变化[20]。从分子轨道考虑，通过 σ 重叠电子可以从有合适对称性的吸附分子的全充满轨道转移到金属的空轨道上。金属可以随即将电子从充满的 d 轨道反馈给吸附分子的空的 π^* 反键轨道。因为 π 键相互作用占优，吸附的 CO 分子的频率（相对于溶液物种）将减小。当电极电位负移时，$d\pi$-$2\pi^*$ 反馈逐渐占优，导致 CO 的键强降低，从而使分子内的伸缩频率降低，同时也引起M—CO键增强，导致频率升高，这可以解释所观察到的负的 $d\nu_{M-C}/dE$ 值。

表面拉曼光谱与常规拉曼光谱有很大的不同。由于入射场与反相反射场的叠加而使表面电场的切向分量接近于零，入射场的垂直分量则在反射场的作用下被增强。因此，垂直表面的电场分量对全对称振动模式有重要的贡献。因此，合理地选择拉曼实验条件如入射光和散射光的方向及偏振方向可以使得我们从检测到的拉曼信号的强度变化来确定特定的极化率张量元，以确定分子在表面的取向。

应当指出，SERS 与分子的普通拉曼光谱甚至非增强表面拉曼光谱有很多不同。由于表面形貌和 SERS 机理的复杂性，SERS 活性与粗糙表面的表面选律还未能完全建立。然而，与化学增强效应相比，电磁场增强机理则相对简单并可定量分析，可大致预测表面物种不同振动模式的相对增强。由于垂直于表面的局域场的分量有着最大的增强，因此有着全对称极化率张量的 α_{zz}分量的振动模式将产生最大的增强，而那些有着非全对称极化率张量元（α_{xz}，α_{yz}）的振动模式增强则要小一些。对那些极化率张量沿着 XY 平面的振动模式，其增强效应最小。

14.2.5 表面拉曼光谱技术与表面红外光谱技术的比较

拉曼散射光谱和红外吸收光谱是测定分子振动的两种主要实验方法，所涉及的都是分子振动能级的变化，故它们之间有极为密切的关系。但是，产生这两种光谱的机理是完全不同的，所遵循的选律各不相同，所以某个试样的拉曼和红外光谱亦不尽相同，通

过两个技术的相互补充，可以较全面而细致地研究试样的结构。对两种技术的特点的简要归纳见表 14-1

表 14-1　红外吸收光谱和拉曼散射光谱技术特点比较

	拉曼	红外
光学现象	散射	吸收
光子过程	双光子	单光子
灵敏度（散射或吸收截面/cm^2）	低（约 1×10^{-29}）1)	高（约 1×10^{-20}）
研究频谱区间/cm^{-1}	通常为 50～4000	通常为 900～4000 2)
光谱峰形	尖锐	较宽
强度与浓度的关系	线性关系	指数关系
表面增强	是	是
B 族金属的表面增强因子	10^6 3)	约 80
过渡金属的表面增强因子	1×10^2～1×10^4	1×10～1×50
表面选律	宽松、复杂	严格、简单
表面分子取向测定	困难而复杂（尤其是 SERS）	简单、清楚
典型采样方法	180°背散射与 90°散射角收集	反射
空间分辨率	约 1μm	约 30μm
周围环境的干扰	很小	水与 CO 的强烈干扰
典型光谱电化学测量方式	无特别要求（绝对光谱）	电极电位或偏振调制光谱
光谱电解池结构	无特殊要求	薄层电解池（大约 10μm）
常用的表面	粗糙 4)	光滑镜面
典型光源	激光	碳化硅或能斯特灯丝
表面破坏性	可能发生局部受热和熔融	

1）分子产生拉曼散射的概率要远小于红外吸收的概率。然而，拉曼仪器及激光技术的发展已大大缩小了它们之间的差距。在一些优化的条件下，普通拉曼光谱的灵敏度已能与红外吸收光谱的灵敏度相当。拉曼散射效率可以通过采用表面增强和共振拉曼效应而得到极大提高。

2）当今红外技术的不足之处是通常难以研究低于 800cm^{-1} 的频率区间，这一缺点可通过采用同步加速辐射源作为高强度的红外光源予以克服。

3）对一些尺寸约 90nm 的银纳米颗粒，其表面增强因子高达 1×10^{14}。

4）要得到高 SERS 活性的基底，合适的表面粗糙度是必需的。

14.3　电化学拉曼光谱实验

14.3.1　光谱实验装置

原位电化学拉曼光谱实验装置如图 14-2 所示。其实验仪器包括激光、拉曼谱仪、用于控制谱仪及数据采集和数据处理的计算机、用来数据输出的绘图仪或打印机、恒电位仪、产生控制电极电位/电流波形的波形发生器和光谱电化学池。拉曼谱仪主要由试样室（收集光路）、单色仪、检测和记录系统组成。对于某些激光，在照射试样前，必须用滤光片滤去所含的等离子线使其成为纯的单色光。在单色仪中，通过光栅的色散作用把拉曼散射光和瑞利散射光（甚至于反射光）分离。单色仪可以是双单色仪或三单色仪，在新一代的显微拉曼光谱仪中，由于采用了陷波滤光片（notch filter），只需要单个单色仪，因而光通量很高，提高了仪器的灵敏度。检测器有很多种，目前最常用的是电荷耦合器件（CCD），有关拉曼谱仪的详细介绍见参考文献[21]。

目前，拉曼光谱研究中使用的激光有很多种，波长范围从紫外区到近红外区，可分为连续波长激光（CW）和脉冲激光。脉冲激光器价格昂贵且功率密度高，容易损坏试样，因而只有从事快速时间分辨或非线性拉曼光谱实验时，脉冲激光才显示出其必要性和优越性。最常用的连续波长的激光器有可提供蓝光（488.0nm）和绿光（514.5nm）的氩离子激光器和提供红光（632.8nm）的氦/氖激光器。氦-镉激光器产生的 325nm 和通过对氩离子激光倍频得到的 244nm 和 257nm 波长的紫外激光可用于共振拉曼光谱研究以提高检测灵敏度。当待测试样有强荧光时，将可能掩盖拉曼信号，若使用近红外激光激发则可以降低荧光干扰。常用的近红外激光器有可产生 785nm 激光的半导体激光器和输出波长连续可调、波长范围为 843.2 ~ 1064nm 的 Ti：Sapphire 激光器。采用输出激发线波长为 1064nm 的 YAG 连续波长激光可有效地避免荧光的干扰，但由于目前检测器灵敏度在此波长范围内很低，因而需要使用傅里叶变换（FT）-拉曼谱仪。

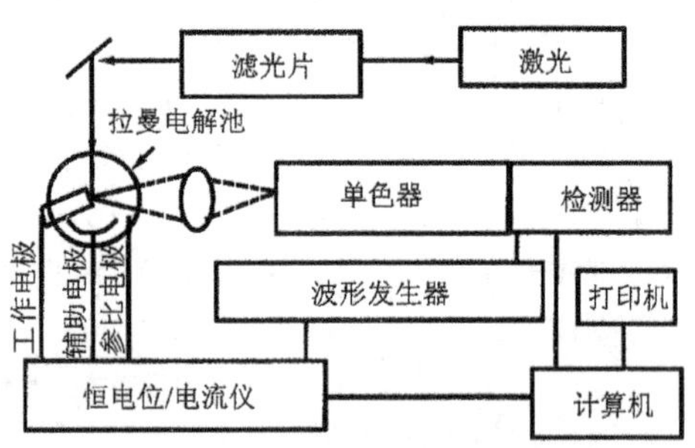

图 14-2　现场电化学拉曼光谱技术的仪器方框图

在相同的光谱分辨率下，FT-拉曼谱仪的光通量比常规的拉曼谱仪好。但根据式(14-1)，拉曼信号的强度与激发光频率 ν_0 和检测器的检测灵敏度成正比。目前 FT-拉曼谱仪用的是近红外激光，而在近红外区工作的检测器一般噪声大且量子效率低。因此，FT-拉曼谱仪总的灵敏度仍比常规拉曼谱仪低，与共焦拉曼谱仪相比就更低了。除此之外，水溶液对近红外区入射光和拉曼信号也有强吸收，使得在 FT-拉曼谱仪上开展电极/溶液界面的研究变得相当困难。但是由于它可以有效地排除荧光的干扰，在研究具有荧光的薄膜电极（包括聚合物和生物薄膜电极）时具有其优势。

常规拉曼谱仪可分成两类：单道扫描谱仪和多道摄谱仪。在单道拉曼谱仪中，当散射光经收集透镜收集聚焦进入入口狭缝后，经凹面镜反射为平行光并充满平面光栅；光栅上发散的光被第二个凹面镜收集并聚焦于出口狭缝平面上。不同的仪器可能有 1 ~ 3 级单色器，在最后一级单色器中通过改变光栅的位置使某单一波长光子通过出口狭缝聚焦于检测器上。PMT 是单道扫描仪中最常用的高增益的光探测器。由于它具有高量子效率和较低的暗电流，很适合于弱信号的检测。但是对于极微弱的光信号的检测，一般需要很长的积分时间，这时必须特别注意避免因暗电流而导致的检测器的饱和。

多道拉曼谱仪主要由单色器和多道检测器组成。实验中预先选定光栅的位置（中心波数），在不扫描光栅的条件下，一次可同时记录频率覆盖范围很宽的拉曼谱（甚至可记录全谱）。这极大地缩短了采谱的时间。因此，多道拉曼谱仪已逐渐成为拉曼实验室中最重要的一种仪器。目前在多道谱仪中最常用的检测器是CCD，它具有很高的量子效率，如在可见区可达到80%，紫外增强型的CCD在紫外可见光区的量子效率大约有35%。CCD最突出的特点是它的暗噪声非常小，这对于需要长时间积分才能得到满意信噪比的弱信号的检测就显得尤为重要。然而，CCD读出速度很慢，所以若没有脉冲激光和光开关很难利用它进行时间分辨的拉曼光谱研究。目前，拉曼显微技术在小型拉曼谱仪中得到了广泛的应用，有必要对其做较详细的介绍。它是光学显微技术和拉曼光谱技术的结合，兼有这两种技术的所有优点。显微镜能高效地将拉曼散射光收集并耦合到拉曼谱仪中，并可以在放大的条件下移动和观察试样，这样拉曼显微镜可以分析表面上不同点的拉曼光谱，得到表面上不同点的化学成分的信息，并可以对表面进行化学成像。

在表面分析中为提高空间分辨率和检测灵敏度，就必须从显微镜物镜的两个重要参数——放大倍数和数值孔径（NA）着手。放大倍数就是在显微镜中物体所成的像的大小与物体的实际大小之比。它对仪器的光通量并没有影响，只对提高空间分辨率和观察试样有用。拉曼强度主要受到散射光收集立体角 Ω（即与之关联的显微物镜头的数值孔径）的影响，该值在实验能及范围内越高越好。常用的显微镜镜头的数值孔径一般为0.5~1.2。在一些电化学原位拉曼研究中为了避免显微镜头和电解质溶液接触，只能牺牲收集效率，选用数值孔径为0.5的长工作距离（3~8mm）显微镜头。

近年来，大多数拉曼显微镜都直接使用全息陷波滤光片作分束镜，陷波滤光片可以高效地反射激光并照在试样上。当收集的信号透过该滤光片时，瑞利散射光衰减至原来的 $1\times10^{-5}\sim1\times10^{-6}$，而拉曼散射光透过率可达85%。这样可以使信号得到增强。采用这种滤光片后，拉曼仪器中只需一个较短的单色器就可达到排除瑞利线的目的。当需要检测低波数（$5\sim20\text{cm}^{-1}$）的振动时，必须使用双单色器。现代的显微拉曼谱仪总的优点是谱仪尺寸小型化，价格降低，而表面灵敏度却显著地提高。后者对表面（界面）的研究极为重要。

近年来，在传统拉曼显微镜的基础上又发展了共焦拉曼显微镜。“共焦”主要是指可以将所要收集的光信号限制在一个很小的试样范围内的光学结构。正是因为这一特点，使得共焦系统具有垂直于表面的光学剖层分析的能力。

显微拉曼谱仪和常规大型拉曼谱仪相比，高度聚焦使其激光功率密度（即使功率只有毫瓦数量级）非常高，实验中必须注意避免试样因光热分解而被破坏。由于每片陷波滤光片只能滤除一条激发线，所以在进行不同激发线的实验中就需要不同的陷波滤光片，这在经济上一般难以承受，因而不适于进行需要多个激发线的共振拉曼研究。权衡这些优缺点，由于共焦拉曼显微镜能使仪器的灵敏度得到极大的提高，它还是发展成为拉曼谱仪的主流。对于电化学体系，人们所关心的过渡金属电极表面吸附（反应）物的表面覆盖度一般仅为亚单分子层，需要比较高的检测灵敏度，共焦拉曼显微技术对该体系的研究就显得特别重要。

14.3.2 光学工作方式

根据电化学池和拉曼仪器的特点，在拉曼实验装置中可采用不同的光学工作方式。根据激光入射和收集方式的不同，可分为5种方式，见图14-3。一般可将它们分成三类最基本的工作方式：正向入射收集方式、背散射方式和衰减全反射（ATR）方式。图14-3（a）在常规拉曼谱仪中最常用。入射光以与电极表面的法线成θ的角度方向入射到电极表面，在与电极表面垂直的方向收集拉曼散射光。选择60°左右的入射角，可以很好地避免反射光干扰。

收集拉曼散射光最高效的方法是背散射方式，一般有两种结构：一种常用于拉曼显微镜上，利用分束镜来反射激光，入射光通过显微镜的物镜垂直聚焦于试样表面。散射信号通过该物镜收集后再透过分束镜，进入拉曼谱仪，如图14-3（b）所示。在这种光路中，反射激光直接进入拉曼谱仪，所以当使用这种光学结构时，拉曼仪器要有很好的滤除激发线的功能。图14-3（c）是另一种背散射方式的示意图，激光经一个极小的镜片反射后直接照射到试样表面，并且拉曼散射光用这一小镜片后的一个大透镜收集。由于有了小镜片，反射激光就不会进入拉曼谱仪。这两种结构其入射光和收集光都与电极表面垂直。其他光学工作模式在此不做详细讨论。

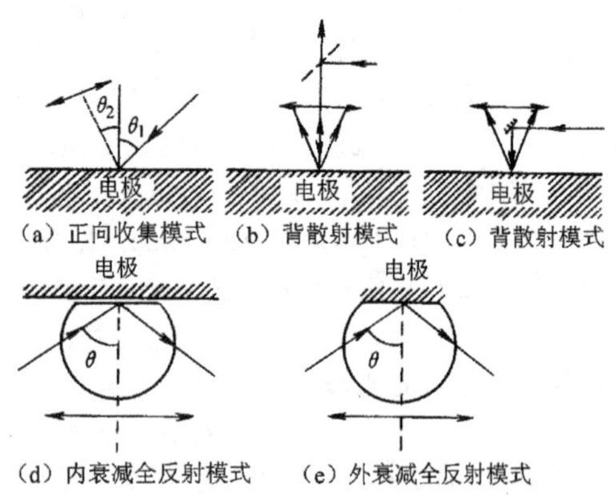

图14-3 电化学拉曼光谱技术的各种光学入射和收集模式

14.3.3 光谱电化学池

光谱电化学池是拉曼实验的核心部分，由工作电极、对电极和参比电极组成。为了和拉曼谱仪的收集系统耦合，人们设计了各种不同的拉曼电解池。光谱电化学池的设计中要特别注意池体的结构和电极的制备，比如，3个电极的相对位置应合理，以实现拉曼和电化学的同时测试。针对不同的研究需要，池体的结构以及所配的附件也应有所不同，如有时需要光学窗片，以及用于交换溶液或气体的出入口。图14-4是两种最常用的拉曼池。池（a）可用于常规拉曼谱仪中背散射模式和不同入射角下的前照射收集模式[22]；池（b）可用于显微拉曼谱仪中[23]。在池（b）中可使用光透明石英或玻璃窗片以防止来自大气中的污染以及电解质溶液对收集的显微镜头的腐蚀。对于这种拉曼池，通常没有必要将工作电极与对电极、参比电极分离。但如果在对电极上产生有害物种或在参比电极上引入杂质，可以采用烧结玻璃制备隔离的两室或三室光谱电化学池。

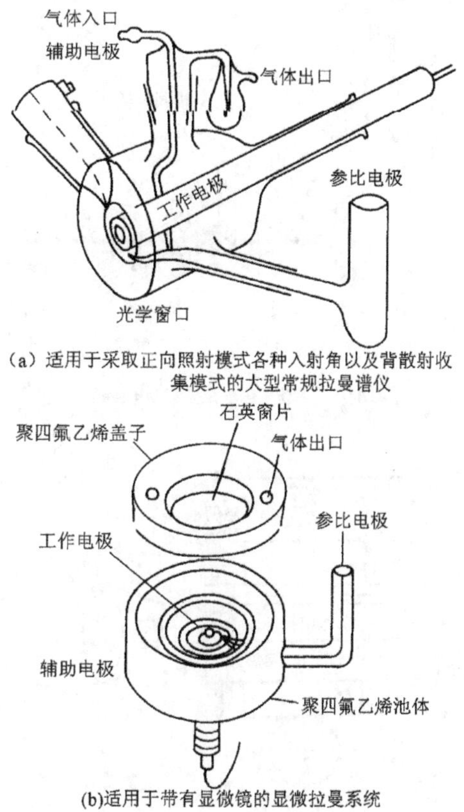

(a) 适用于采取正向照射模式各种入射角以及背散射收集模式的大型常规拉曼谱仪

(b)适用于带有显微镜的显微拉曼系统

图 14-4 研究水溶液体系时最常用的两种电化学拉曼电解池

当研究剧烈反应的体系时，溶液中的反应物将很快被消耗，而电极表面的反应产物也必须及时移去以免产生副反应。为了考查表面的反应而又免受反应产物的干扰，就必须设计一个在原位测试中能更换溶液的光谱电化学池。此外，为了准确地检测表面物种，必须在不改变电位的情况下原位改变溶液的组成以检测可能的谱峰变化。因此，设计池体的关键是如何能快速、彻底地更换电极表面和窗片间的溶液。图 14-5 给出了一个可用于流动体系的光谱电化学池[24]。

由于显微拉曼的激光功率密度相当高，在测试过程中有些活泼或不稳定物种（尤其是生物分子）有可能在光照区发生光解。为减少光照时间，有必要设计一种可移动的池子，如图 14-6 所示[25]，池体通过支架固定在二维可动平台上。平台是一个带有加固滚轴的铝质结构，其滚轴可沿着光滑的不锈钢轴转动以实现平台的精确二维运动。池支架底部与安装在蠕动泵马达辘杆上的圆盘相连接。由于圆盘的轴心偏离圆盘的几何中心，圆盘转动时可使移动平台上下运动，产生池支架和池体的位移。这样，随着光谱电化学池的运动，电极表面产生一个矩形的光照区域。由此，在相同采谱时间内，电极表面上每一点的光照时间大大缩短。图 14-6 给出的是圆柱形池子，但根据不同的需要可做成不同的几何形状。

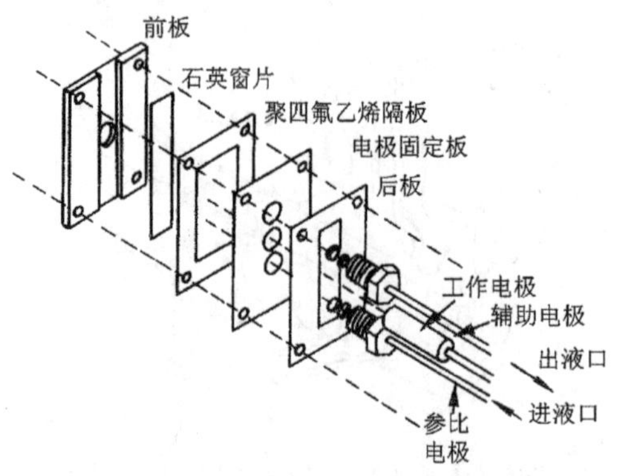

图 14-5　现场电化学拉曼流动电解池

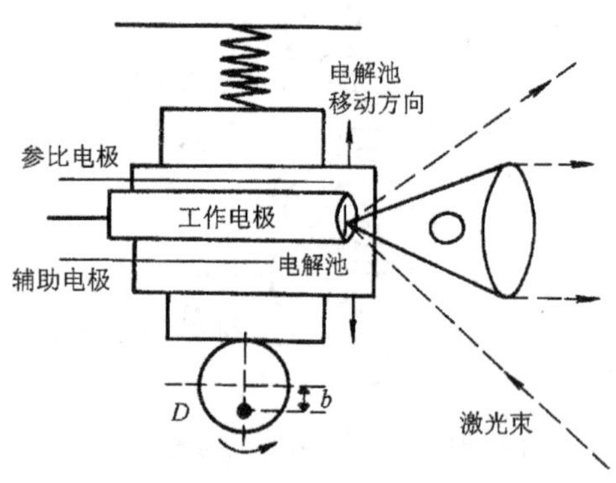

图 14-6　现场电化学拉曼可动电解池[25]

在研究催化和腐蚀过程中，特别是用熔融盐作介质时，必须使用耐高温或高压的光谱电化学池。图 14-7 给出一个能在 25～290℃温度区间工作的光谱池[26]，它可以根据不同的需要进行改装。如图所示，电解质溶液由 D 口进入，在泵的抽吸作用下，溶液流经整个池子并进行预热，最后，溶液从 C 口出来。对电极插在 E 处。通过池体内的加热套 H 可对池子进行加热。密封杆 G 的作用是使电极通过导线从 T 处引出。实际上，池体的结构只要稍加改变就可适应不同的拉曼系统。在常规拉曼系统上，激光可平行引入而散射光在垂直方向收集。对于显微拉曼可采用背散射的方式。

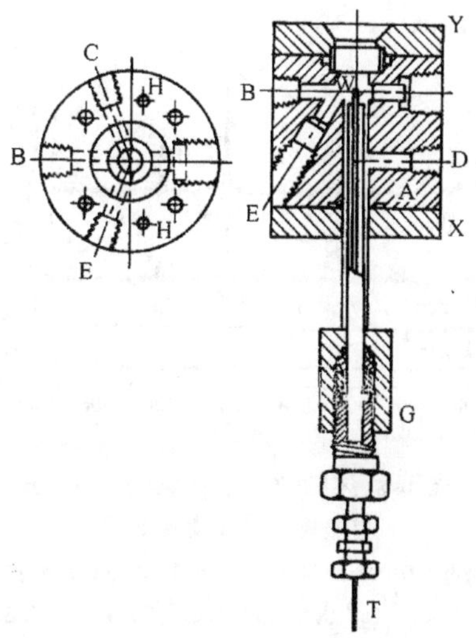

图 14-7 高温高压光谱电解池[26]
A. 支架；B，E. 参比和辅助电极接口；
C，D. 溶液进出口；G. 密封件；T. 电极
引线；H. 加热丝；W. 工作电极

14.3.4 电极预处理

拉曼光谱的一个重要优点是对所研究的电极的大小和形状没有特殊的要求，它可以是直径为 1μm 到几厘米的平滑、多孔或粉末电极。正因为如此，电化学拉曼光谱技术可以很方便地研究诸如聚合物、碳、硅和半导体等电极材料本身的结构变化。虽然这样，对于电极表面或者发生着电化学反应的电化学界面，通常仅有单层或亚单层的物种存在，进行拉曼研究时必须特别注意电极的预处理以期获得具有表面增强的信号。为此，本节将集中讨论如何处理各种电极以获得强 SERS 活性的表面，最后简要介绍无 SERS 活性电极表面的制备。

14.3.4.1 SERS 活性电极表面

从上述可知，若要获得高质量的 SERS 谱，需要对电极表面进行合适的预处理。对仅有弱 SERS 活性的铁电极表面，如图 14-8 所示，不同的粗糙处理方式对吸附在其表面的吡啶的 SERS 信号有显著影响[27]。在用 Al_2O_3 粉机械抛光（由粗到细抛光至 0.05μm）后的光亮表面上几乎检测不到吡啶的拉曼信号，其最强峰的强度也只有 0.5 个计数/s［图 8（a）］。在这种电极上，由于采到的拉曼信号极弱无法详细研究吡啶的吸附行为。当电极用 $1.0mol\cdot L^{-1}$ HNO_3 溶液化学刻蚀后，谱图的信噪比得到了明显提高。如果进一步将电极在 $0.1mol\cdot L^{-1}$ KCl 溶液中进行 ORC 法处理，吡啶的拉曼强度升高 2 倍。通过原位 ORC 可以获得更强的拉曼信号。这表明，合适的表面处理方法是获得高质量谱图的关键，同时也说明电极表面的粗糙方法是多样的。目前，制备 SERS 活性的电极表面

最广泛的方法是电化学粗糙法。

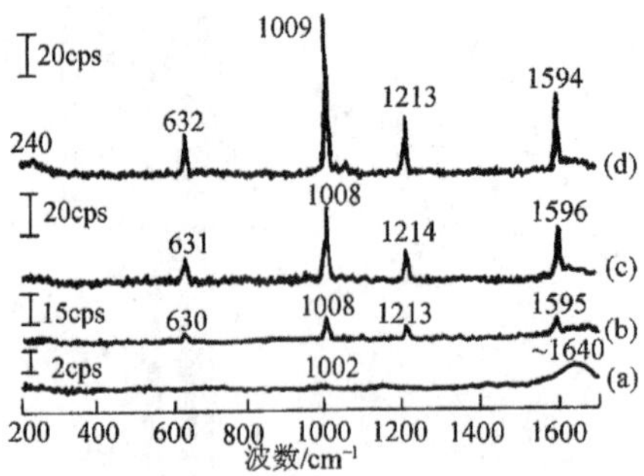

图 14-8 不同粗糙方法所得到的铁电极表面吸附吡啶的拉曼谱图[27]

溶液 0.01mol·L^{-1}吡啶 + 0.1mol·L^{-1} KCl；激发光 632.8nm；(a) 机械抛光；(b) 在 2mol·L^{-1}H_2SO_4 中化学刻蚀；(c) 在 0.5mol·L^{-1} H_2SO_4 中进行双阶跃电位的非现场氧化还原粗糙（从 −0.70V阶跃至 −0.35V 停留 15s，而后回到 −0.7V还原）；(d) 先在 0.01mol·L^{-1}吡啶 + 0.1mol·L^{-1} KCl 中在光谱电化学电解池中进行现场氧化还原循环粗糙

(1) 电化学氧化还原

电化学中电极的制备相对较为简单：将金属（或碳、硅和半导体）丝、棒或片嵌入（或热封）到惰性的电极套（玻璃、聚三氟乙烯或聚四氟乙烯）中，并引出导线，再将电极面抛光后制成。电化学粗糙前，电极常需先用 Al_2O_3 粉机械抛光（由粗到细抛光至 0.3μm 或 0.05μm），然后，用超纯水清洗表面并在超声清洗器中除去附着的氧化铝。有时可对电极进行化学抛光处理或者将其控制在较负电位让表面强烈析氢以去除杂质。目前，至少有 5 种方法可以用来制备 SERS 活性的表面。表 14-2 归纳了各种金属的典型处理方法，这里我们只对其中的电化学氧化-还原（ORC）法和薄层法这两个重要的方法进行详细讨论。

制备 SERS 活性表面最常用的方法是电化学 ORC。ORC 过程可在表面上产生大尺度的粗糙度（如直径 10 ~ 500nm）和原子级的粗糙度（吸附原子或原子簇）[28]。大尺度的粗糙度与电磁场增强机理紧密相关，而原子级的粗糙度则有助于解释化学增强机理[11,14,15]。在电化学 ORC 方法中，氧化还原电位、电位变化波形（三角波扫描电位或者双阶跃电位）、氧化电量、循环次数以及电解液组成都是可调变的重要参数。由于过渡金属仅有弱的 SERS 效应，为获取最佳的 SERS 活性，有必要发展一些特殊的 ORC 方法。对一些较为稳定的金属（如铂和铑），难以通过溶解和沉积的粗糙方法而使表面粗糙化，主要原因是这些金属的表面在氧化电位下易于形成一层致密的氧化层而难以进一步氧化。从而难以在表面上形成能产生 SERS 活性的尺寸合适的颗粒。针对这些电极，我们发展了一种特殊的粗糙方法，即在电极上施加一个高频的交变电位（高的氧化电位和适中的还原电位）使电极表面发生强烈的氧化。在高频交变电位的作用下，表面氧和

本体金属原子的位置的交换变得相当容易，从而导致内表面金属原子的进一步氧化。通过改变粗糙的时间、电位和频率可以控制铂表面的粗糙度（30～500）。和常规的 ORC 方法制备的表面相比，高频的交变电位所制备的电极表面颜色更暗。图 14-9 是粗糙铂电极表面的扫描隧道显微镜（STM）图像，这种表面具有较强的 SERS 活性。

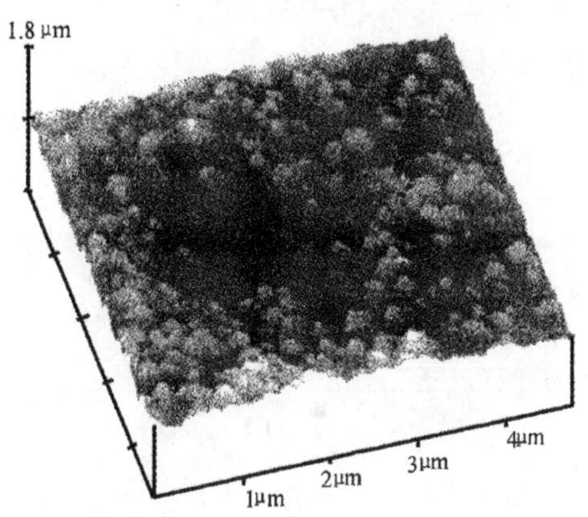

图 14-9　具有 SERS 活性的粗糙铂电极的 SIM 图像

与铂电极相比，铑电极更难粗糙，用上述方波电位粗糙法难以使铑电极粗糙。通过系统的研究，我们发现，用方波电流法可以很容易地将铑电极粗糙。详细的粗糙过程（电位和电流的控制）见表 14-2。这种方法也可用于制备低比表面（粗糙度可小至 3～5）而具有很高的 SERS 活性的铂电极。当然，所施加的电流和频率与铑电极有很大的区别。

表 14-2　各种金属电极的电化学粗糙方法［单位：E/V，t/s，I/（$A \cdot cm^{-2}$），ν/（$V \cdot s^{-1}$），f/kHz］

电极	前处理	溶液	控制波形	条件	循环次数	表面外观
Ag	化学刻蚀（可选）	$0.1 mol \cdot L^{-1}$ KCl	E_1 t_1，E_2 t_2，E_3 t_3	$E_1 = E_3 = -0.25$，$E_2 = 0.25$，$t_1 = 15, t_2 = 8, t_3 = 60$	1	乳黄色
Au	电化学清洗（可选）	$0.1 mol \cdot L^{-1}$ KCl	E_1 t_1，ν_1，E_2 t_2，ν_2，E_3 t_3	$E_1 = E_3 = -0.3$，$E_2 = 1.2$，$t_1 = t_3 = 30, t_2 = 1.2$，$\nu_1 = 1, \nu_2 = 0.5$	25	深棕色
Cu	电化学清洗（可选）	$0.1 mol \cdot L^{-1}$ KCl	E_1 t_1，E_2 t_2，E_3 t_3	$E_1 = E_3 = -0.4$，$E_2 = 0.4$，$t_1 = 15$，$t_2 = 3 \sim 5$，$t_3 = 60$	1～5	深棕色
Pt	电化学清洗	$0.5 mol \cdot L^{-1}$ H_2SO_4	E_1 t_1，E_2 t_2，E_3 t_3	$E_1 = E_3 = -0.2$，$E_2 = 2.4$，$f = 1.5$（$t_1 + t_2 = 1/f$）	30～900	灰色至暗黄色

续表

电极	前处理	溶液	控制波形	条件	循环次数	表面外观
	Pt, Rh 电化学清洗	$0.5mol \cdot L^{-1}$ H_2SO_4	E_1 I_1 t_1 t_2 t_3 I_2 t_4 E_2	Pt, $I_1 = -I_2 = 1.6$ $f = 0.5$ Rh, $I_1 = -0.1$ $I_2 = 0.13$ $f = 0.2 (f = t_2 + t_3)$ $E_1 = E_2 = -0.2$	10 ~ 600	雾灰色至深棕色
Fe	化学刻蚀（可选）	$0.5mol \cdot L^{-1}$ H_2SO_4	E_1 t_1 E_2 t_2 E_3 t_3	$E_1 = E_3 = -0.7$ $E_2 = 0.35$ $t_1 = t_3 = 60$ $t_2 = 15$	1	灰色
Co	化学刻蚀（可选）	$0.5mol \cdot L^{-1}$ $NaClO_4$	E_1 t_1 t_2 E_2 t_3 ν_1 E_4 ν_2 E_3 t_4 E_5	$E_1 = -1.0$ $E_2 = -1.4$ $E_3 = -1.2$ $E_4 = 1.0$ $E_5 = -1.25$ $t_1 = t_3 = 20$ $t_2 = 15$　$t_4 = 60$ $\nu_1 = 0.2$　$\nu_2 = 0.1$	1	暗灰色

(2) 化学方法刻蚀的电极

和 ORC 法相比，另一更为简单的电极粗糙方法是化学刻蚀法。化学刻蚀法是通过溶液中合适的化学反应使电极表面部分原子溶解以得到粗糙的表面[29]。针对不同的金属，为获取最佳的 SERS 活性常需要不同的条件，因而需要一定的实验经验。例如，可用稀的 HNO_3（约 $1mol \cdot L^{-1}$）来化学刻蚀镍，刻蚀时间 5 ~ 7min。铁电极在 $2mol \cdot L^{-1}$ H_2SO_4 中超声刻蚀 5min 后便可得到较好的 SERS 活性的表面。一般在化学刻蚀后，金属片或电极必须用水彻底冲洗并保持表面的湿润以保护新鲜表面，防止来自大气的污染。

需指出的是，对于某些电极，如图 14-8 所示，化学刻蚀的方法并不能有效地在表面形成适合 SERS 的粗糙度。为获取更强的 SERS 活性，可将化学刻蚀后的电极在刻蚀液中进行非原位或在测试溶液中进行原位的 ORC 处理。一般来说，用原位 ORC 的方法可获较高的 SERS 活性，但是这种表面一般很不稳定，而且它的拉曼强度会随着时间不可逆地降低。后面将详细讨论如何解决这个问题。

为了在无 SERS 活性或弱 SERS 活性的过渡金属或半导体上充分利用 SERS 效应，人们发展了两种方法。第一种方法，如图 14-10（a）所示，是在强 SERS 活性的 Ag 或 Au 基底上沉积一超薄层的金属或半导体[7,8,30]，以充分利用强 SERS 活性金属基底的电磁场长程作用效应来获取无或弱 SERS 活性薄层上的吸附物种的高质量的 SERS 谱。这些薄层上的信号强度比纯过渡金属上的高 1 ~ 2 个数量级，为更深入的研究提供了高质量的谱图[31]，为广泛研究各种材料提供了独特的方法并展现了 SERS 技术的巨大应用潜力[30]。为了有效利用强 SERS 活性金属基底的 SERS 效应，沉积层的厚度通常应小于 10 个原子层。应该指出的是，要在粗糙表面上沉积一个均匀的薄层电极难度很大，而且在使用时还必须特别注意膜层表面的稳定性和电化学的可逆性。

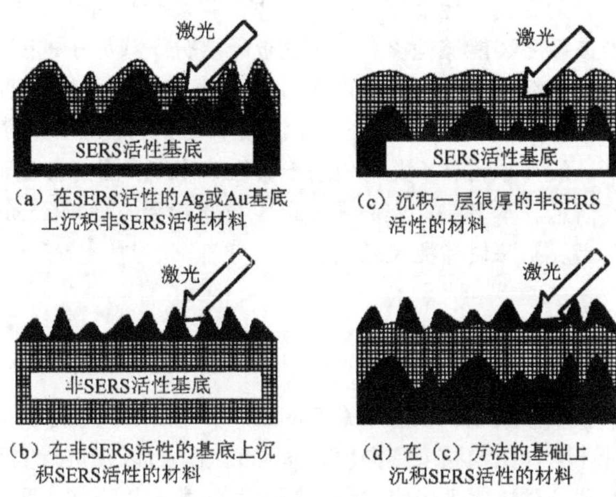

图 14-10 利用各种薄层构筑技术在非或弱 SERS 活性材料上进行的 SERS 研究[32]

另一种方法同样是借助 SERS 效应，不同之处在于它是在弱或无 SERS 效应的基底（包括半导体、金属氧化物和聚合物）上用化学或电化学方法沉积一层强 SERS 活性的金属（如银和金）岛[32]，如图 14-10（b）所示。这样可以利用 SERS 效应的长程作用机理研究无 SERS 活性基底的结构和性质。必须指出，除非表面物种能选择性地吸附在无 SERS 活性的基底上；否则将无法完全排除吸附物种键合在 SERS 活性岛及其与基底的边界处的可能性。因此，该方法并不适于研究表面吸附和表面反应的体系。

14.3.4.2 无 SERS 活性的电极

以上主要介绍如何制备可供拉曼研究的具有强或弱的 SERS 效应的电极。为了在电化学中更广泛地使用拉曼光谱技术，有必要将表面拉曼研究拓宽至没有表面增强的电化学体系。除非采用拉曼散射截面特别大的吸附分子，目前一般的原位电化学拉曼技术还无法从无 SERS 活性的表面上获取足够强的单层吸附物种的表面信号。事实上，很多电催化研究中，人们所关注的是电催化电极本身，催化剂层的厚度可从几纳米至几十微米，拉曼研究中其厚度取决于材料的性质和拉曼系统中显微镜的使用。通常，膜越厚信号越强。但是，由于激光穿透能力取决于所研究的材料和激光波长，其穿透深度可从纳米级到微米级，因此没必要制备一个超过几十微米的厚膜。一般来说，粗糙度很大的表面常有助于获得表面信号。

14.4 电化学拉曼光谱检测

任何一种研究方法在研究某一特定的电化学体系时都有其优缺点，电化学拉曼光谱技术也不例外。检测灵敏度和分辨率是判断各种技术获取界面信息的能力的最重要判据。分辨率可进一步分为3类，能量分辨率、空间分辨率和时间分辨率。例如，常规电化学技术具有很高的灵敏度，能够检测到界面区亚单层分子或原子的变化；但是其时间分辨率非常低，仅达毫秒级，即使用超微电极，其分辨率也仅能提高到微秒级。此外，其能量分辨率也很低，约为1×10^{-2}V。振动光谱技术则具有高出两个数量级的能量分辨率，其光谱分辨率一般为$1cm^{-1}$，大约相当于1×10^{-4}eV。因此，振动光谱技术可获得更详细的界面结构信息。本节将首先简要介绍电化学拉曼（EC-Raman）的检测步骤，然后从方法学的角度出发，探讨检测灵敏度、光谱分辨率、时间分辨率和空间分辨率等方面的问题。

14.4.1 检测步骤

图14-11给出进行电化学拉曼光谱（EC-Raman）研究的实验程序图。由于拉曼光谱仪的许多光学组件对环境（比如温度和湿度）非常敏感，所以在进行实验前必须先校正仪器的灵敏度和精确度。对电化学研究来说，频率和强度的校正尤为重要，因为在很多的电化学的吸附和反应体系中，不论其强度还是频率都会随着电极电位的改变而改变，而强度和频率常作为表面物种的吸附取向和覆盖度的判据。

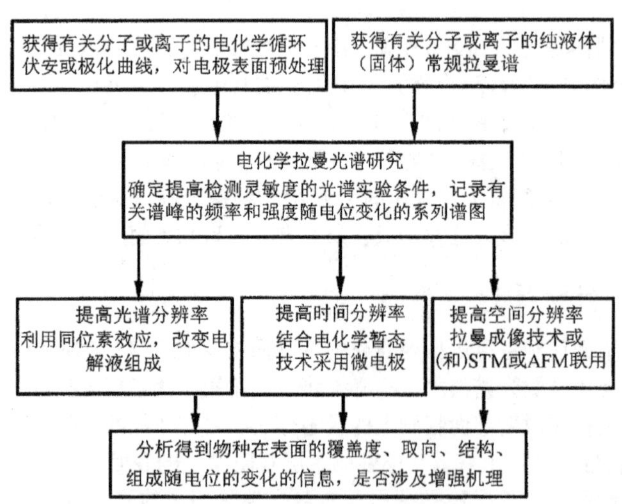

图14-11 电化学拉曼光谱研究的实验程序图

在研究一个新体系时，首先须得到所要检测的物种的原始态（比如纯液态或纯固态）或一些可能的反应产物的标准试样的常规拉曼光谱，然后再检测在原位拉曼研究中使用的溶液的拉曼光谱。在中等浓度条件下，溶液物种的拉曼信号强度与其浓度成正比。因此，当实验溶液的拉曼信号太弱时，可以考虑适当提高浓度。这些高质量的谱图可作为参考与表面拉曼谱图比较。如果谱图太复杂，可通过同位素取代实验确定峰的归属。

前面提到，检测灵敏度对电化学拉曼光谱研究至关重要。实验中可考虑利用共振拉曼效应或 SERS 效应来提高检测灵敏度。通过紫外-可见吸收光谱寻找表面物种是否有吸收，并判断能否用共振拉曼效应。若有吸收，根据已有的仪器条件，选择尽量靠近其吸收峰的激发光来激发共振拉曼或 SERS。然而，我们应该注意到，当物种吸附到表面上时，其几何构型、对称性甚至电子结构都有可能发生变化，因此常规拉曼光谱和吸收光谱仅能作为参考。在电化学拉曼光谱研究中要特别注意以下两点：①确定实验电位区间并关注某些特殊的电位，比如表面物种的氧化/还原电位和吸附/脱附电位；②仔细处理电极表面。为了能够充分利用 SERS 效应，关键是要对电极表面进行合适地粗糙，针对特定的研究体系选择合适的拉曼电解池。

在电化学拉曼光谱研究中，最重要的信息是表面物种拉曼信号的频率和强度随电位的变化关系，它们直接反映了表面覆盖度、取向、结构、组成以及形貌随电位变化的信息，有时甚至反映了某些增强机理的参与。因此，为了得到我们所感兴趣的信息并对所研究的体系有更深的理解，应该对灵敏度、光谱分辨、时间分辨和空间分辨等方面进行系统的研究。

对于一些没有共振拉曼效应或 SERS 效应的体系，可利用电化学红外光谱研究中常用的电位差减法来提高灵敏度，即用某一感兴趣电位下的谱图减去另一没有或仅有很弱表面信号的电位下的谱图（详见下节）。关于光谱分辨研究，可以考虑改变电解质的组成或者通过同位素取代实验来确定表面物种及其取向和结构。与电化学暂态技术相结合的时间分辨拉曼研究有助于理解表面的动力学和表面物种（吸附层）的重构过程。对于不均一表面，开展空间分辨的拉曼光谱研究能提供更可靠和更完整的表面信息，可以检测电极表面随电位产生的微区化学变化或形貌变化。对于一些复杂的体系，有必要结合红外光谱或扫描微探针显微技术进行研究，甚至于采用联用技术进行实时检测。

14.4.2 检测灵敏度

由于拉曼的强度仅有入射光强度的 $1\times10^{-10}\sim1\times10^{-7}$倍，信号极弱，使得拉曼光谱技术难以在表面科学中得到普遍应用。也正因其信号弱，该技术对激发光源和检测系统要求特别高。在电化学体系中，由于参与电化学界面过程或反应的物种往往仅有单分子层甚至亚单层，因而如何提高检测灵敏度是电化学拉曼光谱的一个关键问题。

式（14-1）以 Placzek 的极化率理论为基础，给出了单个分子拉曼强度的表达式。为了讨论检测灵敏度问题，下面给出了一个更为复杂的表达式（14-4），该式考虑了仪器因素和表面因素的影响

$$I_{nm} = \frac{2^7\pi^5}{3^2c^4} I_0(\nu_0 - \nu_{mn})^4 \sum_{\rho\sigma} |(\alpha_{\rho\sigma})_{mn}|^2 \times L^2(2\pi\nu_0) L^2[2\pi(\nu_0 - \nu_{mn})] NA\Omega Q T_0 T_m \tag{14-4}$$

式中：N——吸附物种的密度，分子数，cm^2；

A——激光束照射的表面面积，cm^2；

Ω——收集透镜的立体角，sr；

Q，T_m，T_0——检测器的检测效率，光学色散系统的光通量和收集镜头的透光率。

从式（14-4）可以看出，表面拉曼散射的强度随着入射激光功率和能量的提高而增加，但通过提高 I_0 来提高灵敏度受制于激光对试样的损伤阈值。拉曼信号还可通过增大试样的浓度增强。这种方法对于透明的液体或固体试样非常有效，但不适用于电极表面的吸附物种，因为表面的物种通常只有单分子层的量，而大多数物种的单分子层的拉曼信号远低于检测极限。对于高粗糙度的表面，吸附分子的数目最多只有 1×10^{15} 个$\cdot cm^{-2}$，在表面上能被检测的分子数远远低于在体相中的。因此，若没有 SERS 效应和(或)共振拉曼效应，难以用拉曼光谱研究表面物种。

为了增强拉曼信号，还可以通过增大拉曼散射截面 α 和电磁场增强因子 L 实现。α 的增大可通过共振拉曼效应或表面增强拉曼效应（化学效应）实现，通过对电极进行合适的粗糙并选择合适的激发光波长可以增大 L。在许多情况下，包括中等 SERS 活性表面，还可通过增大 ΩQT_mT_0 的值来提高拉曼谱仪的检测灵敏度，使用具有大数值孔径的显微物镜来增大收集系统的立体角（Ω）；利用共焦装置消除杂散光；应用具有非常低暗电流和高量子效率 Q 的 CCD 检测器来增强系统检测弱信号的能力；采用全息陷波滤光片可以减少光学元件的数目以增加谱仪的光通量 T_mT_0。然而，商品化的仪器并不只是为研究电极表面而设计的，因此必须有选择性地配备仪器并选择合适的光学元件才能充分发挥拉曼谱仪的潜力。

电化学拉曼光谱本质上是拉曼光谱和电化学的一种联用技术。在电化学拉曼光谱原位检测中遇到的问题，大部分都与这两种技术的实验参数相关。为了满足电化学的实验条件，在采集镜头和电极表面间一般都存在溶液层和光学窗片，由于各种材料折射率的不同将使光路畸变。所以，光路的准直就显得尤为重要。实验中还可能受到来自溶液物种和电化学反应时电极表面产生的气泡等的干扰。在光照下，尤其在使用显微拉曼仪器时，有可能导致严重的热效应和表面损伤，还可能伴随荧光干扰。

通过电位差减法可以提高拉曼谱图的质量，并且在一些特殊情况下能检测到非常微弱的信号。尽管 SERS 可以极大地增强界面（表面）水分子的拉曼信号，但是体相水(约 55mol）的干扰仍将使界面区 SERS 信号淹没，通过电位差减法有可能将体相信号从界面信号中扣除。但是采用这种方法必须合理地选择参考电位，一般来说，参考电位是表面物种脱附或与表面键合较弱的电位。我们利用电位差减法已获得了表面水的 SERS 信号[33]。另外，保证实验过程中电极表面 SERS 活性的稳定，对于正确解释电位对吸附分子的表面覆盖度的影响是至关重要的。由于篇幅限制，无法展开讨论，有关细节见参考文献[34]。

14.4.3 光谱分辨率

只有具备了较高的检测灵敏度，才能充分发挥拉曼光谱的高能量分辨率即高光谱分辨率的优点。狭缝宽度和光学色散系统（光栅）的光程对拉曼谱仪的光谱分辨率起着决定性的作用。传统拉曼谱仪色散系统的光程可达到甚至超过 1m，其分辨率在可见光区高达 0.2cm^{-1}。目前小型拉曼谱仪，因其尺寸所限，不可能有很长的色散光程。因而为了满足不同分辨率的需要，这种谱仪一般配备具有不同分辨率的光栅（300 线·mm^{-1}、1800 线·mm^{-1}，甚至 3600 线·mm^{-1}），实验中可切换使用。根据所选光栅和激发光波长的不同，其分辨率一般为 1～6cm^{-1}。在表面电化学中，由于其研究的对象是两个凝聚相界面的分子，其拉曼谱带一般都很宽，因而对谱仪的光谱分辨率的要求不如在气相和转动光谱研究中要求的那么高。通常 1～3cm^{-1}的分辨率已经足够。

不同的分子有不同的振动频率，因而可以通过拉曼光谱获得分子的指纹谱以表征分子。同一个分子当和表面的作用不同时，其振动频率或多或少会发生改变，因而通过拉曼光谱可以区分分子是处于溶液中还是吸附于表面上，甚至于可以区分同一分子在表面上的不同吸附构型和取向。同时，表面分子的频率和强度对所施加的电位、周围电解质离子、分子在表面的覆盖度以及表面的晶面结构非常敏感。由于 SERS 具有极高的灵敏度和光谱分辨率，它可以检测到这些微小的表面物种的频率和强度变化，这对研究共吸附等一些复杂的电极表面过程非常有帮助。

14.4.4 时间分辨率

为研究在外加条件后某一时间内表面分子结构以及分子和表面的作用的变化，可采用时间分辨拉曼技术。较常见的时间分辨技术是单触发检测技术：对电极施加一个阶跃电位或扫描电位作为激励信号，采用连续激光来监测整个动态过程。该技术的时间分辨值由检测器决定[34]。根据拉曼谱仪所使用的检测器的不同，时间分辨研究中需要的实验装置以及操作步骤也有所不同。

在多道检测系统中，CCD 和 PDA 检测器最常用于时间分辨检测。实验中，利用触发器来触发恒电位仪或波形发生器对电极产生一个脉冲或扫描电位，见图14-12(a)和图14-12(b),同时开启检测器的电子快门和数据收集分析系统[图 14-12(c)]。根据预设的采集时间和检测器的采样时间[图 14-12(e)],在 t_2 内可以获得一系列的时间分辨谱。在电位脉冲实验中,见图 14-12(a),在 $t=0$ 后,每隔(t_1+t_2)记录一次信号以跟踪电极表面的变化,每次的采谱时间为 t_2。在电位扫描实验中采用相同的采谱模式,而电位不断扫描。在整个采谱过程中,激光一直照在电极表面上[图 14-12(d)]。若没有门控装置,检测器只能工作于 CW 模式,时间分辨值将受到检测器的快门响应速率及延迟和采样时间的限制。这种方法所能达到的最高的时间分辨值一般只有几十毫秒。如果使用门控系统，时间分辨率在理论上可达 100ns。然而，这种门控系统的时间分辨值却受到电化学体系（即使使用微电极）的响应时间的限制。

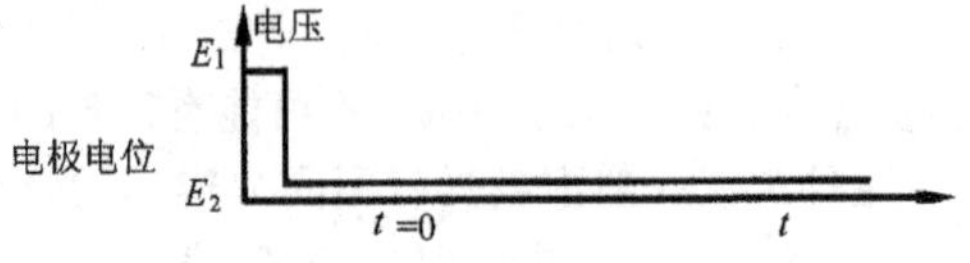

(a)施加在工作电极上的电位阶跃和电位三角波扫描

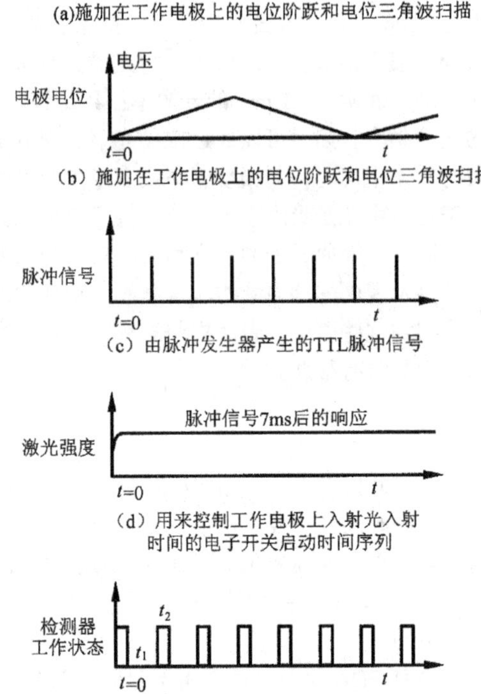

(e) 由多道分析仪控制二极管阵列的工作状态
在每个采谱时间的间隔为t_1,检测器的曝光时间为t_2

图 14-12　电位扫描中进行时间分辨拉曼光谱的时间序列

14.4.5　空间分辨率

传统拉曼谱仪中激光点的尺寸通常约为 0.5mm，因而空间分辨率很差。但引入拉曼显微镜后，其空间分辨率可达到衍射极限[36]。若在此基础上再采用共焦光学结构，拉曼显微镜又具有了三维的空间分辨能力，尤其是具有较高的垂直方向的分辨率，可以有效地消除体相溶液信号的干扰。这对检测来自只具有弱 SERS 或无 SERS 活性的电极表面相对较弱的表面拉曼信号有极大帮助。应当指出，空间分辨率与物镜和显微镜的放大倍数直接相关，高的放大倍数可以提供高的横向分辨率。然而，在原位电化学研究中，由于在透镜和电极表面之间需要一定工作距离，无法用一般工作距离很短的高放大倍数的物镜，而必须采用长工作距离的镜头。

共焦拉曼显微镜的横向分辨率由激光点的尺寸和 X-Y 扫描平台的步进分辨率决定。1 ~ 2μm 的分辨率已可满足对微电极和一些不均一电极表面的分析。有两种类型常见的不均一的表面：①表面的总体化学组成均一，只有少量特殊的小区域与之相异；②整个表面组成不均一，含有多种不同的化学结构。对第一种情形，可用 X-Y 微动平台将特殊区域移到激光点上采谱。利用这种方法人们可以研究电极表面的点蚀坑。如图 14-13 所示，将激光聚焦于点蚀坑的不同区域，记录相应的拉曼谱。如黑色中心图 14-13（a）和环形区间图 14-13（b）分别给出了含 MO_4 和 MO_3 的铁化合物的特征。这对于确定点蚀产物和了解点蚀过程是十分有用的[37]。虽然这种技术可以得到表面局域的组成信息，但是对一些不均一的电极表面则需要用拉曼成像技术。

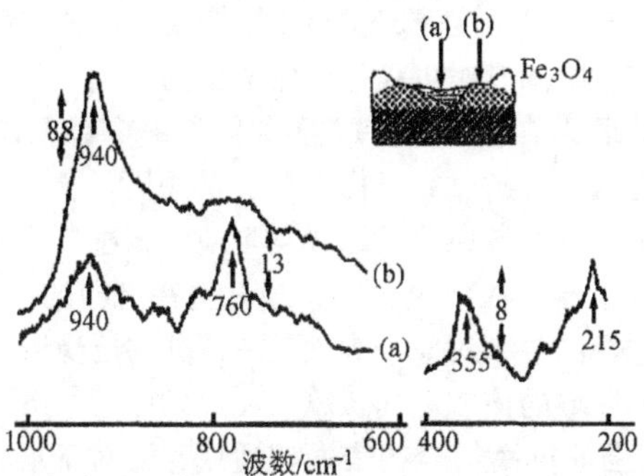

图 14-13 铁电极在点蚀区周围采到的非现场拉曼光谱在 $0.03mol \cdot L^{-1}$ NaCl + $0.01mol \cdot L^{-1}$ Na_2MoO_4 溶液中在 100mV（vs. SCE）极化 5min 后

（a）在点蚀坑中；（b）在点蚀坑的彩环区，强度标尺如箭头所示；插图为界面的剖面图

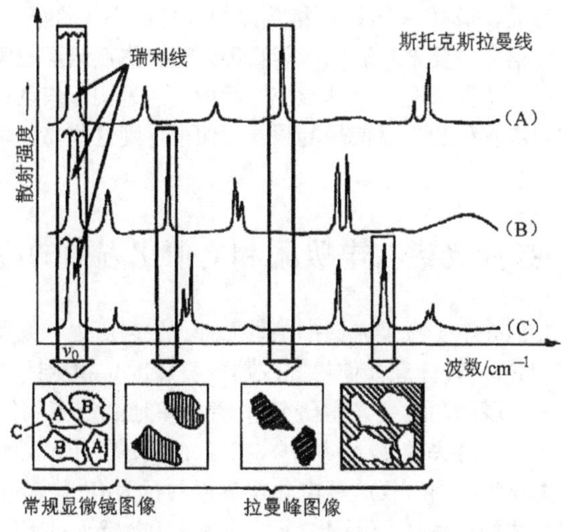

图 14-14 利用特定拉曼谱峰对表面进行选择性拉曼成像的原理图[38]

如果在表面上修饰上不同种类的分子或化学成分，常需要分析其整个表面区域，以获得一系列对应于不同特征拉曼谱带的拉曼图像，如图 14-14 所示[38]。实现这种表征的技术称为拉曼成像或化学成像。拉曼成像技术有两种：逐点扫描成像和一次成像。扫描成像技术也称为连续成像：由计算机输出信号控制步进电机驱动试样台以折回线方式相对于静止的聚焦激光光束运动，并逐点记录下一系列的谱线。最后以特征拉曼谱线的强度对扫描路线作图，便可得到试样表面不同组分的二维分布图。逐点成像技术相当耗时，为得到一张完整的表面图像可能需要几个小时，不适合研究不稳定的表面。因此，在实验中必须权衡空间分辨、灵敏度及光谱分辨的需要，以得到最佳的结果。对于一些具有周期性的表面，为节省时间有时可仅用一维成像的方式。

一次成像技术是目前最有前途的拉曼成像技术之一[38]。它必须先利用扩束器或光纤将激光束扩束并使其充满（或超过）显微镜物镜的视野。检测器采用的是二维 CCD。工作时将试样置于显微镜之下，扩束后的激光均匀地照亮显微镜视野内的试样。采集光路将试样的拉曼像传至单色器。在单色器中，通过选择光栅的位置，以选择在 CCD 上成像的拉曼频率。如果选择的频率对应于表面某一成分的拉曼谱带的频率，则此显微图像便反映了整个被照射的区域的该成分的贡献。在此条件下，系统的空间分辨率可达到 1μm。这种方法对于具有强的拉曼信号的表面较适用，而对于弱信号的表面并不适用。当试样具有 SERS 或共振拉曼效应时，其拉曼成像的效果会较好。一次成像的最大优点是检测器（CCD）一次便可检测到光照区内的所有信号，这极大的缩短了采谱的时间。

必须指出，共焦拉曼显微镜除了具有正常拉曼显微镜的所有特征之外，还具有纵向分辨能力，可以很有效地消除本体溶液的信号的干扰，有助于检测来自弱 SERS 或无 SERS 活性的电极表面的相对较弱的表面拉曼信号，因而特别适用于电化学体系的原位研究。利用其纵向分辨能力，在电化学反应中可以利用光学剖层法分析靠近表面的液层中的溶液物种的浓度变化。具体作法是：将共焦的针孔调小，将激光点聚焦在电极表面，此时采集到的拉曼信号主要来自表面吸附物种。当聚焦点调至表面的上方时，拉曼信号主要来自溶液物种。这样，在电化学反应过程中，通过调节焦点在电极表面上方的不同位置，根据不同溶液物种的光谱信号的强弱，便可得到这些物种垂直于电极面的浓度梯度。

14.5 拉曼光谱在电吸附和电催化方面的应用

在前面的章节中我们介绍了拉曼光谱的基本原理、发展历史、仪器方法、实验技术（包括电极的处理、电解池的设计和如何提高仪器的灵敏度）和测试技术（包括如何开展时间分辨、空间分辨和联用的拉曼光谱研究），并简单地介绍了如何排除实验中可能遇到的问题。应该指出，在过去的 20 多年中，拉曼光谱，特别是表面拉曼光谱技术的应用，使得我们对于电化学吸附、反应等电化学界面的行为有了较为细致深入的理解。但是它在电化学中最主要的应用还局限于 Ag、Au 和 Cu 电极。对于电催化体系，所用的催化剂多数是过渡金属，并且所涉及的反应比较复杂，利用电化学方法仅可得到电极反应的各种微观信息的总和，难以准确地鉴别电极上的各种反应物、中间物和产物，需要能工作于固-液条件下的谱学特别是振动光谱学技术的帮助。在各种振动光谱技术中，能用于固-液体系研究的仅有 IR、SFG 和拉曼光谱。前两者极难用于研究黑色和粗糙的表面，而且难以获取表面和吸附物种的相互作用的信息。拉曼光谱可以克服这些困难，如果它还能克服灵敏度低的缺点，则可能在电催化体系的研究中发挥重要的作用。但是，在过渡金属上是否具有 SERS 效应在 6 年前并无定论，人们还难以获得可重现的结果，也难以通过严密的实验来验证，因而该方向的发展始终非常缓慢。近年来，随着与拉曼光谱技术相关的检测器、激光源以及仪器整机性能的提高，使得电化学拉曼光谱研究跃上了新台阶。在此基础上，通过美国普渡大学的 Weaver 小组和我们小组的共同努力，各自发展了不同的方法，从过渡金属表面上获得了表面吸附分子（较小拉曼散射截面）的拉曼信号，并验证了在过渡金属上具有弱的 SERS 效应（$1\times10\sim1\times10^3$ 的增强）[8,30,31,39~41]。在此背景下，才较具体地开始了电催化体系（如研究催化剂本身的性质以及电催化反应）的拉曼光谱研究。但是由于该方向研究开展的时间还相当短，已发表的文献与该方向相关的工作还不多。事实上，绝大多数的电催化过程包括了表面的吸附和反应过程，先举一些吸附的研究例子有助于了解如何开展电催化过程的研究以及如何对电催化体系得到的数据进行分析和处理。在此基础上将详细介绍 Weaver 研究组和我们研究组近几年在电催化方面所做的一些工作。

以下将首先介绍与电催化密切相关的无机小分子和离子的电化学吸附，从而了解吸附分子在界面上的一些特殊的行为（如吸附物和基底的成键、电化学 Stark 效应、溶剂分子和电解质离子对吸附的影响）。电催化部分将介绍催化剂本身的表征，有机小分子（甲醇和甲酸）的电氧化，以及一些与有机物相关的物种（如 CO_2、硝基苯和乙炔）的还原。

14.5.1 拉曼光谱在电吸附中的应用

14.5.1.1 氢的吸脱附

氢是一个最简单的吸附物，但在催化反应中，脱氢和加氢是很常见而又重要的过程。然而，常规的方法很难检测到氢和催化剂的相互作用。虽然红外和 SFG 技术已被广泛地用于固-液界面的研究，但是它们一般只适用具有高反射率的光滑表面，目前尚

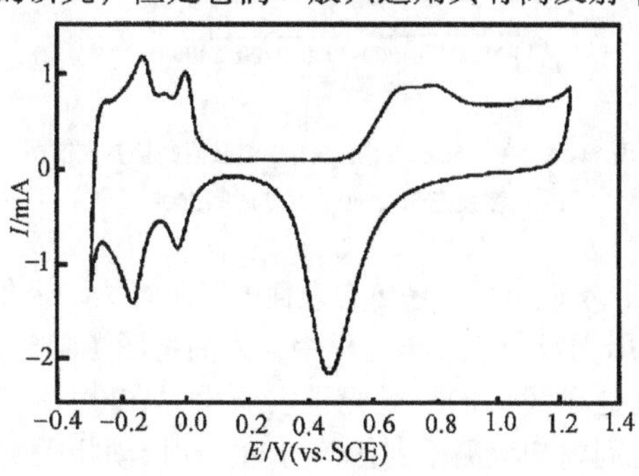

图 14-15 粗糙 Pt 在 $0.5mol\cdot L^{-1}$ H_2SO_4 中的循环伏安曲线

（扫描速度 $50\ mV\cdot s^{-1}$）

未见对实际的高粗糙度催化剂体系的报道。我们利用拉曼光谱在硫酸溶液中的粗糙铂电极上检测到了吸附氢的信号[33,42,43]。图 14-15 是铂电极在此溶液中的循环伏安（CV）图，在负电位区（0～－0.25V）出现欠电位沉积的氢（从正到负依次为弱吸附和强吸附的氢），而在更负电位区的为过电位沉积氢的析出峰。对于这些过程所涉及的具体的表面物种的指认至今仍未达成共识。拉曼光谱以其在研究表面和金属基底作用方面的优势，有希望为揭示以上过程提供帮助。

图 14-16 给出 Pt 在该溶液中当电位低于－0.2V 区间的拉曼谱图，电位由正往负改变。在 $1600cm^{-1}$之前仅能检测到与硫酸根相关的峰，所以仅给出 1600～$2400cm^{-1}$的拉曼谱图。在此区间可以检测到位于 $1636cm^{-1}$和 $2088cm^{-1}$的峰。很明显，前者是来自本体水的弯曲振动峰。在以往的电化学原位红外光谱和 SFG 技术研究中人们曾经检测到位于 1900～$2100cm^{-1}$的峰，而且认为是 Pt-H 的伸缩振动峰[44,45]。通过氘代实验也发现 $2088cm^{-1}$的峰位移到了 $1496cm^{-1}$，这完全符合 Pt—H 振动的 $1/\sqrt{2}$ 的同位素取代效应[42,44]，所以该峰是顶位吸附的 Pt—H 的振动。其频率随着电位的负移而位移，而且位移的数值高达 $60cm^{-1}\cdot V^{-1}$，这应该是电化学 Stark 效应的结果。但是，量化计算表明 Pt—H 键的可极化程度要比 CO 和 CN^- 低，不应该产生这么大的位移。通过理论计算，发现氢在铂表面的光谱性质与其表面覆盖度密切相关，由于表面氢原子间的侧向相互作用导致了 Pt—H 频率随电位的负移而产生较大的位移[43,46]。

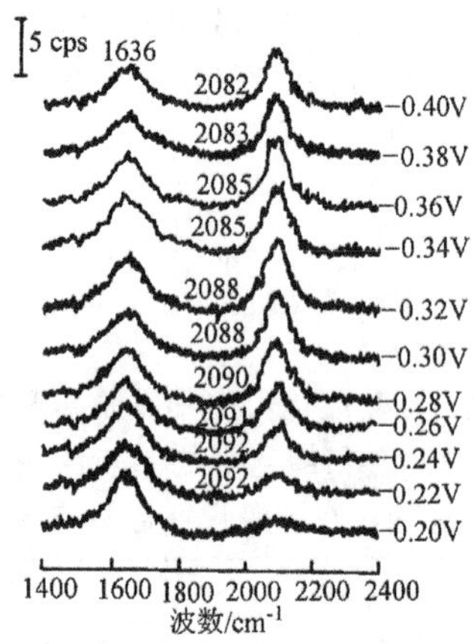

图 14-16 在 $0.5mol\cdot L^{-1}$ H_2SO_4 中氢吸附的拉曼光谱图

激发光 514.5nm；采集时间 200s

通过拉曼光谱研究，不但可以了解氢在表面的吸附行为，还能间接地反映吸附氢在表面吸附的有序性及其周围环境。在电化学中，人们将图 14-15 中 0V 以负的区间指认为氢的吸脱附区间，但是在我们的拉曼光谱实验中，在 0～－0.2V 的电位区间，在 300～$2400cm^{-1}$的频率区间内却检测不到任何与 Pt—H 振动相关的信号（一般认为多重位吸附的氢的频率区间位于 500～$1300cm^{-1}$）。拉曼实验中，只有当电位负于－0.20V 时才能检测到顶位吸附的 Pt—H 信号，而且此时的 Pt—H 峰的半峰宽要远大于在氢析出区的[43]。这一方面表明在欠电位沉积区的铂电极界面结构的复杂性；另一方面可能是由于在粗糙表面上存在各种的不同性质的表面位置。在不同性质的表面上Pt—H的频率可能略有差别，而且氢的析出电位也可能略有差别，两种因素的共同结果也将导致Pt—H峰的展宽。但是，为何在欠电位沉积区检测不到任何与Pt—H相关的峰，却难以解释。为此开展的理论计算发现在欠电位沉积区，当氢处于潜表面位置（处于首层和第二层铂原子之间）时能量比较低，而处于此位置的Pt—H信号由于铂表面电子的屏蔽而可能导致检测不到。即使对于顶位吸附的氢，只有当覆盖度接近单层时才有较大的极化率变化，这也就意味着只有在H接近单层吸附时才能有较强的拉曼信号。这与实验结果一致[43,46]。

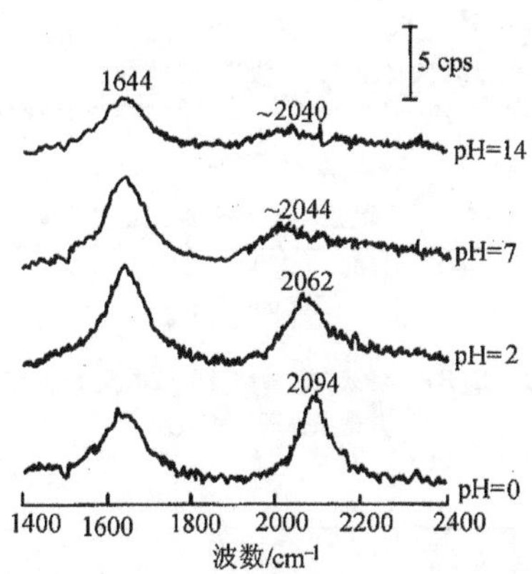

图 14-17　溶液pH对氢吸附的拉曼光谱的影响

支持电解质 $0.5mol\cdot L^{-1}$ H_2SO_4；激发光632.8nm；采集时间200s

此外，氢在Pt上的吸附行为还与溶液的pH密切相关[33]，见图14-17。一个明显的特征是，随着pH的升高，Pt—H峰的半峰宽加大，而Pt—H的峰高度降低。半峰宽越宽表明该振动物种所处的周围环境的有序性越低。因而，可以推测在酸性条件下界面结构的有序性比较高。利用传统电化学方法（快速电位扫描）人们同样也发现在碱性介质中的电化学行为要远比在酸性溶液中的复杂。一般认为，在酸性条件下的析氢依照 $H_3O^+ + e^- \longrightarrow H_2O + H_2\uparrow$，在碱性条件下遵从 $H_2O + e^- \longrightarrow OH^- + H_2\uparrow$，在酸度较低或在近中性溶液中可能是两种过程混合控制[47]。但是很难利用介质的差异来解释在Pt—H振动频率上的 $50cm^{-1}$ 的位移。应该指出，在不同溶液中，铂上的析氢的电位有比较大的差别，特别是在酸性到弱酸性的条件下。图14-16中，在强酸性条件下Pt—H键的Stark效应值为 $60cm^{-1}\cdot V^{-1}$。因而，Pt—H峰位置的巨大差别很有可能是来自电位的区别。为了验证这一推测，我们选取了pH = 2的溶液为实验体系，在该体系中同时可以观察到质子和水的放电，见图14-18。由于 H^+ 浓度的降低使得析氢的速率大大降低，这样可以有效地排除由于在比较大的电位范围内强烈析氢对采集光路的干扰。从该体系的拉曼谱图（图14-19）中可以很明显地看出在较大的电位区间，Pt—H的拉曼谱峰位置随电极电位的变化发生明显的变化，其Stark效应值约有 $80cm^{-1}\cdot V^{-1}$。这与前面提到的 $60cm^{-1}\cdot V^{-1}$ 的变化率还是有较大的差异，而且当电位处于 $-0.8V$ 左右时，谱峰的形状发生明显的改变，正好与不同的析氢机理对应。这种谱峰形状和随电位变化的不同，间接地反映了在两种析氢情况下界面结构的不同。从以上实验中可以看出，虽然 H 是最简单的原子，但是它在电化学条件下，由于界面电场、周围的溶剂和支持电解质的影响，使其在界面的吸附和反应远比在气固相条件下的复杂。

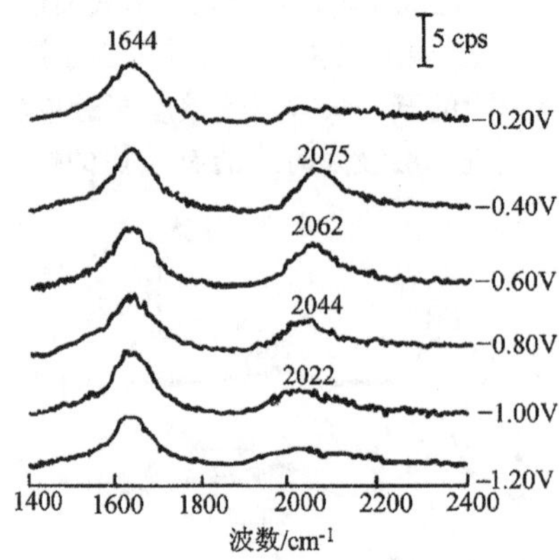

图 14-18　在 pH = 2 溶液中氢吸附随电位的变化的拉曼光谱

其他条件同图 14-17

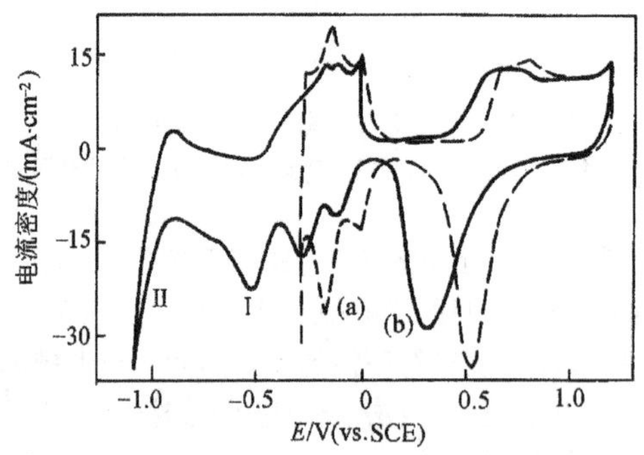

图 14-19　粗糙 Pt 在 pH = 2 的 $0.5mol·L^{-1}$ Na_2SO_4

溶液中的循环扫描伏安曲线

扫描速度 $50mV·s^{-1}$

14.5.1.2　一氧化碳的吸附

拉曼光谱可以鉴别同种物质在同一个电极表面不同位置的吸附。CO 在金属表面的吸附可作为一个典型的例子。在以往的 IR 研究中人们已经发现，碳氧的伸缩振动频率（ν_{CO}）对表面化学物理性质非常敏感，吸附的几何构型在很大程度上取决于表面的性质。图 14-20 给出 CO 在粗糙铂电极表面上（粗糙因子为 200）吸附的 SERS 谱图。先把电极浸入饱和了 CO 的 $0.5mol·L^{-1}$硫酸中，控电位于 − 0.2V 预吸附 5min，实验在不含 CO 的溶液中进行。我们可以观测到位于 $2071cm^{-1}$和 $489cm^{-1}$处的强峰。前者根据已有的红外结果可指认为顶位吸附线型的 CO 的伸缩振动[48]，后者根据 EELS 结果可将其指认为对应的顶位吸附的 Pt—CO 振动[49]。此外，还可检测到位于 $1840cm^{-1}$和 $413cm^{-1}$处的两个宽峰。根据它们的强度的相关性，可将它们指认为桥式吸附的 CO 的 ν_{CO}和 $\nu_{M—CO}$。这两个峰的强度随着顶位 CO 的减少而增强，尤其是电位位于 CO 氧化电位之前时，这个现象尤为明显。这表明 CO 不仅能顶位吸附还能以桥式吸附，这两种吸附位的比例取决于电极电位。在较负电位，两种吸附模式的峰都较弱，有可能是因为析氢的影响。当电极电位刚好处于在氧化电位之前时，桥式振动的峰达到最强。

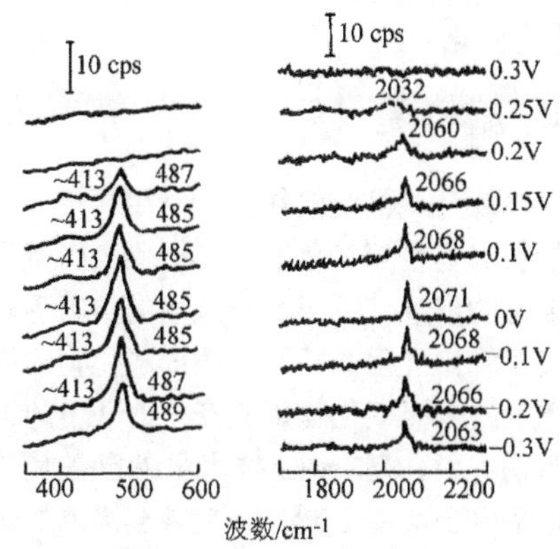

图 14-20　粗糙 Pt 电极（粗糙度为 200）上 CO 的 SER 谱

溶液为空白的 0.1 mol·L^{-1} H_2SO_4；激发光 632.8nm

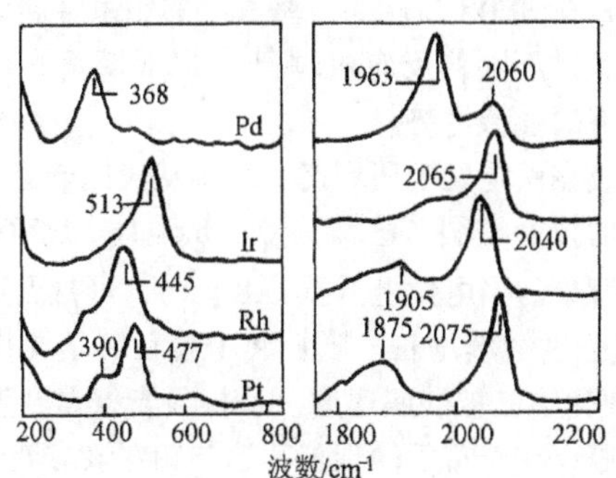

图 14-21　在过渡金属薄层（厚度 3 ~ 5 单分子层）

上吸附的 CO 的 SER 谱[50]

0.1 mol·L^{-1} $HClO_4$

以上例子说明拉曼光谱可以鉴定同种物质在同种表面不同位置上的吸附行为，如果将金属基体改变，CO 吸附的信号也会发生相当大的变化。图 14-21 为 CO 饱和吸附在不同金属表面的拉曼光谱图[50]。可以看出 CO 和 M—CO 的峰对金属基底非常敏感。源于顶位线型 CO 和桥式 CO 的 ν_{CO}（分别位于 2040 ~ $2080cm^{-1}$和 1870 ~ $1960cm^{-1}$）拉曼信号的频率及其相应的强度随着金属基体的改变而改变。在 Ir 表面，CO 的吸附以线型吸附为主，而在 Pd 表面则以桥式吸附为主。但对于 Pt 和 Rh 表面，桥式吸附和线型吸附都存在。在不同金属表面上同种几何构型的 CO 吸附有着不同的振动频率。比如，顶端吸附的 CO 在不同金属表面的 ν_{CO}的顺序如下：Pt > Ir > Pd > Rh，而其 $\nu_{M—CO}$的相应顺序为：Ir > Pt > Rh > Pd。根据桥式和线型吸附的 CO 的峰位和相对峰强，可以用 CO 吸附的拉曼光谱来鉴别不同的金属。值得注意是，M—CO 振动峰往往强于 C—O 振动峰。这显示了拉曼光谱与 IR 光谱和 SFG 技术相比所提供的低频区吸附物和基体间的相互作用信息的优势。

14.5.2 拉曼光谱研究电化学催化

14.5.2.1 反应中的催化剂的表征

催化剂在电催化反应中起着至关重要的作用。利用常规的电化学方法可以很方便地通过电化学电位或电流控制来产生表面氧化物，可提供表面氧化过程的热力学和动力学方面的信息，但是却缺乏结构的信息。基于真空技术的实验手段可以通过改变腔体内的氧化物种的量很好地控制表面氧化过程，从而对表面氧化物的结构和组成进行表征。但是在真空和电化学条件下产生的表面氧化物因其产生的环境的不同而有可能有很大的差别，特别对于过渡金属尤为明显。IR 和 SFG 技术虽然已被用于一些催化体系的研究，但是对于大多数的电催化体系由于其催化剂是深色甚至黑色的试样，无法应用。因而发展能够现场跟踪实际催化反应过程催化剂性质变化的光谱技术显得尤为重要。拉曼光谱在该领域有其独特优势，特别对于研究黑色试样。将其和电化学技术联用，不但可以提供热力学和动力学的数据，还可以提供与分子和体相物种振动相关的信息。Weaver 小组利用薄层技术研究了沉积在 SERS 活性的金基底上的铂系金属的氧化过程，并与气相条件下的过程进行比较，探讨不同的反应机理[51]。以下以铂的氧化为例为说明拉曼光谱在开展这类研究中所具有的独特优势。

为保证实验开始时电极表面是处于还原态，实验从较低电位开始，图 14-22（a）中给出的是在电化学条件下的拉曼谱图，溶液为 0.1 mol·L^{-1} $HClO_4$。在较低电位下，拉曼谱仅给出一个无特征的背景。当电位上升至 0.8 V 时，可检测到 575 cm^{-1}处的峰，随电位继续正移至 1.0V，其强度继续增长。随后将电位负移至 0.6V 时，该峰开始降低，而在 0V 彻底消失，表明氧化物已被彻底还原。从拉曼光谱强度随电位的变化趋势可以看出，氧化物的生成和还原存在着滞后的现象，这与铂在该溶液中的电化学循环伏安过程一致，如图 14-23 中在 0.6V 时出现氧化峰，而逆向扫描中在 0.4V 出现还原峰。通过关联 CV 和拉曼实验数据，可将此峰指认为铂的含氧物种，但无法确认是铂的氧化物还是氢氧化物。通过同位素取代实验，即在高氯酸的重水溶液中检测铂的氧化物。结果发现，该峰从 575cm^{-1}位移了 20cm^{-1}，说明该峰中应该包含有 Pt—OH。在红外的实验中人们检测到了 O—H 的伸缩振动。在气相的实验中，除了改变的参数是温度外，实验过程与电化学体系的类似，但是气氛是氧气。为了避免污染以及表面氧化物的产生，铂薄层电极必须先在氢气氛中在 150℃还原一段时间，氧化过程在干燥的氧气中进行。从室温直至 150℃拉曼谱图给出的都是无特征的背景，见图 14-22（b）。当温度升至 200℃时可以观测到处于 575cm^{-1}处的峰。在 300℃时还可以观察到 825cm^{-1}处的峰，可能来自

Pt—O_2。从以上结果可以看出，电化学条件下的表面氧化通过相对较容易的途径：$M + H_2O + 2e \rightarrow 2H + MO$。在室温下，只需0.35~0.65V的过电位（依氧的分压和溶液的pH的不同），以上过程就可实现。对于气相反应，一般氧的分压为0.1MPa，而需要较高的温度（大于200℃）。两者的主要区别来自氧源的不同：前者源自体相中的大量的水，依电位和pH的不同，在表面上可产生可控量的化学吸附的OH_{ads}和O_{ads}。在气相中，O是通过O_2在表面的解离吸附产生的。由于该反应需要表面上空的表面位，所以产生的O的覆盖度通常很低。此外，通过对电极施加极化电位可以使表面上吸附的负电性O和铂原子进行位置交换而进入晶格中，而带部分正电性的铂原子转移到表面并通过溶剂化作用而稳定下来。在气相中虽然存在铂-氧的晶格稳定化作用，但是由于位置交换所导致金属体相的连续能级的降低，不利于氧进入金属的晶格。对于其他的铂系金属，如钌、铑、钯和铱，也存在着同样的现象。但是如果气相中存在适量的水蒸气，在氧气中，这些金属的氧化温度明显降低，在室温下就可以发生。以下以铑电极上的气相实验来比较[52]。

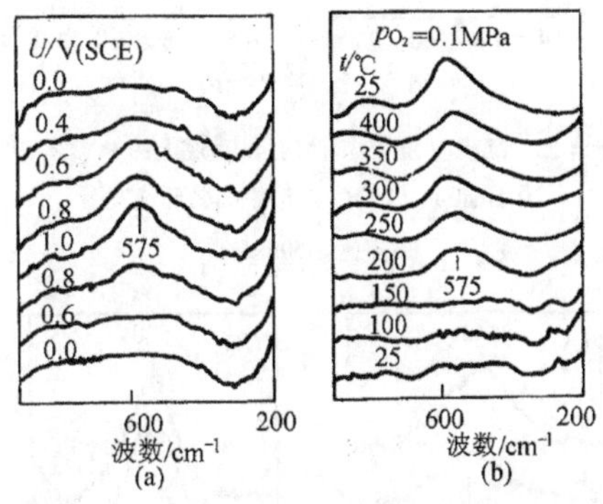

图 14-22 (a) Pt薄层在电化学氧化还原过程中的随电位变化的SER谱（起始电位为0V，以0.2V的电位递增至1.0V，最后回到0V）；(b) 在Pt薄层随温度变化而发生氧化的SER谱（电极表面先在H_2中150℃加热还原）

图14-24(A)中曲线a是新鲜沉积的铑薄层电极的拉曼谱图（溶液是除氧的0.1 $mol \cdot L^{-1}$ $HClO_4$），看不出氧化峰的存在。但是，当用水淋洗并置于大气中，可以明显地观察到位于520cm^{-1}处的峰，根据XPS的结果，此峰可归属于Rh_2O_3。在这种情况下生成的氧化物可以很容易用电化学或气相还原，如图14-24（B）曲线c所示，当将以上电极在室温下通干燥的H_2约5min，就可以完全还原，若再通入潮湿的O_2/N_2（50/50），H_2O的分压为1.6kPa，又会生成氧化物。在铑电极还原后再通入干燥的O_2，在250℃时又生成铑的氧化物，但是峰位置位移到了540cm^{-1}。与在干燥O_2中的反应不同，在湿O_2中铑的氧化物的生成和移去的温度有很大的不同。在做每个温度的实验前，电极表面先用H_2还原。在常温下就可以检测很强的520cm^{-1}的峰，随着温度的升高，该峰却逐渐降低，在150℃时仅能检测到很弱的拉曼信号。一般认为，当存在O_2和水时，在金属表面将发生以下过程

$$O_2 \longrightarrow 2O_{ad}$$

$$H_2O \longrightarrow O_{ad} + 2H^+ + 2e^-$$

$$O_{ad} + M \longrightarrow MO$$

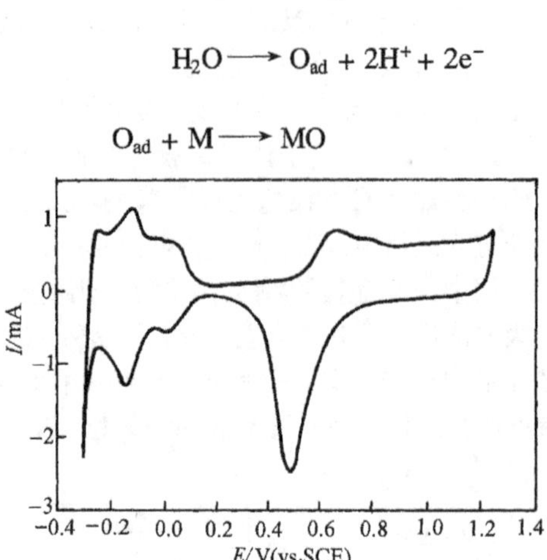

图 14-23 沉积在 SERS 活性的 Au 基底上的 Pt 薄层在 $0.1\text{mol}\cdot\text{L}^{-1}$ $HClO_4$ 溶液中的循环伏安图
扫描速度 $50\text{mV}\cdot\text{s}^{-1}$

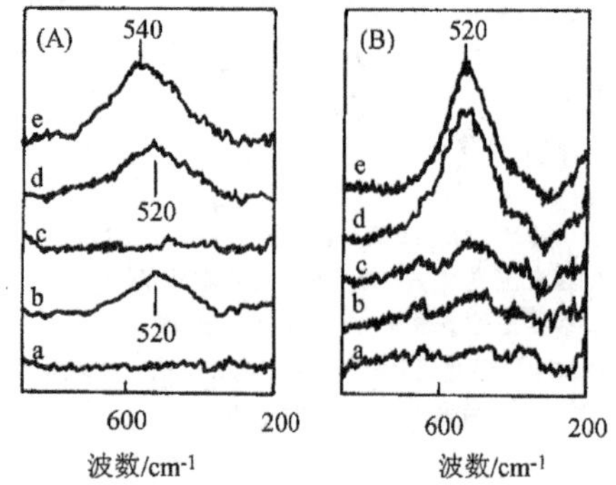

图 14-24 Rh 薄层电极在液相和气相条件下典型的 SER 谱[52]

(A)：a. 新鲜沉积的 Rh 薄层在除氧的 $0.1\text{mol}\cdot\text{L}^{-1}HClO_4$ 中；b. 以上电极在用水淋洗后置于空气中；c. 在室温下，在气相拉曼池中通 H_2；d. 再暴露在湿氧气中；e. 通氢还原再在干燥的 O_2 于 200℃加热。

(B)：在 a. 表面的基础上在气相拉曼池于不同温度下将电极暴露在湿的 O_2 得到的 SER 谱；b.150℃；c.100℃；d.50℃；e.25℃；在开始每次的 b～e 实验前，表面预先用 H_2 还原

其中 O_{ad}和 MO 分别代表吸附的氧和表面氧化物，由于水的溶剂化的稳定作用，使得由离解水产生的 O 可以和铑发生位置交换。在这种条件下，氧化物的产生过程与电化学溶液体系的非常相似。

以上这些结果表明，根据在低波数区检测到的金属和氧的拉曼光谱，可以为一些催

化反应提供很有用的信息。此外，在这些深色试样表面获得拉曼信号，更显示了拉曼光谱在该方面的巨大应用前景。

14.5.2.2 电催化氧化反应

有机小分子在 Pt 电极上的电化学氧化及解离过程在电化学中已得到广泛的研究[53,54]。但是由于其反应过程复杂，涉及的反应步骤和表（界）面物种（如反应物、中间产物、毒物、支持电解质、溶剂分子等）多，尽管人们已做了大量的努力，但仍无法从分子水平上完整地揭示这类复杂的反应。例如，对反应途径、表面氧化物和中间产物的性质、表面形貌、表面粗糙度和异体金属对反应过程的影响仍未达成共识。随着拉曼光谱技术的发展，通过合理设计拉曼电化学池，现已有可能采用拉曼光谱研究高粗糙度电极表面上发生的强烈反应。此外，拉曼光谱能容易地获得频率低于 $600cm^{-1}$的吸附物种的信息。以下就以甲醇在粗糙 Pt 电极解离吸附和氧化过程来说明表面拉曼技术在这方面的应用[23]。

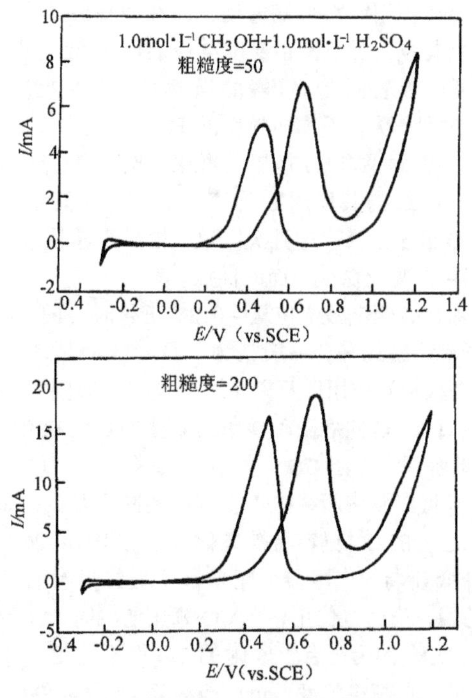

图 14-25 两种粗糙度的 Pt 电极的循环伏安曲线

扫描速度 20 $mV \cdot s^{-1}$

图 14-25 给出采用电化学方法粗糙得到的不同粗糙度的纯 Pt 电极在 $1.0mol \cdot L^{-1}$ $CH_3OH + 1.0\ mol \cdot L^{-1}\ H_2SO_4$ 中的 CV 图，它们在所研究的电位区间中有几个相似的特征：首先，在氢吸脱附区（$-0.3 \sim -0.4V$），由于甲醇的解离产物的强吸附抑制了氢的吸脱附；而在双层区（$0 \sim 0.4V$），阳极电流随电位正移缓慢增大，但始终很小；在

0.6～0.85V区间开始出现氧化电流峰，随后由于表面氧化物的生成占据了表面反应位，导致氧化电流的下降；当电位升高到1.25V，在氧化物表面又出现甲醇的氧化峰；当电位负扫时，由于表面氧化物的还原，露出新鲜的电极表面，甲醇又开始发生氧化。尽管在两个电极上的氧化峰较宽，难以区分氧化电流起始电位，但是我们还是可以很明显地看出在峰值，电位上的差别。低粗糙度和高粗糙度电极峰值电流的电位分别为0.66V和0.71V。这种区别表明表面粗糙度对甲醇的解离吸附和电氧化行为有一定的影响。从表面拉曼光谱的研究可以更好地从分子水平解释表面粗糙度对甲醇氧化行为的影响。

图14-26是对应的两种粗糙度的Pt电极在$1.0mol \cdot L^{-1}$ CH_3OH + $1.0\ mol \cdot L^{-1}$ H_2SO_4中得到的现场拉曼谱图。在所检测到的谱峰中根据它们频率随电位变化的情况，可划分为两大类：$450cm^{-1}$、$980cm^{-1}$、$1018cm^{-1}$和$1051cm^{-1}$的峰由于其在整个电位区间频率都没有变化，应该是来自电极表面附近的溶液物种SO_4^{2-}和HSO_4^-以及CH_3OH的信号。而第二类峰，它们的频率都随电位发生明显的变化，这与甲醇解离吸附和氧化所产生的中间体的分子振动有关。与在前面提到的纯CO中的拉曼结果比较，我们可把在$2050cm^{-1}$处的峰归属于线型吸附CO伸缩振动，而在$490cm^{-1}$处的强而尖的谱峰归属于线型吸附CO的Pt—C键振动。虽然高粗糙度电极表面较黑，但这种电极表面上CO峰的强度要大于低粗糙度电极表面上CO峰的强度。在低粗糙度Pt电极上线性CO的C—O振动峰在0.525V时便消失，而高粗糙度的Pt电极上在0.575V时仍可看到。这说明，随着粗糙度的增大，表面吸附的CO更难氧化，这主要由于高粗糙度的Pt电极表面具有更多的表面缺陷，而CO与其作用更强[55]。所以，在高粗糙度电极表面，在更正的电位还能观察到C—O键振动峰。这再次体现了拉曼光谱技术与许多反射光谱技术相比所具有的适于研究黑色的高粗糙度表面的优点。

从图14-26还可以看出，当电极电位从－0.2V正移时，两种粗糙度不同的电极表面上CO伸缩振动峰都先蓝移后红移。一般认为，吸附物种频率的变化源于以下三种效应：Stark效应、偶极-偶极相互作用以及表面结构效应（形貌）。从图14-26可看到，两种粗糙度不同的电极表面上CO伸缩振动频率的蓝移均发生在CO被氧化之前，这用电化学Stark效应能很好地解释。而当CO开始氧化时谱峰频率轻微红移，可能是由于表面CO被氧化使覆盖度降低以及表面结构效应作用共同引起的。由于粗糙表面与CO作用更强，因而吸附在平台位的CO更容易被氧化[55]。从图14-26还可看到CO伸缩振动峰较宽且不对称，该峰低频端的拖尾很可能来自缺陷位吸附的CO。在0.2V时，位于$2057cm^{-1}$处相对较尖的峰，随着电位正移至CO氧化电位时，迅速下降。说明该峰很可能来自于平台处吸附的CO。因为平台上吸附的CO更不稳定，在较低电位时就先被氧化。而由图14-26可看出，在高粗糙度（roughness factor，≈200）的电极表面由于有更多的CO吸附在缺陷位而使得CO氧化电位正移。当电极电位进一步正移时，吸附在缺陷位的CO也被氧化。由于电极表面覆盖率降低削弱了偶极-偶极相互作用，导致谱峰拖尾端的频率下降。这也正说明了当电极表面粗糙度不同时，电极表面的性质甚至与电极反应行为有明显的不同。这同时也暗示单晶电极和粗糙电极表面将有更大的不同，如果仅采用单晶电极来研究电催化行为，将无法和实际体系进行很可信的比较。

正如第一部分提到的，从分子水平理解甲醇电氧化机制依然不是很清楚，特别对CO究竟是必要的中间体（连续反应机理）还是仅为一副产物（双途径机理）仍未达成共识[55]。结合拉曼和电化学数据，如关联 CO 的拉曼强度和甲醇在粗糙 Pt 电极上的氧化电流有助于探讨甲醇氧化机理。图 14-27 给出的是 1.0mol·L^{-1} CH_3OH + 1.0 mol·L^{-1} H_2SO_4 中稳态电流和线型吸附的 CO 伸缩振动峰强度随电极电位变化的关系。氧化电流随着 CO 的氧化（表现为 CO 拉曼谱峰强度的降低）而增大。当 CO 谱峰强度降至其最大值的 30%时，氧化电流达到最大。这说明，当粗糙电极表面存在 CO 时，甲醇仍能继续被氧化，也就是说甲醇电氧化是通过双途径反应机理进行的，即可通过毒性中间物 CO 的氧化和通过活性中间物的甲醇直接氧化的两条途径。

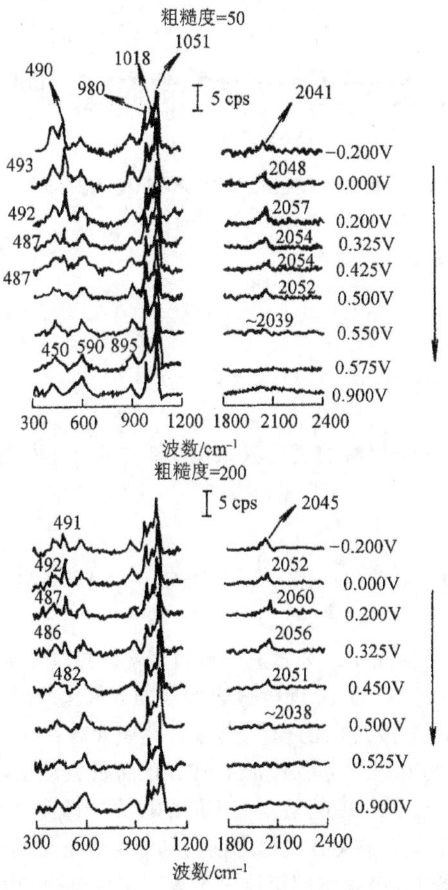

图 14-26 两种粗糙度的 Pt 电极在 1.0mol·L^{-1} CH_3OH + 1.0 mol·L^{-1} H_2SO_4 中随电位变化的 SER 谱[56]

激发线 632.8nm

在前面已提到，其焦显微拉曼光谱具有较高的空间分辨率，可以研究反应过程中电极表面附近溶液物种的浓度变化，见图 14-28[56]。当电极电位正移入甲醇氧化的电位时，一些溶液相的拉曼信号发生明显变化。来自甲醇 C—O 伸缩振动的 1018cm^{-1}峰随着甲醇的氧化逐渐减弱，而 SO_4^{2-} 和 HSO_4^- 伸缩振动峰（980cm^{-1}和 1051cm^{-1}）相对强度也发生了变化。若将支持电解质换为 $0.1mol \cdot L^{-1}$ H_2SO_4，这种变化更加明显。随着甲醇的氧化，HSO_4^- 的峰增强而 SO_4^{2-} 的峰减弱。对于这些变化，可用甲醇电催化氧化的总

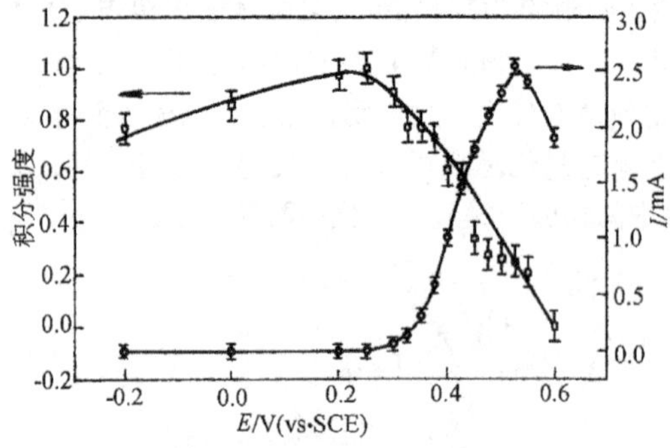

图 14-27 粗糙 Pt 电极在甲醇氧化过程中稳态电流和 ν_{CO}拉曼峰强度的关系

粗糙因子为 200

反应式来加以解释[53,54]：

$$CH_3OH + H_2O \longrightarrow CO_2 + 6H^+ + 6e^-$$

因而，在电极表面附近，随着甲醇的氧化其浓度降低，而 H^+ 浓度却显著升高，并影响以下两个电离平衡：

$$H_2SO_4 \rightleftharpoons H^+ + HSO_4^- \qquad HSO_4^- \rightleftharpoons H^+ + SO_4^{2-}$$

导致 SO_4^{2-} 和 HSO_4^- 浓度发生改变，进而引起对应谱峰的相对强度发生改变。

我们还开展了其他有机小分子在 Pt 电极表面吸附和氧化的研究。图 14-29 为在不同有机小分子溶液中粗糙 Pt 电极表面的拉曼光谱。其中 400 ~ 430cm^{-1}、480 ~ 520cm^{-1}、1750 ~ 1810cm^{-1}、1990 ~ 2070cm^{-1}为 CO 和 Pt—CO 的特征振动谱峰。CO 是有机小分子在 Pt 上离解吸附产生的。值得一提的是，在不同的体系中即使是吸附在同一电极表面，CO 的振动谱峰频率也不相同。在 CO 氧化之前，随着电极电位的正移，CO 的峰频率出现蓝移。但仅考虑电极电位效应很难解释这一现象。至少有两种因素会影响 CO 的振动频率：首先是覆盖度的影响。若将电极浸入饱和了的 CO 溶液中，电极表面就有可能形成饱和吸附单 CO 层（$\theta \approx 0.67$），邻近的 CO 分子之间有可能较强的偶极-偶极相互作用，导致 CO 振动频率的蓝移。但是对于通过解离而产生的 CO，由于每产生一个 CO 分子需要不止一个 Pt 原子的参与，因而其表面覆盖度要比前者低（$\theta < 0.67$），这必将削弱相邻 CO 分子间偶极-偶极相互作用，从而促使频率的红移。此外共吸附物种也将影响 CO 的振动频率，因为共吸附物种将改变电极表面的电负性，甚至会影响电极表面接受和给出电子的能力，从而影响 CO 与电极表面的相互作用使吸附的 CO 的振动频率发生改变。

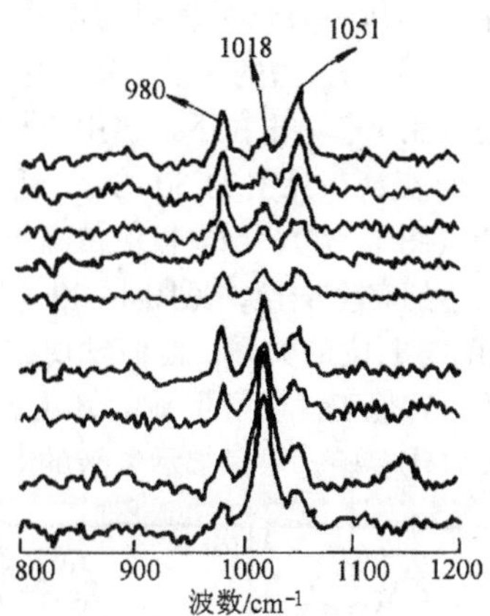

图 14-28 粗糙 Pt 电极在 1 mol·L^{-1} CH_3OH + 0.1 mol·L^{-1} H_2SO_4 溶液中随电位变化的拉曼光谱

激发线 632.8nm

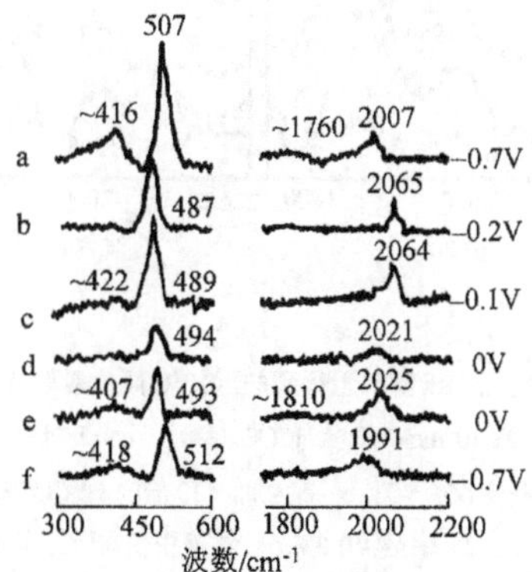

图 14-29 CO 和不同有机分子在粗糙 Pt 电极上解离吸附产物吸附的 SER 谱

a. 饱和了 CO 的 0.1 mol·L^{-1} NaOH; b. 饱和了 CO 的 0.1 mol·L^{-1} H_2SO_4; c.0.5 mol·L^{-1} HCOOH + 0.1 mol·L^{-1} NaOH; d.0.1 mol·L^{-1} $CH_3CH_2CH_2OH$ + 0.1 mol·L^{-1} H_2SO_4; e.0.1 mol·L^{-1} CH_3OH + 0.1 mol·L^{-1} H_2SO_4; f.0.1 mol·L^{-1} CH_3OH + 0.1 mol·L^{-1} NaOH

在电催化研究中利用同位素取代技术来判断反应的机理是一重要且有效的方法。如 Weaver 等利用在 SERS 活性金上沉积 Rh，对甲酸电氧化过程进行了研究[57]。他们在整个研究电位区间无法获得除 CO 外的其他中间物的信号。在低于或接近于甲酸电氧化起始电位下，可观察到 Rh 表面吸附着相当数量的 CO。与直接从 CO 饱和溶液中吸附的 CO 相比，CO 的振动频率低了 50cm^{-1}，而且桥位吸附的 CO 峰强度大于顶位吸附的，而 CO 的氧化电位则负移了 0.3V。这可能是由于 CO 在表面的覆盖度以及 Rh 电极表面所能提供的解离吸附位能力的差别引起的。以往人们对甲酸的氧化过程中 CO 是处于产生和被氧化的动态反应过程中，还是一直作为表面的毒性中间体还没有有力的实验证据。由于^{12}CO和^{13}CO在频率上有约50cm^{-1}的差别，实验中可以通过同位素实验来研究上述反应的氧化机理。在甲酸电氧化起始电位下，当用$H^{12}COOH$更换$H^{13}COOH$或相反更换时，都只发现缓慢的$^{12}C/^{13}C$交换，见图14-30（A），但这一交换速度已明显比从饱和^{12}CO或^{13}CO溶液交换CO快（图14-31）。当电极电位高于甲酸电氧化起始电位时，交换速度明显加快，但是仍难以达到完全交换，见图14-30（B）。通过比较甲酸电催化氧化电流和$^{12}CO/^{13}CO$的交换速度与电位的关系，他们发现在某些条件下，吸附态CO也可作为一种活性的反应中间物。这也正说明了甲酸的氧化也是通过双途径机理进行的。通过合理地利用简单的同位素取代实验，可以揭示复杂的电催化氧化机理。

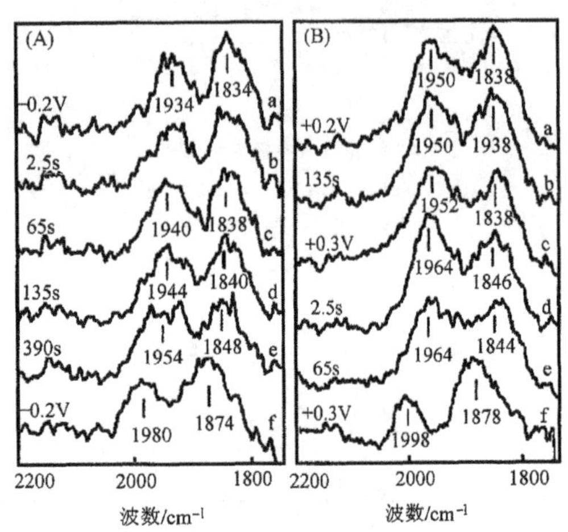

图14-30　沉积于Au电极上的Rh薄层上得到的$^{13}C/^{12}C$同位素取代中随时间变化的SER谱[57]

溶液10 mmol·L^{-1} HCOOH+0.1 mol·L^{-1} $HClO_4$

(A)：电位处于-0.2V；a. 溶液中仅有^{13}C；b～e为加入10倍的$H^{12}COOH$后的2.5s，65s，135s和390s内所采到的谱图。(B)：将电位从+0.2V跳至+0.3V；a. 溶液中仅有^{13}C，电位为+0.2V；b. 在+0.2V加入10倍的$H^{12}COOH$后的135s时间内采到的谱图；c. 溶液中仅有^{13}C，电位为+0.3V；d，e. 加入10倍的$H^{12}COOH$后，当电位跳到+0.3V后的2.5s和65s内所采到的谱图。采谱时间为5s；采谱时间间隔为2s

14.5.2.3　电催化还原反应

(1) 硝基苯的还原反应

SERS可以直接鉴定多步反应的吸附中间物和产物。与一些传统的电化学测量方法的联用，拉曼光谱可以鉴定反应中间物并推测电化学反应的路径。

结合SERS和循环伏安法研究金表面上的硝基苯反应是一个很好的例子[58]，在电位变化过程中检测SERS信号可以获得更多有用的信息。为了能在循环伏安过程中检测SERS，拉曼仪器的检测器必须使用能快速响应的多通道分析器（例如PDA或CCD）。为了能获得较高的信噪比，可以通过电化学粗糙的方法将Au电极处理成SERS活性的表面。此外由于金在电化学上是比较惰性的，使得我们可以在宽广的电位范围内利用

SERS 研究表面反应。一般认为，硝基苯可以通过 3 步两电子反应分别还原成亚硝基苯、

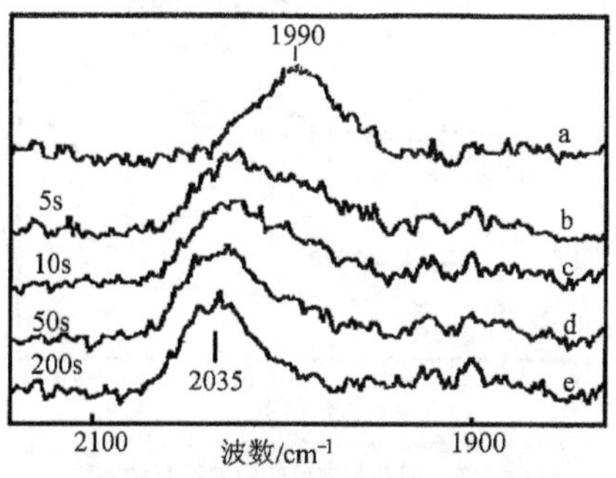

图 14-31 沉积于 Au 电极上的 Rh 薄层上 $^{13}CO/^{12}CO$ 同位素取代随时间变化的 SER 谱[57]

溶液为饱和了 CO 的 0.1 $mol \cdot L^{-1}$ $HClO_4$；溶液的交换通过流动电解池实现；a. 溶液中仅含饱和 ^{13}CO，电位为 0V；b～e. 为用含 ^{12}CO 的溶液交换 ^{13}CO 溶液后分别在 5s、10s、50s 和 200s 内采到的 SER 谱

苯基羟胺和苯胺：

$$C_6H_5NO_2 \xrightarrow{2e^-} [C_6H_5NO] \xrightarrow{2e^-} C_6H_5NHOH \xrightarrow{2e^-} C_6H_5NH_2$$

由于亚硝基苯较不稳定，在溶液中有可能通过以下化学反应很快被消耗掉，因而常规分析技术难以检测到它。

$$C_6H_5NO + C_6H_5NHOH \longrightarrow C_6H_5N{=\!=}N(O)C_6H_5$$

从硝基苯在硫酸中的循环伏安图（图 14-32）中可以看出，位于 -0.11V 和 -0.27V 是硝基苯的还原峰，在 0.33V 的阳极峰和 0.3V 的阴极峰为 *N*-羟基苯胺和亚硝基苯的氧化还原峰。由于两个峰电位与扫描速率无关，并且阴阳极峰电位差仅有 30mV，表明这是一对可逆反应。在电位负向扫描中检测到的 SERS 谱，对应的是硝基苯的还原过程。

如图 14-33，对应于硝基苯的 1330cm^{-1}的峰随着电极电位正移而减弱。当电位负于 -0.11V 时在 1146cm^{-1}、1388cm^{-1}和 1588cm^{-1}处出现了新峰，将这些峰与可能的反应产物的常规拉曼光谱比较，发现他们应属于亚硝基苯的特征峰。这表明循环伏安图中在 -0.11V 的峰对应于硝基苯还原生成亚硝基苯的反应。该例表明结合电化学方法和 SERS 方法可以很好地研究表面上电化学反应并考查反应中间产物和途径。

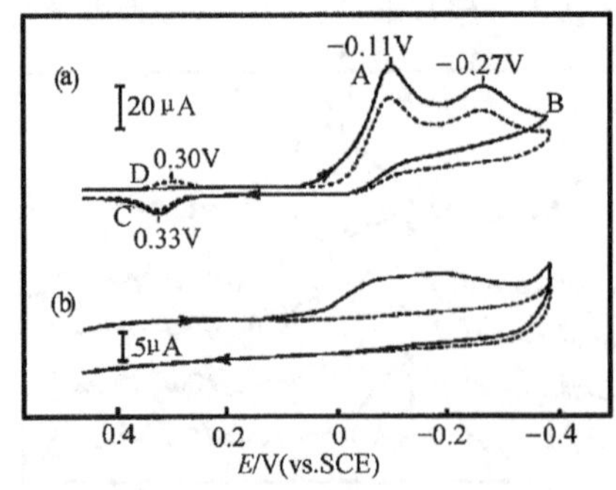

图 14-32 硝基苯在硫酸中的循环伏安图

(a) 1 $mmol \cdot L^{-1}$硝基苯在 Au 电极上的循环伏安曲线；(b) 不可逆吸附的硝基苯的循环伏安曲线；扫描速度为 $100mV \cdot s^{-1}$；实线和虚线分别是第一圈和第二圈扫描的曲线；支持电解质为 $0.1mol \cdot L^{-1}$ H_2SO_4

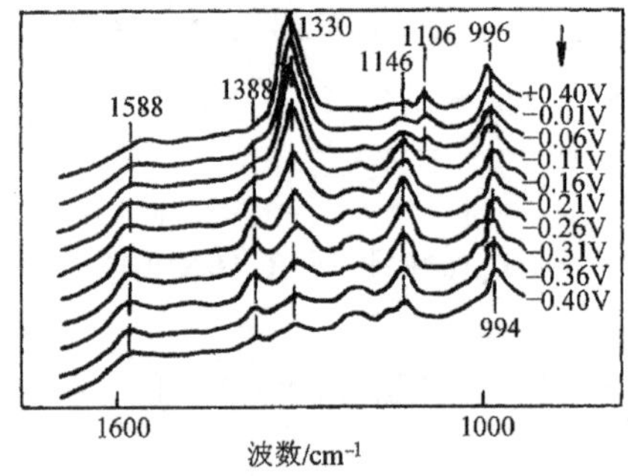

图 14-33 在线性扫描中得到的一系列 SER 谱[58]

扫描速度为 $5mV \cdot s^{-1}$；电位从 0.4V 开始；溶液为 $3 \times 10^{-3} mol \cdot L^{-1}$硝基苯 + $0.1mol \cdot L^{-1}$ H_2SO_4；所标注的电位为 5s 采谱时间内的电位平均值；激发线：647.1nm

(2) 二氧化碳的还原反应

随着温室效应的日趋严重以及人们对环境问题的日益关注，如何降低二氧化碳的排放量以及如何将其变废为宝日益引起人们的关注。在人们提出的诸多的处理方法中，利用电化学还原二氧化碳是一个较好且无公害的方法，它可以在室温的条件下反应，而且仅需通过调节电极电位就可实现 CO_2 的还原。CO_2 通过电化学还原后可以生成各种的可重复利用的产物，如 CO、CH_4 和 CH_3COOH。早在 1985 年就有人利用铜来还原 CO_2，至今利用金属电极还原 CO_2 研究得最多的仍是铜，因为它可以较高的产率生成碳氢化合物和醇类，而在其他大多数金属表面则倾向于生成 CO 和甲酸盐。可是在 Cu 电极上很容易发生阴极毒化，即在 CO_2 开始还原生成 CH_4、CH_2—CH_2 和 CH_3OH 的 30min 内，反应速率迅速降低，而后析氢过程成为主导反应。人们通过对 Cu 电极进行快速循环伏安扫描可以消除毒物，但是对毒物的生成机理和组成并不清楚。而对于研究表面物种，拉曼光谱则有它独特的优势，特别当研究的电极是个很好的 SERS 基底时，人们可以很方便的利用 SERS 效应检测还原过程生成的中间物。为避免不必要的干扰，Cu 电极直接置于 0.1 mol·L^{-1} $NaHCO_3$ 中被粗糙。图 14-34 给出 Cu 在饱和了二氧化碳的 0.1 mol·L^{-1}

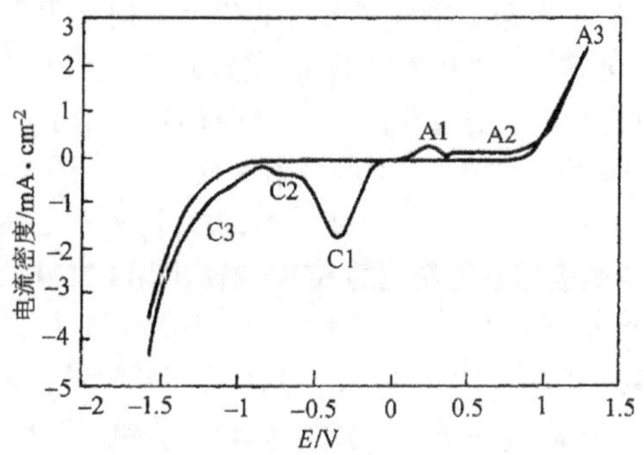

图 14-34 Cu 在饱和了 CO_2 的 1 mol·L^{-1} $NaHCO_3$ 中的循环伏安曲线[59]

上限电位 +1.3V；扫描速率 10 mV·s^{-1}

$NaHCO_3$ 溶液中的 CV 图。图中的 A1，A2，A3，C1 和 C2 与 Cu 的氧化和还原有关，在 C3 及更负电位，CO 在表面的覆盖度可达 90%。在拉曼光谱中（图 14-35）可以观察到大量的峰，它们都和 CO_2 在 Cu 上的还原过程相关[59]。当将电极控于 -1.06V 时，可以看出随着时间的加长，对应于 CO 吸附的峰（2090cm^{-1}，358cm^{-1}，280cm^{-1}，对应于 C—O 伸缩、Cu—CO 伸缩和转动谱）逐渐降低，而在 523cm^{-1}的峰却逐渐升高。若重新粗糙电极，CO 的峰又加强而 523cm^{-1}的峰又降低。由此可知，523cm^{-1}对应的峰应该是一种中间毒物。为鉴别此物种，Irish 等开展了系统的实验，发现该峰对应于铜绿的振

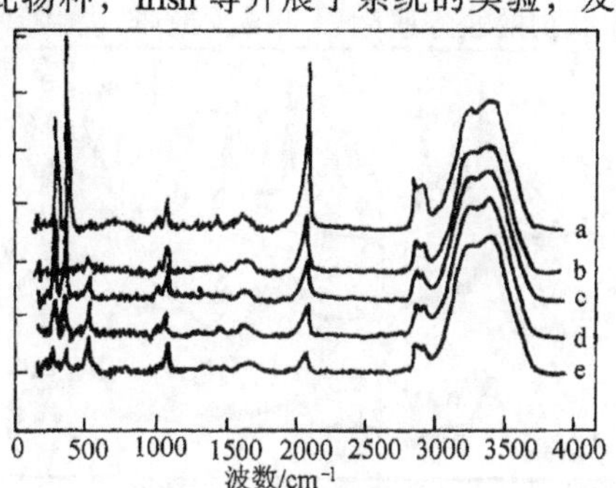

图 14-35 在饱和了 CO_2 的 1 mol·L^{-1} $NaHCO_3$ 中 Cu 电极上随时间变化的拉曼光谱[59]

a.13min；b.61min；c.105min；d.144min；e.215min；激发线 632.8nm；E = -1.06V

动。此外，除了与 CO 相关的振动外，他们同时还可以检测到位于 2900cm^{-1}、1580cm^{-1} 和 1360cm^{-1}处与 CH_x 振动相关的峰，说明还原产物的多样性。拉曼光谱不但告诉我们反应的中间毒物，还可以告诉我们反应中还有什么副产物。

(3) 乙炔在 Rh 和 Au 电极上的还原反应

乙炔在过渡金属上的吸附和反应已有大量的研究，但是很多的结果还是相互矛盾的。乙炔分子中碳的杂化类型可以从原来的 sp 变到 sp^2 甚至 sp^3，而乙炔分子本身则可能分解成为亚乙基、亚乙烯基或发生聚合发应。Weaver 等利用薄层方法，即在 SERS 活性的金电极上沉积 Rh，研究乙炔在 Rh 上的吸附和反应[60]。图 14-36 中 a、图 14-36 中 b 和图 14-36 中 c 分别给出在中性的 0.1 mol·L^{-1} $NaClO_4$ 溶液中乙炔吸附在金电极、沉积了 1 层和 4 层的 Rh 的金电极随电位变化的 SERS 谱。图 14-36 中 a 中可以观察到非常弱的位于 1850cm^{-1}、1975cm^{-1}和 2140cm^{-1}的峰，此外还可观察到位于 1500 ~ 1600cm^{-1}的强峰。只有当电位负至 – 0.6V 时，才能观察到位于 1475cm^{-1}和 1095cm^{-1}的峰。沉积 Rh 后，在 – 0.3V 就可以观察到 1475cm^{-1}和 1095cm^{-1}的峰，在 0.3V 就观察不到与乙炔相关的峰。在 0.1 mol·L^{-1} $HClO_4$ 酸性溶液中，即使在 0 V，就可以检测到 1475cm^{-1}和 1095cm^{-1}的峰，与乙炔相关的峰也可以检测到。当沉积上 2 层 Rh 后，以上所有的峰都可以检测到。当沉积层厚度增加至 5 层时，在正电位区观察不到任何峰，而在 – 0.3V 可以检测到以上所有的峰。这说明乙炔和金的相互作用要强于与 Rh 的作用。他们发现伴随着电化学还原电流的增加，1475cm^{-1} 和 1095cm^{-1} 的峰开始加强。事实上对于 1095cm^{-1}和 1475cm^{-1}的峰有较好的指认，前者来自 C—H 弯曲和 C—C 伸缩振动的共同贡献，而后者来自 C—C 的伸缩振动。拉曼和电化学的结果表明在负电位区乙炔发生了加氢还原，产生了乙烯自由基。这些自由基一方面可以引发乙炔的聚合反应，又导致吸附物种的进一步加氢还原。在酸性条件下，在沉积了 5 层的 Rh 电极所做的随时间变化的 SERS（图 14-37）中，他们发现当电位负移时，拉曼峰迅速加强，而电位正移时，拉曼峰只是缓慢降低。说明加氢反应可以很容易且迅速地发生，但脱氢反应并不发生。峰强的缓慢变化是由于还原产物的缓慢脱附引起的。此外，伴随体系酸度的提高，乙炔的

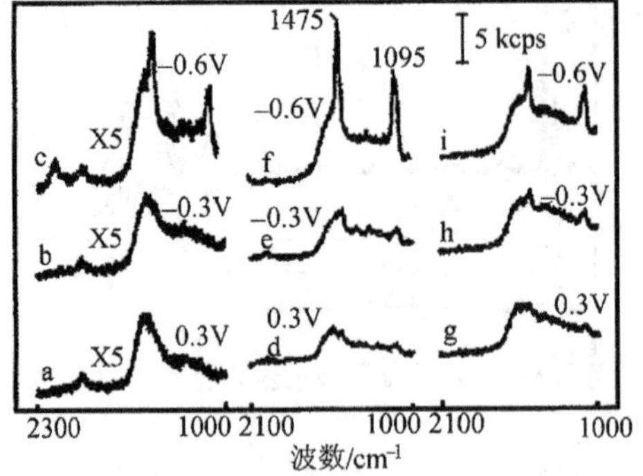

图 14-36　中性溶液中乙炔吸附在不同电极上的 SER 谱[60]

a ~ c. 吸附在裸 Au 电极上；d ~ f. 沉积于 Au 电极上的 1 个单层 Rh；g ~ i. 沉积于 Au 电极上的 4 个单层 Rh；谱线 a ~ c 放大 5 倍；溶液为 0.1 mol·L^{-1} $NaClO_4$

还原电位发生明显正移，表明在还原过程中质子氢起着重要的作用。

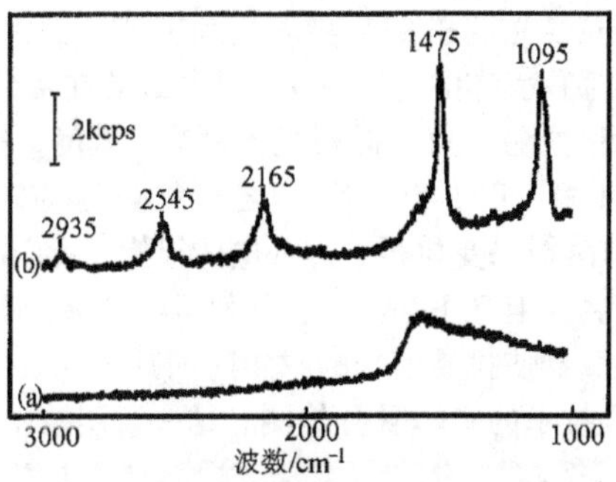

图 14-37 溶液中乙炔吸附在沉积于 Au 电极的 Rh 薄层(5 个单层)上在不同电位下的 SER 谱[60]
溶液 0.1 mol·L^{-1} $HClO_4$

14.6 电化学拉曼光谱的发展前景

激光技术、拉曼谱仪与纳米科技的飞速发展为电化学拉曼光谱的进一步发展创造了良机。随着拉曼实验和理论方法的进一步发展，拉曼光谱的研究能力将大大增强，将会发展成为研究电催化的有力和普适的工具。

14.6.1 光纤拉曼光谱

光纤拉曼光谱[61]与常规和显微拉曼光谱相比具有以下特点：可以远程对常规谱仪无法测量的体系进行检测，使用了光纤探头后使更换试样更加容易，探头小可以很方便地工作于非整直和小空间的体系。在电催化研究中，很多的体系是在反应条件下进行的，为避免反应物和产物（特别是气相的产物）对仪器和实验人员的危害，很有必要利用光纤拉曼对反应体系进行远程监控，甚至于可以对一些实际的催化反应体系和生产线进行实时的监控。但是，光纤拉曼谱仪的灵敏度还较低，对体相纯物种的研究一般问题还不大，但是对于表面反应和吸附则还必须借助共振增强和表面增强效应才能获得较高信噪比的信号。如何提高光纤的耦合效率以及消除光纤本身的拉曼信号和荧光信号的干扰都有待于进一步研究。

14.6.2 拉曼和扫描隧道显微技术联用

有必要指出，每种谱学电化学技术（如光谱技术、衍射技术和扫描探针显微技术）在研究电化学界面中都有各自的优缺点。例如常规显微拉曼光谱的空间分辨率只能达到微米级，而扫描隧道显微技术（STM）虽具有高达原子级的超高空间分辨率，但它在电化学体系中的能量分辨率远不如拉曼光谱。但是这两种技术在研究电化学界面时却可以优势互补，如 STM 可提供电化学界面中固体一侧的基底原子和吸附分子的排列细节，而拉曼光谱则可以表征溶液一侧的分子的结构以及表面键合性质。若同时发挥这两种技术的优势就能从原子和分子水平上获取更丰富的电化学界面的信息。

我们为此自行研制了拉曼光谱和 STM 的联用系统[62]。图 14-38 是一套拉曼-STM 联用系统的方框图。利用可远程操作的光纤技术，使得放置在两个房间里的两套仪器能够同时对一个电解池进行原位检测。为了提高光谱检测灵敏度，在 STM 针尖周围有限的空间里环绕了 6 根光纤（1 根入射 5 根收集），各光纤头上都安装了自聚焦透镜以增大信号的收集效率。由于 STM 极易受机械、热和电的干扰，我们对 STM 探头进行了特殊的设计，使光纤尽量靠近针尖但又不和其发生任何机械接触。此外，为使热干扰减至最小，我们采用光学多道检测器使拉曼信号的收集时间减至 0.1 ~ 5s，从而缩短激光的照射时间，实现 STM 和拉曼技术的实时联合检测。这一联用技术也可能用于电极表面催化活性位的研究。

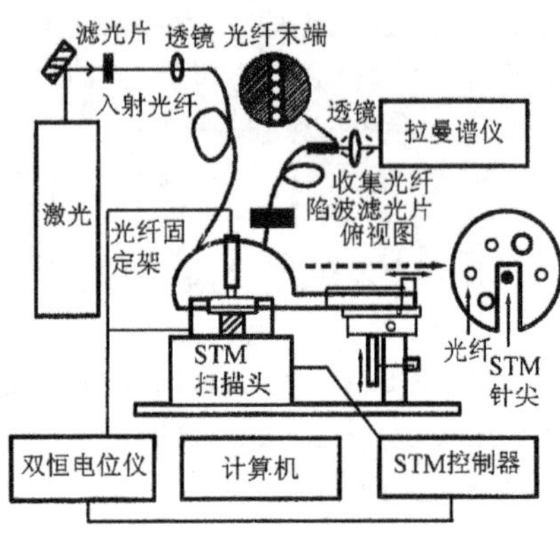

图 14-38 STM 和拉曼联用系统的方框图

14.6.3 电化学拉曼光谱的理论研究

基于目前在电化学拉曼光谱实验中所得到的丰富数据，人们可以开展相关的量子化学计算，以期从电子结构的层次上更深刻地揭示表面成键本质和电化学界面过程。在对电催化等许多实际体系都有重要意义的过渡金属电极上发现弱 SERS 效应[8,39~43,50~52]以及在银纳米粒子上发现具有 1×10^{14}增强效应[63~65]，都对现有的 SERS 理论提出挑战，也激起了人们对 20 余年来尚未有定论的 SERS 机理进行更全面和深入研究的热情。由于 SERS 效应的强弱（甚至于 SERS 的存在与否）与纳米尺度下的表面粗糙度密切相关，人们已逐渐意识到，SERS 不仅是表面科学而且是纳米科学的一个重要现象[66]。制备有序纳米结构的 SERS 基底将有助于 SERS 理论模型的建立。而理论计算的结果可望更好地和实验数据对照，从而全面地解释各种实验现象。有关纳米科学理论和实验方法的进一步创新和发展，有望使电化学拉曼光谱（特别是 SERS）技术成为电催化研究中的一个有力的工具。

参 考 文 献

[1] Raman C V, Krishnan K S. Nature, 1928, 121: 169

[2] Pettinger B. Adsorption at Electrode Surface. New York: VCH, 1992, 285 ~ 345
[3] Fleischmann M, Hendra P J, McQuillan A J. J Chem Soc Chem Commun, 1973, 80 ~ 81
[4] Fleischmann M, Hendra, P J, McQuillan A J. Chem Phys Lett, 1974, 26: 163 ~ 166
[5] Jeanmaire D L, Van Duyne R P. J Electroanal Chem, 1977, 84: 1 ~ 20
[6] Fleischmann M, Tian Z Q. J Electroanal Chem, 1987, 217: 397 ~ 410
[7] Leung L W, Weaver M J. J Am Chem Soc, 1987, 109: 5113 ~ 5119
[8] Tian Z Q, Gao J S, Li X Q et al. J Raman Spectrosc, 1998, 29: 703 ~ 711
[9] 田中群,任斌,吴德印等. 厦门大学学报,2001,40:434 ~ 447
[10] Chang R K, Furtak T E. Surface Enhanced Raman Scattering. New York: Plenum Press, 1982
[11] Chang R K, Laube B L. CRC Crit Rev Solid State Mater Sci, 1984, 12: 1 ~ 73
[12] Birke R L. Lu T, Lombardi J R. Techniques for Characterization of Electrodes and Electrochemical Processes. New York: John Wiley & Sons, 1991, 211 ~ 277
[13] Tian Z Q, Ren B. Progress in Surface Raman Spectroscopy. Xiamen: Xiamen University Press, 2000
[14] Moskovits M. Rev Mod Phys, 1985, 57: 783 ~ 826
[15] Otto A. Light Scattering in Solid. Vol. IV, Berlin: Springer-Verlag, 1984, 289 ~ 418
[16] Campion A, Kambhampati P. Chem Soc Rev, 1998, 27: 241 ~ 249
[17] Corset J, Aubard J. J Raman Spectrosc, 1999, 29(8): 649 ~ 650
[18] Hollins P, Pritchard J. Prog Surf Sci, 1985, 19: 275 ~ 350
[19] Lambert D K. Electrochim Acta, 1996, 41: 623 ~ 630
[20] Weaver M J, Zou S. Spectroscopy for Surface Science. New York: John Wiley & Sons, 1998, 26: 219 ~ 272
[21] 朱自莹,顾仁敖,陆天虹. 拉曼光谱在化学中的应用. 沈阳:东北大学出版社,1998
[22] Fleischmann M, Hill I R. Comprehensive Treatise of Electrochemistry. Vol 8, New York: Plenum Press, 1985, 373 ~ 431
[23] Ren B, Li X Q, She C X et al. Electrochim Acta, 2000, 46: 193 ~ 205
[24] Datta M, Jansson R E, Ereeman J J. Appl Spectrosc, 1986, 40: 251 ~ 258
[25] Niaura G, Gaigalas A K, Vilker V L. J Raman Spectrosc, 1997, 28: 1009 ~ 1011
[26] Melendres C A, McMahon J, Ruther, J W. J Electroanal Chem, 1986, 208: 175 ~ 178
[27] Gu R A, Cao P G, Yao J L et al. J Electroanal Chem, 2001, 505, 95 ~ 99
[28] Furtak T E, Roy D. Surf Sci, 1985, 158: 126 ~ 146
[29] Carron K T, Xue G, Lewis M L. Langmuir, 1991, 7: 2 ~ 4
[30] Weaver M J, Zou S Z, Chan H Y H. Anal Chem, 2000, 72: 38A ~ 47A
[31] Zou S Z, Weaver M J, Li X Q et al. J Phys Chem B, 1999, 103: 4218 ~ 4221
[32] Van Duyne R P, Haushalter J P. J Phys Chem, 1983, 87: 2999 ~ 3003
[33] Tian Z Q, Ren B, Chen Y X et al. J Chem Soc Farad Trans, 1996, 20: 3829 ~ 3838
[34] Tian Z Q, Li W H, Zou S Z et al. Appl Spectrosc, 1996, 50: 1569 ~ 1577
[35] Birke R L, Lombardi J R. Molecular Engineering, 1994, 4: 277 ~ 310
[36] Turrell G, Corset J. Raman Microscopy. San Diego: Academic Press, 1996
[37] Boucherit N, Hugot -Le Goff A. Faraday Dicuss, 1992, 94: 137 ~ 147
[38] Barbillat J. Raman Microscopy. San Diego: Academic Press, 1996. 177 ~ 200
[39] Cai W B, Ren B, Liu F M et al. Surf Sci, 1998, 406: 9 ~ 22
[40] Huang Q J, Yao J L, Mao B W et al. Chem Phys Lett, 1997, 271: 101 ~ 106
[41] Cao P G, Yao J L, Ren B et al. Chem Phys Lett, 2000, 316: 1 ~ 5
[42] Ren B, Huang O J, Cai W B et al. J Electroanal Chem, 1996, 415: 175 ~ 178
[43] Ren B, Xu X, Li X Q et al. Surf Sci, 1999, 427/428: 156 ~ 161
[44] Nichols R J, Bewick A. J Electroanal Chem, 1988, 243: 445 ~ 453
[45] Peremans A, Tadjeddine A. J Chem Phys, 1995, 103: 7197 ~ 7203
[46] Xu X, Wu D Y, Ren B et al. Chem Phys Lett, 1999, 311: 193 ~ 201

[47] Bockris J O'M, Reddy A K N. Modern Electrochemistry. 2nd ed, New York: Kluwer/Plenum, 1998
[48] Russell J W, Overhand J, Scanlon K et al. J Phys Chem, 1982, 86:3066 ~ 3068
[49] Ibach H, Balden M, Bruchmann D et al. Surf Sci, 1992, 270:94 ~ 102
[50] Zou S, Weaver M J. Anal Chem, 1998, 70:2387 ~ 2395
[51] Chan H Y H, Zou S, Weaver M J. J Phys Chem B, 1999, 103:11141 ~ 11151
[52] Luo H, Park S, Chan H Y H et al. J Phys Chem B, 2000, 104, 8250 ~ 8258
[53] Parsons R, van der Noot T. J Electroanal Chem, 1988, 257, 9 ~ 45
[54] Hamnett A. Interfacial Electrochemistry. New York: Marcel Dekker, 1999, 843
[55] Beden B, Hahn F, Leger J M et al. J Electroanal Chem, 1989, 258, 463 ~ 467
[56] 任斌,李筱琴,谢泳等. 光谱学与光谱分析,2000,20:648 ~ 651
[57] Mrozek M F, Luo H, Weaver M J. Langmuir, 2000, 16, 8463 ~ 8469
[58] Gao P, Gosztola D, Weaver M J. J Phys Chem, 1988, 92:7122 ~ 7130
[59] Smith B D, Irish D E, Kedzierzawski P et al. J Electro Chem Soc, 1997, 144:4288 ~ 4296
[60] Feilchenfeld H, Weaver M J. J Phys Chem, 1991, 95:7771 ~ 7777
[61] 田中群. 光散射学报,1993,5:50 ~ 56
[62] Tian Z Q, Li W H, Ren B et al. J Electroanal Chem, 1996, 401:247 ~ 251
[63] Nie S, Emory S R. Science, 1997, 275:1102 ~ 1106
[64] Kneipp K, Wang Y, Kneipp H et al. Phys Rev Lett, 1997, 78:1667 ~ 1670
[65] Michaels A M, Nirmal M, Brus L E. J Am Chem Soc, 1999, 121:9932 ~ 9939
[66] 田中群. 中国基础科学,2001,(3):4 ~ 8

(任　斌　田中群,厦门大学固体表面物理化学国家重点实验室)

第 15 章　电极催化剂的表征方法

电化学方法主要以电信号作为激励和检测手段,通过电信号(波形)发生器，恒电位仪、记录仪(微型计算机)、锁相检测装置等常规设备，获得固-液界面的各种平均信息，从而实现表征电极表面和固-液界面结构，研究各种电化学反应和过程以及定量解析反应动力学数据。在电信号以外引入不同能量的光子原位探测固-液界面，可获得进一步的分子水平上的信息，构成了当今的各种电化学原位谱学方法(红外光谱、拉曼光谱、紫外可见光谱、X射线、二次谐波、合频谱等)[1,2]。不同的(电)催化材料组成的固-液界面具有不同的双电层结构和不同的反应位能，应用电化学方法可以方便、快速地进行表征和研究。选取合适的探针反应，电化学方法不仅可以原位表征(电)催化剂的结构，跟踪其变化，而且还能评价其(电)催化反应性能，获得表面的有关物理性能参数，从而在高性能(电)催化剂的设计、制备和应用等方面发挥关键作用。本章综述运用电化学方法对各种(电)催化材料进行表征和研究的进展。

15.1　金属单晶模型催化剂的电化学表征和研究

金属单晶面具有明确的原子排列结构，为在原子、分子等微观层次研究表面位和反应位的结构，反应分子吸附和成键模式，特别是在认识(电)催化剂表面结构与性能之间的内在联系和规律等方面具有十分重要的意义。研制各种金属单晶的基础晶面和高指数阶梯晶面作为催化剂，研究各种电催化反应，构成了模型电催化的主要内容。Somorjai 早在 20 世纪 80 年代初就对固气界面基于金属单晶面的模型催化剂研究进行了系统地总结[3]。由于固-液界面的特殊性和复杂性，直到 20 世纪 80 年代初 Clavilier 发明了简便的金属单晶面火焰处理和无污染转移方法[4]，才开始了晶面结构明确的金属单晶表面电化学研究。迄今为止，大多数研究工作集中在铂族和币族两类金属单晶材料。

15.1.1　铂族金属单晶(电)催化材料

15.1.1.1　*电化学循环伏安方法研究*

铂族金属是性能优良的催化材料。十分活泼，但也极易吸附大气和溶液中的硫和有机物等而被毒化。在固-液界面环境中，最方便是以氢或氧的吸附作为探针反应，以电化学循环伏安法原位表征单晶电极表面的结构，跟踪其变化。在电化学循环伏安研究中，电极电位随时间以恒定的变化速率(v)在设定的上限(E_U)和下限(E_L)电位之间循环扫描，同时记录电流随电极电位的变化曲线(即循环伏安曲线,也记为 CV 曲线)。由于电流正比于电极反应的速率，电极电位代表固-液界面电化学反应体系的能量，因此电化学循环伏安曲线实际上给出了电极反应速率随固-液界面反应体系能量连续反复变化的规律。

图 15-1 给出 0.1mol·L^{-1} H_2SO_4 溶液中 Pt(111)、Pt(100)和 Pt(110)三个基础晶面电极的 CV 曲线[5]。其中实线对应的电位扫描范围为 – 0.25 ~ 0.75V［饱和甘汞电极,(SCE)为参比电极］。在此电位区间主要发生氢的吸脱附反应，即

$$H^+ + e^- \rightleftharpoons H_{ad} \tag{15-1}$$

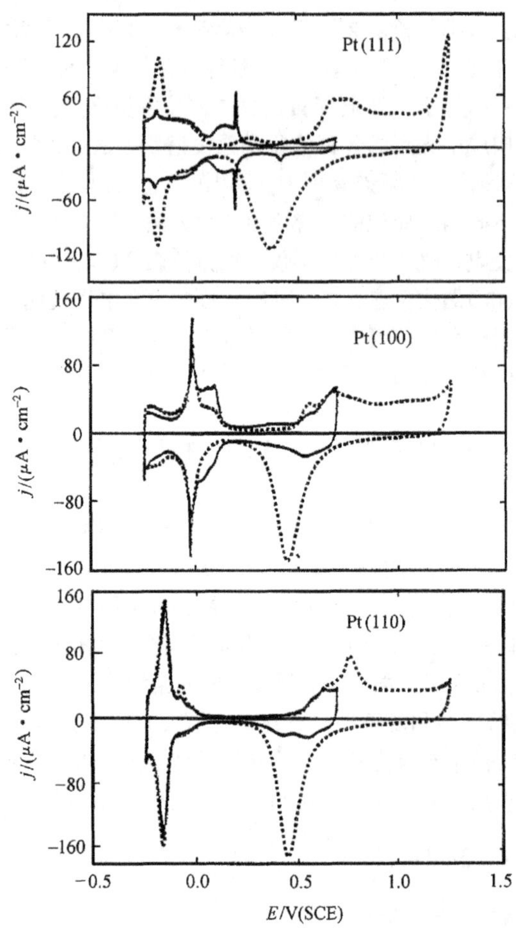

图 15-1 Pt(111)、Pt(100)和 Pt(110)的循环伏安图[5]

电位扫描上限分别为 0.75V(实线)和 1.25V(虚线); 0.1mol·L^{-1}H_2SO_4;

扫描速率为 50mV·s^{-1}

由图 15-1 可以看到，氢的吸脱附在这三个晶面给出完全不同的特征电流峰：在 Pt(111)上主要为低于 0.06V 的平台电流和高于 0.06V 的蝴蝶型峰，后者归因于溶液中阴离子(SO_4^{2-},HSO_4^-)参与的吸脱附过程；在Pt(100)上可观察到位于 – 0.02V 的对应氢在短程有序(100)位上吸附的电流尖峰和在 0.01V 附近对应氢在长程有序(100)位上吸附的电流宽峰；在 Pt(110)上仅出现位于 – 0.15V 附近的电流尖峰。上述 CV 特征反映了

氢在原子排列结构明确(well-defined)的三个基础晶面上吸脱附行为，已成为在固-液界面原位检测三个晶面结构的判据[6]。进一步对 CV 曲线中氢吸脱附电流进行积分可得到氢的吸(脱)附电量

$$Q(E)=\frac{1}{\nu}\int_{E_l}^{E}\left[j(u)-j_{\mathrm{dl}}\right]\mathrm{d}u \tag{15-2}$$

式中：E——氢吸脱附区间上限；

j_{dl}——双电层充电电流(设为固定值)。

在 Pt(111)、Pt(100)和 Pt(110)三个基础晶面上 Q 分别为 240 $\mu C\cdot cm^{-2}$、205 $\mu C\cdot cm^{-2}$和 220 $\mu C\cdot cm^{-2}$。在 Pt(111)和 Pt(100)上 Q 的数值与一个氢原子吸附在一个表面 Pt 位的理论值相近，说明这两个晶面在当前条件下保持了(1×1)的原子排列结构。但Pt(110)的数值比理论值(147 $\mu C\cdot cm^{-2}$)大了约 1.5 倍，对应(1×2)的重组结构。Pt 单晶的三个基础晶面(1×1)原子排列结构模型和 Pt(110)-(1×2)缺行重组结构模型如图 15-2[7]所示。

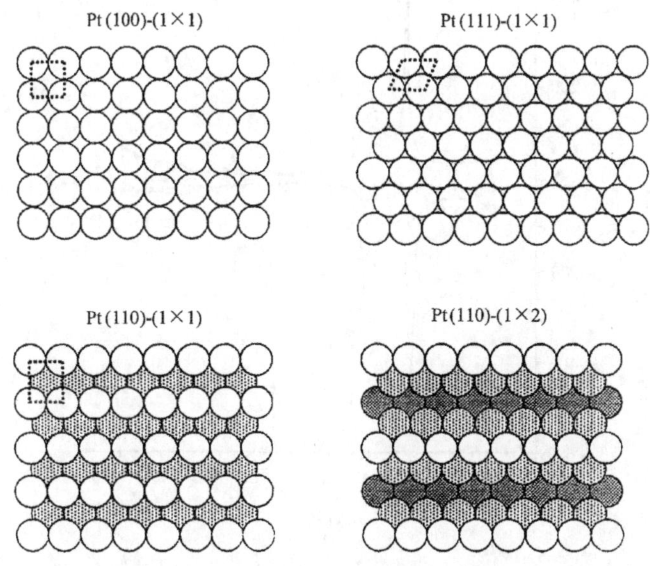

图 15-2 Pt(111)-(1×1)、Pt(100)-(1×1)、Pt(110)-(1×1)和 Pt(110)-(1×2)的原子排列模型[7]

Pt(111)晶面为六角形对称结构，Pt(100)为正方形对称结构，而 Pt(110)晶面为矩形对称结构。正是各个晶面不同的原子排列对称结构，导致了氢吸脱附行为的差异。

从图 15-1 中实线还可观察到当电极电位高于 0.46V 后在 Pt(100)和 Pt(110)上还出现了氧的吸附电流，在此 E_U 下通常为 OH 物种，其吸脱附不会引起三个晶面结构进一步重组，即在此区间电位循环扫描的 CV 特征如图 15-1 中所示的稳定曲线所示。但是，如果进一步升高 E_U，三个晶面的氢吸脱附特征都发生了变化。$E_U=1.25V$ 的稳定 CV 曲线由图 15-1 中虚线给出，可看到 Pt(111)的蝴蝶峰完全消失，在 −0.18V 附近出现一电流尖峰；Pt(100)上对应短程和长程有序的峰电流减小，但在低于 −0.1V 电位区间的

对应氢在缺陷位上吸附的电流增大；在 Pt(110)主要表现为 – 0.08V 附近出现十分明显的小尖峰。说明氧的吸附导致了三个晶面不同程度重组[5~7]。值得进一步指出的是，氢的吸脱附不仅对晶面原子排列对称结构十分敏感，而且还可用来探测单晶电极表面对称结构有序范围(二维晶畴)。如图 15-3 所示，Pt(100)晶面经火焰处理后在含氧气氛(空气)中冷却，给出短程有序(一维晶畴)为主的结构，CV 曲线中主要为位于 – 0.02V的电流峰。但在惰性(Ar)或还原性(H_2)气氛中冷却，则产生以长程有序(二维晶畴)为主的结构，CV 曲线中位于 – 0.02V 的电流峰基本消失，代之以 0.01V 附近的电流峰为主。我们最近的研究工作[8]指出，从短程有序 Pt(100) – (1×1)结构出发，通过循环快速电位扫描处理可获得长程和短程有序结构任意比例的表面，从而实现对不同尺度二维(100)晶畴电催化活性的研究。

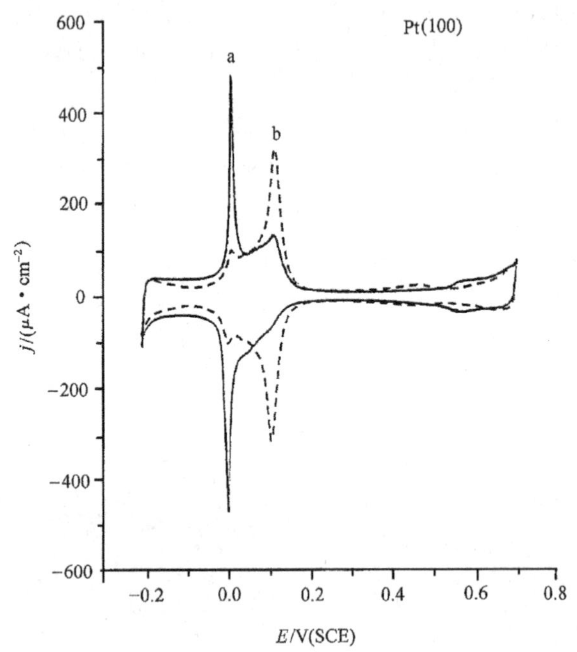

图 15-3 Pt(100)的循环伏安图

a. 一维晶畴为主；b. 二维晶畴为主；0.5M H_2SO_4；扫描速率为 100mV·s^{-1}

迄今为止，在铂族金属中铂单晶电极得到了最广泛的研究。以氢的吸脱附为探针反应得到的铂单晶基础晶面和各种高指数阶梯晶面[其结构表示为 Pt(hkl) = m($h'k'l'$)-n($h''k''l''$)，即由 m 行原子宽具有($h'k'l'$)对称结构平台和 n 行原子高具有($h''k''l''$)对称结构台阶组成] 在不同条件下的电化学循环伏安曲线具有各种精细结构和指纹特征，因此公认是一种原位鉴定固-液界面环境中铂单晶催化材料的表面结构及其变化的 CV 图谱[9,10]。图 15-4 给出了一系列铂单晶不同晶面电极的 CV 谱图，可以看到随晶面结构(平台宽度,在平台和台阶上的原子排列结构)变化，其 CV 特征发生了相应的变化。氢的吸脱附反应还可用于检测其他铂族金属单晶电极的结构及其变化，如 Ir[11,12]，

Rh[13~15]，Ru[16]等可以吸附氢的金属。但是，钯金属可以大量吸收氢，钯电极的 CV 曲线中主要为氢的还原吸收和氧化脱出电流，表面吸脱附电流被掩埋。因此，常以氧的吸脱附反应为探针来检测固-液界面 Pd 单晶电极的结构[17,18]。如图 15-5 所示，在 0.05mol $\cdot L^{-1}$ H_2SO_4 溶液中氧在 Pd(111)、Pd(100)、Pd(110)三个基础晶面上的吸附都给出一个尖峰，其峰电位分别为 1.10、0.90 和 0.85 V(RHE)。

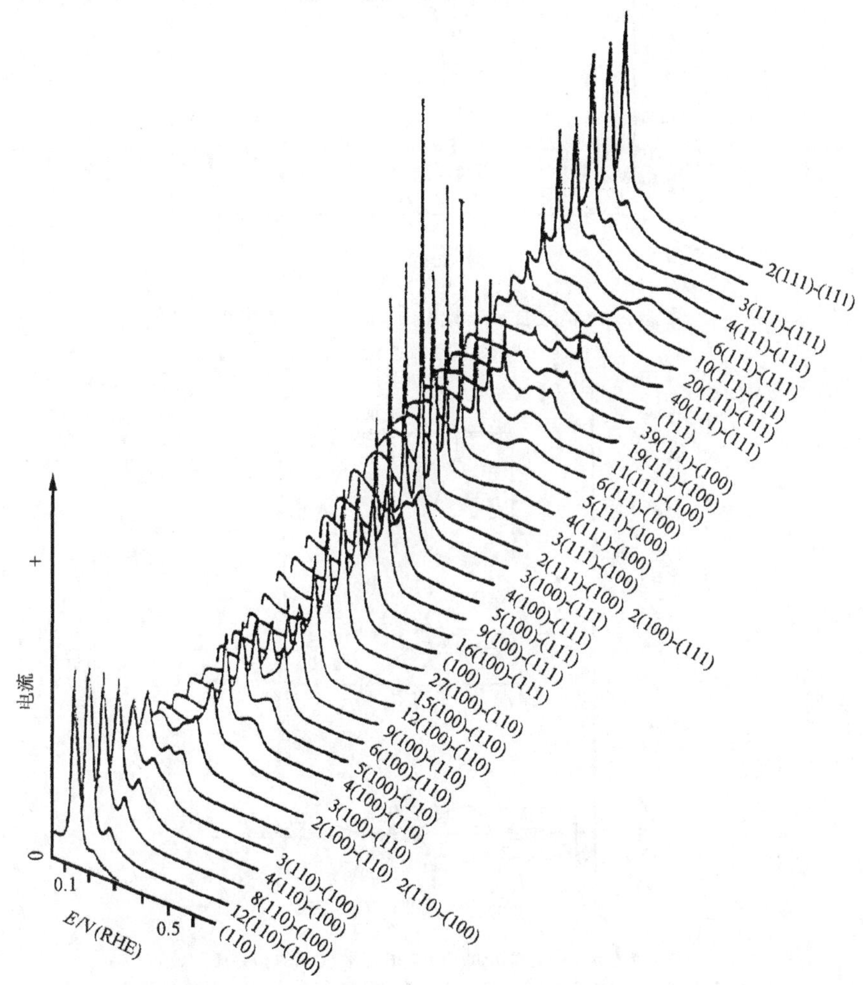

图 15-4 位于[100]和[110]晶带上的 Pt(*hkl*)的循环伏安图[9]

0.5mol$\cdot L^{-1}$ H_2SO_4；扫描速率为 50mV$\cdot s^{-1}$

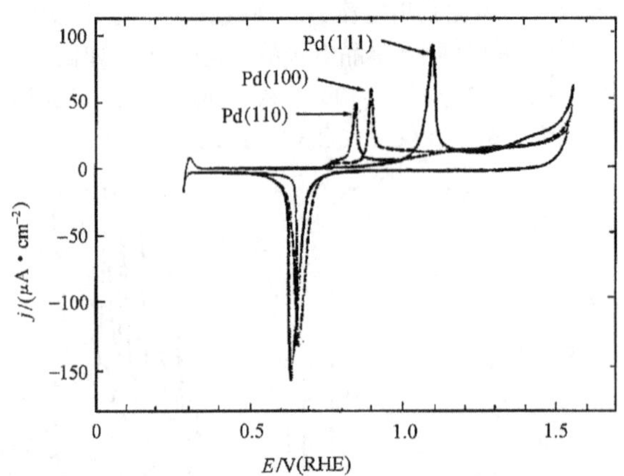

图 15-5 Pd (111)、Pd (100)和 Pd (110)的循环伏安图[17]

$0.05mol \cdot L^{-1}$ H_2SO_4；扫描速率为 $20mV \cdot s^{-1}$

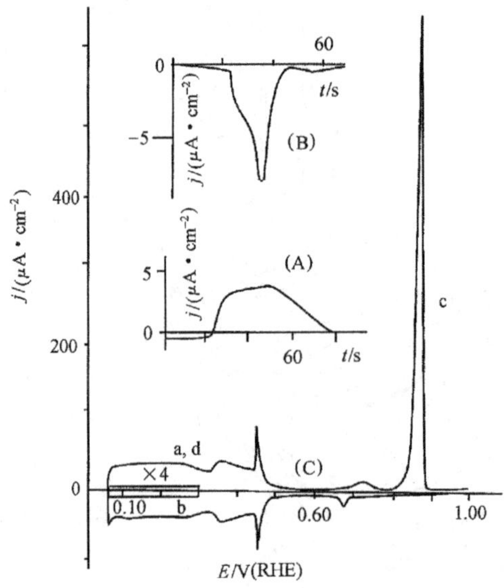

图 15-6 (a)和(b)为在 0.08V (a)和 0.50V (b)(RHE)吸附 CO 后的 j-t 曲线；(c)中 a 和 d 为 CO 吸附前和溶出后的循环伏安曲线，b 和 c 为 CO 吸附后和 CO_{ad}氧化的循环伏安曲线[20]Pt (111)

$0.5mol \cdot L^{-1}$ H_2SO_4；扫描速率为 $50mV \cdot s^{-1}$

15.1.1.2 电荷置换方法研究

在固-液界面环境中，溶液中的离子十分容易在铂族金属单晶表面吸附。为了深入研究吸附过程，进一步认识单晶催化材料的性能，Feliu 等[19,20]提出了电荷置换法，即在给定电极电位用 CO 置换预先吸附在电极表面的物种，同时记录流过电路的电流随时间的变化，进一步积分电流-时间曲线获得吸附层被 CO 完全置换所需的电量。CO 是中性分子，能与铂族金属形成很强的化学键，因此能置换预先吸附的任何物种。以 Pt(111)电极为例(图 15-6)，在 0.08V (RHE)吸附 CO 给出氧化电流，即

$$\mathrm{Pt(111)-H_{ad}+CO \longrightarrow Pt(111)-CO_{ad}+H^{+}+e^{-}} \tag{15-3}$$

但在 0.50V 吸附 CO 却得到还原电流，这是因为在 0.50VPt(111)表面的吸附物为溶液中的阴离子

$$\mathrm{Pt(111)-A_{ad}+CO+e^{-} \longrightarrow Pt(111)-CO_{ad}+A^{-}} \tag{15-4}$$

因此，电荷置换实验中电流的符号可为鉴别单晶电极表面吸附物种提供依据。同时，置换电量的测量还有助于从 CO_{ad} 的氧化电量准确计算其覆盖度[21]。电荷置换法一个更重要的应用是可以用来测量铂族金属单晶电极的零全电荷电位(potential of zero total charge, PZTC)。按照 Frumkin 等[22]的定义，电极的全电荷包含金属表面的过剩电荷和可逆化学吸附中传递的电荷。理想可极化电极(如滴汞，一定电位区间的 Au、Ag、Cu 等)只有过剩电荷，但对于铂族金属来说，在给定电位下，金属表面过剩电荷和可逆化学吸附中传递的电荷通常是不等同的。由于铂族金属的活泼性，长期以来一直未能找到合适的方法测量 PZTC。根据电荷置换法，电极的全电荷 Q 可写为

$$Q(E)=\frac{1}{\nu}\int_{E^{*}}^{E}|j(u)|\,\mathrm{d}u-Q_{\mathrm{dis}}(E^{*}) \tag{15-5}$$

式中：ν——电位扫描速度；

$j(E)$——CV 图谱中的电流曲线；

$Q_{\mathrm{dis}}(E^{*})$——在电位 E^{*} 下 CO 吸附置换的电量。

根据式(15-5)，PZTC 即为 $Q=0$ 时的 E，即 $E_{Q=0}$。已测定的铂和铑单晶三个基础晶面在各种电解质溶液中的 PZTC 列于表 15-1 中。值得指出的是，零全电荷电位在深入认识电催化和电子传递现象等方面具有十分重要的意义。

表 15-1　铂和铑单晶三个基础晶面在各种电解质溶液中的零全电荷电位[20]

金　属	电解质	PZTC/V (RHE)		
		(111)	(100)	(110)
Pt	$0.1\mathrm{mol\cdot L^{-1}\ HClO_4}$	0.34	0.43	0.23
	$0.5\mathrm{mol\cdot L^{-1}\ H_2SO_4}$	0.32	0.38	0.15
	$1\mathrm{mol\cdot L^{-1}\ HClO_4}+0.1\mathrm{mol\cdot L^{-1}\ NaC_2H_3O_2}$	0.32	0.36	
	$0.1\mathrm{mol\cdot L^{-1}\ HClO_4}+0.01\mathrm{mol\cdot L^{-1}\ H_2C_2O_2}$	0.31	0.34	
	$0.1\mathrm{mol\cdot L^{-1}\ HClO_4}+0.01\mathrm{mol\cdot L^{-1}\ NaCl}$	0.28	0.28	
	$0.1\mathrm{mol\cdot L^{-1}\ HClO_4}+0.01\mathrm{mol\cdot L^{-1}\ KBr}$	0.18	0.21	
Rh	$0.5\mathrm{mol\cdot L^{-1}\ H_2SO_4}$	0.14	0.14	0.10

15.1.1.3　电化学阻抗谱研究

基于交流电压信号微扰的电化学阻抗谱(electrochemical impedance spectroscopy,

EIS)[23]可提供电极过程反应动力学的信息，常应用于电化学腐蚀等体系的研究。Kolb等最近运用EIS研究了Pt(111)单晶电极的双层电容[24]。Conway等通过发展电化学吸附过程交流阻抗谱的方法，研究氢在铂单晶电极上欠电位吸附(underpotential deposition, UPD)和析出反应(hydrogen evolution reaction, HER)的动力学[25~28]。他们提出对氢的UPD过程或HER中的过电位吸附(overpotential deposition, OPD)过程

$$M + H^+ + e^- \underset{k_{-1}}{\overset{k_1}{\rightleftharpoons}} MH \tag{15-6}$$

和 H_2 的扩散方程

$$H_2\ (x=0) \xrightarrow{k_3} H_2\ (\text{bulk}) \tag{15-7}$$

其法拉第导纳 Y_f 可以通过调制电流 I ($I = F\nu$, F 为法拉第常量, ν 为吸附速率)对调制电位 E_Q 微分获得，同时引入调制覆盖度 θ[25]

$$Y_f = -F\left(\frac{\partial \nu}{\partial E_\theta}\right) - \frac{F\left(\frac{\partial \nu}{\partial E_\theta}\right)(F/q)\left(\frac{\partial \nu}{\partial \theta}\right)}{jw - (F/q)\left(\frac{\partial \nu}{\partial \theta}\right)} = A - \frac{AB}{jw + B} \tag{15-8}$$

其中

$$A = -F\left(\frac{\partial \nu}{\partial E_\theta}\right) = \frac{1}{R_{ct}} \quad B = -\left(\frac{F}{q}\right)\left(\frac{\partial \nu}{\partial E_\theta}\right)$$

式中：q——满单层吸附H(UPD或OPD)的电量；

R_{ct}——电化学反应电阻。

H的伪电容(pseudocapacitance)为

$$C_P = q\frac{\partial \theta}{\partial E_\theta} = q\left(\frac{\partial \theta}{\partial \nu}\right)\left(\frac{\partial \nu}{\partial E_\theta}\right) = \frac{A}{B} \tag{15-9}$$

因此法拉第阻抗为

$$Z_f = \frac{1}{Y_f} = \frac{1}{A} + \frac{1}{jw\ (A/B)} = R_{ct} + \frac{1}{jwC_P} \tag{15-10}$$

对于H在Pt(100)、Pt(111)以及Pt(311)、Pt(511)和Pt(1911)等阶梯晶面吸附的等效电路建议为

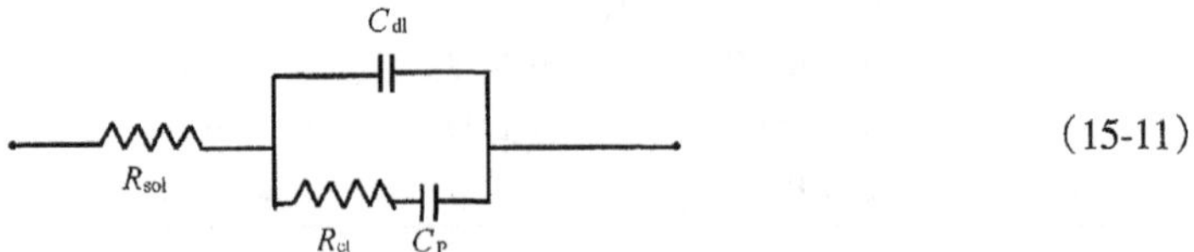

(15-11)

但是在Pt(111)电极上当电位正于零电荷电位(PZC)时，发生硫酸根等阴离子的平行吸附，其等效电路修正为

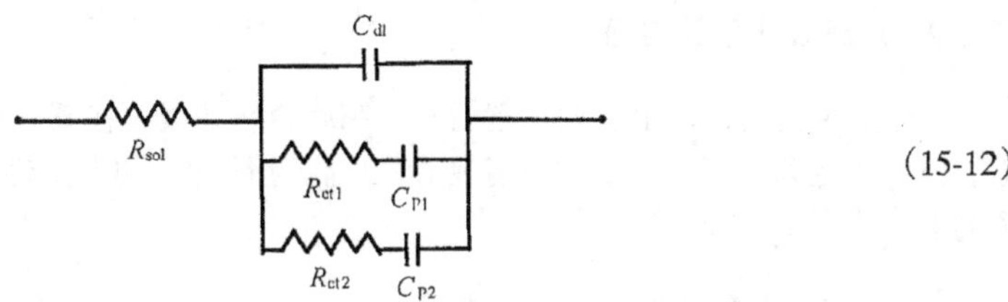

(15-12)

式中：R_{sol}——溶液电阻；

C_{dl}——双层电容。

铂单晶不同晶面电极具有各自特征的电化学阻抗谱。作为一个典型的例子，图15-7示出Pt(100)、Pt(111)和Pt(110)在0.5mol·L^{-1}NaOH溶液，极化电位为－0.04V(RHE)的阻抗复平面谱图，三者具有十分不同的特征。

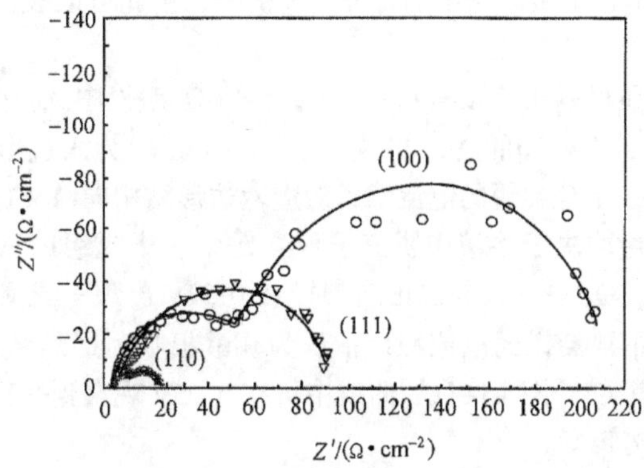

图 15-7 Pt(100)、Pt(111)和Pt(110)的电化学交流阻抗复平面谱图[28]极化电位为－0.04V(RHE)；0.5mol·L^{-1} NaOH；频率从100kHz到0.1Hz；电极的旋转速率为3000r/min^{-1}

通过对铂单晶电极电化学阻抗谱进行解析，不仅可定量得到R_{ct}、C_{dl}和C_P等的值，还可进一步获得UPD氢和HER的动力学参数。表15-2列出适用电化学阻抗谱研究铂单晶5个晶面电极上氢吸附和析出反应获得的动力学参数的值。

表 15-2 Pt(*hkl*)上氢吸附和析出反应的动力学参数[26]

Pt(*hkl*)	k_1 /(mol·s^{-1}·cm^{-2})	k_{-1} /(mol·s^{-1}·cm^{-2})	k_3 /(mol·s^{-1}·cm^{-2})	q(OPD) /(C·cm^{-2})	q(UPD) /(C·cm^{-2})
Pt(100)S_1 1)	$8.7\times10^{-7}\pm0.2$	$7.7\times10^{-6}\pm0.4$	$3.1\times10^{-6}\pm0.2$	$5.2\times10^{-5}\pm0.1$	1.97×10^{-4}
Pt(100)S_2 2)	$1.3\times10^{-5}\pm0.3$	$8.8\times10^{-5}\pm0.1$	$1.1\times10^{-5}\pm0.3$	$7.4\times10^{-5}\pm0.4$	1.81×10^{-4}
Pt(1911) 3)	$2.6\times10^{-6}\pm0.1$	$2.4\times10^{-5}\pm0.3$	$1.9\times10^{-5}\pm0.4$	$1.15\times10^{-4}\pm0.04$	—
Pt(511) 3)	$3.2\times10^{-6}\pm0.4$	$5.1\times10^{-5}\pm1$	$7.9\times10^{-5}\pm4$	$1.25\times10^{-4}\pm0.44$	—
Pt(111) 3)	$4.6\times10^{-5}\pm1$	$1.4\times10^{-4}\pm1$	$3.9\times10^{-6}\pm2$	$1.5\times10^{-4}\pm0.5$	1.61×10^{-4}
Pt(110) 4)	6×10^{-5}	1×10^{-4}	9×10^{-5}	—	1.43×10^{-4}

1) Pt(100)S_1 火焰处理后在H_2/Ar气氛下冷却。
2) Pt(100)S_2 在空气中冷却。
3) 在0.5mol·L^{-1} H_2SO_4中获得。
4) 在0.5mol·L^{-1} NaOH中获得。

15.1.2 B 族金属单晶电极

B 族金属包括金、银、铜，它们不如铂族金属活泼，在其表面不发生氢的吸脱附过程。但在一定条件下，它们也具有良好的电催化性能，如在碱性介质中 Au 对有机小分子的电催化[29]。

15.1.2.1 电化学循环伏安研究

虽然 B 族金属单晶的结构不能以氢吸脱为探针反应运用电化学循环伏安曲线进行表征和跟踪，但可以用离子吸附或氧吸附来原位检测固-液界面中的结构及其重组过程。Hamelin 等研究了 Au 单晶三个基础晶面[30]和一系列高指数阶梯晶面[31]在酸性和中性溶液中的循环伏安特征。如图 15-8 所示，在 0.01mol·L^{-1} H_2SO_4 溶液中，氧在 Au (111)、Au (100)和 Au (110)电极上吸附给出的特征的电流峰，由此可以表征固—液界面中这些晶面的结构。

电化学循环伏安还可以用来跟踪 0.1mol·L^{-1} H_2SO_4 溶液中 Au 单晶面结构重组的过程[32]。如图 15-9 (a)，新处理的 Au (100)在 − 0.2V (SCE)为六边形结构，当电位正向扫描时在 0.36V 出现一十分尖锐的电流峰，对应六边形结构向(1 × 1)结构转变。已经证明该电流峰对应的电量取决于溶液中阴离子种类[33]。一个重组的 Au (111)晶面在负电位浸入 0.1mol·L^{-1} H_2SO_4 中，随电位正向扫描在 0.32V 出现一显著的尖峰。此外，在 0.78V 还观察到一对非常尖锐的电流峰，指认为硫酸根吸附层的结构转变引起[34]。对于Au (110)晶面，从其 CV [图 15-9(c)]曲线中可在 0.05V 观察到一较宽的电流峰，归结为(1 × 2)→(1 × 1)结构转变。

15.1.2.2 电化学微分电容法研究

对于 B 族金属，在较低电位区间通常可以认为是理想极化电极(即无法拉第电流，仅产生双电层电流)，可将电极/溶液界面当做电容性元件处理。当有很小的电量 $d\sigma^M$ 引到电极上，则溶液一侧必然出现电量绝对值相等的异号电量($-d\sigma^M$)，设因此引起的电极电位变化为 dE，则定义界面双电层的微分电容为[35]

$$C_d = \frac{d\sigma^M}{dE} \tag{15-13}$$

C_d 随电极电位 E 的变化可通过交流电极化锁相检测得到。一个重要的物理量是零电荷电位，即金属电极表面过剩电量为零时的电极电位，$E_{\sigma=0}$。$E_{\sigma=0}$通常位于 C_d-E 曲线的最低点，测定了 $E_{\sigma=0}$以后就可以方便地从微分电容曲线积分得到任何电位下金属电极表面的过剩电量，即

$$\sigma^M(E) = \int_{E_{\sigma=0}}^{E} C_d(u)\,du \tag{15-14}$$

由上可知，微分电容实际上表征固-液界面双电层的结构，对于金属单晶来说，不同原子排列结构的晶面与相同溶液组成的固-液界面，其结构将不相同，因此，也可用微

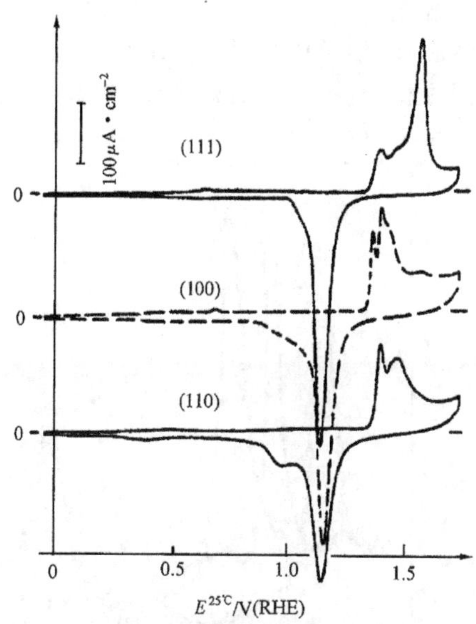

图 15-8 Au(111)、Au(100)和 Au(110)的循环伏安图[30]

$0.01mol \cdot L^{-1}$ H_2SO_4；扫描速率为 $50mV \cdot s^{-1}$

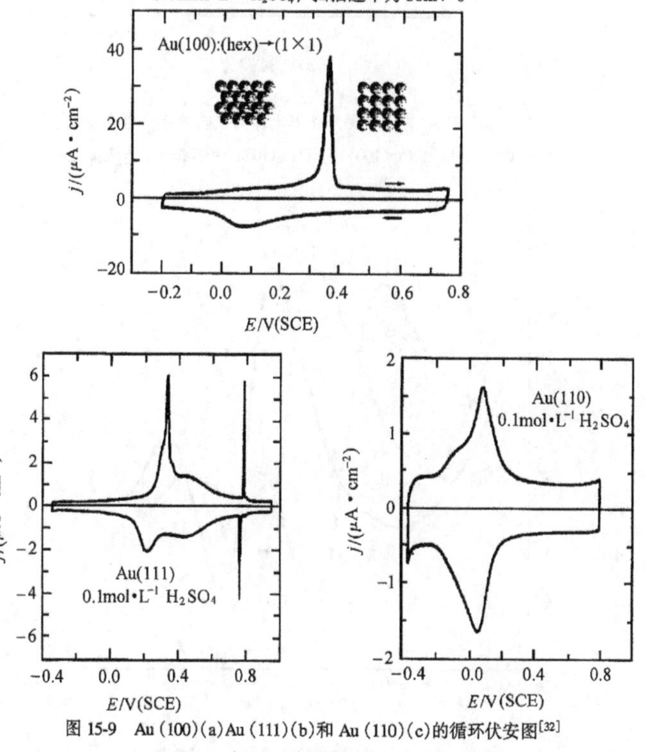

图 15-9 Au(100)(a)Au(111)(b)和 Au(110)(c)的循环伏安图[32]

$0.1mol \cdot L^{-1}$ H_2SO_4；扫描速率为 $50mV \cdot s^{-1}$

分电容曲线来表征晶面结构。

图 15-10 给出 0.05mol·L^{-1}Na_2SO_4 溶液中，TBA^+ 在铜单晶三个基础晶面 Cu（100）、Cu(111)和Cu(110)吸附的微分电容曲线 $C(E)$[36]，可以看到三个晶面电极组成的固-液界面有着完全不同的微分电容结构。

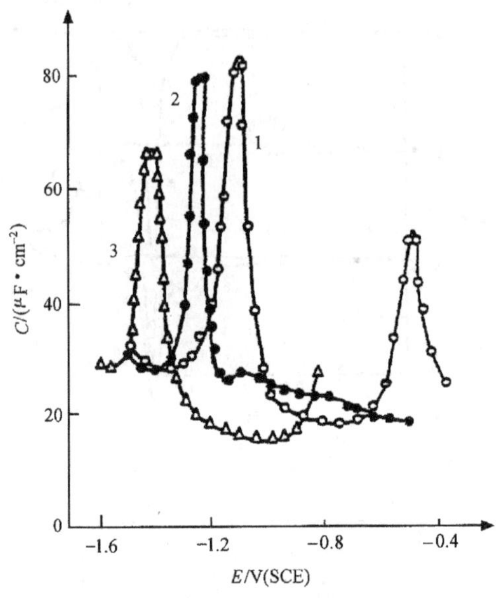

图 15-10　TBA^+ 在铜单晶三个基础晶面吸附的微分电容曲线[36]

1.Cu（111）；2.Cu（100）；3.Cu（110）；0.05mol·L^{-1} Na_2SO_4 + 0.005mol·L^{-1} TBAI

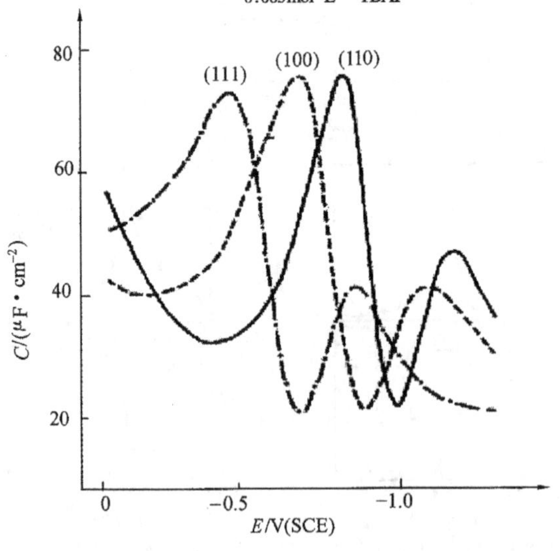

图 15-11　Ag（111）、Ag（100）和 Ag（110）电极在 0.01mol·L^{-1} NaF (20Hz, 10mV·s^{-1})溶液中的微分电容曲线[37]

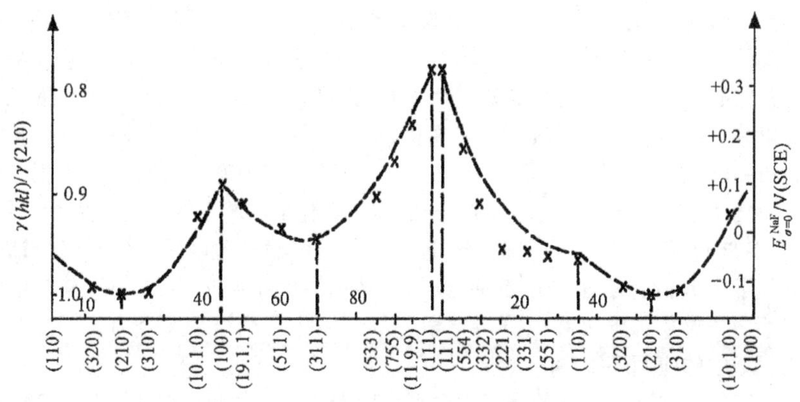

图 15-12　在室温下 0.01mol·L^{-1} NaF 溶液中金单晶面相对表面自由能 $\gamma(hkl)/\gamma(210)$ 和零电荷电位 $E_{\sigma=0}^{NaF}$[39]

横坐标的左 10～80 指列在轴上的位置与(110)晶面间的夹角；

右 20～40 指列在轴上的位置与(111)晶面间的夹角

从 0.01mol·L^{-1} NaF 溶液中获得的银单晶三个基础晶面的微分电容曲线(图 15-11)[37]中,我们看到虽然三个晶面电极的 $C(E)$特征相似，但发生了位移，从其最低点可测得三个晶面的零电荷电位分别为 −1.01 (Ag (110)) 、 −0.91 (Ag (100)) 和 −0.69 (Ag (111)) V (SCE)。

Hamelin A 系统地综述了币族金属单晶不同晶面的电化学微分电容研究结果[38]。与氢吸脱附过程的 CV 曲线取决于铂族金属(除 Pd 和 O_S)单晶面结构一样，电化学微分电容曲线是币族金属电极电解质溶液界面结构的特征。从电化学微分电容曲线上测定的各个晶面的零电荷电位直接表征了相应原子排列结构的表面自由能[39]。如图 15-12, 0.01mol·L^{-1} NaF 溶液中 Au 单晶电极的零电荷电位随晶面取向(以晶面指数表示)的变化与以 Au (210)晶面为参照的相对表面自由能[$\gamma(hkl)/\gamma(210)$]的变化规律一致[40]。可以看到对于三个基础晶面来说，Au (111)最高，Au (100)次之，Au (110)最低。位于三个基础晶面之间的高指数阶梯晶面的 $E_{\sigma=0}$或 $\gamma(hkl)/\gamma(210)$也位于相邻两个基础晶面数值之间或低于相邻两个基础晶面的数值。值得指出的是 Au (210)晶面，因为它具有开放的表面原子排列结构，其 $E_{\sigma=0}$和表面自由能都最低。而对于表面紧密排列的 Au (111)则具有最高的 $E_{\sigma=0}$和 $\gamma(111)/\gamma(210)$

15.2　其他催化材料的电化学表征和研究

15.2.1　沸石分子筛薄膜电极

沸石是由硅氧四面体和铝氧四面体组成的硅铝酸盐。硅氧四面体和铝氧四面体通过氧桥相互连接在一起，形成首尾相接的多元环。各种多元环三维地互相连接，可形成更复杂的、中空的多面体，这些多面体再进一步排列，即构成沸石骨架结构。在沸石的这种结构中具有许多排列整齐的晶穴，晶孔和通道，可为阳离子(用于平衡沸石的骨架电荷)和水分子所占据。位于沸石分子筛骨架中的阳离子和水分子具有较大的移动性，可以进行阳离子交换或可逆脱水，在电场下阳离子在沸石分子筛孔道发生运动而导电。

微孔及中孔分子筛具有规则的分子尺寸的笼和孔道，自 20 世纪 40 年代人工合成沸石分子筛以来，已被广泛用于吸附、异相催化、气体分离以及离子交换等领域[41]。在 1965 年，Freeman 首次把沸石分子筛引入电化学领域，作为离子交换的主体用在固态电池[42]上。由于固液界面的复杂性，沸石分子筛在电化学领域中的研究和应用发展很慢，直到 1988 年 Shaw 等[43]提出分子筛修饰电极的电子传输机理以后，分子筛修饰电极的研究才引起了电分析化学家的广泛兴趣。Rilison[44]等和 Walcarius[45]对 1990 年以前和 1990 年以后分子筛修饰电极在电分析化学中的应用作了总结。迄今为止，沸石分子筛在电催化领域中的应用还很少。

最近，我们以沸石分子筛的超笼为微型反应器，通过“瓶中造船”技术在分子筛超笼中合成了钯纳米粒子[46]。图 15-13 给出 $0.1mol \cdot L^{-1}$ Na_2SO_4 溶液中(pH = 3.3)，本体钯电极，在玻碳基底上通过电沉积制备的纳米尺寸的钯膜电极(nm-Pd/GC)[47]和通过“瓶中造船”技术制备的负载在沸石分子筛(NaY 和 NaA)上的钯纳米粒子薄膜电极(Pd^0-NaY/GC 和 Pd^0-NaA/GC)的 CV 曲线(后两种统称为纳米钯电极)。可以看到氢的吸脱附行为在本体钯电极和纳米钯电极上给出完全不同的特征电流峰：在本体钯电极上氢吸附电位区主要为氢的还原吸收电流，氢在表面的吸脱附电流被掩埋；在 nm-Pd/GC 上 −0.22V附近观察到一对归属于氢吸脱附的电流峰；在 Pd^0-NaY/GC 和 Pd^0-NaA/GC 上，也观察到位于 −0.22V 附近的对应氢吸脱附的电流峰。氢在 Pd^0-NaY/GC、Pd^0-NaA/GC 和 nm-Pd/GC 两类纳米尺度的钯电极上氢区的行为表现了氢在纳米尺度的钯材料上的“趋肤效应”[48]，本体钯与纳米钯粒子尺度的差异导致了氢吸脱附行为的差异。

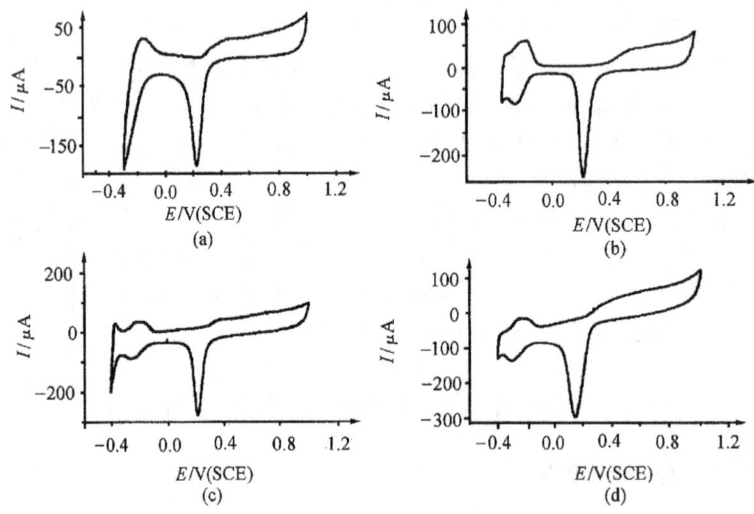

图 15-13　本体 Pd 电极(a)、nm-Pd/GC (b)、Pd^0-NaY/GC (c)和 Pd^0-NaA/GC 的循环伏安图(d)[46~48]

$0.1mol \cdot L^{-1}$ Na_2SO_4 (pH = 3.3)；扫描速率为 $50mV \cdot s^{-1}$

图 15-14 为 CO 吸附在本体钯电极，nm-Pd/GC 电极和 Pd^0-NaY/GC 电极上的电化学原位傅里叶变换红外光谱。可以看到 CO 吸附在这三种电极上给出完全不同的 CO 和 CO_2 的特征峰：CO 吸附在本体钯电极上，给出负向的桥式吸附态 CO (CO_B)谱峰和由 CO_B 氧化生成的 CO_2 正向谱峰[图 15-14(a)]；在 nm-Pd/GC 上出现正向的 CO_B 和正向的线性吸附态 CO (CO_L)谱峰，CO_{ad}(CO_B + CO_L)氧化生成的 CO_2 谱峰仍为正向[图 15-14(b)]。可看到 CO_B 谱峰强度显著增强。在 nm-Pd/GC 上 CO_{ad}谱峰方向倒反，强度显著增强和半峰宽增加这一现象被归结为纳米薄膜材料的异常红外效应[49]；在 Pd^0-NaY/GC 上，观察到显著增强的负向的 CO_B 和 CO_L 谱峰及正向的 CO_2 谱峰[图 15-2(c)]。与本体钯相比，CO 吸附在 nm-Pd/GC 和 Pd^0-NaY/GC 上谱峰强度分别增加了 42.6[48]和 51.3 倍[46]。值得注意的是，在 nm-Pd/GC 和 Pd^0-NaY/GC 上纳米钯粒子的光学行为差异很大。在 nm-Pd/GC 上，钯具有层状晶体的结构，每个层状晶体均由直径约为 6nm 的 Pd 纳米微晶聚集而成[47]；在 Pd^0-NaY/GC 上，Pd 粒子被限定在沸石分子筛超笼内，每个钯粒子由直径为 8.2 Å 的钯核组成[50]。此外，nm-Pd/GC 和 Pd^0-NaY/GC 上均存在 CO 半峰宽加宽的现象，表明在纳米尺度电极上，C—O 键振动能级的离散性增加。

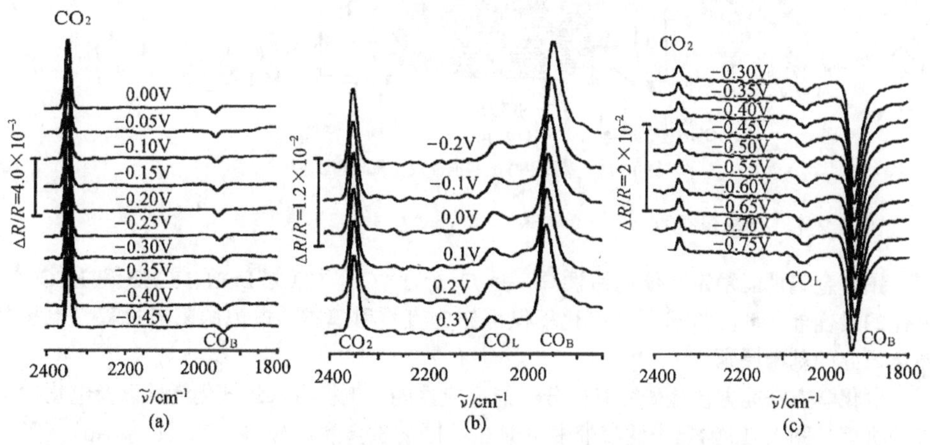

图 15-14 (a)本体 Pd 电极，(b)nm-Pd/GC 和(c)Pd^0-NaY/GC 的多步电位阶跃傅里叶变换红外光谱图[46~48]

E_R = 1.0V；E_S 示于相应谱图中

15.2.2 质子交换膜直接甲醇燃料电池催化剂

燃料电池是直接将储存在燃料和氧化剂中的化学能高效、无污染地转化为电能的发电装置。没有经历“热”的转化的中间步骤，其转换效率不受卡诺循环理论的限制，因此它是一类很有前途的绿色能源。甲醇价格便宜，易储存，且能直接替代氢气做燃料电池的阳极燃料，以甲醇为燃料的质子交换膜直接甲醇燃料电池(PEMDMFC)成为当前研究的热点。质子交换膜直接甲醇燃料电池最重要的部分是薄膜电极组(membrane electrode assembly, MEA)，它的基本结构如图 15-15[51]所示。MEA 有 5 层，聚合物电解质膜(polyer electrolyte membrane, PEM)，两个催化层和两个扩散层。迄今为止质子交换膜直接甲醇燃料电池还主要处于研究阶段，目前限制直接甲醇燃料电池商业化的关键因素是催化剂性能和成本等。所以电极材料及催化剂的研究与应用直接关系到燃料电池技术商业化的前景。

阳极：$CH_3OH(l)+H_2O(l) \xrightarrow{Pt/Ru} CO_2(g)+6H^++6e^-$　$U^{0.25℃}_{CH_3OH-CO_2}=0.02V$

阴极：$3/2\ O_2(g)+6H^++6e^- \xrightarrow{Pt} 3H_2O(l)$　$U^{0.25℃}_{O_2-H_2O}=1.23V$

合计：$CH_3OH(l)+3/2\ O_2(g) \longrightarrow CO_2(g)+2H_2O(l)$　$U^{0.25℃}_{cell}=1.21V$

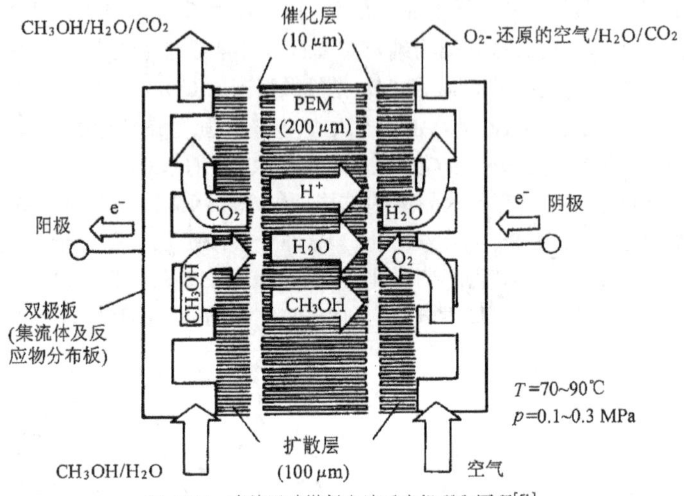

图 15-15　直接甲醇燃料电池反应机理和原理[51]

15.2.2.1　金属催化剂

铂族金属性能稳定，催化活性高，是 C_1 分子(CH_4、CO、CH_3OH、HCHO 和 HCOOH)氧化的最佳催化剂。C_1 分子的氧化不仅可作为直接甲醇燃料电池的阳极过程，也是电催化研究的基础课题。

电化学方法能方便地研究有机分子的反应性能，电极材料的催化活性以及电化学反应的机理。图 15-16 给出中性溶液中甲酸在不同的贵金属电极(Pt、Rh、Pd 和 Au)上氧化的 CV 曲线[52]。可以看到在四种不同金属电极上甲酸氧化给出了完全不同的 CV 特征和电流密度，表明不同金属催化剂表面对甲酸氧化的能量不同，引起了甲酸氧化电位和电流强度的不同，导致了在不同催化剂表面上甲酸氧化催化活性的差异。

微分电化学质谱(DEMS)，是连接电化学检测和离子检测之间的桥梁[53]，可以快速跟踪对应于测量电流的质量变化。某些情况下微分电化学质谱(DEMS)也和椭圆偏振仪以及二次谐波发生器(SHG)联合使用[54]。DEMS 可原位检测电解质溶液中反应产物和中间体的浓度随电位的变化。Willsau[55]等用微分电化学质谱和同位素标记研究了有机小分子(HCOOH、CH_3OH 和 CH_3CH_2OH)解离吸附的中间体，提出 HCO_{ad}是 HCOOH 和 CH_3OH 氧化及 CO_2 还原的中间体，而 CH_3CH_2OH 氧化的中间体是 CH_3CO_{ad}。图 15-17给出在高氯酸溶液中多孔铂电极上甲酸氧化的 CV 与 DEMS 曲线[29]，可以看到甲酸氧化形成 CO_2 和乙酸，从图 15-17 (b)和图 15-17 (c)质量信号看，产物中乙酸的比例不足 10%。

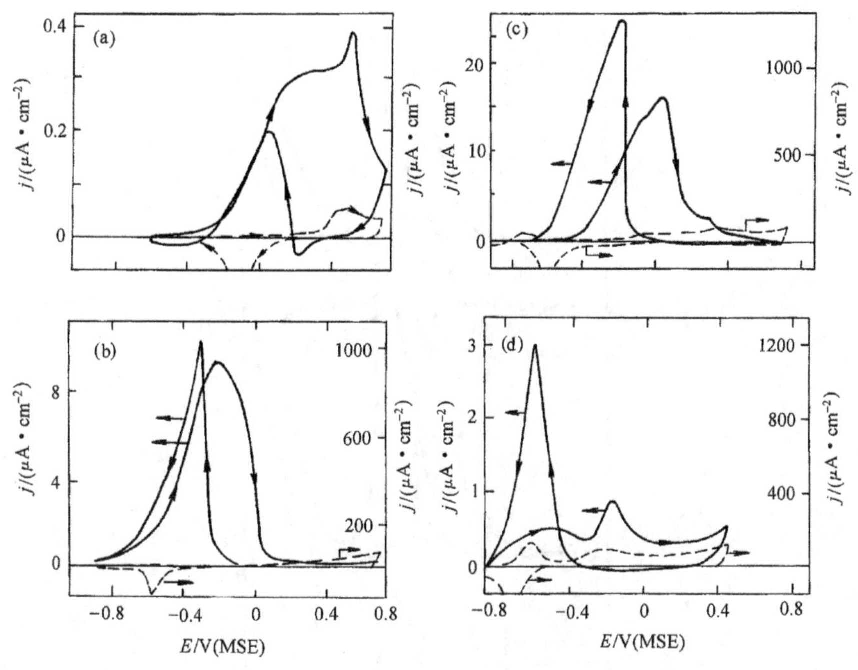

图 15-16 不同的贵金属电极在 0.25mol·L^{-1} K_2SO_4 + 0.1mol·L^{-1} HCOONa (实线)和 0.25mol·L^{-1} K_2SO_4 (虚线)中的循环伏安曲线[52]

25℃，50mV·s^{-1}；(a)Au；(b)Pd；(c)Pt；(d)Rh

对于质子交换膜直接甲醇燃料电池，阳极的设计是十分重要的，在目前的研究阶段，Pt 仍是酸性介质中甲醇脱氢氧化的最佳催化剂。因此制备催化活性高，价格低廉的 Pt 催化剂成为许多研究小组广泛研究的课题。由于纳米尺度的材料具有特殊的边界效应及小尺度效应，而表现出一些特殊的，本体金属不具备的物理化学性质，因此，对纳米尺度催化剂的研究受到了广泛的重视。但到目前为止，粒子尺度对甲醇电催化氧化影响还存在一些矛盾的结论。Takasu 等[56]通过真空蒸镀法把铂沉积在玻碳上，然后在高氯酸溶液中于 0～1.4V (SHE)循环扫描 10min 以稳定真空沉积的铂粒子。从高分辨率的电子显微镜图中得知，随着沉积量的增加，铂的平均粒子尺寸增加。从超细铂及铂丝上甲醇氧化的半稳态电流密度和铂粒子尺度的关系看(图 15-18)，在铂丝上甲醇氧化的电流密度最高，随着粒子尺度的减小，甲醇氧化的电流密度降低，说明在小的铂粒子上 CO_{ad}的氧化需要更高的能量。然而，McNicol[57]等用高分散的铂催化剂(Pt/C)研究铂在载体上的分散程度对甲醇氧化活性的作用时发现 Pt/C 的催化活性随铂粒子尺度的减小而增加，当分散度超过 80m^{2}Pt·g^{-1}(Pt 粒子直径为 4nm)时催化活性开始降低。当铂粒子的粒子尺度大于 4nm 时，McNicol 和 Takasu 的研究结果相矛盾，Takasu 等把这种差别归因于载体材料多孔性。

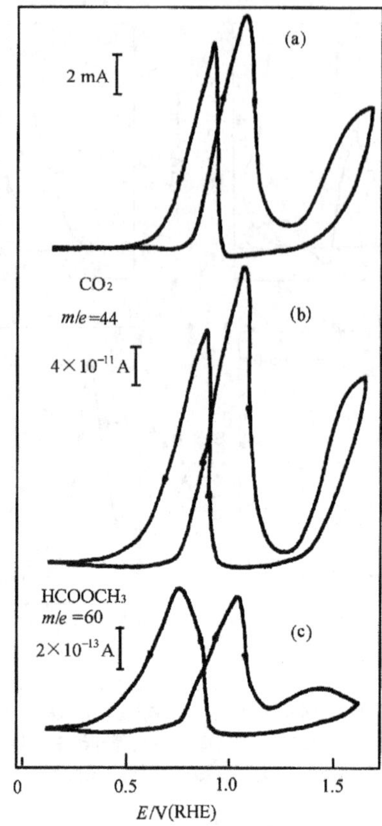

图 15-17 多孔铂电极(粗糙度约为 50)上甲醇氧化的循环伏安图(a)和微分电化学质谱图(b)和(c)[29]

$0.1mol \cdot L^{-1}$ CH_3OH + $0.1mol \cdot L^{-1}$ $HClO_4$

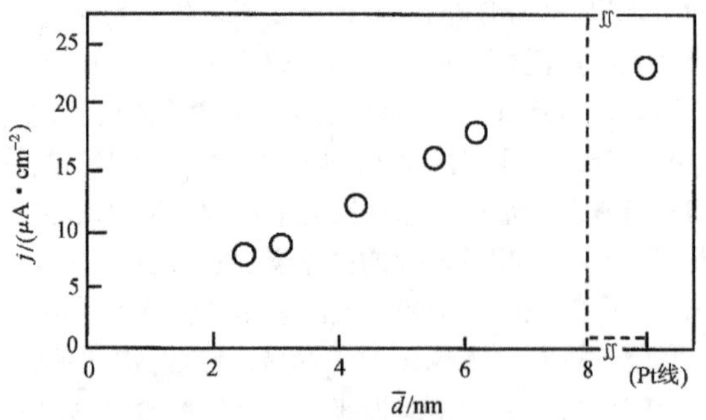

图 15-18 超细铂及本体铂上甲醇氧化的半稳态电流密度和铂粒子尺度的关系[56]

极化电位从 0.05V 阶跃到 0.6V (SHE)极化 10min 后记录电流密度；$0.02mol \cdot L^{-1}$ $HClO_4$ + $0.1mol \cdot L^{-1}$ MeOH；25℃

15.2.2.2 合金催化剂

如前所述，限制质子交换膜直接甲醇燃料电池商品化的主要因素是阳极催化剂的催化效率低。在酸性条件下，铂是甲醇脱氢反应最有效的催化剂，在燃料电池的工作条件下甲醇在铂催化剂上解离吸附生成毒性中间体 CO。为提高直接甲醇燃料电池催化剂的催化效率，常在铂中加入其他金属形成双组分或多组分催化剂。CO 是有机小分子氧化的惰性中间体，因此 CO 可以作为探针分子研究 Pt-Ru 合金的电催化活性。图 15-19 给出纳米薄膜 nm-Pt/GC、nm-Ru/GC 和不同组成的 nm-Pt-Ru/GC 上吸附态 CO 氧化的 CV 曲线[58]。可以看到在 nm-Pt-Ru/GC 和 nm-Ru/GC 上，CO 氧化峰负移，表明这两类电极催化了吸附态 CO 的氧化。当合金薄膜中的 Pt/Ru 达到 40∶60 时，CO 氧化所需能量最低。这与 Gasteiger[59]等报道的最佳组成比 50∶50Pt-Ru 合金相近。

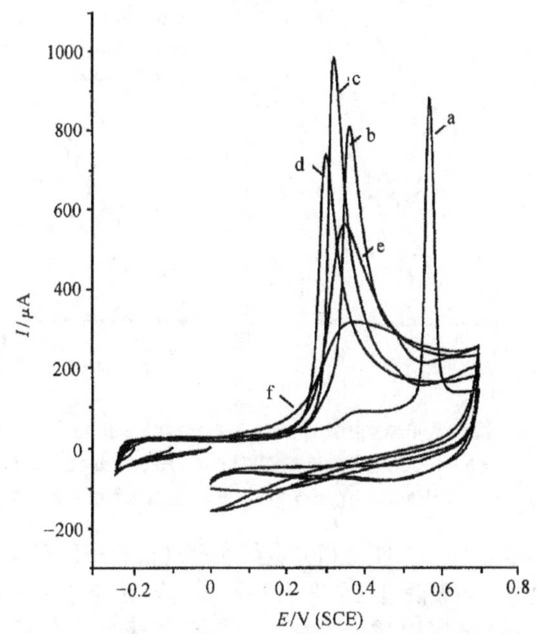

图 15-19 不同的纳米薄膜电极上吸附态 CO 氧化的循环伏安曲线[58]

a. nm-Pt/GC；b. nm-Pt Ru/GC (4∶1)；c. nm-Pt Ru/GC (4∶2)；d. nm-Pt Ru/GC (4∶6)；e. nm-Pt Ru/GC (4∶10)；f. nm-Ru/GC。0.1mol·L^{-1} $HClO_4$；扫描速率 50mV·s^{-1}

CO、甲酸和甲醇的氧化都与 Pt-Ru 催化剂的组成有关。Dinh 等在 Pt-Ru 合金及纯 Ru 电极上用阳极氧化剥离伏安法研究吸附态 CO 的氧化[60]，表明 Pt 或 Ru 的含量过高，都在高电位出现 CO 氧化的宽峰。Ru 的含量在 46%时，在低电位下能观察到 CO 氧化的尖峰。即 Pt-Ru 金属合金的表面原子组成接近 1∶1 时，对 CO 氧化的催化活性最高。与 CO 相似，HCOOH 在 Pt-Ru 上的氧化，Pt 表面和 Ru 表面的吸附是等量的，因此最恰当的组成也是 Ru 占 50%。甲醇在 Pt 表面上的氧化是伴随着甲醇的连续脱氢过程而进行的，因此比 CO 和甲酸的氧化要复杂一些，由于生成了 CO、甲醛、甲酸等含氧中间体，

Ru 在 Pt-Ru 催化剂中的最佳比例是(10% ~ 15%)[61,62]。

在评价燃料电池阳极过程的性能时，最常用的是电池电压与电流密度之间的关系曲线，因为它能方便地表征催化剂的种类、电池温度和压力及 PTFE、Nafion 等材料的最佳用量对电池性能的影响。图 15-20 是 60℃时，0.5mol·L^{-1}甲醇溶液中，三种催化剂 PtRu-Colloid、Etek-Pt 和 Etek-PtRu 在每个电位下极化 30min 后的电压-电流密度曲线[63]。可以看到在同样的电位下，在 Pt Ru-Colloid 和 Etek-Pt Ru 上甲醇氧化对应的电流密度大，对于同样的催化剂，甲醇浓度高时，对应的电流密度大。因此与 Pt 相比，Pt Ru 催化剂具有更高的活性。这是由于 Ru 对含氧物种具有很大的亲和力[64]，在约 0.35V (RHE)就有足够的 Ru-OH_{ad}来维持 CO_{ad}的氧化速率，而在铂电极上却要在 0.55V (RHE)左右才能形成足够的 Pt-OH_{ad}使 CO_{ad}的氧化。

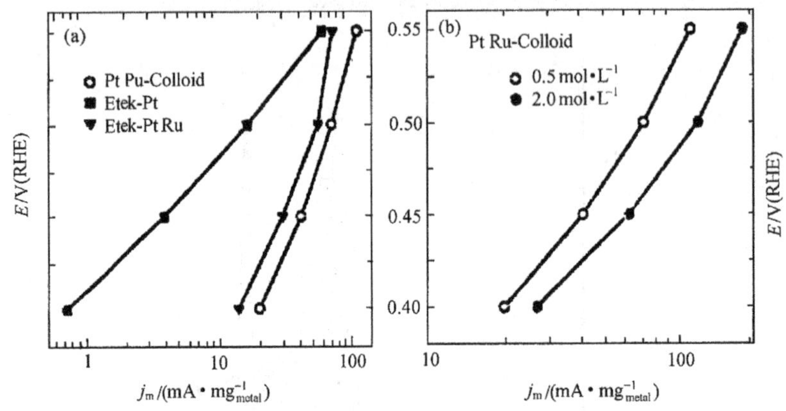

图 15-20 (a)0.5mol·L^{-1}甲醇溶液中，三种催化剂 Pt Ru-Colloid、Etek-Pt 和 Etek-Pt Ru 在每个电位下极化 30min 后的电压-电流密度曲线；(b) PtRu-Colloid 在甲醇浓度分别是 0.5mol·L^{-1}和 2.0mol·L^{-1}的溶液中在每个电位下极化 30min 后的电压-电流密度曲线[63]

电化学石英晶体微天平(EQCN)是研究电极表面过程的一种有效方法，它能同时测量电极表面质量、电流和电量随电位的变化情况。与法拉第定律结合，可定量计算每一法拉第电量所引起的电极表面质量变化，为判断电极反应机理提供丰富的信息。Zhong[65]等用电化学石英晶体微天平方法研究了“核-壳”型 Au-Pt 纳米结构催化剂对甲醇氧化的促进作用，研究发现在含甲醇的碱性电解质溶液中，当电位正向扫描到 0.8V，Au 表面氧化物种的量是不含甲醇时的 4 倍。图 15-21[65]是在含 3mol·L^{-1}甲醇的 KOH 溶液中，循环伏安扫描 8 次，同时记录的 8 个循环的 EQCM 数据。在电流曲线上，随着扫描圈数的增加，氧化电流和还原电流都增加。扫描 5 圈之后，在 0.20 出现明显的甲醇氧化峰和正向电位扫描过程中金表面形成的氧化物种的还原峰。从质量曲线可看到，电极表面质量随着扫描圈数的增加而显著增加，8 个循环之后，质量变化 4.6×10^{-9}mol·cm^{-2}。表明甲醇加速了 Au 氧化物种的形成。Au 上表面氧化物种加速了甲醇脱氢氧化反应中间体的进一步氧化。因此，“核-壳”型 Au-Pt 纳米粒子对甲醇和 CO 的氧化表现出很高的催化活性。

多组分催化剂 PtRuWO_x、PtRuMoO_x、PtRuVO_x[61,66]、PtRuSnW/C、PtRuOs 和 Pt

Re[61]等对甲醇的氧化具有较好的催化活性[66]。图 15-22 是 Pt-Ru 及其不同的三组分过渡金属氧化物催化剂对甲醇氧化的稳态电流-伏安曲线。在三组分催化剂上，观察到甲醇在较低的电位下开始氧化，当电位超过 0.75V (RHE)时，三组分催化剂严重失活，是由于表面形成非可逆的惰性氧物种所致。高电位下 Pt-Ru 合金催化剂也存在严重失活现象［图 15-22(b)］。在 Pt-Ru-VO_x 三组分催化剂上，甲醇的氧化电位在 0.36V (RHE)，与 Pt-Ru 的氧化电位 0.38V (RHE)相当。但当电位增加至 0.5V (RHE)时电流密度明显增加，电位超过 1.2V (RHE)时也无催化剂中毒现象［图 15-22(b)］。在这类多组分催化剂上，由于过渡金属的氧化还原，使其氧化态快速变化，为 CO 进一步氧化提供了活性氧物种，因此增加了甲醇氧化反应的催化活性。此外，负载在过渡金属氧化物上形成的 Pt-Ru 催化剂的微小尺寸效应也是增加其催化活性的因素。

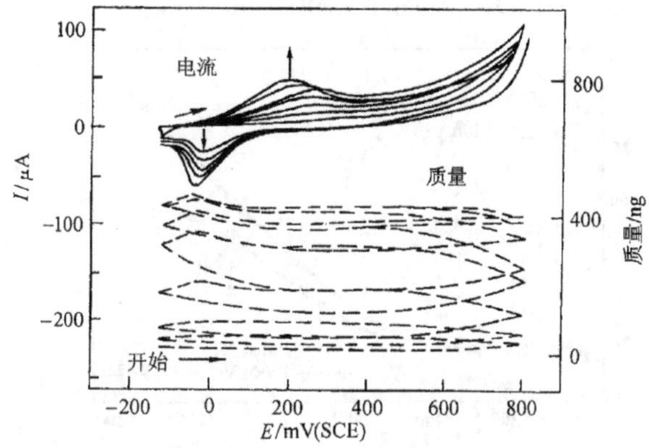

图 15-21 “核-壳”型 Au-Pt 纳米粒子膜电极在含 $3mol\cdot L^{-1}$ 甲醇的 KOH 溶液中循环电位扫描过程中记录的 EQCM 数据[65]

实线为电流曲线；虚线为质量曲线；扫描速率为 $50mV\cdot s^{-1}$

电化学交流阻抗谱(EIS)，是用小幅度交流信号扰动电极，观察体系在稳态时对扰动跟随的情况。交流阻抗法已成为研究电极过程动力学以及电极界面现象的重要手段。EIS 法以测得的很宽频率范围内的阻抗频谱来研究电极体系，因而比其他常规电化学方法得到的动力学信息和界面结构信息更多，该方法广泛应用于多孔电极及直接甲醇燃料电池阳极反应动力学方面的研究，是评估质子交换膜直接甲醇燃料电池性能的一个重要的表征手段。它既能在燃料电池实际操作条件下研究直接甲醇燃料电池发生的过程，也能分别测定阴极和阳极反应动力学，质量传输和膜传导等特性。图 15-23[67]是直接甲醇燃料电池阳极在不同条件下的阻抗谱。DMFC 的阳极过程分别由归属于高频区、中频区和低频区的 3 个圆弧组成［图 15-23(a)］，三个响应电阻分别定义为 R_1，R_2，R_3。在高频区 R_1 不受阳极电位的影响，与膜厚成正比，并随温度的增加而减小［图 15-23(b)］，表明高频区的行为归属于膜的离子电阻。在中频区 R_2 随电位的增加而减小［图 15-23(c)］，表明 R_2 与甲醇电氧化动力学有关。值得注意的是，这段弧不是正规的半圆而是在靠近高频区呈现一线性变化，起因于扩散阻抗和界面的耦合[68]以及高分散电极表面的粗糙度[69]。在低频区 R_3 随甲醇流速和浓度的减小而增加［图 15-23(d)］，表明低频区与阳极的质量传输有关。

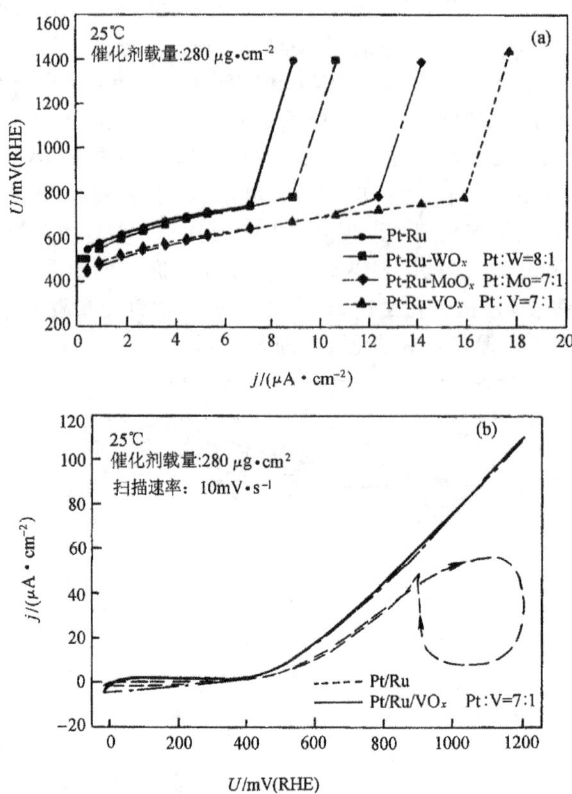

图 15-22 Pt-Ru 及若干三组分氧化物催化剂对甲醇氧化的稳态电流-伏安曲线(a)和 Pt-Ru 和 Pt-Ru-VO_x 电极的循环伏安图(b)[66]

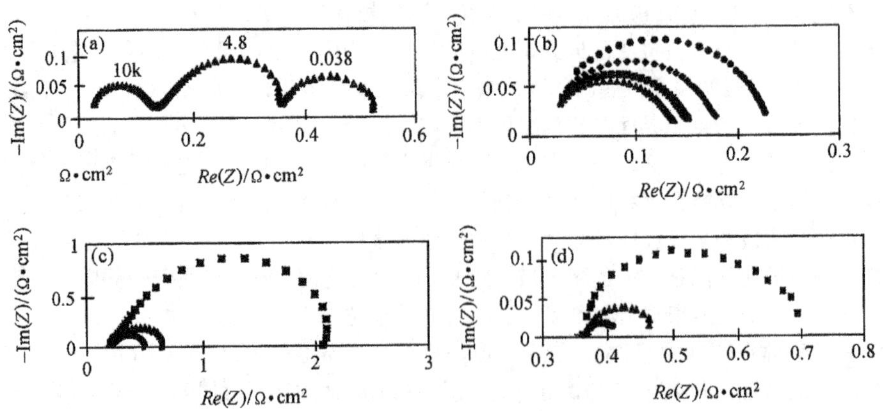

图 15-23 直接甲醇燃料电池阳极在不同条件下的阻抗谱[67]

(a)阳极过程分别归属于高、中、低频区的三个圆弧组成；(b)温度对高频区阻抗的影响，▲ 90℃，■70℃，♦50℃，●30℃，(c)电位对中频区阻抗的影响，■200mV，▲250mV，●300mV；(d)阳极溶液流速对低频区阻抗的影响，■1.6，▲2.0，●5.0(基于电流密度的甲醇化学计量因子)

除电化学方法外，许多现代化的表征手段已用于燃料电池的研究，如程序控制电位和电流的方法，原位电化学傅里叶变换红外光谱法（*in situ* FTIR）、电化学交流阻抗法（EIS）、椭圆偏振法（ellipsometry）和微分电化学质谱（DMFC）等方法。原位电化学傅里叶变换红外光谱用来表征直接甲醇燃料电池催化剂表面吸附物种及成键取向情况，监测反应分子和产物的实时变化等[70]，可在分子水平上深入认识电催化机理，它还能给出炭载体表面官能团的性质及贵金属催化剂上吸附物种的结构信息。此外，广延 X 射线吸收精细结构光谱（EXAFS）[71,72]、扫描电镜（SEM）和透射电镜（TEM）[73,74]也是表征燃料电池催化剂表面状态、形貌的必不可少的研究方法。除上述所提到的方法外，在表征直接甲醇燃料电池催化剂时，一些非原位的方法，如多晶 X 射线粉末衍射（XRD）、X 射线光电子能谱（XPS）都是最有价值的表征技术[75~77]。XPS 能提供催化剂元素状态变化以及物种的配位环境信息，能很好地观察到催化剂的晶相变化，除氢和氦外，每个元素都有 1 或 2 个最强的 XPS 峰，而且不同元素的特征峰一般都不互相重叠，因而可利用主峰位置进行元素的定性分析。将它们单独使用或与其他方法，如伏安法、电化学吸附等方法相结合，可以获得直接甲醇燃料电池催化剂的重要信息，如催化剂的晶态、晶体大小、组成、物种的氧化态以及催化剂同载体间可能的相互作用等。Arico 等[78]用 XPS 研究 Pt-Ru/C 和 Pt-Sn/C 中 Ru 和 Sn 的作用。表 15-3 是 Pt/C、Pt-Ru/C 和 Pt-Sn/C 中 Pt4$f_{7/2}$的 XPS 数据，在所有的样品中，均存在归属为 Pt 单质、PtO 和 PtO_2 的三个物态。与 Pt/C 相比，在 Pt-Ru/C 中，Pt 单质、PtO 和 PtO_2 的结合能没有明显的变化，而在 Pt-Sn/C 中，Pt 单质、PtO 和 PtO_2 的结合能均向负移。

表 15-3 不同组成的 Pt/C，Pt-Ru/C 和 Pt-Sn/C 催化剂上 Pt4*f* 谱的 XPS 数据[78]

样 品	物种1)	Pt4$f_{7/2}$的结合能/eV	相对密度/%
20%	1	71.55	78
Pt/C	2	72.93	16
	3	74.50	6
20%	1	71.28	75
Pt-Ru/C (1/1)	2	72.78	19
	3	74.76	6
40%	1	71.46	79
Pt-Ru/C (1/1)	2	73.07	16
	3	74.67	5
20%	1	71.44	77
Pt-Ru/C (3/1)	2	73.17	19
	3	74.87	4
20%	1	71.35	78
Pt-Ru/C (7/3)	2	73.09	17
	3	74.84	5
20%	1	71.07	75

续表

样　品	物种[1)]	$Pt4f_{7/2}$的结合能/eV	相对密度/%
Pt-Sn/C (9/1)	2	72.34	18
	3	73.91	7
20%	1	71.24	76
Pt-Sn/C (3/1)	2	72.68	18
	3	74.36	6
30%	1	71.13	81
Pt-Sn/C (3/1)	2	72.55	14
	3	73.99	5

1) 1，2，3分别代表Pt，PtO，PtO_2。

表15-4是Pt-Ru/C和Pt-Sn/C中Ru3p和Sn3d的XPS数据。在Pt-Ru/C上存在两种物态，分别归属于金属态的Ru和RuO_2。在Pt-Sn/C上仍存在两种物态，分别归属于金属态的Sn和SnO_2，与Pt-Ru/C相比，Pt-Sn/C中Sn的氧化态相对强度高。Pt、Ru和Sn的电负性分别是2.2、2.1和1.8，在Pt-Ru合金化过程中，由于Pt与Ru的电负性相似，在合金内Ru和Pt间的电子转移效应小，而在Pt-Sn合金化过程中Sn向Pt馈赠电子发生了Pt5d轨道的部分填充，增加了Pt-Pt键的距离。Pt-Ru和Pt-Sn合金电子效应的差异导致其催化机理各不相同。

表15-4　不同组成的Pt-Ru/C和Pt-Sn/C催化剂中Ru3p和Sn3d谱的XPS数据[78]

样　品	物种[1)]	Ru3p的结合能/eV	相对密度/%	Sn3d的结合能/eV	相对密度/%
20%	1	462.42	83	—	—
Pt-Ru/C (1/1)	2	466.74	17	—	—
40%	1	462.32	81	—	—
Pt-Ru/C (1/1)	2	465.53	19	—	—
20%	1	461.61	79	—	—
Pt-Ru/C (3/1)	2	465.63	21	—	—
20%	1	461.62	76	—	—
Pt-Ru/C (7/3)	2	465.92	24		
20%	1	—	—	485.32	61
Pt-Sn/C (9/1)	2	—	—	487.10	39
20%	1	—	—	485.65	47
Pt-Sn/C (3/1)	2			486.95	53
30%	1	—	—	485.26	48
Pt-Sn/C (3/1)	2			486.87	52

1) Pt-Ru/C中的1，2分别代表Ru和RuO_2；Pt-Sn/C中1，2分别代表Sn和SnO_2。

15.3 结 语

本章综述了催化材料的电化学研究方法表征和研究进展。电化学研究方法简便、快速、有效，结合合适的探针反应可原位表征电催化剂的结构及其变化。本文综述的工作显示，无论是表面原子排列结构明确的金属单晶模型催化剂还是燃料电池实用型催化剂，电化学方法都可提供丰富的，独到的信息。特别是对于直接甲醇燃料电池，简单的电流-电压极化曲线既是燃料电池性能的描述，又是各种催化剂(合金、纳米材料等)特性的表征。电化学方法还可测定各种催化剂材料特定的物理性能，如电化学微分电容法测量零电荷电位($E_{\sigma=0}$)和电荷置换法检测零全电荷电位(PZTC)，以及通过程序电位阶跃方法定量获得电催化反应动力学数据(速度常数 k_f,电荷传递系数 β)和反应体系的活化能[79,80]等，从而可进一步深入认识催化材料的组成、结构与性能。将电化学方法与光学光谱(IR,Raman、UV/Vis、XRD、SHG 等)，电子能谱(XPS、UPS、AES 等)，质谱(DEMS、EQCM)和表面显微方法(SPM、SEM、TEM 等)结合起来形成各种原位和非原位方法，极大地丰富了电化学研究方法的内容和能力，从而为从原子和分子水平认识固-液界面催化材料的性能提供了可能。值得指出的是，将电化学方法从原有的研究对象拓展到新的体系(如将 EIS 应用于金属单晶电极)正显示出新的前景。

符 号 说 明

C_{dl}	双层电容
C_p	氢的伪电容
EIS	电化学阻抗谱
E_L	电位扫描下限
E_U	电位扫描上限
E_Q	调制电位
E_θ	覆盖度为 θ 时的调制电位
$E_{\sigma=0}$	零电荷电位
F	法拉第常量
HER	氢析出反应
I	调制电流
k	速率常数
$m(h'k'l')$	m 原子宽的($h'k'l'$)对称结构平台
$n(h''k''l'')$	n 原子高的对称结构台阶
OPD	过电位吸附
R	参考电位下的反射率
ΔR	研究电位下的反射率与参考电位下的反射率的差值
q	满单层吸附的电量
Pt(hkl)	表示单晶阶梯晶面结构
PZC	零电荷电位
PZTC	零全电荷电位
R_{ct}	电化学反应电阻

R_{sol}	溶液电阻
$Q_{dis}(E^*)$	电位 E^* 下 CO 吸附置换的电量
RHE	可逆氢电极
x	电极表面距本体溶液的距离
UPD	欠电位吸附
u	电位 E 的积分变量
ν	吸附速率
ω	交流电的角频率
Y_f	法拉第导纳
Z_f	法拉第阻抗
θ	覆盖度
ν	电位扫描速率

参 考 文 献

[1] 孙世刚.大学化学,1993,8:1

[2] 田中群,孙世刚,罗瑾等.物理化学学报,1994,10:610

[3] Somorjai G A.Chemistry in Two Dimensions:Surface. New York:Conell University Press,1981

[4] Clavilier J, Duraud R, Guinet G et al. J Electroanal Chem,1981,127:281

[5] 卢国强.[博士学位论文]. 厦门大学,1997

[6] Clavilier J. In: Interfacial Electrochemistry, Theory, Experiment, and Applications. Wieckowski AEd. New York: Marcel Dekker Inc, 1999

[7] 杨毅芸.[博士学位论文].厦门大学,2000

[8] Sun S G,Zhou Z Y.Phys Chem Chem Phys,2001,3:3277

[9] Mooto S,Furuya N,Ber Bewsenges.Phys Chem,1987,9:457

[10] Clavilier J,Achi K El,Rodes A.Chem Phys,1990,141:1

[11] Furuya N,Koide S,Surf Sci,1992,226:221

[12] Gomez R,Weaver M J.J Electroanal Chem,1997,435:205

[13] Clavilier J,Wasberg M,Petit M et al.J Electroanal Chem,1994,374:123

[14] Wasberg M,Hourani M,Wieckowski A.J Electroanal Chem,1990,278:425

[15] Hoshi N,Uchida T,Mizumura T et al.Electroanal.Chem,1995,381:261

[16] Lin W F,Zei M S,Kim Y D et al.J.Phys Chem B,2000,104:6040

[17] Sashikata K,Matsui Y,Itaya K et al.J Phys Chem, 1996,100:20027

[18] Soto J E,Kim Y G,Soriaga M P.Electrochemistry Communications,1999,1:135

[19] Feliu J M,Orts J M,Gomez R et al.J Electroanal Chem,1994,372:265

[20] Climent V,Gomez R,Orts J M et al. Chapter 26 in Interfacial electrochemistry, theory, experiment, and applications. Wieckowski Aed.New York:Marcel Dekker Inc,1999

[21] Gomez R,Feliu J M,Aldaz A et al.Surf Sci,1998,410:48

[22] Frumkin A N,Petrii O A.Electrochim Acta,1975,20:347

[23] Bard A J,Faulkuer L R.Electrochemical methods,Fundamentals and Applications,Chapter 9.New York:John Wiley & Sons Inc,1980

[24] Pajkossy T,Kolb D M.Electrochim Acta,2001,46:3063

[25] Morin S,Dumont H,Conway B E.J.Electroanal.Chem,1996,412:439

[26] Conway B E,Barber J,Morin S.Electrochim Acta,1998,44:1109

[27] Barber J,Morin S,Conway B E.J Electroanal Chem,1998,446:125

[28] Barber J, Conway B E. J Electroanal Chem, 1999, 461: 80
[29] Beden B, Leger J M, Lanny C. In: Modern Aspects of Electrochemistry, Vol. 22. Bockris J O'M et al eds. New York: Plenum Press, 1992
[30] Hamelin A. J Electroanal, Chem, 1996, 407: 1
[31] Hamelin A, Martins A M. J Electroanal Chem, 1996, 407: 13
[32] Dakkouri A S, Kolb D M. In: Interfacial Electrochemistry, Theroy, Experimetnal, and applications. Wieckowski Aed. New York: Marcel Dekker Inc, 1999
[33] Kolb D M, Schneider J. Electrochim Acta, 1986, 31: 929
[34] Magnussen O M, Hagebock J, Hotlos J et al. J Faraday Disc, 1992, 94: 329
[35] 查全性.电极过程动力学导论.第二版.北京:科学出版社,1987.33
[36] Batrakov V V, Hennig H. Electrokhimiya, 1977, 13: 259
[37] Valette G, Hamelin A. J Electroanal Chem, 1973, 45: 301
[38] Hamelin A. In: Modern Aspects of Electrochemistry. Vol. 16. Conway B E, White R E, Bockris J O'M eds. New York: Plenum Press, 1985
[39] Mackenzie J K, Moore A J W, Nicholas J. J Phys Chem Solids, 1962, 23: 185
[40] Lecoeur J, Ardro J, Parsons R. Surf Sci, 1982, 114: 320
[41] 徐如人,庞文琴,屠昆岗等.沸石分子筛的结构与合成.长春:吉林大学出版社,1987
[42] Freeman D C. U S Patent, 1965, 186: 875
[43] Shaw B R, Creasy K E, Lanczcki C J et al. J Electrochem. Soc, 1988, 135: 869
[44] Rilison D R, Nowak R J, Welsh T et al. Talanta, 1991, 38: 27
[45] Walcarius A. Analytica Chimica Acta, 1999, 384: 1
[46] Jiang Y X, Sun S G, Ding N. Chem. Physic Lett, 2001, 344: 463
[47] 蔡丽蓉,孙世刚,夏盛清.物理化学学报,1999,15:1023
[48] 蔡丽蓉.[硕士学位论文].厦门大学,1999
[49] Lu G Q, Sun S G, Cai L R et al. Langmuir, 2000, 16: 778
[50] Zhang Z C, Chen H Y, Sachiler W M H. J Chem Soc Faraday Trans, 1991, 87: 1413
[51] Sundmacher K, Schultz T, Zhou S et al. Chem Engineering Science, 2001, 56: 333
[52] Beden B, Lamy C, Leger J M. J Electroanal Chem, 1979, 101: 127
[53] Wang J T, Wasmus S, Savinell R. J Electrochem Soc, 1996, 143: 1233
[54] Jusys Z, Baltruschat H. Joint meeting of the Electrochemical Society and the International Society of Electrochemistry. Abstract No. 909. Paris: 1997
[55] Willsau J, Heitbaum J. Electrochim Acta, 1986, 31: 943
[56] Takasu Y, Iwazaki T, Sugimoto W et al. Electrochemistry Communication, 2000, 2: 671
[57] McNicol B D, Attwood P A, Short R T. J Chem. Soc Fadaray I, 1981, 77: 2017
[58] Zheng M S, Sun S G, Chen S P. J Applied Electrochemistry, 2001, 31: 749
[59] Gasteiger H A, Markovic N, Ross Jr P N et al. J Phys Chem, 1994, 98: 617
[60] Dinh H N, Ren X M, Garzon F H et al. J Electroanal Chem, 2000, 491: 222
[61] Wasmus S, Kuver A. J Electroanal Chem, 1999, 461: 14
[62] Kabbabi A, Faure R, Durand R et al. J Electroanal Chem, 1998, 444: 41
[63] Schmidt T J, Gasteiger H A, Behm R J. Electrochemistry Communication, 1999, 1: 1
[64] Ticanelli E, Beery J G, Paffett M T et al. J Electroanal Chem, 1989, 258: 61
[65] Luo J, Lou Y B, Maye, M M et al. Electrochemistry Communications, 2001: 3: 172
[66] Lasch K, Jorissen L, Garche J. J Power Sources, 1999, 84: 225
[67] Mueller J T, Urban P M. J Power Sources, 1998, 75: 139
[68] Moreira H, Levie R D. J Electroanal Chem, 1971, 29: 353
[69] Maritan A. Electrochim Acta, 1990, 35: 141

[70] Kabbabi, A, Faure R, Durand R et al. J Electroanal Chem, 1998, 444:41
[71] Page T, Johnson R, Hormes J et al. J Electroanal Chem, 2000, 485:34
[72] Troger L, Freund A, Albers P et al. Phys Chem, 1997, 101:851
[73] Uchida M, Aoyama Y, Tanabe N et al. J Electrochem Soc, 1995, 142:2572
[74] Roy S C, Christensen P A, Hamnett A et al. J Electrochem Soc, 1996, 143:3073
[75] Arico A S, Monforte G, Modica E et al. Electrochemistry Communication, 2000, 2:466
[76] Cattaneo C, Sanchez de Pinto M I, Mishima H et al. J Electroanal Chem, 1999, 461:32
[77] Arico A S, Shukla A K, Kim H et al. Applied Surface Science, 2001, 172:33
[78] Shukla A K, Arico A S, ElKhatib K M et al. Applied Surface Science, 1999, 137:20
[79] 孙世刚，杨毅芸. 物理化学学报，1997, 13:676
[80] Sun S G, Yang Y Y. J Electroanal Chem, 1999, 467:121

（姜艳霞　孙世刚，厦门大学固体表面物理化学国家重点实验室）

第 16 章　多相催化反应动力学

16.1 概　　论

16.1.1 动力学研究作为多相催化剂研究方法的意义和范围

催化作用在科学史上曾是动力学的一个分支学科，但现在催化作用的学科范畴已经远远超越动力学，而催化动力学的研究已经成了催化科学与工程学的一个重要组成部分。催化动力学研究在催化工程学方面的一个重要目标是为所研究的催化反应提供数学模型；在催化科学方面的一个重要目标则是弄清催化反应机理。由于催化作用的极端复杂性，迄今还未能在分子层次上弄清催化作用的详细机理。当然也难以建立机理和动力学之间的精确关系。本书的目标在于从实际应用角度介绍催化剂研究方法，因此就动力学而言，可以期望它主要起催化剂性能表征的作用。

如果说其他很多研究方法主要属于催化剂结构表征的范围，催化剂的动力学特征则是其性能的重要表征。也就是通过动力学研究，提供一个能在较宽广范围内反映温度和分压(包括反应混合物的组成和总压)对反应速率影响的规律，即获得一个良好的催化反应系统的数学模型。模型的参数——反应速率、反应活化能、对分压的依存性，以及控速步骤、反应历程等信息就构成这一催化剂在所论反应方面的较深入、全面的性能表征。催化剂的结构表征和性能表征的广泛关联，不但对于建立指导新催化剂探索和优化的工作假设(working hypothesis)是必要的，而且对于发展催化作用理论也是一个前提条件。从更近期的效果来说，了解到在一种催化剂上所发生的一些较关键的主反应和副反应的动力学特征，对于催化剂的改进和发挥潜力是很必要的信息。有时反应条件选择不当，有时反应器不相适应，往往可能会埋没一个好催化剂。一个性能不够完善的新催化剂，如果知道了作用物在其上反应的机理，也就知道了它的薄弱环节，可容易找到改进的门径。

当然，实际的多相催化反应，总是较复杂的。在大多数工业用的多相催化剂上进行的常是复杂反应，有时还伴随有催化剂失活，因此往往不能只有一个简单的动力学方程来反映其性能。有时甚至一个工业催化剂的关键性能，并不是它的固有活性(intrinsic activity)，而是它的物理传输性能。要正确地、如实地得出催化性能的定量表征，需对动力学的原理和概念有基本的了解，对动力学方法有正确的运用。本章从表征催化剂的活性、选择性以及稳定性等主要性能着眼，介绍动力学的概念、原理和方法，在一般催化动力学中涉及的速率论、历程及机理和物理传输等三个主要方面中，本章以速率论为重点，并结合机理和历程、物理传输，以及失活等问题来考查催化反应速率方程的不同形式。

随着科学的不断发展，人们认识自然的层次也日益加深。各学科就其不同理解层次来看，其范畴和作用是不同的。本书的目标期望在实际应用方面起作用，因此本章的性质属于工业动力学或应用动力学，主要以有工业价值的实际催化剂为对象。对主要用于催化基础研究的催化材料(如单晶、箔、丝、蒸发膜等)和方法(如真空技术及分子束)都不拟赘述。本章将从较宏观的层次来展开。

16.1.2 多相催化动力学的内涵

化学动力学是研究一个化学物种转化为另一个化学物种的速率和机理的分支学科。这里所说化学物种包括各种分子、原子、离子和基团。对一般多相催化来说，常只涉及分子和原子。所谓速率是指单位时间及单位反应空间(包括催化剂量)内某一作用物消耗或某一产物生成的质量，而机理则意味着达成所论的反应中各基元步骤发生的序列，甚至涉及其中每一步的化学键的质变或量变的动力。

对多相催化反应，一化学物种从与催化剂接近开始，需经历一系列物理的和化学的基元步骤。不妨把化学物种所经历的化学变化基元步骤序列称为“历程”，而把包括吸附、脱附、物理传输和化学变化步骤在内的序列关系称为机理。现在大家都承认，一个化学物种先要经历从流体克服流体-固相间界面膜的阻力，扩散而达催化剂颗粒表面；其中大部分还需再克服催化颗粒内阻力而扩散到内表面(占整个催化表面的绝大部分)所在的粗孔、中孔以至细孔中。这就是相间扩散和粒内扩散(interphase and intraparticle diffusion)构成的物理传输过程(physical transport process)。化学物种到达催化剂表面后，与表面上的吸附位发生吸附作用而成吸附物种(adsorbed species)，在表面上反应而成为处于吸附态的产物物种，然后从表面上脱附，再经粒内扩散和相间扩散等物理传输过程而返回流体中。因此，多相催化过程的解析比均相过程要多考虑一个物理传输和吸附-脱附问题。

16.1.3 多相催化反应的分类

化学反应种类繁多，从动力学的观点来说，可分为均相反应(包括气相的和液相的)和多相反应(包括气-液相的、液-液相的、液-固相的、气-固相的和气-液-固相的)；又可以分为简单反应和复杂反应；还可以分为可逆反应和不可逆反应。不论在相态方面增添一相态，还是从简单反应过渡到复杂反应，或从不可逆反应转为可逆反应，都使速率方程有不同程度的复杂化。

化学反应可以概括地表示为

$$\nu_1 B_1 + \nu_2 B_2 \cdots \longrightarrow \nu_3 B_3 + \nu_4 B_4 \cdots \tag{16-1}$$

式(16-1)现在有人从数学上概括为

$$0 = \sum_i \nu_i B_i \tag{16-2}$$

式中，ν_i 是作用物或产物 B_i 的计量数，常以关键反应物种的计量数定为 1，并以产物的计量数为正值，作用物的计量数为负值。

就参与反应的分子种类来看，具有工业意义的多相催化反应从动力学上可分为如下几类。

（1）消除反应 A

$$B_1 \longrightarrow B_2 + \nu_3 B_3 \quad \cdots \tag{16-3}$$

例如，脱氢、脱氢环化、脱水、脱卤化氢、脱烷基、裂化等反应都属该类反应。这类反应有很多是可逆的。

（2）双组元加成反应 B

$$B_1 + \nu_2 B_2 \longrightarrow B_3 + \nu_4 B_4 \tag{16-4}$$

例如，加氢（包括合成氨、甲烷化、氢解、加氢裂化等）、氧化（包括氧化脱氢）、歧化、烃化、齐聚等反应，其中 ν_4 可以为零。这类反应中也有一些是可逆的。

（3）多组元加成反应 C

$$B_1 + \nu_2 B_2 + \nu_3 B_3 \longrightarrow B_4 \quad \cdots \tag{16-5}$$

例如，氨氧化、氧氯化、羰基合成等，差不多都近于不可逆。

至于在一般书中常用作基本解析的单分子反应

$$B_1 \longrightarrow B_2$$

虽然在动力学上易于处理，但作为催化反应中的具体例子，恐怕只有仅在基础研究中有应用的环丙烷异构化成丙烯这一反应了；在可逆单分子催化反应中，也仅有正仲氢转换这个例子。

式(16-3)～式(16-5)所示 A、B、C 这三类反应就其本身而言都是简单反应，但在实际催化工艺过程中它们大都不是单独发生，而是和其他反应在同一催化剂上以不同程度同时地或相继地进行，构成不同复杂程度的反应网络。

（4）串行反应 D

$$B_1 \longrightarrow B_2 \longrightarrow B_3 \tag{16-6}$$

（5）平行反应 E

$$\begin{aligned} B_1 &\longrightarrow B_2 \\ B_1 &\longrightarrow B_3 \\ B_1 &\longrightarrow B_4 \\ B_1 &\longrightarrow \cdots \end{aligned} \tag{16-7}$$

（6）串行-平行反应 F

最简单的可写成

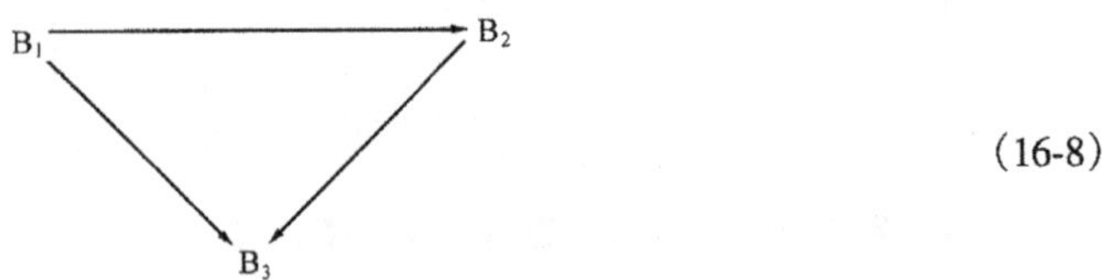

(16-8)

这些反应都可以有一步或多步是可逆的。几乎可以说大部分工业催化过程都是串行-平行反应。例如，乙烯环氧化的历程见图 16-1。

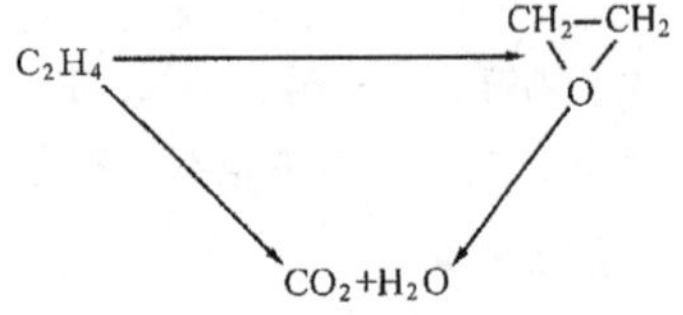

图 16-1　乙烯环氧化的历程

丁烯氧化脱氢过程见图 16-2。

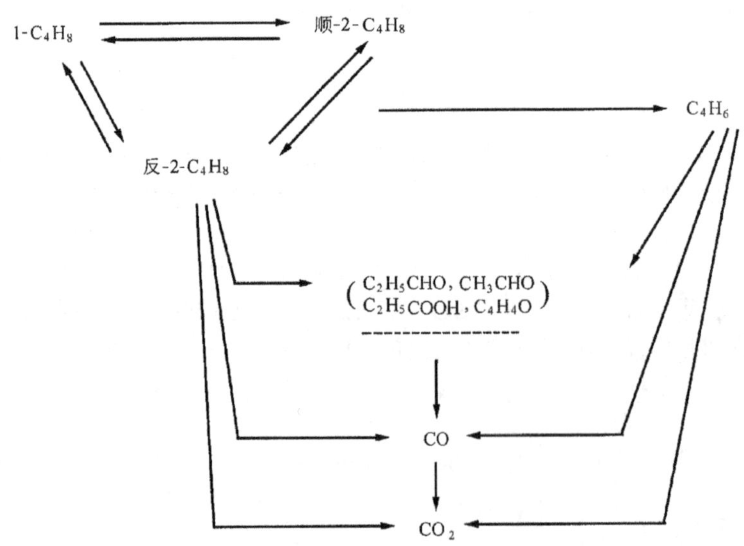

图 16-2　丁烯氧化脱氢过程

对较简单的碳二馏分中乙炔选择加氢，也不能排除乙炔直接一步加氢或乙烯进一步加氢成乙烷的反应。

显然，参与反应的组分越多，反应越复杂，动力学解析的难度就越大。但如任意加以简化，往往就会严重背离实际情况而面目全非。

16.2 一般动力学概念

16.2.1 速率、速率方程和动力学参数

对反应

$$0 = \sum_i \nu_i B_i \tag{16-9}$$

定义物质 B_i 的反应度为[1]

$$\mathrm{d}\xi_i = \nu_i^{-1}\mathrm{d}n_i \tag{16-10}$$

式中，n_i 为物质 B_i 的量。

$\mathrm{d}\xi_i$ 可以是正值或负值，视 ν_i 为正负而定，于是

$$\frac{\mathrm{d}\xi_i}{\mathrm{d}t} = \nu_i^{-1}\frac{\mathrm{d}}{\mathrm{d}}\frac{n_i}{t} \tag{16-11}$$

而反应速率 r_i 即定义为

$$r_i = \frac{1}{Q}\left(\frac{\mathrm{d}\xi_i}{\mathrm{d}t}\right) \tag{16-12}$$

式中，Q 是一个容量因素，对多相催化反应，Q 可以是催化剂的质量，体积、比表面等(与均相反应中的反应空间相对应)。这样反应速率 r_i 仅与物质的本性和状态有关，是温度 T 和所有存在于反应系统中物质的浓度 c 或分压 p 的函数。

$$r_i = \frac{1}{Q}\left(\frac{\mathrm{d}\xi_i}{\mathrm{d}t}\right) = f(k, T, c_i) = f(k, T, p_i) \tag{16-13}$$

式(16-13)说明速率与温度和作用物浓度(或分压)的函数关系，称之为速率方程。该式中的 k 是速率常数。有的速率方程则表达了接触时间、温度和反应物转化率、生成率、摩尔分数之间的关系，这就是一种速率方程的积分表达式。

对一般封闭系统的均相反应来说，Q 是反应空间的体积 V，而 r 人们早就知道它是反应物质浓度的幂函数，于是

$$r_i = \frac{1}{V}\frac{\mathrm{d}\xi_i}{\mathrm{d}t} = \frac{1}{\nu_i V}\left(\frac{\mathrm{d}n_i}{\mathrm{d}t}\right) = \frac{1}{\nu_i}\left(\frac{\mathrm{d}c_i}{\mathrm{d}t}\right) = kc_1^{m_1}c_2^{m_2}\cdots c_n^{m_n} \tag{16-14}$$

或概括为

$$r_i = \frac{1}{\nu_i}\left(\frac{\mathrm{d}c_i}{\mathrm{d}t}\right) = k\prod_i c_i^{m_i} \tag{16-15}$$

式(16-14)或(16-15)中 k 只是反应温度的函数，与浓度无关。m_i 则是对反应组分 B_i 的反应级数，可以是整数或分数，正数或负数，也可以是零。通常把式(16-14)或式(16-15)这种形式的速率方程称为幂式速率方程(power rate law)。

单一的基元过程一般服从 Arrhenius 定律，即

$$k = A_0 \exp(-E/RT) \tag{16-16}$$

式中：A_0——频率因子；

　E——活化能。

很多化学反应并不按单一的基元过程进行，特别在多相催化反应过程中，往往有一系列的基元反应步骤(各有不同的活化能)逐一发生，虽然如此，人们发现整个反应的速率常数往往仍然符合 Arrhenius 定律。此时所得的 A_0 最好称为指前因子，而 E 则为表观活化能。动力学参数一般概指速率常数、反应级数、频率因子(指前因子)、活化能(表观活化能)等在速率方程中出现的参数。

16.2.2 碰撞理论和过渡态理论

由于很多反应都能符合 Arrhenius 定律，早就有人试图从理论上寻求活化能和频率因子的理论根源。Lewis 和 Polanyi 先后在 20 世纪 20 年代末创立了碰撞理论。该理论认为，按照分子运动论，为数众多的气体分子处于剧烈的运动状态中，其运动速度有一定的分布，其中相当一部分由于分子运动速度特大而具有高得多的平动能。这些运动分子经常互相碰撞，如把分子视为刚性圆球，则 B_1 分子和 B_2 分子间的碰撞次数 Z 可由式(16-17)给出

$$Z = c_1 c_2 \sigma_{12}^2 \left(8\pi RT \frac{M_1 + M_2}{M_1 M_2} \right)^{1/2} \tag{16-17}$$

式中：c_i——每立方厘米中 B_i 的分子数；

　M_i——B_i 的相对分子质量；

　σ_{12}——碰撞中 B_1 分子和 B_2 分子的有效直径。

碰撞理论认为单位体积中和单位时间内产物生成的分子数，即速率 r，为碰撞数 Z 与因子 f_c 之间的乘积，f_c 即为按麦克斯韦分布的气体分子中具有能量在 E 以上的那部分分子的份额，故

$$f_c = \exp(-E/RT)$$

所以

$$r = f_c Z = \sigma_{12}^2 \left(8\pi RT \frac{M_1 + M_2}{M_1 M_2} \right)^{1/2} \times \exp(-E/RT) c_1 c_2 \tag{16-18}$$

但用速率常数和质量作用定律来表达

$$r = k c_1 c_2 \tag{16-19}$$

于是按式(16-16)，频率因子 A_0 为

$$A_0 = \sigma_{12}^2 \left(8\pi RT \frac{M_1 + M_2}{M_1 M_2} \right)^{1/2} \tag{16-20}$$

这就说明了活化能 E 和频率因子 A_0 的实质。碰撞理论用于有一些双分子的气体反应是成功的，对少数几种简单离子反应也还满意。但对很多反应，用式(16-20)预测的 A_0 值要高出实验值几个数量级。由于这一理论的预测能力过于有限，已经很少有人认为值得花力气去修正它。

20 世纪 30 年代末，有人用量子力学方法处理活化能问题而创立了过渡态理论。扼要而言，它也承认反应起于碰撞，经过碰撞而从 B_1 及 B_2 生成过渡态 $(B_1B_2)^{\neq}$，它与 B_1、B_2 处于热力学平衡，又前行分解而得产物 B_3

$$B_1 + B_2 \rightleftharpoons (B_1B_2)^{\neq} \longrightarrow B_3$$

反应的控速步骤是 $(B_1B_2)^{\neq}$ 的分解，其速率取决于 $(B_1B_2)^{\neq}$ 的浓度 $[B_1B_2]^{\neq}$ 及分解频率 f_t。过渡态理论证明

$$f_t = \frac{k_B T}{h}$$

故

$$r = f_t[B_1B_2]^{\neq} = \frac{k_B T}{h}[B_1B_2]^{\neq} \tag{16-21}$$

把 $[B_1B_2]^{\neq}$ 按热力学平衡式代入式(16-21)，即将

$$K_{eq}^{\neq} = \frac{\gamma_{12}[B_1B_2]^{\neq}}{\gamma_1 c_1 \gamma_2 c_2} = \exp(-\Delta F^{\neq}/RT)$$
$$= \exp[-(\Delta H^{\neq} - T\Delta S^{\neq})]/RT$$

代入式(16-21)，得

$$r = \frac{k_B T}{h}\left(\frac{\gamma_1\gamma_2}{\gamma_{12}}\right) c_1 c_2 \exp(-\Delta H^{\neq}/RT) \times \exp(\Delta S^{\neq}/R_g) \tag{16-22}$$

式中：k_B——玻耳兹曼常量；

h——普朗克常量；

γ_i——组分 B_i 之活度系数；

$\Delta F^{\neq}, \Delta H^{\neq}, \Delta S^{\neq}$——过渡络合物 $(B_1B_2)^{\neq}$ 与 B_1、B_2 间之自由能差、焓差及熵差。

$$\Delta H = E - RT + \Delta(PV)^{\neq} = E - RT + \Delta nRT = E + (\Delta n - 1)RT \tag{16-23}$$

式中，Δn 为 $(B_1B_2)^{\neq}$ 与作用物之分子数差，此处为 -1，对理想气体

$$\gamma_1 = \gamma_2 = \gamma_{12} = 1$$

于是将式(16-23)代入式(16-22)，并与式(16-16)、式(16-19)相比，即得

$$A_0 = \frac{k_B T}{h}\exp(1 - \Delta n + \Delta S^{\neq}/R) \tag{16-24}$$

这样，从理论上说，可根据过渡态络合物的构型计算 ΔH 和 ΔS，从而得出 A_0 及 E。但实际上这也只能对最简单的分子才可能。若称这一理论是绝对反应速率理论，也易使人误解。

对分子结构稍复杂一些的反应来说，即使用改进的过渡态理论也困难很多，更不用

谈对远为复杂的多相催化反应。当然这类理论可以对反应速率方程有一些定性的理解。在很多物理化学书中均有述及，此处不多评述。

16.2.3 反应器中反应速率的基本表达式

催化反应必须在一种反应器中实施。但在不同类型的反应器中，反应物料的流型不同，传质和传热情况也不同；即使在定态下，反应器中各点上的反应速率也可以是不同的，有其特定的空间分布。能够观测的总体反应速率(global rate)是这些难以观测的点速率(point rate)的集合。动力学方程与反应器类型有关。催化反应的速率论常用化学反应工程学中习用的两种理想反应器进行解析，即连续进料搅拌槽式反应器(continuously fed stirred-tank reactor, CFSTR)和活塞流管式反应器(piston-flow tubular reactor, PFR)。CFSTR是一种全返混反应器，见图16-3(a)。槽内的反应物料在各点上的温度、组成和性质是均一的，而且和流出物料的相同。因此其总体反应速率是点速率，而且在定态下是个恒值

$$r=\frac{n_0-n_f}{V/F}=\frac{n_0-n_f}{\tau} \tag{16-25}$$

式中：n_0，n_f——单位质量的进槽和出槽物流中关键组分的物质的量：

F——单位时间内的进槽物质量；

V——槽的容量；

τ——时空。

故式(16-25)与浓度相关联的方程为代数方程，不存在积分问题。

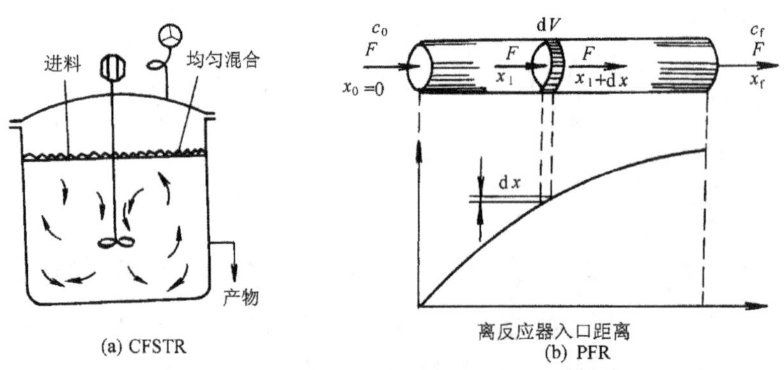

图16-3 两种理想反应器的示意图

对PFR[图16-3(b)]来说，在理想情况下，反应器的轴向(流动方向)不得有返混，而在径向须为完全混合，且径向上各点流速须均一，这样，随着物料流向管出口，作用物料逐渐转化。物料浓度顺床层有一分布梯度，床层各点 r 亦随床层长度而改变。在定态下，对一反应体积为 V 的匀截面反应管，反应物料以恒定进料速 F 进入反应区域。对一体积元 dV 而言，物料B以速率 r 有 dx 的转化，则据物料衡算

$$r\mathrm{d}V=F\mathrm{d}x \tag{16-26}$$

式中：r——单位时间中单位反应体积内 B 转化的物质的量；

x——单位进料质量的 B 转化物质的量。

在流通系统中 r 定义为

$$r = \frac{dx}{dV/F} \tag{16-27}$$

反应物料 B 经过体积为 V 的反应空间而达到一定的转化 x，则从式(16-27)积分应得

$$\frac{V}{F} = \int_0^x \frac{dx}{r} \tag{16-28}$$

式中，r 是 x 的函数，有了这个函数关系，式(16-28)原则上是可以积分出的。

在催化反应器中，更多用催化剂质量 W 的微元而不用体积元，故上两式分别为

$$r dW = F dx \tag{16-29}$$

$$W/F = \int_0^x \frac{dx}{r} \tag{16-30}$$

16.2.4 活塞流管式反应器中简单速率方程的积分式

工业上多相催化过程大多数是在基本上为 PFR 的流通管式反应器中实施的，除流化床反应器(在解析上较复杂)外，都可用式(16-29)或式(16-30)进行基本解析。但要将 r 表示为 x 的函数而对式(16-30)进行积分时，需考虑变容、可逆性和反应级等一些问题。例如，对于一级不可逆的 A 型简单反应，B_1 的反应速率 r_1 与其分压 p_1 成正比

$$r_1 = kp_1 \tag{16-31}$$

作为理想气体处理

$$p_1 = \frac{n_1}{n_t} p \tag{16-32}$$

式中：n_1——反应体积元内单位质量的反应物料中 B_1 的物质的量；

n_t——上述物料的总物质的量；

p——反应系统总压力。

在反应中，反应物料的物质的量有显著改变，则 n_1 与 n_t 对 x 之函数关系为

$$n_t = n_{t0}\left(1 + \frac{\delta x}{n_{t0}}\right) = n_{t0}(1 + \omega x) \tag{16-33}$$

$$n_1 = n_{10} - x \tag{16-34}$$

式中：n_{t0}，n_{10}——n_t，n_1 的起始值；

δ——B_1 每转化 1mol 所增加的物质的量；

ω——δ/n_{t0}。

将式(16-31)～式(16-34)代入式(16-28)，得

$$\frac{V}{F}=\frac{n_{t0}}{kp}\int_0^x\left(\frac{1+\omega x}{n_{10}-x}\right)\mathrm{d}x \tag{16-35}$$

积分可得

$$\frac{V}{F}=\frac{n_{t0}}{kp}(1+\omega n_{10})\ln\left(\frac{n_{10}}{n_{10}-x}\right)-\omega x \tag{16-36}$$

这里采用单位质量反应物中 B_1 的转化物质的量，是为了在有些情况下积分方便。在实际使用中，x 这个摩尔转化率($X=x/n_{10}$)则更方便，即如令 $\omega n_{10}=\lambda$，则式(16-36)变为

$$k\left(\frac{p}{n_{t0}}\frac{V}{F}\right)=\left[(1+\lambda)\ln\frac{1}{1-X}-\lambda X\right] \tag{16-37}$$

如反应中系统的物质的量无显著改变(所谓“定容”)，则 $\omega=0$，式(16-37)简化为

$$k\left(\frac{p}{n_{t0}}\right)\frac{V}{F}=\ln\frac{1}{1-X} \tag{16-38}$$

在催化反应中，V 可用催化剂质量(W)、催化剂表面积(A)或催化床层长度(z)代替，当然 k 也就相应地改变其因次。

式(16-35)～式(16-38)中，V/F 称为时空(space time)，它是空速 F/V 的倒数，有时把式(16-18)写为

$$k\tau=\ln\frac{1}{1-X} \tag{16-39}$$

也是便于应用的。此时 τ 为接触时间

$$\tau=\frac{\varepsilon_b V_b}{\left(\frac{273+T}{pT}\right)\nu_m F n_{t0}} \tag{16-40}$$

式中：ε_b——催化床层空隙率；

V_b——催化床层体积；

T——催化床层温度；

ν_m——进料之平均摩尔体积。

但必须注意在式(16-38)中的 k 以[摩尔]·[大气压]$^{-1}$·[催化床体积]$^{-1}$·[时间]$^{-1}$为因次，而在式(16-39)中的 k 以[时间]$^{-1}$为因次。

对不可逆非一级反应

$$r=k\left(\frac{n_1}{n_t}p\right)^m \tag{16-41}$$

同样地把式(16-33)、式(16-34)和式(16-41)代入式(16-28)，并积分后转换，可得

$$\frac{V}{F}=\frac{n_{10}}{k}\left(\frac{n_{t0}}{n_{10}p}\right)^m\int_0^X\left(\frac{1+\lambda X}{1-X}\right)^m dX \tag{16-42}$$

如为B型双组元不可逆反应，在流通系统中以幂函数方式表达的速率方程为

$$r=kp_1^{m_1}p_2^{m_2} \tag{16-43}$$

对这种反应，如果反应物料中有一个过量很多的组元(可以是惰性稀释气)存在，系统的总物质的量可以看成不变，而且 B_2 对 B_1 有一定的消耗计量比，则可得出积分表达式

$$k'\frac{V}{F}=\int_0^X\frac{dX}{(1-X)^{m_1}(m_0-X)^{m_2}} \tag{16-44}$$

其中

$$k'=\left(\frac{n_{10}}{n_t}p\right)^{m_1+m_2}\frac{\nu_2^{m_2}}{n_{10}}k,\quad m_0=\nu_{20}/\nu_2$$

式中：ν_{20}——进料中 B_2 对 B_1 的起始物质的量比；

ν_2——化学反应式中 B_2 对 B_1 的消耗计量比。

在实验测得一系列不同 V/F 下的 X 值后，式(16-44)可以用数值积分的方法在电子计算机上估测[2]参数 k'、m_1 和 m_2。

16.2.5 复杂反应的速率方程及其解析

16.2.5.1 可逆反应

以单作用物-单产物的一级反应为例说明，即

$$B_1 \underset{k_2}{\overset{k_1}{\rightleftharpoons}} B_2$$

该反应的速率方程的微分表达式为

$$r=k_1p_1-k_2p_2=k_1\left(p_1-\frac{1}{K_{eq}}p_2\right) \tag{16-45}$$

将类似式(16-32)的关系式代入并积分可得

$$\frac{V}{F}=\frac{K_{eq}n_t}{(1+K_{eq})kp}\ln\frac{K_{eq}-\nu_{20}}{K_{eq}-\nu_{20}-(1+K_{eq})X} \tag{16-46}$$

式中，K_{eq}为可逆反应平衡常数。

如前所述，这种反应在实践中较有意义的只有正仲氢转换。至于合成氨就复杂得多，后面还会提到，此处不赘述。

16.2.5.2 串行反应和平行反应

对于典型的、最简单的串行反应(前边称为D型反应)

$$B_1 \xrightarrow{k_1} B_2 \xrightarrow{k_2} B_3$$

和平行反应（E 型反应）

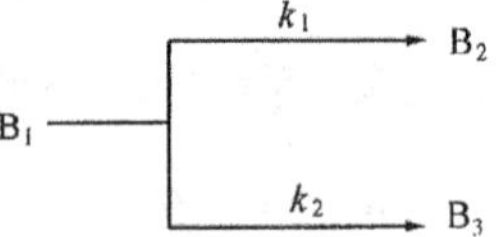

反应组分的浓度对接触时间变化的典型情况分别示于图 16-4(a)和图 16-4(b)。注意对串行反应，中间产物 B_2 开始时上升较快，但到达最高点后即下降，最终产物 B_3 则起始上升很慢；对平行反应，则两个平行产物 B_2 和 B_3 的浓度起始上升都快，并都趋于某些渐近线。对于这种不可逆的最简单例子，可以利用这些特点，根据各反应组分的浓度变化曲线，来判别它们是中间产物还是最终产物。

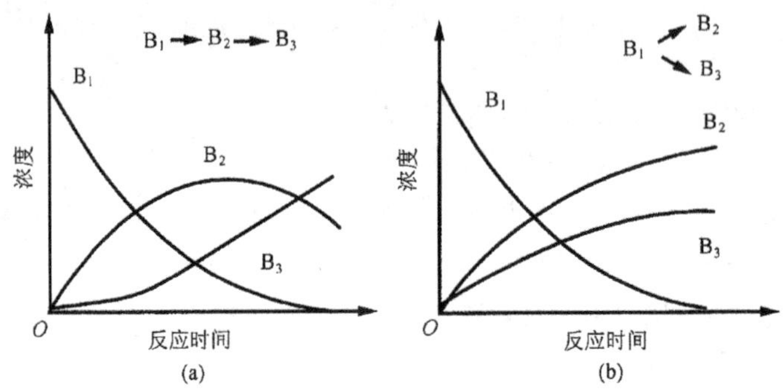

图 16-4 串行(a)与平行(b)反应中各物料的浓度-时间曲线

在确定反应中各产物在历程中的位置后，对于一级反应网络，下一步就可以估测其速率常数。如 B_2 和 B_3 都是平行反应的产物，而且本身不再进一步进行反应，动力学解析不存在特别的困难。因为作用物消耗和产物生成的速率方程为

$$\left.\begin{aligned} \mathrm{d}c_1/\mathrm{d}t &= -(k_1 + k_2)c_1 \\ \mathrm{d}c_2/\mathrm{d}t &= k_1 c_1 \\ \mathrm{d}c_3/\mathrm{d}t &= k_2 c_1 \end{aligned}\right\} \tag{16-47}$$

上述方程易于积分。对于一级不可逆串行反应，如系统的总摩尔数不随反应变化，则

$$\left.\begin{aligned} \mathrm{d}c_1/\mathrm{d}t &= -k_1 c_1 \\ \mathrm{d}c_2/\mathrm{d}t &= k_1 c_1 - k_2 c_2 \\ \mathrm{d}c_3/\mathrm{d}t &= k_2 c_2 \end{aligned}\right\} \tag{16-48}$$

其积分式分别为

$$c_1/c_{10} = \mathrm{e}^{-k_1 t} \tag{16-49}$$

$$c_2/c_{10} = \frac{k_1}{k_2 - k_1}(\mathrm{e}^{-k_1 t} - \mathrm{e}^{-k_2 t}) \tag{16-50}$$

从式(16-49)求解 k_1 是容易的。要从式(16-50)求 k_2 就较麻烦，但利用 B_2 的浓度有个最大值 c_{2m}和相应的时间 t_m 则较容易些。图(16-5)中的曲线 A 表明 k_2/k_1 与 c_{2m}/c_{10}的关系，只要知道 c_{2m}/c_{10}值，从图即可读出 k_2/k_1 值。t_m与 k_1、k_2 的关系为

$$t_m = \frac{1}{k_2 - k_1}\ln\frac{k_2}{k_1} \tag{16-51}$$

因此只要从实验得到①c_{2m}值、②t_m值和③c_1-t 的一系列对应值这三套数据中的任两套，k_1 和 k_2 即可求得。

用这一方法求一级不可逆串行反应的两段速率常数是比较方便的。但其缺点是过分依赖单个实验点的数值。

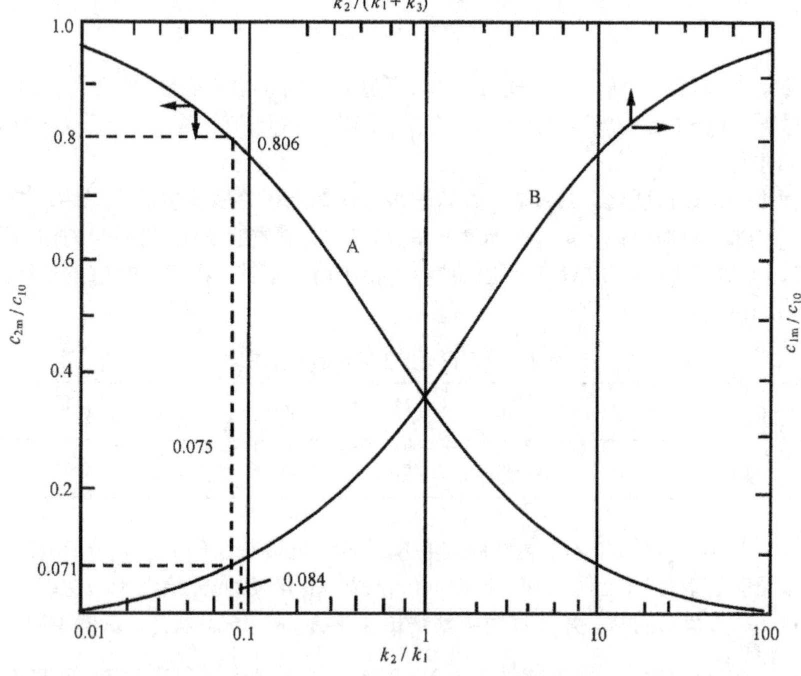

图 16-5　复杂反应中速率常数比值的图解法

16.2.5.3　串行-平行反应

对于在石油化工催化过程中常见的串行-平行反应(F 型)，则

$$\left.\begin{aligned} dc_1/dt &= -(k_1 + k_3)c_1 \\ dc_2/dt &= k_1c_1 - k_2c_2 \\ dc_3/dt &= k_3c_1 + k_2c_2 \end{aligned}\right\} \tag{16-52}$$

其积分表达式为

$$c_1/c_{10} = \exp[-(k_1+k_3)t] \tag{16-53}$$

$$\frac{c_2}{c_{10}} = \frac{k_1}{k_2-k_1-k_3}\{\exp[-(k_1+k_3)t] - \exp(-k_2 t)\} \tag{16-54}$$

$$\frac{c_3}{c_{10}} = 1 - \left(\frac{k_2-k_3}{k_2-k_1-k_3}\right)\exp[-(k_1+k_3)t] + \left(\frac{k_1}{k_2-k_1-k_3}\right)e^{-k_2 t} \tag{16-55}$$

对 F 型反应，B_2 也在某一接触时间 t_m 下出现最大浓度 c_{2m}。如今 c_{1m} 表示在 t_m 时之 B_1 的浓度，则从图 16-5 曲线 B 所示 $k_2/(k_1+k_3)$ 与 c_{1m}/c_{10} 的关系曲线，立即可从实验测得的 c_{1m}/c_{10} 的值，读出 $k_2/(k_1+k_3)$ 的值，而 k_1/k_2 的比值证明为

$$\frac{k_1}{k_2} = \frac{c_{2m}/c_{10}}{c_{1m}/c_{10}} \tag{16-56}$$

故可由 c_{2m}/c_{1m} 求得 k_1/k_2。又从式(16-53)(经过取对数而化为线性)很容易得出 k_1+k_3 值。这样 k_1、k_2 和 k_3 也就可以求出了。当然，用这一估测方法，c_{2m} 和 c_{1m} 的数值必须测得很精确才行。

下面举一例以说明之。丁烯在一种磷酸锡催化剂上氧化脱氢生成丁二烯，并有少量 $CO + CO_2$ 生成，反应是以丁烯:氧:水蒸气 = 1:1.1:30(物质的量比)的混合物作为原料的(氮为氧的 4 倍)。假定反应对氧分压的依存性很小而可不计。在不同时空下丁烯的残留率见表 16-1。

表 16-1 不同时空下丁烯的残留率

$\frac{W}{F}$	0.035	0.064	0.128	0.195	0.502	0.773	0.993	1.103
$\frac{c_1}{c_{10}}$	0.858	0.801	0.748	0.612	0.252	0.129	0.071	0.052

在 $W/F = 0.993$ 处，c_2/c_{10} 达到最大值为 0.806，此时相应的 $c_{1m}/c_{10} = 0.071$。首先，因已知该反应为串行-平行型反应，根据 $\lg(c_1/c_{10})$ 对 W/F 的标绘近于一直线，可知丁烯转化可化一级反应对待，并从直线斜率得出 $k_1+k_3 = 1.166$。其次，从图 16-5 的曲线 B，由 c_{1m}/c_{10} 为 0.071，可得 $k_2/(k_1+k_3) = 0.084$，再根据 $\left(\frac{c_{2m}/c_{10}}{c_{1m}/c_{10}}\right)$ 值，知道 $k_1/k_2 = 0.806/0.071$。由此分别得出 $k_1 = 1.112$、$k_2 = 0.098$、$k_3 = 0.054$。但如果误认这一反应为单纯的串行反应，而从 $c_{2m}/c_{10} = 0.806$，按图 16-5 的曲线 A 得出 $k_2/k_1 = 0.075$，就会得出 $k_1 = 1.166$、$k_2 = 0.087$、$k_3 = 0$ 的动力学参数。

所以应该注意，如果 k_3 在数值上并不比 k_2 小多少，就不应该任意略去 k_3 而把 F 型反应简化为 D 型反应。对反应的历程没有一定实验依据就任意选定一种历程去处理数据，即使符合得较好，也不能以此支持所选的历程。应该根据实验结果，先证实一种历程，再进行速率论的研究。

还应该注意，虽然上面提到，简单不可逆串行反应的中间产物在足够的接触时间下可出现最大浓度，但不能认为出现了某一产物的浓度最大值就证明它是串行历程。有一些串行网络带有可逆反应，中间产物就不会出现最大浓度而渐近于一稳定值。同样，有

些可逆的平行历程中，最终产物却可出现最大浓度[3]，如图 16-6 所示。

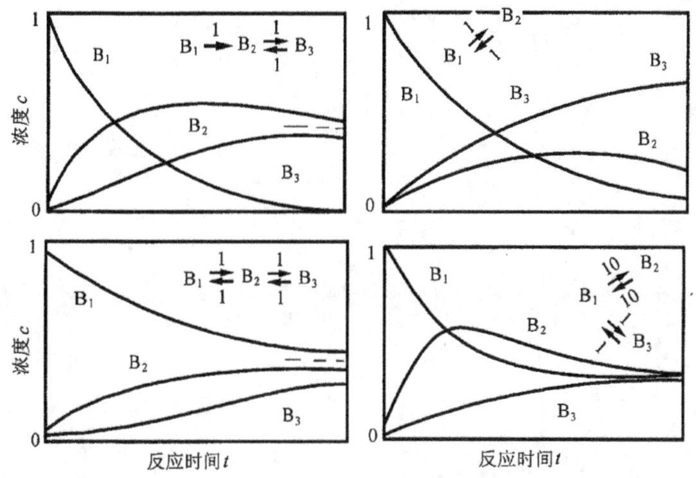

图 16-6　一些复杂反应的产物分布图

判断反应历程较可靠的方法还是把各个反应产物的生成率对接触时间作图，然后求 $t \to 0$ 时的曲线斜率。生成曲线在零接触时间处的斜率近于零，其生成物应为次级产物，其斜率显然不为零的产物，应为初级产物。

对于较复杂反应网络的速率表达式可参考文献[3, 4]。

16.2.5.4　动力学同位素方法(KIM)及其扩展

20 世纪 50 年代后期，М. Б. Нейман 发展的 KIM 原用于均相复杂反应历程的解析。对于多相催化反应，如系表面反应控速，反应组分之气相浓度和表面浓度一直处于平衡中，这一方法也可以适用[5]。不像上一方法只用于对一级不可逆反应网络的解析，KIM 法也可用于非一级的、可逆的复杂反应。基本前提是动力学同位素效应可忽略，即用同位素标记的反应物种和非标记的相应物种的反应速率常数相同。对三组分的 D 型和 F 型反应而言，一般用非放射性的 B_1 和带放射性示踪原子(一般以 ^{14}C 标记)的 B_2 的混合物进行反应。对 F 型反应，也可以反过来以 B_1 为标记的而 B_2 为非标记的，然后考查各反应组分的比放射性 α_i 随反应接触时间 t 的变化情况。这里组分 B_i 的比放射性 α_i 定义为

$$\alpha_i \equiv c_i^* / c_i \tag{16-57}$$

式中：c_i^*——B_i 组分的总放射性；

c_i——B_i 组分的浓度。

于是对 D 型反应

$$B_1 \xrightarrow{r_1} B_2 \xrightarrow{r_2} B_3$$
$$\alpha_2 \qquad \alpha_3$$

应有

$$r_1 = \left(-\frac{c_2}{\alpha_2} \right) \frac{d\alpha_2}{dt}; \quad r_2 = \left(\frac{c_2}{\alpha_2 - \alpha_3} \right) \frac{d\alpha_3}{dt} \tag{16-58}$$

而对 F 型反应

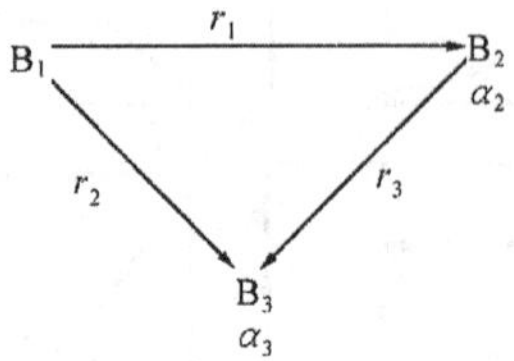

应有

$$\left. \begin{aligned} r_1 &= \left(-\frac{c_2}{\alpha_2} \right) \frac{d\alpha_2}{dt} \\ r_2 &= \left(\frac{1}{\alpha_2} \right) \frac{dc_3}{dt} \\ r_3 &= \frac{dc_3}{dt} - \frac{1}{\alpha_2} \left(\frac{dc_3^*}{dt} \right) \end{aligned} \right\} \tag{16-59}$$

式(16-58)及式(16-59)中右侧各项都是在实验中可以测定的量，这些式中左侧的 r_1、r_2 和 r_3 也就可以算得。如果数据比较完整，反应级也可以求得。

带逆向反应和更复杂的网络的解析式详见文献[5]。这一方法国内外都有人用以研究丁烷脱氢成丁烯、丁二烯[6]，环己烷脱氢成环己烯、环己二烯和苯，苯的分段加氢，己烷脱氢环化[5]。对于吸附-脱附速率小于或接近于表面反应速率的多相催化反应，不久前也有人用定态原则加以研究，详见文献[7]。

为了适应更复杂反应网络的解析，并为取得更多的动力学信息，张睿等[8]提出了一种扩展动力学同位素方法(extended kinetic isotope method, EKIM)，在 EKIM 中仍设定动力学同位素效应和气/表面相的浓度差可忽略，但用了包含有动力学参数的速率函数代替反应速率的微分方程组，并用参数估测方法代替代数方程组的求解。以铁酸锌催化剂上丁烯氧化脱氢反应网络(图 16-7)的 EKIM 的解析为例，用顺-2-丁烯和 ^{14}C 标记的 1-丁烯的等分子比的混合丁烯与空气及水蒸气的定比混合物，以不同空速通过催化剂。分析并测定产物中三种正丁烯异构体、丁二烯和 $CO + CO_2$ 的浓度及比放射性。根据放射性物质和一般物质各自的物料平衡，再设定：①丁烯的异构化反应(包括顺、反异构和双键位移)对丁烯为一级反应；②三种丁烯选择氧化成丁二烯，对丁烯均为 m 级，对氧均为 n 级；③丁烯和丁二烯全氧化成 $CO + CO_2$ 的反应，对烃均为 a 级，对氧均为 b 级。这样就可以为网络所包含的 13 个阶段反应写出包含 k_1、k_2、…、k_{13} 等 13 个速率常数和 m、n、a、b 等 4 个反应级共 17 个参数的 11 个微分方程组。用非线性参数估测和 Picard 迭代相结合的计算方法，在微型计算机上即可估得这17个参数的值。

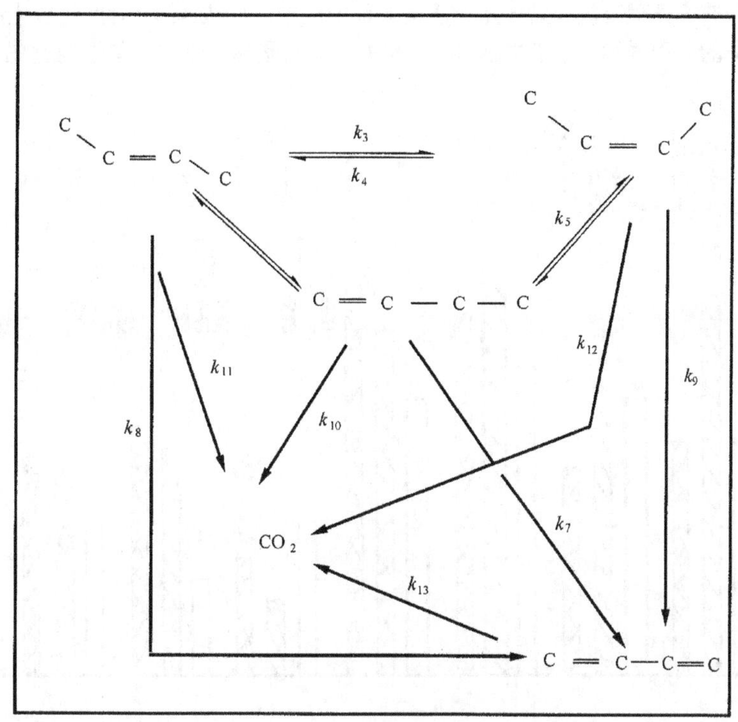

图16-7 丁烯氧化脱氢反应网络

显然，这一网络远比文献[5]中所考查的反应复杂。所得信息对这一反应中各个作用物的反应性能，以及催化剂的顺、反异构、双键位移、选择氧化和全氧化等四类反应催化性能的了解都较有价值，例如在铁铬酸锌、磷酸锡锂和磷钼酸铋三种有工业价值的催化剂上，各阶段反应的速率常数的相对比较(图16-8)，及各反应级的比较均有工业的和机理的意义[9]。

在KIM中，反应网络销一复杂，常会出现未知数(待求的速率)超过方程数而无法求解，有时因实验误差等问题求出的 r 值中有负值而失去意义。在EKIM中就不会出现这两个问题。一般说来，多参数的估测常难以保证单解性(uniqueness)，在EKIM中由于示踪原子的引入，使方程数几乎增加1倍，从而使多解性问题可得到基本控制。上叙例子可说明EKIM在原理上对解析相当复杂的反应网络是一个有力工具。如果在参数估测方法和反应速率测量方法上更加改进，所得信息应当更精确。

上面讨论的一些问题，很多是均相反应中习用的方法。对于多相催化反应，从形式动力学来说，历来幂式速率方程和双曲线式速率方程都有广泛应用。前者在形式上和均相反应动力学方程一样，从处理方式上，多相催化动力学解析可以移用均相的方法。

16.2.5.5 集算方法

在石油炼制过程中，通常用有一定沸程的石油馏份作原料。从组成来说，这种催化过程是各个同系物同时各自进行几个方向反应的集合。用集算方法(lumping)可以只需少得多的一些速率方程有效地描述几十甚至上百个反应。如 Veekman 对催化裂化的集算及其在实际中的应用详细介绍于文献[10]，其中并有对集算理论和可集性问题的介绍，此处从略。

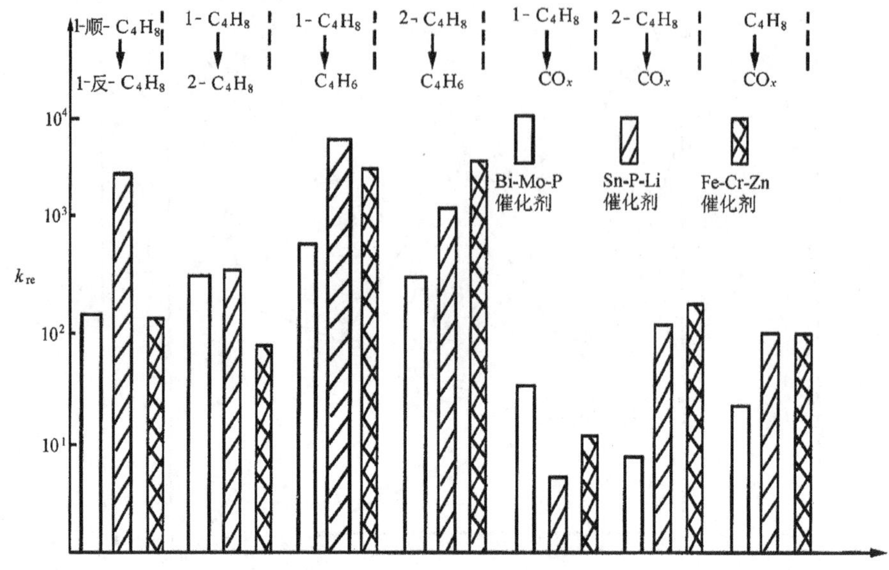

图 16-8 丁烯氧化脱氢在三种催化剂上各阶段反应速率常数之相对比较

16.3 吸附和多相催化反应速率方程

16.3.1 吸附与吸附等温方程

多相催化不同于一般化学反应之处，在于它需要一个固态而不消耗的物质作为催化剂以促进化学反应。虽然多相催化作用的机理还在大力探索中，但发生该作用的第一步至少有一种作用物吸附在催化剂表面上。这一吸附过程一般公认为化学吸附。通常在实验室中测定多相催化反应速率是把吸附过程和反应本身合并在一起考虑的，而且吸附过程对反应又有很大影响，所以要讨论多相催化反应的速率论须对吸附过程先作考虑。

一个分子的吸附可以是离解吸附或非离解吸附。在一个吸附位数目恒定而且能量均一的表面上，一种理想气体的非离解吸附通常应遵循兰格缪吸附等温方程，即

$$\mathrm{B + L \rightleftharpoons BL}$$

则

$$\theta = \frac{Kp}{1 + Kp} \tag{16-60}$$

式中：θ——表面覆盖度，即全部吸附位中吸附有 B 物种的吸附位分数；

K——吸附平衡常数。

但如为离解吸附

$$B_2 + 2L \rightleftharpoons 2BL$$

则朗缪尔吸附方程为

$$\theta = \frac{\sqrt{Kp}}{1 + \sqrt{Kp}} \tag{16-61}$$

而如 B_1、B_2 两种物质在同一吸附位上竞争吸附，则

$$\theta = \frac{K_1 p_1}{1 + K_1 p_1 + K_2 p_2} \tag{16-62}$$

这些都必须设定吸附焓与 θ 无关。如若吸附焓为 θ 的函数，不论是由于吸附表面具有固有的(先天的)非均匀性，还是因有诱导的非均匀性，朗缪尔吸附等温方程即让位于其他方程。即当吸附焓与 $\ln\theta$ 成正比时，适用的是费劳里希吸附等温方程：

$$\theta = bp^{1/q} \tag{16-63}$$

式中，b，q 均为该吸附系统的常数，且 $q > 1$。

式(16-63)还适用于离解吸附的情况。

如若吸附焓与 θ 呈线性关系，则又应为焦姆金(Temkin)吸附等温方程

$$\theta = q\ln(bp) \tag{16-64}$$

式中，q，b 也为该吸附系统之常数。

式(16-64)同样适用于离解吸附的情况。

以上三种吸附方程实际上都是先从实验数据证实为适用于一定分压范围的某些吸附系统的经验方程。但根据相应的设定(即吸附焓与 θ 的关系)，都可从理论推导得出。一般认为费劳里希方程经适当简化可还原为朗缪尔方程或焦姆金方程；而且对参数略加调节即可适应较广范围的 θ 值，而后两者却不行。虽然朗缪尔方程从理论上说只能用于均匀表面，而催化表面一般以非均匀面居多，在多相催化动力学中大多数人习于采用朗缪尔方程。

16.3.2 控速步骤

化学反应和催化反应差不多都是由一个个的基元步骤顺序相连地进行。就每一个基元步骤而言，在有充分作用物存在时，其进行速率视其阻力之大小可有几个数量级的差别。当它们互相衔接逐一进行时，在定态或准定态下，各基元步骤只能以同一速率进行，而这一速率取决于在隔离状态(有充分作用物存在)下这些步骤中最慢的，也就是阻力最大的步骤，即所谓控速步骤。当整个反应在偏离化学平衡点的定态下进行时，所有非控速步骤若为可逆都应处于化学的或吸附的平衡状态。

作为比喻，如所周知，在几个阻值不同、相串联的各段电阻中流经的电流强度都是一样的，而且就取决于阻值远高于其他段的那个电阻，在各段电阻两端的电压降正比于该段电阻值。对于化学反应或多相催化反应，也可以把它看成是阻力不等的各个基元步骤的串联，通过各段基元步骤的速率(为浓度推动力与阻力的比值)应相同，而各段基元步骤的浓度差推动力则正比于该段之阻力。有时，某一催化反应的吸附速率比表面反应速率大，则表面反应是控速的，实际应说这一反应中表面反应过程的阻力比吸附过程的阻力大。

在一般多相催化反应动力学中，总是设定在一种反应所包含的基元步骤序列只有一个基元步骤是控速的。下面的大部分讨论也在此设定基础上展开。但人们很容易想到可能存在不只一个控速步骤，而且在温度、压力改变时，会由一个控速步骤转变为另一个。当然在某一中间的温度、压力下，可能出现两个基元步骤同时成为控速的过渡状态。对这种多控速的问题以后还要讨论。

在多相催化反应的各个化学的基元步骤序列中，控速步骤可以是吸附、表面反应或脱附。控速步骤不同，速率方程形式也会有很大不同。下面以朗缪尔吸附等温方程为主加以论述。

16.3.3 双曲线式多相催化反应速率方程

基于均匀表面的多相催化动力学方程的要点是用覆盖度 θ 表达速率，然后用朗缪尔吸附方程把 θ 与流体相中作用物浓度相关联。这种方法由辛休伍德(C. N. Hinshelwood)所提出，称为朗缪尔-辛休伍德方法。豪根(Hougen)和华生(Watson)又引入空吸附位，有的就专称豪根-华生方法；但在形式上无甚改变。所以也有合称为 L-H-H-W 方法的，有的则仍称 L-H 方法。

以双分子可逆反应的一般式

$$B_1 + B_2 \rightleftharpoons B_3 + B_4$$

而言，设其基元步骤序列为

1) $$B_1 + L \rightleftharpoons B_1L \tag{16-65}$$

2) $$B_2 + L \rightleftharpoons B_2L \tag{16-66}$$

3) $$B_1L + B_2L \rightleftharpoons B_3L + B_4L \tag{16-67}$$

4) $$B_3L \rightleftharpoons B_3 + L \tag{16-68}$$

5) $$B_4L \rightleftharpoons B_4 + L \tag{16-69}$$

式中，L 为吸附位。即设定作用物 B_1 与 B_2 均须吸附，且须在相邻位上才能发生表面反应。如表面反应[即步骤 3 式(16-67)]为控速步骤，整个反应速率即步骤 3 的速率，可推得为

$$r = k_3 K_1 K_2 S_0^2 \frac{c_1 c_2 - c_3 c_4 / K_0}{(1 + K_1 c_1 + K_2 c_2 + K_4 c_3 + K_5 c_4)^2} \tag{16-70}$$

其中

$$K_0 = K_{eq} K_1 / K_2 K_4 K_5$$

式中：k_3——第三步之前向速率常数；

K_i——第 i 步之吸附平衡常数；

S_0——催化剂表面上活性位的浓度；

c_i——第 i 组分的气相浓度(或用分压)；

K_{eq}——该反应之化学平衡常数。

式(16-70)对以两种吸附作用物起表面反应为控速步骤的多相催化反应是个通式。在几种特殊情况下，式(16-70)可以简化。

第一种情况，当参与反应的各组分都是弱吸附时，即 $K_i c_i \ll 1$，则得

$$r = k\left(c_1 c_2 - \frac{c_3 c_4}{K_0} \right) \tag{16-71}$$

如为单分子不可逆的简单反应，可去除 c_2、c_3、c_4 而成 $r = kc_1$ 的一级反应式。

第二种情况，当 B_3 为强吸附，而 B_1(及 B_2)为弱吸附时，即 $K_4 c_3 \gg 1 \gg K_1 c_1$、$K_2 c_2$，对不可逆反应，式(16-70)可简化为

$$r = k \frac{c_1 c_2}{c_3^2} \tag{16-72}$$

如为单组分的不可逆反应，即为

$$r = k \frac{c_1}{c_3} \tag{16-73}$$

例如氨在铂丝上的分解。

第三种情况，为强吸附的单作用物而产物为弱吸附($K_1 c_1 \gg 1 \gg K_4 c_3 K_5 c_4$)的不可逆反应，则简化为零级反应 $r = k$。

如控速的不是步骤 3 而是 1(或 2)，即所谓吸附控速，速率方程可推得为

$$r = \frac{k_1 S_0 (c_1 - c_3 c_4 / K_0 c_2)}{1 + K_2 c_2 + (K_1 c_3 c_4 / K_0 c_2) + K_4 c_3 + K_5 c_4} \tag{16-74}$$

而如步骤 4(或 5)是控速的，即所谓产物脱附控速，速率方程应为

$$r = \frac{k_4 S_0 K_0 (c_1 c_2 / c_4 - c_3 / K_0)}{1 + K_1 c_1 + K_2 c_2 + K_0 K_4 (c_1 c_2 / c_4) + K_5 c_4} \tag{16-75}$$

式(16-74)和式(16-75)也都是对双作用物-双产物的可逆反应的通式。对于单作用物或单

产物反应，或是不可逆反应，却除相应项简化即得。

式(16-70)中的吸附项(即分母)指数为 2，这只是两种吸附物在一种吸附位上竞吸的情况；对于 B_1 和 B_2 独立地分别吸附在两种吸附位上的情况，则分母上这一吸附项应为 $(1+K_1c_1)(1+K_2c_2)$。

对于各种特殊情况下的 L-H 表达式详见文献[4，11]。

在上述双组元反应中，假定 B_1 和 B_2 都需先吸附在相邻吸附位上，再发生表面反应，这种相邻吸附物相反应的机理一般称为朗缪尔-辛休伍德机理。另一种催化反应机理则设定一个气相分子和一个吸附的作用物直接起表面反应，即所谓 Rideal-Eley 机理，这一机理仍以朗缪尔吸附方程为基础，其所得速率方程和式(16-70)、式(16-74)及式(16-75)仍相似，但分母上吸附项的指数为 1，详见文献[4，11]。

还存在着这一机理的一个变体，即 Mars-van Krevelen 所提出的氧化-还原机理[12]。以后又有人提出定态吸附机理(SSAM)[1,3]。两者导出的速率方程完全相同，并且都主要用于烃类氧化反应。这里仅举氧化-还原机理说明这个模型，该机理由下列基元步骤组成：

1) 气相的烃分子 B_1 与催化剂表面上的晶格氧(或吸附在催化剂表面上的氧)B_2L 相作用

$$B_1 + B_2L \underset{k'_1}{\overset{k_1}{\rightleftharpoons}} B_3L$$

2) 产物 B_3 从吸附态脱附

$$B_3L \underset{k'_2}{\overset{k_2}{\rightleftharpoons}} B_3 + L$$

3) 还原了的活性位 L 被气相中氧分子再氧化生成晶格氧 B_2L(也可看成氧吸附到催化表面上)。

$$B_2 - L \underset{k'_3}{\overset{k_3}{\rightleftharpoons}} B_2L$$

按 Bodenstein 定态原则

$$\mathrm{d}[B_2L]/\mathrm{d}t = \mathrm{d}[B_3L]/\mathrm{d}t = 0$$

再合理地设定[L]、$[B_2L]$和$[B_3L]$等表面浓度份额之和等于 1，于是推得

$$\begin{aligned} r = {} & (k_1k_2k_3c_1c_2 - k'_1k'_2k'_3c_3)[k_3c_2(k'_1 + k_2 + k_1c_1) \\ & + k_1c_1(k_2 + k'_2c_3) + k'_2c_3(k'_1 + k'_3) + k'_3(k_2 + k'_1)]^{-1} \end{aligned} \tag{16-76}$$

对这些氧化反应来说，可以认为除第二步外，其余两步均为不可逆的，即 $k'_1 = k'_3 = 0$，于是式(16-76)可简化为

$$r = \frac{k_1k_2k_3c_1c_2}{k_1k_3c_1c_2 + k_2k_3c_2 + k_1k_2c_1 + k_1k'_2c_1c_3} \tag{16-77}$$

在不少烃类催化氧化中，B_1 常需要几倍的 B_2L 与之作用生成 B_3L，例如 1mol 邻二甲苯氧化成苯酐需要 3mol 的氧分子，因此在式(16-77)中还应引入计量数 ν_0，于是

$$r=\frac{k_1k_2k_3c_1c_2}{k_1k_3c_1c_2+\nu_0k_2k_3c_2+k_1k_2c_1+k_1k'_2c_1c_3} \tag{16-78}$$

式(16-70)、式(16-74)~式(16-78)等均属双曲线式速率方程，其中包含多个参数，因此适应性广。也就是说，对同一组动力学数据可以用不同机理(不同控速步骤)的速率方程进行拟合，都能得到满意的结果。当然这样也就难以得出惟一解。

式(16-70)~式(16-78)都属于微分表达式，表达了反应速率与各反应组分的浓度或分压的关系。如前所述，把这些微分表达式结合到连续性方程(continuity equation)中去并积分，得出的积分式表达时空和转化率(或生成率)的关系。在均相反应中要得到把 r 表达为 x 的函数的积分式已很复杂。在多相催化反应中，有不少微分表达式本身已很复杂，其积分式更是极其繁琐。此处仅以单组元不可逆的表面反应控速的反应

$$B_1 \longrightarrow B_2$$

为例，其微分表达式为

$$r=kS_0\frac{K_1p_1}{1+K_1p_1} \tag{16-79}$$

而将表达 p_1 与 x 关系的式(16-32)~式(16-34)和摩尔转化率代入式(16-30)后积分，得积分表达式

$$\frac{W}{F}\left(\frac{S_0K_1p}{n_t}\right)k=\ln\frac{1}{1-X}+K_1pX \tag{16-80}$$

更复杂的微分表达式的积分结果可参见文献[14]。

16.3.4 多相催化的幂式速率方程

对多相催化动力学研究，有不少用类似式(16-14)的幂式速率方程。对可逆反应，幂式方程通式为

$$r=k_1\prod_i c_im_i-k'_1\prod_i c_im'_i \tag{16-81}$$

其中 m_i 和 m'_i 可为正数、负数，整数或分数。例如，对于合成氨反应，过去较普遍接受的速率方程为

$$r=k_1p_{N_2}p_{H_2}^{1.5}/p_{NH_3}-k_2p_{NH_3}/p_{H_2}^{1.5} \tag{16-82}$$

也有很多其他催化反应的动力学数据符合式(16-81)这样的方程。

式(16-81)也是速率的微分表达式。其积分表达式往往比双曲线式的更难有解析表达

式。简单的如式(16-42)及式(16-44)所示，复杂的可以用数值积分。

这种方程在形式上和均相速率方程相似，似乎不包含什么吸附项在内。有人认为它只是一种数据关联方式，不反映什么机理，因此不宜外延数据。其实不尽然，这类方程也可以从特定的机理推导得出。如式(16-82)就可从 N_2 解离吸附控速机理出发，以焦姆金吸附等温方程为基础而导出。按照前面的逻辑，可以说，合成氨数据符合式(16-82)，即表明该反应属于 N_2 离解吸附控速的机理。管孝男[15]还系统地讨论了以费劳里希吸附等温方程为基础，不同的控速步骤应得出的不同的动力学方程。他指出很多化学吸附系统的吸附-脱附速率在较广泛的压力范围内符合幂式规律

$$-\mathrm{d}p/\mathrm{d}t = k'_1 p\theta - m'_1 - k'_2 p\theta m'_2 \tag{16-83}$$

故其等温方程以用费劳里希方程式(16-63)最为满意。他并把式(16-63)中 b 用$(1/p_s)^{1/q}$代替

$$\theta = (p/p_s)^{1/q} \tag{16-84}$$

式中，p_s 为饱和压力，对每一吸附系统各有其恒值。

p 最后只能趋近于p_s，而使 θ 趋近于 1，这就避免了费劳里希方程的一个基本缺陷。管孝男指出，对单分子反应

$$B_1 \longrightarrow B_2$$

1) 如 B_1 吸附为控速步骤　此时在表面上的 B_1 与 B_2 应处于化学平衡中。设此时 B_1 在表面上之分压为 p_{1e}，则按费劳里希方程应有

$$(p_{1e}/p_{1s})^{1/q_1} = \theta_1$$

而把化学平衡式中 $p_{1e} = p_2/K_{eq}$代入，得

$$\theta_1 = (p_2/p_{1s}K_{eq})^{1/q_1} \tag{16-85}$$

对吸附控速过程，总包反应速率 $r(= -\mathrm{d}p_1/\mathrm{d}t)$应即为 B_1 的吸附速率 $k'_1 p_1 \theta_1^{-m'_1}$，把式(16-83)代入可得

$$r = k'_1 p_1 (p_{1s}K_{eq}/p_2)^{m'_1/q_1}$$

或

$$r = k_1 p_1 / p_2^{m_2} \tag{16-86}$$

其中

$$k_1 = k'_1 (p_{1s}K_{eq})^{m'_1/q_1}; \qquad m_2 = m'_1/q_1$$

2) 如 B_2 脱附为控速步骤　此时

$$\theta_2 = (p_2/p_{2s})^{1/q_2}$$

而反应总包速率 r 应等于 B_2 之脱附速率 $k'_2\theta_2^{m'_2}$，故

$$r = k'_2(p_2/p_{2s})^{m'_2/q_2} = k_2 p_2^{m_2} \tag{16-87}$$

3）如为表面反应控速，此时

$$\theta_1 = (p_1/p_{1s})^{1/q_1}$$

而反应总包速率即为表面反应速率

$$r = k'\theta_1^{m'_1} = k'(p_1/p_{1s})^{m'_1/q_1} = kp_1^{m_1} \tag{16-88}$$

管孝男对于合成氨、氨分解、正仲氢转换、一氧化碳氧化及乙烷氢解等反应，都用费劳里希吸附等温方程作基础推导了与一定控速步骤相应的幂式速率方程。对烯烃加氢反应也有按幂式速率方程结果对其机理的讨论[16]。

前不久，Г. И. Голодец[17]也讨论了幂式动力学方程的理论解释。和管孝男直接从非均匀表面吸附的幂式规律出发不同，他从理想均匀表面的朗缪尔吸附方程出发，设定双组元反应

$$B_1 + B_2 \longrightarrow B_3$$

是通过中间表面络合物 B_1L 的不可逆生成和分解而进行的。

$$B_1 + L \longrightarrow B_1L$$

$$B_1L + B_2 \longrightarrow L + B_3$$

B_1 的表面覆盖度按朗缪尔方程为

$$\theta_1 = \frac{K_1 p_1}{K_1 p_1 + K_2 p_2}$$

Голодец 证明该反应的幂式速率方程

$$r = kp_1^{m_1} p_2^{m_2}$$

其中

$$m_1 = \frac{K_2 p_2}{K_1 p_1 + K_2 p_2} = 1 - \theta_1 \tag{16-89}$$

$$m_2 = \frac{K_1 p_1}{K_1 p_1 + K_2 p_2} = \theta_1 \tag{16-90}$$

他将这种解析应有于一些化合物(如烃类)的氧化，并论证了水中毒效应、$m_1 + m_2$ 常恰为 1、m_1 和 m_2 与氧化物催化剂的氧键能，以及活化能与补偿效应等现象的理论意义或关联。

上面主要论述了多相催化中常用的两种动力学方程。这两种方程分别以朗缪尔和费劳里希吸附等温方程为基础，按不同控速步骤而有不同形式。有人认为，以一定机理为背景的动力学方程可称为机理性动力学方程，而仅起数据关联作用或凭经验得出的方程称为经验性动力学方程，甚至只能称为速率方程。也有人认为双曲线式方程可以反映机理，而幂式方程只是经验性方程或速率方程。虽然有不少人指出朗缪尔吸附方程的一系列局限性，如只能用于吸附焓恒定的均匀表面，并要求吸附物之间无相互作用，在实际应用中，压力范围也不及费劳里希吸附方程更广，但使用朗缪尔方程的人仍远较用费劳里希方程者为多。实际上，如上所述，一个幂式速率方程也可以做出理论解释。下面还将介绍对同一套动力学数据，从统计论来说，可以符合几种机理。如果只凭一些简单的动力学数据，很难说这两种动力学方程中哪一种更能反映作用机理。

16.4 多相催化反应动力学模型的建立和判别

16.4.1 催化动力学数据处理

如前所述，有两类速率方程:微分的和积分的。实验室中也获得两类数据:微分的，即一系列分压对反应速率的数据；积分的，即一系列时空对转化率(或生成率)的数据。这样就有了微分数据-微分处理和积分数据-积分处理两种方式。由于有时还可以从积分数据加工得到微分数据，于是有了第三种数据处理方式——积分数据-微分处理。这样的微分数据可以从图解微分得到，也可以从数值微分得到，也有把积分数据拟合为一条转化率对时空的三次幂多项式再解析微分取得反应速率的。一般这样得到的微分数据不如直接实验测定的微分数据更准确些。但如积分表达式求起来困难，只好采用积分数据-微分处理方式。

在要求不高或计算条件有限的情况下，对可以线性化的速率方程一般采用作图法。如表 16-2 列举了一些速率方程之线性化及其坐标与斜率。

表 16-2 几种速率方程作图求解

速率方程式	纵坐标	横坐标	斜率
(16-37)	$(1+\lambda)\ln\frac{1}{1-X}-\lambda X$	$\frac{V}{F}$	$\left(\frac{p}{n_{t0}}\right)k$
(16-41)	$\ln r$	$\ln\left(\frac{n_1}{n_t}p\right)$	m
(16-46)	$\ln\frac{K_{eq}-\nu_{20}}{K_{eq}-\nu_{20}-(1+K_{eq})X}$	$\frac{V}{F}$	$\frac{(1+K_{eq})p}{K_{eq}n_t}\cdot k$
(16-79)	$\frac{1}{r}$	$\frac{1}{p_1}$	$\frac{1}{kS_0K_1}$

当然，用作图法不能得出关于误差的定量，而且较适于单自变量。变量一多，试验量就增大很多。

对如式(16-42)和式(16-44)这样的积分表达式中参数的估测须用电子计算机为好，例子已见 16.2.4 节。

16.4.2 动力学模型的线性和非线性回归分析

比起作图方法，线性回归法更为优越。用这一方法，原则上是把微分的或积分的动力学方程变换为对动力学参数为线性的方程，如

$$y = \sum_{i=1}^{p} b_i x_i \tag{16-91}$$

式中：x_i——自变量(时空或作用物的分压)；

b_i——相应参数(有 p 个)；

y——测量得到的因变量(如反应速率或转化率)。

如以求得的参数值代入式(16-91)，对 y 的估测值为 $\hat{y}$，方差和为

$$S = \sum_{u=1}^{N} (y_u - \hat{y}_u)^2 \tag{16-92}$$

式中，u 指数据点，共 N 个。

于是从 S 最小化条件

$$\frac{\partial S}{\partial b_i} = -2\sum_{u=1}^{N} (y_u - \hat{y}_u)^2 = 0 \tag{16-93}$$

可得出 p 个方程，足以解出 p 个 b_i 值。

例如，有两个自变量，则式(16-91)变为

$$y = b_0 + b_1 x_1 + b_2 x_2 \tag{16-94}$$

式(16-93)则具体化为

$$\left.\begin{aligned} Nb_0 + b_1\sum_u x_{1u} + b_2\sum_u x_{2u} &= \sum_u y_u \\ b_0\sum_u x_{1u} + b_1\sum_u x_{1u}^2 + b_2\sum_u x_{1u}x_{2u} &= \sum_u x_{1u}y_u \\ b_0\sum_u x_{2u} + b_1\sum_u x_{1u}x_{2u} + b_2\sum_u x_{2u}^2 &= \sum_u x_{2u}y_u \end{aligned}\right\} \tag{16-95}$$

为一组正规方程(normal equations)。

像式(16-70)这样的速率方程，如为不可逆反应，经过移行可化为

$$c_1\sqrt{c_1 c_2 / r} = 1 + K_1 c_1 + K_2 c_2 + K_4 c_3 + K_5 c_4 \tag{16-96}$$

式中，$c_1 = S_0\sqrt{k_3 K_1 K_2}$(为一常数)，就可以用类似式(16-95)这样的正规方程了。其他例子详后。

但近十余年来，不少人[18]指出，用线性回归法求动力学参数有不少缺陷。这是因为上述的线性回归法有一些基本要求：①线性参数的方程式(16-91)的右边为无随机误差的、确切的自变量，其左边则应为误差属正态分布的因变量；②每个实验点之误差应具恒定方差；③涉及的误差互相独立，不相关联。但不少速率方程经线性转换后[如式(16-96)]，等式左边不再是单纯的因变量，而是它和自变量 c_1、c_2 等的组合，有时为因变量的对数，它们的误差不一定是正态分布，其方差也不一定能恒定。甚至有时最小化的目标函数根本不是因变量的方差和 $\sum_u (y_u - \hat{y}_u)^2$，而是自变量的方差和 $\sum_u (x_u - \hat{x}_u)^2$（例如 x_u 为 W/F）。

对于方差不恒定问题，可以用加权法来改进，即计入每个实验点之纯误差方差 σ_u^2。则所要最小化的目标函数为

$$S = \sum_u^N \frac{(y_u - \hat{y}_u)^2}{\sigma_u^2} \tag{16-97}$$

对于式（16-94），正规方程为

$$\left.\begin{aligned}
Nb_0 + b_1\sum_u \zeta_u x_{1u} + b_2\sum_u \zeta_u x_{2u} &= \sum_u y_u \\
b_0\sum_u \zeta_u x_{1u} + b_1\sum_u \zeta_u x_{1u}^2 + b_2\sum_u \zeta_u x_{1u}x_{2u} &= \sum_u x_{1u}y_u \\
b_0\sum_u \zeta_u x_{2u} + b_1\sum_u \zeta_u x_{1u}x_{2u} + b_2\sum_u \zeta_u x_{2u}^2 &= \sum_u x_{2u}y_u
\end{aligned}\right\} \tag{16-98}$$

其中

$$\zeta_u = \frac{N/\sigma_u^2}{\sum_u 1/\sigma_u^2} \tag{16-99}$$

更好的参数估测方法应是非线性回归法。对于

$$r = f(K_i,\ p_i) \tag{16-100}$$

即当反应速率 r 为几个分压 p_i 等自变量和几个参数 K_i 的非线性函数时，直接对

$$S = \sum_u^N (r_u - \hat{r}_u)^2 \tag{16-101}$$

这一方差和进行最小化，或者说选出一套 K_i 值使 S 为最小。如从 K_i 的一套初估值 $(K_i)_0$ 出发，代入式（16-100）得出 $\hat{r}_u$，再从式（16-101）求出 S_0 与另一套（K_i）$_1$ 值所得 S_1 比较，用各种最小化方法使最后求得的一套（K_i）$_n$ 值所具有的 S_n 值比任何 S 值都小。计算当然很繁复，但有不少计算机的标准程序可以很方便地进行非线性最小化。这种非线性回归法，除了仍设定为恒方差外，别无其他基本设定来限制其应用。

用非线性回归法的一个优点是，估得的参数比较精确，方差和小得多。线性回归法所得参数有时可在相当大的范围内变动，而不使 S 值有显著上升，从而使95%的置信区间范围扩大。

16.4.3 动力学数据回归分析实例

一个反应的动力学数据可以有各种处理方式。对于简单反应，以铂催化剂上正戊烷临氢异构化这一可逆反应积分数据的处理为例，说明线性与非线性回归的结果[19]。以吸附控速机理而言，其微分表达式

$$r=\frac{k\left(p_1-p_2/K_{eq}\right)}{p_3+K_2p_2}$$

是比较简单的，其积分表达式却很复杂

$$\frac{W}{F}=\frac{-K_{eq}\chi}{Y_{10}\left(K_{eq}+\chi\right)}\left(g_1\frac{1}{k}+g_2\frac{K_2}{k}\right) \tag{16-102}$$

其中

$$g_1=\left[Y_{30}+\frac{\chi\left(K_{eq}Y_{10}-Y_{20}\right)}{K_{eq}+\chi}\left(1-\frac{1}{\chi}\right)\right]$$
$$\times\ln\left[1-\frac{Y_{10}\left(K_{eq}+\chi\right)X}{\chi\left(K_{eq}Y_{10}-Y_{20}\right)}\right]+Y_{10}\left(1-\frac{1}{\chi}\right)X$$
$$g_2=\left(Y_{10}-\frac{K_{eq}Y_{10}-Y_{20}}{K_{eq}+\chi}\right)$$
$$\times\ln\left[1-\left(\frac{Y_{10}}{\chi}\right)\frac{\left(K_{eq}+\chi\right)X}{K_{eq}Y_{10}-Y_{20}}\right]-\frac{Y_{10}X}{\chi}$$

式中：Y_{10}，Y_{20}，Y_{30}——进料中正戊烷、异戊烷和氢的摩尔分数；

p_1，p_2，p_3——正戊烷、异戊烷和氢的分压；

X——正戊烷转化为异戊烷的摩尔分数；

χ——总转化的正戊烷中生成异戊烷的选择率。

式（16-102）对参数 $1/k$ 和 K_2/k 尚可为线性的，可用线性回归估算。不过最小化的目标函数不是因变量 X 的方差和，而是自变量 W/F 的方差和，W/F 的误差分布也不一定是正态的。也有人对此式用非线性回归求参数，式中 X 是隐函数[20]。两种回归法估算结果（表 16-3）是比较接近的。可能因数据较为精确之故，方差和则相差很大，说明它对参数比较敏感。但表 16-3 中并列的 Pt/Al_2O_3 上甲烷全氧化的两种回归结果却相差较大，特别是用线性方法估算的 K_{H_2O}为负值，因此这一机理应予摒弃。但用非线性回归法，各参数全为正值，这一机理完全可以成立。

对于复杂反应网络，动力学研究可详可略，难易相差很大。例如，邻二甲苯（o-X）在氧化钒催化剂上氧化生成邻苯二甲酸酐（PA）、甲苯甲醛（TA）、二氧化碳等一系列氧化产物，有的只取得 o-X 总转化的积分数据，按幂式和双曲线式积分表达式处理[22]，利

用了在某些情况下氧大量过剩可把氧分压视为常数。

表 16-3　两种回归方法所得参数的比较

反应	动力学参数	单　位	线性回归估算值	非线性回归估算值
正戊烷异构化[19, 20]	k	$mol \cdot atm^{-1} \cdot g^{-1} \cdot h^{-1}$	0.89 ± 0.10	0.89 ± 0.07
	K_2	atm^{-1}	6.57 ± 3.47	8.50 ± 2.78
	方差和		0.70	1.25×10^{-3}
甲烷完全氧化[21]	k	$mol \cdot atm^{-1} \cdot g^{-1} \cdot h^{-1}$	98 770	119 800
	K_{O_2}	atm^{-2}	50 630	30 000
	K_{CO_2}	atm^{-1}	122	50
	K_{H_2O}	atm^{-1}	−17	60
	方差和		1.17×10^{-6}	1.12×10^{-10}

注　1 atm = 101 325Pa，下同。

按 $r = kp_1^{m_1} p_2^{m_2}$ 积分，得

$$\frac{1}{1-m_1}\left[1-(1-X)^{1-m_1}\right] = kp_{10}^{m_1} p_{20}^{m_2}\left(\frac{W}{F}\right) \tag{16-103}$$

式中：p_1，p_2——o-X 与氧的分压；

p_{10}，p_{20}——o-X 与氧的起始分压；

X——o-X 摩尔转化率；

F——o-X 摩尔进料速。

用非线性回归时，可一步求得 $(X_{obs}-\hat{X})^2/X_{obs}^2$ 为最小时的 k、m_1、m_2。按氧化-还原模型

$$r = \frac{k_1 k_2 p_1 p_2^m}{\nu_0 k_1 p_1 + k_2 p_2^m} \tag{16-104}$$

其积分表达式为

$$-\frac{\ln(1-X)}{p_{10}(W/F)} = k_1 - \frac{\nu_0 k_1}{k_2 p_2^m}\left[\frac{X}{(W/F)}\right] \tag{16-105}$$

以 $\frac{-\ln(1-X)}{p_{10}(W/F)}$ 为因变量，以 $\frac{X}{(W/F)}$ 为自变量，用线性回归方法可求得 k_1 及 $\nu_0 k_1 / k_2 p_2^m$ 值。在同一温度下比较式（16-103）和式（16-105）的回归结果，两者之偏差百分率分别为 7.3% 与 7.1%，表明两式都可用。但按式（16-103）回归分析所得 m_1 与 m_2，随温度上升都有相当变化，作者未能求得表观活化能。

前几年有人用转篮反应器测得这一催化体系在不同 o-X 和氧分压下的反应速率数据。速率的微分表达式类似式（16-104），但 $m=1$。经线性化后，可得

$$\frac{1}{r}=\frac{1/k_1}{p_1}+\frac{\nu_0/k_2}{p_2} \tag{16-106}$$

以 p_2/r 对 p_2/p_1 作图，或以 p_1/r 对 p_1/p_2 作图，对四个反应温度都得到相当好的直线。用线性回归对式（16-106）进行拟合，平均偏差为 6%，而用非线性回归分析直接对式（16-104）（$m=1$）拟合，平均偏差略小，最大为 5.6%[23]。

但如对这一体系中所发生各反应求取动力学模型，情况就相当复杂。近年，有人用内循环反应器直接得出在不同 o-X 和 O_2 分压下 PA、TA 和 $CO+CO_2$ 的生成速率和 o-X 的转化速率，根据 PA、TA 的生成曲线中出现有极大值以及 $CO+CO_2$ 生成初速不等于零，推论其反应历程为

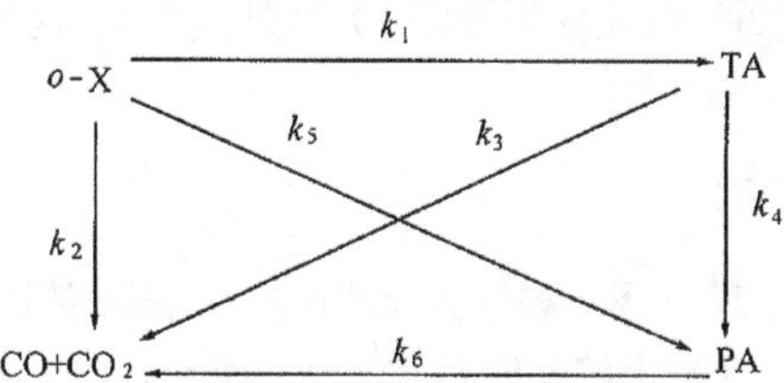

笔者按不同简化方法（即使 k_3、k_4、k_5、k_6 局部或全部为零）得出不同简化图谱，按幂式速率方程用非线性回归方法求出了各个 k 值和温度系数，发现只算 o-X 的总转化时，拟合误差最小（<8%）；将各个串行或平行反应计入后，误差就都变得相当大，而且各个 k 中常有不符合 Arrhenius 规律的。又试用 L-H 表达式及氧化-还原机理进行不同图谱的拟合。看来 L-H 表达式符合很差，氧化-还原机理似比幂式速率方程符合得稍好些。例如，对上述最完整的图谱在 360～400℃范围内，幂式速率方程可定为

$$\left.\begin{aligned}
r_{o\text{-X}}&=-(k_1+k_2+k_3)\ p_{o\text{-X}}^{0.4}\\
r_{\text{TA}}&=k_1p_{o\text{-X}}^{0.4}-k_4p_{\text{TA}}^{0.4}\\
r_{\text{PA}}&=k_3p_{o\text{-X}}^{0.4}+k_4p_{\text{TA}}^{0.4}-k_6p_{\text{PA}}^{0.5}
\end{aligned}\right\} \tag{16-107}$$

不同温度下偏差为 10%～25%。用氧化-还原机理

$$\left.\begin{aligned}
r_{o\text{-X}}&=-\frac{(k_1+k_2+k_3)p_{o\text{-X}}}{1+\Sigma}\\
r_{\text{TA}}&=\frac{k_1p_{o\text{-X}}-(k_4+k_5)p_{\text{TA}}}{1+\Sigma}\\
r_{\text{PA}}&=\frac{k_3p_{o\text{-X}}+k_4p_{\text{TA}}-k_6p_{\text{PA}}}{1+\Sigma}
\end{aligned}\right\} \tag{16-108}$$

其中

$$\Sigma=\frac{(k_1+k_2+k_3)p_{o\text{-X}}+(k_4+k_5)p_{\text{TA}}+k_6p_{\text{PA}}}{k_{o\text{-X}}p_{O_2}} \tag{16-109}$$

而 $k_{o\text{-}X}$则为还原催化剂的再氧化速率常数。在不同温度下偏差亦为 10% ~ 25%，但各个 k 符合 Arrhenius 规律的情况较好些，据称按以下历程：

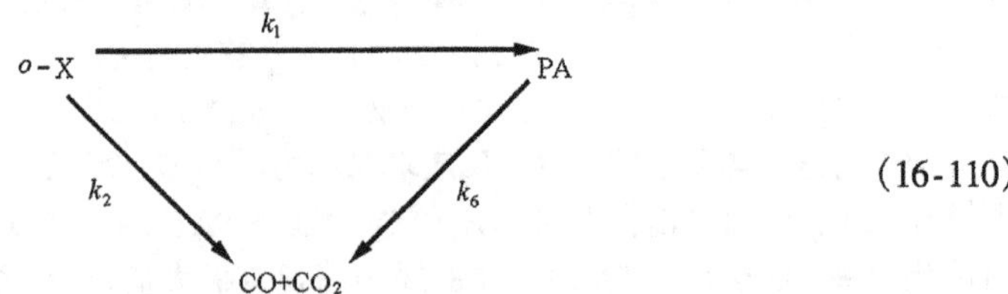

(16-110)

则氧化-还原机理符合得更好，偏差仅为 4% ~ 7%[24]。显然，这些变量和参数都是高度耦合的。越复杂的网络，偏差越大。

16.4.4 动力学模型判别准则

前面已经论述了速率方程有幂式和双曲线式两类，各有其相应的吸附等温方程作基础；两类中每种模型都可以与一定的控速机理相应。但幂式速率方程通常只有一种基本形式，如对不可逆反应为

$$r = k\prod_{i}^{n} c_1^{m_1} c_2^{m_2} \cdots c_n^{m_n} \tag{16-111}$$

它的数学处理只有惟一的解，即只能估得一套参数。有可能从参数的不同值（如反应级的正负，为整数或为分数）推论反应属于什么机理。但对双曲线式速率方程，就必须对每个可能的机理分别用不同形式的速率方程去和数据拟合，并且原则上都可得出一套参数值，也就是说，可以得出多个动力学模型。从统计论的观点，可能有几个模型都算是拟合良好的。这需要检查每个拟合良好的模型是否都有物理意义。

动力学模型的判别，从物理意义来说有几个准则。最常用的有两个：①速率和吸附平衡常数是否都为正值，负值的常数无意义。②不同温度下的速率和吸附平衡常数是否具有合理的温度系数，对速率常数、负温度系数无意义；对吸附平衡常数、正温度系数无意义（即吸附应是放热的）。更进一步还可以有两条准则：①速率和吸附平衡常数应遵循Arrhenius-van't Hoff 规律，也即常数之对数值与 $1/T$ 标绘应得直线关系，活化能和指前因子均应为正值，而从吸附平衡常数求得的吸附焓应为负值，吸附熵也应为负值；②同系物在进行同一个反应时，其相应的吸附平衡常数在相近的温度下数值应相近。

为了排除无物理意义的参数，有人把前三个准则作为对参数最佳化的约束结合进模型[25]，例如一种恒态吸附模型

$$r = \frac{k_1 k_2 c_1 c_2}{k_1 c_1 + \nu_0 k_2 c_2}$$

可写为

$$r=\frac{e^{\beta_1}\exp(-T_r e^{\lambda_1})\ e^{\beta_2}\exp(-T_r e^{\lambda_2})\ c_1 c_2}{e^{\beta_1}\exp(-T_r e^{\lambda_1})\ c_1+\nu_0 e^{\beta_2}\exp(-T_r e^{\lambda_2})\ c_2} \tag{16-112}$$

其中

$$T_r=\frac{1}{T}-\frac{1}{T_0};\quad e^{\beta_1}=A_{01}\exp(-\Delta E_1/RT_0);\quad e^{\beta_2}=A_{02}\exp(-\Delta E_2/RT_0);$$

$$e^{\lambda_1}=\Delta E_1/R;\quad e^{\lambda_2}=\Delta E_2/R$$

式中：T——反应温度；

T_0——合宜的参比温度；

选择 T_0 并使 T 再参数化（reparametrize）为 T_r 是为了解决回归中的收敛困难。使用了 e^{β_i}和 e^{λ_i}，使 A_{0i}和 ΔE_i 保证为正值。

虽然提出了一些判别准则，可以排除一些“不合理”的模型，但其物理依据还存在一定问题。首先，一个催化反应在不同的反应温度下不一定按同一机理进行。动力学参数的 Arrhenius 标绘不成直线，也可以是因控速步骤随温度变化而转移之故。其次，有些物种在表面上是离解吸附，如 NO 在某些催化剂上，这时吸附是吸热的。其吸附平衡常数就具有正的温度系数。再次，在双曲线式模型的参数估算中，不定性可以相当大。有时估算值虽为负值，但其 95%置信区间可显著地延伸到正值，而有时改用非线性回归即可成为正值。

问题还在于双曲线模型中所用参数很多，这常使很多模型既能有良好拟合，又能符于上述准则。例如，有人对双异丁烯加氢动力学数据用 74 种不同机理的豪根-华生模型拟合，去掉有负值参数的模型仍可通过 43 个，而其中有 21 个都在 99%的置信级上是不可判别的[26]。也有人发展了一种新的模型建立方法，用于合成氨动力学的一套数据上，结果表明有 12 种不同的双曲线模型，其均方差都在 2.5×10^{-4}以下，平均偏差在 7.0%以下[27]。

16.4.5 模型判别新方法

上述一套动力学数据能以多个动力学模型作良好拟合的情况说明，仍需探讨新的模型判别方法、途径。从数据观点看，要建立一个正确的模型，问题不在于如何处理数据，而在于如何设计试验。最简单的例子是豪根-杨光华提出的压力检定法[28]。在该法中，用反应的初速对反应总压力作图。从所得曲线的形态往往即可大致判断反应的控速步骤。如图 16-9 中相应于非离解吸附模型的曲线 A 和相应于离解吸附模型的曲线 B，在走向上有很明显的差别。可以看出，如果试验压力不够大，实验点都布置在上升阶段（如点 C 以前），两个模型都会和实验点拟合得很好，也就不可能判别。只有设计实验时把点布到 C 点以后，而且误差不能太大，则这些点的走向显然足以判别两种模型。这充分说明只要实验设计得当，即使误差大些，也可据此得出较可靠的结论；如实验设计不当，试验再精密也无济于事。

但在复杂情况下，必须依靠有系统的、严格的概率论方法，如“序贯判别设计法”（sequential discrimination design method），即利用试验结果提供的信息和概念，在两种模型预测值歧异最大之处进行试验[29]。

从化学观点来看，有人认为单纯用恒温、定态的动力学数据求取模型，即使用先进的统计论序贯设计，也难得出惟一的、明确的机理性模型。有人提出在变温实验中取得更多的信息以帮助判别机理。例如当一个有显著焓变化的反应在绝热反应器中进行时，不同的机理往往有不同的收率-时空曲线和不同的最佳温度分布（温度-空时）曲线，这就有助于判别[26]。但因涉及较复杂的传热的数学问题和反应系统的热学性质，有人认为它不很可靠。

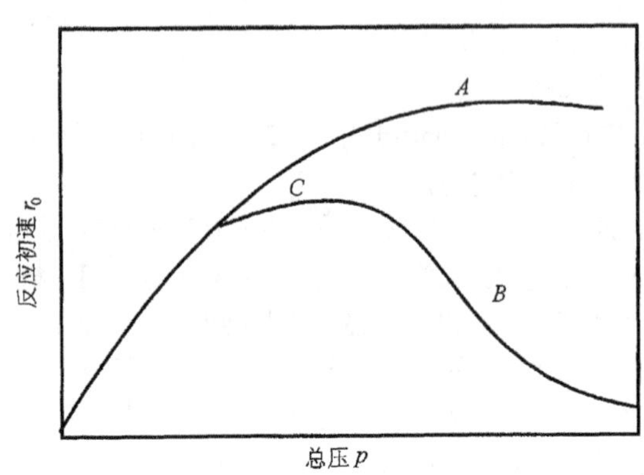

图 16-9 非离解吸附和离解吸附控速的动力学模型

近年来，有人提倡用过渡应答方法，在定态反应系统中引入一个浓度阶跃或示踪化合物，从应答曲线形态可以算出吸附（脱附）速率及吸附态的相对浓度并判别反应机理，详见 16.6.4 节。

16.4.6 反应多段控速和催化表面非匀性对动力学方程的影响

上面所述都限于只存在一个控速步骤和催化表面均匀的前提，如果实际情况并非如此，动力学方程似更为复杂。

Bradshaw 和 Davidson[30]排除单控速步骤的假定，利用前人的乙醇脱氢动力学数据，用加权非线性回归法估算他们自行推导的普遍动力学方程中的 7 个参数，发现这些参数相差都不到 7 倍。作者指出这表明吸附、表面反应和脱附等步骤的阻力相近，都起控速作用。因此，他们认为在多相催化动力学研究中，先验设定单控速步骤是会导致错误的。

Boudart[31]曾对多步骤的催化反应提出了三个定理以简化动力学处理。但作为基本出发点，要求有一个控速步骤和一个最丰表面中间体（most abundant surface intermediate，MASI）存在。在这两条假设下，这些反应可以简化为动力学上等效的两步过程，但其中的参数也是可以有多种意义而不能给出惟一的机理说明。

后来又有人[32]指出，一个催化反应中存在着两个以上的控速步骤的可能性还是很小的，一般多控速步骤的反应可以说都是双控速步骤的。他们以前人所作的异丁醇催化脱氢数据为例，说明用模型的统计判别方法可以判明这个催化是单控速步骤（表面反应控速）的还是双控速步骤（表面反应和产物脱附双控速）的。结果表明，在 288～302℃之间两种模型的方差和很相近，而且按双控速模型求出的参数表明，它可以还原为单控速模型。但到316℃时，单控速模型的方差和就要比双控速模型的大5倍，判明应是双控速模型。实际上316℃是过渡区的开始，因为当反应温度升到371℃时，动力学模型又转为产物脱附控速的了。

至于表面非均匀性的影响问题，不久前有人[33]考查了在氧化钒催化剂上几种芳烃氧化的动力学数据，发现数据按SSAM模型（见16.3.3节）求出的活化能 E_a，基本上不随求出的覆盖度 θ 而变。另外，又将数据用 E_a 与 θ 成线性关系的非均匀表面动力学模型加以处理，并估测速率参数的最高与最低值（分别相应于最低和最高 E_a），证实最高与最低值相差在2.2%以内，而且和以均匀表面模型为基础而估得的速率参数一致，这些都证实该反应中的催化表面可以看成是均匀的。如果进一步的研究表明这种情况有其普遍性，则可以说多相催化反应实际上只在活化能最低的、有限的一部分活性位上进行，活化能高的活性位实际上不参与反应。这样均匀表面的假设在动力学中是容许的。

16.5 多相催化过程中的物理传输

16.5.1 热-质传输在催化过程中的地位

本章开始时就讲到作用物到达催化表面，或产物从表面到达流体的体相，都要经历相间扩散和粒内扩散等物理传输过程。要克服这些物理过程的阻力进行物质传输，跨越包围着催化颗粒外表面的流体膜两侧和从外表面进入颗粒内部及大大小小的孔道，都需有一定的浓度差作为动力。在16.3.3节中提到通过吸附等温方程使反应速率得以不用表面吸附浓度而用与催化表面相接触的气相浓度表达。但后者不一定等于该物种在流体体相中的浓度，而这一体相浓度才是可以测量的，或在科学实验和物质生产中可以规定的。忽视这种浓度梯度的存在，把不同场合的浓度等同起来，求得的动力学方程就或多或少地是失真的，主要表现为活化能偏低，反应级向1靠近。由于传质阻力的存在，就恒温情况而言，所测得的是总包速率，总会低于化学反应本身的内禀速率，这样，催化剂不能发挥其全部效益。

对于有显著焓变化的反应，存在着热量传输过程，使反应系统各区之间——催化颗粒内部、催化颗粒外表面、流体相各处的温度也存在着梯度。热量传输过程往往使动力学方程失真程度更严重。

传质和传热过程与化学反应过程在催化反应器中紧密交织，使动力学解析更为困难。从化学反应工程学来说，需要把全过程分解为化学反应过程、相间传质（外扩散）过程、粒内传质（内扩散）过程和传热过程（也有相间和粒内的），分别从催化体系的物理和化学性质求得各过程的参数，再逐一纳入反应器模型中，有可能解出反应器中的浓度和温度分布。从催化剂研制角度来看，通过这样的解析，可以认清催化剂的薄弱环节究竟是内扩散，还是导热性，还是本身的活性问题，以提供进一步改进的方向。

16.5.2 气-固相间传质（外扩散）[34]

流体流至催化颗粒外表面时形成一边界层。在垂直于颗粒表面的方向上，物种依靠分子扩散越过这一边界层。这一自流体体相向固体面的扩散通量 J_m 与推动力（c_B-c_s）成正比，而与扩散阻力成反比。如以传质系数 k_m 表达阻力的倒数，则

$$J_m = k_m (c_B - c_s) \tag{16-113}$$

式中：c_s——颗粒外表面上扩散组分的浓度；

c_B——流体体相中组分浓度。

利用无因次数团来定义传质因子 j_D

$$j_D = \frac{k_m \rho}{G} Sc^{2/3} \tag{16-114}$$

式中：Sc——Schmidt 数（$\equiv \mu/\rho D_B$）；

ρ——流体密度；

G——流体质量截面流速；

μ——流体黏度；

D_B——扩散物种在多元混合物中之体相扩散系数。

这样 j_D 即为该物种自流体向固体面扩散传质的表征。很多学者的研究结果表明，这与修正雷诺数 Re（即 $d_p G/u$，其中 d_p 为颗粒有效直径）有直接联系。最新结果表明对 Re 在 3～2000 广阔范围内的气体

$$\varepsilon_b j_D = 0.357/Re^{0.359} \tag{16-115}$$

式中，ε_b 为催化填充床之空隙率，一般变化不大，其代表性数值可取 0.4。按式(16-115)可从流体雷诺数估算其传质系数 k_m。

当一流-固系统中外扩散成为控速步骤时，扩散组分自流体相向固体外表面的速率即为该组分催化转化的速率，再根据物料衡算，并设 $\varepsilon_b = 0.4$，可得

$$\ln \frac{1}{1-X} = \frac{3.2z}{d_p Re^{0.359} Sc^{2/3}} \tag{16-116}$$

由式（16-116）可以大致估算不同雷诺数下外扩散控制的反应的摩尔转化率 X 与催化床层长度（以颗粒层数 z/d_p 表示）间的关系。对气体，Sc 变化不大，可近似为 1，故在 $Re = 100$ 时，要达到 90%转化率，只须 $z/d_p = \ln(10)(100)^{0.359}/3.2 = 3.8 \approx 4$ 粒催化剂那样长的催化床层即可。如一反应需要 50～100 层催化剂才能达到 90%转化，可以认为反应不是外扩散控速，反应本身阻力远大于外扩散阻力，气流中反应组分的分压基本上等于催化颗粒外表面上的分压值。

一般来说，反应的级数越高，反应受外扩散的影响越大。但大多数催化反应是在相间传质不起阻障作用的条件下进行的，也就是说，流-固间传质膜中的浓度梯度并不大。但对温度梯度来说，流-固间的温差常比催化颗粒内的温差大得多。

对流-固间的传热，有一传热因子 j_H

$$j_H \equiv \frac{h_B}{C_p G} Pr^{2/3} \tag{16-117}$$

式中：Pr——Prandtl 数（$\equiv C_p u/\lambda_B$）；

h_B——传热系数；

C_p——流体热容；

λ_B——流体导热率。

根据热量衡算，并将式（16-114）及式（16-117）代入，可得

$$T_s - T_B = \left(\frac{j_D}{j_H}\right)\left(\frac{Pr}{Sc}\right)^{2/3}\left[\frac{(-\Delta H)\ c_B}{\rho C_p}\right] f \tag{16-118}$$

式中：T_s，T_B——催化颗粒面上与流体的温度；

ΔH——反应热；

f——气-固膜中的浓度梯度（$f = \frac{c_B - c_s}{c_B}$）。

根据最新结果，j_D/j_H值一般约为0.93，而对大多数简单气体混合物 Pr/Sc 也极近于1。ρC_p 即气体的容量比热；$(-\Delta H)$ c_B为单位体积的作用物全部反应放出的热量。

式（16-118）还表明，如反应热相当大，则即使相间传质限制不大（f 很小），相间传热仍可成为严重问题。以 SO_2 氧化为例，ΔH 为 96kJ·mol^{-1}，c_B约 2.87×10^{-3}mol·L^{-1}，ρ 为 4.88×10^{-1}g·L^{-1}，C_p为 1.09J·g^{-1}·℃$^{-1}$，即使浓度梯度很小，f 仅0.04，$T_s - T_B$仍可达20.8℃，大到足以使反应速率远高于无传热影响时的速率。

16.5.3 恒温粒内传质（内扩散）——简化情况

多相催化剂大多数是多孔的，催化剂的表面积主要在其孔隙内，多相催化反应主要在内表面上进行[34, 35]。反应物到达颗粒表面后，只有极少部分在外表面上“找到”活性部位而吸附、反应，极大部分必须扩散入孔隙内才能“找到”内表面上空着的活性部位而吸附、反应。这种内扩散过程是和表面催化反应过程平行发生的，而外扩散过程则和表面反应过程以及内扩散过程串行进行。

如表面催化反应是快过程，在较外部的活性部位上吸附、反应、脱附都能在较短时间内完成时，可腾出空的活性部位接纳新的反应分子。这样，颗粒深部的内表面上活性位可能不再有机会参与反应而成为多余的，导致催化剂的使用效率降低。对于慢反应过程，就用得上深部内表面上的活性位了。在催化颗粒深部，作用物由于在扩散过程中已有部分消耗而浓度降低，催化剂总的效率还是有所降低的。如反应放热强烈，催化剂颗粒内部的热来不及扩散，温度高于外部，催化剂的效率可比原来的高。

孔内扩散一般可区分为三种机理：阻力来自分子间碰撞的容积扩散（bulk diffusion）、分子与管壁间碰撞的 Knudsen 扩散和以吸附分子在表面上移动为主要特征的表面扩散（surface diffusion)。对孔径较大、气体压力较高的系统（此时孔径显著大于分子自由径），主要起作用的是容积扩散。对容积扩散，有效扩散系数 D_{Be}为

$$D_{Be} = D_B \epsilon_p / \tau_p \tag{16-119}$$

式中：ϵ_p——粒内孔隙率；

D_B——容积扩散系数；

τ_p——粒子孔形因子（tortuosity factor）。

D_B一般与气体总压力成反比，与温度 $T^{3/2}$成正比，与孔直径无关。如孔径小、气体压力低（孔径显著小于分子自由径）时，主要是 Knudsen 扩散起作用，其有效扩散系数 D_{Ke}为

$$D_{Ke}=\frac{D_K\varepsilon_p}{\tau_p} \tag{16-120}$$

式中，Knudsen 扩散系数 D_K与气体压力无关，而与孔直径及 $T^{1/2}$成正比。在某些直径的孔中，气体的浓度恰使这两种机理都起相当的作用，即扩散处于过渡区域。这时估算总的有效扩散系数 D_e的值较复杂，作为近似，可用

$$\frac{1}{D_e}=\frac{1}{D_{Ke}}+\frac{1}{D_{Be}} \tag{16-121}$$

对 D_K，D_B，ε_p，τ_p 等值估算[11, 34]。

对于表面扩散，涉及吸附分子在表面上从一个吸附位滑向另一个吸附位，目前未见有关联表面扩散系数和温度、压力等参数的成熟经验。

在实际催化剂中，孔径常在一较大范围内分布。有的催化剂由一些多孔的粉末压片或黏结而成，其孔径分布有两个较集中的范围，即所谓“双分布”（bidisperse 或 bimodal）。对此，其有效扩散系数的计算更复杂，详见 Satterfield[34] 和 Aris[35] 专著的第一章。

催化颗粒内的物理传递和化学反应是强烈地耦合在一起的。由于化学反应本身的动力学上的复杂性以及孔结构在几何上难以描述，这种耦合的定量解析较困难，需要有一些简化假设，此处先考虑以下条件：①在恒温条件下；②扩散遵从 Fick 法则，并可用一恒定的总包有效扩散系数来表征这一扩散系统；③反应为单一作用物的、不可逆的、无摩尔数变化、且可用简单幂式速率方程描述；④系统处于定态下（即扩散最深部的浓度梯度为零），通常从假设催化颗粒为两种特定的几何形状着手，一种为半径 R 的圆球；另一种为厚度 L 的平板（长度无限或两侧面封闭），板的正面与作用物接触，底面不接触。如作用物在外表面的浓度为 c_s，一边以有效扩散系数 D_e向球心或板底扩散，一边以 $k_s s_v c_m$的反应速率转化，则根据物料衡算，该作用物在离球心或板底距离为 l 处的浓度应为

$$\frac{c}{c_s}=\frac{\sinh(\phi_s l/R)}{(l/R)\sinh\phi_s} \quad \text{（对圆球）} \tag{16-122}$$

或

$$\frac{c}{c_s}=\frac{\cosh(\phi_L l/L)}{\cosh\phi_L} \quad \text{（对平板）} \tag{16-123}$$

式中：ϕ_s及 ϕ_L为无因次的扩散模数（Thiele modulus）

$$\phi_s = R\sqrt{\frac{S_V k_s}{D_e}} \tag{16-124}$$

$$\phi_L = L\sqrt{\frac{S_V k_s}{D_e}} \tag{16-125}$$

式中：S_V——单位粒体积之内表面积；

k_s——单位内表面积之速率常数。

这种浓度梯度示于图 16-10。由图 16-10 可见，当 ϕ_s或 ϕ_L在 3 以上时，浓度梯度很显著。

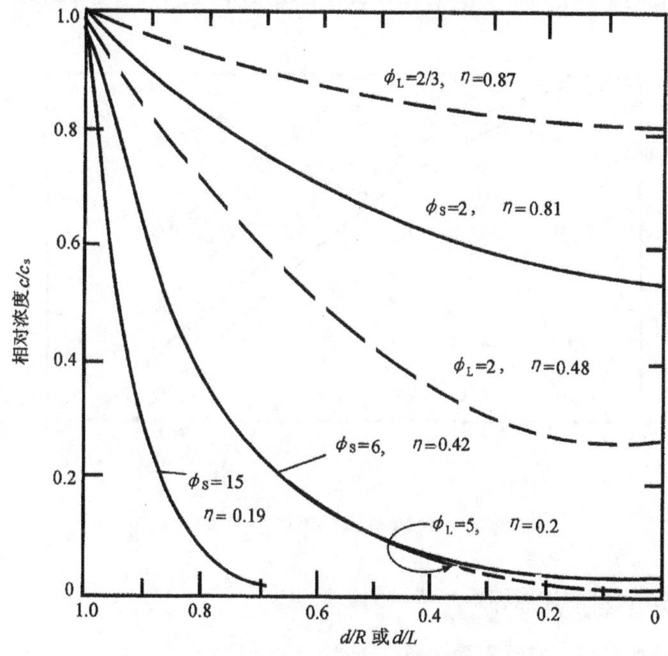

图 16-10　一级反应中多孔催化颗粒内的浓度梯度

由于球或板内部的作用物浓度低于外表面上的浓度，内部的反应速率也递减。在定态下，总包反应速率（overall rate）与扩散速率相等，以圆球模型为例

$$r = 4\pi R\phi_s D_e c_s\left(\frac{1}{\tanh\phi_s} - \frac{1}{\phi_s}\right) \tag{16-126}$$

但在无扩散限制时，内部浓度 c 和 c_s相等时的反应速率 r_0 应为

$$r_0 = \frac{4}{3}\pi R^3 S_V k_s c_s \tag{16-127}$$

催化球粒的使用程度可定量地表示为有效因子 $\eta \equiv r/r_0$，以式（16-124）、式（16-126）

及式(16-127)代入，得

$$\eta = \frac{3}{\phi_s}\left(\frac{1}{\tanh\phi_s} - \frac{1}{\phi_s}\right) \tag{16-128}$$

对平板模型，可证得

$$\eta = \tanh\phi_L / \phi_L \tag{16-129}$$

对一级不可逆反应，式（16-128）与式（16-129）表达的有效因子与内扩散模数 ϕ_s 或 ϕ_L的关系示如图 16-11。由图 16-11 可见，当催化颗粒小（R 或 L 小）、催化剂活性低（k_s小）、或 D_e较大时，ϕ 小而 η 近于 1；反之则 ϕ 越大而 η 越小。在 $\eta < 0.4$ 时，η 与 ϕ 成反比。

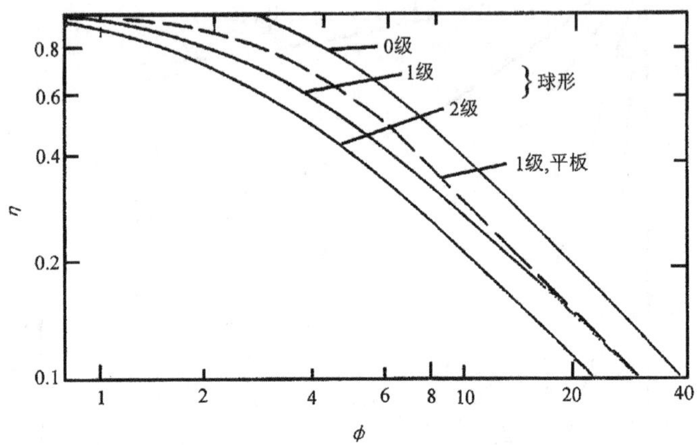

图 16-11　幂式速率方程相应的 $\eta - \phi$ 关系

16.5.4　内扩散对反应活化能和反应级数的影响

对原为 m 级的反应，如原定简化条件不变，则

$$\phi_s = R\sqrt{\frac{S_V k_s c^{m-1}}{D_e}} \tag{16-130}$$

$$\phi_L = L\sqrt{\frac{S_V k_s c^{m-1}}{D_e}} \tag{16-131}$$

而反应速率方程如一般表示为

$$r = \eta k_s S_V c^m \tag{16-132}$$

从而其表观活化能 E_a和 $\eta = 1$ 时的反应本身活化能 E 分别为

$$E_a = -R\frac{d\ (\ln\eta k_s)}{d\ (1/T)} \qquad (16\text{-}133)$$

$$E = -R\frac{d\ (\ln k_s)}{d\ (1/T)} \qquad (16\text{-}134)$$

则 E_a/E 的值为η的函数，其关系如图 16-12 所示[36]。在严重扩散限制（$\phi>4$）下，$E_a/E\approx 1/2$。

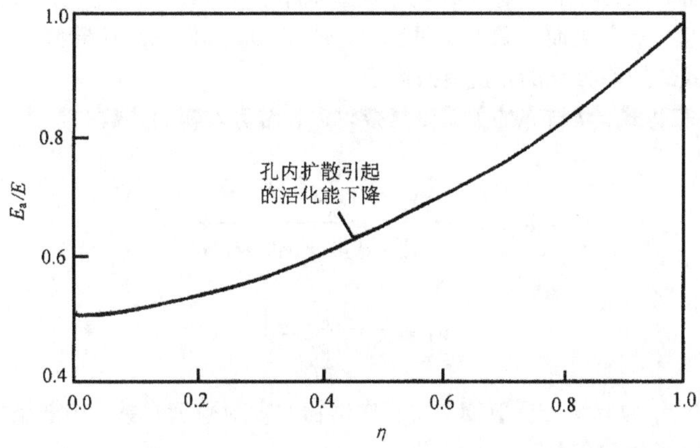

图 16-12　η 对表观活化能 E_a的影响

至于表观反应级 m_a则与扩散机理有关。对容积扩散，D_{Be}与总压成反比，如按 $\phi>3$ 时 η 与 ϕ 成反比，将式(16-130)代入式(16-132)，可知 $m_a=m/2$。对 Knudsen 扩散，D_{Ke} 与总压无关，故 $m_a=(m+1)/2$。

对双分布催化剂的解析，详见文献[36]。

16.5.5　恒温粒内传质——复杂情况

在实际催化系统中，上述简化假设往往不能满足而使解析复杂化[34]。下面分别加以讨论。

(1) 双组分反应

如果反应本身对两个作用物种都是一级的，而其中有一个（如为 B_1）对反应有严重扩散限制时，以平板模型为例，其内扩散模数为

$$\phi_{L,1} = L\sqrt{\frac{k_s S_V c_2}{(D_e)_1}} \qquad (16\text{-}135)$$

式中，下标 1，2 分别指 B_1，B_2 的有关量。在 η_1 小于 0.4 时，它可以近似为 $1/\phi_{L,1}$，此时表观反应级对 B_1 仍为一级，对 B_2 却成 3/2 级（指在 Knudsen 扩散区中）。

(2) 伴有总物质的量变化的反应

在容积扩散或过渡区中，反应总物质的量的增加使作用物更难扩散进入催化颗粒，η 将更低；反应总物质的量减少则起相反作用。但定量说明则需引入物质的量增加 δ 和

摩尔分数 Y_1 的乘积作参数，详见文献［34］。例如，对于圆粒催化剂，如 $\phi_s<3$，而一级反应的主要作用物 B_1 的 δY_1 值在 ± 0.5 以内时，η 值的变化不超过 10%。

(3) 催化颗粒形状的影响

除上面最易解析的圆球和平板之外，也有以圆柱体或长杆体作模型解析的。为使各模型可以互相比较，引入一长度参数 d，定义为颗粒体积与扩散面积之比值，对于平板，$d=L$；对于圆球，$d=R/3$。以统一长度表达的 $\phi=\phi_s/2$。η-ϕ 曲线对不同几何模型也有些不同。在 ϕ 很小或很大时，各形状之 η 值差别相当小；在 $\phi=1$ 左右，η 差别最大，例如对于一级反应，η_L最大而 η_s最小，两者相差约 0.09。其他如圆柱模型则介于其间。

(4) 双曲线式速率方程的相应有效因子

如同 L-H 表达式，η 与 ϕ 的关系则复杂得多，需引入新的参数

$$K_d \equiv \frac{K_1 - D_1\sum_i(\nu_i K_i/D_i)}{1+\sum_i K_i(p_i+\nu_i p_1 D_1/D_i)} \tag{16-136}$$

$$\nu_d \equiv \frac{-D_2 p_2}{\nu_2 D_1 p_1} - 1 \tag{16-137}$$

式中，K_1，D_1，p_1 为双组分反应物中主要作用物的吸附平衡常数、扩散系数和分压，带下标 i 的为其他各组分的量。

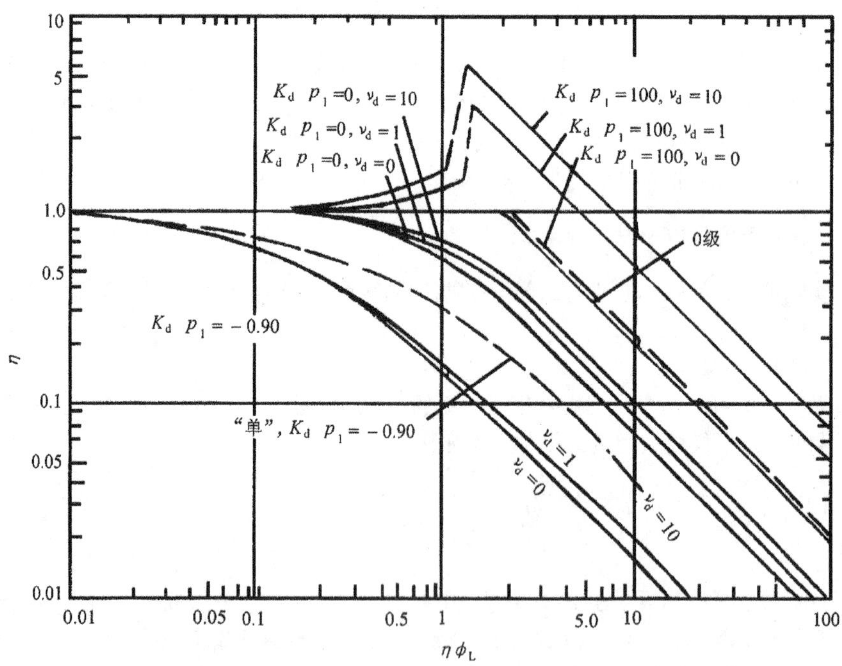

图 16-13 朗缪尔-辛休伍德动力学模型相应的有效因子 η 与内扩散模数 $\eta\phi_L^2$ 的关系

选择一个作用物作为 B_1 而使 $\nu_d \geqslant 0$。如各个 K_i 值都很小，K_d值趋近于零，反应为一级反应。对零级反应，K_dp_1 值趋于无穷大；对高级数反应，K_dp_1 为负值，它最小为 -1，表明强产物阻抑，当 p_2 或 D_2 大大超过 B_1 的相应值时，ν_d值较大。对于恒温下平板模型催化剂，扩散遵从 Fick 法则，各组分的扩散系数为恒值，而且式（16-136）中分母为正值时，不同 K_dp_1 和 ν_d值时 η 与 $\eta\phi_L^2$ 的关系见图 16-13。

由图 16-13 可见，一般 K_dp_1 或 ν_d值越大，曲线位置越高；在 K_dp_1 值越小时，ν_d的影响很小。有两点情况值得注意：一是当 $\nu_d > 0.1$ 而 $K_dp_1 \geqslant 10$ 时，η 在某些 $\eta\phi_L^2$ 值的区间内可以比 1 大很多，据说在一些烯加氢反应中有实际证明；二是有一些曲线在其中段用点线连接处，实际上是 η 有多值的区间，在这一区间中操作是非稳态的。这两者都和非恒温的扩散控速反应相似。

图 16-13 中标明“单”的曲线，表明是单分子反应的情况。如 K_dp_1 都为 -0.90，单分子反应比双组分反应的曲线的位置低得多。

(5) 可逆反应

如存在有显著的逆向反应，η 的解析还要大为复杂化。现有少数的研究是按应用双曲线式速率方程的情况解析的，也要引入类似式（16-136）和式（16-137）的参数。一般来说，即使在同一 ϕ_L值下，按可逆反应解析所得 η 要比略去逆向反应所得值低。根据文献［34］所示图作粗略估计，对一级不可逆反应，在 ϕ_L为 0.55 及 3.15 时，η 约为 1.0 及 0.30；如为一级可逆反应，达到 50%平衡转化时，同样 ϕ_L值下的 η 值分别降低到 0.80 及 0.16。对高级数反应影响更大。

16.5.6 非恒温反应中的有效因子

当催化剂本身的导热率较低，反应系统的扩散系数和热效应较大时，催化剂粒内温度会显著不同于外表面上的温度。令有效因子 η 仍定义为实测反应速率与无粒内传热-传质限制（即粒内温度和作用物浓度与外表面上温度、浓度相同）的反应速率的比值。在解热量和物料衡算的联立方程时须引入 Arrhenius 数 γ 和热效参数 β[34]

$$\gamma = \frac{E}{RT} \qquad \beta \equiv \frac{c_s\ (-\Delta H)\ D_e}{\lambda_p T_s} \tag{16-138}$$

式中：ΔH——反应的焓变；

λ_p——多孔催化颗粒的导热率。

对放热反应，$\beta > 0$，它实际为定态下催化颗粒内所能有的最大温差与颗粒外表面温度的比值：$(T - T_s)_{max}/T_s$。图 16-14 表明在 $\gamma = 20$（这是相当典型的一种反应情况，即活化能 E 约 $100kJ\cdot mol^{-1}$，反应温度 T 约 600K 时），β 在 ± 0.8 之间的一些 η-ϕ_s关系曲线，其中 $\beta = 0$ 的曲线为恒温情况。

由图可见，ϕ_s值较高时，各曲线的 η 仍与 ϕ_s成反比，如恒温情况。$\beta > 0$ 的一些曲线走向表明，对一定的 ϕ_s，η 可以超过，或大大超过 1。这是因为此情况下颗粒内温升所引起的反应速率增加远超过因粒内浓度低所引起的反应速率的下降。该类曲线中，在 ϕ_s值较小的一段区间内，η 又是多值的。同一个 ϕ_s下可以有三个 η 值，而放热量和散热量都能平衡。当然，与中间 η 值相应的状态是亚稳态。若反应系统稍有扰动，亚稳态即被破

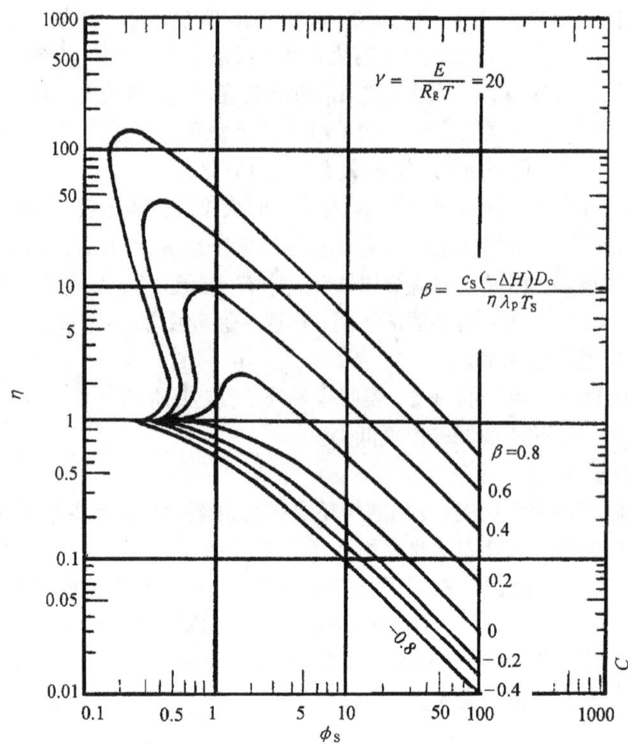

图 16-14 圆球催化颗粒中进行一级反应时非恒温 η-ϕ_s 关系

坏，颗粒温度不是上升到与较高 η 值相应的一个稳态（此时反应的控速步骤为气-固传质），就是下降到与较低 η 值相应的一个稳态（此时表面化学反应为控速步骤）。

16.6 动力学测定方法和实验装置

在一般多相催化反应器所得试验结果中程度不同地存在着化学反应和物理传输的耦合，从这种耦合数据，不论是设计反应器的大小、长径比……，还是探求改进、提高催化剂性能的门径，都很困难。需要通过适当的实验工具和条件，把化学反应和物理传递解耦而分别得出正确的催化反应本身的动力学参数和物理传递参数。在这里关键是把化学过程和物理过程相隔离，至于所用反应器大小、催化剂量多少，则是次要的。本节主要介绍正确求取这些参数的问题。

16.6.1 实验室反应器

在各种设计的实验室反应器中，有的适于求取动力学参数，有的则否。由于温度对反应速率的影响是指数性的，动力学反应器的一个最主要的条件是恒温性，特别对于复杂反应。对少数简单反应，确切地知道催化床中温度分布，有时也可作为动力学补充信息之用。第二个重要条件是停留或接触时间的确切性或均一性。第三是产物取样和分析是否容易。至于反应器制作是否价廉简易，应服从试验需要。以下介绍几种较常用的实验室反应器。

(1) 积分反应器

一般常用的管式反应器中装填足量的催化剂以达到较大的转化率，这使反应器进口和出口物料在组成上有显著不同，不可能用一个数学上的平均值代表全反应器中物料的组成。对这种积分反应器，只能得到转化率（或生成率）对时空的积分数据，但在分析方法上不要求特别高的精度。

反应须在排除物理传递影响的情况下进行。积分反应器在动力学研究中，又可分为恒温的和绝热的两种。

恒温积分反应器，由于其简单价廉，对分析精度要求不高，故只要有可能，总是先考虑用它。但在这种反应器中转化高，反应热一大，就很难保持恒温性。曾设计了很多办法来达到恒温，以保证动力学数据在整个床层均一测得的温度下取得：一是减小管径，使径向温度尽可能均匀；二是用各种恒温导热介质；三是用惰性物质稀释催化剂。管径减小对相间传热和粒间传热影响颇大，是较关键的措施。管径过小会加剧沟流所致的壁效应而使转化偏低。但据称，在管径为催化粒径 4 倍以上时，减小管径对恒温性的改善仍是主要的。

对于导热介质，可用熔融金属（如锡-铅-镉合金）、导热姆（dowtherm）、熔盐或大块铝-铜合金。熔融金属和熔盐在导热性方面是很好的，但不能忽视其安全问题。最方便而有效的还数流沙浴，可达 1000℃高温，控温快而简便。有一种流沙浴在锥形底部与金属圆筒（ϕ75mm × 150mm）间夹持有烧结金属板，内装 30 ~ 80 筛目的 α-Al_2O_3 或硅胶微球，用 600mL·min^{-1}左右的空气流化，圆筒外壁在用石棉布绝缘后绕上 800W 的电炉丝。一般用 500W 即可在 1h 内加热到 500℃左右。用一台一般 PID 电子控温仪器很容易控制温度稳定，对有些放热量较大的氧化反应效果也很好。

对强放热反应，有时还需用惰性、大热容的固体粒子（如刚玉、石英砂）稀释催化剂以免出现热点，保持各部分恒温。有人提出用非等比稀释，即在入口处加大稀释比，随转化加深线性地减低稀释比。据称，这可使轴向温度梯度几近于零，径向梯度也接近于可略。

绝热积分反应器为直径均一、催化剂装填均匀、绝热良好的圆管反应点。向此反应器通入预热至一定温度的反应物料，并在轴向测出与反应热量和动力学规律相应的温度分布。从这一 T-W 曲线按作图或解析微分法求得一系列 $\mathrm{d}T/\mathrm{d}W$ 和 $\mathrm{d}^2T/\mathrm{d}W^2$。把这些导数代入热量衡算式

$$GA_{\mathrm{b}}C_{\mathrm{p}}\rho_{\mathrm{b}}\frac{\mathrm{d}T}{\mathrm{d}W}-\lambda_{\mathrm{e}}A_{\mathrm{b}}\rho_{\mathrm{b}}\frac{\mathrm{d}^2T}{\mathrm{d}W^2}+r_1\ (-\Delta H_1)\ =0 \tag{16-139}$$

式中：A_{b}——反应管截面积；

ρ_{b}——催化剂堆密度；

ΔH_1——B_1 转化 1mol 的反应热。

如催化剂的有效导热率 λ_{e}已知，且温度的径向和气-固间梯度小到可略，就可求出在不同温度下的 r_1 值，再按从能量衡算式导出的式（16-140）算出不同温度下组分 B_1 的摩

尔分数 Y_{10}。

$$Y_1 = \frac{Y_{10} + M_0 \left(C_p / -\Delta H_1\right)\left(T - T_0\right)}{1 + \delta_1 M_0 \left(C_p / -\Delta H_1\right)\left(T - T_0\right)} \tag{16-140}$$

式中：M_0——进料起始分子量；

δ_1——B_1 转化 1mol 时改变的总物质的量；

T_0——入口反应温度。

同样可以求得 Y_2，Y_3…其他反应组分的摩尔分数。有了一组不同 T_0 的 r_i 与 Y_i 值，可进一步求得动力学参数。但该法只能用于简单反应。详见文献［37］及其所引文献。

(2) 微分反应器

如通过催化床层的转化率很低，床层进口和出口物料的组成差别少得足以用其平均值来代表全床层的组成，但又大到足够用某种分析方法确定进出口的浓度差时，$\Delta c/\Delta t$ 可近似为 dc/dt 并等于反应速率 r，从这种反应器可求得 r 与平均组成给出的分压等微分数据。一般在这种单程流通的管式微分反应器中，转化率应在 5%以下，个别允许达 10%。微分反应器的优点在于因传化低，发热少，易达到恒温要求；反应器构制也很简单。但存在两个严重问题。一是所得数据常是初速，而又难以配出与该反应在高转化下的生成物组成相同的物料作为微分反应器的进料。对此，有人在微分反应器前串接一个积分转化器以提供这种进料。二是分析要求精度高，大多数方法往往不能满足。这一困难常使人们对微分反应器望而却步。现在可利用循环反应器或搅拌反应器来保持微分反应器的主要优点而绕过分析的困难。

(3) 外循环反应器

外循环反应器中，用一种不沾染的泵使绝大部分反应混合物在回路中循环的同时，连续引入一小股新鲜物料 F_0，并从反应器出口放出一股流出物使系统保持恒压（图 16-15）。如循环量为 F_R，F_0 中反应组分 B 的摩尔分数为 Y_0，入催化床前 $F_0 + F_R$ 中 B 的摩尔分数为 Y_{in}，出口物中为 Y_f，按物料衡算，可得

$$X = Y_f - Y_{in} = \frac{Y_f - Y_0}{1 + \left(F_R / F_0\right)} \tag{16-141}$$

当 $F_R \gg F_0$ 时，$Y_{in} \to Y_f$，$Y_f - Y_{in} \to 0$，按式（16-29），得

$$r = \frac{dX}{dW / \left(F_0 + F_R\right)} \approx \frac{Y_f - Y_0}{\left(1 + F_R / F_0\right) W / \left(F_0 + F_R\right)} = \frac{Y_f - Y_0}{W / F_0} \tag{16-142}$$

F_R/F_0 一般 20～40，远大于 1。这就相当于把 $Y_f - Y_{in}$ 这一微差值放大成较大的差值 $Y_f - Y_0$，而易于分析准确。

由于通过床层的转化率很低，床层温度变化很小。由于通过催化床层的流体量相当大，线速大，外扩散影响可以消除。于是，使它和各种循环反应器、转篮反应器获得了无梯度反应器的名称。

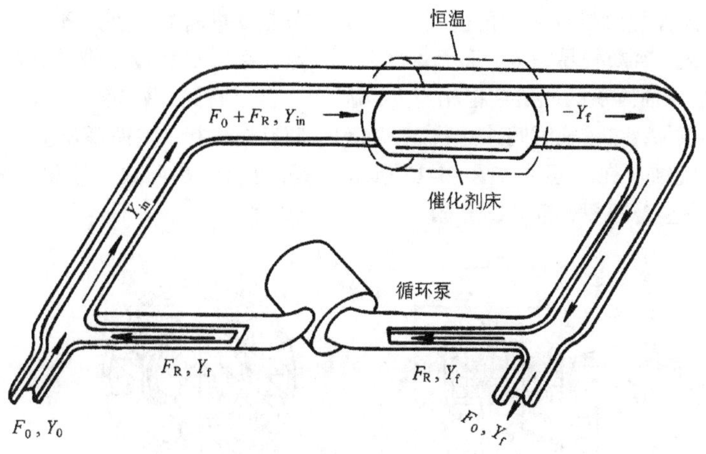

图 16-15 外循环反应系统示意图

这种装置免除了分析精度方面的麻烦，代之而来的是循环泵制作方面的麻烦。对泵的要求是：不能玷污反应混合物，滞留量要小，循环量要大（一般在 41min 以上）。通常用一段软铁圆柱，外裹玻璃封壳作为在玻璃管泵体中往复运动的泵芯。往复运动靠磁场作用为动力，有的靠交变电磁线圈和弹簧的作用，有的直接用永久磁铁环和偏心轮相联结做往复运动，如图 16-16。也有少数靠热虹吸原理进行气体循环[38]。最近国外多趋向用一种鼓膜泵[39]来循环反应混合物，其循环量比往复式泵高出一、两个数量级。

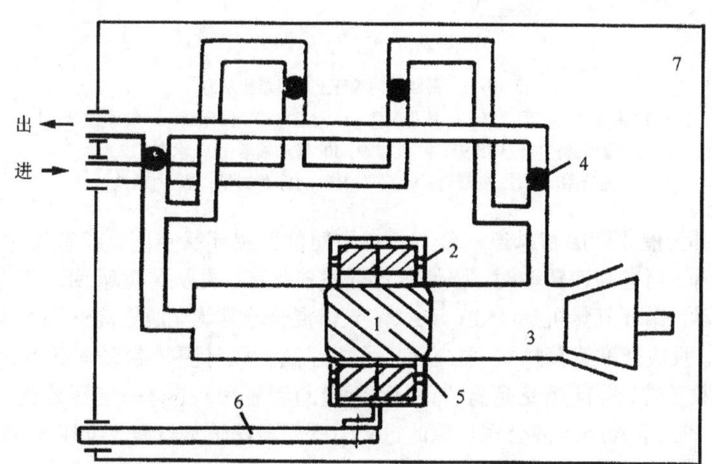

图 16-16 用永久磁铁环驱动的外循环泵

1. 活塞；2. 磁钢环；3. 泵体；4. 单向阀；5. 铜套；6. 连杆（去偏心轮）；7. 加热炉

(4) 内循环反应器

外循环反应器比单程流通的管式微分反应器是个很大改进，但仍有不足。一是循环气需冷却到泵体能忍受程度后再进入，出泵后在与新鲜进料混合进入催化床以前需再预热到反应温度。冷却较易完成，而大量循环气预热往往给加热设备带来新问题。这又使自由体积/催化剂体积的比值变得相当大，达 $10^1 \sim 10^2$，时间常数很大，从一个操作条件变换到另一条件，需较长时间才达稳态，有利于副反应进行。内循环反应器则将循环系统与反应系统结合在一起，如图 16-17 所示。这样自由体积可减为催化剂体积的 3 ~ 5 倍，时间常数显著缩短，易达成定态。

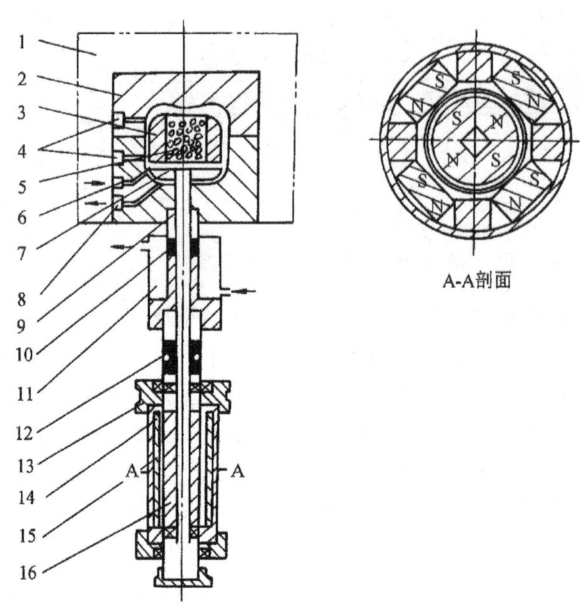

图 16-17　磁驱动内循环反应器结构示意

1. 加热电炉；2. 反应器；3. 催化剂筒；4. 测温口；5. 催化剂；6. 气体进口；7. 搅拌器；8. 气体出口；9. 搅拌轴；10. 滑动轴承；11. 水套；12. 测速传感器；13. 皮带轮；14. 不锈钢套；15. 外磁铁；16. 内磁铁

装置上部为催化床层和风道（分别占据中间位置及环状空间，或者反过来），其下部为涡轮叶片。当它高速转动时，强制气流通过催化床，再从风道吸回。有的则设计成相反方向流动。循环气量可达 $150L \cdot min^{-1}$，气体混合非常均匀，更能达到浓度和温度的无梯度状态。反应速率直接从式（16-142）给出。这种设计要求带动涡轮叶片的轴转速高达每分钟数千转，并能经受高温、高压而无泄漏和沾污，是有一定困难的。国外有联碳公司式的[40]，经 Amoco 油公司加以改进[41]，采用特殊轴承材料，可在 590℃及 15MPa 下操作，后由专门公司制作出售。国内兰州化学物理研究所、天津大学、四川大学等均已试制了这种反应器，有的并经鉴定后批量生产。

最近有人提出一种磁驱动、全玻璃（或石英）的内循环反应器的设计[42]。除了避免金属结构材料对催化反应可能的干扰外，结构亦较简单，价格当较低廉。

(5) 搅拌反应器

内、外循环反应器当其循环比足够高时，实际上是一种全返混反应器。这从循环反应器的速率表达式（16-142）与式（16-25）相比也可看出。实验室动力学反应器中与这种 CFSTR（16.2.3 节）完全对应的是转篮反应器（spinning basket reactor)，参见图16-18。最初出现的是 Carberry 所提出的 Notre Dame 式。在这种装置中，催化颗粒装在金属网编织的筐篮中（一般是整齐排列的)。筐篮有不同形状，常见的为十字交叉放置的扁矩形筐箱或圆柱筒体。它连于转轴上在反应容器中高速回转。这样，流入反应容中的反应流体在瞬时内与容器内原有流体完全均匀混和，在组成上和流出物完全相同。后来提出的 ICI 式提高了转速，改用磁驱动以防止沾污和泄漏，并缩小了自由体积。其后又有人提出用加挡板和固定筐篮使容器高速旋转的办法改进测温和加大流体穿透催化剂的相对速度[43]。

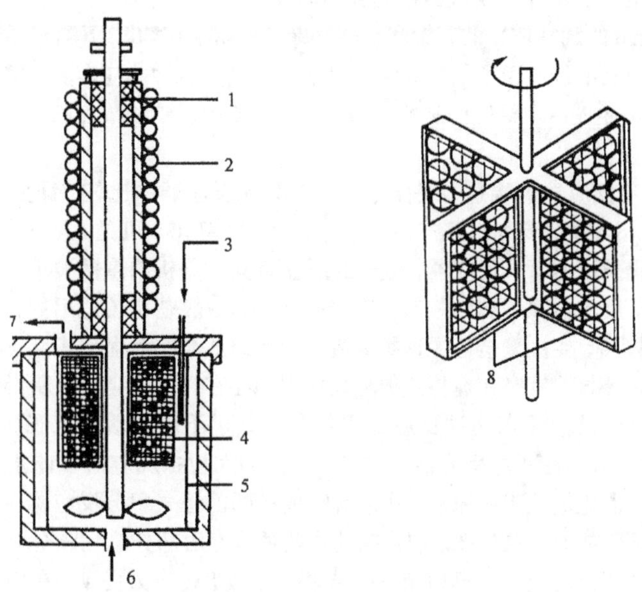

图 16-18　转篮反应器示意图

1. 聚四氟乙烯轴承；2. 冷却水盘管；3. 玻璃热偶导管；4. 不锈钢筐篮；
5. 挡板；6. 气体进口；7. 气体出口；8. 催化剂小球

另一种产生气体搅拌效果的方法是使催化容器内的气体产生往复震荡。这种震荡有的通过外部交变电磁场使反应管内活塞产生往复运动而获得[44, 45]，有的通过蜂鸣器带动拉杆使两个对置的压缩器的聚四氟乙烯膜片往复移动而获得[46]。据称最后一种装置用于烃类氧化的动力学研究，效果比搅拌反应器好。

流化床一般不宜作动力学反应器用，因为气泡相与粒子相之间的传质问题很复杂，至今难以解析。有人提出在流化床中加一搅拌桨或施加脉动以改善气-固接触；但还很少见有所应用。

(6) 传输床反应器

若催化剂活性在反应过程中逐步升高（如在诱导期中）或逐步降低（如失活）时，用传输床反应器或微反应器为宜。前者适于失活时间以秒计并有较多量催化剂可供使用的情况；后者则适于活性变化稍慢而催化剂供应量很少的情况，由于无特殊技术问题，此处不多叙。有人用一内径 17mm、高 8.2m 的不锈钢竖管做成传输床反应器，用于邻二甲苯氧化动力学研究[47]。先用含 SO_2 的空气带入细粒氧化钒催化剂，达到稳定的两相流动后，再通入一定量的邻二甲苯，几分钟后即达定态。从上、中、下三个取样点取样，经烧结，不锈钢过滤器滤去催化剂，再将样品气吸入预抽空的样品瓶内以供分析。用这一装置不仅可以考察催化剂活性变化的反应动力学，并可验证还原-氧化机理是否有据。

(7) 无梯度反应器的性能表征和与其他反应器的比较

近年文献提到动力学反应器基本上系指无梯度反应器。这些反应器的涡轮或催化筐篮的转速（或循环量）对无梯度状况有显著影响。这就需要用传质实验来检验外扩散阻力和用返混实验表征流体在反应器中混合均匀度。在传质实验中，一般用一定大小（例如长径都为 3mm 的圆柱体）的萘锭和催化剂装在一起，在 30℃下测定通过的氮气流中萘的浓度，从而测出传质因子 j_D。要测定返混程度则用脉冲响应实验，即在一定流速的进反应器气流中注入一示踪气的脉冲。测定出器气流中示踪物浓度随时间的变化，可以定出返混程度。

这些无梯度反应器的构造、表征方法及与其他反应器的比较，详见文献［37、43、48、49］。在表 16-4 中摘要列出几方面比较的结果。由表 16-4 可见，差不多每种反应器都有其特点。单程通过的管式反应器，微分的要注意其对分析精度的要求，积分的要注意其恒温性。循环反应器除了制作较难、花钱多之外，一般是比较适用的，但对于高转化率的复杂反应网络，要注意全返混这类反应器中的组成与在活塞流式反应器中同一转化率下的组成可能不同。有时在搅拌或循环反应器中与在管式反应器中所得动力学结果出现不一致。这可能是由于在两种反应器中催化剂处于不同的活性状态所致。例如，有人[50]比较了邻二甲苯在两种反应器中的结果，认为在搅拌反应器中催化剂的再氧化过程起控速作用，催化剂处于还原态；在进料组成相同的管式积分反应器中，烃的外扩散起控速作用，催化剂处于氧化态。催化剂的这两种状态对部分氧化和全氧化的活性是不同的。也有人在两种反应器中得到相符的结果[51]。最近还有人提到，在用从循环反应器所得速率数据估算动力学参数时，一般的显式方法会带来显著的误差，而用他所提隐式方法可得较正确结果，但数字处理麻烦得多，抵消了循环反应器的主要优点[52]。

表 16-4　几种实验室反应器性能比较

反应器	温度均一、明确程度	接触时间均一、明确程度	取样、分析难易	数学解析难易	制作与成本
内循环反应器	优良	优良	优良	优良	难、贵
外循环反应器	优良	优良	优良	优良	中等
转篮反应器	优良	良好	优良	良好	难、贵
微分管式反应器	良好	良好	不佳	良好	易、廉
绝热反应器	良好	中等	优良	不佳	中等
传输反应器	中等	良好	不佳	良好	难
积分反应器	不佳	中等	优良	不佳	易、廉

总之，虽然循环反应器有很多优越性，但对它的了解还在深入，在使用中仍需谨慎。如能在两种或更多种反应器中进行动力学研究并做比较，可能会更好些。

16.6.2 排除物理传递干扰的判据

先看反应管中流型问题。当反应管管径过小而催化剂颗粒甚大时，特别是当催化剂颗粒装填不均时，可能发生沟流（channeling），在一个与流向垂直的截面内各部分表观线速不均一。催化床层过短，轴向弥散（axial dispersion）也可能较严重。这都会破坏活塞流状态，首先使式（16-30）不能积分，一般认为反应管内径至少应为催化剂颗粒直径的 4 倍。Mears[53]指出，要避免轴向弥散，对一个气相 m 级反应，需有

$$z/d_p > 10m\ln(c_0/c_f) \tag{16-143}$$

式中，c_0 及 c_f 分别为作用物进床与出口浓度。按此，对转化为 90%的一级反应，反应管长 z 应为催化剂粒径 d_p 之 25 倍以上。转化率越高，反应级越高，z/d_p 也应越大。

至于外扩散对化学反应速率的干扰，需在空速守恒条件下了解线速对转化率的影响才能判断。一般应在线速高到对转化率无明显影响的区域内进行动力学实验。虽然有人提出实验室条件下一般雷诺数很小，此时传质因子 j_D 对 Re 很不敏感，即使在外扩散控速区也可能觉察不到线速对转化率影响。但新的研究已证实，即使雷诺数低至 1 左右，k_m 仍与 $G^{0.64}$成正比。当然，所考查线速范围仍应宽些为好。对于 m 级反应，可用

$$Da < 0.15/m \tag{16-144}$$

作为排除外扩散影响的定量判据，其中 Da 为 Damköhler 数，$Da \equiv rR/k_m c_B$[53]。

对于内扩散问题，比较方便的是从同一批催化剂取得不同粒径的几份样品，测得这几份催化剂样品上的转化率（以低些为好）。一般随粒径减小，同一空速下的转化率上升到一极限值。用与这一极限值相应的粒径以下的催化剂作研究，一般认为即可排除内扩散干扰。作为非零级反应的定量判据，$\eta > 0.95$ 的条件为

$$\frac{rR^2}{D_e c} < \frac{1}{|m|} \tag{16-145}$$

如反应前后总物质的量有改变，上式右侧需加系数修正[53]。

至于传热问题，存在着三类温度梯度，其大小顺序一般为：催化颗粒间梯度（包括壁传热）> 相间梯度 > 粒内梯度。通常粒内温度梯度远不及粒内浓度梯度大，故常可不计；但对气-固相间来说，如前述，温度梯度常比浓度梯度大。对相间传热所起的影响，也可从线速对转化率的影响定性地看出。定量地说，$\eta > 0.95$ 的判据是

$$\frac{r(-\Delta H)R}{h_B T_B} < 0.15\left(\frac{RT_B}{E}\right) \tag{16-146}$$

式中，T_B 为流体温度[53]。

对于催化反应器内容许温差的判据，顾其威有进一步的发展[54]。

16.6.3 内扩散参数的测定

对扩散系数 D_B、D_K、D_e 都有一些估算方法，也有一些在无反应情况下测定的实验

方法[11, 34]。在测定方法中，脉冲应答法（或称色谱法）近年来有所发展。Smith[55]不久前曾概括地评价了时畴拟合（fitting in time domain）、拉普拉斯变换畴拟合（fitting in Laplace domain）、傅里叶变换畴拟合（fitting in Fourier domain）和矩量分析（moment analysis）等四种方法的优劣。为了克服一般脉冲技术中灵敏度不高的缺点，有人[56]提出用珠串反应器（pellet string reactor）抑制轴向弥散，以加强粒内扩散在总包弥散中的贡献。也有人[57]提出，可以通过选择扩散率配合良好的示踪气和载气，进一步提高测定粒内有效扩散率的灵敏度。

但在无反应的情况下估算或测定的扩散参数，有时常与在有反应情况下的实际有效扩散系数有相当的差距。有人认为可差 4～5 倍。这中间有很多因素，主要是在反应和非反应情况下，两者的扩散通量比很不相同，另外也与表面扩散作用、孔径分布不均等都有关系。看来用在反应情况下测得的数据求内扩散参数可能较妥，下面介绍两种方法。

16.6.3.1 求有效因子的方法

在其他条件恒定下，对同一批催化剂测定不同粒径下的反应速率，如同上述。到达极限值反应速率时的 η 值为 1.0，而某一较大粒径催化剂上的反应速率与极限反应速率的比值即为该颗粒度催化剂的 η 值。需要做多种粒径的催化剂的速率测定。

如仅有两种粒径（设等效直径分别为 d_1 及 d_2）的催化剂的反应速率（令分别为 r_1 及 r_2）数据，可用所谓“三角形”方法。这一方法利用 η 与 ϕ 的关系在一定范围内比较固定的特点，根据式（16-130）～式（16-132）有

$$r_1/r_2 = \eta_1/\eta_2; \qquad d_1/d_2 = \phi_1/\phi_2$$

在图 16-19 中，η_1/η_2 代表纵坐标的一段长度，ϕ_1/ϕ_2 代表横坐标的一段长度，均可分别在坐标轴上量出，作为一直角三角形的两直角边，如图所示。保持直角边与坐标轴平行，将三角形顶点沿 η-ϕ 曲线移动至两顶点与曲线上两点重合，即可得出相应的 η_1、η_2、ϕ_1 与 ϕ_2 值，但拟合的这一段曲线必须不在 η-ϕ 的直线段上。

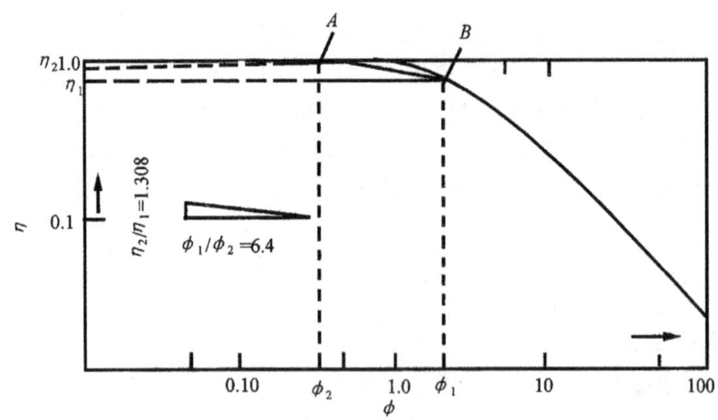

图 16-19 “三角形”法示意图

例如，在丁烯氧化脱氢动力学试验[59]中，对同一批催化剂的两种颗粒半径：0.025cm 和 0.160cm，求得其在 410℃反应温度下丁烯转化速率分别为 8.89mmol·g^{-1}·h^{-1} 及 8.04mmol·g^{-1}·h^{-1}，470℃下则分别为 14.25mmol·g^{-1}·h^{-1}及 10.89mmol·g^{-1}·h^{-1}。由上可知 $\phi_1/\phi_2 = d_1/d_2 = 0.160/0.025 = 6.4$，而 $\eta_2/\eta_1 = r_2/r_1$ 则为 1.106（410℃）及 1.308（470℃）。由图 16-19 可以作 $\phi_1/\phi_2 = 6.4$的横坐标长度，$\eta_2/\eta_1 = 1.106$ 或 1.308 的纵坐标长度。所成之直角三角形顶端，在图 16-19 曲线上滑移至两顶角恰与曲线上的 A、B 点重合，可求得 410℃时，$\phi_1 = 1.30$，$\eta_1 = 0.905$，$\phi_2 = 0.20$，$\eta_2 = 1.00$；470℃时，$\phi_1 = 2.30$，$\eta_1 = 0.757$，$\phi_2 = 0.36$，$\eta_2 = 0.99$。

得出催化剂的 η 值，这一体系的扩散控速程度就有了量的概念，还可以求 D_e。Weisz[58]定义一个新的内扩散模数 Φ。

$$\Phi \equiv \eta\phi^2 = \frac{d^2}{D_e}\left(-\frac{1}{V_p}\frac{dn}{dt}\right)\frac{1}{c_s} \tag{16-147}$$

$d = R$ （圆球模型）

$d = L$ （平板模型）

η 与 Φ 的关系曲线见图 16-20，它不像 ϕ 那样还包含化学反应本身的速率常数和反应级数。从图 16-20 可以从 η 求出 Φ，再按式（16-147）求出 ϕ，这样求 D_e 显然较方便。

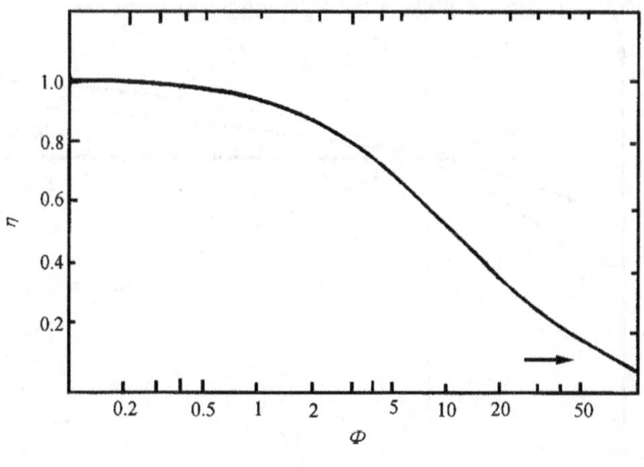

图 16-20 η-Φ 关系

16.6.3.2 单锭扩散反应器

Petersen 等[60]提出单锭扩散反应器（single pellet diffusion reactor）装置，如图 16-21。图 16-21 中 10 为催化剂锭片挤压在不锈钢柱体中，压锭时须使密度分布尽可能均匀。反应气体以足够的速度用往复泵压经催化锭片之正面，用注射针筒取样作色谱分析。一部分反应气体扩散到锭片的背面（朝向 11 的一面），也取样作色谱分析（有的用质谱、红外光谱，少取样或不取样更好）。如取样量很少，催化剂活性稳定，达到定态后，锭片两面的浓度按 Petersen 的理论分析[60]，对不同的反应级 m，应有如图 16-22 的关系。令 ψ_1

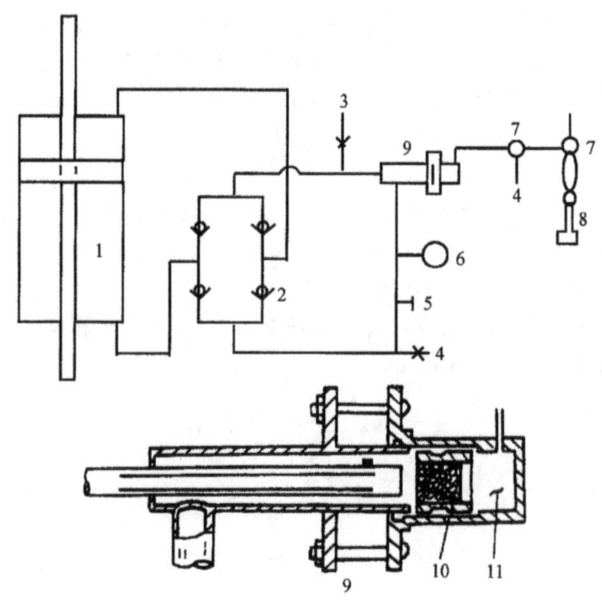

图 16-21　单锭扩散反应器及装置示意图

1. 往复柱塞泵；2. 球形止逆阀；3. 进料口；4. 接真空泵；5. 取样口；6. 压力表；7. 三通阀；8. 注射器；9. 反应器；10. 催化剂锭片；11. 中心面室

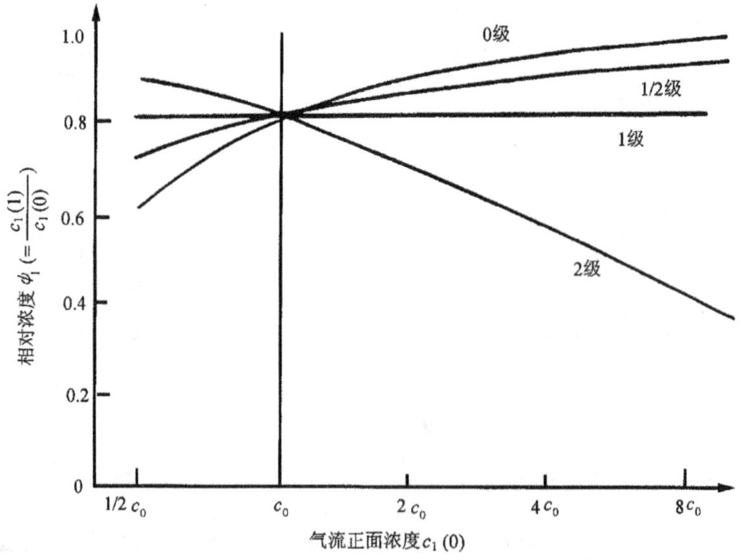

图 16-22　催化锭片两侧相对浓度 ψ_1 与正面浓度 c_1（0）的关系

为组分 B_1 在锭片背面的浓度 c_1（1）与正面的浓度 c_1（0）的比值，按图 16-22，如测得一系列 ψ_1 与 c_1（0）的实验值，即可得出反应级数。知道反应级数 m，从一个实验的 ψ_1 值，按 ψ_1 与 ϕ 的函数关系可求出内扩散模数 ϕ：也这可从图 16-23 读出。如文献［60］

中，对 $m=2$、1、$-1/2$、0、$-1/2$、$-3/4$、-1、-2 所列举，而解出之。进一步按照上述方法，可以得出 D_e 值。

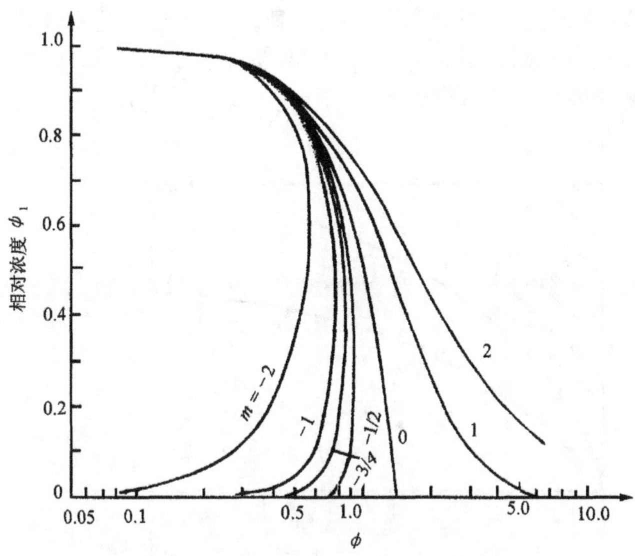

图 16-23　催化锭片两侧相对浓度 ϕ_1 与内扩散模数 ϕ 的关系

16.6.4　速率方程中吸附参数的测定——过渡应答法

田丸早在 20 世纪 50 年代后期就提出测定反应条件下的吸附。这对确切了解反应机理和控速步骤显然是必要的。近年来过渡应答法（transient response method）的发展引起了人们的注意。原则上说，对一个定态反应系统施加某种微扰，则这一反应系统在趋近新定态过程中的应答方式对不同机理各有特征，于是可以抽出关于吸附物种的吸附量、吸附和脱附速率的信息。对多相催化，以施加浓度的微扰较为方便。

设有一双组分相互作用的催化过程

$$B_1 + B_2 \longrightarrow B_3 \tag{16-148}$$

由三个基元步骤所组成：

$$B_1 + L \underset{k'_1}{\overset{k_1}{\rightleftharpoons}} B_1L \tag{16-149}$$

$$B_2 + B_1L \underset{k'_2}{\overset{k_2}{\rightleftharpoons}} B_3L \tag{16-150}$$

$$B_3L \underset{k'_3}{\overset{k_3}{\rightleftharpoons}} L + B_3 \tag{16-151}$$

对于理想流型（或全返混或活塞流）以及无传热、传质限制的情况，当 B_1、B_2 和较多量惰性气以恒定组成、恒定流速通过催化床层而达定态后，使 B_1（或 B_2、或 B_3）的浓度有一明确的阶跃变化，如其分压自 p_{10}跃至 p_{1s}。如进料中原先无组分 B_2，则 B_1 的分压循曲线 A（图 16-24）渐升至 p_{1s}，这时阴影面积 Q_1 即自 $t=0$ 至 t_1 这段时间中 B_1 所增加的吸附量，而 t_1 时 B_1 的吸附速率由 $\Delta p_1 F/p$ 给出，其中 F 为进料速，p 为总压。如进料中原已有 B_2，则 B_1 循另一曲线 B 渐升至 p'_{1s}，$p'_{1s} < p_{1s}$。

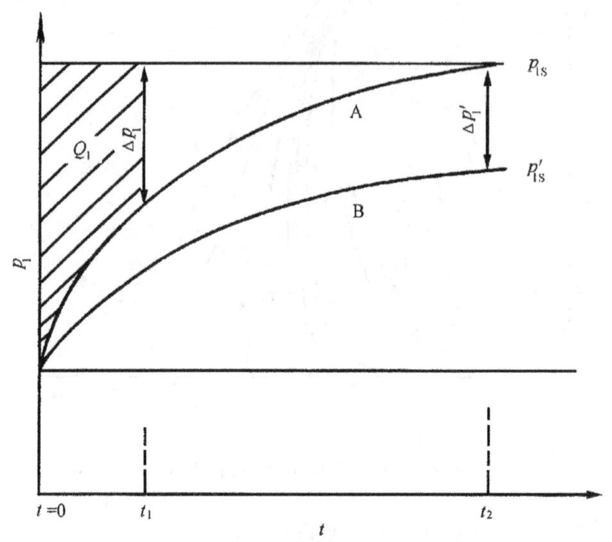

图 16-24　B_1 浓度增加时的过渡应答曲线

当引入 B_1 阶跃后，如流出物中生成物 B_3 分压的应答曲线显示它立即到达新的定态，这就表明 B_1 的吸附或脱附在动力学上都不重要，控速的是表面反应。图 16-25 则表明当进料中 B_1 和 B_2 的分压都突降至零时，B_3 的应答情况，其中曲线 A 是 $k'_2 \approx 0$［即基元步骤式（16-150）为不可逆］时的应答，其中阴影面积 Q_2 是到 $t=t_1$ 时 B_3 的吸附量，而 $\Delta p_3 \cdot F/p$ 是此时 B_3 之净脱附速率。曲线 B 则表明该步为可逆时的情况，它低于曲线 A。

作为过渡应答的物料衡算结果，可以有一个微分方程组，详见文献［61］。此处举一例（图 16-26），以说明对一长为 100cm、催化剂堆密度为 $1.0\text{g}\cdot\text{cm}^{-3}$、空隙率为 0.5 的微分反应管，以线速 $400\text{cm}\cdot\text{min}^{-1}$通入 20.3kPa B_1 和 81.1kPa 氦的混合气到达定态，然后引入浓度为 20.3kPa 的 B_2 阶跃变化所产生的一些 B_3 的过渡应答曲线，分别与几组 k_1、k_2、k_3、k'_3 值（图 16-26）相对应（$k'_1 = k'_2 = 0$）。曲线 A 为 $k_1 \approx k_3 \gg k_2$ 情况的典型结果；曲线 C 为 k_1 较高而 k_2 逐步接近于 k_3 的一组结果。而如 k_1 很小，则如 B 组曲线，p_3 很快上升到一高值后旋即随时间而渐降，因为经式（16-150）所消耗的吸附的 B_1 来不及补充。自 B-1 至 B-3 显示了 k_2 值的影响。

初期这一过渡应答方法主要用以研究一氧化碳催化氧化和氧化亚氮催化分解等简单反应[61, 62]，取得了相当的成功。近年来人们对这一方法的兴趣进一步增长，参见 Bennett 在一次关于暂态条件下催化研究的专门讨论会上的发言[63]。小林等进一步将这一方法用于研究丙烯在银及铋-钼催化剂上的氧化[64, 65]。甚至对于像费-托合成那样复杂的反应，也用这一方法作了研究[66]。Kaul 与 Wolf[67]将过渡应答中所用浓度阶跃技术进一步发展为温度与浓度的线性程序升降，这一发展将进一步开拓过渡应答的理论和应用。

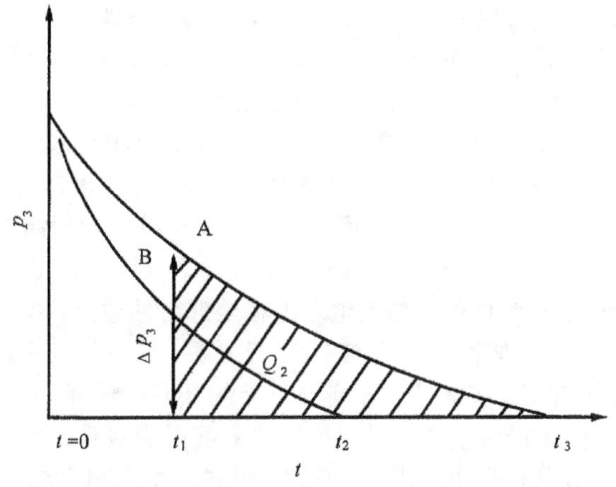

图 16-25 B_1 浓度降为 0 时，B_3 浓度的过渡应答曲线

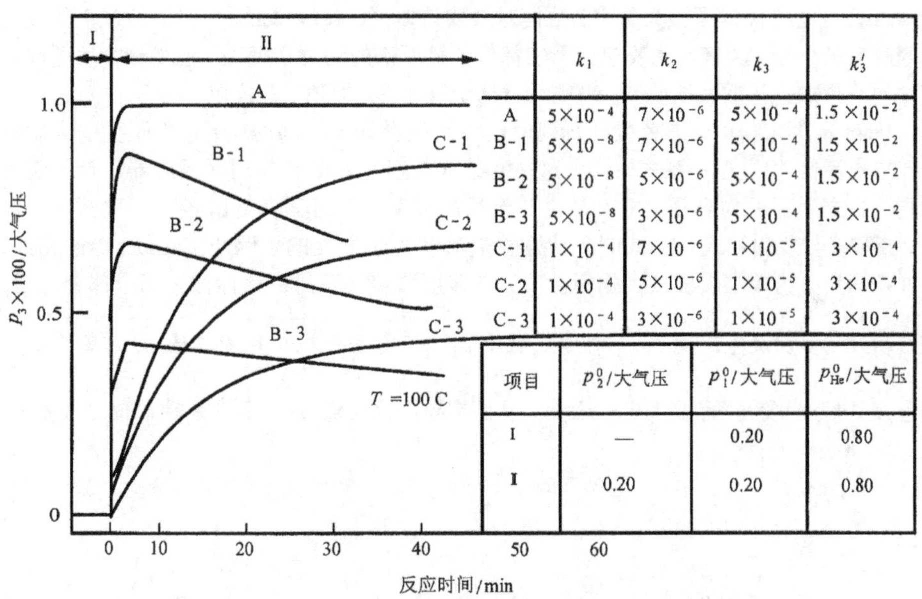

	k_1	k_2	k_3	k_3'
A	5×10^{-4}	7×10^{-6}	5×10^{-4}	1.5×10^{-2}
B-1	5×10^{-8}	7×10^{-6}	5×10^{-4}	1.5×10^{-2}
B-2	5×10^{-8}	5×10^{-6}	5×10^{-4}	1.5×10^{-2}
B-3	5×10^{-8}	3×10^{-6}	5×10^{-4}	1.5×10^{-2}
C-1	1×10^{-4}	7×10^{-6}	1×10^{-5}	3×10^{-4}
C-2	1×10^{-4}	5×10^{-6}	1×10^{-5}	3×10^{-4}
C-3	1×10^{-4}	3×10^{-6}	1×10^{-5}	3×10^{-4}

项目	p_2^0/大气压	p_1^0/大气压	p_{He}^0/大气压
I	—	0.20	0.80
II	0.20	0.20	0.80

图 16-26 B_2 浓度阶跃后，B_3 浓度对不同反应速率常数的过渡应答曲线

（1 大气压 = 1.013 25 × 10^5Pa）

16.7 非稳态过程的动力学

16.7.1 失活与动力学

催化剂在反应过程中失活是常见的现象。在不少重要的工业催化过程中也经常会遭

遇到这一问题——催化剂活性和选择性的改变对动力学带来的影响。催化剂失活可以由于本身的烧结或相变，或因其表面的中毒或污化，催化表面积炭就是最常见的一种污化现象。烧结-相变通常是不可逆的，中毒常是可逆的，污化（如积炭）可通过烧炭的方法去除。烧炭-再生过程也是一个重要的动力学研究问题。本章中只叙述由积炭引起的失活的动力学处理。至于中毒问题的动力学，可参见文献［68］。

积炭导致催化剂的失活，虽则早在1954年就有人得出积炭浓度与时间成指数关系的经验式，但长期以来，较难以发展出一种具有严格理论基础的动力学。这不仅因为积炭本身是个复杂过程，而且还因为炭沉积与主反应及扩散互相纠结在一起难以理清之故。积炭反应可以是起始反应物本身的一种副反应（平行积炭），也可以是从各段生成物开始的（串行积炭）。炭沉积可以均匀地发生在全部活性位上，也可能有选择地发生在某一些活性位上。根据扩散模数大小与串/平行关系，积炭可以主要发生在催化孔道外部或深部、催化颗粒的外表面或核心，催化床层的开端或尾部。在较高积炭量时，催化剂孔道还会因之发生不同程度的堵塞。堵塞的程度因积炭量、积炭机理及孔网结构（如单口孔、双口孔、分岔孔及变径孔）而有较大差异。由于孔网结构在几何上还难以描述，积炭活性位的性质一般还不清楚，很难以严格的理论作动力学处理。Froment 和 Beeckman 在这方面做了很大努力，他们对炭的前体（coke precursor）在活性位上的覆盖和覆盖后的聚合，及其对主反应的影响都作了较严格的动力学处理。但如聚合后引起孔道堵塞或再加上扩散性质改变，就需用概率予以处理。综述参见文献［69］。

Froment 等求得的通常是催化剂瞬时活性及积炭量与时间的关系。但不少研究者倾向于求出活性-积炭量关系式，认为这在基础（机理）方面和实用（反应器设计与催化剂再生）方面都更为有用。但对活性与炭量的关系，不同学者给出各种经验式：线性式、指数式与双曲线式。Kittrell 等[70]建立失活动力学方程的思路与 Froment 等的相似，但在把积炭分为单层覆盖（占据活性位）与多层覆盖（不另占活性位）两个部分之后，进一步设定多层炭生成速率$\frac{\partial c_\beta}{\partial t}$对生成物质 B_1（如为平行积炭）的分压 p_1 与单层炭质的量 c_α 均为一级关系，即$\frac{\partial c_\beta}{\partial t}=k_\beta c_\alpha p_1$，从而推导得总炭量 c_Σ 与活性系数 k_t 间之关系为

$$c_\Sigma = q_1(1-k_t) - q_2\ln k_t \tag{16-152}$$

其中

$$q_1 = M_c S_0 - q_2; \qquad q_2 = k_\beta M_c S_0(1+K_1p_1+K_2p_2)/k_\alpha K_1$$

式中：c_α，c_β，c_Σ——单层、多层与总积炭浓度；

k_α，k_β——单层炭与多层炭生成速率常数；

k_t——活性系数，$k_t=(S_0-S_c)/S_0$；

M_c——积炭平均相对分子质量；

S_0，S_c——每克催化剂上总的和空白活性位的物质的量。

Kittrell 等将其他学者实验所得活性-积炭量间的指数关系与式（16-152）比较，认

为当 $q_2 \gg q_1$（即积炭量甚高，炭以多层覆盖为主）时，式（16-152）表现为 k_t与 c_Σ的指数关系，即 $k_t \propto \exp(c_\Sigma)$ 而将 $\ln k_t$项作级数展开，并当 q_1 与 q_2 都有相当分量时，式（16-152）符合某些实验结果所得的活性-积炭间的双曲线关系式，此时积炭为中等程度。在较低积炭量，催化剂活性仍较高时，将式（16-152）作泰勒展开，并取反应初期和终期的平均活性作为 k_t，可得出 k_t-c_Σ的线性关系。对平行积炭和串行积炭历程，甚至串/平行混合积炭历程，Kittrell 等得出如式（16-152）的活性-积炭量关系，但在催化床层的炭量分布上有所不同，参数也不相同。在一定意义上，Kittrell 等把活性-积炭关系的三种经验式——线型、指数型、双曲线型——统一到了同一个理论基础上。但一方面模型中未计入催化孔道堵塞问题；另一方面也未考虑除表面反应控速之外的其他机理，而且都是以恒温解析为基础的。当然，Kittrell 等的解析对在微分反应器上所得失活动力学数据的处理仍是很有用的。

在非恒温情况下，失活动力学的解析中要求在物衡方程及失活方程中引入 Arrhenius 数 γ，在热衡方程中引入主反应与积炭反应的热效应。在积炭本身不影响内扩散的前提下，Hughes 等[71]分析了催化剂单颗粒中的平行和串行两种污化动力学。以放热反应为例，他们提出对

$$B_1 \xrightarrow{k_1} B_2 \tag{16-153}$$

$$B_1 \xrightarrow{k_{f1}} B_c \text{（平行积炭）}; \quad B_2 \xrightarrow{k_{f2}} B_c \text{（串行积炭）} \tag{16-154}$$

的主反应和平（串）行污化反应，催化球粒中 B_1 的浓度与温度分布可用下列无因次方程组描述

$$\nabla^2 c_1^\circ - \phi^2 f(c_1^\circ, T^\circ, k_t) = 0 \tag{16-155}$$

$$\nabla^2 T^\circ + \beta\phi^2 f(c_1^\circ, T^\circ, k_t) = 0 \tag{16-156}$$

而失活速率 $-\dfrac{dk_t}{dt_p^\circ}$由式（16-157）给出

$$-\frac{dk_t}{dt_p^\circ} = F_1(c_1^\circ, T^\circ, k_t) + \frac{k_{f1}}{k_{f2}} F_2(c_2^\circ, T^\circ, k_t) \tag{16-157}$$

式中，加上角标的 c_i°、T°及 t_p°分别为无因次的浓度、温度与反应操作时间。

用数值方法所得部分结果示于图 16-27 ~ 图 16-30。图 16-27 为在平行污化中不同反应时间 t°_p（$= t_p k_{f1} c_{10}$）催化球粒中温度与活性系数 k_t的径向分布，设定参数为

$$\phi = 10$$

$$E/RT_B = E_f/RT_B = 10 \tag{16-158}$$

$$\beta = 0.2$$

$$K_1 c_{10} = K_2 c_{10} = 10 \tag{16-159}$$

$$c_{20}=0$$

$$(-\Delta H_1)/RT_B=(-\Delta H_2)/RT_B=5 \tag{16-160}$$

式中：E——主反应活化能；

E_f——污化反应活化能；

$-\Delta H_i$——i 组分的吸附热；

c_{i0}——B_i 的起始浓度；

K_i——B_i 的吸附平衡常数；

T_B——气相温度；

β——热效参数。

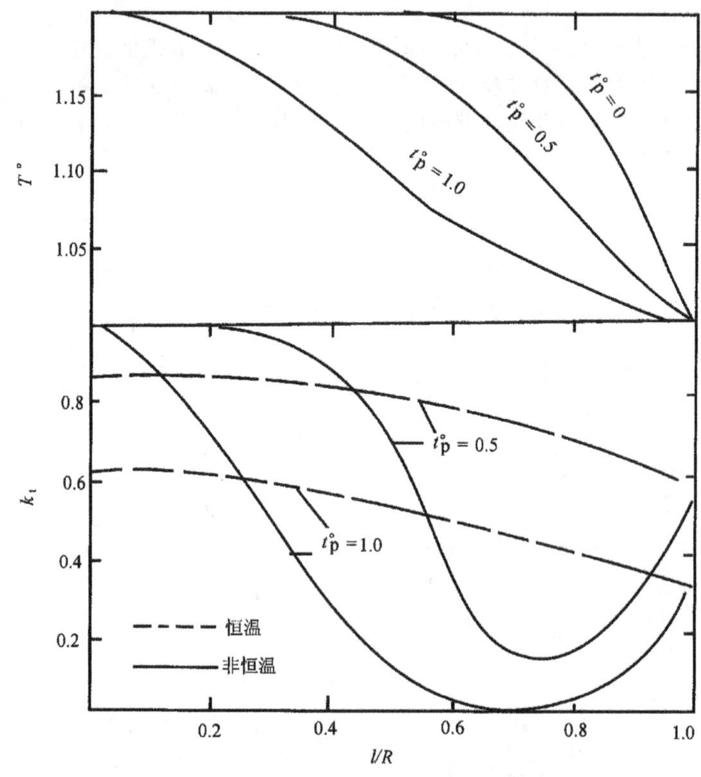

图 16-27　平行污化中不同反应时间催化球粒中温度与活性系数的径向分布

由图 16-27 可见，活性系数在催化粒面附近有很陡的最小值，但不像恒温情况那样最低活性处在球粒面上，而且变化较缓。随着反应操作时间的增长，这一最低活性点向球粒深部转移。由于近粒面处活性位被覆盖，催化剂的有效因子 η 也因之改变。图 16-28 即表明了非恒温情况中不同反应时间下 η 随 Thiele 模数 ϕ 改变的情况，并以虚线表示恒温情况的 η-ϕ 关系以资比较。由图 16-28 可见，ϕ 小（<2）时，非恒温的 η-ϕ 关系与恒温的几乎相同，此时污化趋于在粒中均匀分布（因 ϕ 小时无显著浓度梯度）。但当 ϕ 增

大后，催化球粒中污化是非均匀分布的，在催化粒面附近污化比较集中。随着 ϕ 的增大，η-ϕ 关系先出现一个最小值，然后又继以最大值。

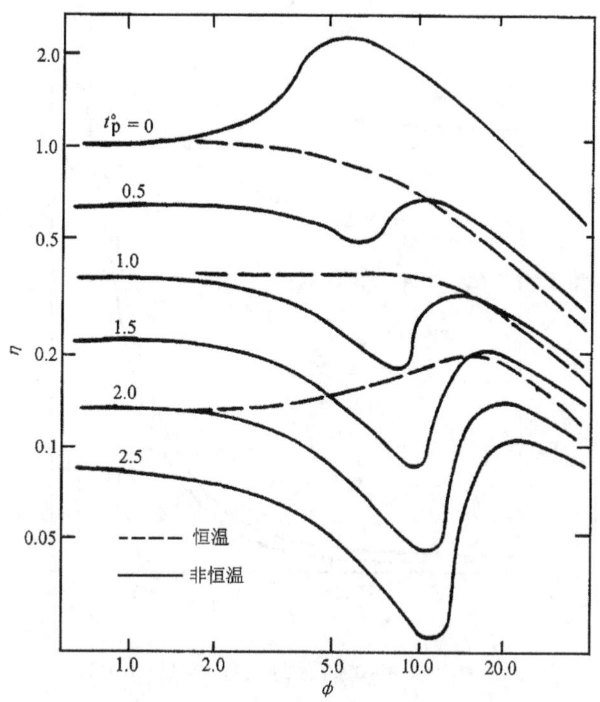

图 16-28 平行污化中催化球粒的非恒温有效因子（参数同图 16-27）

对串行污化，不同深度的相对活性变化示如图 16-29，由图 16-29 可见，在粒面附近相对活性迅速上升，而且随着反应时间 t_P的增长，只在初期有快速污化，以后污化程度的增加缓慢，特别当与恒温情况比较时尤其明显。

从图 16-30 可见，串行污化的 η-ϕ 关系，可见在 ϕ 小时，非恒温情况的 η 所以高出于恒温的，但 $\phi \geqslant 5$ 时，一般非恒温情况的 η 比恒温的为小。

应注意，以上的分析限于低积炭量的情况，此时催化孔道尚无明显堵塞，因此不影响作用物的扩散。但当积炭量增高时，孔道堵塞必然严重到影响扩散的程度。据称，对 SiO_2/Al_2O_3 裂化催化剂，积炭在 7%以上时，孔道堵塞较明显。

失活动力学在实际催化过程中更为复杂，常只能以求得经验式为满足。特别如重柴油馏份催化裂化，组分极其复杂，催化剂上活性位的强度分布又很广，Corello 等[72]做了很大程度的简化后，还是发现积炭反应的级数从反应初期的 3，随反应时间延长而减为 2，进一步又变为 1。由此可见其复杂程度。

以上的解析以失活动力学的“可分离性”（separability）为基础，即反应动力学本身不受失活的影响，其模型可写为

$$r = k_t r_{t=0}$$

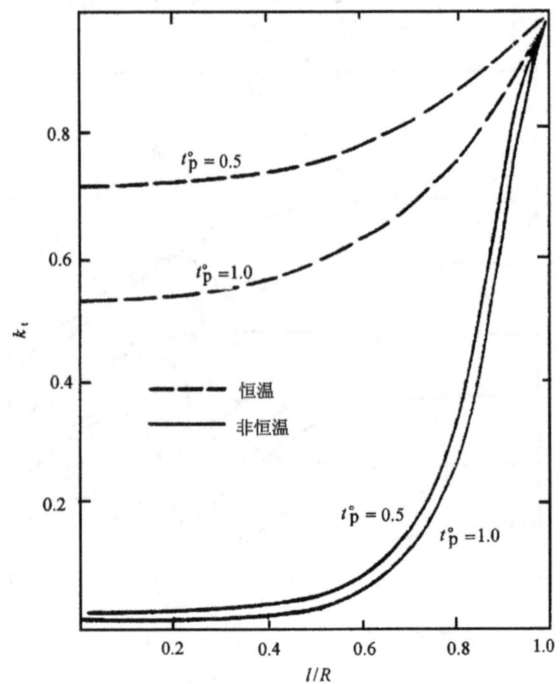

图 16-29　串行污化中活性系数的径向分布（参数同图 16-27）

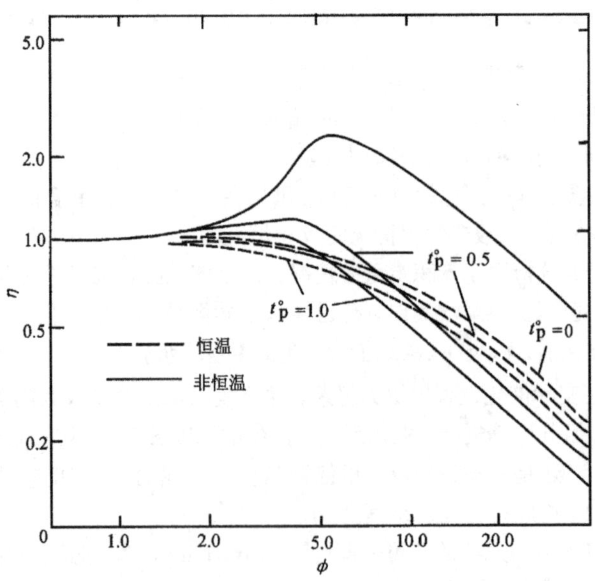

图 16-30　串行污化中催化球粒的非恒温有效因子（参数同图 16-27）

但 Butt 等[73]对此提出疑问，从理论上论证非均匀表面上的失活动力学不宜用上述可分离模型表示，认为只有在理想的均匀表面上可分离模型才能用。催化剂选择性、反应机理因中毒而改变，吸附平衡常数有改变，或毒物剂量与反应速率不成线性关系，则不宜将活性系数从动力学模型中提出。可分离的失活动力学处理即使很成功（这已有很多例子），也不能证明其正确。但由于催化表面的非均匀性问题仍不易着手，还由于各种处理中已有不少其他假设，已不值得用非分离型的失活动力学来处理。通常用“可分离性”假设处理实际问题即可。

16.7.2 多重态与振荡

催化反应有时可按不止一个恒态进行，即“多重态”现象。这一问题最初在化学反应工程学中从对强放热反应进行反应器理论解析时提出，并为实验所证实，后来称为“热多重性”。随后提出了由传质过程引起的多重性（见本章 16.5.5（4）及 16.5.6 节）。以后证明在恒温和排除传质影响的情况下仍有多重态出现，称之为“动力学多重性”。近年来很多学者证实 CO 在 Pt/Al_2O_3 催化剂上氧化时，在同一恒温条件下，转化率可以恒定在约 10%处（称为“低恒态”），也可以恒定在约 40%处（称为“高恒态”），视催化剂预处理的情况而定。

有时一个催化系统可以从一个高恒态自动转入低恒态，经一定时间，又自动转为高恒态，并在两个恒态之间形成持续振荡（selfsustained oscillation）。例如，CO 在铂箔上氧化，在一定条件下可形成周期为 150min 的持续振荡。

目前关于多重态的动力学本质仍在进一步深入研究中，尚无定论。从建立振荡模型来说，一般要达到对振荡的振幅、周期、转化率变化的线型及其平均值的定量描述是困难的。最近 Wanke 等[74]提出他们已能建立定量模型并使振荡的实验曲线与预测曲线有良好的符合。

从振荡研究的实际意义来说，有人已经利用原料组成或温度的强制振荡（forced oscillation）提高催化反应的转化率。从理论意义来说，Kaul 与 Wolf 运用一系列新技术研究了 CO 在 Pt/SiO_2 催化剂上氧化的高、低两恒态及其振荡[67]，进一步揭示了催化过程的高度复杂性。这对催化动力学领域的影响是深远的。总之，非稳态过程的动力学研究正在进一步深入，而且很有意义。

16.8 结　　语

动力学在近三四十年内，从宏观层次以至原子-分子尺度的微观层次，都有很大发展。人们对催化作用的动力学过程有了很深的了解，提出了不少新概念，发展了不少新技术。但从动力学的目标来说，在不同层次所达到的是有不同的。

从本章所述来看，在宏观层次上动力学可基本上作为催化剂性能表征的手段。表征所能达到的深度往往取决于反应的复杂程度。对于简单反应，求出速率方程，不论其为幂式或双曲线式，速率常数、反应（视）活化能、反应级（压力依存性），以及吸附平衡常数等参数作为性能的表征是较全面的。对于复杂反应，通过网络解析得出一个催化剂上所进行的各个初级、次级反应的速率常数，是比单纯的选择性更全面、更深刻的表征。

物理传递性能也是催化剂性能的一个表征。

在宏观层次，动力学研究为催化过程提供了数学模型。由于无梯度反应器、统计数学等方面的进展，当今所得数学模型可以在较大范围内更有把握地、更准确地反映温度、空速、压力等参数对反应速率、生成率（转化率）和选择性的影响规律，已为催化反应器的设计和优化提供了科学依据。Phillips 公司的丁烯氧化脱氢装置从实验室一跃而达千吨级示范装置，又再跃而达 12 万 t 大装置，就是这方面一个很好的例子。正确的六至八碳烃芳构化动力学模型，启示了串联铂重整反应器中金属与酸性成分的适当配置可以大幅度增加芳烃得率，以后并为实践所证实。这是动力学在催化床层组分配置设计中的贡献。有了正确的 CO 氧化的物理传输与催化反应的模型，汽车尾气催化剂中把贵金属铂有选择地负载在中间、壳体或核心部分以提高 CO 转化率及抗毒能力。这是动力学对催化颗粒设计的贡献。近年来，国外已规定在新过程专利许可合同中应包含有动力学数学模型条款。

但在更基础的层次，特别在原子-分子层次上，要了解分子机理，目前动力学的进展水平尚嫌不够。即使用一些最新技术和理论，在最接近理想的情况，对最简单的体系进行研究，例如用调制的分子束对以能谱、低能电子衍射等技术表征的均一、明确、洁净的单晶面在超高真空系统中进行研究，以期在分子水平上了解 H_2-D_2 交换反应或 CO 氧化机理，据称有时还得出互有歧异的结果[75]。由于实用催化剂的表面在几何上和能量上极不均一，难以表征，又严重沾污，用分子束方法来研究就更难了。关键可能在于如何了解催化表面上活性中间物种的结构和浓度在空间上的分布及时间上的变迁。因为当代的研究仪器如表面能谱和原位红外技术，在灵敏度、分辨力和追踪速度方面都还跟不上要求。在实验技术方面还需要一些突破，才能向催化的核心问题迈进。

符 号 说 明

a	单位填充床体积中颗粒的外表面积
A	催化剂比表面积
A_0	频率因子
A_b	反应管截面积
b	吸附等温方程参数
b_i	回归参数
c_1（0）	单锭扩散反应器中 B_i之正面浓度
c_i	第 i 个反应组分浓度
C_p	热容
d_e	催化颗粒有效直径（体积/颗粒外表面）
d_p	催化颗粒直径
D_B	多元混合物中扩散物质的体相扩散系数
D_e	有效扩散系数
D_K	Knudsen 扩散系数
Da	Damköhler 数
E	活化能
E_a	表观活化能

f	气-固膜浓度梯度
f_C	碰撞频率因子
f_t	分解频率因子
F	单位时间内进料物种质量
ΔF^*	过渡络合物（B_1B_2）*的生成自由能
G	单位截面积的流体质量流速
h	普朗克常量
h_B	传热系数
ΔH	过渡络合物（B_1B_2）$^{\neq}$的生成热
j_D	传质因子
j_H	传热因子
J_m	物质扩散通量
k	反应速率常数
k_B	波耳兹曼常量
k_m	传质系数
k_s	以催化颗粒单位面积计的反应速率常数
k_t	反应操作时间
$K^{\neq}$	过渡态络合物生成平衡常数
K_d	吸附－内扩散参数
K_{eq}	化学反应平衡常数
K_i	组分 B_i 之吸附平衡常数
l	催化颗粒中心或平板底至颗粒中任一点的距离
L	催化表面上活性位或平板催化剂的厚度
m	反应级数
m_o	ν_{20}/ν_2值
M_i	组分 B_i 的相对分子质量
M_o	反应混合物平均分子量初始值
n_i	组分 B_i 的质量，或其在单位质量中的物质的量
n_t	单位质量的反应混合物所含的总物质的量
N	实验次数
p_i	组分 B_i 的分压
p_s	饱和吸附分压
p	系统之总压力
Pr	Prandtl 数
q	吸附等温方程中的参数
q_1、q_2	积炭方程中的参数
Q	反应空间的体积，如催化剂质量、体积、表面积等容量因素
r	反应速率
R	圆球催化颗粒半径；摩尔气体常量
Re	修正雷诺数
S	方差和
S_0	表面上活性位之浓度
S_V	催化剂单位颗粒体积
$\Delta S^{\neq}$	过渡络合物（B_1B_2）$^{\neq}$的生成熵
Sc	Schmidt 数

t	反应时间
t_m	中间产物产率最大时的反应时间
T	反应温度
u	表观线速
v_m	反应混合物平均摩尔体积
V	反应空间的体积
W	催化剂质量
x	单位进料质量中 B 转化的物质的量
X	摩尔转化率
$\hat{y}$	对因变数 y 的估算值
Y	B 的摩尔分数
z	催化床层长度
Z	碰撞次数
α_i	组分 B_i 比放射性
β	热效参数
γ	Arrhenius 数
γ_i	组分 B_i 的活度系数
δ	每转化 1mol B，反应系统所增加的物质的量
ε	催化颗粒孔隙率
$\zeta = \dfrac{N\sigma_u^2}{\sum l/\sigma_u^2}$	
η	催化剂有效因子
η_e	外扩散有效因子
θ_i	组分 B_i 在催化表面上所占吸附位的分数
$\lambda \equiv \omega n_{10}$	
λ_B	流体导热率
λ_e	轴向导热率
λ_p	催化颗粒导热率
u	流体黏度
ν_d	扩散计量数
ν_i	化学反应中组分 B_i 的计量数
ν_O	氧化计量数
ξ	反应度
ρ	流体密度
ρ_b	催化剂堆密度
σ_{12}	碰撞有效直径
τ	时空
τ_p	催化颗粒孔形因子
ϕ	内扩散模数
Φ	Weisz 扩散模数，$\Phi \equiv \eta\phi^2$
ψ_1	单锭扩散反应器中催化锭片背面浓度；c_1（1）与正面浓度 c_0（1）的比值
$\omega \equiv \delta/n_{t0}$	

上角标

$^\circ$	无因次物理量

下角标

o	初始状态
b	催化床层
c	积炭
B	流体体相
in	进口处
f	出口处或污化
p	催化颗粒
s	催化颗粒表面；圆球状
s	阶跃值
α	单层覆盖炭沉积
β	多层覆盖炭沉积
Σ	总炭沉积

参考文献

[1] IUPAC. Physical Chemistry Division. Commission on Colloid and Surface Chemistry. Pure Appl Chem, 1976. 46: 73

[2] 丁雪加等. 第一届全国催化与动力学学术报告会，成都：1981（未公开发表）

[3] Jungers J C. Cinétique chimiquee appliquée. Paris: Technip, 1958. 207

[4] Perry R H et al. Chemical Engineers'Handbook Section 4. 5th ed. New York: McGraw-Hill, 1973

[5] Neiman. M B, Gal D. The Kinetic Isotope Method and Its Application. Amsterdam; Elsevier: 1971

[6] 沈师孔等. 燃料化学学报，1965. 6：279

[7] Bauer F et al. Isotopenpraxis, 1978, 14: 300

[8] 张睿等. 中国科学，B 1985，(12)：1081

[9] 张睿等. 催化学报，1984，5：205；1985，6：1

[10] Weekman V W Jr. Lumps, Models and Kinetics in Practice. AIChE Monograph Ser, 1979, 75 (11)

[11] 浙江大学化学工程组（陈甘棠执笔）. 石油化工. 1977，6：417

[12] Mars P et al. Chem Eng Sci (Spec Suppl), 1954, 3: 41

[13] Shelstad K A et al. Can J Chem, Eng, 1960, 38: 102

[14] Hougen O A, Watson K M. Chemical Process Principles. 2nd ed. New York: John Wiley & Sons, 1954

[15] Kwan T.J Phys Chem, 1956. 60: 1033

[16] Калечиц И В, Инь Юань Ген. Ж Физ Хим, 1960, 34: 2687

[17] Голодец Г И. Теор Эксп Хим, 1976, 12: 188

[18] Kittrell J R et al. Am Inst Chem Engr J, 1965, 11: 1051

[19] Froment G F et al. Chem Eng Sci, 1970, 25: 293

[20] Hosten L H et al. Ind Eng Chem Process Des Develop, 1971, 10: 280

[21] Kittrell J R et al. Ind Eng Chem, 1965, 57 (12): 8

[22] Herten J et al. Ind Eng Chem Process Des Develop, 1968, 7: 516

[23] Pant G S et al. Can J Chem Eng, 1976, 54: 305

[24] Hertwig K et al. Chem Technik, 1971, 23: 584

[25] Pritchard D J et al. Chem Eng Sci, 1975, 30: 567

[26] Lumpkins R E et al. Ind Eng Chem, Eundam, 1969, 8: 407

[27] Buzzi-Ferraris G et al. Chem Eng Sci, 1974. 29: 1621

[28] Yang K H et al. Chem Eng Progr, 1950, 46: 146

[29] Froment G F. Am. Inst. Chem Engr J, 1975, 21: 1041

[30] Bradshaw R W et al. Chem Eng Sci, 1969, 24: 1519
[31] Boudart M. Am Inst Chem Engr J, 1972, 18: 465
[32] Chakrabarty T et al. Can J Chem Eng, 1979, 57: 651
[33] Pritchard D J et al. J Catal, 1980, 61: 430
[34] Satterfield C N. Mass Transfer in Heterogeneous Catalysis. Cambridge, MA: M I T Press, 1975
[35] Aris R. The Mathematical Theory of Diffusion and Reaction in Permeable Catalysts. Oxford: Claredon Press, 1975
[36] Rajadhyasksha. R A et al. Catal Rev, 1976, 13: 209
[37] Doraiswamy L K et al. Catal Rev, 1974, 10: 177
[38] Сидоров И П и др. Кин И К ат, 1962, 3: 523
[39] Hedden K et al. Chem Ing Tech 1966, 38: 846
[40] Berty J M. Chem. Eng Progr, 1974, 70 (5): 79
[41] Mahoney J A. J Catal, 1974, 32: 247
[42] Fitzharris W D et al. Ind Eng Chem Fundam, 1978, 17: 130
[43] Choudhary V R et al. Ind Eng Chem Process Des Develop, 1972, 11: 420
[44] Корнейчук Г П. Катализ и Катализатор, Вып. 6, 1970, стр. 157, "Науков Думмка", Киев.
[45] Sunderland P E, Kanzi E M A. Adv in Chem Series. No. 133, 3rd International Symposium on Chem React Eng, Washington D C: Am Chem Soc, 1974, 3
[46] Pirard J P et al. J Catal, 1978, 51: 422
[47] Wainwright M S et al. Can J Chem Eng, 1977, 55: 552
[48] Weekman V W, Jr, Am Inst Chem Engr J, 1974, 20: 883
[49] 陈诵英. 石油化工, 1978, 7: 290
[50] Calderbank P H et al. Adv Chem Ser, No. 109, 1st International Symposium on Chem React Eng, Washington D C: Am Chem Soc, 1970. 381
[51] Luft G et al. Chem Ing Tech, 1973, 45: 596
[52] Boag I F et al. Can J Chem Eng, 1976, 54: 107
[53] Mears D E. Ind Eng Chem Process Des Develop, 1971, 10: 541
[54] 顾其威. 化学工程, 1978, 60
[55] Ramachandran P A, Smith J M. Ind Eng Chem Fundam, 1978, 17: 148
[56] Scott D S. Chem Eng Sci, 1974, 29: 2155
[57] Chou T S. Chem Eng Sci, 1979, 34: 133
[58] Weisz P B, Prater C D. Advan Catal, 1954, 6: 144
[59] 周望岳等. 燃料化学学报, 1965, 6: 291
[60] Hegedus L L, Petesen E E. Catal Rev, 1974, 9: 245
[61] Kobayashi H, Kobayashi M. Catal, Rev, 1974, 10: 139
[62] Bennett, C O. Catal Rev, 1976, 13: 122
[63] Bennett C O. Catalysis under transient conditions. Am Chem Soc, Symp Ser, 178, 1, Washington, D C: Am Chem Soc, 1982
[64] Kobayashi, M. Can J Chem Eng, 1980, 58: 588
[65] Kobayashi M, Futaya R. Prepr 5th Canad Symp on Catal. 1977. 214
[66] Reymond J P, Bennett C O. J Catal, 1980, 64: 163
[67] Kaul D J, Wolf E E. J Catal, 1984, 89: 348
[68] Butt J. Progress in Catalyst Deactivation. NATO Adv Study Inst on Catalyst Deactivation. Figureido J L, Ed. 1982. 163
[69] Froment G F. Progress in Catalyst Deactivation. NATO Adv Study Inst on Catalyst deactivation, Figureido J D Ed. 1982, 103
[70] Nam I S, Kittrell J R. Ind Eng Chem Proc Des Develop, 1984, 23: 237
[71] Ramchandran P A et al. J Catal, 1977, 48: 177

[72] Corella J et al. Ind Eng Chem Proccss Dev, Develop, 1985, 24: 625
[73] Butt, J B et al. Chem Eng Sci, 1978, 33: 1321
[74] Lynch D T et al. Abstracts, 9th North Amer Meeting, Houston: Catal Soc, 1985
[75] Palmer R L et al. Catal Rev, 1975, 12: 279

（尹元根，北京化纤工学院化工系）

第 17 章　同位素瞬变动力学方法

在工业催化剂的研究和开发过程中，识别和表征催化剂的活性相，并确定它的催化作用机理是十分困难的。解决这一困难的方法必须依赖于催化剂表征、催化反应动力学和反应机理研究的巧妙结合。本文介绍的同位素方法是研究催化反应机理和在动态下表征催化剂表面反应物种的有效技术。

在反应机理研究方面，同位素标记方法有其独到之处。自 Taylor[1,2]采用氘作为标记物研究烃类在表面的反应以来，标记同位素方法已成为研究催化反应机理的一种重要手段。很多催化机理的发现都是采用标记同位素方法获得的，如烯烃选择氧化的烯丙基机理、CO 直接加氢合成甲醇机理、甲烷氧化偶联的甲基自由基机理等都是用标记同位素方法证明的。多相催化反应过程通常包含着多个反应步骤，而每个反应步骤可能还包括一个或多个反应物的化学吸附、化学吸附物种的反应以及反应产物的脱附。一个催化反应常常包含多种反应中间物种，其中有的可以脱附有的不能脱附。鉴别出这些中间物种的生成顺序并测定它们的表面浓度和寿命，可提供了解催化反应机理的重要信息。同位素瞬变动力学方法是将同位素示踪技术与瞬变技术结合的研究方法。同位素瞬变实验可以分为非稳态实验和稳态实验。非稳态实验主要可以得到有关反应机理方面的信息；稳态同位素瞬变实验则融瞬变与稳态的优点于一身，在得到定性信息的同时，还可以得到有关反应中间物种的量、覆盖度和平均寿命等定量的信息，这些信息是其他技术无法得到的。

在稳态条件下进行同位素瞬变实验的概念，首先由 Happel 等[3,4]于 20 世纪 70 年代末提出，并将该技术命名为稳态同位素瞬变动力学分析(steady state isotopic transient kinetic analysis，SSITKA)。这项技术一经提出，便迅速成为研究非均相催化反应机理和动力学的有力工具，应用范围也由最初的 CO 加氢反应迅速扩展到合成氨、氨氧化、CO 氧化、CH_4 氧化偶联、CH_4 部分氧化制含氧有机物、苯加氢、异丁烯加氢、异丁烷脱氢、F-T 合成和 CH_4/CO_2 重整制合成气 20 余个催化反应体系[5]。

本章将介绍：①用同位素标记法研究催化反应机理；②用同位素瞬变动力学研究催化反应机理和在动态下表征表面反应物种的概况。

17.1　标记同位素方法

17.1.1　原理和实验方法

同位素是指质子数相等而中子数不等的具有不同相对原子质量的同一种元素，同位素又分为稳定性同位素和放射性同位素，稳定性同位素如 ^{13}C、^{18}O、^{15}N 和氘等是稳定的原子，不会发生衰变，放射性同位素如 ^{14}C、^{35}S 是不稳定的原子，它们以各自不同的半衰期进行核衰变，同时释放出一定能量的放射线，如 ^{14}C 的半衰期约为 5740a，衰变时放出一个软 β 射性(低能电子)后变为 ^{14}N。因为元素的化学性质主要取决于原子的电子结构，当同位素相对原子质量的变化小于 10%时，同一元素的同位素在化学性质上的差别可以忽略，如^{13}C、^{14}C 和^{12}C 除相对原子质量不同外，它们的化学反应性能基本上是相同的。只有当相对原子质量改变很大的同位素，如 H（相对原子质量为 1）和 D(相对原子质量为 2)，根据过渡态反应速率理论，由于显著改变了在零点的振动频率和穿过活化势垒的隧道概率，使反应速率有明显的差别，可以观测到动力学同位素效应。所以，用氘代分子不仅可作为标记物，还可以根据动力学同位素效应判断反应的控制步骤。但对于大多数元素，可以采用同位素标记物作为反应物，如采用$^{14}C\,^{16}O$、$^{13}C\,^{16}O$、$^{12}C\,^{18}O$ 或$^{13}C\,^{18}O$ 代替通常的$^{12}C\,^{16}O$ 作为反应物，然后通过分析标记原子在反应产物中的分布情况，就能比较可靠的判断反应机理。

用同位素标记法研究反应动力学始于 20 世纪 50 年代末，早期的工作主要使用放射性同位素，因放射性污染及防护等问题，其应用受到局限。20 世纪 70 年代以来，市场上可提供高纯度的 D、^{13}C、^{15}N、^{18}O 等各种稳定同位素标记的商品化合物，为使用稳定同位素标记化合物研究反应机理提供了便利条件。加拿大的 MSD Isotopes Division of Merck Canada Inc. 公司和美国 CIL(Cambridge Isotope Laboratories)Inc. 公司都可生产各种稳定同位素标记物。稳定同位素标记物的分析也十分灵敏和方便快捷，通常采用四极矩质谱就可完成。由于标记物分子与通常的分子相比，伸缩振动频率会发生红移，所以红外光谱有时也可用于分析标记原子在反应产物中的分布情况。对于核自旋量子数不为零的原子如^{13}C、H、D 等，可以用核磁共振(NMR)来判断标记原子在产物分子中的确切位置。与质谱法相比，红外光谱和 NMR 有一定的局限性，它们通常只用于分析比较复杂的产物。

17.1.2 标记同位素方法研究反应机理的实例

17.1.2.1 丙烯歧化反应机理

Mol 等[6]用放射性^{14}C 标记中间碳原子的丙烯分子($CH_2=^{14}CH-CH_3$)为反应物，研究在 Re_2O_7/Al_2O_3 催化剂上丙烯歧化为乙烯和丙烯的反应机理。这一反应可以通过如下两种机理进行：

$$2\,C=\overset{*}{C}-C \longrightarrow [\,C-\overset{*}{C}-C-C-\overset{*}{C}-C\,] \longrightarrow C=\overset{*}{C}+C-C=\overset{*}{C}-C$$

（线形中间物）

$$2\,C=\overset{*}{C}-C \longrightarrow \left[\begin{array}{c} C-\overset{*}{C}-C \\ | \quad\ | \\ C-\overset{*}{C}-C \end{array}\right] \longrightarrow C=C+C-\overset{*}{C}=\overset{*}{C}-C$$

（环状中间物）

用 $CH_2=^{14}CH-CH_3$ 标记物作为原料气进行歧化反应，对生成产物的放射性测量表明，在产物乙烯分子中没有放射性，而全部的放射性^{14}C 同位素都在产物丁烯分子中。这就证明丙烯在 Re_2O_7/Al_2O_3 催化剂上的歧化反应机理是：首先形成 1，2-二甲基环丁烷中间物，然后再分解为乙烯和丁烯。

17.1.2.2 丙烯氧化的反应机理

丙烯选择氧化为丙烯醛是一个典型的烯烃选择氧化反应。Adams 等[7, 8]用 3 种氘标记丙烯 $CH_2=CH-CH_2D$、C_3D_6、$CHD=CH-CH_3$ 和 C_3H_6 在 450℃分别在钼酸铋催化剂上进行丙烯氧化制丙烯醛反应，测定了这 4 种反应物的动力学同位素效应，结果列于表 17-1。表 17-1 中所列数值为一级速率常数，其中第 1 行的预测值是按假定第 1 次抓取—CH_3 中的 1 个氢原子形成烯丙基($CH_2\text{┄}CH\text{┄}CH_2$)中间物是反应控制步骤计算得到的；第 2 行的预测值是按第 2 次抓取烯丙基端次甲基中的 1 个氢原子是反应控制步骤计算得到的。

表 17-1 不同氘代丙烯 450℃在混合相钼酸铋催化剂上部分氧化为丙烯醛的动力学同位素效应的理论值与实验值比较

项目	一级速率常数			
	C_3H_6	CH_2CHCH_2D	C_3D_6	$CHDCHCH_3$
假定的速控步骤				
抓取第 1 个 H 原子	1.00	0.83	0.50	1.00
抓取第 2 个 H 原子	1.00	0.80	0.50	0.88
形成 C—O 键	1.00	1.00	1.00	1.00
实测结果	1.00	0.85	0.55	0.98

由表 17-1 可见，一级动力学常数的实验值与第 1 行的预测值完全一致。由此可以证明从丙烯分子的—CH_3 上抓取第 1 个氢原子形成对称的烯丙基($CH_2\text{┄}CH\text{┄}CH_2$)中间物是反应控制步骤。由于邻近 C═C 双键 π 电子的作用，使该甲基上 C—H 的键能降低到约 313.8kJ·mol^{-1}，显著低于 C═C 双键上的 C—H 的键能，所以首先抓取—CH_3 上的 1 个氢原子形成烯丙基中间物是合理的。

由于烯丙基中间物的对称性，两个端次甲基上的氢原子的活性都是等同的。Adams 和 Jennings根据抓取—CH_3上的1个氢原子形成对称的烯丙基中间物是反应控制步骤的机理，采用动力学同位素效应 $k_D/k_H=0.55$，预测了分别用 $CHD=CH-CH_3$ 和 $CH_2=CH-CH_2D$为原料反应生成的丙烯醛中的氘原子浓度。表 17-2 是 450℃下在混合相钼酸铋催化剂上氧化生成氘代与非氘代丙烯醛分子浓度的实测值与理论预测值的比较。由表 17-2 可见，实测值与理论预测值较为接近，这进一步证明抓取甲基上的第 1 个氢原子生成烯丙基中间物是丙烯氧化为丙烯醛的反应控制步骤。

Sachtler[9]用$^{14}CH_2=CH-CH_3$、$CH_2=CH-{}^{14}CH_3$ 和 $CH_2={}^{14}CH-CH_3$ 这三种标记物研究了丙烯在钼酸铋催化剂上选择氧化为丙烯醛的反应机理。将反应生成的丙烯醛光催化氧化为乙烯和二氧化碳：

$$CH_2=CH-CHO+[O]\longrightarrow CH_2=CH_2+CO_2$$

表 17-2　在混合相钼酸铋催化剂上氘标记丙烯氧化产物中氘代(D_1)与非氘代(D_0)丙烯醛分子的实测值与理论预测值的比较

反应物	转化率	摩尔分数%			
		实测值		预测值	
		d_0	d_1	d_0	d_1
$CH_2{=}CH-CH_2D$	39	32.9	67.1	33.7	66.3
$CH_2{=}CH-CH_2D$	81	29.4	70.6	33.7	66.3
$CHD{=}CH-CH_3$	63	19.6	80.4	15.5	84.5
$CHD{=}CH-CH_3$	77	20.4	79.6	15.5	84.5

该反应可将—CHO 基团的碳原子选择性地转化为 CO_2，再分别测量乙烯和二氧化碳的放射性，实验结果列于表 17-3。

表 17-3　^{14}C 标记丙烯在钼酸铋催化剂上氧化生成丙烯醛中的^{14}C 分布

反应物	相对放射性		
	在 C_3H_6 中	在—COH 中	在—$CH{=}CH_2$ 中
$^{14}CH_2{=}CH-CH_3$	1.00	0.45	0.49
$CH_2{=}CH-{}^{14}CH_3$	1.00	0.50	0.52
$CH_2{=}{}^{14}CH-CH_3$	1.00	0.04	0.96

由表 17-3 可见，无论用$^{14}CH_2{=}CH-CH_3$ 还是用 $CH_2{=}CH-{}^{14}CH_3$ 为原料气，在产物丙烯醛中放射性^{14}C 的分布基本相同。两种不同的^{14}C 标记丙烯醛$^{14}CH_2{=}CH-CHO$ 和 $CH_2{=}CH-{}^{14}CHO$ 在反应产物各占 1/2 左右。$CH_2{=}{}^{14}CH-CH_3$ 为原料气，在产物丙烯醛的—COH 基团中基本上没有放射性^{14}C。这些实验结果再次证明，丙烯氧化是按烯丙基中间物(π-allyl intermediate)机理进行的，因为烯丙基络合物中在端位的两个碳原子是完全等效的，所以在两个端碳原子插入氧原子和氧化脱氢的概率相同。因此，从端次甲基上抓取第 2 个氢原子和插入氧原子的活性都是等同的。

McCain 等[10]用$^{13}CH_2{=}CH-CH_3$ 标记物在钼酸铋催化剂上选择氧化为丙烯醛的研究结果表明，两种不同的^{13}C 标记的丙烯醛($^{13}CH_2{=}CH-CHO$ 和 $CH_2{=}CH-{}^{13}CHO$)在反应产物各占 1/2，这一结果为烯丙基中间物机理提供了充分证据。

Krenzke 等[11]用^{18}O 标记方法研究了钼酸铋体系催化剂的作用机理，实验表明，当用$^{18}O_2$与丙烯为原料气进行反应时，在初始反应时基本上是生成不含^{18}O 同位素的丙烯醛分子($CH_2{=}CH-C^{16}OH$)，几乎检测不到^{18}O 标记的丙烯醛($CH_2{=}CH-C^{18}OH$)；随着反应的进行，反应产物中 $CH_2{=}CH-C^{18}OH$ 的比例逐步增加，而 $CH_2{=}CH-C^{16}OH$ 的比例逐步减少。他们根据丙烯醛中^{16}O 的含量，计算出不同的钼酸铋催化剂可提供参与氧化反应的晶格氧的原子分数(表 17-4)。由表 17-4 可见，不同的钼酸盐催化剂可提供参与反应的晶

表 17-4　不同钼酸盐催化剂参与丙烯部分氧化的晶格氧的原子百分数

催化剂	反应温度/℃	参与部分氧化的晶格氧原子百分数
$Bi_2Mo_3O_{12}$	450	9.4
	400	4.2
	350	2.6
Bi_2MoO_6	450	100
	400	45
	350	28
$Bi_3FeMo_2O_{12}$	450	100
	400	89
	350	81

格氧量有显著差别，而且其值随着反应温度的增加而增加。

根据以上结果他们认为丙烯在钼酸铋催化剂上的氧化反应是按照图 17-1 所示的 Mar-van Krevelen 的氧化-还原机理进行的，即烯烃与钼酸铋催化剂的晶格氧(或称结构氧)进行反应，然后分子氧再将被还原的催化剂氧化到高价态，实现催化循环。

17.1.2.3　CO 加氢合成甲醇的反应机理

从 CO 和 H_2 合成甲醇是重要的天然气化工和煤化工过程。有关该反应机理的一个关键问题是通过分子吸附态 CO 直接加氢，还是

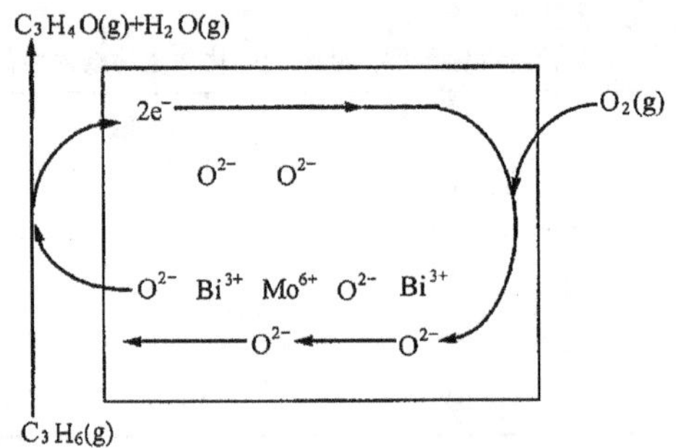

图 17-1　按 Mar-van Krevelen 氧化-还原机理丙烯氧化为丙烯醛过程

通过 CO 先离解为表面碳物种和表面氧物种后再加氢。这两种机理分别表示如下

(1) CO 离解的反应机理

$$H_{2(g)} \rightleftharpoons 2H_{(ad)}$$

$$CO_{(g)} \rightleftharpoons C + O_{(ad)}$$

$$CH_{n(ad)} + H_{(ad)} \rightleftharpoons CH_{n+1(ad)} \quad (n = 0,1,2)$$

$$O_{(ad)} + H_{(ad)} \rightleftharpoons OH_{(ad)}$$

$$CH_{3(ad)} + OH_{(ad)} \rightleftharpoons CH_3OH_{(g)}$$

(2) CO 非离解的反应机理

$$H_{2(g)} \rightleftharpoons 2H_{(ad)}$$

$$CO_{(g)} \rightleftharpoons CO_{(ad)}$$

$$COH_{n(ad)} + H_{(ad)} \rightleftharpoons COH_{n+1(ad)} \quad (n = 0,1,2)$$

$$COH_{3(ad)} + H_{(ad)} \rightleftharpoons CH_3OH_{(g)}$$

Takeuchi 等[12]通过采用 50% ^{13}CO 和 50% $C^{18}O$ 的混合 CO 与氢为原料气研究了 Rh/TiO_2 催化剂上 CO 加氢合成甲醇的反应机理。反应产物分析结果列于表 17-5。由表 17-5 可见，产物中各种甲醇产品的摩尔分数分别为 $^{13}CH_3OH$ 54%，$CH_3{}^{18}OH$ 44%，CH_3OH 1%，$^{13}CH_3{}^{18}OH$ 2%。如果甲醇是通过 CO 离解后再加氢生成，则甲醇中的 C 原子和 O 原子应该由 ^{13}CO 和 $C^{18}O$ 解离后在表面形成的 ^{13}C、^{12}C、^{18}O 和 ^{16}O 物种随机重组而成，生成的甲醇产物中 $^{3}CH_3OH$、$CH_3{}^{18}OH$、$^{13}CH_3{}^{18}OH$ 和 CH_3OH 的摩尔分数应各占 25%左右。但实验结果表明，只有摩尔分数 1% ~ 2%的甲醇分子中的 CO 原子发生重组。这一结果说明，甲醇是通过分子吸附态的 CO 直接加氢生成的。

表 17-5　Rh/TiO_2 催化剂上 CO 加氢合成甲醇产物的同位素分布1)

质量数	产物	摩尔分数/%
32	$^{12}CH_3{}^{16}OH$	1
33	$^{13}CH_3{}^{16}OH$	54
34	$^{12}CH_3{}^{18}OH$	44
35	$^{13}CH_3{}^{18}OH$	2

1) 原料气组成为 $^{13}C^{16}O/^{12}C^{18}O/H_2 = 1/1/50$(物质的量比)，在 0.1MPa 和 150℃下的结果。

17.1.2.4　Ni/Al_2O_3 催化剂上 CO 甲烷化的反应机理

Araki 等[13]研究了在 Ni/Al_2O_3 催化剂上 CO 加氢甲烷化的反应机理。他们预先用 ^{13}CO 处理 Ni/Al_2O_3 催化剂表面，使 ^{13}CO 在 Ni 表面发生歧化反应，通过 ^{13}CO 歧化反应生成 $^{13}C^*$ 表面物种，并覆盖了部分 Ni 中心：

$$2\,^{13}CO \longrightarrow {}^{13}C^* + {}^{13}CO_2$$

然后用 $H_2/^{12}CO$ 物质的量比为 3 的原料气通过 ^{13}CO 处理过的 Ni/Al_2O_3 催化剂进行反应。可以设想 CO 甲烷化有两种可能的机理:一种是通过在 Ni 中心上吸附的 CO 分子直接加氢生成甲烷和水；另一种是 CO 首先在 Ni 中心上离解为表面碳物种和氧物种，然后再分别加氢为甲烷和水。根据上述机理，可以预测反应产物甲烷的同位素组成随时间的变化曲线如图 17-2[13]所示。图 17-2 左面表示离解的表面碳物种 C^* 是活性中间物的产物变化曲线；图 17-2 右面表示非离解的 CO 是活性中间物的产物变化曲线。如果 CO 加氢按离解机理进行，在反应的初始阶段有利于生成 $^{13}CH_4$，不利于生成 CH_4；如果是通过吸附的 CO 分子直接加氢生成甲烷，则有利于生成 CH_4，不利于生成 $^{13}CH_4$。实验结果与图 17-2 左面预测的曲线相同，这表明 CO 在 Ni/Al_2O_3 催化剂上加氢甲烷化是通过离解机理进行的。

17.1.2.5　Li/MgO 催化剂上甲烷氧化偶联的反应机理

甲烷氧化偶联为 C_2 烃是一个高温临氧反应，其反应机理受到普遍的关注。氧化偶联所用的催化剂多为碱性复合氧化物催化剂，其中 Li/MgO 是一种典型的催化剂，它具有较高的活性和 C_2 烃选择性[14]。Nelson 等[15]用分子分数为 50% CH_4 和 50% CD_4 的混合

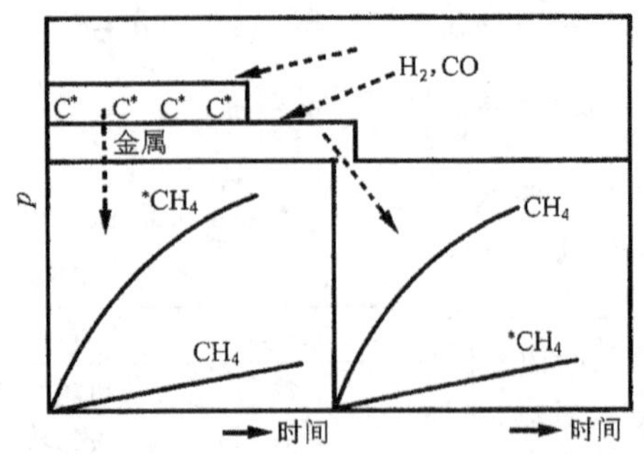

图 17-2 描述 Araki 和 Ponec 实验的产物浓度随时间变化的曲线

甲烷与氧在 Li/MgO 催化剂上进行氧化偶联反应，发现主要的产物是 CH_3CD_3 和 CH_2CD_2，其次是 C_2H_6、C_2D_6、C_2H_4 和 C_2D_4，没有发现有 CH_2DCHD_2、CH_3CHD_2 和 CH_2DCH_3 等同一个碳原子上与两种氢同位素(H 和 D)成键的反应产物，而且未反应的 CH_4 和 CD_4 之间也没有发生氢同位素交换反应。根据这一结果，他们提出甲烷氧化偶联是通过甲基自由基($CH_3\cdot$)机理进行的，即甲烷首先在催化剂上发生均裂脱去一个氢原子生成$CH_3\cdot$，然后进入气相偶联为乙烷，乙烷再脱氢或氧化脱氢为乙烯。如果生成的$CH_3\cdot$不是立即离开表面再气相偶联为乙烷，则停留在 MgO 表面的甲基很容易进行 CH_4/CD_4 之间的同位素交换反应。Mims 等[16]也进行了类似的工作，并得到完全一致的结论。

Wang 等[17]用 ESR 方法证明了在 Li/MgO 催化剂上$CH_3\cdot$的生成量与[$Li+O^-$]离子对浓度成正比。他们提出的催化剂作用机理为

$$Li^+ O^- + CH_4 \longrightarrow Li^+ OH^- + CH_3\cdot \tag{17-1}$$

$$2Li^+ OH^- \longrightarrow H_2O + Li^+ O^{2-} + Li^+ [\quad] \tag{17-2}$$

$$Li^+ O^{2-} + Li^+ [\quad] + 1/2O_2 \longrightarrow Li^+ O^- \tag{17-3}$$

根据这一机理，反应速率的控制步骤有三种可能：第一种可能是由甲烷脱去一个氢原子生成$CH_3\cdot$[式(17-1)]；第二种可能是 OH 断裂生成 H_2O 分子[式(17-2)]；第三种可能是失去 O^-离子的 Li^+[ ]经氧化再生为 Li^+O^-离子对[式(17-3)]。

Cant 等[18, 19]、Otsuka 等[20]和 Burch 等[21]的研究表明，无论是用 CD_4 取代 CH_4，还是用 CD_4/CH_4 的混合物在 Li/MgO 催化剂上进行氧化偶联反应都观测到动力学同位素效应，这表明从甲烷脱去一个氢原子生成$CH_3\cdot$可能是甲烷氧化偶联的速率控制步骤。此外，他们的研究还表明，将 D_2O 加入 CH_4 原料气中进行氧化偶联反应时没有检测到动力学同位素效应，这就排除了 OH 键断裂是速率控制步骤的可能性，但是 Lunsford 等[22]在 Li/MgO 催化剂上甲烷分压 250Pa、700℃下的研究表明，甲烷氧化偶联的动力学同位素效应 k_{CH_4}/k_{CD_4}值与反应的氧分压有关，当氧分压由 25Pa 增加到 250Pa 时，k_{CH_4}/k_{CD_4}值从 1.30 增加到 1.45。这一结果指出，甲烷氧化偶联反应的速率控制步骤与氧分压有关，在较高的氧分压下，甲烷脱去一个氢原子生成$CH_3\cdot$是速率控制步骤；但是在较低的氧分压下，失去 O^-离子的 Li^+

[ ]经氧化再生为 $Li^{+}O^{-}$ 离子对也会成为影响反应的一个慢步骤。

17.2 同位素瞬变动力学

将同位素示踪技术与瞬变技术结合起来研究非均相反应的实验方法称为同位素瞬变动力学。同位素瞬变实验可以分为非稳态同位素瞬变动力学和稳态同位素瞬变动力学。

同位素瞬变动力学实验技术最初一般用质谱作为检测手段，通过检测未反应的反应物和反应产物的瞬变响应，获取反应机理和原位动力学方面的信息。气固非均相反应的特点就是绝大多数反应是在催化剂的表面上进行的，尽管同位素的示踪作用使我们对反应的具体过程有了一定的了解，并可以由同位素示踪的信息来推测反应中间物种，但这种技术对中间物种的认识仅仅是建立在推测的基础之上，并不能对催化剂表面反应中间物种的本质做出明确的判断；原位红外技术在观察催化剂表面反应方面有独特的优势，可以直接观察反应过程中的催化剂表面和表面上吸附物种的变化[23, 24]，将同位素瞬变动力学与傅里叶变换红外(FTIR)有机地结合起来，利用瞬变红外光谱不仅可以研究表面动态反应和鉴别表面吸附中间物种，而且还可以通过同位素位移效应正确表征表面的中间物种，包括其化学结构和表面覆盖度，并可分辨吸附反应物种和非反应物种[25]，弥补了单纯用质谱检测的不足。因此，将原位红外技术和质谱结合起来作为检测手段近年来得到很快的发展[24, 26]。

17.2.1 同位素瞬变动力学实验装置

同位素瞬变实验装置[27~29]如图 17-3 所示，装置包括气路控制部分、反应器和质谱在线分析系统，常常配一台色谱仪以测定反应物和产物的浓度。

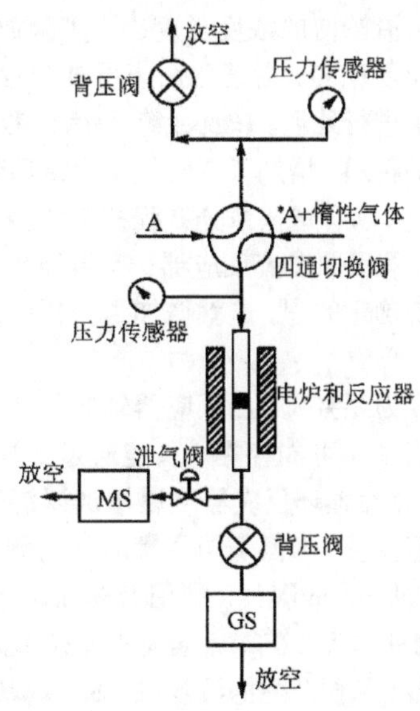

图 17-3 同位素瞬变动力学实验装置示意图

17.2.1.1 气路控制部分

在气路设计方面，主要考虑要满足进行稳态同位素瞬变动力学实验的要求。进行稳态同位素瞬变动力学实验，实际上是用一个四通阀对化学组成相同但同位素组成不同的两路反应原料在稳态反应条件下进行切换，通过检测反应物和产物的瞬变响应曲线进行分析，得到有关反应机理和原位动力学方面的信息。在切换前后，体系的流率、压力以及反应物的组成要保持不变，这样才能保证在同位素效应可以忽略不计的前提下，在切换前后反应仍处于稳态。因此气路的设计要比进行非稳态实验的要求高得多。

对于一些简单的反应体系，为了避免事先配气，实验装置上设有多路进气口，进气均由质量流量计控制，通过调节流量可以得到不同的反应物配比。将进气气路分成两组，分别接在四通阀的两个入口上，两者之间可以切换。在四通阀的两个出口处各安装一个压力表，在两路气的放空口各安装一个背压阀，在进行切换之前，调节背压阀，使四通阀的两个出口的压力相同。然后再分别调整每组气的流量，以得到适宜的反应物组成并使两组气的流量相同。这样，就可以保证在切换前后体系的压力、组成和流量基本不发生变化。

17.2.1.2 反应器

平推流反应器和全混流反应器是实验中通常采用的两种反应器，是两种处于极端情况的理想反应器，其中平推流反应器内的返混程度为零，而全混流反应器内的返混程度为无穷大，即新鲜原料进入反应器后与反应器内原有的反应物和产物瞬间达到完全混合。平推流反应器反应物 A 的转化率(x_A)实际上是催化剂床层沿轴向位置的函数；全混流反应器出口的组成完全一样，这就给实验数据的分析带来了极大的方便。

在实验中经常采用微型固定床平推流反应器，这种反应器体积小、操作简单，如果催化剂床层很低，还可以忽略沿轴向的浓度梯度，使实验数据的处理大为简化。然而，如果平推流反应器内催化剂床层稍高，沿催化剂床层轴向存在的浓度梯度将不能忽略，需要建立数学模型对实验结果进行处理。Happel 等[30]综合考虑了催化剂内、催化剂表面以及沿催化剂床层气相物种的传递，增加了空间位置变量后建立了平推流反应器微分方程；Linde 等[31]提出了采用差分求解这些微分方程的方法，这些都为实验数据的分析提供了方便。还应该注意的是，采用平推流反应器，有可能出现反应产物再吸附的现象，而产物再吸附的程度是不容易确定的[9]。这就增加了分析的复杂性，给合理解释实验数据造成了困难。

全混流反应器内返混程度为无穷大，沿反应器轴向无浓度梯度。由于全混流反应器是一种理想反应器，在实际当中不可能存在，只能通过反应器的设计和操作条件的选择，尽量接近这种理想状态。采用循环反应器可以增加返混程度，但这却增加了实验的复杂程度和昂贵的同位素的消耗量、降低了同位素的可检测度，而且难以精确确定催化剂表面的瞬间行为[5]。Zielinski[32]另辟蹊径，利用流体流动的扩散和涡流效应等特点来增大返混。将反应器入口端封死，然后在端点偏离中心位置及其两侧各钻一个小孔，使原料气由这些小孔进入反应器，从而产生涡流效应。Stockwell 等[33]的实验结果表明，选择合适的反应器长度和原料气流率，可使以分子扩散为基础计算的 Peclet 准数接近于 1。

而实际的涡流扩散效应要远大于分子扩散，换言之，涡流效应产生反应器内轴向质量传递要超过净流体流动产生的质量传递，惰性气体示踪结果表明，该反应器的惰性气体的瞬变响应与气体混合效果好的反应器的瞬变响应一致[34]。

由此可见，反应器直接影响到实验结果的分析及其可靠程度，在实验中应该根据具体情况慎重选择。

17.2.1.3 检测系统

在 SSITKA 中，质谱是整个装置的核心。一般来说，质谱要能够同时进行多质量通道的连续快速检测分析，而且检测速度一般要越快越好。尤其是在进行反应速率常数很高的实验研究时，质谱的时间分辨率就显得极其重要[33]。近年来，四极质谱技术的发展很快，它不仅具有多通道连续快速分析、高灵敏度和高分辨率的技术性能，而且体积小、价格较低[35]，为 SSITKA 的发展奠定了技术基础。

实验还可以用红外池替换反应器，采用质谱和红外进行联合检测，这样，在得到质谱检测到的反应器流出物信息的同时，还可以同时得到瞬变反应过程中催化剂表面有关反应物种的信息，为反应机理的推断和动力学模型的建立提供更多的有价值的线索。Li 等[27]将 FTIR 与 SSITKA 结合起来，进行了 CO 在 Pt/SiO_2 和 Pd/SiO_2 催化剂上的氧化反应研究，还对适合于这种研究的红外池提出了具体要求。Chuang 等[36]在研究 CO 在 Rh/SiO_2 上的插入反应中，还专门设计了耐高压的红外池反应器。Stockwell 等[33]成功地利用这一技术对 Ni/Al_2O_3 催化剂上 CO 加氢甲烷化反应进行了研究。利用红外技术检测瞬变过程，要求红外要具有快速扫描功能。在实验中，可以采用透射红外，也可以采用漫反射红外，一般后者的优势在于可研究红外透过率很低的催化剂，而且催化剂不需要压片而更接近于反应的实际情况。

17.2.2 节约同位素的同位素瞬变动力学实验方法

采用四通阀在反应物与同位素标记的反应物间切换进行稳态同位素瞬变反应实验，含同位素的反应物需要连续流动，这会消耗较多的同位素。同位素用量大，实验成本高，成为限制稳态同位素瞬变动力学分析实验技术应用的重要因素。为了减少同位素用量，我们用稳态脉冲代替稳态切换，并配套开发了同位素定量管内配气装置和配气方法[37]。这种稳态同位素瞬变脉冲技术基本上做到了同位素用多少，取多少，使实验费用显著降低。

17.2.2.1 稳态宽峰脉冲实验装置及方法

在体系的总气体流量一定的情况下，可以选择容量适宜的定量管，将定量管内的气体以脉冲方式注入到流动体系中，产生如图 17-4 所示的“宽峰”脉冲。如果定量管内气体的压力与流动体系的压力相同，在总气体流量不是很高、定量管造成的压降可以忽略的前提下，脉冲时将不会使反应器内产生明显的压力和气体流速的波动，保证反应的稳态不被破坏。这样，就实现了稳态瞬变脉冲。其效果相当于用四通阀由反应物切换到同位素标记的反应物再切换回原来的反应物。

要想用“宽峰”脉冲替换四通阀切换，需要对图 17-3 进行改造。具体的做法是：选一个六通阀，将其任意相邻的两个接口封死，中间相对的两个接口接上适宜的定量管；将图 17-3 中四通阀同位素的进、出口拆开，与六通阀剩余的两个接口相连。当在定量管内进行配气时，将六通阀从四通阀上拆下，接到如图 17-5 所示的同位素配气装置中，配完气后，将六通阀旋至定量管与两封死的接口相通的位置，然后拆下六通阀，将其接到图 17-3 的四通阀上。切换四通阀，使六通阀与四通阀的两个接口管路得到清洗，待反应处于稳态后，即可用六通阀进行脉冲。

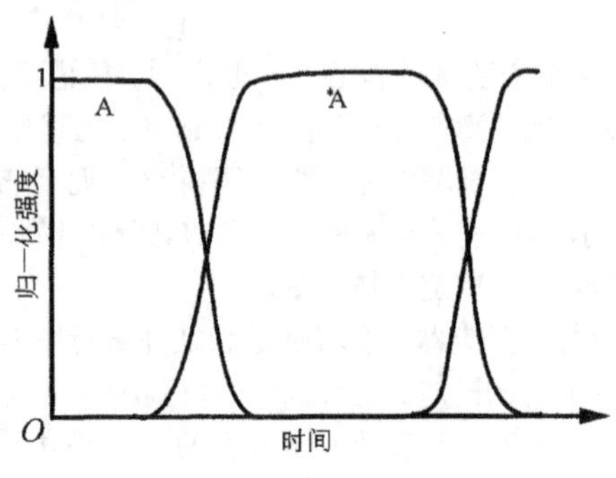

图 17-4 "宽峰"脉冲示意图

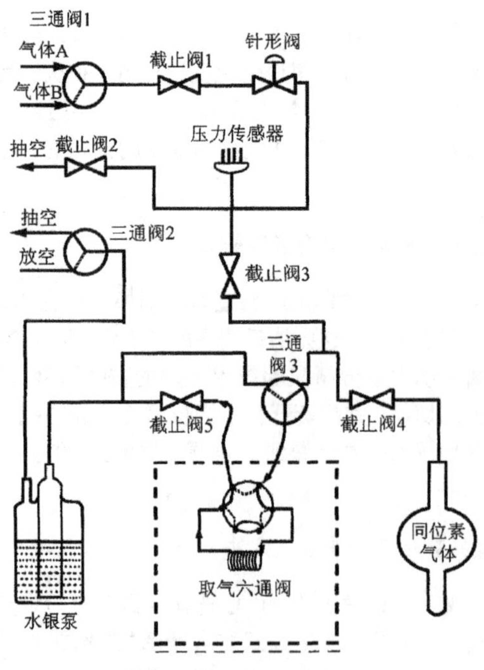

图 17-5 同位素配气装置图

17.2.2.2 定量管内配气装置及方法

用稳态脉冲代替稳态切换，难点在于如何在定量管内进行配气。为了保证脉冲时反应体系的压力、流率不产生大的波动，选择定量管的管径与体系管路的管径相同。实验装置往往选外径为 ϕ 3mm 的管子，其内径一般为 ϕ 2mm。由于管子的内径远远小于分子平均自由程，气体在这样的管子里在短时间内不能通过分子运动实现不同气体的均匀混合。为此，就必须采取措施使定量管内的不同气体混合均匀。经过反复摸索，我们开发出了一种“双出单回循环定量管内配气法”。

如图 17-5 所示，在安装配气装置图中方框内的取气六通阀之前，将截止阀 1、针阀和截止阀 3 打开，将三通阀 3 转至右侧进气位置，让配气用的其他气体 A、B 等充分置换管路内的气体，以保证所用气体不被管路内残存的气体污染。然后调节针阀的开度，使气体的流速在 2mL·min^{-1}以下，以便于控制配气和减小因压降较大所造成的配气误差。关闭截止阀 1，安装好取气六通阀，打开截止阀 2、截止阀 3 和截止阀 5，三通阀 2 置于抽真空位置，三通阀 3 开到右侧，取气六通阀旋到右侧进气位置，开始抽真空(注意:除非是取同位素气体；否则同位素气体瓶在抽完真空，折断玻璃封口后，截止阀 4 始终处于关闭状态)。抽空到压力传感器(Motorola MPX2100AP K9725 型，量程为 0～0.1MPa，稳定度 ±0.5%；采用 ϕ 8mm 尼龙塑料管与 ϕ 6mm～ϕ 3mm 变径不锈钢管的 ϕ 6mm 端连接，ϕ 3mm 端与系统连接)指示压力为零后，关闭截止阀 2 和截止阀 5，将三通阀 2 转至与两入口都不通的位置，然后慢慢打开截止阀 4，使同位素气体缓缓流入定量管。这期间，要密切注视压力的变化，当压力将升到预定值时，进一步减小同位素气体的流量，使压力以极慢的速度升到预定值，然后关闭截止阀 4。将三通阀 1 旋至所需要的气体入口，打开截止阀 1，使气体缓缓流入定量管，当压力升至预定压力时关闭截止阀 1，再将三通阀旋至其他气体入口,继续配气。

配完气后，将三通阀 2 和三通阀 3 同时慢慢旋至放空和左侧位置，待配气室内水银液面不变时，将截止阀 5 打开，然后将三通阀 2 旋至抽真空位置，待配气室内管水银液面降到一定程度后，关闭截止阀 5，将三通阀 2 慢慢旋至放空位置，使配气室内管水银液面缓缓升至内管最顶端，这时将三通阀 2 再旋至中间与两进气口都不通的位置。这样，定量管内的气体就从左端被抽进配气室内管，混合后又从定量管右端被压回定量管。再打开截止阀 5，同时将三通阀 2 旋至抽空位置，定量管内的气体再次从两端被抽进配气室；然后将截止阀 5 关闭，将三通阀 2 再旋至放气位置，混合后的气体再次从定量管的右端被压回定量管。

如此反复操作，定量管内未混合好的气体从左端抽出，混合好的气体从右端被压回，经过十余次循环，定量管内气体将实现均匀混合。我们称这种混气的方法为“双出单回循环”定量管内配气法。气配好后，将其他打开的阀关闭，将取气六通阀旋至左侧关闭位置。将图 17-5 中取气六通阀卸下来，安装到图 17-3 中，其他准备工作做好后，即可进行脉冲实验。

实验表明，这种配气及脉冲方法操作简便易行，完全可以满足实验需要，并且极大地降低了昂贵的同位素的用量。

17.2.3 非稳态同位素瞬变方法的应用实例

17.2.3.1 La_2O_3 对 Ni/Al_2O_3 催化剂性能的影响

Ni/Al_2O_3 催化剂对甲烷部分氧化制合成气具有很高的活性和选择性，但是在反应过程中容易积炭，研究表面添加 La_2O_3 助剂可以显著提高 Ni/Al_2O_3 催化剂的抗积炭能力[38, 47]。为了阐明 La_2O_3 的助剂作用，进行了非稳态的同位素瞬变研究[39]。实验采用本文 17.2.2 节介绍的同位素瞬变动力学稳态宽峰脉冲实验方法，对添加 La_2O_3 和不加 La_2O_3 的还原态 Ni/Al_2O_3 催化剂，在 600℃下分别进行了由 Ar 气流切换到 $^{13}CO/CH_4$ 物质的量比为 1/3 的气流中，然后再切换到 Ar 的瞬变应答实验，测得的同位素瞬变应答曲线示于图 17-6。

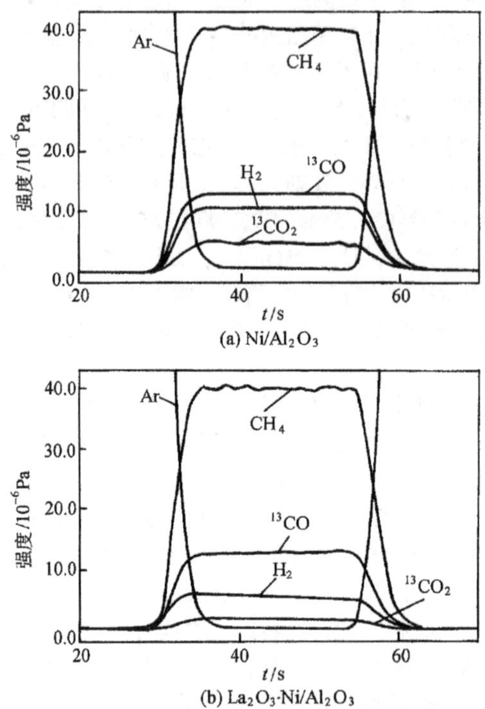

图 17-6　600℃下 $Ar \rightarrow CH_4/^{13}CO \rightarrow Ar$ 切换的应答曲线

由图17-6可见，在不加 La_2O_3 的 Ni/Al_2O_3 催化剂上，H_2 和 $^{13}CO_2$ 的生成量均显著大于 La_2O_3-Ni/Al_2O_3 催化剂。这表明 La_2O_3 的作用是抑制镍催化剂的甲烷离解活性($CH_4 \longrightarrow C + 2H_2$)和 CO 歧化活性($CO \longrightarrow CO_2 + C$)。因为这两个反应都会生成表面碳物种，在氧化/重整反应中表面碳物种的生成和消耗应当处于平衡状态，才不会导致表面的碳物种积累并进一步转化为积炭。所以适当降低镍催化剂的甲烷离解活性和 CO 歧化活性，可以提高催化剂的抗积炭能力。

根据以上实验结果可以认为，La_2O_3 是作为一种电子助剂，使镍金属中心稍带正电荷，适当降低镍金属中心的反应活性。

17.2.3.2　甲烷氧化制合成气反应机理研究

我们利用建立的同位素瞬变动力学实验装置，对 Ni/Al_2O_3 催化剂上甲烷催化部分氧化制合成气的反应机理进行了初步研究，结果表明，在常压、700℃条件下，CH_4 在还原的 Ni/Al_2O_3 催化剂上极易分解生成 H_2 和 Ni_xC[40]，Ni_xC 与由 O_2 和 Ni 反应形成的 NiO 也极易发生表面反应生成 CO 或 CO_2。在此基础上，我们提出在实验条件下甲烷部分氧化反应按照以下直接氧化机理进行[41]

$$CH_4 + xNi \longrightarrow Ni_xC + 4H$$

$$2H \longrightarrow H_2$$

$$O_2 + 2Ni \longrightarrow 2NiO$$

$$Ni_xC + NiO \longrightarrow (x+1)Ni + CO$$

$$Ni_xC + 2NiO \longrightarrow (x+2)Ni + CO_2$$

$$2H + NiO \longrightarrow H_2O$$

我们还利用同位素瞬变实验，对甲烷催化部分氧化过程中 CO_2 的主要来源进行了研究[48]。如图 17-7 所示，在常压、700℃下，在 $CH_4/O_2/He$ 物质的量比为 2/1/1 的原料气中反应 20min 后，切换到 $CH_4/^{18}O_2/H_2/^{13}CO/Ar$ 物质的量比为 2/1/2/1/1 的气流中，从应答曲线检测到产物中包含了 $C^{18}O$、$C^{16}O^{18}O$、CO、$C^{18}O_2$、$^{13}C^{18}O$、$^{13}CO_2$ 和 $^{13}C^{16}O^{18}O$，生成总的 CO 选择性为 88%。图 17-7 中(1/6)、(1/4)分别表示信号强度乘 1/6、1/4。

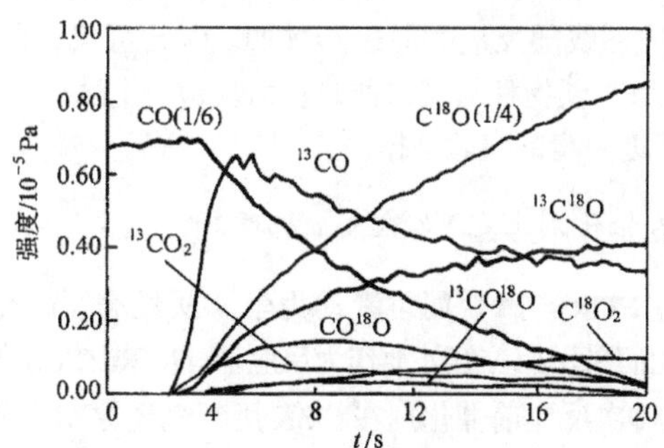

图 17-7 由 $CH_4/O_2/He$ 切换到 $CH_4/^{18}O_2/H_2/^{13}CO/Ar$ 的瞬变响应

在图 17-7 中，$^{13}CO_2$ 在总的碳氧化物中的分子分数最多仅有 1.5%，因而 CO 的歧化不是甲烷部分氧化反应中 CO_2 的主要来源。但是由图 17-7 中可发现有较多的 $^{13}C^{18}O$，这里的 ^{13}C 只能来自下列反应

$$2\,^{13}CO \rightleftharpoons {}^{13}C_{sur} + {}^{13}CO_2$$

$$^{13}C_{sur} + {}^{18}O_{sur} \rightleftharpoons {}^{13}C^{18}O$$

所以在反应过程中必然发生了 ^{13}CO 的歧化反应，由于有大量的 $^{13}C^{18}O$ 生成，表明 ^{13}CO 的歧化是一个进行得很快的表面反应，但热力学平衡计算表明高温不利于歧化反应

向生成 CO_2 和表面碳的方向进行，所以只有分子分数 1.2% 的 $^{13}CO_2$ 生成。因为在 700℃ 下歧化反应很容易达到热力学平衡，这样就可通过 CO 歧化的正反应和逆反应的快速反应，使 CO 分子中的碳原子与表面碳进行快速交换，使表面 ^{13}C 物种的浓度与气相 CO 分子中 ^{13}C 的浓度逐步达到平衡，所以观测 ^{13}CO 响应曲线随反应时间逐步下降，而 $^{13}C^{18}O$ 的响应曲线逐步增加，最后两者趋于平衡。

在文献[41]中我们提出，在 Ni/Al_2O_3 催化剂上甲烷部分氧化为合成气是按直接氧化机理进行的，即甲烷在金属 Ni 中心上分解为氢和表面碳物种，氧分子在金属 Ni 中心上解离为原子吸附氧物种，然后通过碳物种和氧物种在表面结合为 CO 和 CO_2，生成 CO 和 CO_2 的选择性取决于碳物种和氧物种在表面的相对浓度，当碳物种周围的氧物种浓度过高时，生成 CO_2 的概率就高；反之则容易生成 CO。根据这一机理。CO 和 CO_2 是按两个并行反应途径生成的，而不是把 CO_2 看成 CO 进一步氧化的反应产物。

从图 17-7 可见，从 ^{13}CO 进一步氧化生成的 $^{13}CO^{18}O$ 只占产物 CO_2 分子总数的 10%，这表明 CO_2 不是 CO 进一步氧化的产物。如果 CO_2 主要来源于 CO 的进一步氧化反应，那么切换后的产物中应该有较多的 $^{13}CO^{18}O$。事实上，在切换之初，最多的 CO_2 产物是 $CO^{18}O$，随后 $CO^{18}O$ 逐渐为 $C^{18}O_2$ 所取代。因为从 $CH_4/O_2/He$ 物质的量比为 2/1/1 气流切换到 $CH_4/^{18}O_2/H_2/^{13}CO/Ar$ 物质的量比为 2/1/2/1/1 气流后，^{16}O 只能来自吸附在催化剂表面的氧物种，因此，在切换后，随着表面 ^{18}O 的增加，由表面反应生成的 $CO^{18}O$ 逐步增加，但是由于 ^{16}O 物种参与反应逐步被消耗掉，所以 $CO^{18}O$ 的响应曲线达到最大值后逐步下降；但切换后表面 ^{18}O 物种的浓度将逐渐增加，因而生成 $C^{18}O_2$ 的概率也随之逐渐增加，所以 $C^{18}O_2$ 响应曲线随反应时间逐渐增加。由此可见，在甲烷催化部分氧化反应过程中，CO_2 主要来源于碳物种与氧物种的表面反应。上述瞬变研究结果为我们提出的直接氧化机理提供了进一步的实验证据。

17.2.3.3 Rh/SiO_2 催化剂上 CO 加氢反应机理

Steven 等[42]用原位 FTIR 与瞬变同位素动力学方法结合，研究了 Rh/SiO_2 催化剂上 CO 加氢的反应机理。他们采用原位红外池作为反应器，将 Rh/SiO_2 催化剂压成自支撑的薄片放入原位红外池。在每次反应前催化剂在 673K 用氢气还原 1h，然后通入 60 $cm^3 \cdot min^{-1}$ CO/H_2 物质的量比为 1/1 的原料气进行反应，在原料气中还加入分子分数 2% 的惰性气体 Ar 以测定气流在红外池和管路中的保留时间，待反应达到稳定后用六通阀向原料气中注入 10cm^3 的 ^{13}CO 脉冲，同时用原位红外光谱和质谱监测 IR 谱和质谱的响应，并用在线气相色谱分析反应产物。图 17-8 表示的 IR 响应谱(a)和质谱响应曲线(b)是 $Rh(Cl)/SiO_2$ 催化剂在 513K 和 0.1MPa 反应条件下得到的，图 17-8(b)中的 $c(t)$ 表示气相物种浓度随反应时间变化的函数。$Rh(Cl)/SiO_2$ 催化剂中 Rh 的质量分数为 4%。由图 17-8可见，在注入 ^{13}CO 脉冲后在图 17-8(a)图的质谱响应曲线上出现一个 ^{13}CO 正峰和一个对称的 CO 负峰。这是由于在总流速保持不变的情况下，注入反应气流中的 ^{13}CO 置换了几乎同等分子数的 CO。同时出现一个由 ^{13}CO 脉冲引起的 Ar 负峰，它可以用来测定反应物流经反应器和管路到出现响应信号的滞后时间。此外还有一个 $^{13}CH_4$ 峰出现，这表明已有部分 ^{13}CO 加氢为甲烷。根据色谱对产物的分析结果表明，除主要产物甲烷外，

还有少量的 C_2^+ 烃和乙醛(表 17-6)。从图 17-8(a)IR 响应谱图可见，注入^{13}CO 脉冲前，在 2040cm^{-1}处有一个 CO 线式吸附的伸缩振动峰，在 1767cm^{-1}处有一个弱的 CO 桥式吸附伸缩振动峰。在注入^{13}CO脉冲后，CO 线式吸附的伸缩振动峰位移到 1993cm^{-1}(归属为线式吸附态^{13}CO)，相应的 CO 桥式吸附伸缩振动峰位移到 1737cm^{-1}(归属为桥式吸附态^{13}CO)。

同位素替换引起的红外光谱位移可以根据折合质量计算[43]

$$\frac{\nu^*}{\nu}=\sqrt{\frac{\mu}{\mu^*}} \tag{17-4}$$

式中：ν,ν^*——同位素替换前、后分子的伸缩振动频率；

μ,μ^*——同位素替换前后分子的折合质量。

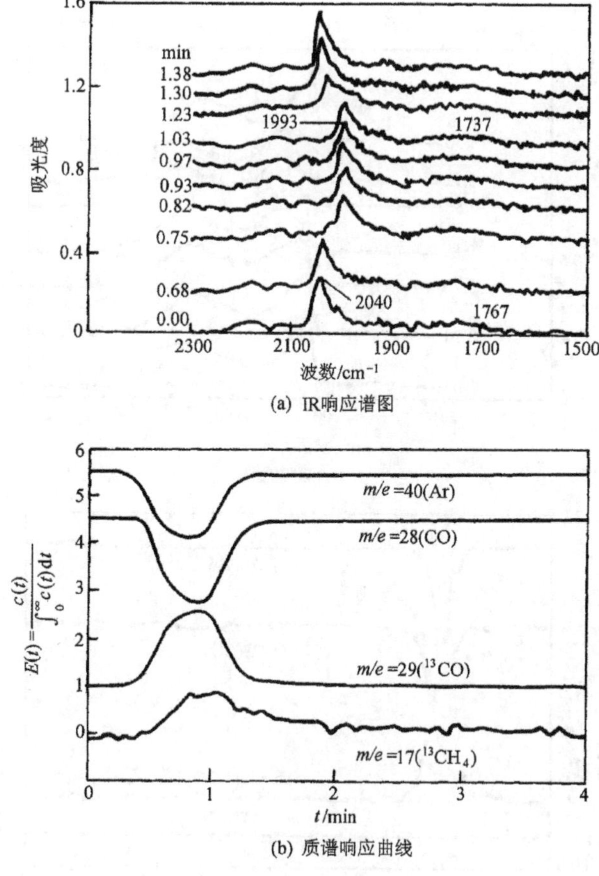

(a) IR响应谱图

(b) 质谱响应曲线

图 17-8 在 Rh(Cl)/SiO_2 催化剂上的 CO/H_2 反应气流中注入^{13}CO 脉冲的实验结果

ν 和 μ 又分别可以用式(17-5)计算[44]

$$\nu = \frac{1}{2\pi}\sqrt{\frac{\varphi}{\mu}}, \quad \mu = \frac{m_1 m_2}{m_1 + m_2} \tag{17-5}$$

式中，φ 和 m_i 分别表示键力常数和振动原子的质量。

用式(17-4)和式(17-5)计算得到的基频峰的振动波数位移与在实验中观测到的线式吸附为 47cm^{-1}、桥式吸附为 30cm^{-1}基本吻合。

由图 17-8 (b)可见，在注入^{13}CO的过程中，吸附的 CO 被^{13}CO置换，然后吸附的^{13}CO被 CO 置换所需要的时间是 1.30min，可以从 CO 恢复到基线的时间确定。同时从图 17-8 (a)也可看出，在 1.30min 测得的 IR 响应谱和开始时的 IR 响应谱完全一致。这表明在脉冲过程中，吸附态的 CO 与气相 CO 之间的交换很快。

图 17-9 表示的 IR 响应谱(a)和质谱响应曲线(b)实验条件与图 17-8 类似，但催化剂为 Rh(N)/SiO_2，而且脉冲的^{13}CO量只有 1cm^3。Rh(N)/SiO_2 催化剂中 Rh 的质量分数为 3%。

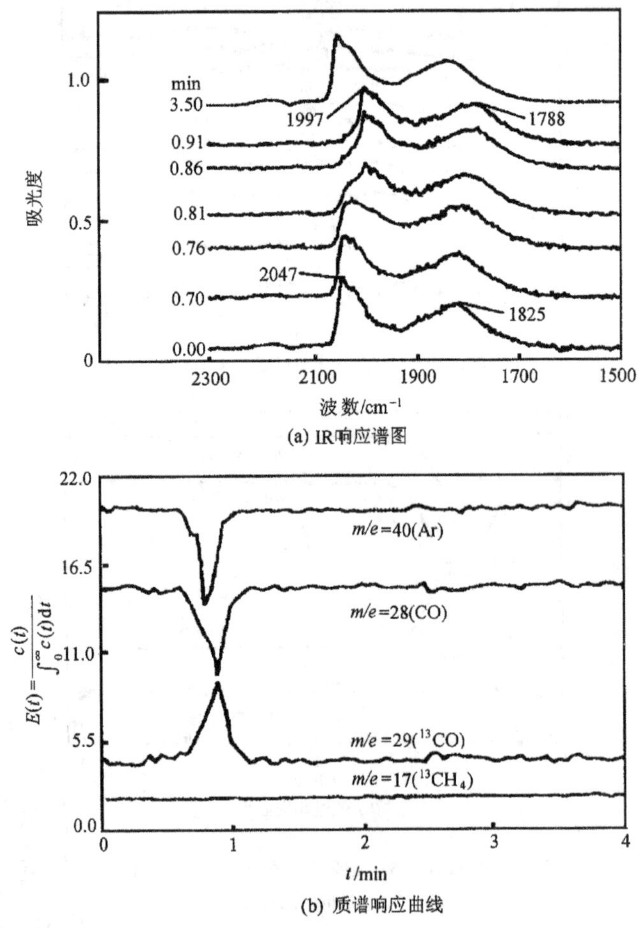

(a) IR响应谱图

(b) 质谱响应曲线

图 17-9 在 Rh(N)/SiO_2 催化剂上的 CO/H_2 反应气流中注入^{13}CO脉冲的实验结果

由图 17-9(a)可见，在 Rh(N)/SiO_2 催化剂上 CO 线式吸附的伸缩振动峰在 2047cm^{-1}处，桥式吸附的伸缩振动峰在 1825cm^{-1}处。一个显著的差别是 CO 的桥式吸附伸缩振动峰比在 Rh(Cl)/SiO_2 催化剂上观测到的强很多，而且脉冲 1cm^3 的^{13}CO已足够将吸附的 CO 置换掉。同时在图 17-9 (b)质谱响应曲线中没有发现$^{13}CH_4$ 生成，这指出 Rh(N)/SiO_2 催化剂的 CO 加氢活性比 Rh(Cl)/SiO_2 催化剂低。

Steven 等还用 Rh(N)/SiO_2 催化剂在 543K 研究了反应压力对脉冲^{13}CO响应曲线的影响,结果见图 17-10。为了保持在增加压力时反应物在红外反应池中的停留时间不变,当反应池的压力从 0.1MPa 增加到 0.4MPa 时,原料气的总流速也相应地从 60$cm^3\cdot min^{-1}$提高到 240$cm^3\cdot min^{-1}$。从图 17-10 可见,在 0.1MPa 只检测到$^{13}CH_4$ 生成。当压力增加到 0.4MPa 时,除有$^{13}CH_4$ 生成外,还检测到有^{13}CHO 和 C_2H_4 生成。此外,从色谱分析还发现在 0.4MPa 下有少量的乙醛、丙醛和 C_3^+ 烃生成。

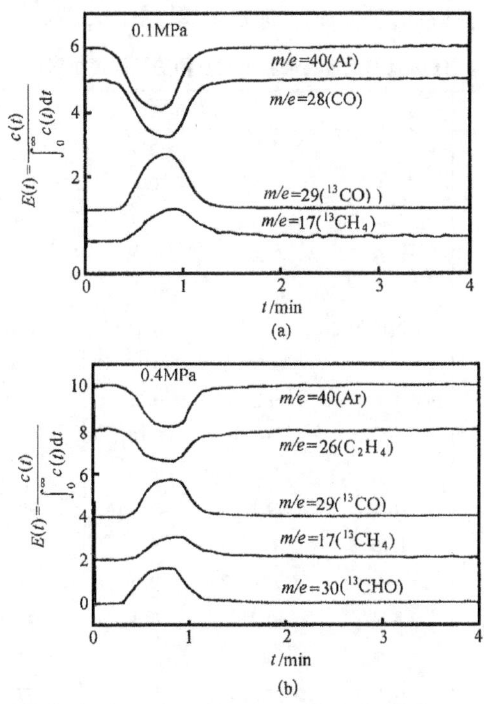

图 17-10　543K 在 Rh(Cl)/SiO_2 催化剂上的 CO/H_2 反应气流中注入^{13}CO 脉冲的质谱响应曲线

将图 17-8 ~ 图 17-10 中的质谱响应曲线归一化,然后对时间 t 积分归一化 $E(t)$,即可计算中间物种的平均停留时间(τ)

$$\tau = \int_0^\infty tE(t)\mathrm{d}t \tag{17-6}$$

如果将各种中间物种的平均停留时间减去氩气的平均停留时间(τ_{Ar})即可求得各中间物种在催化剂表面的停留时间(τ_s)。如果表面中间物是按一级不可逆反应生成气相产物，则表面中间物的反应活性等于 $1/\tau_s$。

表 17-6 列出了在 $Rh(Cl)/SiO_2$ 和 $Rh(N)/SiO_2$ 催化剂上 CO 加氢反应结果和各中间物种的表面停留时间。从表 17-6 可见，在 513K 和 0.1MPa 下，在 $Rh(Cl)/SiO_2$ 催化剂上吸附 CO 的表面停留时间为 0.12min，而在 $Rh(N)/SiO_2$ 催化剂上只有 0.04min，所以在 $Rh(Cl)/SiO_2$催化剂上的^{13}CO有较大的概率加氢为$^{13}CH_4$，而在 $Rh(N)/SiO_2$ 催化剂上则因^{13}CO在催化剂表面的停留时间太短而不能加氢生成$^{13}CH_4$。在 $Rh(Cl)/SiO_2$ 催化剂上改变反应温度的结果表明，CH_4 的 τ_s 值随反应温度增加而降低，所以生成甲烷的选择性随反应温度增加而降低。但是在 $Rh(Cl)/SiO_2$ 催化剂上增加反应压力的实验结果表明，反应压力由 0.1MPa 增加到 0.4MPa 时，CH_4 的 τ_s 由 0.14min 增加到 0.54min，这表明 CH_x 中间物在表面的停留时间随反应压力增加而增加，所以在高压下不仅有利于碳链增长，增加 C_3^+ 烃类的选择性，同时也增加了 CO 插入 CH_x 生成 C_2^+ 醛的概率。所以，在 0.4MPa 反应压力下不仅生成 C_3^+ 烃的选择性明显增加，同时也生成少量的乙醛和丙醛。

表 17-6　CO 加氢的反应结果和中间物种的表面停留时间

项目	$Rh(Cl)/SiO_2$			$Rh(N)/SiO_2$	
温度/K	513	543	543	573	513
压力/MPa	0.1	0.1	0.4	0.1	0.1
TOF/($10^3 s^{-1}$)	0.14	0.47	2.9	1.4	0.17
CO 转化率/($\mu mol \cdot g^{-1} \cdot min^{-1}$)	1.98	6.93	42.8	20.8	0.60
τ_s/min					
吸附的 CO	0.12	0.04	0.12	0.04	0.04
CH_4	0.56	0.14	0.54	0.08	—
C_2H_4	—	—	0.25	—	—
C_3CHO	—	—	0.08	—	—
选择性/%					
CH_4	80.1	79.3	64.7	84.4	100
C_2H_4	11.0	7.6	9.7	5.9	—
C_2H_6	—	2.4	2.6	3.6	—
C_3^+HC	8.9	10.7	20.9	6.1	—
C_3CHO	—	—	1.5	—	—
C_2H_5COH	—	—	0.6	—	—

17.2.4　稳态同位素瞬变技术动力学参数的测定

利用 SSITKA 求取动力学参数主要是根据当反应处于稳态时，反应体系的流率、压力、温度、催化剂表面状态以及反应物和产物的浓度都不随时间发生变化，在此条件下进行反应物(A)及其同位素标记物(*A)间的理想快速切换(或脉冲)，并且在切换过程中和切换后使体系仍然保持稳态，在反应过程中如果同位素效应可以忽略，那么可以通过对质谱检测到的瞬变响应曲线(图 17-11)经过一系列数学处理，得到有关的动力学参数[5]。

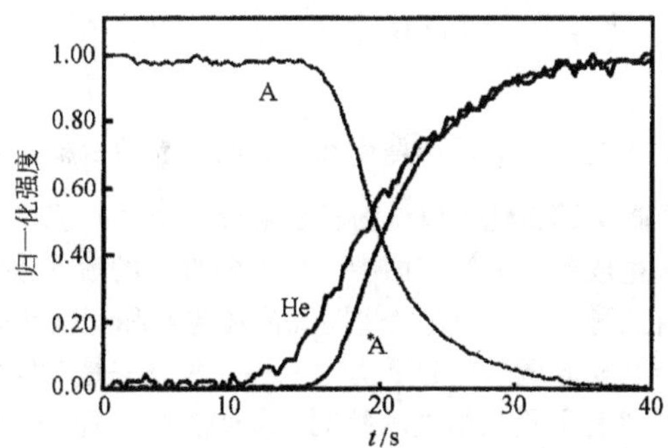

图 17-11 从反应物 A 到 *A 及惰性示踪剂 He 的瞬变响应

同位素瞬变响应包含反应器和催化剂表面两方面的贡献[45]。惰性气体基本上不与催化剂表面发生作用，在同位素标记的反应物中掺入少量的惰性气体作为示踪剂，其瞬变响应可以表征反应器内气相行为的贡献，而惰性示踪剂的瞬变响应与同位素瞬变响应间的差别则要归因于反应物在催化剂表面的吸附和反应。这样，就可以得到催化剂表面的瞬变响应信息。多相催化反应的反应物必然要经历一个或多个表面中间物种才能生成产物，反应中间物种的本质和数量对阐明反应机理和反应活性位的本质提供了重要线索。由 SSITKA 既可获得定性的信息，又可获得定量的信息[46]。

17.2.4.1 表面中间物种的量和寿命

不做任何动力学假定，也不需建立任何表面机理模型，由 SSITKA 实验结果就能直接求取的参数有两个：一个是生成产物 P 的中间物种的表面停留时间或表面寿命($\overline{\tau^{P}}$)；另一个是表面中间物种的量($\overline{N^{P}}$)。这两个决定生成产物速率的参数可由 SSITKA 实验得到的瞬变响应曲线通过积分求得。

当将反应物由 A 切换到 *A 时，产物 P 也逐渐变成其同位素标记物(*P)，由质谱可检测到 P 的阶跃衰减响应和 *P 的阶跃输入响应，将所得的质谱图用式(17-7)[33,34]归一化处理。

$$f = (y - y_0)/(y_\infty - y_0) \tag{17-7}$$

式中，y_0、y 和 y_∞ 分别表示某一物种起始、任意时刻和最终的质谱强度。

对 P 和 *P 的瞬变响应质谱图经归一化处理后得到的曲线，称为瞬变响应曲线(图 17-11)，可分别用函数 $f^{P}(t)$ 和 $f^{*P}(t)$ 表示，二者之间的关系可写成

$$f^{P}(t) = 1 - f^{*P}(t) \tag{17-8}$$

它们实际上是产物 P 和 *P 的时间分布函数，对 $f^{P}(t)$ 从 0 到 ∞ 时间范围内进行积分，就可得到 $\overline{\tau^{P}}$，可用式(17-9)表示

$$\overline{\tau^{P}} = \int_0^{\infty} f^{P}(t)\mathrm{d}t = \int_0^{\infty} |1 - f^{*P}(t)| \mathrm{d}t \tag{17-9}$$

式(17-9)中的$\overline{\tau^{P}}$实际上包含了反应器和催化剂表面两方面的贡献。如果反应器的贡献远远小于催化剂表面的贡献，那么就可以认为$\overline{\tau^{P}}$是生成产物P的催化剂表面中间物种的停留时间；否则要想得到生成产物P的表面中间物种的真正的表面停留时间，必须对其进行校正。具体的方法有两种：一种是先测惰性气体在与实际反应相同的条件下的瞬变响应，用它来排除反应器气相非理想性的干扰[34]；另一种方法是在同位素标记的原料气中引入低浓度的不同于惰性稀释剂的惰性示踪剂，这种惰性示踪剂的瞬间响应既包含了非理想阶跃输入的贡献，又包含了反应器和催化剂床层内返混的贡献。最近的研究多采用这种方法。如果仅用少量的惰性示踪剂，系统的线性仍可保持，并且质谱的灵敏度也很容易满足要求。假定惰性示踪剂的质量、动量和热传递性质同反应物和产物一样。测得的惰性示踪剂和同位素示踪剂的瞬间响应的区别在于它们在催化剂表面上的停留时间不同。实际的表面停留时间就可以写成

$$\overline{\tau^{P}} = \int_0^{\infty} f^{P}(t)\mathrm{d}t - \int_0^{\infty} f^{I}(t)\mathrm{d}t \tag{17-10}$$

式中，$f^{I}(t)$为惰性示踪剂的瞬间响应。以惰性示踪剂瞬间响应开始时计算，积分的起始时间 $t_0=0$，其他瞬间响应时间都是相对 t_0 而言。

对于生成产物P的中间物种停留时间较长的反应，也可以采用稳态同位素脉冲的方法确定$\overline{\tau^{P}}$。如 Brundage 等[26]在研究 Mn-Rh/SiO_2 催化剂上的乙烯加氢醛化反应时，当反应处于稳态时，在CO气流中用六通阀脉冲 10cm^3 的^{13}CO，结果如图 17-12[26]所示。调整六通阀定量管内的气体压力与管路内气体压力相同，这样才能保证在脉冲^{13}CO时气流处于稳态，并能保持 H_2 和 C_2H_4 的稳定状态不受干扰。^{13}CO气流中含有分子分数2%的Ar，用以确定反应器的气相滞留效应和气体产物瞬变响应的气体传递轨迹。

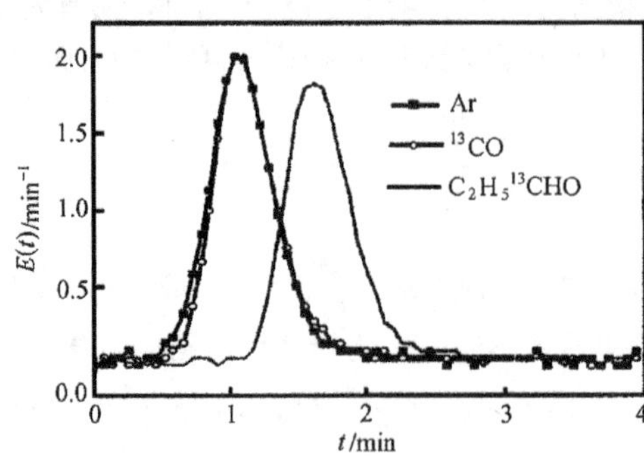

图 17-12 在乙烯加氢醛化反应的 *CO* 中脉冲^{13}*CO*的部分产物的出峰情况[49]

由 C_2H_5 ^{13}CHO 的出峰时间减去 Ar 的出峰时间，即可得到生成 C_2H_5 ^{13}CHO 的表面中间物种的停留时间。

在反应处于稳态时，生成产物 P 的稳态反应速率($\overline{r^{P}}$)可写成

$$\overline{r^{P}} = \overline{N^{P}} / \overline{\tau^{P}} \tag{17-11}$$

$\overline{r^{P}}$可以根据产物流率和 P 的含量直接获得。于是，$\overline{N^{P}}$可用式(17-12)求得

$$\overline{N^{P}} = \overline{r^{P}}\ \overline{\tau^{P}} \tag{17-12}$$

17.2.4.2 表面中间物种的覆盖度和拟一级反应速率常数

如果用化学吸附法单独测定出催化剂表面暴露的金属原子总数($\overline{N_{C}}$)，那么就可以计算出生成产物 P 的稳态活性中间物种的表面覆盖度($\overline{\theta_{C}^{P}}$)

$$\overline{\theta_{C}^{P}} = \overline{N^{P}} \Big/ \sqrt{N_{C}} \tag{17-13}$$

Nwalor 等[50]利用稳态同位素瞬变实验技术，成功地测定了铁催化剂上合成氨反应生成 NH_3 的中间物种的浓度和覆盖度。他们在不同温度和压力下进行由“$^{14}N_2$ + 痕量 Ar + H_2”到“$^{15}N_2$ + H_2”的稳态同位素瞬变实验，然后对得到的瞬变响应进行归一化处理，再根据测得的稳态合成氨反应速率和式(17-10)、式(17-12)和式(17-13)，计算出生成 NH_3 的中间物种的浓度和覆盖度，见表 17-7[50]。

表 17-7 生成 NH_3 的中间物种的浓度和覆盖度

T/K	p/kPa	p_{NH_3}/Pa	$\overline{N_{NH_3}}$	$\overline{\theta_{C}^{P}}$
723	513	1060	108	0.56
723	204	234	80	0.41
673	204	426	141	0.73

注：BET 表面积，11.5$m^2 \cdot g^{-1}$；Fe 原子数，$10^{19}/m^2$。

如果表面进行的化学反应能够假定为拟一级的，那么拟一级反应的速率方程就可以表示成

$$\overline{r^{P}} = k\,\overline{N^{P}} \tag{17-14}$$

因此，拟一级反应速率常数(k)为

$$k = 1/\overline{\tau^{P}} \tag{17-15}$$

17.2.4.3 表面活性位分布的求取方法

表面活性位分布的求取方法有参数法和非参数法。参数法是由 Scott 等[51,52]开发的六参数模型，该方法仅局限于 Gaussians 分布的情况，并且在拟合不够精确的实验数据时

有可能完全失真。非参数法有 Hoost[53]根据第一类 Fredholm 积分方程的 Tikhonov 规则提出的 T-F 法。下面着重介绍 Pontes 等[54]提出的非参数法。

Soong 等[55]认为在 CO 加氢甲烷化过程中，催化剂表面存在着 C_α 和 C_β 两种碳物种，这两种碳遵循各自独立的反应路径加氢生成甲烷。假定每个吸附的碳物种的反应都为一级反应并分别用各自的速率常数表示，那么针对切换前每一种含同位素的碳物种，生成含该同位素碳的甲烷的速率可以写成

$$r_i(t) = \theta_0 k_i e^{-k_i t} \tag{17-16}$$

式中：θ_0——切换前同位素碳物种的初始覆盖度；

k_i———级反应速率常数。

总的含该同位素碳的甲烷生成速率可表示为

$$r(t) = \sum_{i=1}^{n} \theta_0 x_i k_i e^{-k_i t} \tag{17-17}$$

式中，x_i 为原同位素碳物种在 i 活性位上的分量。

如果碳活性位的数量很多和(或)给定活性位上的碳的反应活性是惟一的，那么式(17-17)中的 k_i 可以用 $dx = f(k)dk$ 取代，其中 $f(k)dk$ 表示反应速率常数介于 k 与 dk 之间的原同位素碳物种的概率。于是式(17-17)可写成积分的形式

$$r(t) = \theta_0 \int_0^{\infty} kf(k) e^{-kt} dk \tag{17-18}$$

我们的目的是求 $f(k)$。一种方法是先假定一个 $f(k)$的分析解表达形式，然后通过调整其中的参数，使之与实验数据吻合。这种方法的困难在于假定 $f(k)$分析解的形式时没有任何理论根据可循。另一种方法是将 $r(t)$看成是 $\theta_0 kf(k)$的 Laplace 变换形式，将实验测得的 $r(t)$数值进行 Laplace 逆变换，然后除以 $\theta_0 k$ 就得到了 $f(k)$。这种方法的困难在于实验数据的噪声在进行 Laplace 逆变换计算时可能会引入很大的误差[56]。McWhirter[57]和 Strowsky 等[58]很好地解决了这一问题。经过一系列数学处理和简化后，式(17-18)变成

$$r(t) = \sum_{i=1}^{n} a_i e^{-k_i t} \tag{17-19}$$

其中

$$a_i = \frac{\pi}{\omega_{max}} \theta_0 k_i^2 f(k_i) \tag{17-20}$$

式中，ω_{max}是确定速率常数步长的参数，可以由实验数据的噪声(ε)根据公式(17-21)计算得到。

$$\varepsilon = \sqrt{\pi / \cosh(\pi\, \omega_{max})} \tag{17-21}$$

根据 Pontes 等[54]的观点，通过降低噪声来提高分辨率是不可能的。也就是说，步长一定了，噪声的大小也就一定了，由此就可以得到 ω_{max}的值。将由 M 个时间点测得的 $r(t_m)$值代入式(17-19)中进行最小二乘法拟合处理

$$\sum_{m=1}^{M}\left| r(t_m) - \sum_{n=1}^{N} a_n e^{-k_n t_m}\right|^2 \tag{17-22}$$

一旦得到了 a_i 的值，就可以由式(17-20)计算出 $\theta_0 f(k_i)$的值。Rothaemel 等[59]还分别利用 T-F 法和非参数法对 Co/Al_2O_3、Ni/Al_2O_3 和 $Co\text{-}Ni/Al_2O_3$ 等 F-T 合成催化剂上活性中心的分布进行了研究，得到了令人满意的结果。

17.2.4.4 催化剂表面模型

一个非均相化学反应可能是经历一个或多个表面中间步骤才能完成，如 Ali 等[60]利用稳态同位素瞬变动力学技术研究负载型 Pd 催化剂上 CO 加氢反应时指出，二甲醚是通过二次反应生成的，即先在 Pd 活性位上生成甲醇，然后甲醇在酸性位上脱水为二甲醚。以 τ_{DME}代表生成二甲醚中间物种的平均停留时间，以 τ_{MeOH}代表在 Pd 活性位上生成甲醇中间物种的平均表面停留时间，则 τ_{DME}代表酸性位上生成二甲醚中间物种的平均表面停留时间和 τ_{MeOH}之和，真正生成二甲醚的酸性位上的中间物种的平均停留时间 $\tau_{acid} = \tau_{DME} - \tau_{MeOH}$。由此可见，如前所述求得的$\overline{\tau^P}$和$\overline{N^P}$是生成产物 P 的表面中间物种的总寿命和表面中间物种的总量，要想得到 P 的各中间物种的量及其寿命，就不那么简单了。Goodwin 等[29,45]在 Biloen 等[61]工作的基础上，提出了非均相反应催化剂表面机理模型。有关参数的详细推导和计算方法参看文献[5,29,45]。

17.2.4.5 由 SSITKA 瞬变响应曲线推断催化剂表面反应机理

Kobayashi 等[63]经实验发现，响应曲线的形状与反应机理有关，通过分析响应曲线的形状可以推断出反应机理。Shannon 等[5]给出了单一反应中间物种、两个串联反应中间物种和两个平行反应中间物种的不可逆反应瞬间响应(图 17-13)。从图 17-13 可以定性地看出，串联反应中间物种的瞬间响应表现为 S 形，而单一反应中间物种和平行反应中间物种分别表现为单指数和多指数形式。串联反应中间物种之所以表现为 S 形是因为同位素标记物在反应路径上到达最后的反应位之前先在上游的反应位上分布，所以开始切换

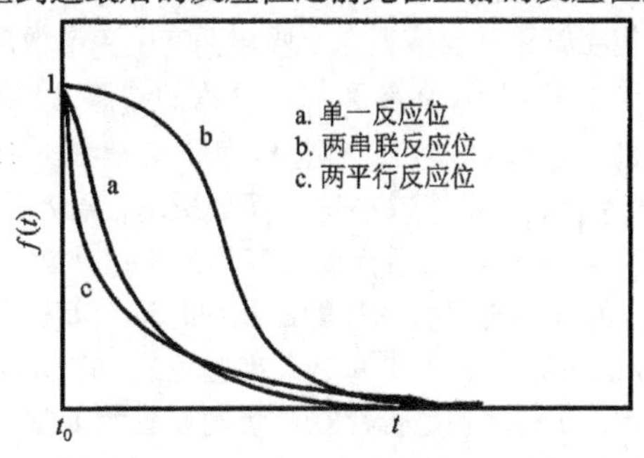

图 17-13 不同表面反应机理的瞬变响应示意图

时响应曲线下降缓慢。相比之下，单一反应中间物种上的同位素一开始即呈指数衰减。多种反应中间物种平行的情况，同位素响应不呈S形而是表现为多指数相叠合状。观察部分同位素交换的瞬间响应行为，就可以明显地看出这些催化剂表面的差别。

部分同位素交换可以采用以下方法实现：在 t_0 时刻，从原反应物切换到同位素标记的反应物上（$A \Rightarrow {}^*A$），然后再在 $t_0+\Delta t$ 时刻切回到原反应物（${}^*A \Rightarrow A$）。从这些切换的结果可分辨出单一、串联和平行反应位机理的不同行为，如图17-14所示。从图17-14可以看出，切回到原反应物，单一和平行反应中间物种机理的瞬间响应会立刻增大。而串联反应中间物种机理的瞬间响应在切换后仍会继续下降一段时间后再增大。这是切换到原反应物后，原同位素首先在上游反应中间物种间分布造成的。这种衰减现象在单一和平行反应中间物种机理中没有出现。此外，如果两个平行反应中间物种之一的寿命明显大于另一个，则可以用部分同位素交换法来确定各自的表面寿命。在这种情况下，如果 Δt 也明显小于较大的表面寿命，那么当切回到原来的反应物时，仅仅是快速反应的中间物种（寿命短的）还包含着大量的同位素标记物。这样，切回到原来反应物后的同位素标记物的瞬间响应基本上表现为快速反应的中间物种的行为，可以单独分析确定其停留时间。然后反应速率慢的中间物种的表面寿命可以通过进行全部同位素交换实验来确定。

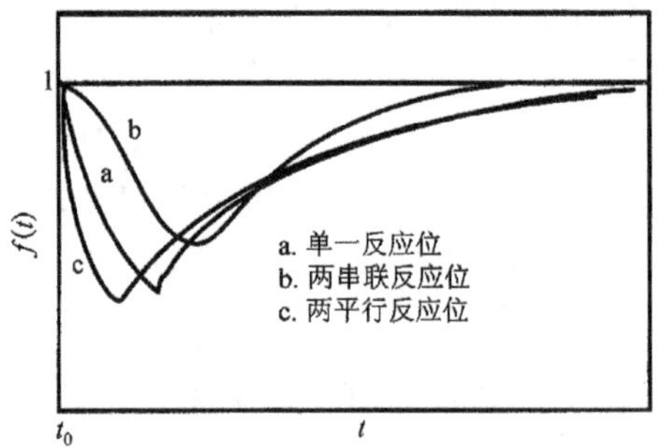

图17-14 不同表面反应机理部分同位素交换的瞬变响应

17.2.5 实验中应注意的问题

稳态同位素瞬变技术动力学实验过程中应注意选择合适的催化剂粒度，以避免内扩散的影响；应注意选择适宜的流速，以避免外扩散的影响。

反应物和产物有可能在管路和反应器壁上吸附而产生色谱效应，这会增大解释瞬变响应的难度。Nwalor等[50]观察到 H_2 会溶解在不锈钢的器壁上，影响其分析的准确性。再如，Kroll等[49]用SSITKA进行 CH_4/CO_2 重整机理研究中发现 H_2O 会产生明显的色谱效应，对其准确分析有严重影响。要想减小这方面的影响，笔者认为应该尽量缩短由四通阀到检测器的管路和反应器的长度，适当提高气体的流速并对管路采取一定的保温措施，以减小产生色谱效应的气体与管壁的接触面积和时间，降低其在管壁上的吸附量。

在SSITKA中，产物的再吸附效应或许是最难避免的，产生再吸附会使对实验数据的解释复杂化。因此，确定反应体系是否存在再吸附现象尤为重要。Brundage等[65]采用不同流速下脉冲同位素标记物的方法，通过引入无因次时间重新处理得到的峰，根据对

应无因次时间的峰形来判定是否存在再吸附现象。无因次时间的表达式见式(17-23)

$$Q = \frac{v_0}{V} t \tag{17-23}$$

式中：v_0——总流速；

V——体系的体积；

t——时间。

改变总流速，脉冲示踪剂得到的示踪剂和产物的峰形会有所不同，流速低，峰形变宽；流速高，峰形变窄变尖。用无因次时间重新处理数据，这样就便于比较不同流速下的实验结果。如果在不同流速下脉冲反应物对应的无因次时间峰形基本一致，则说明流速的变化不影响该反应物的吸附和表面反应。对于产物来说，如果衰减响应基本一致的话，则说明产物的再吸附效应不明显。

再吸附的出现会对瞬变响应和催化剂表面动力学的确定产生根本性的影响。如果产物再吸附或其他的物种吸附发生在活性位上，活性和反应速率就会下降；如果产物的再吸附发生在非反应活性位上，活性将不受影响。由瞬间速率响应确定的生成产物的表面中间物种的量将是活性和非活性吸附位的总和。因此，计算出的反应平均停留时间将会变大，活性将会变小。即使是产物不容易吸附，反应物在反应前的多重吸附也会导致计算出的平均停留时间变大。减小催化剂床层长度或增大空速可以减小粒间再吸附。然而，如果床层长/径太小，床层内会产生严重的沟流，从而导致对实验结果的错误解释。随着床层长度的下降，比反应速率如果增大，则表明在反应位上发生再吸附。因此，常常要在不同的流速或催化剂装量条件下进行一系列实验，并外推至可忽略再吸附的情况以得到本征反应速率或真正的表面寿命$\overline{\tau^{P}}$。如果再吸附仅发生在非反应活性位上，减小床层长度不会影响比反应速率，但会导致表观平均停留时间的减小，进行外推仍可得到$\overline{\tau^{P}}$。

在 SSITKA 中，一般假定同位素物种与非标记原子在动力学行为上没有差别，不过，在用氘进行同位素替换时的同位素效应不能忽略[4,50]。在 SSITKA 中，机理模型和动力学参数的确定是在同位素取代过程中假定反应处于稳态条件下进行的。H/D 交换，如 H_2/HD、CH_4/CH_3D 或 C_2H_6/C_2H_5D 不能这样假定，因为涉及 R—H、R—D、H—H、D—D 键断裂的反应同位素动力学效应显著。因此，在解释 H/D 同位素交换的瞬变响应时必须小心，因为随着同位素切换，动力学速率和表面中间物种可能会产生根本性的变化，不再处于稳定状态。然而 H/D 交换仍然是很有用的，因为它能指明或鉴别随着吸附、脱附或反应的进行，某一特定分子物种键的断裂。同位素效应随着同位素质量的增加而减小，包含^{12}C/^{13}C、^{14}N/^{15}N 或^{16}O/^{18}O 的反应同位素效应已经微不足道。

17.3 结　　语

在多相催化的发展过程中，同位素标记物方法在阐明许多重要催化反应机理方面起了非常重要的作用。但是由于催化反应的复杂性，至今还有许多催化反应的机理尚待深入研究。随着市场可提供同位素标记物的品种越来越多和分析方法的进一步完善(如红外、拉曼和 NMR 与质谱结合)，同位素标记物方法在催化机理研究中的应用将会更加广泛和深入。

同位素瞬变动力学方法，特别是稳态同位素瞬变动力学方法是近 20 年才出现的研究方法，由于该方法可在稳态反应条件下测定反应中间物的类型、表面覆盖度、平均停留时间和活性位的非匀性分布等动力学参数，所以在多相催化反应机理和动力学的研究中得到日趋广泛的应用。但是利用稳态同位素瞬变动力学确定催化反应机理还有许多不确定的因素，求取动力学参数在有些情况下可靠性不高，易受到扩散、反应物和产物再吸附的影响等。所以，在实验技术和动力学参数的计算方面仍需要发展更完善的方法。

稳态同位素瞬变动力学方法的另一个值得重视的发展方向是与红外、NMR 等谱学方法结合，在测定动力学参数的同时可以直接观测表面中间物种的变化，这不仅可以对反应机理做出较为可靠的判断，而且可以了解催化剂的表面状态在反应过程中的变化规律。例如，Agnelli 等[66]用漫反射傅里叶变换红外(DRIFT)与稳态同位素瞬变动力学结合，研究了在 Ni/Al_2O_3 催化剂上的 CO 加氢反应，首次观测到在反应过程中镍粒子的表面再构引起活性位和表面中间物种的覆盖度、寿命和活性的变化。随着快速扫描波谱技术和原位检测技术的发展，同位素瞬变动力学与原位表面检测结合将会在催化反应机理和动力学的研究中发挥越来越重要的作用。

参 考 文 献

[1] Emmett P H. Catal Rev Sci Eng, 1972, 7:1 ~ 24

[2] Happel J. Isotopic Assessment of Heterogeneous Catalysts. Orlando: Acade mic Press, 1986, 1 ~ 23

[3] Happel J Chem Eng Sci, 1978, 33:1567 ~ 1572

[4] Happel J, Suzuki I, Kokayeff P et al. J. Catal, 1980, 65:59 ~ 77

[5] Shannon S L, Goodwin Jr J G. Chem Rev, 1995, 95:677 ~ 695

[6] Mol J C, Moulijn T A et al. J Chem Soc Chem Commun, 1968, 663 ~ 664

[7] Adams C R, Jennings T J. J Catal, 1963, 2:63 ~ 68

[8] Adams C R, Jennings T J. J Catal, 1964, 3:549 ~ 558

[9] Sachtler W M H. Rec Trav Chim, 1963, 82:243 ~ 250

[10] McCain C C, Gough G, Godin G W. Nature, 1963, 198:989 ~ 990

[11] Krenzke L D, Keulks G W. J Catal, 1980, 61:316 ~ 325

[12] Takeuchi A, Katzer Jr. J Phys Chem, 1981, 85:937 ~ 939

[13] Araki M, Ponec V. J Catal, 1976, 44:437 ~ 442

[14] Lunsford J H. Catal Today, 1990, 6:235 ~ 343

[15] Nelson P F, Lukey C A, Cant N W. J Phys Chem, 1988, 92:6178 ~ 6181

[16] Mims C A, Hall R B, Ross K D et al. Catal Lett, 1989, 2:361 ~ 364

[17] Wang J X, Lunsford J H. J Phys Chem, 1986, 90:5883 ~ 5887

[18] Cant N W, Lukey C A, Nelson P F et al. J Chem Soc Chem Commun, 1988:766 ~ 767

[19] Nelson P F, Lukey C A, Cant N W. J Catal, 1989, 120:216 ~ 230

[20] Otsuka K, Inaida M, Wada Y et al. Chem Lett, 1989, 1531 ~ 1532

[21] Burch R, Tsang S C, Mirodatos C et al. Catal Lett, 1990, 7:423 ~ 427

[22] Lunsford J H. Stud Surf Sci Catal, 1992, 75:103 ~ 125

[23] Balakos M W, Chuang S S C, Srinivas G. J Catal, 1993, 140:281 ~ 285

[24] Agnelli M, Swaan H M, Marquez-Alvarez C et al. J Catal, 1998, 175:117 ~ 128

[25] Efstathiou A M, Chafik T, Bianchi D et al. J Catal, 1994, 148:224 ~ 239
[26] Brundage M A, Balakos M W, Chuang S S C. J Catal, 1998, 173:122 ~ 133
[27] Li Y E, Boecker D, Gonzalez R D. J Catal, 1988, 110:319 ~ 329
[28] Stock W D M, Bennett C O. J Catal, 1988, 110:354 ~ 363
[29] Chen B, Goodwin Jr J G. J Catal, 1995, 154:1 ~ 10
[30] Happel J, Walter E, Lecourtier Y. J Catal, 1990, 123:12 ~ 20
[31] van der Linde S C, Nijhuis T Z et al. Appl Catal A, 1997, 151:27 ~ 57
[32] Zielinski J. React Kinet Catal Lett, 1981, 17:69 ~ 75
[33] Stock W D M, Chung J S, Bennett C O. J Catal, 1988, 112:135 ~ 144
[34] Efstathiou A M, Bennett C O. J Catal, 1989, 120:137 ~ 156
[35] 刘文钦. 仪器分析. 东营:石油大学出版社,1994, 198 ~ 200
[36] Chuang S S C, Pien S I. J Catal, 1992, 135:618 ~ 634
[37] 李春义. 同位素瞬变动力学方法. 北京:石油大学(北京), 1999, 42 ~ 48
[38] 李春义,余长春,沈师孔. 催化学报,2000,21:14 ~ 18
[39] Shen S K, Pan Z Y, Dong C Y et al. Stud Surf Sci Catal, 2001, 136:99 ~ 104
[40] 余长春,沈师孔. 化学物理学报, 1997,10:233 ~ 236
[41] Shen S K, Li C Y, Yu C C. Stud Surf Sci Catal, 1998, 119:765 ~ 770
[42] Steven S C, Chuang M W, Balakos R K et al. Stud Surf Sci Catal, 1994, 81:467 ~ 472
[43] Cho S K. J Catal, 1998, 178:395 ~ 407
[44] Nie M J W. Spectroscopy in Catalysis. Weinheim: VCH, 1993, 195 ~ 200
[45] Shannon S L, Goodwin Jr J G. Appl Catal A, 1997, 151:3 ~ 26
[46] Nibbelke R H, Scheerova J, de Croon M H J M et al. J Catal, 1995, 156:106 ~ 119
[47] 张兆斌,余长春,沈师孔. 催化学报,2000,21:14 ~ 18
[48] 李春义,余长春,沈师孔. 物理化学学报,2000,16:97 ~ 100
[49] Kroll V C H, Swaan H M, Lacombe S et al. J Catal, 1997, 164:387 ~ 398
[50] Nwalor J U, Goodwin Jr J G, Biloen P. J Catal, 1989, 117:121 ~ 134
[51] Scott K F, Phillips C S G. J Chromatogr Sci, 1983, 21:125 ~ 131
[52] Scott K F. J Chem Soc Faraday, 1980, 176:2065 ~ 2071
[53] Hoost T E, Goodwin Jr J G. J Catal, 1992, 134:678 ~ 690
[54] de Pontes M, Yokomizo G H, Bell A T. J Catal, 1987, 104:147 ~ 155
[55] Soong Y, Krishna K, Biloen P. J Catal, 1986, 97:330 ~ 343
[56] McWhirter J G, Pike E R. J Phys A, 1978, 11:1729 ~ 1732
[57] McWhirter J G. Opt Acta, 1980, 27:83 ~ 88
[58] Strowsky N O, Sornette D, Parker P et al. Opt Acta, 1981, 28:1059 ~ 1063
[59] Rothaemel M, Hanssen K F, Blekkan E A et al. Catal Today, 1998, 40:171 ~ 179
[60] Ali S H, Goodwin Jr J G. J Catal, 1998, 176:3 ~ 13
[61] Biloen P, Helle J N, Van Den Berg F G A et al. J Catal, 1983, 81:450 ~ 463
[62] 李春义,沈师孔. 化学进展. 1999,11:49 ~ 59
[63] Kobayashi H, Kobayashi M. Catal Rev Sci Eng, 1974, 10:139 ~ 176
[64] Kroll V C H, Swaan H M, Lacombe S et al. J Catal, 1997, 164:387 ~ 398
[65] Brundage M A, Chuang S S C. J Catal, 1998, 174:164 ~ 176
[66] Agelli M, Swaan H M, Marquez-Alvarez C et al. J Catal, 1998, 175:117 ~ 128

(沈师孔,石油大学(北京)中国石油天然气集团公司催化重点实验室;
李春义,石油大学(华东)重质油加工国家重点实验室)

第 18 章　瞬变应答动力学方法

在非均相催化研究中，一般可分为“实际催化剂”研究和“模型催化剂”研究两类。前者是用来发展实用的高效催化剂，后者主要是探索催化反应本质。对前者，需要做大量的合成试验表征以及反应研究工作。这方面研究的成果除获得高效催化剂外还发展了许多催化反应系统和用以获得稳态动力学的特殊反应器。用稳态反应理论从这类特殊反应器获得的动力学参数被广泛用于发展工业催化过程和构造催化反应动力学模型。对后者，使用超高真空表面分析技术：AES(原子发射光谱法)、XPS(X 射线光电子光谱法)、LEED(低能电子衍射法)、SIMS(次级离子质谱法)等，在原子水平上表征催化表面[结构完全确定的(well-defined)表面]，而反应研究使用热脱附谱(TDS)和分子束技术。用于获得催化反应基本信息的模型催化剂研究的一个最主要目的是用这些信息导引实际催化材料的发展。但是目前两者之间还无法关联，因为两类研究之间存在所谓“压力鸿沟(pressure gap)”和“材料鸿沟(materials gap)”。两类研究正在相互接近。实际催化剂研究，已使用表面分析技术研究实际催化剂材料和实际催化剂，并已在表征方面取得了一些进展；模型催化剂研究，也在压力下研究模型催化剂上的催化反应动力学和分析反应前后的催化表面。然而，这方面的进展仍然是极其缓慢的。瞬态动力学方法的发展有可能加速这一进程。

催化反应动力学研究的两个主要目标是建立反应速率与操作条件参数间的定量关系，并提出正确的反应机理以阐明和预测因反应条件改变时的速率变化。动力学研究结果是催化反应器设计的基本依据，也是探索催化反应机理和本质提供重要线索，并为进一步改进和开发高效催化剂供给有用的信息。因此，动力学研究在催化研究中始终占有极重要的地位，直至目前仍然是一个极为活跃的催化研究领域。

催化反应动力学研究常用稳定态流动法，使用稳态反应器，获得总包反应性能，无法提供各基元步骤如反应物的吸附、吸附物种间的表面反应和产物的脱附等的信息。因为在稳态下各基元步骤的速率都是一样的。因此，只能在假设反应机理或动力学模型的基础上关联实验数据。对非均相催化反应，关联数据最常用的动力学方程有两类：指数型和 Langmuir-Hinshelwood-Hougen-Watson(LHHW)型。前者多是经验性的，主要用于工程设计；后者是在假设催化反应机理为：吸附-表面反应-脱附的基础上建立的。由于LHHW模型不仅能够很好地关联动力学数据，而且为反应机理能提供某些定量信息，应用广泛[1]。这说明催化反应的吸附-表面反应-脱附的机理是被普遍接受的。随着计算机科学技术和计算数学的发展，因而可以从反应数据计算获得吸脱附和表面反应速率的定量数据[2]，使研究动力学的稳定态流动法和 LHHW 模型的应用范围更趋广大。但是从总包结果建立动力学模型然后获得模型中的参数有相当大的任意性。在众多模型中鉴别出真实的模型是困难的[2]。因为可能有多个 LHHW 模型与实验获得的速率数据的拟合程度一样好。进行模型鉴别和参数计算需要做如下的假设：在基元步骤的速率中有一个是速率控制步骤，但已有实验数据证明关于速率控制步骤的假设可能是不可靠的[3,4]。在稳态流动法中不可能完全排除传递过程对速率的影响，目前在同时考虑传递过程影响的情况下来获得吸附和表面反应速率是稳定态流动法无法办到的事情。虽然说使用稳定态流动法研究催化反应动力学存在这样或那样的缺陷或不足，但应该记住，它已为催化剂和催化过程的开发以及催化科学的发展做出了巨大的贡献，并将继续做出巨大的贡献。绝大多数已工业化的催化过程都是在稳定态下操作的。在稳定态条件下，如使用同位素示踪技术也能研究催化反应的详细机理和表面反应中间物及其反应性和性质，这一稳态同位素瞬态动力学研究方法(steady-state isotopic transient kinetics analysis，SSITKA)已被广泛地应用[5,6]。

与稳定态方法相反，在动态方法中由于催化剂表面上吸附物种的浓度随时间而变化，因而各速率过程的速率在动态过程中是不一样的。所以,动态实验的结果有可能提供稳定态方法所不能提供的有关各机理步骤的速率的信息以及某些催化剂表面的信息。这不仅有利于催化剂的开发和催化过程的发展，而且能使催化反应模型具有更大的可信度[7]。有鉴于此，自20世纪60年代以来，众多催化科技工作者致力于非稳定态方法的研究和开发。

非稳定态(non-steady state)方法也称瞬态(transient)方法，是指把一个或多个快速变化的状态变量如温度、压力、浓度或流速等引入系统以扰动系统原有的平衡(或稳定)状态后,跟踪并分析系统发生变化的方法。温度扰动的实验已被发展成一整套在真实催化剂研究中广泛使用的程序升温技术如TPD(程序升温脱附)、TPR(程序升温还原)、TPO(程序升温氧化)、TPSR(程序升温表面反应)和TPFSD等[8~12]，这套技术已有专门的章节介绍。分子束散射(MBS)实验[13]是利用压力变化的例子，主要用于研究单晶金属表面上的催化反应，也用于模型催化剂的研究，此技术也有专门的章节介绍。利用流速变化发展出来的瞬态动力学的研究方法有断流色谱法[14~17]和流向转换色谱[18~21]，特别是后者已发展成为一种实际的工业化操作方法[22]。这类瞬态动力学研究方法的发展是与实验反应器的发展和相应的理论发展密切相关的，因此也叫非稳态反应器实验方法，这是本章的主要内容。

由于催化反应过程是一很复杂的过程，在催化反应发生的同时必定伴随有多个传递过程，浓度变化的瞬态应答中除包含有催化反应本身的信息外也包含了这些传递过程的信息，使所需信息的获取变得非常困难。为了克服这类困难，不同的研究者针对不同的目的对这一非常复杂的催化过程做了不同的取舍。纵观整个瞬态动力学研究方法的发展轨迹，基本上可分为两类发展思路：一类思路是以Boudart教授提出[23]的用于催化反应动力学处理的两步机理[23](吸附和表面反应)为基础以获取动力学参数为基本目的的瞬态动力学研究方法[24]。这类动态方法包括各种使用色谱反应器的方法，如各种脉冲色谱法、Bassett方法[25]、非一级反应的脉冲色谱法[26]、催化反应色谱技术[27,28]等和迎头反应色谱技术-动态-稳态法[29,30]等，以及在三相反应器中的动态方法[31~38]。这一类动态方法的好处是可以进行比较严格的数学处理如统计矩的应用。另一类思路是以研究详细催化反应机理和测量在真实催化剂表面上发生的催化过程速率为主要目的的瞬态动力学研究方法，由于真实催化剂表面上发生的催化反应过程已经非常复杂，因此在反应器设计上尽可能简单以简化应答的分析。在这一类瞬态动力学研究方法中普遍使用的反应器是活塞流反应器(plug-flow reactor，PFR)和连续搅拌槽式反应器(continuous-flow stirred-tank reactor，CSTR)。这一类方法往往不考虑传递过程的影响，通常使用数值积分和优化方法从应答曲线计算各真实催化剂表面各基元步骤的速率参数。这类方法习惯上称为过渡应答或瞬态应答(transient response)方法[39]。这两类动态方法都是为缩小实际催化剂和模型催化剂研究间的鸿沟，前一类方法侧重于催化反应工程；后一类方法侧重于催化表面科学。瞬态动力学方法自 20 世纪 60 年代提出以来，基本思想和目标的改变并未有大的变化，但在数学原理、实验设备和技术以及数据处理等方面发展较快，被研究的体系越来越多。两种思路都采用对方的长处相互接近以至于其界线越来越模糊。瞬态动力学方法的一个明显的发展趋势是越来越多地采用质谱作为检测手段和使用计算机控制，不仅使瞬态动力学方法更趋成熟而且能够获得更多的信息。本章介绍几种主要的瞬态动力学研究方法。

18.1 脉冲催化反应色谱法

18.1.1 脉冲催化反应色谱技术的基本理论

为了使分析比较简单，对催化反应色谱过程作如下一些假设：① 反应柱和色谱柱都是等温的，因为以脉冲形式进入体系的反应物量很小，反应热也很小；②反应物的吸附和表面反应都是一级过程，反应是不可逆的，这是因为反应物和产物为色谱作用所分离；③反应柱直径很小径向梯度可略去；④催化剂柱子是均一的小球，与整个床层比较是很小的，因此围绕柱子周围的气氛是均一的；⑤床层阻力降可用载气的平均流速来表示于是反应物在反应柱中的行为可用偏微分方程式(18-1) ~ 式(18-5)描述[27,28,42]。

$$\frac{E\partial^2 c}{\alpha \partial x^2} - u\frac{\partial c}{\partial x} - \frac{\partial c}{\partial t} - \frac{3(1-\alpha)}{\alpha R}N_0 = 0 \tag{18-1}$$

$$\frac{D_e}{\beta}\left[\frac{\partial^2 c_i}{\partial r^2} + \left(\frac{2}{r}\right)\frac{\partial c}{\partial r}\right] = N_i + \frac{\partial c_i}{\partial t} \tag{18-2}$$

$$N_i = k_a\left(c_i - \frac{n}{K}\right) = \frac{\partial n}{\partial t} \tag{18-3}$$

$$r = k_r n \tag{18-4}$$

$$N_0 = D_e\left(\frac{\partial c_i}{\partial r}\right)_R = k_f[c - (c_i)_R] \tag{18-5}$$

式(18-1) ~ 式(18-5)可适用于如下的线性反应体系[24]

1) A ⟶ B　　A + s ⟶ As　　As ⟶ B + s

2) A + B ⟶ C　　A + s ⟶ As　　As + Bs ⟶ Cs　　Cs ⟶ C + s
　　B + s ⟶ Bs

3) A ↗ B, A ↘ C　　A + s ⟶ As　　As ⟶ B + C + s

4) A ⟶ B ⟶ C　　A + s ⟶ As　　As ⟶ B + Cs ⟶ B + C + s

5) $A + B \longrightarrow C + D \quad A + s \longrightarrow As \qquad As + B \longrightarrow C + D + s$

对脉冲技术，其初始边界条件为

$$\frac{\partial c_i}{\partial r} = 0, \quad r = R \tag{18-6}$$

$$t = 0,\ x > 0, \quad c = c_i = n = 0 \tag{18-7a}$$

$$x = 0, \quad \tau \leqslant t \leqslant 0, \quad c = c_0 \tag{18-7b}$$

式(18-1)~式(18-5)可应用拉普拉斯变换求解，应用统计矩量概念可以获得从统计矩与动力学参数间的关系[27,28,41]

$$\mu_{0r} = \exp\left\{\left[\frac{u - \sqrt{u^2 + 4E/\alpha G(0)}}{2E/\alpha}\right] x\right\} \tag{18-8}$$

$$\mu_{1r} = \frac{x}{q_0 u}\left\{1 + \left[\frac{3(1-\alpha)\beta Bi^2}{2\alpha}\right]\frac{A_1(0)\ K'(0)}{(A(0) + Bi)^2}\right\} \tag{18-9}$$

$$\mu'_{2r} = \frac{x}{u}\left\{\frac{4E}{\alpha q_0^3}\left[\frac{\mathrm{d}G(p)}{\mathrm{d}p}\right]^2_{p=0} - \frac{1}{q_0}\left[\frac{\mathrm{d}^2 G(p)}{\mathrm{d}p^2}\right]_{p=0}\right\} \tag{18-10}$$

其中

$$G(0) = \frac{3(1-\alpha)BiD_e}{\alpha R^2}\left[1 - \frac{Bi}{A(0) + Bi}\right] \tag{18-11a}$$

$$A(0) = \phi(0)\coth\phi(0) - 1 \tag{18-11b}$$

$$\phi(0) = R\sqrt{\frac{\beta}{D_e}K(0)} \tag{18-11c}$$

$$K(0) = \frac{K_a k_a k_r}{k_r K_a + k_a} \tag{18-11d}$$

$$B_i = \frac{k_f R}{D_e} \tag{18-11e}$$

$$q_0 = \sqrt{1 + \frac{4EG(0)}{\alpha u^2}} \tag{18-11f}$$

$$A_1(0) = \frac{1}{\phi(0)}\coth\phi(0) - \mathrm{cosech}^2\phi(0) \tag{18-11g}$$

$$K'(0) = 1 + \frac{k_a^2 K_a}{(k_a + k_r K_a)^2} \tag{18-12}$$

$$\left[\frac{dG(p)}{dp}\right]_{p=0} = 1 + \left[\frac{3(1-\alpha)}{2\alpha}\beta\right]\frac{Bi^2 A_1(0)}{[A(0)+Bi]^2}[1+K'(0)] \tag{18-13}$$

$$\left[\frac{d^2G(p)}{dp^2}\right]_{p=0} = \frac{3(1-\alpha)}{2\alpha}\frac{\beta Bi^2}{[A(0)+Bi]^3}$$

$$\times\left\{-\frac{R^2\beta}{2D_e}[2A_1^2(0)+(A(0)+Bi)A_2(0)]\right.$$

$$\left.\times K'^2(0) + A_1(0)K''(0)[A(0)+Bi]\right\} \tag{18-14}$$

$$A_2(0) = \frac{1}{\phi(0)}\left[\frac{\coth\phi(0)}{\phi^2(0)} + \frac{\mathrm{cosech}^2\phi(0)}{\phi^2(0)}\right.$$

$$\left. + 2\mathrm{cosech}^2\phi(0)\coth\phi(0)\right] \tag{18-15}$$

$$K''(0) = -\frac{2(k_a K_a)}{(k_a + k_r K_a)^3} \tag{18-16}$$

反应物在反应柱出口处的矩量值μ_{0r}，μ_{1r}，μ'_{2r}可从实验的转化率 x 和反应柱出口处反应物峰的矩量值计算

$$\mu_{0r} = 1 - X \tag{18-17}$$

$$\mu_{1r} = \int_0^\infty tc(t)dt \Big/ \int_0^\infty c(t)dt \tag{18-18}$$

$$\mu'_{2r} = \int_0^\infty t^2 c(t)dt \Big/ \int_0^\infty c(t)dt - \left[\int_0^\infty tc(t)dt \Big/ \int_0^\infty c(t)dt\right]^2 \tag{18-19}$$

除了上述的一般情况外，Suzuki 和 Smith[27]还讨论了若干简化情形。

1）轴向扩散可以忽略，即 $E\to0$。此时流出曲线的矩值与参数间有如下关系

$$\mu_{0r} = \exp\left\{-\frac{x}{u}\frac{3(1-\alpha)BiD_e}{\alpha R^2}\left[1-\frac{Bi}{A(0)+Bi}\right]\right\} \tag{18-20}$$

$$\mu_{1r} = 1 + \frac{3(1-\alpha)\beta Bi^2}{2\alpha}\frac{A_1(0)K'(0)}{(A(0)+Bi)^2} \tag{18-21}$$

$$\mu'_{2r} = \left\{-\frac{1}{q_0}\left[\frac{d^2G(p)}{dp^2}\right]_{p=0}\right\} \tag{18-22}$$

2）粒内扩散阻力可忽略，即 $D_e\to\infty$。此时

$$N_0 = \left(\frac{k_f k_a R\beta}{k_a R\beta + k_f}\right)\left(c - \frac{n}{K}\right) \tag{18-23}$$

矩值与参数间的关系为

$$\mu_{0r} = \exp\left(-\frac{\alpha ux}{2E}\left\{\left[1 + \frac{4E}{\alpha u^2}\frac{(1-\alpha)\beta}{\alpha}\left(\frac{3k'_f K_a k_r}{3k'_f + R\beta K_a k_r}\right)\right]^{0.5} - 1\right\}\right) \tag{18-24}$$

$$\mu_{1r} = \left\{1 + \left[\frac{(1-\alpha)\beta}{\alpha}\right]\frac{k'^2_f K_a \times 9}{(3k'_f + R\beta K_a k_r)}\right\}$$

$$\times\left\{1 + \frac{4E}{\alpha u^2}\left[\frac{(1-\alpha)\beta}{\alpha}\right]\frac{3k'_f K_a k_r}{3k'_f + R\beta K_a k_r}\right\}^{-0.5} \tag{18-25}$$

$$\mu'_{2r} = \frac{2E}{\alpha u^2 q'^3}\left\{1 + \left[\frac{(1-\alpha)\beta}{\alpha}\right]\frac{k'^2_f K_a \times 9}{(3k'_f + R\beta K_a k_r)^2}\right\}^2$$

$$-\frac{1}{q'}\left[\frac{(1-\alpha)\beta}{\alpha}\right]\frac{k'^2_f K_a^2}{(k'_f + R\beta K_a k_r/3)^3} \tag{18-26}$$

其中

$$k'_f = \frac{k_a k_f R\beta}{3k_f + k_a R\beta} \tag{18-27}$$

$$q' = \left\{1 + \left[\frac{4E(1-\alpha)\beta}{\alpha^2 u^2}\right]\frac{3k'_f k_r K_a}{3k_f + k_r K_a R\beta}\right\}^{0.5} \tag{18-28}$$

3）粒内扩散和膜扩散阻力可以忽略，即 $D_e \to \infty$ 和 $k_f \to \infty$。此时矩值与参数间的关系为

$$\ln\mu_{0r} = -\frac{ux\alpha}{2E}(q_0 - 1) \tag{18-29}$$

$$\mu_{1r} = H_0 / q_0 \tag{18-30}$$

$$\mu'_{2r} = \frac{2E H_0^2}{\alpha u^2 q_0} + \frac{3(1-\alpha)K''(0)}{2q_0\alpha} \tag{18-31}$$

$$q_0 = \left[1 + \frac{4E(1-\alpha)\beta K(0)}{\alpha^2 u^2}\right]^{0.5} \tag{18-32}$$

$$H_0 = 1 + \frac{(1-\alpha)\beta K'(0)}{\alpha} \tag{18-33}$$

4）轴向扩散和膜扩散可以忽略，即 $E \to 0$ 和 $k_f \to \infty$。此时三个矩方程为

$$\mu_{0r} = \exp\left[-\frac{3xD_e(1-\alpha)}{Ru\alpha}A(0)\right] \tag{18-34}$$

$$\mu_{1r} = 1 + \frac{3(1-\alpha)}{2\alpha}\beta A(0)K(0) \tag{18-35}$$

$$\mu'_{2r} = \frac{3(1-\alpha)\beta}{2\alpha}\left[\frac{R^2\beta}{2D_e}A_2(0)K'(0) - A_1(0)K''(0)\right] \tag{18-36}$$

从式(18-34)可以计算催化剂的有效因子 η

$$\eta = \frac{-u\ln\mu_{0r}/x}{(1-\alpha)\beta K(0)/\alpha} = \frac{-3R\ln\mu_{0r}/R}{\phi^2(0)/F} \tag{18-37a}$$

$$F = \frac{\alpha Ru}{3(1-\alpha)D_e} \tag{18-37b}$$

5) 所有传递过程可以略去,只考虑催化剂的表面过程。此时可分为两种情形:

① 吸附控制。$k_a \ll k_r K_a$,即

$$K(0) = k_a \tag{18-38a}$$

$$K'(0) = 1 \tag{18-38b}$$

$$K''(0) = -\frac{2k_a}{k_r^3 K_a} \tag{18-38c}$$

② 表面反应控制。$k_a \gg k_r K_a$,即

$$K(0) = k_r K_a \tag{18-39a}$$

$$K'(0) = 1 + K_a \tag{18-39b}$$

$$K''(0) = -\frac{2K_a}{k_a} \tag{18-39c}$$

18.1.2 设备和实验方法

脉冲催化反应色谱技术(pulse catalytic reaction-chromatography technique)的新方法把反应柱和紧接用以分离反应物和产物的色谱柱作为整体来考虑[28,42~44],以便在既考虑传质影响又不破坏反应物峰形,从而可以从色谱柱出口处反应物峰的矩值返回计算出反应柱出口处反应物峰的矩量值。实验设备基本上是一台经改装的气相色谱仪,如图 18-1 所示。载气流经脉冲进样口后,进入反应柱和色谱柱,最后经检测器后放空。为了获得反应器出口处的矩量值,需选用 3 根不同长度催化剂装填均一反应柱,分别进行脉冲试验,记录应答峰。为了从实验矩值计算吸附和动力学参数,事先须测定若干柱参数,如床层空隙率 α、催化剂粒子空隙率 β 和粒子半径 R、柱子长度 x、操作参数如载气流速 u、柱

温和压降、进样时间 τ 等。传质系数如轴向扩散系数 E、膜扩散系数 k_f 及粒内有效扩散系数 D_e，虽然也可以与吸附系数和表面动力学参数一起计算，但为了使计算比较简单同时也是为了提高吸附和反应动力学参数的准确性，最好还是从现有知识计算好。实验中，还需做不同温度、催化剂粒子大小、流速等实验以及改变催化剂制备变量的实验以研究催化反应动力学以及催化剂制备对动力学的影响。

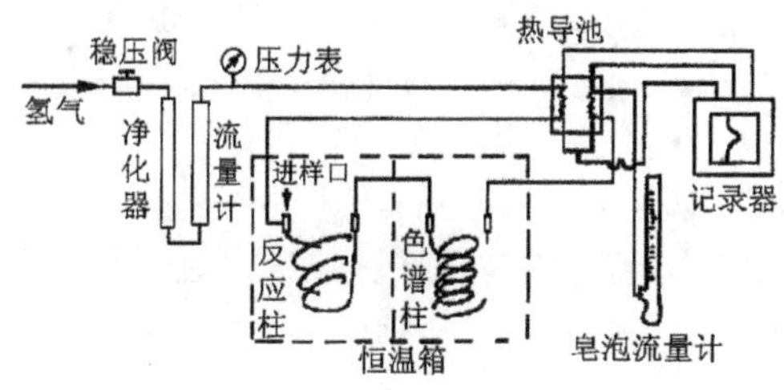

图 18-1 催化反应色谱流程图

18.1.3 脉冲催化反应色谱技术的应用[28,43,44]

利用催化反应色谱技术测定了噻吩在钼酸钴催化剂上的氢解和环己烷在重整催化剂上的脱氢的结果。选用 40～60 目的催化剂装成均一的 3 根不同长度的柱子。对噻吩氢解色谱柱和反应柱长度比为 0.75、1.0 和 1.5，而环己烷脱氢为 2,3.3 和 6.6。色谱柱和反应柱都是 ϕ 3.5×0.15 等的铜管。反应柱温度为 250℃、270℃和 290℃，载气为氢气，经脱氧干燥净化后进入反应柱然后进入色谱柱。反应物用分析纯噻吩和环己烷，用微量注射器注入，进样量为 2～25μL。载气流速为 45～120mL·min^{-1}。实验条件和催化剂性质如表 18-1 和表 18-2 所示。对噻吩氢解的一级矩和二级矩作图(图 18-2 和图 18-3)。由这些图获得的矩值 μ_{0r}、μ_{1r}和 μ'_{2r}见表 18-3。

表 18-1 反应研究的实验条件

反应	环己烷脱氢	噻吩氢解
温度/℃	250,270,290	250,270,290
色谱柱/反应柱长度比	2,3.3,6.6	0.75,1,1.5
载气流速/(mL·min^{-1})	45	120
进样量/μL	23	25

表 18-2 催化剂和床层的基本性质

催化剂	Mo-Co/Al_2O_3	Pt/Al_2O_3
比表面积/(m^2·g^{-1})	240	—
平均孔径/nm	4～5	—
粒子直径/mm	0.45～0.50	0.45～0.50
床层空隙率 α	0.388	0.39
粒子孔隙率 β	0.41	0.40

表 18-3 反应柱出口处反应物的矩值

反应柱长/m	噻吩氢解			环己烷脱氢		
	1.98	1.50	1.00	0.50	0.30	0.15
250℃						
μ_{0r}	0.818	0.842	0.961	0.966	0.977	0.978
μ_{1r}	86.16	65.29	43.5	7.26	4.15	1.98
μ_{2r}	206.1	156.2	104.1	4.19	2.40	1.15
270℃						
μ_{0r}	0.720	0.741	0.858	0.893	0.955	0.955
μ_{1r}	73.4	55.6	37.1	4.25	2.43	1.13
μ_{2r}	34.79	26.37	17.57	3.39	2.24	1.04
290℃						
μ_{0r}	0.516	0.538	0.760	0.698	0.905	0.902
μ_{1r}	52.2	39.2	36.1	4.15	2.37	1.10
μ_{2r}	13.8	10.36	6.91	—	—	—

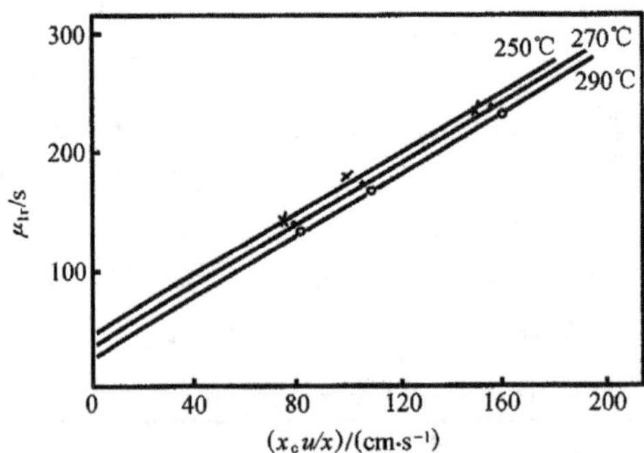

图 18-2 噻吩氢解的一级矩作图

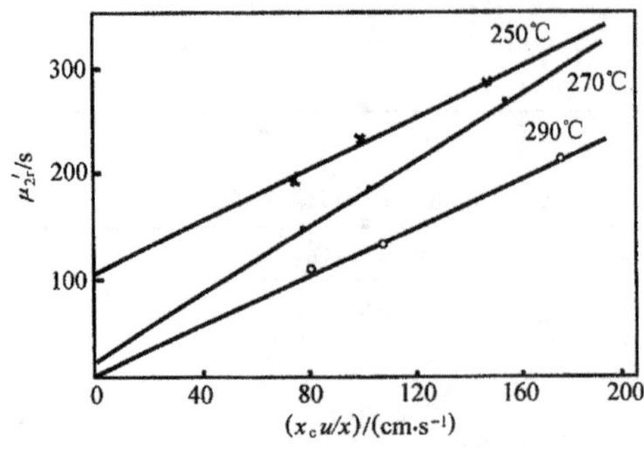

图 18-3 噻吩氢解的二级矩作图

图 18-2 和图 18-3 指出前述的理论推导是正确的，线性关联系数大于 0.99 以上。μ_{0r} 由转化率 X 计算。有了上述一些值后，可从零级退化矩 μ_{0r} 利用式(18-8)、式(18-11a) ~ 式(18-11d)计算出 $A(0)$，$\phi(0)$ 和 $K(0)$；利用一级绝对矩 μ_{1r} 用式(18-9)、式(18-11f) ~ 式(18-12)计算出 q_0，$A_{1,0}(0)$，$K'(0)$；从二级中心矩 μ'_{2r} 用式(18-10)、式(18-12) ~ 式(18-16)计算出 $A_2(0)$ 和 $K''(0)$。由于 $K(0)$，$K'(0)$ 和 $K''(0)$ 与吸附系数和表面反应动力学参数间有如下关系

$$K(0) = \frac{k_a k_r K_a}{k_r K_a + k_a} \tag{18-40}$$

$$K'(0) = 1 + \frac{k_a^2 K_a}{(k_r K_a + k_a)^2} \tag{18-41}$$

$$K''(0) = -2 \frac{k_a^2 K_a^2}{(k_r K_a + k_a)^3} \tag{18-42}$$

解上述联立方程，得

$$k_r = \left[\frac{K'(0) - 1}{K(0)} - \frac{K''(0)}{2(K'(0) - 1)} \right]^{-1} \tag{18-43}$$

$$K_a = \frac{1}{(K'(0) - 1)} \left[K'(0) - 1 - \frac{K''(0) K(0)}{2(K'(0) - 1)} \right]^2 \tag{18-44}$$

$$k_a = K(0) - \frac{2[K'(0) - 1]^2}{K''(0)} \tag{18-45}$$

由反应柱出口计算的反应动力学参数给于表 18-4 和表 18-5 中。由不同温度数据获得的吸附热和活化能与其他方法给出数据见表 18-6。

表 18-4　噻吩氢解的动力学参数

项目	250℃			270℃			290℃		
	$k_a \times 10^{-2}$	K_a	$k_r \times 10^3$	$k_a \times 10^{-2}$	K_a	$k_r \times 10^3$	$k_a \times 10^{-2}$	K_a	$k_r \times 10^3$
柱长 1.98m									
	0.604	65.0	1.16	4.62	56.6	3.11	7.28	41.2	10.7
	-65.5	65.7	2.38	-288.0	57.5	4.95	-374.0	42.1	13.1
	-65.6	65.7	2.38	-290.0	57.5	4.95	-374.0	42.1	13.1
柱长 1.50m									
	0.605	65.2	1.28	4.63	56.6	3.28	7.09	40.8	14.0
	-65.5	65.8	2.69	-288.0	57.5	5.54	-374.0	41.7	16.4
	-65.6	65.7	2.69	-290.0	57.5	5.54	-374.0	41.7	16.4
柱长 1.00m									
	0.604	65.0	1.65	4.62	56.6	3.2	7.08	40.8	8.4
	-65.5	65.7	2.23	-288.0	57.5	4.24	-370.0	41.7	10.9
	-65.6	65.7	2.23	-290.0	57.5	4.24	-370.0	41.7	10.9
平均	60.4	65.1	1.38	4.62	56.6	3.22	7.18	40.9	10.7

注：考虑全部传递过程的影响；略去全部传递过程的影响；略去 D_e 的影响。

表 18-5　环己烷脱氢的动力学参数

温度/℃	250	270	290
$K_a/(mL \cdot mL^{-1})$	5.29	2.98	3.00
k_r/s^{-1}	0.003 22	0.005 35	0.105

注：K_a 值很大，可认为是吸附瞬时达到平衡。

表 18-6　吸附热和活化能(单位：$kJ \cdot mol^{-1}$)

项目	环己烷脱氢			噻吩氢解		
	Q	E_s	E_a	Q	E_s	E_a
本方法	31.98	168.8	136.8	27.14	110.5	83.4
Bassett 方法	26.10	158.9	132.2	—	—	69.22
文献[38,39]	33.36～47.53	177.2	143.9	32.94	—	73.39

注：Q、E_s、E_a 分别为吸附热、表面反应活化能、表观活化能。

18.1.4　数据处理方法与实验条件间的匹配

脉冲技术是不稳定态技术，其比较一般化的数学模型为

$$\frac{E}{\alpha}\left(\frac{\partial^2 c}{\partial x^2}\right) - u\frac{\partial c}{\partial x} - \frac{\partial c}{\partial t} - \frac{3(1-\alpha)}{\alpha R}N_0 = 0 \tag{18-46}$$

式中：$\frac{E}{\alpha}\left(\frac{\partial^2 c}{\partial x^2}\right)$——轴向扩散项；

$u\frac{\partial c}{\partial x}$——流动项；

$\frac{\partial c}{\partial t}$——浓度随时间变化的项；

$\frac{3(1-\alpha)}{\alpha R}$——流动相与催化剂固定相间的交换；

N_0——包含了表面反应、吸附、粒内传递和气固间的传递等速率因素。

严格说来，在一般实验条件下，使用脉冲技术获得的结果与稳定态流动技术结果是不可能相同的，因为所有传递系数吸附系数都要影响反应的结果。如果已知吸附等温线的数学形式、反应动力学方程和各吸附及传递系数，可联立以边界进样条件进行数值解然后与实验应答峰比较。这样做是非常复杂和费时的，而且不可能获得可靠结果，因此几乎没有人使用数值解方法来处理脉冲反应实验数据，除非是做理论研究。因此，实际使用的方程总是对方程(18-46)做某些简化，这样对实验提出了相应的与之简化条件配合的限制。下面讨论若干简化情况和实现这些简化的实验方法。

18.1.4.1　反应为一级不可逆，吸附是一级可逆

此时方程将变为本节前面部分所介绍的情况，利用拉普拉斯变换可解出在拉普拉斯范畴内的解，从而可以利用矩方法来获得反应和吸附参数，即所谓催化反应色谱技术。这一技术对反应器没有任何要求，但要求实验条件控制严格，因为需要利用反应物峰形来计算参数，实验条件应保证不破坏峰形，任何干扰峰形的因素都要尽量排除和严格控

制。其次本简化条件只能用于研究一级反应，实验应在线性动力学范围内进行。当然，本简化条件应能应用于准线性体系。如不能用质谱测量流出曲线，则本简化情形要求装数根柱子做多次实验，得到的是在考虑所有传递过程时在真实反应条件下测定吸附系数和表面反应动力学参数。

18.1.4.2 所有传递因素，包括轴向扩散、膜扩散和粒内扩散的影响可以忽略

假定表面反应步骤中只有一个速度控制步骤(或吸附或表面反应或脱附)，此时式(18-46)简化为

$$\frac{\partial c}{\partial t} + u\frac{\partial c}{\partial x} + \frac{3(1-\alpha)}{\alpha R}N_0 = 0 \tag{18-47}$$

简化之，令

$$r_i = -N_0,\quad A = \frac{3(1-\alpha)}{\alpha R},\quad u_i = \frac{u}{1+K_i'}$$

于是

$$\frac{1}{1+K_i}\left(\frac{\partial c}{\partial t}\right) + u_i\left(\frac{\partial c}{\partial x}\right) - A\left(\frac{r_i}{1+K_i}\right) = 0 \tag{18-48}$$

式中，r_i 既可以是指数律型的，也可以是 Langmuir-Hinshelwood 型的。

Hattori 和 Murakami[45]证明，对线型反应脉冲技术得到的结果与稳定流动法结果相同。对简单的 n 级不可逆反应，进样是矩形脉冲时，结果与流动法相同，但对其他形状的进样脉冲，两者结果有差异，如果用平均浓度代替最大浓度时，则脉冲转化率近似与流动法相同，对 Langmuir-Hinshelwood 动力学，Blanton 等[46]证明，也有类似情况。

这一简化情形略去了传递因素的影响。为使这一假定可靠，应保证反应器完全是活塞流，也就是要求反应器应较长，载气流速应较大，催化剂粒子要比较小。如果所研究的反应速率较慢，比较容易满足上述简化条件。由于色谱分离作用，反应为不可逆的假定一般总是容易得到满足的，特别是当转化率比较低时。由于在处理数据时以平均浓度代替最大浓度 c_0，因此获得的参数带有一定的近似性。Sica 等[26]的处理要求反应前后反应物峰形基本不变，因此要使进样脉冲展得相当宽，以便在床层中的宽化可以略去不计，当然床层较短较易满足此要求。在实际上峰不展宽是办不到的，反应本身就会使峰形变化，因此获得的结果也只能是近似的。

18.1.4.3 传递因素可以忽略，且假定吸附平衡，反应是一级不可逆反应

在此简化情形下将方程(18-46)简化为

$$\frac{\partial c}{\partial t} + u\left(\frac{\partial c}{\partial x}\right) + AK_a k_r c = 0 \tag{18-49}$$

它的解为

$$c = c_0 A\varphi(t - L/u)\exp(-k_r K_a L/u) \tag{18-50}$$

转化率

$$X = 1 - \frac{c}{c_0 A\varphi(t - L/u)} = 1 - \exp(-k_r K_a L/u) \tag{18-51}$$

式(18-50)及(18-51)中，L/u 是接触时间，即 V/Q，反应器体积与载气流速之比，可改变。这一结果就是著名的 Bassett 方程[25]。此时脉冲法结果与稳态流动法完全相同。由于该脉冲色谱法使用极其简单，只要改变载气流速即可获得 kK 值，改变温度即可获活化能。因此实际应用非常广泛。实验条件不像第一种简化情形那样严格，因为它不需要反应物峰形，仅需要转化率 X，所以在反应柱和分析柱间可加冷阱以收集产物。转化率与 L/u 的关系为

$$\ln\frac{1}{1-X} = k_r K_a \frac{L}{u} \tag{18-52}$$

以左边对 L/u 作图就能得表观动力学参数。但计算结果指出，略去传递因素对 K_a 和 k_r 影响不大。表 18-7 的结果说明了这一点[47]。

表 18-7　略去传递系数对 k_r 及 K_a 的影响

项目	略去 E	略去 k_f	略去 k_f、D_e	略去 E、k_f	不省略
k_r/s^{-1}	0.0454	0.0647	0.0647	−0.003 72	0.0454
$K_a/(mL\cdot g^{-1})$	12.6	12.38	12.38	58 870	12.16

18.1.4.4　传递因素影响可以全部忽略，吸附平衡

如果方程(18-46)中的(b)项也可以略去，即认为反应器是完全混合型的。此时方程简化为

$$\frac{\partial c}{\partial t} + AN_0 = 0 \tag{18-53}$$

由于这一情况相当是一搅拌釜反应器，应使用薄的催化剂床层和大大加长进样时间，通常在反应器和进样器之间加一扩散管使进样大大加宽。同时为了略去传递因素，应使用较小的催化剂粒子和较高流速，且转化率不要太高，最好相当于一微分反应器。

总之，使用脉冲色谱方法来研究多相催化反应动力学时，应该特别注意所用的数据处理方法是否与获得实验数据的实验条件相匹配采用简化处理，必须保证实验条件基本满足简化假设。为了不致获得错误信息，一般在获得动力学参数后，返回去说明实验条件是满足简化假设的。一般说来，简化假设越多，对实验条件的要求越不高，但获得信息越少，但使用简便。简化条件少，要求实验严格，但获得信息较多。选用何种简化处理，通常视研究对象对数据准确性的要求以及是否仅做比较研究和实验条件而定。一般能简单则简。

18.1.5　时间分辨催化反应色谱技术

时间分辨催化反应色谱技术(TRCRC)[40]是利用波谱技术中的时间分辨法在实验技

术上改进我们早先发展的催化反应色谱技术。催化反应色谱研究催化反应要求能够获得反应柱出口处的矩值，在早先发展的技术中利用改变反应柱和色谱柱长度的方法计算所需的矩值，实验技术上要求相当苛刻且比较麻烦不利于推广应用。引入时间分辨法后可以获得反应柱出口的不同组分的流出曲线。从流出曲线可以容易地计算所需的矩值，而且丰富了信息。

所谓时间分辨法，是在保证实验能很好重复条件下重复做同一实验条件的脉冲实验，每次实验只分析流出曲线上特定时间上的产物组成，把不同点连起来就形成流出曲线。这一技术的关键是实验的重复性必须很好，实践中要保证反应柱温恒定和进样量恒定，最好用六通阀定量进样。当然载气流速恒定等也是重要的。此外，从实测点线最好用曲线拟合后，从拟合曲线计算矩值。

利用 TRCRC 不仅较好地重复催化反应色谱技术的实验结果，而且在研究催化剂制备参数对环已烷脱氢和苯加氢反应的吸附和表面反应速率参数的影响获得了一些有用信息。在同一催化剂上比较了苯加氢和环已烷脱氢这一对互为可逆反应的反应动力学参数，首次从不同实验测量证明了加速正反应速率的催化剂同样也加速逆反应的速率[40]。

18.2 迎头反应色谱技术

迎头色谱是最早发展的色谱技术之一。在色谱理论和色谱分析技术的发展中起过重要的作用。但是，随着进样、检测和高效色谱柱以及电子技术的发展，迎头色谱在分析中的应用几乎完全被脉冲色谱所代替。然而，它在物质的物理化学性质测量，特别是吸附等温线的测量中仍有广泛的应用[48,49]。吸附是多相催化反应中必不可少的关键步骤之一，因而当分析用的吸附柱为固体催化剂柱所替代时，就形成了所谓的迎头催化反应色谱，其流出曲线中不仅包含有色谱的信息而且也包含了多相催化反应的许多信息。与脉冲催化反应色谱技术一样，迎头催化反应色谱技术也发展成为研究多相催化反应特别是催化反应动力学的重要工具[50,51]。事实上，脉冲和迎头只是进样方式不一样，前者是脉冲，后者是阶梯。但一个迎头反应色谱过程既包含了稳态反应的信息，又包含了它的动态过程信息，有可能给出反应物的不同吸附物种的反应动力学行为以及催化剂表面上的某些信息。因而越来越受到物理化学家特别是催化工作者的重视。谭蔚弘等[29,51]首先用迎头反应色谱测量了乙烯和乙炔在钯/氧化铝纤维催化剂上的加氢，并讨论了不同吸附物种在加氢反应中的作用。开启了迎头催化反应研究可逆和不可逆吸附反应物物种在催化反应中的作用的先河。基于不同的迎头反应色谱理论，相继发展出动态-稳态法、过渡应答法、迎头反应色谱法等。动态-稳态法实际上是迎头反应色谱法的一个变种。本节先介绍迎头反应色谱法。

18.2.1 迎头反应色谱的理论

迎头反应色谱理论[50,52,53]作如下假设：①催化剂柱在迎头过程中处于等温，因引入的反应物浓度很低；②略去膜扩散和粒内扩散阻力，因催化剂粒子直径很小；③可逆吸附物种与气相反应物浓度总处于平衡之中，即 $q_r = K_r c$；④不可逆物种的吸附速率仅与催化剂表面空位成正比而与反应物气相浓度无关，即有 $r_{ia} = k_a(q_{it} - q_i)$；⑤不可逆吸附物种的表面反应为一级，即 $r_i = k_i q_i$；⑥可逆吸附的表面反应为零级，即 $r_r = k_r$。

18.2.1.1　非稳定态情形

催化剂表面上不可逆吸附物种的反应其物料平衡

$$\frac{dq_i}{dt} = r_{ia} - r_i = k_a(q_{it} - q_i) - k_i q_i \tag{18-54}$$

$$t = 0,\ q_i = q^0 \tag{18-55}$$

$$t = \infty,\ q_i = q_{is} \tag{18-56}$$

解得

$$q_i = q_{is} + (q^0 - q_{is})\exp[-(k_a + k_i)t] \tag{18-54a}$$

$$q_{is} = \frac{k_a}{k_a + k_i} q_{it} \tag{18-54b}$$

在色谱反应器中，反应物的物料平衡

$$\frac{E}{\alpha}\left(\frac{\partial^2 c}{\partial x^2}\right) - u\left(\frac{\partial c}{\partial x}\right) - \frac{\partial c}{\partial t} - \rho\left(\frac{1-\alpha}{\alpha}\right)\frac{\partial Q}{\partial t} = 0 \tag{18-57}$$

$$\frac{\partial Q}{\partial t} = K\frac{\partial c}{\partial t} + k_r + \frac{1}{2}[k_a(q_{it} - q_i) + k_i q_i] \tag{18-58}$$

$$q_i = q_{is} + (q^0 - q_{is})\exp[-(k_a + k_i)t] \tag{18-59}$$

初始边界条件为

$$t = 0,\quad x \geqslant 0,\quad c = 0 \tag{18-60}$$

$$x = 0,\quad t \geqslant 0,\quad c = c^0 \tag{18-61}$$

式中 q_{is}为迎头稳态时表面上的不可逆吸附物种浓度，其余符号有通常的意义。

式(18-54)～式(18-61)的解为

$$c = \left(\frac{1}{2}c^0 + \frac{Gt}{2b} - \frac{Gx}{2a} + \frac{\gamma}{2b}\right)\operatorname{erfc}\left(\frac{x}{2\sqrt{t/b}} - \frac{a}{2}\sqrt{\frac{t}{b}}\right)$$
$$+ \left(\frac{1}{2}c^0 + \frac{Gt}{2b} - \frac{Gx}{2a} + \frac{\gamma}{2b}\right)\operatorname{erfc}\left(\frac{x}{2\sqrt{t/b}} + \frac{a}{2}\sqrt{\frac{t}{b}}\right)\exp(ax)$$
$$- \frac{\gamma}{2b}\exp\left[\frac{ax}{2} - (k_a + k_i)t\right]$$

$$
\times\left[\exp(-xI)\operatorname{erfc}\left(\frac{x}{2\sqrt{t/b}}-J\right)+\exp(xI)\operatorname{erfc}\left(\frac{x}{2\sqrt{t/b}}+I\right)\right]
$$

$$
-\frac{\gamma}{b}[1-\exp(-k_a+k_i)t]-\frac{G}{b} \tag{18-62}
$$

其中

$$
I=\sqrt{\frac{a^2}{4}-b(k_a+k_i)}
$$

$$
J=\sqrt{\frac{a^2}{4b}-(k_a+k_i)t}
$$

$$
a=\frac{\alpha u}{E} \tag{18-63}
$$

$$
b=\frac{\alpha}{E}\left(1+\frac{1-\alpha}{\alpha}\rho K\right) \tag{18-64}
$$

$$
G=b[k_r+k_i q_{is}] \tag{18-65}
$$

$$
\gamma=b\,\frac{k_a-k_i}{k_a+k_i}(q_{is}-q^0) \tag{18-66}
$$

从方程(18-62)可简化导得下述4种情形：①稳态情形，此时可得总反应速率常数 $k_T, k_T=k_1^r+k_1^i q_{1s}^i$；②不可逆物种的表面反应，可得 $k_i q_{is}$；③仅有可逆和不可逆吸附时，可得 k_a 和 q_{i0}；④仅有可逆时，可得 k_r。

18.2.1.2 稳态情形

即 $t\to\infty$ 时，此时有 $\operatorname{erfc}(\infty)=0$，$\operatorname{erfc}(-\infty)=2$，方程(18-62)可简化

$$
\frac{c^0-c^s}{c^0}=\frac{\rho(1-\alpha)}{c^0\alpha}(k_1^r+k_1^i q_{1s}^i)\frac{x}{u} \tag{18-67}
$$

从它可计算总反应速率常数 k_T。

18.2.1.3 不可逆吸附物种的表面反应情形

当催化剂表面被不可逆吸附物种所饱和时，而载气仅为另一种反应物时，即不可逆吸附物种的表面反应时，有

$$
c^0=0,\quad K=0,\quad k_r=0,\quad q_{is}=0,\quad k_a=0,\quad a'=\alpha u/E'
$$

$$
b'=\alpha/E',\quad G=0,\quad \gamma'=\rho(1-\alpha)q^0/E' \tag{18-68}
$$

得产物浓度 c' 的表达式

$$
\begin{aligned}
-c' = & \frac{\gamma'}{b'}(1-e^{-k_i t}) - \left(\frac{\gamma'}{2b'}\right)\left[\operatorname{erfc}\left(A-\frac{a'}{2}\sqrt{\frac{t}{b'}}\right)\right. \\
& \left. + \operatorname{erfc}\left(A+\frac{a'}{2}\sqrt{\frac{t}{b'}}\right)\exp(a'x)\right] \\
& + \frac{\gamma'}{2b'}\exp\left(\frac{a'x}{2}-k_i t\right)\left[\exp\left(-x\sqrt{\frac{a'^2}{4}-b'k_i}\right)\operatorname{erfc}(A-B)\right. \\
& \left. + \exp\left(x\sqrt{\frac{a'^2}{4}-b'k_i}\right)\operatorname{erfc}(A+B)\right]
\end{aligned}
\tag{18-69}
$$

其中

$$
A=\frac{x}{2\sqrt{t/b'}},\quad B=\sqrt{\frac{a'^2}{4b}-k_i t}
$$

由式(18-69)计算不可逆物种的表面反应的速率常数 $k_i q_{is}$。

当催化剂表面为新鲜干净且载气仅含反应物 A 时，即为包括可逆和不可逆的吸附迎头流出曲线，此时有

$$
k_r=0,\quad k_i=0,\quad q^0=0,\quad G'=0,\quad \gamma'=\rho(1-a)q_{is}/E \tag{18-70}
$$

18.2.1.4 只有吸附

由式(18-71)计算可逆和不可逆吸附的 k_a。

$$
\begin{aligned}
c = & \left(\frac{1}{2}c^0+\frac{\gamma'}{2b'}\right)\operatorname{erfc}\left(\frac{x}{2\sqrt{t/b}}-\frac{a}{2}\sqrt{\frac{t}{b}}\right) \\
& + \left(\frac{1}{2}c^0\frac{\gamma'}{2b}\right)\operatorname{erfc}\left(\frac{x}{2\sqrt{t/b}}+\frac{a}{2}\sqrt{\frac{t}{b}}\right)\exp(ax) \\
& - \frac{\gamma'}{2b'}\exp\left(\frac{ax}{2}-k_a t\right)\left[\exp\left(-x\sqrt{\frac{a^2}{4}-bk_a}\right)\operatorname{erfc}(A'-B')\right. \\
& \left. + \exp\left(x\sqrt{\frac{a^2}{4}-bk_a}\right)\operatorname{erfc}(A'+B')\right] \\
& - \frac{\gamma'}{b}\left[1-\exp(-k_a t)\right]
\end{aligned}
\tag{18-71}
$$

其中

$$
A'=\frac{x}{2\sqrt{t/b}};\quad B'=\sqrt{\left(\frac{a^2}{4b}-k_a\right)t}
$$

可逆吸附

当催化剂表面被不可逆吸附物种所饱和时，而载气仅为反应物 A 时，即可逆吸附流

出曲线，此时有：$k_a=0$，式(18-71)进一步简化为

$$c=\frac{1}{2}c^0\left[\operatorname{erfc}\left(\frac{x}{2\sqrt{\frac{t}{b}}}-\frac{a}{2}\sqrt{\frac{t}{b}}\right)+e^{ax}\operatorname{erfc}\left(\frac{x}{2\sqrt{\frac{t}{b}}}+\frac{a}{2}\sqrt{\frac{t}{b}}\right)\right] \tag{18-72}$$

由此可计算可逆时吸附的速率常数 k_r。

18.2.1.5 可逆吸附和反应

假设可逆吸附物种发生一级反应

$$r_r=k_rq_r=K_rkc \tag{18-73}$$

此时有如下方程组

$$\frac{E}{a}\left(\frac{\partial^2 c}{\partial x^2}\right)-u\left(\frac{\partial c}{\partial x}\right)-\frac{\partial c}{\partial t}-\rho\left(\frac{1-a}{a}\right)\frac{\partial Q}{\partial t}=0 \tag{18-74}$$

$$\frac{\partial Q}{\partial t}=K\frac{\partial c}{\partial t}+k_rkc+\frac{1}{2}[k_a(q_{it}-q_i)+k_iq_i] \tag{18-75}$$

$$q_i=q_{is}+(q^0-q_{is})\exp[-(k_a+k_i)t] \tag{18-76}$$

边界初始条件

$$t=0,\quad x\geqslant 0,\quad c=0 \tag{18-77}$$

$$x=0,\quad t\geqslant 0,\quad c=c^0 \tag{18-78}$$

其解为

$$\begin{aligned}c=&\left[\frac{1}{2}\left(c^0+\frac{\delta_1}{G_1}\right)\right]\operatorname{erfc}\left[\frac{x}{2\sqrt{t/b}}-\frac{a}{2}\sqrt{\left(\frac{a^2}{4}-G_1\right)\frac{t}{b}}\right]\\&\times\exp\left\{x\left[\frac{a}{2}-\sqrt{\frac{a^2}{4}+G_1}\right]\right\}\\&+\left[\frac{1}{2}\left(c^0+\frac{\delta_1}{G_1}\right)\right]\operatorname{erfc}\left[\frac{x}{2\sqrt{t/b}}-\frac{a}{2}\sqrt{\left(\frac{a^2}{4}-G_1\right)\frac{t}{b}}\right]\\&\times\exp\left[x\left(\frac{a}{2}+\sqrt{\frac{a^2}{4}+G_1}\right)\right]\end{aligned}$$

$$
-\frac{1}{2}\left[\frac{\delta_1}{G_1}+\frac{\gamma_1}{G_1-b(k_a+k_i)}\right]\exp\left(-\frac{G_1}{b}t\right)\left\{\operatorname{erfc}\left(\frac{x}{2\sqrt{t/b}}-\frac{a}{2}\sqrt{\frac{t}{b}}\right)\right.
$$

$$
\left.+\mathrm{e}^{ax}\operatorname{erfc}\left(\frac{x}{2\sqrt{t/b}}+\frac{a}{2}\sqrt{\frac{t}{b}}\right)\right]
$$

$$
+\frac{1}{2}\left[\frac{\gamma_1}{G_1-b(k_a+k_i)}\right]\exp[(k_a+k_i)t]
$$

$$
\left\{\exp\left[x\left(\frac{a}{2}-I'\right)\right]\operatorname{erfc}\left(\frac{x}{2\sqrt{t/b}}-J'\right)\right.
$$

$$
\left.+\exp\left(\frac{a}{2}+I'\right)\operatorname{erfc}\left(\frac{x}{2\sqrt{t/b}}+J'\right)\right]
$$

$$
+\left[\frac{\delta_1}{G_1}+\frac{\gamma_1}{G_1-b(k_a+k_i)}\right]\exp\left(-\frac{G_1}{b}t\right)
$$

$$
-\left[\frac{\gamma_1}{G_1-b(k_a+k_i)}\right]\exp[-(k_a+k_i)t]-\frac{\delta_1}{G_1} \tag{18-79}
$$

其中

$$
I'=\sqrt{\frac{a^2}{4}+G_1-b(k_a+k_i)}
$$

$$
J'=\sqrt{\left(\frac{a^2}{4b}+\frac{G_1}{b}-k_a-k_i\right)t}
$$

$$
a=\frac{\alpha u}{E} \tag{18-80}
$$

$$
b=\frac{\alpha}{E}\left(1+\rho\,\frac{1-\alpha}{\alpha}K\right) \tag{18-81}
$$

$$
G_1=\frac{\alpha}{E}\rho\,\frac{1-\alpha}{\alpha}Kk_r \tag{18-82}
$$

$$
\gamma_1=\frac{\alpha}{E}\rho\,\frac{1-\alpha}{2\alpha}(k_i-k_a)(q^0-q_{is}) \tag{18-83}
$$

$$
\delta_1=\frac{\alpha}{E}\rho\,\frac{1-\alpha}{\alpha}k_i q_{is} \tag{18-84}
$$

1）稳态情形：

$$
c_s=\left(c^0+\frac{\delta_1}{G_1}\right)\exp\left[x\left(\frac{a}{2}-\sqrt{\frac{a^2}{4}+G_1}\right)\right]-\frac{\delta_1}{G_1}
$$

$$= c^0 \exp x\left[\frac{au}{2E} - \sqrt{\left(\frac{au}{2E}\right)^2 + \rho\frac{1-a}{E}k_r K}\right]$$

$$-\frac{k_i q_{is}}{k_r K}\left\{1 - \exp x\left[\frac{au}{2E} - \sqrt{\left(\frac{au}{2E}\right)^2 + \rho\frac{1-a}{E}k_r K}\right]\right\} \tag{18-85}$$

2）不可逆吸附物种的表面反应及吸附流出曲线同前面的简化情形。

18.2.1.6 迎头反应色谱理论——串行反应的流出曲线

假设：①可逆吸附的 A 反应可同时生成 B 和 C，而不可逆吸附的 A 只生成 C；②可逆和不可逆吸附的 B 都生成 C；③可逆吸附的 A、B 和 C 均与气相处于线性平衡中；④A 和 B 的吸附相互独立且只与表面空位有关；⑤反应都为一级；⑥不考虑 C 的不可逆吸附；⑦略去膜扩散和粒内扩散。对中间产物 B 有

$$\frac{E_2}{a}\left(\frac{\partial^2 c_2}{\partial x^2}\right) - u\left(\frac{\partial c_2}{\partial x}\right) - \left(\frac{\partial c_2}{\partial t}\right) - \rho\left(\frac{1-a}{a}\right)\frac{\partial Q}{\partial t} = 0 \tag{18-86}$$

$$\frac{\partial Q}{\partial t} = K_2\left(\frac{\partial c_2}{\partial t}\right) + k_r + k'_r + k'_r K_2 c_2 + \frac{1}{2}[k'_a(q'_{it} - q'_i) + k'_i q'_i] \tag{18-87}$$

$$q'_i = q'_{is} + (q'_{it} - q'_{is})\exp(-(k'_a + k'_i)t) \tag{18-88}$$

边界初始条件

$$t = 0, \quad x \geqslant 0, \quad c_2 = 0 \tag{18-89}$$

$$x = 0, \quad t \geqslant 0, \quad c_2 = 0 \tag{18-90}$$

对产物最终 c 有

$$\frac{E_3}{a}\left(\frac{\partial^2 c_3}{\partial x^2}\right) - u\left(\frac{\partial c_3}{\partial x}\right) - \frac{\partial c_3}{\partial t} - \rho\left(\frac{1-a}{a}\right)\frac{\partial Q}{\partial t} = 0 \tag{18-91}$$

$$\frac{\partial Q}{\partial t} = K_3\left(\frac{\partial c_3}{\partial t}\right) - k''_r - k'_r k_2 c_2 - [k'_i q'_i + k_i q_i] \tag{18-92}$$

$$q_i = q_{is} + (q^0 - q_{is})\exp[-(k_a + k_i)t] \tag{18-93}$$

$$q'_i = q'_{is} + (q^1_{it} - q'_{is})\exp[-(k'_a + k'_i)t] \tag{18-94}$$

$$t = 0, \quad x \geqslant 0, \quad c_3 = 0 \tag{18-95}$$

$$x = 0, \quad t \geqslant 0, \quad c_3 = 0 \tag{18-96}$$

从式(18-86)、式(18-87)和式(18-88)可解得产物 B 的流出曲线方程，它很复杂，这里不列出了，有兴趣的可参看参考所列文献[50,52,57]，当达稳态时即 $t \to \infty$ 时，可得稳态方

程

$$c_{2s} = k'_r - k'_i q'_{is}\left\{1 - \exp x\left[\frac{au}{2E_2} - \sqrt{\left(\frac{au}{2E_2}\right)^2 + \rho\left(\frac{1-a}{aE_2}\right)k'_r K_2}\right]\right\} \quad (18\text{-}97)$$

对最终产物 C，得到的拉普拉斯域内的解对反演太复杂了，这里也不再介绍了。

18.2.2 装置和实验方法

做迎头反应色谱实验的设备一般可有由气相色谱仪经改装而成。色谱柱内装填催化剂粒子，实验一般在常压下进行，如采用高压进样阀和相应的降压方法迎头反应色谱也能在高压下进行。迎头反应色谱的实验高压装置如图 18-4 所示[58,59]。由于有反应发生，流出气流中包含有多个组分，为获得各组分的迎头曲线，采用多点间断取样分析的方法，吸附实验时能做连续检测。如能连接质谱作检测器，则有可能同时得到多条不同组分的流出曲线。

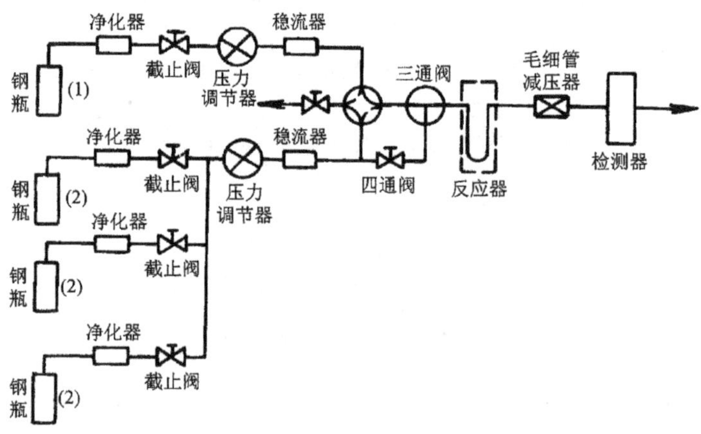

图 18-4 加压迎头反应色谱设备

基本的实验方法是：在色谱柱中装填适当粒度的催化剂，催化剂经过净化还原等预处理后，首先在真实反应温度下使一种反应物在催化剂上吸附饱和，从流出曲线可得总吸附量；在同一温度下用载气吹扫除去可逆吸附部分和气相中的反应物，再进行同一反应物的吸附可得可逆吸附量；从两者之差可计算不可逆吸附；吹扫后只在催化剂表面保留不可逆吸附的反应物，然后切换气路使另一种反应物通过催化剂床层，记录产物和反应物的浓度随时间的变化曲线。分析这些曲线可以判别不可逆吸附物种在催化反应中的作用，同时使反应物一起通过催化剂床层可得到总包反应结果。从总包反应结果减去不可逆反应结果可得可逆吸附物种在催化剂反应中的作用。

18.2.3 迎头反应色谱技术的应用

反应物的吸附是在非均相催化反应中起着极为重要作用的关键步骤。在一般教科书以及有关吸附催化的书中，通常把吸附区分为物理吸附和化学吸附两类。这两类吸附在性质上存在明显的差别，例如在吸附热吸附特定性、吸附力、吸附温度范围和吸附速率等方面两者有显著不同。在发生催化反应的一般温度下，物理吸附存在的可能性不大。因此，在非均相催化反应中起作用的是化学吸附物种的概念都已广为人们所接受。在一般的概念中，总是把化学吸附当成是不可逆吸附，而在催化基础研究中，几乎全部研究工作都是针对不可逆吸附物种进行的。在现代催化作用基础研究中广为使用的现代表面分析工具，绝大多数需要超真空条件，这样就不可能研究可逆吸附物种而只能研究不可逆吸附物种，除非配备必要的反应附件。

然而，实验证据表明，在非均相催化反应中起作用[50~61]的不仅仅是不可逆吸附物种，可逆吸附物种也起着重要作用。例如，田丸谦二等发现[55]，当有反应物的气相压力存在时，吸附物种的脱附速率或反应速率大为增加，他们把这种现象称作为“吸附促进脱附”(adsorption assisted desorption)或“吸附促进反应”。我们的乙烯加氢的动态测量结果也表明[50,56,57]，当有气相乙烯压力存在时，其乙烯加氢反应的速率系数是不可逆吸附乙烯加氢的 5~10 倍。实验结果也证明，在加氢反应发生的实际条件下，在钯/氧化铝纤维催化剂表面上存在可逆吸附的乙烯[29,51]，这在乙烯加氢中起着重要作用。这些事实清楚地表明，在催化基础研究中，除了深入研究不可逆吸附物种的作用外，还必须深入研究可逆吸附物种在催化中所起的作用。

这里所说的可逆吸附是指只有其气相压力存在时才存在于催化剂表面的那一类吸附，一旦气相压力被除去，例如用抽空或载气吹扫方法，可逆吸附就完全脱附离开表面。在真实反应条件下总是有反应物气流流过，即总是有气相相压力存在的，这时在真实催化剂表面肯定存在可逆和不可逆这两类吸附物种。后面指出，在催化剂表面的可逆和不可逆吸附物种的量(指反应条件下)是可以定量地测量，而且可逆吸附和不可逆吸附物种在能量上是有显著差别的。可逆吸附物种可用抽真空或吹扫方法除去，而为了除去催化剂表面上的不可逆吸附物种，只有气相浓度提供的化学位还不行，还必须附加额外的能量如升高温度才能把它除去。显然，在催化剂表面上的可逆和不可逆吸附物种的量与催化体系和反应条件即反应温度、压力、反应物组成、催化剂特性和反应物性质等因素有关。后面的实验结果指出，对同一催化体系和相同的反应温度，不可逆吸附物种的量一般不随反应物气相压力而变，而可逆吸附的量随气相压力的增加而增加[20,22]。应该指出，这里所说的可逆吸附一般是非活化的化学吸附。

18.2.3.1 可逆吸附物种在催化反应中的作用

卢根民等[50,51,57]用迎头反应色谱法测量了在不同加氢反应温度下在铂催化剂和氧化铝单体上的可逆乙炔的吸附量如表 18-8 所示。由表 18-8 看出，可逆吸附乙炔物种的量随温度有所减少，载体吸附的可逆乙炔的量要远大于金属铂。这清楚地表明载体氧化铝在加氢催化剂中对乙炔吸附所起的重要作用。

他们[50,56,57]用同样的方法在加氢温度下测得了在铂催化剂和氧化铝载体上的可逆吸附乙烯的量，如表 18-9 所示。由表可见可逆乙烯的量随温度减少，Pt/Al_2O_3 催化剂上吸附可逆乙烯的量也不是铂和氧化铝的简单加和，而且主要也是吸附于载体上。

表 18-8　铂催化剂和氧化铝上可逆吸附乙炔的量[1)]（单位：$\mu mol \cdot g^{-1}$）

温度/℃	Pt	Al_2O_3	Pt/Al_2O_3
0	11.98	249.7	220.7
5	11.24	224.4	199.6
15	10.15	183.4	157.6

1）乙炔压力为 0.933kPa。

表 18-9　铂催化剂和氧化铝上吸附的可逆乙烯量[1)]（单位：$\mu mol \cdot g^{-1}$）

温度/℃	Pt	Al_2O_3	Pt/Al_2O_3
0	29.95	133.3	107.4
5	27.41	114.5	125.6
15	24.76	88.0	96.3

1）乙烯压力为 2.8kPa。

以上的结果证明，只要有气相压力存在，催化剂表面上总存在其可逆吸附物种，当然这要求吸附物种在反应温度下不分解，而且可逆吸附的量随温度增加不一定单调减少。对负载金属随催化剂烃类在载体上的吸附一般比金属上多，因此对载体在催化中的作用不可轻视。

孙予罕等[60~66]用程序升温吸脱附方法和 2800 化学吸附仪测量了负载铂催化剂上在不同温度下的可逆吸附氢的量并获得了不同氢压下的吸附等压线。如图 18-5 中 B 曲线所示。从图 18-5 可以看到，用程序升温吸脱附方法测量并用 2800 化学吸附仪测量的量作标准校正获得的等压线与用 2800 化学吸附仪测量所得的吸附等压线是一致的；与传统观念不一样，可逆吸附氢量并不随温度升高单调减少，而是有升有降但总趋势是增加的曲线形变化，表 18-10 和表 18-11 明确地表明催化剂制备参数对各类可逆吸附氢的显著影响。

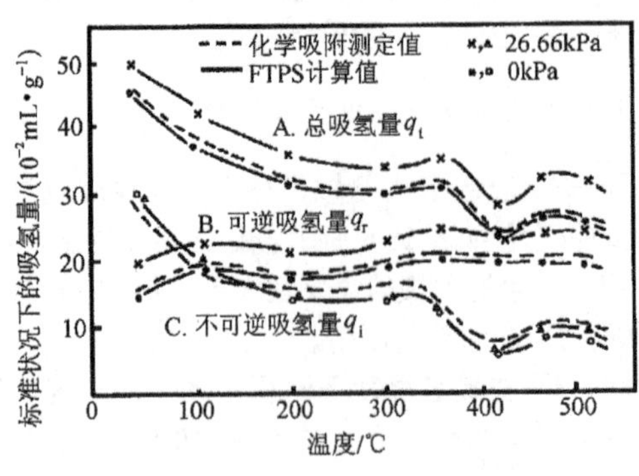

图 18-5　某样品的氢吸附等压线

表 18-10 H/Pt 还原处理对可逆氢的影响

催化剂	Pt/Al_2O_3	Pt/Al_2O_3	$Pt\text{-}Ga/Al_2O_3$	$Pt\text{-}Ga/Al_2O_3$
还原温度/℃	450	600	450	600
总吸氢量/q_t H/Pt 物质的量比				
β 氢	0.91	2.36	1.25	1.49
γ 氢	1.12	—	1.64	1.91
可逆氢量/q_r H/Pt 物质的量比				
β 氢	0.55	1.02	0.72	0.69
γ 氢	0.68	—	1.35	1.59
可逆氢分数 f_r/%				
β 氢	60.4	43.2	57.6	46.3
γ 氢	59.8	—	82.3	83.8

表 18-11 制备参数对可逆氢的影响

参数	吸氢总量		可逆氢量		可逆氢分数	
	β 氢	γ 氢	β 氢	γ 氢	β 氢	γ 氢
pH	+	+	+	-	+	-
焙烧温度	-	-	-	+	-	+
Ga 含量	+	+	+	+	+	+

注：+ 表示正影响；- 表示负影响。

周革等[54,58,67~71]用他们自行设计的高压迎头色谱测量了在合成甲醇催化剂铜-锌/氧化铝和锌-铬催化剂以及甲烷化镍/氧化铝和钼/氧化铝催化剂上吸附的可逆和不可逆氢的吸附等温线，结果表明，可逆吸附量随吸附质的气相压力而增加，而吸附的不可逆氢的量与吸附质的气相压力无关。有代表性的结果如图 18-6 和图 18-7 所示。他们还用同一装置测量了CO在这些催化剂上的可逆和不可逆吸附物种的量随气相CO压力改变而变化的规律，得到的结论与氢吸附一样，即可逆吸附的CO随气相压力而增加；不

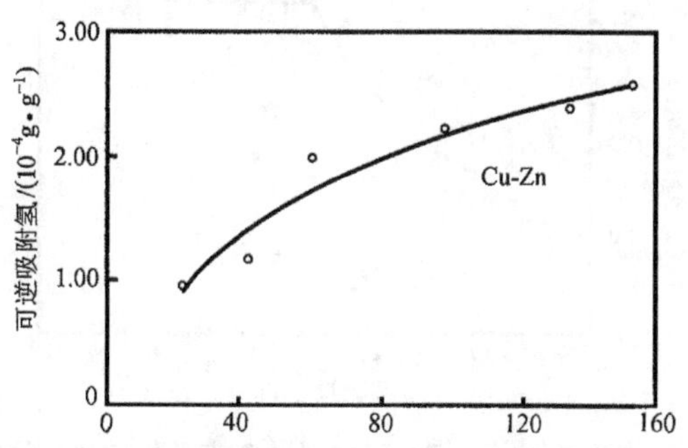

图 18-6 在铜-锌/氧化铝催化剂上可逆吸附氢与吸附氢压间的关系

可逆吸附的 CO 与气相压力基本无关，如图 18-8 和图 18-9 所示。他们发现的一个有趣的现象是，对这些 CO 加氢催化剂，后吸附的 CO 能顶替出一部分不可逆吸附的氢。被顶替出的不可逆吸附氢占总不可逆吸附氢的比例与催化剂性质有关，而与吸附氢的压力关系不大。

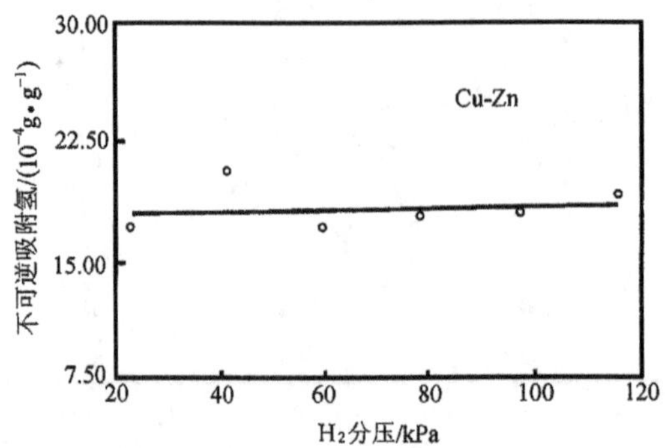

图 18-7　在铜-锌/氧化铝催化剂上不可逆吸附氢与吸附氢压间的关系

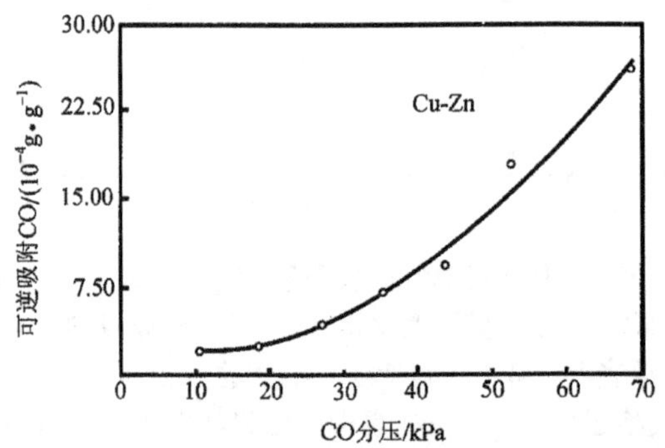

图 18-8　在铜-锌/氧化铝催化剂上可逆吸附 CO 与吸附 CO 压间的关系

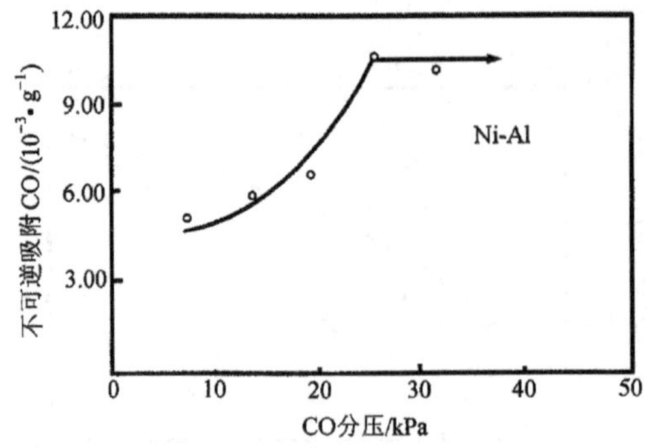

图 18-9　在镍/氧化铝催化剂上不可逆吸附 CO 与吸附 CO 压间的关系

(1) 可逆吸附物种在重整反应中的作用

不可逆吸附物种在催化中起着极为重要的作用，这是大家公认的。但可逆吸附物种是否在催化中起同样重要的作用，尚未有足够的实验事证明。前面的事实证明，在真实反应条件存在可逆吸附物种，本节提供它在催化起着重要作用的一些实验结果。

孙予罕等[61~66]在常压流动反应器中获得了正己烷在负载铂催化剂上的反应转化率数据。因催化剂的制备参数改变，催化剂的催化活性和各类反应的选择性及催化剂的稳定性也明显变化。令人惊奇的是，他们发现负载铂催化剂的上述反应性能竟与氢吸附有定量关系。对甲基环戊烷转化他们也发现类似的定量关联。反应转化率、异构化选择性和芳构化选择性与不可逆吸附氢相关联，而加氢裂化加异构化的选择性以及催化剂失活速率与可逆吸附氢有定量线性关系。这些线性关系与制备参数变得无关了。写成经验方程如下：

450℃下正己烷转化的芳构化选择性 S_b、异构和加氢裂化选择性 S_{Hi}和失活速率 Δx

$$S_b = [1.67(100 - f_r) - 3.34] \times 100\% \tag{18-98}$$

$$S_{Hi} = [2.17 f_r(\gamma) - 104.72] \times 100\% \tag{18-99}$$

$$\Delta x = (32.2 - 15.0 q_r) \times 100\% \tag{18-100}$$

在 360℃下

$$S_i = \{2.68[100 - f_r(5)] - 83.54\} \times 100\% \tag{18-101}$$

$$\Delta x = (12.02 - 8.3 q_r) \times 100\% \tag{18-102}$$

式中：q_r——可逆吸附氢量，以 H/Pt 原子比表示；

f_r——可逆吸附氢分数。

上述的定量关系表明，在重整反应条件下可逆吸附氢在重整催化剂的选择性和稳定性中起着至关重要的作用，否则是难以解释这类定量关系的。

(2) 可逆吸附物种在烃类加氢反应中的作用

乙炔和乙烯在铂催化剂的加氢反应及其动力学测量在微型流动反应器上进行。由于目前还无法单独对可逆吸附烃类的反应动力学进行测量，故可逆吸附物种动力学由总包动力学减去不可逆吸附动力学而获得[50,52,53,56,57]。

实验结果指出，不可逆乙炔的加氢产物不论在哪一反应温度，其产物均为乙烷。一旦气相中有乙炔，则产物中不仅有乙烷并有大量乙烯。可以推想，乙烷的产生是由于可逆乙炔转化为不可逆再加氢产生，有气相乙炔说明催化剂表面上存在可逆吸附乙炔，并且加氢产物与不可逆乙炔加氢产物乙烷不同，而是乙烯。

应用前面介绍的迎头反应色谱分析理论，在已知不可逆乙炔加氢反应速率常数(从不可逆乙炔加氢动态实验测量)和乙炔总包加氢反应速率常数(从稳定态动力学实验计算)$k_i q_{is}$和 k_i 的条件下，卢根民等从乙炔加氢反应的动态-稳态实验可以获得可逆吸附乙炔的加氢反应速率常数 k_r 以及生成乙烯产物的速率常数 k_r[50,56,57]。这些结果以及它们的比值给于表 18-12 中。由表 18-12 可以看到，可逆吸附乙炔对加氢的贡献约占 2/3，而不可逆乙炔只占约 1/3，而且可逆乙炔中加氢生成乙烯的速率常数几乎等于可逆乙炔的加氢速率常数。前已指出，少量乙烷是以可逆吸附物种作为前体物转变为不可逆吸附乙炔加氢而得。这些结果也表明，纯铂催化剂的可逆乙炔对不可逆乙炔加氢速率常数之比显著大于 Pt/Al_2O_3 催化剂，说明载体的存在对乙烯选择性不利，因此可用改性载体的方法提高乙炔加氢的选择性。

表 18-12　可逆乙炔在乙炔加氢反应中的作用

温度/℃	Pt/Al_2O_3			Pt		
	k_r/k_t	Kk_r/k_iq_{is}	k'_r/k_r	k_r/k_t	Kk_r/k_iq_{is}	k'_r/k_r
0	0.62	1.65	1.0	0.67	2.99	1.0
5	0.63	1.70	0.98	0.76	4.12	1.0
15	0.67	2.00	0.93	0.85	6.45	0.92

对乙烯加氢与乙炔加氢一样，卢根民等也获得了可逆和不可逆乙烯加氢的反应速率常数 k_r 和 k_iq_{is}[50,56,57]。这些值以及它们的比值见表 18-13。由表 18-13 可见，可逆乙烯对总加氢反应的贡献差不大，与不可逆乙烯相等。

表 18-13　可逆和不可逆乙烯的催化剂上的加氢

温度/℃	Pt/Al_2O_3			Pt		
	k_rK	k_iq_{is}/C_0	C_0Kk_r/k_iq_{is}	k_rK	k_iq_{is}/C_0	C_0Kk_r/k_iq_{is}
0	31.62	30.50	1.04	405.27	511.41	0.79
5	42.63	42.16	1.01	700.08	776.44	0.90
15	72.46	50.27	1.44	968.7	843.3	1.17

(3) 可逆吸附物种在 CO 加氢反应中的作用

应用加压迎头色谱方法测量可逆吸附 CO，用总的 CO 加氢反应结果减去不可逆 CO 加氢的结果得到可逆吸附 CO 物种在加氢反应中的作用。周革等[54,58,59,67~71]研究了可逆吸附 CO 在铜-锌/氧化铝和锌-铬/氧化铝催化剂上合成甲醇中的作用。结果表明，甲醇是由可逆一氧化碳吸附物种与可逆吸附的氢物种生成的。

由上述结果不难看到，可逆吸附 CO 在合成甲醇中起着关键的作用，可逆吸附的烃对半加氢反应贡献一般大于不可逆吸附，即它对加氢反应活性和中间产物如乙烯的选择性起着重要甚至是关键的作用。同时可逆吸附烃的加氢产物可以与不可逆物种完全不同，因此它是影响加氢反应选择性的决定性因素之一。

(4) 可逆吸附物种在氧化反应中的作用

在最近的文献中，Kiperman 等[72~74]提出了类似于可逆吸附物种的概念，他们把可逆吸附物种描述为“与金属催化剂表面微键合的氧和氢以分子型式吸附”(molecular adsorption of hydrogen and oxygen slightly bound with metal catalyst surface)。基于他们自己的实验结果认为，应把可逆吸附物种的作用考虑在非均相催化反应的机理和动力学中。他们也研究了催化剂促进剂对可逆吸附的影响。

实验中，他们使用的催化反应器为特别设计的无梯度反应器，瞬态实验应用阶梯进样即迎头法，其特点在于：①催化剂吸附饱和后用载气吹扫时间作变量，记录不同长度的载气吹扫时间后引入另一反应物时产物的流出曲线；②用载态-稳态法研究氧化反应的多态性；③研究了可逆吸附物种作用的反应动力学和反应机理。

他们用动态-稳态法研究了在铂/氧化铝催化剂上 CO 的氧化反应，二甲苯在钯/不锈钢载体催化剂上的氧化以及乙炔在钯/氧化铝和硫化镍/氧化铝催化剂上的选择加氢反应。对乙炔加氢反应，从动力学角度研究较多，但对不同吸附物种的作用方面的研究深度不及谭蔚弘等和陈诵英等的工作。下面重点介绍氧化反应。

对二甲苯氧化反应，用动态稳态法获得的流出曲线与由理论公式模拟得到的曲线极为相似。在 CO 氧化反应上，获得了极有意义的结果。图 18-10 表示 CO 在铂/氧化铝催化剂上氧化反应的多解性。

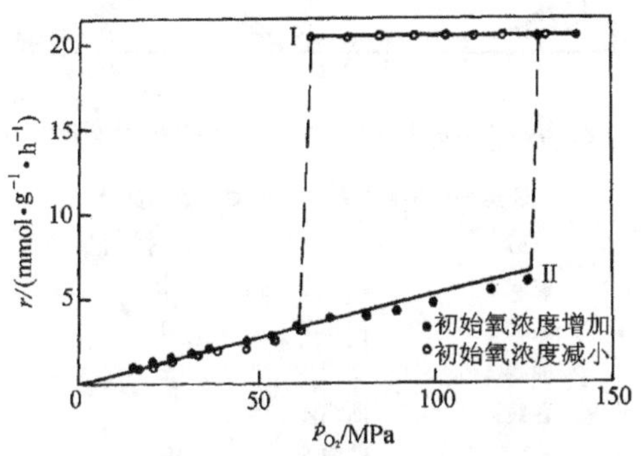

图 18-10 反应速率与氧分压间的关系

温度 135℃；$p^0_{co} = 1.1\mathrm{kPa}$

图 18-11 表示分别用不同反应物（CO 或 O_2）使催化剂表面预先吸附饱和后，经载气吹扫不同时间再引入另一反应物时产物 CO_2 的流出曲线。图 18-12 表示用 CO 吸附饱和后经载气吹扫不同时间再引入 CO 和 O_2 的混合气时 CO_2 的流出曲线(a)和先用 CO 和 O_2 的混合气使催化剂表面稳定后经载气吹扫不同时间再引入 CO 时 CO_2 的流出曲线(b)。图 18-13 表示用氧气吸附饱和后经载气吹扫不同时间再引入 CO 和氧气的混合气时 CO_2 的流出曲线(a)和先用 CO 和 O_2 的混合气使催化剂表面稳定后经载气吹扫不同时间再引入 O_2 时 CO_2 的流出曲线(b)。从这些曲线中可以看到，CO_2 的生成既可以来自于可逆吸附的 CO 和不可逆吸附的氧间的反应，也可以来自于不可逆吸附的 CO 和可逆吸附的氧间的反应，而且可逆吸附的 CO 可以与不可逆吸附的 CO 并存，氧的吸附可以是分子形式的可逆吸附物种，也可以是原子形式的不可逆吸附物种。基于这些结果，提出的 CO 在上述负载催化剂上的氧化反应机理如下：

① $CO + S \longrightarrow COS$　　COS 为可逆吸附物种

② $CO + S \longrightarrow CO \cdot S$　　CO·S 为不可逆吸附物种

③ $O_2 + 2S \longrightarrow 2OS$

④ $OS \longrightarrow O \cdot S$　　O·S 为不可逆吸附物种

⑤ $O_2 + S \longrightarrow O_2S$　　O_2S 为可逆吸附物种

⑥ $COS + O \cdot S \xlongequal{} CO_2 + 2S$

⑦ $CO \cdot S + O_2S \xlongequal{} CO_2 + OS + S$

其中,S 表示活性位。

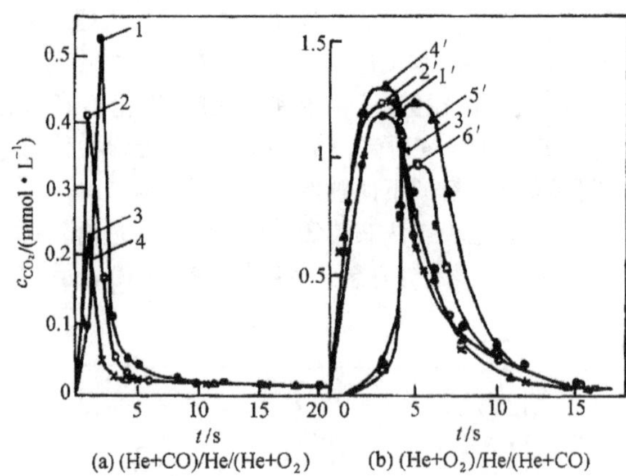

图 18-11　不同吹扫时间的 CO_2 流出曲线

(a)	(b)	吹扫时间 t/s
曲线 1	曲线 1′	0
曲线 2	曲线 2′	1
曲线 3	曲线 3′	3
曲线 4	曲线 4′	5
	曲线 5′	180
	曲线 6′	600

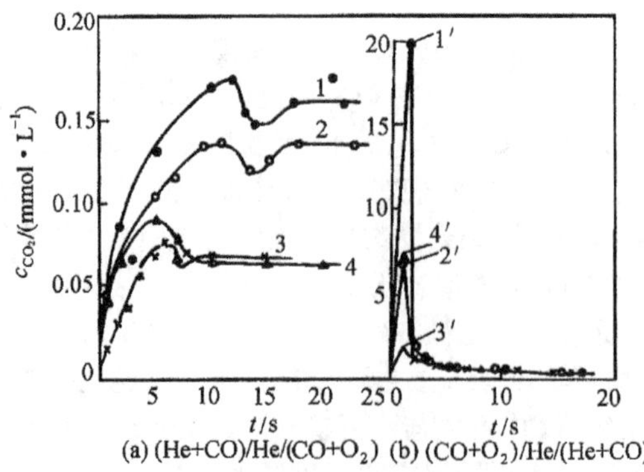

图 18-12　不同吹扫时间的 CO_2 流出曲线

(a)	(b)	吹扫时间 t/s
曲线 1	曲线 1′	0
曲线 2	曲线 2′	1
曲线 3	曲线 3′	3
曲线 4	曲线 4′	5

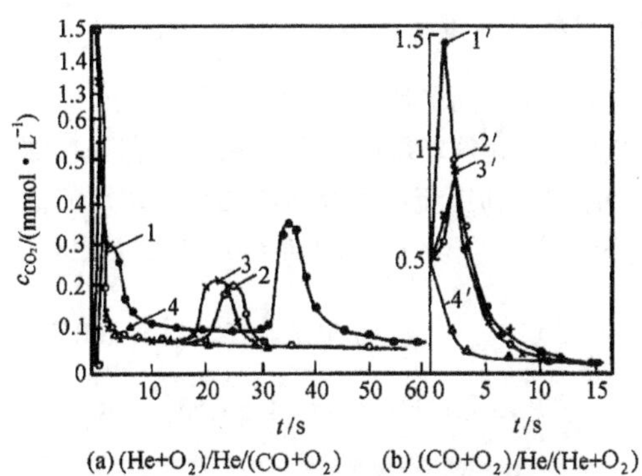

图 18-13 不同吹扫时间的 CO_2 流出曲线

(a)	(b)	吹扫时间 t/s
曲线 1	曲线 1′	0
曲线 2	曲线 2′	1
曲线 3	曲线 3′	3
曲线 4	曲线 4′	5

总上所述，可逆吸附物种既可作为前体又可直接在催化剂的活性、选择性和稳定性起着很重要的作用，因此可以说可逆吸附物种在催化作用中起着举足轻重的作用。研究可逆吸附物种在催化中的意义前面的结果已清楚地说明，应该强调可逆吸附物种在催化作用所扮演的重要角色。因此，在催化作用研究中，仅研究不可逆吸附物种的作用显然是不全面的，应该对可逆吸附物种予以足够的重视，只有深入了解可逆、不可逆吸附物种在催化中所起的作用，才有可能真正了解催化作用的本质。

研究可逆吸附物种在催化中的作用不仅具有重要的理论意义，而且具有重要的实际意义。对它的了解可以提供改进催化剂性能如选择性和发展新的高效催化剂的新的路径和方法。例如，前面已提到改性载体也可以提高乙炔加氢的乙烯选择性。卢根民等[50,56,57]用重氮甲烷改性氧化铝载体使乙烯选择性提高到纯金属铂的水平，如表 18-14 所示。另一可能的实际意义是对可逆、不可逆吸附物种的研究如能找出它与反应性能间的定量关系，即可用吸附评价催化剂，进而找出催化剂制备与反应性能间的半定量、定量关系，为催化剂的计算机辅助设计提供可能的途径。总之，在真实反应条件下催化剂表面存在可逆和不可逆吸附物种。可逆吸附物种与不可逆物种一样在催化中起着重要作用，既可作为前体，又可直接对催化剂的活性、选择性和稳定性产生显著影响。为了解催化作用本质，必须对可逆吸附物种进行深入研究。

表 18-14 载体改性对乙炔加氢中乙烯选择性的影响

催化剂	Pt	Pt/Al_2O_3	Pt/改性 Al_2O_3
选择性	0.78	0.62	0.77

18.2.3.2 不可逆吸附物种在催化反应中的作用

(1) 不可逆吸附氢在重整催化反应中的作用[60~66]

孙予罕等利用2800化学吸附仪、程序升温吸脱附法和脉冲法测量了在室温，360℃和450℃时的不可逆氢吸附量，利用流动微反应器测量催化剂的活性，选择性和稳定性。令人惊奇地发现，室温下的不可逆氢与360℃和450℃时的正己烷转化率 X 有线性关系

360℃ $$X = [0.36(H_i/Pt) + 12.34] \times 100\% \tag{18-103}$$

450℃ $$X = [0.43(H_i/Pt) + 55.52] \times 100\% \tag{18-104}$$

式中，H/Pt 为原子比。

众所周知，室温下的不可逆氢是Pt金属分散(或表面积)的量度，说明正己烷的转化活性取决于暴露的铂的金属表面大小。更令人惊奇的是，在反应温度下的可逆和不可逆氢与重整反应的选择性和稳定性 Δx 有线性关系：

360℃ 反应

$$S_i = (2.68f_i - 83.54) \times 100\% \tag{18-105}$$

$$\Delta x = [12.02 - 8.3(H_r/Pt)] \times 100\% \tag{18-106}$$

450℃反应

$$S_b = (1.67f_i - 3.34) \times 100\% \tag{18-107}$$

$$(S_i + S_h) = [2.17(100 - f_i) - 104.72] \times 100\% \tag{18-108}$$

$$\Delta x = [32.2 - 15.0(H_r/Pt)] \times 100\% \tag{18-109}$$

式中：H_r/Pt——原子比；

f_i——不可逆氢分数。

式(18-109)说明催化剂的失活随可逆吸附氢增加而减缓，达到一定量的可逆氢，催化剂可以不失活。反应选择性(异构化 S_i,芳构化 S_b，加氢裂化 S_h)是与催化剂表面上可逆与不可逆吸附氢间的相对比例有关。不可逆氢比例增加有利于360℃下的异构化和450℃下的芳构化，而可逆氢比例增加有利于异构和加氢裂化，这些事实充分说明重整反应是在吸附氢修正的催化剂表面上进行的，也说明了可逆和不可逆吸附氢在重整反应中起重要作用。

(2) 不可逆吸附氢在CO加氢反应中的作用[67~71]

1) 在工业甲烷化催化剂上不可逆吸附物种的作用[71]。周革等[54]用自行研制的加压迎头反应色谱设备，对甲烷化的镍/氧化铝和钼/氧化铝催化剂的氢吸附及其在反应中的作用研究。结果指出，在真实反应的条件(压力，温度)下甲烷化催化剂表面上都存在可逆吸附与不可逆吸附两类氢吸附物种，如前面指出的，可逆吸附氢物种的量随氢分压的增加而增加。不可逆吸附氢物种中，有一部分氢能被后吸附的CO顶替出来，还有一部

分氢是不能被 CO 所顶替出。有兴趣的是，如果这一不能被 CO 顶替的氢用提高温度的方法除去，则这些甲烷化镍/氧化铝和钼/氧化铝催化剂在正常的反应温度和压力下不再吸附 CO，也即失去了 CO 加氢活性，除非有氢压存在。把已失去活性的催化剂再在合适温度下用氢处理使之再获得已失去的不可逆吸附氢，则该催化剂又具有了吸附 CO 的能力，也即恢复了 CO 加氢的活性。这一现象说明了不可逆吸附氢可能是这类催化剂的必不可少的一个组分或助剂。对甲烷化的镍/氧化铝催化剂和钼/氧化铝催化剂，除这些组分外还需加上不可逆吸附氢，即有甲烷化活性的催化剂的组成应是镍-氢/氧化铝和钼-氢/氧化铝。实验结果还表明，甲烷的生成来自于不可逆吸附 CO(可能已解离成炭)和可逆吸附氢。

2) 工业合成甲醇催化剂上不可逆吸附物种的作用。在研究甲烷化反应的同时，周革等[68]也对在铜-锌/氧化铝和锌-铬/氧化铝工业合成甲醇催化剂上不可逆吸附物种的作用进行了详细的研究。结果同样指出，在真实反应的条件(压力，温度)下，在这方面两种合成甲醇催化剂表面上也都存在可逆吸附与不可逆吸附两类氢和两类 CO 吸附物种。如前面指出的，可逆吸附氢和 CO 物种的量随压力的增加而增加；不可逆吸附氢物种中，有一部分氢能被而后吸附的 CO 顶替出来，还有一部分氢是不能被 CO 所顶替出。同样，如果这一不能被 CO 顶替的氢用提高温度的方法除去，则这两类合成甲醇催化剂在通常的反应温度和压力下不再吸附 CO，也即失去了 CO 加氢合成产物的活性，除非有氢压存在。把已失去活性的催化剂再在合适温度下用含氢气体处理使之再获得已失去的不可逆吸附氢，则该催化剂又具有了吸附 CO 的能力，也即恢复了 CO 加氢的活性。与甲烷化催化剂一样，这一现象也说明了不可逆吸附氢可能是这类合成甲醇催化剂的必不可少的一个组分或助剂。对铜-锌/氧化铝和锌-铬/氧化铝催化剂，除这些金属和金属氧化物组分外还必需加上不可逆吸附氢，即铜-锌-氢/氧化铝和锌-铬-氢/氧化铝才是有合成甲醇活性的催化剂的组成。结果也表明，在这些催化剂上不可逆吸附的 CO 生成的产物不是甲醇而是副产物。

这些事实有力地说明，不可逆吸附氢虽不一定参与甲醇合成和甲烷化反应，但是它们是催化剂具有活性的必不可少的组分，或叫促进剂。

(3) 不可逆吸物种在不饱和烃加氢中的作用

1) 不可逆氢的作用。卢根民等[50,56,57]研究了不可逆吸附氢在乙炔和乙烯加氢中的作用发现，在乙炔加氢的铂催化剂上，不可逆氢与乙炔反应的主要产物是乙烷也生成一定量的乙烯，如图 18-14 所示，对负载铂催化剂还伴有化学振荡现象，如图 18-15 所示；对乙烯加氢也有类似振荡现象，但这一化学振荡现象仅为负载铂催化剂所独有，对纯铂催化剂无此振荡现象，不可逆氢与乙炔反应的速率系数见表 18-15。

表 18-15 铂催化剂上不可逆氢与乙炔反应速率常数[5](单位：$mol\cdot s^{-1}$)

温度/℃	Pt/Al_2O_3		Pt	
	生成 C_2H_4 的 $k/10^{-13}$	生成 C_2H_6 的 $k/10^{-12}$	生成 C_2H_4 的 k	生成 C_2H_6 的 k
0	5.77	1.91	0.115	0.336
5	5.82	2.07	0.132	0.32
15	5.90	2.54	0.168	0.395

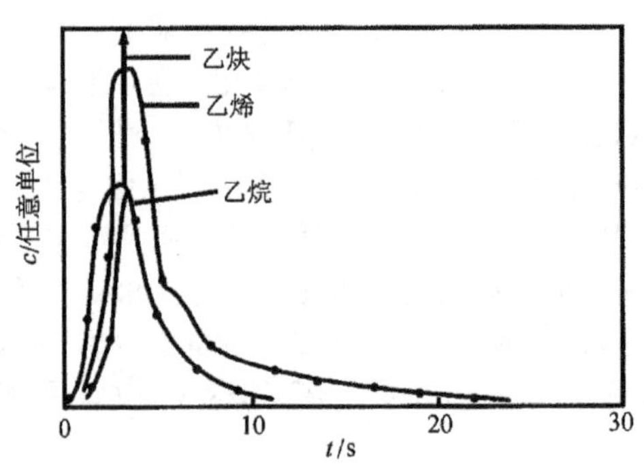

图 18-14　在铂黑催化剂上不可逆氢和乙炔间的反应

0℃；45mL·min^{-1}

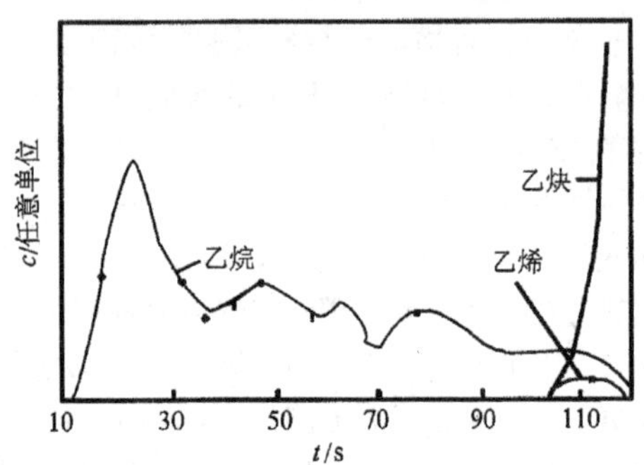

图 18-15　在负载铂催化剂上不可逆氢和乙炔间的反应

0℃；45mL·min^{-1}

以上事实说明，在反应条件下催化剂表面存在可逆和不可逆吸附氢物种，它们在反应中的作用是不尽相同的，可逆氢作为反应物或不可逆氢的前体，不可逆氢既可是反应物又可是催化剂表面的修正剂和促进剂。

2）不可逆吸附烃的作用。在石油炼制和石油化学工业中，有许多反应涉及烃类，它们是非常重要的反应物。由于它们在较高温度下遇催化剂要发生反应，因此对其进行可逆和不可逆吸附物种及其反应性的研究都选用低温加氢反应。下面要讨论乙炔乙烯加氢[29,50,51,56,57]和苯加氢[40,75]反应中这些烃类的吸附行为和反应行为。催化剂经适当预处理后调整到加氢反应发生的温度，测量总包迎头吸附曲线计算总吸附量，然后在相同反应温度下用载气吹扫除去可逆吸附的烃类，从脱附曲线计算可逆吸附烃的量，为确证这一量，再进行一次迎头吸附，从第二次迎头曲线也能计算可逆吸附烃量。从总吸附量中减去可逆吸附烃量即为不可逆吸附烃量，如图 18-16 所示。

不可逆乙炔在乙炔加氢反应中的作用：不可逆吸附乙炔的量由迎头色谱测量，它们在加氢反应中的作用用迎头反应色谱研究。

吸附测量结果表明，不管可逆还是不可逆，乙炔绝大部分都吸附于催化剂载体上。不可逆乙炔的加氢产物只有乙烷，如图 18-17 和图 18-18 所示，其速率常数 k 为

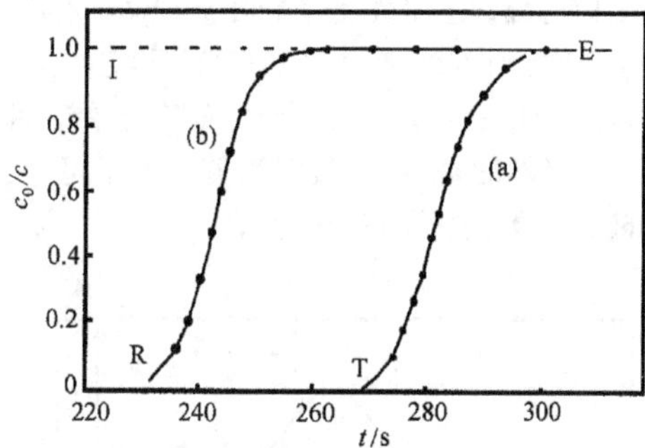

图 18-16　在铂/氧化铝催化剂上乙炔吸附的迎头流出曲线

0℃；1g 催化剂；45mL·min^{-1}

Pt/Al_2O_3

$$\lg k = -1578.69/T + 3.975 \quad E = 30.02\ \text{kJ} \cdot \text{mol}^{-1} \tag{18-110}$$

Pt

$$\lg k = -2473.61/T + 7.330 \quad E = 47.12\ \text{kJ} \cdot \text{mol}^{-1} \tag{18-111}$$

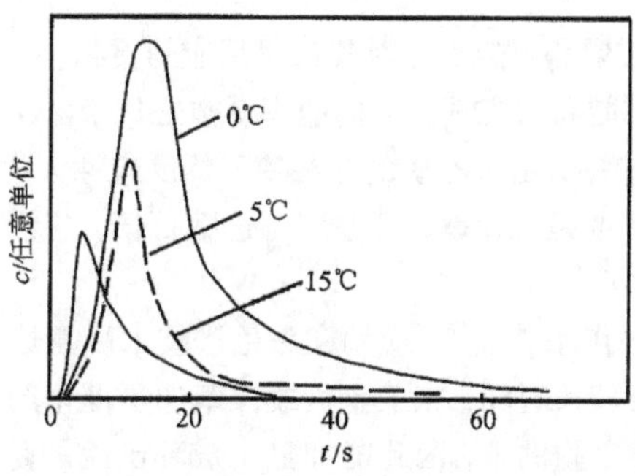

图 18-17　在负载铂催化剂上不可逆乙炔的加氢流出曲线

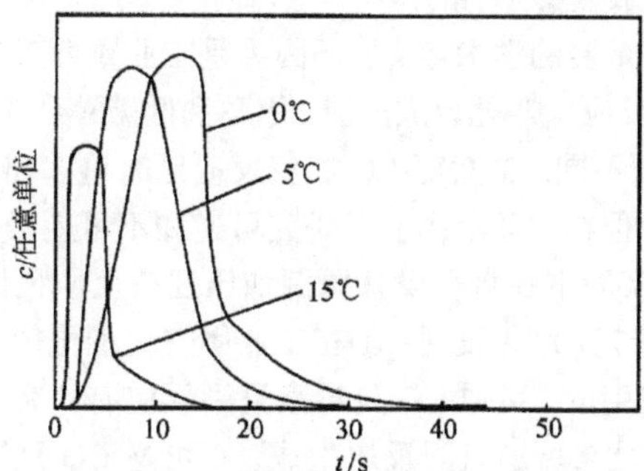

图 18-18　在负载铂催化剂上不可逆乙烯的加氢流出曲线

0℃；1g 催化剂；45mL·min^{-1}

可逆乙炔加氢几乎都生成乙烯，在加氢反应中可逆乙炔对乙炔加氢反应的贡献要远大于不可逆乙炔，而对目的产物乙烯的贡献几乎都来自可逆乙炔。

不可逆吸附乙烯在加氢反应中的作用[50,51,52,57]：实验结果证明，在催化剂上乙烯的吸附一般比乙炔要弱。令人感兴趣的是，仅对负载铂催化剂不可逆乙烯可部分为乙炔所顶替，乙炔和不可逆乙烯的竞争吸附如图 18-19 所示。

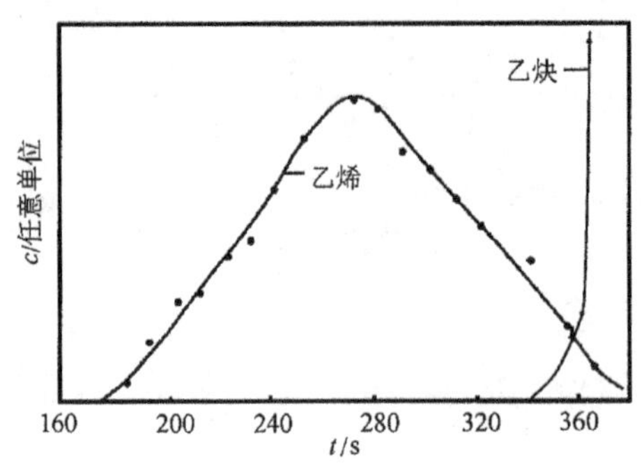

图 18-19 乙炔和不可逆乙烯的竞争吸附

0℃；45mL·min⁻¹

在稳态条件下不可逆乙烯和可逆乙烯对其加氢反应的贡献差不多，但它们的反应性要比乙炔高得多，在 0℃、5℃和 15℃时，它们速率系数之比 k_2/k_1 分别为 2.75、4.61 和 8.57。然而，在乙炔加氢反应中，由于乙炔的存在使乙烯反应性大为下降。不管是可逆物种还是不可逆物种加氢速率或是总速率，其差别可达数百倍，这说明为什么在乙炔加氢反应中可高选择性得乙烯。

吸附苯在加氢反应中的作用[40,75,76]：应用迎头色谱技术以氢焰作检测器时的测量证明，虽然苯的完全脱出需要较长时间，在工业负载镍苯加氢催化剂上几乎检测不出不可逆吸附苯的存在，只有可逆吸附的苯，因此能加氢生成环己烷的是可逆吸附的苯。这一结果除迎头色谱结果外还得到吸附苯的反应实验和程序升温反应结果的支持。

(4) 不可逆吸附 CO 在加氢反应中的作用[54,70,71]

CO 加氢反应不仅具有重要的学术意义，还因为是工业重要反应而具有很大的实际意义。CO 加氢包括甲烷化反应、费-托合成反应、甲醇和低碳醇合成反应等。其加氢产物因催化剂和工艺条件不同而不同。虽然对 CO 加氢反应已有许多研究，对 CO 的吸附及其反应性也做了许多研究，但在中间层次上来研究可逆和不可逆吸附 CO 及其反应性的情况并不多见。最近，我们实验室在自行设计研制加压迎头反应色谱设备上对甲烷化反应和合成甲醇反应进行了研究，结果发现：①在工业甲烷化催化剂上甲烷是由不可逆吸附的 CO 与可逆氢间的反应生成，可逆 CO 只对微量副反应有贡献；②在工业合成甲醇催化剂上，甲醇是由可逆 CO 与可逆氢间反应生成，不可逆 CO 只导致微量烃类副产物的生成。从这些结果和可逆不可逆氢在 CO 加氢反应中作用的结果，不难推测，在 CO 加氢反应中的关键反应物是吸附的 CO。前一节的结果证明了以前提出的看法，不可逆吸附物种与压力无关，仅是温度的函数，而可逆吸附物种不仅与温度有关而且与其自身的压力有关。这样就能较满意的解释为什么合成甲醇必须高压而甲烷化仅常压就行了。这意味着，压力作用的本质是增加可逆吸附物种的表面浓度。这些结果为了解催化反应本质提供了有用的信息，为微观洁净表面上的分子水平研究和宏观研究间架起了桥梁。本章提供的介绍包括可逆和不可逆吸附氢在烃类重整反应、乙炔乙烯和苯的加氢反应以及CO加氢反应中的作用，可逆和不可逆吸附烃类在加氢反应中的作用，可逆和不可逆吸附CO在其加氢反应中的作用等，说明反应物的可逆吸附物种与不可逆吸附物种一样为催化剂的活性、选择性和稳定性做出贡献。可逆吸附物种除作为反应组分外还可能作为不可逆吸附物种的前体，而不可逆吸附物种除作为反应组分外，还可以起修正催化剂表面和作为活性催化剂必不可少的促进剂的作用。

18.3 非均相催化研究中的过渡应答方法

在稳定态条件下，催化反应的各基元步骤的速率都是相等的，因此要获得有关基元反应的详细知识是困难的。前面已讨论了测量两步机理中各步骤速率的瞬态动力学方法以及测量催化剂表面上可逆和不可逆吸附物种和研究它们在催化反应中所起的作用的瞬态动力学方法。这里要讨论的是测量和研究催化反应的基元步骤如反应物的吸附、表面反应和产物的脱附等的速率的动态方法——过渡应答方法（transient response method）[39,77~80]。如能用基元反应表征催化过程，在理论上和实际上都很有意义。因为，对基元反应的了解能够阐明催化反应机理，为新的高效催化剂的研究发展提供线索和思路，并用以预测反应器的性能。

所谓过渡应答方法就是在稳定的反应系统上叠加一扰动，通常是浓度阶跃信号，即迎头进样，从系统对扰动所做出的应答来获得表面基元反应信息，它也是一种迎头法。由于它考虑了表面物种浓度的变化，所以从它可以获得反应物和产物分子的吸附和脱附量及速率的定量数据，也能为建立可靠的催化反应速率模型提供基本的物理化学数据。

Wagner 和 Hauffe[79]最早应用过渡应答方法来研究非均相催化反应。他们测量催化剂在反应期间的电导率的变化，从电导率的变化来推测钯催化剂上氧和吸附氢间的反应，扰动变量是氧的流速。Stotz[77]也应用电导率应答测定了 Cu_2O 和 NiO 催化剂上的氢吸附，及 FeO 催化剂上氧的释放速率以阐明水煤气变换反应的机理。Kokes[1,80,84]首先提出，在微型反应器上用浓度脉冲，可以研究非均相催化反应动力学[82]。用浓度作扰动变量的基本设想是由 Tamaru[83]提出的，他认为应在反应期间测定催化剂上的反应产物的吸附量。为得到催化剂表面上吸附物种的有关信息，也可使用电子发射光谱、核磁共振、红外和紫外光谱等。

Huang 和 Perravano[84]从数学上讨论了气固反应的过渡应答。证明，从过渡应答能获得各基元步骤的速率常数和吸附中间物的性质和浓度。Polinski[85]和 Bennett[86]也使用动态应答方法来研究非均相催化反应。Kobayashi[39,87~90]和 Bennett[91,92]采用十分相近的过渡应答方法研究各种氧化物催化剂上 CO 的氧化反应和 N_2O 的分解反应。此后，在瞬变动力学的研究中得到越来越广泛的应用。

18.3.1 非均相催化反应过渡应答实验的数学描述

考虑反应

$$X_1 + X_2 \rightleftharpoons Y \tag{18-112}$$

假定，该反应是由如下 3 个基元反应组成

$$X_1 + S \underset{k'_1}{\overset{k_1}{\rightleftharpoons}} X_1S \tag{18-113}$$

$$X_2 + X_1S \underset{k'_2}{\overset{k_2}{\rightleftharpoons}} YS \tag{18-114}$$

$$YS \underset{k'_3}{\overset{k_3}{\rightleftharpoons}} Y + S \tag{18-115}$$

每个基元反应的速率用质量作用定律表示

$$r_1 = k_1 c_{X_1} c_S - k'_1 c_{X_1S} \tag{18-116}$$

$$r_2 = k_2 c_{X_2} c_{X_1S} - k'_2 c_{YS} \tag{18-117}$$

$$r_3 = k_3 c_{YS} - k'_3 c_Y c_S \tag{18-118}$$

如果反应在恒压下进行，则基元反应的速率应是温度 T 和浓度 c_j 的函数，即

$$r_j = f(k_j,\ T,\ c_j) \tag{18-119}$$

反应速率常数 k_j 与温度的关系用 Arrhenius 公式表示

$$k_j = A_j \exp(-E_j/RT) \tag{18-120}$$

因各组分浓度之和等于总浓度，对反应式(18-112)应有

$$\frac{P}{RT} = c_{X_1} + c_{X_2} + c_Y + c_D \tag{18-121}$$

式中，c_D 为稀释用惰性气体浓度。

总的活性中心浓度 c_{TS}应等于催化剂表面上吸附浓度之和，即

$$c_{TS} = c_{XS} + c_{YS} + c_S \tag{18-122}$$

假设活性中心总浓度与温度的关系也遵从 Arrhenius 公式

$$c_{TS} = c_{TS}^0 \exp(-E_{TS}/RT) \tag{18-123}$$

将各组分表面吸附浓度用覆盖度 θ_j 来描述

$$\theta_j = c_{jS}/c_{TS} \tag{18-124}$$

则各基元反应速度可写成

$$r_1 = k_1 c_{X_1} c_S \theta_S - k'_1 c_{X_1S} \theta_{X_1} \tag{18-125}$$

$$r_2 = k_2 c_{X_2} c_{X_1S} \theta_{X_1} - k'_2 c_{YS} \theta_Y \tag{18-126}$$

$$r_3 = k_3 c_{YS} \theta_Y - k'_3 c_Y c_S \theta_S \tag{18-127}$$

两边各除以 c_{TS},得到 r_j/c_{TS}，它只与流动相中各组分的浓度与覆盖度有关，此时反应速率表达式 r_j/c_{TS}与通常的反应速率概念一致。

过渡应答实验一般都在无梯度反应器或微分反应器上进行，对反应(18-112)，可写出各组分的物料平衡方程

$$\frac{dc_{X_1}}{dt} = -\frac{1}{\tau}(c_{X_1} - c_{X_1}^0) - a(k_1 c_{X_1} \theta - k'_1 \theta_{X_1}) \tag{18-128}$$

$$\frac{dc_{X_2}}{dt} = -\frac{1}{\tau}(c_{X_2} - c_{X_2}^0) - a(k_2 c_{X_2} \theta_{X_1} - k'_2 \theta_Y) \tag{18-129}$$

$$\frac{dc_Y}{dt} = -\frac{1}{\tau}(c_Y - c_Y^0) - a(k'_3 c_Y \theta - k_3 \theta_Y) \tag{18-130}$$

$$\frac{d\theta_{X_1}}{dt} = \frac{1}{c_{TS}}\left(\frac{dc_{X_1S}}{dt}\right) = \frac{1}{c_{TS}}\left[k_1 c_{X_1} \theta - \theta_{X_1}(k'_1 + k_2 c_{X_2}) + k'_2 \theta_Y\right] \tag{18-131}$$

$$\frac{d\theta_Y}{dt} = \frac{1}{c_{TS}}\left(\frac{dc_{YS}}{dt}\right) = \frac{1}{c_{TS}}\left[k_2 c_{X_2} \theta_{X_1} - \theta_Y(k'_2 + k_3) + k'_3 c_Y \theta\right] \tag{18-132}$$

$$\frac{d\theta}{dt} = \frac{1}{c_{TS}}\left(\frac{dc_S}{dt}\right) = \frac{1}{c_{TS}}\left[k'_1 \theta_{X_1} - \theta(k'_3 c_Y + k_1 c_{X_2}) + k_3 \theta_Y\right] \tag{18-133}$$

式中：c_{X_1}，c_{X_2}，c_Y——组分 X_1，X_2，Y 在流动相中的浓度；

$c_{X_1}^0$，$c_{X_2}^0$，c_Y^0——组分 X_1,X_2,Y 在进口处相应的浓度；

θ_{X_1}，θ_Y，θ——吸附的 X_1，Y 和空活性中心的覆盖度；

τ——停留时间(对无梯度反应器 $\tau = V/q$,其中 V 为反应器体积)；

q——体积流量(对微分反应器 $\tau = Z/u = \varepsilon L/u$,其中 ε 为床层空隙率，u 为空隙流速，L 为床层表观长度，Z 为床层长度)；

a——常数($a = \rho_c/\varepsilon$,其中 ρ_c 为催化剂颗粒密度)。

解这组方程的初始边界条件随输入讯号的不同而异。例如，处于稳定状态下仅含 X_1、X_2 的气流中，使 X_2 的浓度突然增加到 $c_{X_2}^n$，其边界条件为

$$t = 0, \quad Z(或\ V) = 0, \quad c_{X_1} = c_{X_1}^0, \quad c_{X_2} = c_{X_2}^0, \quad c_Y = c_Y^0 \tag{18-134}$$

$$t = 0, \quad Z(\text{或 } V) > 0, \quad c_{X_1} = c_{X_1}^{iS}, \quad c_{X_2} = c_{X_2}^{iS}, \quad c_Y = c_Y^{iS} \tag{18-135}$$

式中：c_j^{iS}表示催化剂床层内 i 点初始稳定态浓度。

令式(18-128)～式(18-130)左边等于 0，并假设式(18-113)和式(18-114)不可逆(即 k'_1，$k'_2 \to 0$)，可得催化剂表面上的初始条件

$$t = 0, \quad \theta_{X_1}^{iS} = -\frac{1}{a\tau}\frac{c_{X_2}^0 - c_{X_2}^{iS}}{k_2 c_{X_2}^{iS}} \tag{18-136}$$

$$\theta_Y^{iS} = -\frac{1}{a\tau}\frac{c_Y^{iS}}{k_3} \tag{18-137}$$

$$\theta^{iS} = 1 - \theta_{X_1}^{iS} - \theta_Y^{iS} \tag{18-138}$$

要从式(18-128)～式(18-138)获得解析解几乎不可能，只能用数值解。一般是先假设一组参数，对方程组进行数值积分[87,101]，然后与实验应答曲线相比较，再改变参数值，使之与实验值误差为最小。即用最优化方法求定各参数最佳值。Kobayashi 和 Bennett 等采用 Marquardt 法[102]，使用如下的目标函数

$$\sum_{j=1}^{N}\sum_{k=1}^{N}[(c_{jk}^{c} - c_{jk}^{e})/c_{jk}^{e}]^2 \tag{18-139}$$

使该目标函数达到最小，其中 c_{jk}^{c}和 c_{jk}^{e}分别表示计算的和实验的应答值。为降低计算工作量，必须减少未知参数。幸而，使用稳定态方法或某些特征应答实验，可预先获得某些动力学参数。另外，适当选择实验条件，可使方程式线性化，Dauglas[103]证明，当浓度变化小于总平均浓度的 10%时，描述阶梯状浓度变化的过渡应答方程可以线性化。利用同位素示踪剂应答[73,81]、电导应答和红外应答，不仅能增加方程(18-130)中之 N 值，使计算更准确，且可提供更多的有关表面相的信息，以利反应机理的了解。

18.3.2 过渡应答实验用反应器和实验方法

过渡应答方法最好配合稳定态流动法使用，过渡应答实验也以使用流动反应系统为最好。由于催化反应本身很复杂，为使系统应答能够解释和分析，要求反应器在数学处理上尽可能简单，因此过渡应答实验使用的反应器，一般不能有物理传递过程干扰或物理传递过程能被很好地定义。综合文献结果，发现下述反应器可供过渡应答实验用：①无梯度搅拌槽式内循环反应器(CSTR)[101]；②理想活塞流管式反应器(PFR)；③流动型管式微分反应器(FTDR)；④产物瞬态分析(TAP)反应器。有关实验用反应器和流程见图 18-20～图 18-22。

对无梯度内循环反应器

$$\frac{dc_j}{dt} = \sum_{i=1}^{R} r_j a_{ij} - \frac{1}{\tau}(c_j^{out} - c_{jf}^{0}) \tag{18-140}$$

式中：c_j^0, c_j^{out}——j 组分进、出口浓度($j=1,2,\cdots,N$)；

τ——停留时间($\tau = V/q$)；

a_{ij}——j 组分在 i 基元步骤的化学计量系数所构成的矩阵元。

对理想活塞流反应器

$$\frac{\partial c_j}{\partial t} = \sum_{i=1}^{R} r_j a_{ij} - \frac{L}{\tau}\frac{\partial c_j}{\partial Z} \qquad (18\text{-}141)$$

式中：τ——L/u；

L——反应器床层空隙轴向距离；

u——空隙流速；

c_j——j 组分随 L 变化的浓度[如浓度变化不大，$\partial c_j/\partial L$可取平均值$(c_j - c_j^0)/L$($j=1,2,\cdots,N$)]。

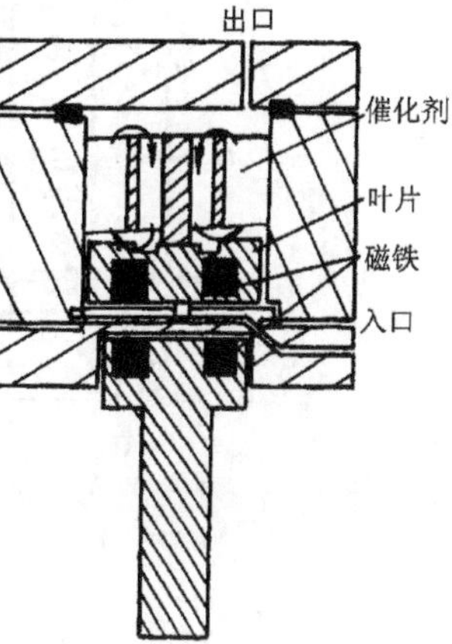

图 18-20 Bennett 使用的无梯度反应器

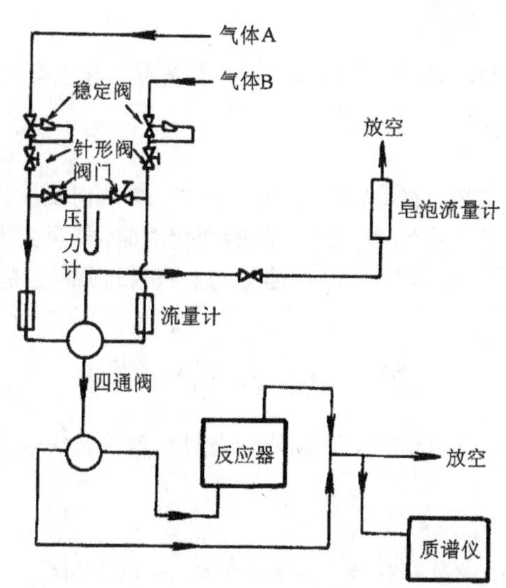

图 18-21 Bennett 使用无梯度反应器的过渡应答实验流程

实验用反应系统还应有能产生尖锐浓度讯号的进样阀，阶梯讯号一般采用四通阀[39,101]；操作时要避免附加扰动，特别要保持流速恒定。另外，必须配有能准确连续分析或快速间断取样的分析设备；如应答很快，可能需要有连续快速扫描分析组分浓度的设备，如质谱仪，对只需单一组份的浓度变化的情形，可方便地使用色谱仪。

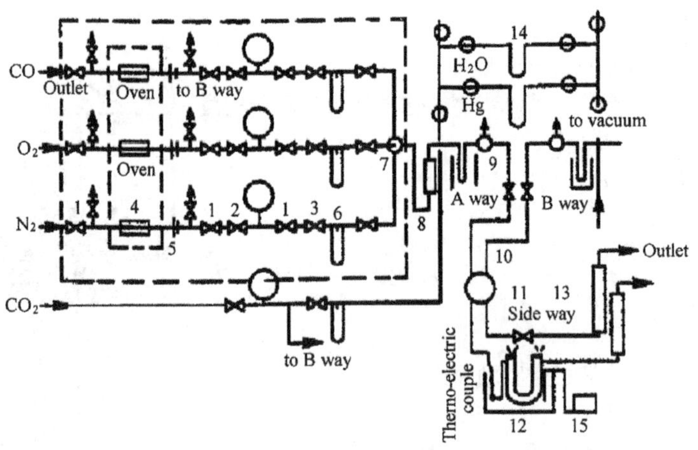

图 18-22　Kobayashi 等使用的微分反应器的过渡应答实验流程

1. 节流阀；2. 压力控制器；3. 针形阀；4. 氧化硅柱；5. 过滤器；6. 流量计；7. 混合器；8. KOH,氧化硅柱；9. 干冰,甲醇冷阱；10. 采样点；11. 四通阀；12. 反应器；13. 皂泡流量计；14. 压力计；15. 冷却器

18.3.3　过渡应答方法的应用

下面以反应式(18-112)为例，介绍如何设计和解释过渡应答实验。

18.3.3.1　X-X 应答

这是最简单的应答实验。在稳定的惰性气流中，突然切换成含有 X_1(或 X_2)的气流(阶梯进样讯号)，测定出口处 X_1 浓度随时间的变化情况，即可获得 X-X 应答。这类应答如图 18-23 中曲线 I 所示，在 t_1 时，X_1 在催化剂上积累的吸附量是

$$c_{X_1 S} = \int_0^{t_1} (c_{X_1}^0 - c_{X_1}) V \mathrm{d}t \tag{18-142}$$

如果只有一种活性中心，则可认为达到新稳定态时积累的 X_1 吸附量即为式(18-124)~式(18-126)中的 c_{TS}

$$Q_0 + Q = c_{TS} = \int_0^{t_1} (c_{X_1}^0 - c_{X_1}) V \mathrm{d}t \tag{18-143}$$

如果 X_1 的吸附不可逆，空活性中心数 Q_0 为

$$Q_0 = c_S = \int_0^{t_1} (c_{X_1}^0 - c_{X_1}) V \mathrm{d}t \tag{18-144}$$

如果 X_1 的吸附可逆，则 Q_0 仅表示还剩下的能吸附 X_1 的活性中心数。

如果切换成含有 X_1 和 X_2 的物流(仍是阶梯讯号)，此时 X_1-X_1 应答如图 18-23 中曲线 II 所示。由于 X_1 和 X_2 间进行了反应，一部分吸附的 X_1 被消耗掉，曲线 II 要比曲线 I 低。

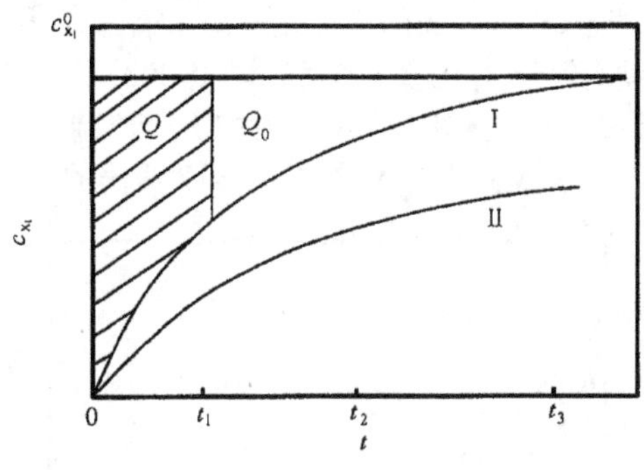

图 18-23　X-X 应答

不管哪一种情形，X_1 的吸附速率均可表示为$(c^0_{X_1} - c_{X_1,t})V$；情况不同，$c_{X_1,t}$的值也不同。

18.3.3.2　Y-Y 应答

在含有 X_1、X_2 的稳定气流中，叠加一阶梯扰动 c^0_Y，如果反应式(18-114)不可逆，则获得的 Y-Y 应答如图 18-24 中曲线 I 所示，图中阴影面积相当于增加的 Y 吸附量，而 Y 值接近于初始稳定态的 Y 值。增加的量为

$$\int_0^{t_1}(c^0_Y - c_Y)V\mathrm{d}t \tag{18-145}$$

如果反应式(18-114)可逆，则 Y-Y 应答如图 18-24 中曲线 II 所示，比曲线 I 低；此时不能直接计算增加的 Y 吸附量。

18.3.3.3　X-Y 应答

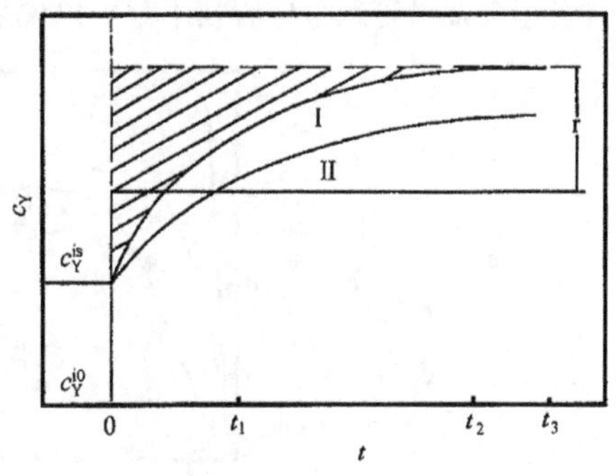

图 18-24　Y-Y 应答

X-Y 应答是最主要也最复杂的一类应答实验，可获得有关活性中心或反应中间物性质和表面状态的信息。其应答曲线形式很多：有的单纯增加、有的开始急骤增加达到最大值后逐渐减小、有的有最小值、有的间歇一段时间后才有应答等。如 X-Y 应答在瞬间就达到新的稳定态，则表示任何一个反应中间物的吸附动力学都没有意义，反应速率是由表面反应所控制的。

如果 X-Y 应答是用突然切断 X_1、X_2 获得的，反应式(18-114)不可逆或其逆反应极慢，则吸附的 Y 全被脱附，其 X-Y 应答如图 18-25 中曲线 I 所示。图中阴影部分面积是残留的 Y 量，其脱附速率为$(c^0_Y - c_Y)V$。如果反应式(18-114)可逆且逆反应相当快，则吸附的 Y 部分分解为 X_1 和 X 并被气流带走，此时有如图 18-25 中曲线 II 那样的应答，显然低于曲线 I。如果此时能同时测出 X-X 应答，

就能提供更多的有用信息。因 X_2 不吸附，放出的 X_2 和 Y 量之和应等于原来 Y 的吸附量；放出的 X_1 和 X_2 之差应等于 X_1 的量。如反应式(18-113)不可逆或 X_1 的脱附很慢，吸附的 X_1 量需另做实验来获得。即只切断 X_1，吸附的 X_1 与气流中的 X_2 反应并以 Y 的形式放出，于是 Y 量与前一个实验获得的 Y 量之差，即为吸附的 X_1 量。

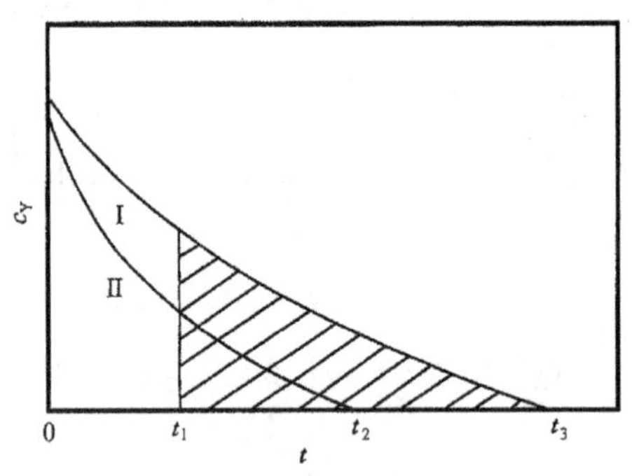

图 18-25 X-Y 应答

文献[39,87～90]中有利用过渡应答方法研究某些催化反应所得的应答曲线和结果。为使过渡应答容易解释，要排除传递现象的干扰，图 18-26 是不同反应器应答曲线的比较，微分反应器可获得尖锐的应答，混合反应器可在转化率较高的条件下作过渡应答实验。过渡应答对动力学机理很敏感。图 18-27 是在相同稳定状态转化率条件下，基元反应动力学参数对应答曲线的影响。过渡应答实验对系统和实验条件的选择是苛刻的，应答时间既不能太短(否则难以测量)，也不能太长(否则极为费时)。但是，在最近 10 多年中发展的 TAP 技术(将在本书第 19 章中做介绍)，由于采用了特殊的设计，其应答时间可以达到毫秒级。从广义上讲，脉冲技术、程序升温脱附(TPD)技术[97]、温度组成应答技术和分子束技术等讯号应答技术都可以说是过渡应答技术。

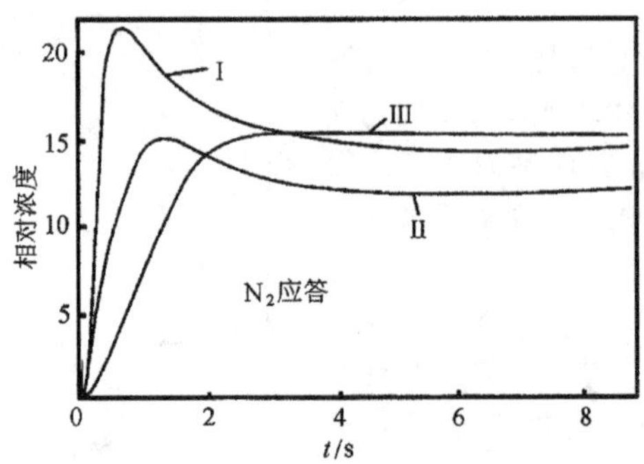

图 18-26 不同反应器对 N_2O 分解的 N_2 应答的影响

I. 混合反应器；II. 过渡型反应器；III. 微分反应器

过渡应答实验能提供基元反应动力学信息，对寻求宏观动力学与催化剂性质间的关系，对选择和改进催化以及描述反应器不稳态行为等，都有重要意义。但对于复杂反应系统，由于在理论分析和实验安排上存在很大困难，使其应用也受到限制。过渡应答方

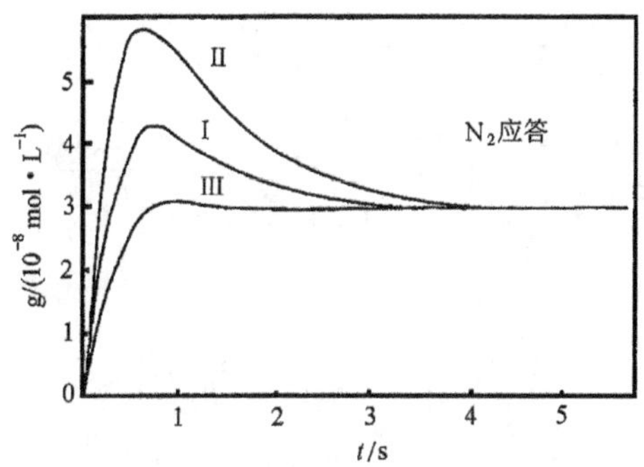

图 18-27 表面覆盖度对应答的影响(N_2O 在微分反应器内分解)

法已成为常规的催化动力学研究的方法之一。

18.4 三相催化反应的吸附和表面反应速率

前面介绍的瞬态动力学方法适用于气固催化反应，对气-液-固催化反应，Smith 实验室[32~38]发展了在浆态反应器中分离测定吸附和表面反应速率的动态分析理论和技术。三相浆态反应器在精细化学工业中有很广泛的应用。因此有必要介绍这类反应器的瞬态动力学方法，它对精细化工反应的吸附和表面反应速率的研究有所帮助。

18.4.1 理论分析

由于气泡在浆液中的运动形态对吸附和表面反应速率系数计算值影响不大[34,35]，只叙述全混时的模型[32]：

$$V_B V_L \frac{dc_g}{dt} = Q(c_{g0},\ c_g) - k_L a_B V_L\left(\frac{c_g}{H} - c_L\right) \tag{18-146}$$

$$\left(1 - \frac{m_s \beta}{\rho_p}\right)\frac{dc_L}{dt} = k_L a_B\left(\frac{c_g}{H} - c_L\right) - k_S a_S(c_L - c_{i,R}) \tag{18-147}$$

$$\beta\frac{\partial c_i}{\partial t} = D_e\left[\frac{\partial^2 c_i}{\partial r^2} + \left(\frac{2}{r}\right)\frac{\partial c_i}{\partial r}\right] - \rho_p k_a\left(c_i - \frac{n}{K}\right) \tag{18-148}$$

$$\frac{dn}{dt} = k_a\left(c_i - \frac{n}{K}\right) - k_r n \tag{18-149}$$

$$D_e\left(\frac{\partial c_i}{\partial r}\right) = k_S(c_L - c_{i,R}) \tag{18-150}$$

该线性偏微分方程组不可能获得分析解，但结合边界条件(取决于进样条件)可以用积分变换在拉普拉斯(Laplace)域内求解。由该解可获得统计矩与动力学参数间的关系。获得的矩方程为

$$\frac{1}{1-m_0}=\frac{Q}{V_L}\left[\frac{3m_s k_s}{HR\rho_p}\left(1-\frac{Bi}{Bi+\phi\coth\phi-1}\right)\right]^{-1}+1+\frac{1}{K_L}$$

$$\mu_1\left(\frac{Q}{V_L}\right)=\frac{V_0}{V_L}+\frac{1}{H}\left\{\frac{3m_s}{2}\left[\frac{\beta}{\rho_p}+\frac{K}{\left(1+\frac{Kk_r}{k_a}\right)^2}\right]\left[\frac{\coth\phi-\operatorname{csch}^2\phi}{\phi\left(1+\frac{\phi\coth-1}{Bi}\right)^2}\right]\right.$$

$$\left.+1-\frac{m_s\beta}{\rho_p}\right\}\left[m_0\left(1+\frac{1}{K_L}-\frac{1}{m_0K_L}\right)^2\right] \quad (18\text{-}151)$$

其中

$$\phi=\frac{\rho_p R}{D_e}\left(\frac{1}{k_a}+\frac{1}{Kk_r}\right)^{-1} \quad (18\text{-}152)$$

$$K_L=\frac{k_L a_B V_L}{HQ} \quad (18\text{-}153)$$

$$Bi=\frac{Rk_s}{D_e} \quad (18\text{-}154)$$

在该类实验中通常只使用到一级矩。不使用高级矩方程的原因是，在三相反应器中由于死体积很大，二级矩以上的实验值误差非常大以致于不可能用来计算动力学参数。

对上述矩方程可以作某些简化以适用于不同的实验。如对吸附实验，$k_r=0$，上述矩方程简化为

$$m_0=1$$

$$\mu_1=\left(\frac{V_L}{Q}\right)\frac{(1+m_sK)}{H} \quad (18\text{-}155)$$

此外，为了处理中毒动态实验的数据，陈诵英[34]等发展了双活性位模型以适应中毒后虽无反应能力但仍有吸附能力的情况。为了考查浆态反应器中其他速率过程对吸附和表面反应速率计算值的影响，作者[35]对此所作的研究指出，液固和粒内传质对计算值的影响不大，因此无需很精确的 k_s 和 D_e 值。

在浆化反应器动态分析中，由于反应器上部死体积较大，实验测量的二级矩误差也较大，因此反应实验只使用零级和一级矩，吸附平衡常数由适当的吸附实验获得[32~36,96]。

18.4.2 应用实例

Ann[32]和 Recansens[33]使用阶梯进样测定了 SO_2 在活性碳催化剂上氧化时的吸附和表面反应速率。结果指出既不是吸附也不是表面反应控制整个反应的速率。陈诵英等[34~36]用脉冲进样研究了 Pd/Al_2O_3 催化剂还原温度对吸附和表面反应速率的影响。所用实验设备如图 18-28 所示。结果见表 18-16。结果指出随还原温度增加，吸附平衡常数 K，速

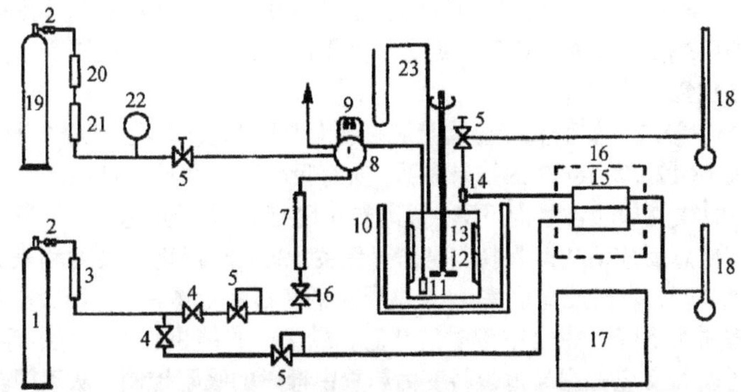

图 18-28 动态法研究三相催化反应动力学的设备

1. N_2 气瓶；2. 压力调节器；3. 气体纯化器；4. 阀；5. 流量控制器；6. 针形阀；7. 转子流速计；8. 六通阀；9. 样品圈；10. 恒温水浴；11. 分散管；12. 叶轮；13. 固定挡板；14. T形管；15. 热导池；16. 恒温空气浴；17. 记录器；18. 皂泡流量计；19. H_2 气瓶；20. Deoxo 单元；21. 干燥器；22. 压力表；23. 汞压计

表 18-16 不同还原温度时的吸附和表面反应速率

还原温度/℃	反应温度/℃			ΔH 或 $E/(kJ\cdot mol^{-1})$
	22	38	50	
		$K/mL\cdot g^{-1}$		
250	15.9	10.9	9.3	$\Delta H=14.2$
420	12.9	8.8	7.3	15.9
510	9.5	6.4	5.4	15.9
		$k_r/10^{-3}\cdot s^{-1}$		
250	22.6	59.1	117	$E_r=45.6$
420	6.6	20.4	30.2	43.1
510	5.4	16.2	20.6	38.0
		$k_a/mL(g\cdot s)^{-1}$		
250	1.17	1.7	2.49	$E_a=20.9$
420	0.165	0.456	0.475	30.5
510	0.278	0.216	0.433	10.5
		$k_0/mL(g\cdot s)^{-1}$		
250	0.275	0.461	0.757	$E=28.0$
420	0.0562	0.129	0.151	28.4
510	0.0433	0.0707	0.0885	20.9
		Kk_r/k_a		
250	0.301	0.379	0.437	—
420	0.516	0.394	0.464	—
510	0.185	0.480	0.251	—

率常数 k_a 和 k_r 都减小，但吸附热和活化能基本不变，说明速率的下降是由于活性位随还原温度增加而减少，可能是由于金属分散度下降之故。结果也说明既不是吸附也不是表面反应控制加氢反应总速率。

陈诵英[37,38]等进一步研究了金属量和毒物对吸附和表面反应速率的影响。不同钯含量的结果见表 18-17。表 18-17 的结果表明，所有吸附和表面反应速率随钯含量增加而增加，但每克钯的数值却随含量而下降。吸附热不随钯含量而变化，由于吸附和表面活化能的相反效应使总反应活化能保持与钯含量无关。38℃时毒物对吸附和表面反应速率的影响研究结果表明，表面反应速率 k_r 及总吸附平衡不受毒物影响，而吸附速率及总反应速率随毒物增加而下降至完全中毒时的 0 值。Kk_r/k_a 的结果表明，当中毒程度增加时，由未中毒时的表面反应占主导地位转变为严重中毒时的吸附控制。从不同金属含量的中毒实验发现，总活性部位数目随钯含量增加，但每克钯的活性部位却随钯含量而减少。每个活性位的吸附和表面反应速率也随钯含量而下降。

表 18-17　不同钯含量时的吸附和表面反应速率

Pd 含量/%	反应温度/℃			ΔH 或 E/(kJ·mol^{-1})
	22	38	50	
	K/mL·g^{-1}			
0.05	15.0	11.7	9.3	$\Delta H = 13.8$
0.15	17.2	13.0	11.2	13.8
0.45	19.8	16.3	13.1	13.4
	k_r/10^{-3}·s^{-1}			
0.05	25.6	60.5	112	$E_a = 34.0$
0.15	42.7	85.6	136	39.0
0.45	51.9	88.9	140	77.0
	k_a/mL(g·s)$^{-1}$			
0.05	1.29	1.91	3.16	$E_r = 48.0$
0.15	1.89	2.52	6.54	40.0
0.45	2.05	7.16	18.7	32.0
	k_0/mL(g·s)$^{-1}$			
0.05	0.296	0.582	0.783	$E = 30.0$
0.15	0.531	0.792	1.30	29.0
0.45	0.685	1.20	1.67	29.4
	Kk_r/k_a			
0.05	0.298	0.144	0.289	—
0.15	0.389	0.442	0.233	—
0.45	0.501	0.202	0.098	—

作者进一步用 Beranek 方法[94]导出了方程(18-156)和(18-157)。

$$k_0 = k^* \ N_0^t \left(1 - \frac{N_a}{N_p}\right)^m \tag{18-156}$$

$$F_a = \frac{k_0}{N_t} \tag{18-157}$$

用其处理中毒数据，获得了完成每个催化循环平均包含的活性原子数目 m 及活性频率 F_a。结果表明，在催化剂上含有两类活性不一样的金属相 α 相和 β 相，与几十年前他人的结果一致[12,95]。从这些结果估算的钯金属分散度与化学吸附测量结果相当一致。这说明所获得的动力学参数是可信的，该类测量的实验方法是相当可靠的。

18.5 结 语

在这一章中只选择性地介绍了许多瞬态动力学研究方法中的 4 个。前 3 个用于研究气固催化反应动力学，最后一个是研究气-液-固三相反应动力学的。前两个和在后一个使用脉冲进样，第 2、3 个使用阶梯进样(迎头法)。20 世纪 80 年代发展起来的这些测定吸附和表面反应速率以研究不同吸附物种的反应动力学的新技术是值得重视的。因为它不仅能分离测定各反应步骤的速率和不同吸附物种在催化反应中的作用，而且是研究催化剂制备对吸附和表面反应速率影响的有效工具，从而有利于对催化动力学的深入了解和促进对催化剂制备规律的深入了解，为开发新的高效催化剂和催化反应工程学的发展提供极为有用的信息。最后值得一提的是，对不同性质的反应，应选用适合其性质的瞬态动力学研究方法。

符 号 说 明

18.1 节

A	$A = 3(1-\alpha)/(\alpha/R)$
Bi	Boit 数，$Bi = k_f R/D$
c	组分浓度，$mol \cdot L^{-1}$
c_0	组分初始浓度，$mol \cdot L^{-1}$
c_i	组分在催化剂粒内孔隙中的浓度，$mol \cdot L^{-1}$
D_e	有效内扩散系数，$cm^2 \cdot s^{-1}$
E	轴向扩散系数，$cm^2 \cdot s^{-1}$
K_a	吸附平衡常数，$cm^3 \cdot cm^{-2}$
K_H，K_{Hc}	氢、碳氢化合物 Henry 系数
K_i	i 组分的与吸附平衡常数有关的常数
k_a	吸附速率常数，$cm \cdot s^{-1}$
k_f	膜传质系数，$cm \cdot s^{-1}$
k_r	反应速率常数，s^{-1}
L	反应器长度，cm

N_0	传递通量，$mol \cdot cm^{-2} \cdot s^{-1}$
n	吸附量，$mol \cdot cm^{-2}$
p	拉普拉斯变换参数，式(18-10)
Q	载气流速，$cm \cdot s^{-1}$
R	催化剂粒子半径，cm
r	催化剂粒子径向坐标，cm；反应速率，$mol \cdot s^{-1}$
r_i	单位催化剂面积的反应速率，$r_i = -N_0$
t	时间，s
u	间隙流速，$cm \cdot s^{-1}$
u_i	转换间隙流速
V	反应器体积，cm^3
X	反应转化率
x	轴向坐标
α	床层间隙率
β	粒子的孔隙率
γ	色谱柱中的分配系数
η	催化剂有效因子
τ	进样时间
μ_{0r}	反应柱出口 0 级矩
μ_{1r}	反应柱出口中心级矩，s
μ_{2r}	反应柱出口二级中心矩，s^2
ρ_p	催化剂粒子密度
τ	时间间隔
下角标	
c	色谱柱中的量
i	组分，矩量值
R	催化剂粒子外表面处的值

18.2 节

c	组分浓度，$mol \cdot cm^{-3}$
E	轴向扩散速率，$cm^2 \cdot s^{-1}$
K	平衡常数，$cm^3 \cdot g^{-1}$
k	反应速率常数，$mol \cdot s^{-1}$
k_a	吸附速率常数，$g \cdot s^{-1}$
Q	吸附量，$mol \cdot g^{-1}$
q	吸附量，$mol \cdot g^{-1}$
r	反应速率，$mol \cdot s^{-1}$
r_a	吸附速率，$mol \cdot s^{-1}$
t	时间，s
u	气体线速度，$cm \cdot s^{-1}$
x	轴向坐标，cm
α	床层空隙率
ρ	粒子密度，$g \cdot L^{-1}$
上角标	
$'$	反应产物或第二反应物

0　　初始值
i　　不可逆
r　　可逆
s　　稳态
下角标
0　　初始
1　　反应物种
2　　串行反应中的中间物种
3　　串行反应中的最终物种
i　　不可逆
r　　可逆
s　　稳态
T,t　　总包

18.3 节

a　　常数，$a=\rho_c/\varepsilon$
a_{ij}　　j 组分在 i 基元步骤化学计量系数构成的矩阵元
c　　浓度，$mol \cdot L^{-1}$
E　　活化能，$kJ \cdot mol^{-1}$
k，k'　　正、逆反应速率常数，s^{-1}
L　　反应器长度；床层表观长度，cm
P　　总压，kPa
Q　　空活性位数
Q_0　　空活性位数
q　　流量，$L \cdot s^{-1}$
R　　气体常数，$8.31 J \cdot mol^{-1}$
r　　反应速率，$mol \cdot s^{-1}$
T　　温度，K
t　　时间，s
u　　空隙流速，$m \cdot s^{-1}$
V　　反应器体积，L
ΔZ　　床层空隙长度，cm
ε　　床层空隙率
θ　　物系中的表面覆盖度
ρ_c　　物料颗粒密度，$g \cdot mL^{-1}$
上角标
c　　计算
e　　实验
out　　出口
S　　稳定态
0　　进口
′　　逆反应
下角标
i,j　　组分
S　　表面物种
TS　　总活性位

t	时间
X,Y,SY	物种

18.4 节

a_S	单位气泡体积的催化剂的表面积,$cm^2 \cdot cm^{-3}$
a_B	单位气泡体积的气泡表面积,$cm^2 \cdot cm^{-3}$
Bi	Boit 准数，$Bi = Rk_s/D_e$
c_g	气相中的氢浓度，$mol \cdot L^{-1}$
c_i	催化剂孔中的氢浓度，$mol \cdot L^{-1}$
c_L	液体中的氢浓度，$mol \cdot L^{-1}$
D_e	粒内有效扩散系数，$cm^2 \cdot s^{-1}$
E	总活化能，$kJ \cdot mol^{-1}$
E_a	吸附活化能，$kJ \cdot mol^{-1}$
E_r	表面反应活化能，$kJ \cdot mol^{-1}$
F_a	活性频率
H	Henry 系数，$H = c_g/c_L$
ΔH	吸附热，$kJ \cdot mol^{-1}$
K	氢在液相中的吸附平衡常数，$L \cdot g^{-1}$
K_g	氢在气相中的吸附平衡常数，$L \cdot g^{-1}$
K_L	$K_L = k_L a_B V_L/(HQ)$
k_0	催化剂未中毒时表面反应速率常数，s^{-1}
k_a	吸附速率常数，$g \cdot s^{-1}$
k_L	气液传质系数，$cm \cdot s^{-1}$
k_p	总包反应速率常数，$L \cdot g^{-1} \cdot s^{-1}$
k_r	表面反应速率常数，s^{-1}
k_s	液固传质系数，$cm \cdot s^{-1}$
k^*	单个活性位的反应速率系数
m	完成一催化循环所需表面活性原子数目
m_0	零级矩
m_s	催化剂负荷，$g \cdot L^{-1}$
N_a，N_p	分别为部分和完全中毒需毒物的数量,μL
N_t	总活性位数目
n	吸附氢的浓度，$mol \cdot g^{-1}$
Q	体积流量，$cm^3 \cdot s^{-1}$
R	催化剂颗粒半径，cm
r	径向距离，cm
T	反应温度
T_r	还原温度
t	时间，s
V_0	死体积，cm^3
V_B	单位液体体积的气泡体积，L
V_L	液体体积，L
β	催化剂粒子孔隙率
μ_0	零级矩，s

μ_1	归一化一级矩，s
ρ_p	催化剂颗粒密度，$g \cdot cm^{-3}$
τ_g	气体在浆液中的停留时间，s

下角标

0	进料
R	催化剂外表面处

参 考 文 献

[1] Kokes R J, Tobin H, Emmett P H. J Am Chem Soc, 1955, 77:5860～5862

[2] Hall W K, Emmett P H. J Am Chem Soc, 1957, 79:2901～2093

[3] Keulemans A I M, Voge H H. J Phys Chem. 1959. 63:476～480

[4] Ettre L S, Brenner N. J Chromatogr, 1960, 3:524～529

[5] Burch R, Shestov A A, Sullivan J A. J Catal, 1999, 186(2): 353～361

[6] Shestov A A, Burch R, Sullivan J A. J Catal, 1999, 182(2):362～372

[7] Bennett C O. Catalysis under Transient Conditions. Washington DC: ACS Symp Ser 178, 1982. 1～30

[8] Falconer J L, Schwarz JA. Catal Rev Sci Eng. 1983, 25:141～227

[9] Demmin R A, Gorte R J. J Catal, 1984, 90:32～39

[10] Rieck J S, Bell A T. J Catal, 1984, 85:143～153

[11] Lemaitre J L. Characterization of Heterogeneous Catalysts. New York: Norcel Dekker Inc, 1984. 27～70

[12] 陈诵英,彭少逸. 化学反应工程与工艺,1988,4(3):89～101

[13] D'Evelyb M P, Madix R J. Surf Sci Rep, 1984, 3:413～422

[14] Phillips C G S, Hart-Davis A J, Saul R G et al. J Gas Chromatog, 1967, 5:424～429

[15] Lane R M, Lane B C, Phillips C S G. J Catal, 1970, 18:281～296

[16] Katsanos N A, Georgiadou I. J Chem Soc, Chem Commun, 1980, (5):242～243

[17] Gentry S J, Rudham T A. J C S Farad Trans, 70:1665～1692

[18] Katsanos N A. J Chem Soc Farad Trans I, 1982, 78:1051～1063

[19] Kotinopoulos M, Karaiskakis G, Katsanos N A. J Chem Soc Farad Trans I, 1982, 78:3379～3382

[20] Karaiskakis G, Katsanos N A, Georiadou G et al. J Chem Soc Farad Trans I, 1982, 78:2017～2022

[21] Katsanos N A, Karaiskakis G. J Chromatog, 1982, 237:1～6

[22] Matros Y Sh, Bunimovich G A. Catal Rev-Sci Eng, 1996, 38(1): 1～68

[23] Boudart M, Mariadasson G D. Kinetics of Heterogeneous Catalytic Reactions, Princeton, N J, USA University Press, 1982. 77～154

[24] Chen S Y, Peng S Y, Yang Z P. J Chem Ind Eng, China, 1992, 7(1):103～107

[25] Bassett D W, Habgood H W. J Phys Chem, 1960, 64:769～773

[26] Sica A M, Valles E M, Gigola C E. J Catal, 1978, 51:115～125

[27] Suznki M, Smith J M. Chem Eng Sci, 1971, 26:221～232

[28] 陈诵英,高荫本,关春梅. 催化学报,1988,9(1):77～86

[29] 谭蔚弘,彭少逸. 燃料化学学报,1988,16:193～198

[30] 谭蔚弘,彭少逸,谭长瑜. 催化学报,1987,8:80～86

[31] Furusawa T, Suzuki M, Smith J M. Catal Rev Sci Eng, 1976, 13:43～76

[32] Ahn B J, Mc-Coy B J, Smith J M. AIChE J, 1985,31(4):541～550

[33] Recansens F, Smith J M, Mc-Coy B J. Chem Eng Sci, 1984, 39:1469～1477

[34] Chen S Y, Smith J M, Mc-Coy B J. Chem Eng Sci, 1987, 42(2):283～292

[35] Chen S Y, Smith J M, Mc-Coy B J. J Catal, 1986, 102(2):365～375

[36] Chen S Y, McCoy B J, Smith J M. AIChE J, 1986, 32(12):2056～2066

[37] 陈诵英. 分子催化, 1990,4:34~41
[38] 陈诵英. 物理化学学报,1989,5:760~763
[39] Kobayashi H, Kobayashi M. Catal Rev Sci Eng, 1974, 10(2):139~176
[40] 王强. 动态法研究制备参数对烃类吸附和动力学参数的影响. 太原:中国科学院山西煤炭化学研究所. 1991
[41] 陈诵英,彭少逸,钟炳. 化学工程, 1979,(1):102~110; 1980,(2):112~120
[42] 陈诵英,高荫本,彭少逸. 石油学报(石油加工),1988,4(1):29~38
[43] 高荫本,关春梅,陈诵英. 石油学报(石油加工),1988,4(2):72~80
[44] 高荫本,关春梅,陈诵英. 石油学报(石油加工),1992,8(2):71~76
[45] Hattori T, Murakami Y. J Catal, 1968, 10:114~122
[46] Blanton W A, Byers Jr C H, Merrill R P. Ind Eng Chem Fund, 1968, 7:611~620
[47] 陈诵英. 脉冲技术中数据处理方法与实验条件间的关系. 中国科学院山西煤炭化学研究所. 1983
[48] Conder J R, Young L L. Physicochemical Measurement by Gas Chromatography. New York: John Wiley & Sons, 1979
[49] Laub R J, Pecsok R L. Physicochemical Application of Gas Chromatography. New York: John Wiley & Sons, 1979
[50] 陈诵英,卢根民,彭少逸. 色谱, 1991, 9(5):288~291
[51] 谭蔚泓,彭少逸,谭长瑜. 催化学报,1987,8(1):80~86
[52] 卢根民,陈诵英,彭少逸. 催化学报,1991,12(4):301~309
[53] Lu F, Chen S Y, Peng S Y. Sen Acyuators B, 1998, 50(3):200~204
[54] 周革. 一氧化碳加氢反应中不同吸附物种的作用及压力对它们的影响. 太原:中国科学院山西煤炭化学研究所. 1993
[55] Tamaru K. Preceedings of China-Japan Symposium on the Metals in Catalysis. Dalian: Dalian Institute Press, 1987. 1~5
[56] Chen S Y, Sun Y H, Lu G M et al. 5th China-Japan-USA Trilateral Symposium on Catalysis. Evanston, Illinois, Northwestern University Press, 1991, GL4
[57] 卢根民. 可逆及不可逆吸附烃和氢在选择加氢反应中的作用的研究. 太原:中国科学院山西煤炭化学研究所. 1990
[58] 周革,陈诵英,彭少逸. 石油化工,1994,23:216~220
[59] 周革,陈诵英,彭少逸. 天然气化工, 1993, 18:23~28
[60] Chen S Y, Sun Y H, Peng S Y. Stud Surf Sci Catal, 1993,77:131~135
[61] 孙予罕. 制备参数对铂催化剂氢吸附和反应性质的影响的研究. 太原:中国科学院山西煤炭研究所. 1989
[62] 孙予罕,陈诵英,彭少逸. 石油学报(石油加工), 1990,6(3):25~31
[63] 孙予罕,陈诵英,彭少逸. 石油学报(石油加工), 1991,7:22~26
[64] 孙予罕,陈诵英,彭少逸. 石油学报(石油加工), 1991,7:47~51
[65] 孙予罕,陈诵英,彭少逸. 石油学报(石油加工), 1992,8:69~74
[66] 孙予罕,陈诵英,彭少逸. 石油学报(石油加工), 1994,10:22~28
[67] 周革,陈诵英,林炳昌. 燃料化学学报,1995,23:113~117
[68] 周革,陈诵英,彭少逸. 燃料化学学报,1993,21:370~374
[69] 周革,陈诵英,彭少逸. 合成化学,1993,1:39~44
[70] 周革,陈诵英,彭少逸. 催化学报,1994,15:18~22
[71] 周革,陈诵英,彭少逸. 燃料化学学报,1992,20:337~341
[72] Kiperman S L, Gaidai N A, Nekrosov N V et al. Chem Eng Sci, 1999, 54:4305~4313
[73] Kiperman S L. Kinet Catal(English Edition), 1995, 36:7~16
[74] Kiperman S L, Kumblieva K E. Ind Eng Chem Res, 1997, 36:3211~3221
[75] 王强,高荫本,关春梅等. 石油学报(石油加工),1995,11:31~36
[76] 高荫本,关春梅,陈诵英. 石油学报(石油加工),1995,11:96~110
[77] Kobayashi H, Kobayashi M. Catal Rev, 1974, 10:139~178
[78] Whyte Jr T E. Catal Rev, 1973, 8:117~135
[79] Wagner C. Adv Catal, 1970, 21:323~362

[80] Rosnet D E, Chang H M, Feng H H. J Chem Soc Faraday Trans II, 1976, 72:842~864
[81] Riperman S L, Kumblieva K E. Ind Eng Chem Res, 1997, 36:3211~3223
[82] Meraki R, Heppel J. Catal Rev, 1970, 3:241~269
[83] Tamaru K. Adv Catal, 1964, 15:65~87
[84] Huang S T, Perravano G. J Electrochem Soc, 1967,114:478~487
[85] Polinski L, Naphtali L. Adv Catal, 1969, 1:342~372
[86] Bennett C O. AIChE J, 1968, 13:890~896
[87] Kobayashi M, Kobayashi H. J Catal, 1972, 27:100~109
[88] Kobayashi M, Kobayashi H. J Chem Eng Japan, 1973, 6:438~444
[89] Kobayashi M, Kobayashi H. Annual Meeting Chem Soc Japan. Osaka: Osaka University Press, 1974
[90] Kobayashi M, Kobayashi H. J Catal, 1975, 36:74~80
[91] Cutlip M B, Yang C C, Bennet C O. AIChE J, 1973, 18:1073~1080
[92] Cutlip M B, Yang C C, Bennet C O. Catalysis Vol 1. New York: American Elserier, 1973
[93] Ahn B J, Smith J M, Mc-Coy B J. AIChE J, 1986, 32:562~568
[94] Beranek L. Catal Rev, 1977, 16:1~35
[95] Pelejes T D, Hougen O A et al. AIChE J, 1957, 3:41~47
[96] Gleaves J T, Sault A G, Madix R J et al. J Catal, 1990, 121:202~210
[97] Burch R, Sullivan J A. J Catal, 1999, 182:469~489
[98] Kunthekar M W, Ozkan V S. J Catal, 1997, 171:54~62
[99] Stefani G, Budi F, Fumagalli et al. Chim Ind, 1990, 72:604~611
[100] Ebner J R, Gleaves J T. Oxygen Complexes and Oxygen Activation by Transition Metals. New York: Plenum Press, 1988. 272~285
[101] Bennetto C O, Cutlip M B, Yang C C. Chem Eng Sci, 1972, 27:2255~2264
[102] Marquardt R W, Scotl J. Appl Math, 1963, 11:431~438
[103] Dauglas J D. Process Dynamics and Control. New Jersey: Engleward Cliff, 1972

（陈诵英，浙江大学催化研究所）

第 19 章　产物瞬时分析技术

传统化工的工业化生产过程是通过几个阶段实验逐步放大而成：微型实验→放大试验→中间试验→工业装置。可以看出，这是个循序渐进的过程，并需要许多放大试验。这导致工业化进程慢，费用高。为了超越这样的工业化过程，一些化学公司，如 Du Pont 公司提出了新的试验工作模式以及工业化生产过程。Lerou 和 Ng[1]在第 14 届国际化学反应工程学术会议的大会报告中综述了该新的工业化模式，如图 19-1[1]。他们建议反应化学(尤其催化化学)以及在实验型反应器上的各种实验作为工业化的中心。与传统化学工业化的不同之处是主要工作不是一个逐步完成的过程，而是尽可能同步实施的过程，且基础研究与工业规模的反应器设计同步进行。工作中的重点要求之一是减少中间放大工作。这样的开发范例与现在的放大过程思路在动力学的表征上具有很大的差别。现在的放大试验过程的动力学表征主要以幂函数定律类似的方程描述。这样的简单方程能满足现在的放大要求，因为该放大过程是通过几个中间步骤，而每次接着放大试验的反应条件变化不大。Lerou 和 Ng[1]提出的化学反应工程的关键在于减少放大阶段，从而提高经济效益，主要在于反应器设计工作必须考虑到不尽相同的反应条件。反应化学的深入了解对该开发模式是非常重要的，该工作强调催化剂的优化，认识到化学反应出现的少许变化会大大地影响工厂的设计以及经济效益。很显然，对反应化学的了解必须具备机理方面的知识，而且动力学的表征尽可能体现在基元步骤的水平上。

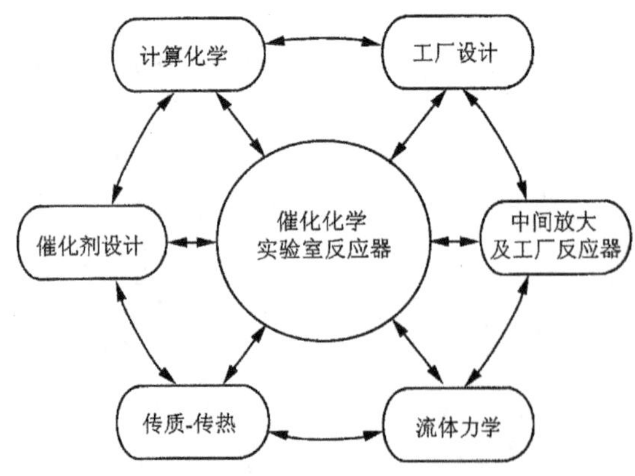

图 19-1　Lerou 和 Ng 提出的产品工业化发展模式

从另一前景来看，多相催化剂的设计和改善也需要机理基础。多相催化的过程很复杂，含有气相扩散、气体在催化剂表面的吸附、表面反应网络、脱附等。为了提高工作效率，催化剂的设计和改善工作重点要放在速率决定步骤上，但该工作的难点在于鉴别出哪个(或者哪些)是控制动力学的反应步骤。其实从多相催化的初始研究，人们一直都在进行反应动力学表征，但是该研究对催化剂的设计或改善未有大的影响，原因是传统多相催化反应动力学都用总包反应方程式(幂函数定律或 Langmuir-Hinshelwood 速率表达式)来描述反应速率。总包反应方程式是一个含有几个参数的(比较)简单的公式。这种反应方程式的优点是参数数目不多，能通过简单的试验以及均方回归方法取得。Boudart[2]曾指出了应用总包反应方程式的缺点，即不同的反应机理能给出相同的总包反应方程式，然而参数的物理意义是不同的。应用这样的方程会放弃机理知识，因为按照一般的试验程序，人们首先根据反应设计一个反应机理(包括速率决定步骤以及表面最丰富的反应中间体的假设)，并推导这个机理的总包反应方程式，然后证实该方程式与已经取得的反应动力学数据是否符合。但是，如果不同的反应机理给出了相同的方程式，该反应动力学数据就无法确定哪个机理是准确的。在很多情况下，虽然能得到一个总包反应方程式，但还不能说得到了该反应机理方面的信息。因此，没有机理方面的基础知识，从催化剂开展的角度而言就没有改进催化剂性能的知识。同样，从化学反应工程的角度而言也缺少把反应方程式外推到不同的反应条件的基础。

尽管化学反应工程以及催化剂的科学设计都基于反应中间体的认出和它们的转换速率的测量，即反应网络以及基元步骤的反应常数等详细数据，但时至今日，多相催化的动力学技术仍不能直接取得这样的信息。本章将讨论一种能提供反应机理方面数据的瞬时脉冲技术(temporal analysis of products，即 TAP 技术)。通过该技术取得的数据包括基元反应步骤的顺序以及动力学常数。这样的数据能成为催化剂的设计和改良的依据以及反应器设计的科学基础。催化科学家很早就意识到瞬时技术对获得机理方面数据的潜在能力，但是由于受到仪器发展的限制，妨碍了可能表征的反应体系。本章首先描述现代仪器的发展，指出瞬时技术发展的新方向，并着重讨论被发挥出潜力而成为今天应用的 TAP 技术。这些发展主要是提高时间分辨率和检测灵敏度，并讨论应用该技术的实验例子以说明可取得的信息。

19.1 TAP 反应器

TAP 技术是更先进的脉冲反应器技术。Furusawa 等[3]曾经就脉冲技术测量动力学常数做过综述。该技术原理就是今日被强化技术的原型：一个很窄的反应气脉冲被射入催化剂床层的入口，在出口处测量脉冲的峰型。反应气脉冲在催化剂床中与催化剂之间的作用引起的变化由出口峰型描述，测量出口的峰型可直接观察发生的作用或由对峰型的计算模拟取得定量的反应常数。该技术的实现主要依靠以下部件的改进：能产生高电流、窄脉冲的电子部件、真空技术、四极杆质谱仪、个人电脑。

现有的电子部件可以产生高电流脉冲，可使用电磁阀来产生很短时间的气体脉冲，其在多相催化化学中的应用由 Gleaves 等[4]首先提出。这种电磁阀产生的气体脉冲宽度比色谱采样阀或针式注射法窄得多，比它们降低了 2～3 个数量级。时间宽度为 200～600μs，而且重复性很好。脉宽时间被减小到毫秒级以下的水平是很重要的发展之一，因为多相催化中的主要基元反应的反应时间就是毫秒级的。以前的脉宽为秒级，只能研究反应时间为秒级的慢速反应。因此这样窄的脉冲具有两点重要意义：①因为变化反映在脉冲峰型上，能检测到毫秒级的化学事件；②因为射入的脉冲窄，反应器入口的峰型能用 δ 函数描述，从数学模拟角度，射入的脉冲峰型被准确定义。

重要的发展之二也是 Gleaves 等[4]的贡献。他们把反应器放在真空里，即设计在真空下进行反应。真空存在的重要性有两个：第一，没有气相分子间的碰撞，把能改变峰型的事件限于正在研究的事件，即催化剂表面发生的事件。这与常压下的实验不同之处是，在常压下气流也改变脉冲峰型，而该气流或流场怎样改变峰型的物理模型还没有被准确的理解。第二，真空下的气流，即分子流，它的物理模型已被准确的理解，因此允许通过计算模拟取得反应常数。

TAP 其他方面的发展主要涉及技术的适用性，其中四极杆质谱和个人电脑的技术发展提供了高灵敏度和快速响应的检测器以及降低了模拟计算的费用。

图 19-2 是我们实验室的 TAP 设备示意图。真空系统有两个腔，中间由 3mm 孔连接。反应器和提供气源的脉冲阀安装在反应腔里。该腔的背景真空度为 100μPa，由 5000L·s^{-1}抽速的扩散泵抽空。真空腔维持高抽速是必要的，主要是为了快速的排出气体以减小信号的尾峰。四极杆质谱检测器安装在分析腔里，我们用的是 Balzers QMS 200 型，通过改进放大器提高了响应时间。分析腔的背景真空度为 1μPa，由 2000L·s^{-1}的扩散泵抽空。在设计真空腔时，因为检测的信号强度以距离的平方衰减，四极杆质谱的离化器与反应器出口之间的距离要尽可能小。我们的脉冲进气方法使用普通汽车上的进燃料阀的原理，用电磁阀打开由弹簧关闭，其被高电流的 MOSFET 开关控制。该阀可提供脉冲范围为$1\times10^{13}\sim1\times10^{17}$个分子，重复性优于±10%，最小脉宽约 400μs，全部实验用计算机控制。电磁阀喷嘴和反应器的入口结构上需要设计到最短距离间隔，因为该距离会增大脉冲的停留时间，加大脉宽。该设备安装了两个或以上的连接阀口，以适应射入不同气体脉冲的实验要求。反应器为 43mm 长、6mm 内径的石英管，用缠绕的 Ta 丝加热。石英管里装入粉末催化剂时，能进行 Gleaves 等[4]描述的实验，还可以按照实验要求把催化剂床长减小以进一步提高时间分辨率[5]。

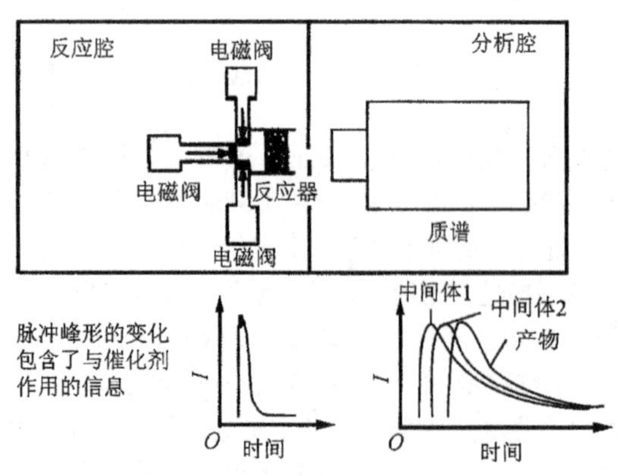

图 19-2 TAP 反应器示意图

这种 TAP 技术的第一台原型，是该技术的创新者 Gleaves 等[4]设计的三个真空腔系统。其中，中间的真空腔是差抽腔，用于隔开反应腔和分析腔，以在分析腔里保持更高的背景真空，至超高真空水平。但是检测器与反应器之间的距离也拉长了。该设备由 Gleaves 和美国 Autoclaves Engineering 公司 1991 年初以 TAP 为商标推入市场，已经卖出了近十台。1995 年至今，Gleaves 和美国 Mithra Technologies 公司又推出 TAP-2 第二代设备[6]。该设备只用一个真空腔以减小检测器与反应器之间的距离，至 3mm，信噪比与 TAP-1 相比提高了近 3 个数量级。Gleaves 等的设计还包含有一种装置，其可以解决催化科学与表面科学的压力隔离(pressure gap)问题，即在该设备的反应器出口处带有特殊的阀，可以选用高压套使得反应器能原位进行高压(约 0.33MPa)反应。最近的 TAP-2 设备还配上了红外以及拉曼光谱仪，同时进行动力学以及光谱实验，使取得的机理方面的数据更加全面[6]。

Moulijn[7]等也报道了另外一种设计，其分析腔含有三个质谱检测器。其他设计，包括 Gleaves 的和我们的只有一个质谱检测器，某一时刻只能测量一个质量数的信号，因为四极杆质谱测量另外的质量数的电压时转变需要约 20ms 的稳定时间，就是说该稳定时间与脉冲实验时间几乎相同(能提供基元步骤的信息的信号宽度应小于 100ms)，在电压转变过程中该反应已经部分进行了。Moulijn 等的设计能同时检测多个质量数。其他设计在对比所检测的多个质谱碎片时必须假设脉冲源的重复性很好，而且催化剂表面须维持不变。

19.2 应用 TAP 技术的实验与取得的信息

Gleaves 等[4,6]对该技术的功能以及实验设计曾做了比较全面的综述。在这里我们将讨论该技术的三种实验以及所得的数据，重点在于指出能取得的信息：①时间分辨图像；②多脉冲实验；③数学模拟。

19.2.1 时间分辨图像

反应中间体和产物的生成顺序反映了机理中的基元步骤的顺序，其体现在 TAP 响应谱图的峰顶时间上，实验获得的信息是通过中间体脱附或副反应引起产物脱附的时间分辨谱图。实验原理非常简单：射入的脉冲宽度远小于中间体的反应时间，反应器中无拉宽峰型的物理现象(除努森扩散外。努森扩散的影响能用物理理论加以考虑)，出现在反应器出口的气体分子的峰顶时间顺序代表了反应产物出现的顺序。但实验中反应中间体或脱附产物的浓度很低，因此高灵敏度的检测器变得很重要，并且也必须要求在真空条件下。其原因是真空的存在可以免除气相分子之间的碰撞，相对延长了中间体的寿命并保持了不受其他因素影响的峰型。

Gleaves 等[4]曾研究了在 VPO 催化剂上丁烷选择氧化生成顺丁烯二酸酐的反应。图 19-3 给出了经过反应后但未被重新氧化处理的催化剂上的反应中间体的时间分辨图像。实验过程中可以检测到丁烯、丁二烯、呋喃。出峰顺序显然代表了反应顺序，即该反应机理表明是一步步地脱氢。其他产物还有 CO、CO_2 和水(没有显示在图 19-3 中)，但是有意义的是并没有检测到顺丁烯二酸酐。图 19-3 的各曲线还含有其他信息。丁烷的峰型接近内标惰性气体氩的峰型，说明丁烷的吸附比较慢(因为快速吸附可以导致气体的峰型变窄)，而且峰型随着温度的变化变窄(图 19-3 中未显示数据)，表明丁烷的吸附属于活化过程。此外，丁烯信号比丁二烯信号下降快，丁二烯信号比丁烷信号下降快，说明丁烯和丁二烯很快变成产物，而呋喃的峰型较宽，说明呋喃没有变成其他产物，该信息与没有检测到顺丁烯二酸酐的结果一致，即还原表面不利于生成顺丁烯二酸酐。这些信息指出了未经氧化的 VPO 催化剂上 ①丁烯和丁二烯中间体容易脱附(而该中间体在其他活性位继续反应)；②丁二烯被氧化生成呋喃，但是呋喃并不被氧化生成顺丁烯二酸酐。

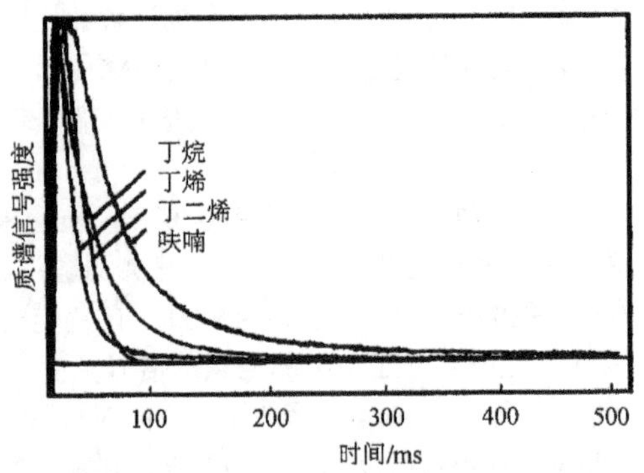

图 19-3　未经氧化处理的 VPO 催化剂上丁烷选择氧化反应的产物出现顺序

对比结果表明，在含有吸附氧的表面上没有检测到丁烯和丁二烯中间体的脱附(即所有的中间体在同一个活性位转化)，在该表面上呋喃被氧化生成顺丁烯二酸酐。图19-4由 Dowell 和 Gleaves[8]给出了经过反应后重新氧化处理的催化剂上丁烷反应产物的时间分辨图像，图 19-4(a)是丁烷的信号；图 19-4(b)是 CO_2 的信号；图 19-4(c)是顺丁烯二酸

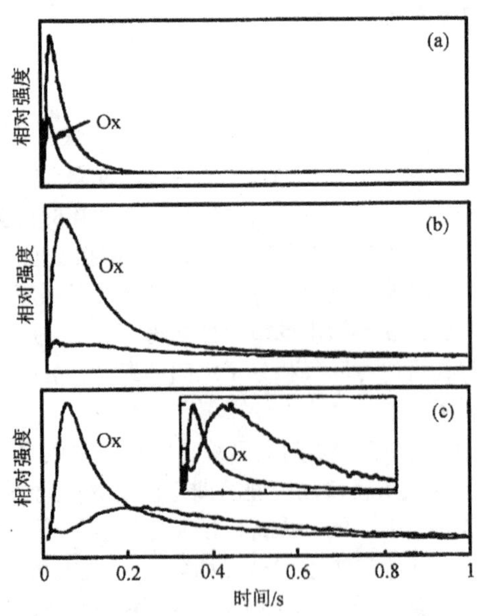

图 19-4　经氧化处理的 VPO 催化剂上丁烷选择氧化的产物

酐的信号。标 Ox 的曲线是经过 1000个丁烷脉冲(每个脉冲很小，该表面属于氧化状态)后得到，另一条(未标 Ox)曲线是经过 8000 个丁烷脉冲后(该表面属于小部分还原状态，

但是还没有达到图 19-3 的还原状态)所得。图 19-4(a)证明氧化表面上的丁烷吸附是快速的(转化率应为最高)。图 19-4(b)和图 19-4(c)相比说明，在 Ox 表面上，CO_2 和顺丁烯二酸酐产生速率最快，但是经过 8000 个脉冲后，CO_2 的产生速率下降幅度比顺丁烯二酸酐的产生速率下降的幅度大，使在该表面上，尽管绝对顺丁烯二酸酐产生速率下降一倍，但顺丁烯二酸酐的选择性比 Ox 表面高约 3.5 倍。

总结图 19-3 和图 19-4 可见，吸附氧的存在是丁烷的吸附和呋喃氧化的必要条件，而晶格氧有助于丁烯和丁二烯的脱氢和环化作用，但是不能氧化呋喃。吸附氧有两种形式，在下面研究双脉冲实验时继续讨论。这些实验证明了 TAP 技术的特长，即快速的提供机理方面的信息。因此也可以得知，利用 TAP 技术成功地取得所需信息主要是由于射入的脉宽很窄(峰型半宽时间小于基元反应时间)，使得峰型能反映气体在催化剂上的变化。

图 19-5 给出了甲烷在 Rh/Al_2O_3 上的吸附和氧化[9]反应。图 19-5 中表明产生的氢气有两种，意味着反应机理应该包括两种氢源。第一种氢的峰型较窄，与甲烷的峰型类似，明显地表明是来自甲烷的解离吸附。第二种氢的峰型很宽，说明它来自比较慢的反应。图 19-5 的 Rh/Al_2O_3 催化剂载体在实验初始时饱和地吸附水，图 19-5 中的 A、B、C 曲线随着射入的脉冲数目的增加而变化，分别是初始脉冲、100 个脉冲后、5000 个脉冲后，其中曲线 D 是曲线 C 的放大曲线，即 A、B、D 曲线的变化条件随着 Rh/Al_2O_3 催化剂载体的吸附水(羟基)的减少而变化，随着 A、B、D 脉冲数的增加，第二种氢的峰顶往长时间移动。当该催化剂的 Al_2O_3 载体在实验初始阶段时被烘干，即先脱掉吸附水后，第二种氢峰消失(图 19-5 中未显示数据)。这些数据证明了第二种氢是来自 Rh/Al_2O_3 催化剂载体上的羟基。该实验还证明了甲烷水蒸气转化反应的机理含有吸附在载体上的水蒸气解离成的羟基，且该羟基往金属颗粒上溢流后解离产生氢气并氧化吸附的 CH_x。Rostrup-Nielsen[10]曾经分析甲烷水蒸气转化反应的大量数据，发现不同载体能引起动力学变化，从而提出该溢流过程的步骤。这些实验工作量大，且数据不能直接得到。与之对比，TAP 实验快速，推论更可靠。

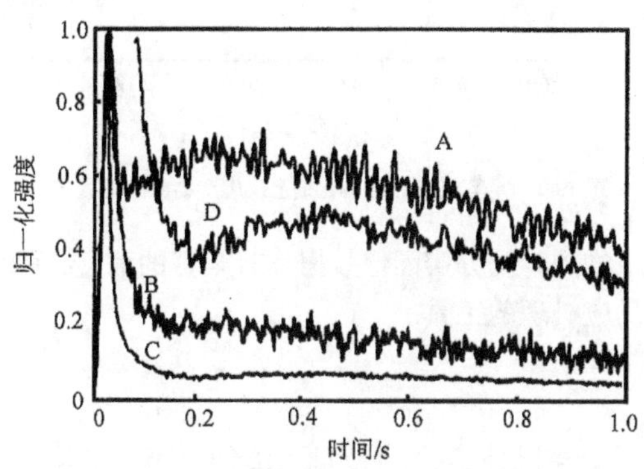

图 19-5 来自甲烷的氢的吸附时间分辨图

图 19-6 给出了甲烷在 Mo/ZSM-5 上的无氧吸附的产物时间分辨图像[11]。该催化体系主要意义是甲烷无氧芳构化生成苯，在该催化体系中，问题之一是催化剂在诱导期的变化。图 19-6(a)显示出该催化剂的初始阶段的产物有 CO、CO_2、氢气和少量乙烯，但无

苯。这些产物以及顺序说明诱导期的变化主要是氧化钼被还原碳化为碳化钼，有信息表明，碳化钼是芳构化反应的必要条件。图 19-6(b)是乙烯作为反应气源的产物信息。苯的产生证明了乙烯是芳构化反应的中间体。另外的信息也表明苯的产生是慢过程，且苯的脱附也很慢(含有长尾峰)。

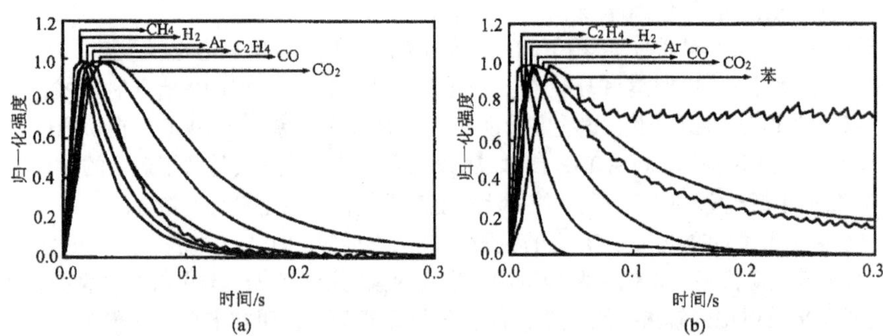

图 19-6　甲烷在 Mo/ZSM-5 上通过无氧活化吸附产生的产物顺序

图 19-7 给出了流化催化裂化(FCC)催化剂上的异辛烷解离产物的时间分辨图像，它代表了烷烃解离的模型[12]。产物丁烯的出现意味着异辛烷的解离是 β-解离，反应中间体是正碳离子。在丁烯峰后有丙烯和甲烷峰，进一步证明该 β-解离和正碳离子机理。

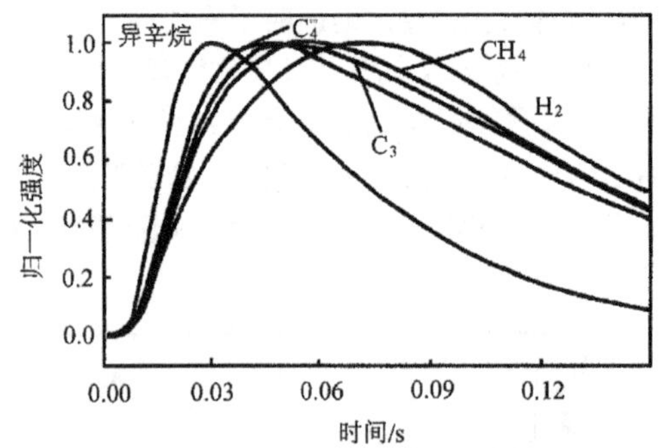

图 19-7　异辛烷在 FCC 催化剂上反应产物的出现顺序

这些例子显示出产物的时间分辨图像数据具有丰富的信息，而且实验操作快，说明 TAP 技术是快速解剖反应机理的工具。

19.2.2　多脉冲实验

另外一种 TAP 实验是多脉冲实验，特别是双脉冲实验。实验目的一般为分辨出某些步骤的中间吸附物种。这些数据对了解催化剂选择性很有用处。双脉冲实验原理是：先射入某一种被探讨的气体分子的脉冲，在指定时间后射入第二种分子的脉冲(称为脉冲探针，要求能与第一种分子发生反应)，两个脉冲间隔可以调整。这样的实验称为脉冲分子探针(pump-probe)实验。

前面探讨了 VPO 催化剂上的丁烷选择氧化生成顺丁烯二酸酐的机理中的两种吸附

氧。Gleaves 等[4,13]还进行了分子探针实验，研究了不同氧物种和各自的作用，如选择氧化或非选择氧化等。图 19-8 给出了研究结果。图 19-8(a)是 CO_2 的时间分辨图像，图 19-8(b)是产生的顺丁烯二酸酐。此外，当呋喃分子脉冲与随后的氧分子脉冲的间隔时间不同时，选择性也不同(图 19-10)。图 19-8(a)说明 CO_2 的产生即来自氧脉冲，也来自呋喃脉冲，氧脉冲产生的 CO_2 量比呋喃脉冲产生的 CO_2 多一些。图 19-8(b)说明顺丁烯二酸酐的产生主要来自呋喃，氧脉冲产生的顺丁烯二酸酐比呋喃脉冲产生的顺丁烯二酸酐少得多，约少 50 倍。此外，当氧脉冲和呋喃脉冲的顺序颠倒后，即先射入呋喃，然后以氧脉冲作探测，氧脉冲产生的顺丁烯二酸酐量没有增加[图 19-9(b)]，且显示与间隔时间无关系。该结果说明，产生顺丁烯二酸酐的顺序是先吸附氧气，然后该吸附氧氧化呋喃，而预先吸附呋喃与氧的反应是非选择性氧化。图 19-10 是不同间隔时间的氧-呋喃分子探针实验，随着间隔时间的增加，顺丁烯二酸酐的生成量降低，说明氧物种前体的寿命相对较短[14]。以上涉及的实验都采用呋喃作为反应气，图 19-11 是来自丁烷作为反应气生成的顺丁烯二酸酐。图 19-11 中曲线表明，来自全部氧化表面的产物峰型与呋喃产生的峰型没有大的不同，因此推断在全部氧化表面上的机理不包含丁烯、丁二烯、呋喃等中间体的脱附[14]。

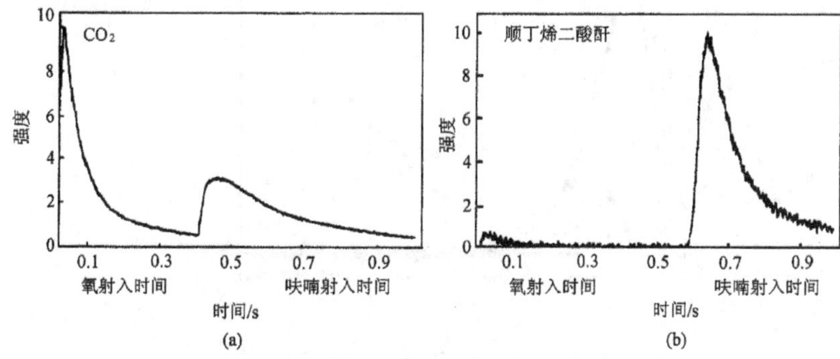

图 19-8　VPO 催化剂上丁烷选择氧化的氧-呋喃探针实验

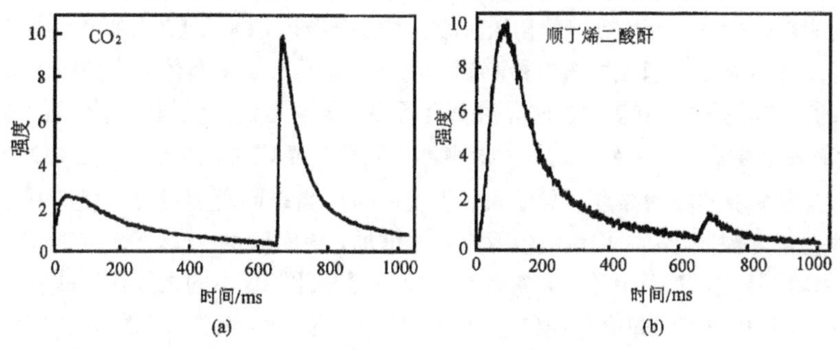

图 19-9　VPO 催化剂上丁烷选择氧化的呋喃-氧探针实验

前面讨论涉及的 Rh/Al_2O_3 催化剂上的甲烷水蒸气转化反应包含水从载体溢流到金属颗粒上的步骤。图 19-12 和图 19-13 利用多脉冲实验考查了该步骤，对比了脱水处理的干燥载体与含水载体上甲烷吸附的情况[9]。脱水干燥载体上甲烷的吸附量比含水载体上甲烷的吸附量少许多，意味着载体在反应中的作用，即能吸附水的载体有利于抑制甲烷解离吸附生成含碳的吸附物种使催化剂中毒。

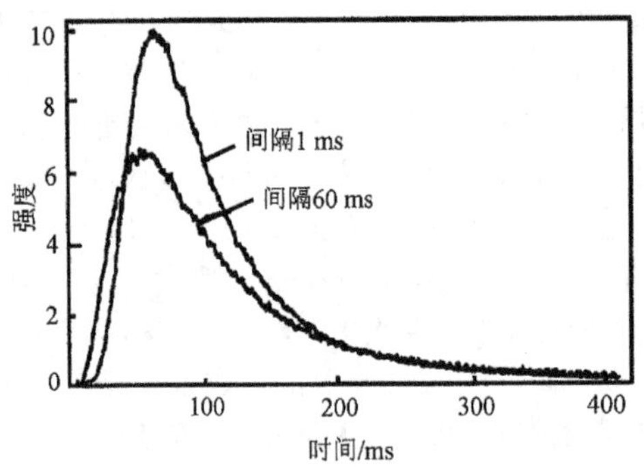

图 19-10　利用不同时间间隔的探针研究在 VPO 催化剂上的丁烷选择性氧化

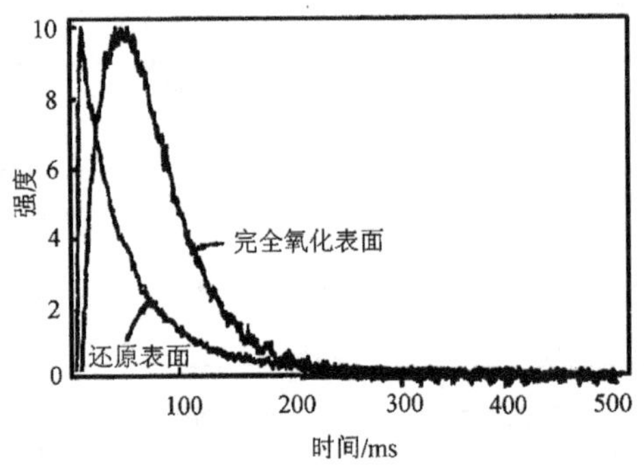

图 19-11　不同氧化程度的 VPO 催化剂上丁烷选择氧化产物顺丁烯二酸酐

图 19-12 和图 19-13 还包含了甲烷氧化的选择性信息。当催化剂表面首先吸附氧至饱和，然后吸附甲烷时，在甲烷吸附的初始阶段，主要产物是 CO_2 和水(水的产生是从无氢产生的结论而推断的，并且实验没有检测到水的脉冲信号，说明载体对水的吸附能力很强)，后面的产物才是 CO 和氢气。这说明表面氧的覆盖度是该催化剂的选择性的主要控制因素：当氧覆盖度高时，主要产物为 CO_2 和水；氧覆盖度低时，主要产物为 CO 和氢气[9]。此外，因为甲烷的吸附需要诱导阶段，还能推断出当氧高覆盖度时，禁止甲烷吸附，而当氧的覆盖度被减小后，甲烷的吸附速率才增加。该实验的 TAP 意义在于说明该技术可用脉冲探测特定的表面状态。与常规脉冲反应器相比，其不同之处在于脉冲分子数量。图 19-12、图 19-13 中，每个脉冲包含约 1×10^{16}个分子，而表面金属原子位约为 1×10^{18}，脉冲分子比金属表面位少得多，因而可以假定反应对催化剂表面影响很小。相比较，常规脉冲实验脉冲量达到 0.1mL，为 2×10^{18}分子，即气体分子多于金属表面位，因而检测的催化剂表面是一个不断变化的状态。前面涉及的 Gleaves 等[4,13]的脉冲量更小，即每个脉冲约有1/10 000的单层覆盖度，约1/10 000的常规脉冲反应器的脉冲量。

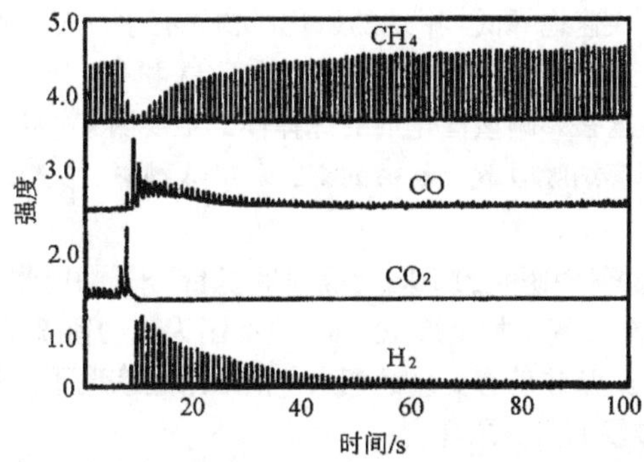

图 19-12　Rh/Al_2O_3 载体经脱水处理后，在 O_2 饱和覆盖的 Rh/Al_2O_3 上射入 CH_4 脉冲频率 1 个/s 时的 CH_4、CO、CO_2、H_2 的 TAP 曲线

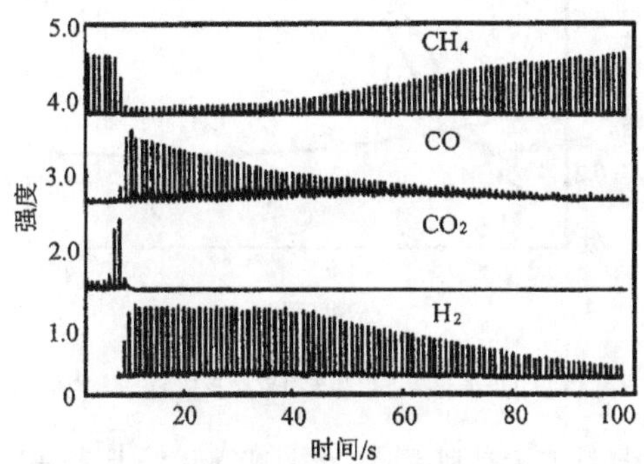

图 19-13　Rh/Al_2O_3 载体吸水后，在饱和覆盖的 Rh/Al_2O_3 上射入 CH_4 脉冲频率 1 个/s 时的 CH_4、CO、CO_2、H_2 的 TAP 曲线

Fathi 等[15]利用分子探针研究了铂金属网催化剂，也取得了同样的甲烷氧化结果，进一步证明甲烷氧化的选择性情况(图 19-14)，即 O_2-CH_4 的探针分子间的相互作用可能导致部分氧化和完全燃烧的情况。氧首先被射入催化剂床层，然后间隔一定时间射入甲

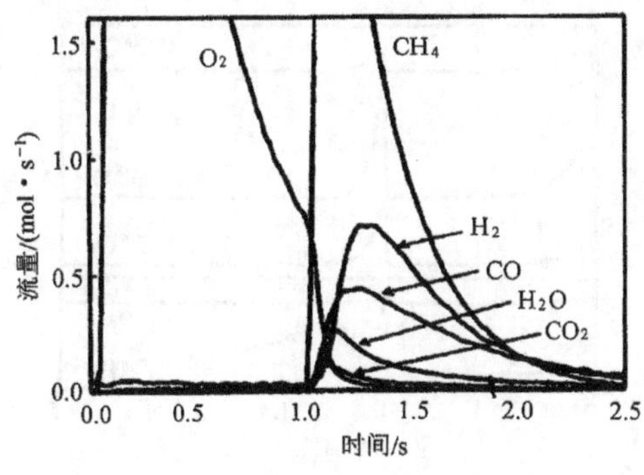

图 19-14　Pt 催化剂上甲烷部分氧化反应的探针实验

烷，可见氧的信号出现快速地降低。甲烷的氧化产物先有水、CO_2 和 CO，后面出现氢气；而当氧信号降到零时，水和 CO_2 也开始下降，但是氢气和 CO 还是增加直至甲烷信号下降。该结果说明氧的浓度是影响该催化剂的选择性的主要因素。此外，CO 的信号有长尾峰，可能是铂的体相能容纳吸收氧，尾峰的 CO 来自这种氧，从体相扩散至表面然后氧化吸附的 CH_x。

图 19-15 给出 Fathi 等[15]研究的不同间隔时间探针分子的产物结果。随着间隔时间的增加，氢气和 CO 的量逐渐增加至近 100%。主要因为氧的覆盖度降低而造成的，而甲烷的吸附速率稍微降低，意味着有少量的积炭。该结果还表明了甲烷的直接部分氧化步骤的实现以及实现该步骤的必要条件。

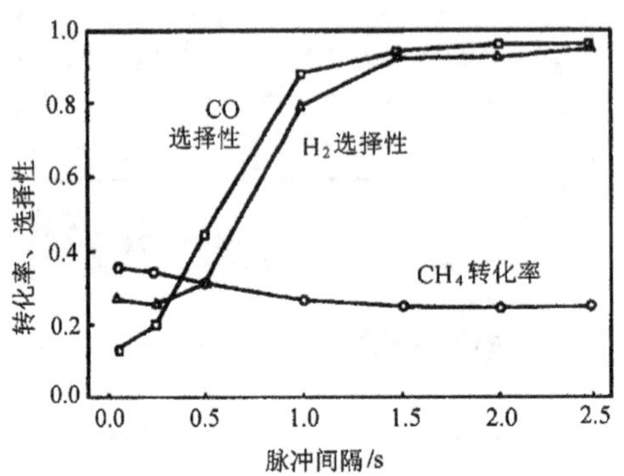

图 19-15　Pt 催化剂上甲烷部分氧化反应的探针实验

更深入的一种分子探针实验是利用同位素。Nijhuis 等[16]利用同位素研究了 CO 氧化反应，催化剂是 573K 的铂黑。图 19-16 给出了该结果。实验时先射入 $^{18}O_2$ 脉冲，接着射入 CO 脉冲(实验数据是通过很多双脉冲信号积累的，每双脉冲的间隔时间也可以设定，该实验也可看作先射入 CO 脉冲，接着射入 $^{18}O_2$ 脉冲)。有意义的是，在射入 $^{18}O_2$ 脉冲后，检测产物时发现有 $C^{16}O_2$。他们的另外一个实验结果是单脉冲实验射入 CO 脉冲(即预先不射入 O_2)不产生 CO_2(在这里没有显示该结果)，说明在他们的反应条件下，CO_2 产物不来自 CO 的分解(即 Bouduard 反应)，而来自 CO 加氧。但是，$C^{16}O$ 与来自 $^{18}O_2$ 脉冲的氧加

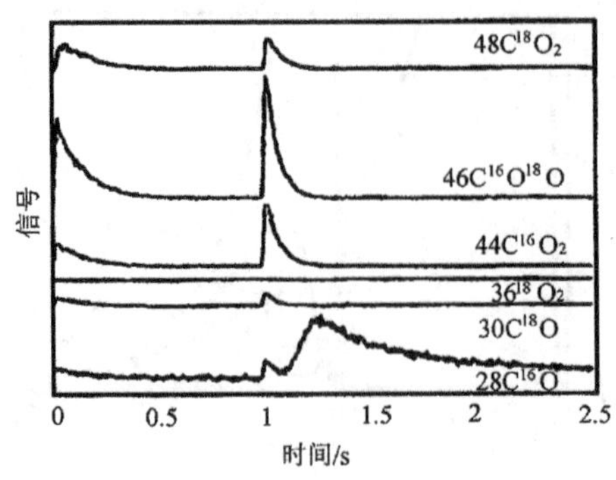

图 19-16　利用同位素研究基元反应步骤

入只能产生 $C^{16}O^{18}O$，因此检测到 $C^{16}O_2$ 的结果证明了 $C^{16}O^{18}O$ 的分解步骤的存在。CO_2 分解步骤的存在意味着 CO_2 的脱附不是很快的步骤，即 CO_2 的脱附是含有动力学意义的。而许多研究者曾经假设该步骤速率比其他步骤快得多，即他们曾经假设 CO_2 的脱附在推导动力学方程方面没有动力学意义。

同位素实验是解剖反应机理的先进工具。因为这种实验的种类很多，而且 TAP 实验与一般反应器的同位素实验原理没有大的不同，我们在这里不多考虑，只指出 TAP 实验与一般反应器的实验区别是 TAP 反应器的同位素消耗量很少，其原因也是每个脉冲用量极少。

总之，双(多)脉冲实验对中间体的识别以及了解其在反应机理中的作用可获得可靠的信息，对解释选择性问题具有相当大的用处。

19.2.3 数学模拟

第三种实验是反应器以及动力学的数学模拟，实验数据是指反应器出口的脉冲峰型。原理上，这些实验与宏观动力学的估计反应方程的参数实验没有什么不同，但是对反应器的考虑以及取得的数据操作上仍含有大的区别。宏观动力学的参数估计的启发点是反应器的理想化，一般用塞流反应器(PFR)或全混流反应器(CSTR)模型描述，而 TAP 技术不作反应器的理想化模型，即 TAP 反应器的模型理论包括全部物理现象(其实，由于真空的存在，该物理现象只有努森扩散)。从数据角度考虑，TAP 技术得到的是峰型，该数据比宏观动力学取得的转化率数值的信息更多，即用于计算最小平方的回归数据点更多，回归更可靠。更重要的是，峰型数据有的来自中间体(或中间体的副产物)，这样得到的数据可归因于基元步骤。因此,用直接反映基元步骤的多个数据点可取得基元步骤的动力学常数。

描述 TAP 反应器的方程来自于反应器中物种的质量守恒。实验已验证，小脉冲的努森扩散和浓度变化属于非径向渐变，也通常假定气体在催化剂床层中的扩散可用有效扩散系数来表示[4,6,7,17]。因而反应方程只是一维 Ficks 第二定律，也称为扩散方程。我们以较简单的甲烷不可逆吸附为例。反应气中含有的惰性气体作为内标，一般用氩气。因此描述气体行为的方程为

$$\frac{\partial c_A}{\partial t} = D_A\left(\frac{\partial^2 c_A}{\partial x^2}\right) \tag{19-1}$$

$$\frac{\partial c_M}{\partial t} = D_M\left(\frac{\partial^2 c_M}{\partial x^2}\right) - k_{ad}c_M \tag{19-2}$$

式中：A——氩气；

M——甲烷；

D——有效扩散系数；

k_{ad}——吸附速率；

x——一维空间模型的空间位置。

(1) 初始条件

$$0 \leqslant x \leqslant L, \quad t = 0, \quad c_A = 0$$

$$0 \leqslant x \leqslant L, \quad t = 0, \quad c_M = 0$$

(2) 边界条件

$$x = 0, \quad t \geqslant 0, \quad D_A\left(\frac{\partial c_A}{\partial x}\right) = \partial \frac{N_A}{A}$$

$$x = 0, \quad t \geqslant 0, \quad D_M\left(\frac{\partial c_M}{\partial x}\right) = \partial \frac{N_M}{A}$$

$$x = L, \quad t \geqslant 0, \quad c_A = 0$$

$$x = L, \quad t \geqslant 0, \quad c_M = 0$$

式中：L——催化剂床长；

N——脉冲中 Ar 或 CH_4 的量。

初始条件表示时间为零时，反应器中没有气体。边界条件表示最初的射入脉冲是 δ 函数，脉冲过后，阀立刻关闭，反应器出口保持真空。射入脉冲为 δ 函数的成立条件是射入脉冲宽度远小于出口脉冲宽度，一般射入脉冲宽度小于 1ms 即可以满足实验条件。

模拟的程序是:①由式(19-1)以及最小平方回归法拟合 Ar 的曲线，取得 D_A；②由分子流理论以及 D_A 计算得 D_M；③由计算得 D_M 和式(19-2)以及最小平方回归法拟合 CH_4 的曲线，取得 k_{ad}吸附反应速率(目标数据)。Gleaves 等[4,6]建议逐步模拟 3 个情况或条件：气流；气固相互作用；化学反应，即取得物理现象的参数；取得气固作用的参数；取得表面现象的参数。图 19-17 给出了甲烷吸附的实验曲线以及模拟曲线。很显然，也能在不同的反应条件和不同的催化剂处理条件下取得类似数据以及模拟，进而取得甲烷吸附速率常数。 图 19-18 是 Wang 等[18]在 Rh/Al_2O_3 催化剂上的实验结果。图 19-18 的结果表

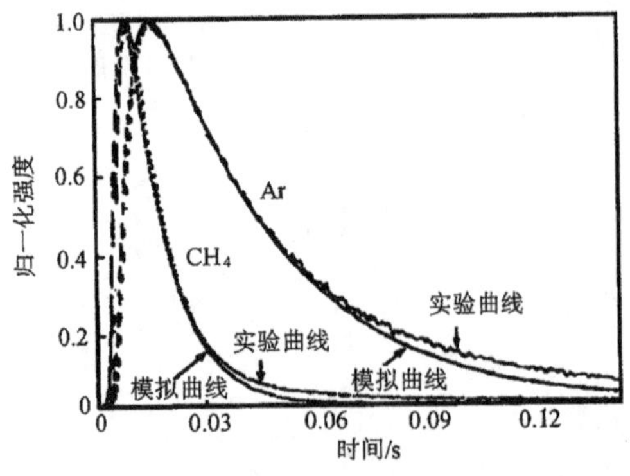

图 19-17 甲烷吸附的实验曲线和模拟曲线

明，甲烷吸附速率常数随着表面的不同处理情况而变化，且常数值在很大范围内变化，表明甲烷吸附为结构敏感反应。很多表面科学家在单晶金属样品上证明甲烷的吸附是很慢的反应，而事实上工业型的甲烷氧化非常快，存在的矛盾结果可以用结构敏感反应现象解释。

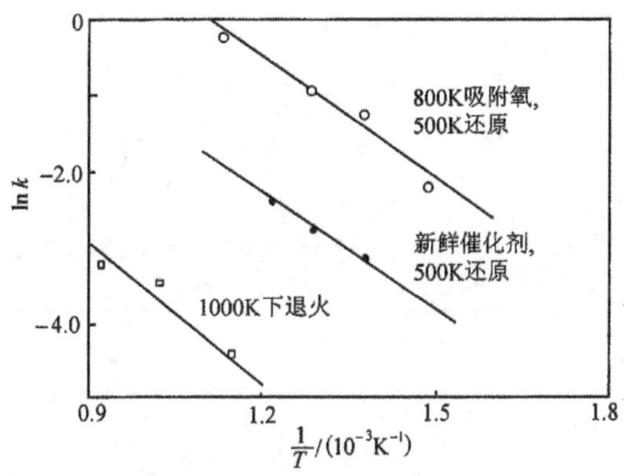

图 19-18 经不同处理的 Rh/Al_2O_3 催化剂上甲烷吸附性能的比较

虽然上面讨论的是比较简单的反应，但是方法原理对含有许多基元步骤的复杂反应网络也是类似的，只是参数数目、方程和实验得到的反应曲线增加了。Creten 等[17]曾经进行了复杂反应网络的模拟，建议首先在每个反应温度进行程序模拟，由取得的参数以及 Arrhenius 公式获得活化能，然后以这些参数为初值，同时回归所有的曲线。图 19-19 和图 19-20 是他们研究的丙烯选择氧化的结果。图 19-19 为模拟使用的反应网络，图 19-20为 TAP 数据以及模拟曲线，该模拟的目的是为反应器的设计提供化学动力学数据。图 19-21 显示 Creten 等[17]利用 TAP 实验所得的基元步骤速率常数来估算稳流反应器的转化率[图 19-21(a)]以及选择性[图 19-21(b)]，并与稳流反应器的实验结果做了比较。结果表明：①选择性估算偏差很大，但转化率结果估算得较准确；② 该微观动力学数据现在还不能完全满足反应工程的动力学质量要求。我们认为可能是 Creten 等[17]所用的反应网络不全面，另外还有没有检测到的步骤。这个例子也指出了多相催化学的复杂性，所以在研究时不能只依赖一种技术。

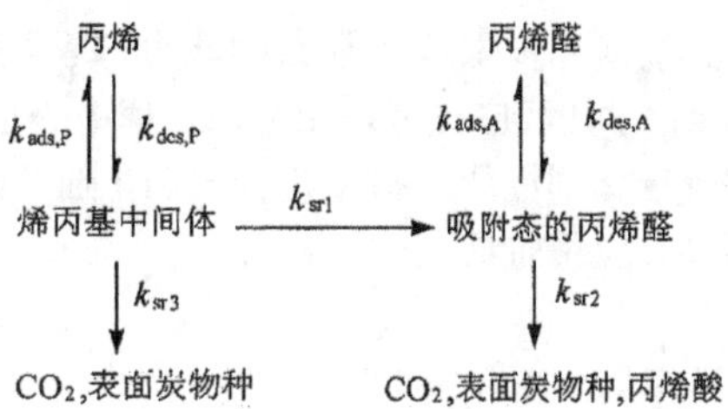

图 19-19 Creten 等提出的丙烯选择氧化反应网络

TAP 技术的信息来自于脉冲信号，但是在反应速率比较慢的情况下，由于产物信号生成太慢，不形成脉冲，从而取不到数据。在这样的情况下，Creten 等[17]和 Mills 等[19]曾经进行了阶跃响应(step response)实验，即通过快速地射入一系列脉冲以生产阶跃似的气源。这种方法有希望扩大 TAP 反应器能测量的反应速率范围。因为该技术正在开展实施中，在这里将不展开讨论。另外一个正在开展中的领域，是希望利用 TAP 反应器测量分子筛孔道的扩散因子[12,20,21]。

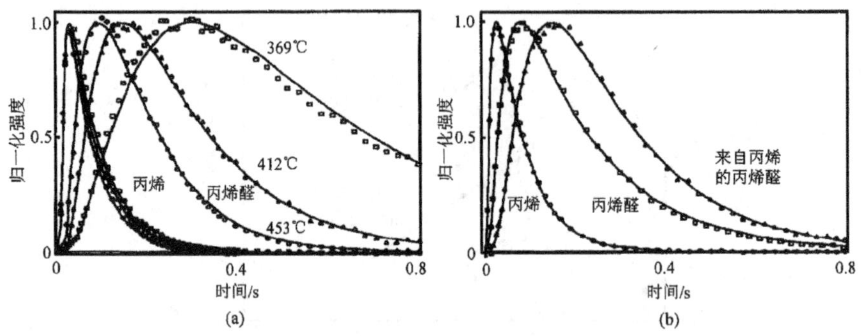

图 19-20　TAP 实验数据及模拟曲线

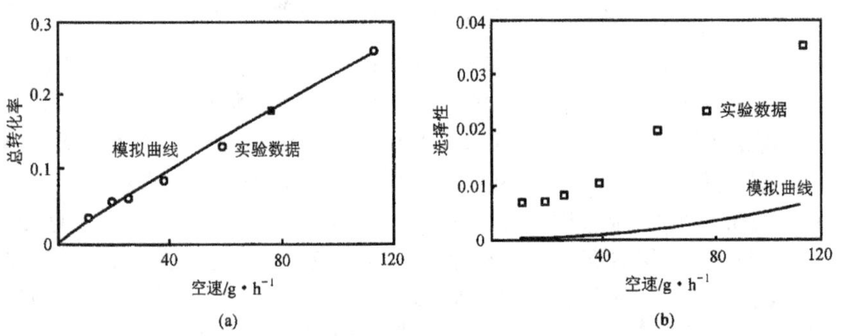

图 19-21　TAP 实验数据模拟所得基元速率常数与稳流反应器实验结果的比较

19.3　结　　语

总之，TAP 技术具有测量基元步骤速率常数的能力，是了解化学动力学的有利工具，并有助于解剖多相催化化学的反应机理及测量该机理中的基元步骤速率常数。取得的动力学常数能快速地评价催化剂性能及指出改善该催化剂的制备路线。另外，TAP 技术还在反应工程估算方面具有应用前景。

符　号　说　明

A	反应气入口的截面积
c	气体浓度
D	有效扩散系数
L	催化剂床长

k_{ad}　　吸附速率

N　　脉冲中分子数量

t　　时间

x　　一维空间模型的空间位置

参考文献

[1] Lerou J J, Ng K M. Chem Eng Sci, 1996, 51(10):1596~1614

[2] Boudart M, Djega-Mariadassou G. 多相催化反应动力学. 高滋,郑绳安等译. 上海:复旦大学出版社,1988

[3] Furusawa T, Suzuki M, Smith J M. Catal Rev Sci Eng, 1976, 13(1):43~76

[4] Gleaves J T, Ebner J R, Kuechler T C. Catal Rev Sci Eng, 1988,30(1):49~116

[5] Wang D, Li Z. Third Joint China/USA Chemical Engineering Conference. Beijing: Tsinghua University Press, 2000, 2~104

[6] Gleaves J T, Yablonski G S, Phanawadee P et al. Appl Catal A, 1997, 160(1):55~88

[7] van der Linde S C, Nijhuis T A, Dekker F H M et al. Appl Catal A, 1997, 151(1):27~57

[8] Dowell J, Gleaves J T, Schuurman Y. Stud Surf Sci Catal, 1997, 110:119~208

[9] Wang D, Dewaele O, De Groote A M et al. J Catal, 1996, 159(2):418~426

[10] Rostrup-Nielsen J. Catalytic Steam Reforming. In: Catalysis Science and Technology. Anderson J R, Boudart M ed. Berlin: Springer-Verlag, 1984, 5:1

[11] Shuurman Y, Decamp T, Pantazides A et al. Stud Surf Sci Catal, 1997, 109:351~360

[12] Shuurman Y, Pantazides A, Mirodatos C. Chem Eng Sci, 1999, 54(15~16):3619~3625

[13] Ebner J R, Gleaves J T. Method and Apparatus for Carrying out Catalyzed Chemical Reactions and for Studying Catalysis. US 5264183, 1993-11-23

[14] Centi G, Trifiro F, Ebner J R et al. Chem Rev, 1988, 88(1):55~80

[15] Fathi M, Monnet F, Shuurman Y et al. J Catal, 2000, 190(2):439~445

[16] Nijhuis T A, Makkee M, van Langeveld et al. Stud Surf Sci Catal, 1997, 109:361~369

[17] Creten G, Lafyatis D S, Froment G F. J Catal, 1995, 154(1):151~162

[18] Wang D, Dewaele O, Froment G F. J Mol Catal A, 1998, 136(3):301~309

[19] Mills P L, Randall H T, McCracken J S. Chem Eng Sci, 1999, 54(15~16):3709~3721

[20] Keipart O P, Baerns M. Chem Eng Sci, 1998, 53(20): 3623~3634

[21] Nijhuis T A, Linders M J G, Makkee M et al. Chem Eng Sci, 2000, 55(10):1939~1943

(王德峥　李忠来,中国科学院大连化学物理研究所催化基础国家重点实验室)